U0210103

"十二五"国家重点图书出版规划项目

城市防灾规划丛书

谢映霞 主编

国家出版基金项目
NATIONAL PUBLICATION FOUNDATION

国家自然科学基金—青年科学基金
资助项目（编号：51408236）
亚热带建筑科学国家重点实验室
开放课题资助项目（编号：2015ZB11）

第二分册

城市洪涝灾害防治规划

吴庆洲　李　炎　余长洪　刘小刚　吴运江　黄玉珠　编著

中国建筑工业出版社

图书在版编目（CIP）数据

城市防灾规划丛书　第二分册　城市洪涝灾害防治规划 /
吴庆洲等编著. —北京：中国建筑工业出版社，2016.7
　ISBN 978-7-112-19629-6

　Ⅰ.①城…　Ⅱ.①吴…　Ⅲ.①城市－灾害防治－城市规划
②城市－水灾－灾害防治　Ⅳ.①X4②P426.616

中国版本图书馆CIP数据核字（2016）第183947号

责任编辑：焦　扬　陆新之
责任校对：王宇枢　党　蕾

城市防灾规划丛书
第二分册
城市洪涝灾害防治规划
吴庆洲　李　炎　余长洪　刘小刚　吴运江　黄玉珠　编著
*
中国建筑工业出版社出版、发行（北京海淀三里河路9号）
各地新华书店、建筑书店经销
北京锋尚制版有限公司制版
北京顺诚彩色印刷有限公司印刷
*
开本：880×1230毫米　1/16　印张：27　字数：712千字
2016年12月第一版　2016年12月第一次印刷
定价：108.00元
ISBN 978-7-112-19629-6
（29150）

总　序

我国是一个灾害频发的国家，近年来，随着公共安全意识的逐渐提高，我国防灾减灾能力不断提升，防灾减灾设施建设水平迅速提高，有效应对了特大洪涝灾害、地震、地质灾害以及火灾等灾害。但是，我国防灾减灾体系仍然还不完善，防灾减灾设施水平和能力建设仍然相对薄弱，随着我国城镇化的迅速发展，城市面临的灾害风险仍然呈日益加大的趋势。特别是当前我国正处于经济和社会的转型时期，公共安全的风险依然存在，防灾减灾形势严峻，不容忽视。

城市防灾减灾规划是保护生态环境，实施资源、环境、人口协调发展战略的重要组成部分，对预防和治理灾害，减轻灾害造成的损失、维护人民生命财产安全有着直接的作用，对维护社会稳定，保障生态环境，促进国民经济和社会可持续发展具有重要的意义。

防灾减灾工作的原则是趋利避害，预防为主，城市规划是防灾减灾的重要手段，这就是要在城市规划阶段做好顶层设计，防患于未然，关键是关口前移。城市安全是关乎民生的大事，国务院高度重视城市防灾减灾工作，在2016年对南京、广州、合肥等一系列城市的规划批复中要求各地要"高度重视城市防灾减灾工作，加强灾害监测预警系统和重点防灾设施的建设，建立健全包括消防、人防、防洪、防震和防地质灾害等在内的城市综合防灾体系"，进一步阐明了防灾减灾规划的重要作用，无疑，对规划的编制和实施提出了规范化的要求。

随着我国城镇化的发展，各地防灾规划的实践日益增多，防灾规划编制的需求日益加大。但目前我国城市防灾体系还不健全，相应的防灾规划的体系也不完善，防灾规划的编制内容、深度编制和方法一直在探索研究中。为了满足防灾规划编制的需要，加强防灾知识的普及，我们策划了本套丛书，旨在总结成熟的规划编制经验，顺应城市发展规律，推动规划的科学编制和实施。

本套丛书针对常见的自然灾害，按目前城市防灾规划中常规分类分为城市综合防灾规划、城市洪涝灾害防治规划、城市抗震防灾规划、城市地质灾害防治规划、城市消防规划和城市灾后恢复与重建规划六个方面。丛书系统介绍了灾害的基本概念、国内外防灾减灾基本情况和发展趋势、城市防灾减灾规划的作用、规划的技术体系和技术要点，并通过具体案例进行了展示和说明。体现了城市建设管理理念的更新和转变，探讨了新的可持续的城市建设管理模式。对实现城市发展模式的转变，合理建设城市基础设施，推进我国城镇化健康发展，具有积极的作用，对防灾规划的研究和编制具有很好的参考价值和借鉴作用。

丛书编写过程中，编写组收集了国内外相关领域的大量资料，参考了美国、日本、欧洲一些国家以及我国台湾和香港地区的先进经验，总结了我国城市综合防灾规划以及单项防灾规划编制的实践经验，采纳了城市规划领域和防灾减灾领域的最新研究成果。本套丛书跨越了多个学科和门类，为了便于读者理解和使用，编者力求从实际出发，深入浅出，通俗易懂。每一分册由规划理论、规划实务和案例三部分组成，在介绍规划编制内容的同时，也介绍一些编制方法和做法，希望能对读者编制综合防灾规划和单灾种防灾规划有所帮助。

本套丛书共分六册，第一分册和第六分册为综合性的内容。第一分册为综合防灾规划编制，第六分册针对灾后恢复与重建规划编制。第二分册至第五分册分别围绕防洪防涝、抗震、防地质灾害和消防几个单灾种专项规划编制展开。第一分册《城市综合防灾规划》，由中国城市规划设计研究院邹亮、陈志芬等编著；第二分册《城市洪涝灾害防治规划》，由华南理工大学吴庆洲、李炎等编著；第三分册《城市抗震防灾规划》，由北京工业大学王志涛、郭小东、马东辉等编著；第四分册《城市地质灾害防治规划》，由中国科学院山地研究所崔鹏等编著；第五分册《城市消防规划》，由上海市消防研究所韩新编著；第六分册《城市灾后恢复与重建规划》由清华同衡城市规划设计研究院张孝奎、万汉斌等编著。本套丛书既是系统的介绍，也是某一个专项的

详解，每一本独立成册。读者可以阅读全套丛书，进行综合地系统地学习，从而对城市综合防灾和防灾减灾规划有一个全方位的了解，也可以根据工作需要和专业背景只选择某一本阅读，掌握某一种灾害的防治对策，了解单灾种防灾规划的编制内容和方法。

本套丛书阅读对象主要是从事防灾减灾专业的技术人员和城市规划专业的技术人员；大专院校、科研院所城市规划专业和防灾领域的教师、学生也可以作为参考书；对政府管理人员了解防灾减灾规划基本知识以及管理工作也会有一定帮助。

本书编写过程中，得到了洪昌富教授、秦保芳先生、黄国如教授等的大力帮助，他们提供了相关领域的研究成果和案例，在百忙之中抽出时间审阅了文稿，并提出了宝贵的意见和建议。本书编写出版过程中还得到了中国建筑工业出版社的大力帮助和支持，出版社陆新之主任和责任编辑焦扬对本丛书倾注了极大的心血，从始至终给予了很多具体的指导，在此一并致谢。

由于本丛书篇幅较大，专业涉及面广，且作者水平有限，尽管我们竭尽心力使书稿尽量完善，但不足及疏漏的地方仍在所难免，敬请读者批评指正。

丛书主编　谢映霞
2016年8月

前　言

城市择水而建，居民依水而居。水系作为城市的生命血脉，伴随着人类走过了几千年的历史。我国的城市多临江、河、湖、海分布，城址亲水，有供排水、生态环境、景观、交通等诸多便利，这是古今中外城市选址的普遍原则。临水而居，却也往往受到洪涝灾害的威胁。城市人口密集，是某一地域的政治、经济、文化中心和交通枢纽，一旦受洪涝灾害袭击，往往造成巨大的损失。

在当前气候变化加剧、我国城市化进程加快的现实背景下，城市洪涝灾害的发生频率呈现出不断增多，危害越来越严重的趋势。据2010年住房和城乡建设部组织开展的全国范围内的351个城市的调研工作，发现在2008～2010年的3年间，全国有62%的城市都曾发生过内涝事件，内涝发生3次以上的城市有137个。"城市看海"屡见不鲜，城市洪涝问题备受社会的广泛关注。人们在调侃的同时，不由地掩卷深思，中国快速的城市化带来了高速的社会发展和经济腾飞，却仍普遍面临着洪涝频发、水污染严重、水资源短缺、地下水位下降、水生物栖息地丧失等水生态灾害问题。以至于城市洪涝灾害、水生态危机等一系列水环境问题已成为我国城市发展的掣肘。

针对凸显的城市洪涝灾害、水质退化等一系列水生态安全问题。2013年3月25日，国务院办公厅正式发布了《国务院办公厅关于做好城市排水及暴雨内涝防治设施建设工作的通知》(国办发〔2013〕23号)，在国家层面上对城市防涝工作提出了明确的任务与要求：一、总体工作要求；二、抓紧编制规划；三、加快设施建设；四、健全保障措施；五、加强组织领导。习总书记在2013年12月的中央城镇化工作会议上明确指出："解决城市缺水问题，必须顺应自然。比如，在提升城市排水系统时要优先考虑把有限的雨水留下来，优先考虑更多利用自然力量排水，建设自然积存、自然渗透、自然净化的海绵城市。"——海绵城市建设上升到了国家战略层面。"十三五"规划中也明确全面支持海绵城市发展，提出"加强城市防洪防涝与调蓄、公园绿地等生态设施建设，支持海绵城市发展，完善城市公共服务设施，提高城市建筑和基础设施抗灾能力"。

中国建筑工业出版社组织国内各学科专业力量编写"城市防灾规划丛书"，始于2012年。其中第二分册《城市洪涝灾害防治规划》的编写由我和我的研究团队负责，这对我们是一项艰巨的工作。为了完成好本册的编写工作，我们一方面参加各种国内、国际的关于城市防洪排涝规划的学术会议，以吸收国内外同行的先进思想和经验，另一方面则阅读和学习相关的理论著作，以提高团队的相关理论水平。为了进一步了解城市防洪排涝规划的实践情况，我们团队多次到全国各典型城市进行调研、考察。中国古代城市防洪排涝的历史经验，对今天的城市防洪排涝仍有重要的参考价值，赣州古城因有宋代建的福寿沟，至今仍起着排洪排涝的作用，在全国许多城市经受内涝之灾时，赣州老城区无内涝的威胁，百姓安居乐业。这是城市防洪排涝上的奇迹！为了研究福寿沟，我与团队成员李炎博士、吴运江博士等人多次赴赣州城，在赣州市博物馆万幼楠研究员等人的帮助下，利用机器人和一些现代的测绘仪器，想弄清楚福寿沟的工程结构和排水排洪的奥秘。在赤日炎炎的夏季，李炎、吴运江穿着潜水服进入高温、臭气熏人的沟内进行测量、照像，取得许多测绘成果，为探讨福寿沟的奥秘打下了基础。

我们团队由建筑、规划、水文等多种学科专业人员组成，大家一同研究，互相交流，在写作中分工合作，在繁忙的科研、教学、设计工作之余，通过近四年的不懈努力，终于完成了本册编写工作。本书编写过程中，得到了中国城市规划设计研究院谢映霞教授，华南理工大学黄国如教授的大力帮助，他们提供了相关领域的研究成果，在百忙之中抽出时间审阅了文稿，并提出了宝贵的意见和建议；中国建筑工业出版社陆新之主任和责任编辑焦扬对本书的出版给予了大力的推动和支持，在此一并致以衷心的感谢！

希望本册能成为相关专业人员有益的参考书。我诚恳地希望各位读者对本册提出宝贵的意见，以便在再版时修改补充。

华南理工大学建筑学院教授
亚热带建筑科学国家重点实验室学术委员
吴庆洲
2016年8月15日于广州

目　录

第 1 篇　城市洪水灾害防治规划

第1章　城市洪灾防治规划概论

1.1　城市洪水概述

1.1.1　城市洪水定义及类型

洪水，一般指江河流量剧增，水位或潮位暴涨，并带有一定危害性的自然现象。我国作为一个河流水系发达的国家，千百年以来，中国人民早就注意到了洪水的危害，并且积累了丰富的抗洪排涝经验。4000多年前的《尚书》中，即提到了洪水的危害："汤汤洪水，浩浩滔天"。

现代社会人口密集，尤其是在城市区，不但人口密集，而且社会财富、基础设施集中，在气候变化等因素的协同作用下，加剧了洪水的危害。尤其在人多地少，城市人口、财富高度密集的中国，城市洪灾成为灾害损失的最重要来源之一。

1）洪水特征

洪水最主要的特性有：涨落变化、汛期、年内与年际变化等。

涨落变化：一次洪水过程，一般有起涨、洪峰出现和落平3个阶段。山区河流由于河道坡度陡、流速快，因此洪水涨落迅速；而平原河流由于坡度缓、流速慢，因此涨落相对缓慢。大江大河由于流域面积大，接纳众多支流洪水往往出现多峰，而中小流域则多单峰；持续降雨往往出现多峰，单独降雨多出现单峰。冰雪融化补给的河流，由于热融解过程缓慢，形成的洪水也缓涨缓落，有时一次洪水延续整个汛期。冰凌洪水，由于冰冻融解或冰坝溃决，水流相应呈现缓慢或突然泄放。溃坝洪水和山洪具有突发性，大量水体有时挟带沙石，以很高的水头冲下，破坏力极大。

汛期：发生洪水的季节，有春汛、伏汛、秋汛和凌汛之分。中国幅员辽阔，气候的地区差异很大，因此各地汛期很不相同，但有明显规律。

年内与年际变化：每年发生的最大洪水流量与年平均流量的比值，可作为表示洪水年内变化情况的一个指标。该比值在中国各地有很大差异。从大范围来看，最大比值出现在江淮地区，一般达20～100，有的可达300～400。这是由于该地区正处于南北暴雨天气变化的过渡地带。其次是黄河、辽河部分地区，比值一般在40～150。最小的比值发生在青藏融雪补给区，仅为7～9。洪水的年际变化也很大，对比河流多年最大流量的最大值与最小值的比值，可以看出洪水年际变化状况。以海滦河流域为例，滦河潘家口，流域面积33700km²，比值为63；潮白河密云，流域面积15780km²，比值为146；清漳河匡门口，流域面积5090km²，比值为129；子牙河朱庄，流域面积

1220km²，比值高达856。小流域的洪水年际变化更大。南方河流的洪水年际变化一般小于北方河流。

2）洪水分类

按洪水发生季节分：春季洪水（春汛）、夏季洪水（伏汛）、秋季洪水（秋汛）和冬季洪水（凌汛）；

按洪水发生地区分为：山地洪水（山洪、泥石流）、河流洪水、湖泊洪水和海滨洪水（如风暴潮、天文潮、海啸等）；

按洪水的流域范围分为：区域性洪水与流域性洪水；

按防洪设计要求分为：标准洪水与超标准洪水，或设计洪水与校核洪水；

按洪水重现期分为：常遇洪水（小于20年一遇）、较大洪水（20～50年一遇）、大洪水（50～100年一遇）与特大洪水（大于100年一遇）；

按洪水成因和地理位置的不同常分为：暴雨洪水、融雪洪水、冰凌洪水、山洪以及溃坝洪水、海啸、风暴潮等。

在上述分类方法中，最为常用的是按洪水成因所划分的分类方法[1]。现就各类洪水情况分别介绍如下。

（1）暴雨洪水：由暴雨通过产流、汇流在河道中形成的洪水，简称雨洪。

暴雨洪水是最常见、威胁最大的洪水。中国是多暴雨的国家，暴雨洪水发生很频繁，造成的灾害也很严重。因此，研究暴雨洪水的特性及其规律，采取有效的防洪措施，最大限度地缩小洪水灾害，是研究暴雨洪水最主要的目的。其成因为：集中地降落在流域上的暴雨形成的洪水，暴雨结束，并不随之终止，而要持续一段时间，历时长短视流域大小、下垫面情况与河道坡降等因素而定。洪水大小不仅同暴雨量关系密切，而且与流域面积、土壤干湿程度、植被、河网密度、河道坡降以及水利工程设施有关。在相同的暴雨条件下，流域面积越大，承受的雨水越多，洪水越大；在相同暴雨和相同流域面积条件下，河道坡度越陡、河网越密，雨水汇流越快，洪水越大。此外，还有影响暴雨洪水的其他因素，洪水大小也不一定相同。例如，暴雨发生前土壤干旱，吸水较多，形成的洪水就小，在久旱得雨的北方干旱与半干旱地区这种现象尤为突出。海河流域太行山麓山前地带，因多年干旱，大量超采，地下水水位大幅度下降，土壤含水量很小，偶遇200mm的暴雨也难产生大量径流。水库工程和水土保持工程可以拦蓄部分暴雨洪水，而开挖河道则可使水流通畅，增加沿河洪峰流量，减少洪涝灾害。

（2）融雪洪水：流域内积雪（冰）融化形成的洪水，简称雪洪。

融雪洪水在春、夏两季常发生在中高纬地沉和高山地区。从物理观点来看，融雪是热动力过程，可用能量平衡方法进行研究。融雪热来自辐射，以及大气、土壤、雨水和水汽凝结释放的热量。来自太阳的辐射热量，一部分被雪面反射到天空或被风吹散，剩余部分热量耗于蒸发和促使积雪融化。除了净辐射外，影响融雪的因素还有气温、湿度、风速与降水等。在高纬度寒冷地带，气温转暖后，白天气温超过0℃，积雪融化促使河水上涨，晚间气温下降至0℃以下，积雪停止消融，洪水渐退；次日又重复出现上述过程。洪水每日的涨落很有规律，形成锯齿形洪水过程。由于积雪融化有一个较长的过程，因此融雪洪水并不与积雪融化同时发生，而要滞后一段时间，且洪水过程也较长。在此期间，若发生降雨，雨水将使雪的热容量与毛管持水容量降低，从而促使积雪急速消融和软化。例如，对于深为30cm、雪温为−3℃、密度为0.2g/cm³的积雪，当遇温度为0℃、强度为1mm/h的降雨时，雨水将以0.6℃/h的幅度提高积雪温度，这对于积雪的软化具有明显效用。因此，在积雪融化季节又遇暴雨，往往会在同量级的融雪洪水上增加暴雨洪水，形成更大的雨雪混合洪水。中国新疆与黑龙江等地区经常发生融雪洪水。美国、加拿大、俄罗斯的一些地区，春季积雪大量融化，如在这时遇到暴雨，则在量大、历时长的融雪径流之上，又增加高峰的暴雨洪水，会酿成更大的融雪洪水。

（3）冰凌洪水：又称凌汛，河流中因冰凌阻塞和河道内蓄冰、蓄水量的突然释放而引起的显著涨水现象。它是热力、动力、河道形态等因素综合作用的结果。

冰凌洪水按洪水成因可分为冰塞洪水、冰坝洪水和融冰洪水三种。

冰塞洪水：河流封冻后，冰盖下冰花、碎冰大量堆积，堵塞部分过水断面，造成上游河段水位显著壅高。当冰塞融解时，蓄水下泄形成洪水过程。冰塞常发生在水面比降由陡变缓的河段。大量冰花、碎冰向下游流动，当冰盖前缘处的流速大于冰花下潜流速时，冰花、碎冰下潜并堆积于冰盖下面形成冰塞。冰塞洪水往往淹没两岸滩区的土地、村庄，甚至决溢大堤。例如，1982年1月，中国黄河中游龙口—河曲河段发生大型冰塞，冰塞体长30km，最大冰花厚度93m，壅高水位超过历史最高洪水位2m多，局部河段高出4m以上，给当地工农业生产造成重大损失。

冰坝洪水：冰坝一般发生在开河期，大量流冰在河道内受阻，冰块上爬下插，堆积成横跨断面的坝状冰体；严重堵塞过水断面，使坝的上游水位显著壅高，当冰坝突然破坏时，原来的蓄冰和槽蓄水量迅速下泄，形成凌峰向下游推进。在北半球，冰坝洪水多发生在由南向北流的河段内，由于下游河段纬度高，封冻早、解冻晚、封冻历时长、冰盖厚；而上游河段因纬度低，封冻晚、解冻早、封冻历时短、冰盖薄。当河段气温突然升高，或上游流量突然增大，迫使冰盖破裂形成开河，上游来水加上区间槽蓄水量，携带大量冰块向下游流动，但下游河段往往处于固封状态，阻止冰水下泄，形成冰坝，使坝的上游水位迅速壅高。当冰坝发展到一定规模，承受不了上游的冰、水压力时，便突然破坏；同时，沿程又汇集更多的水量、冰量，向下游流动，在下游的弯曲、狭窄及固封河段又会形成冰坝。冰坝的形成和破坏阶段常造成灾害，轻则流冰撞毁水工建筑物，淹没滩区土地、村庄，重则大堤决溢。

冰坝洪水形成的主要条件为：①上游河段有足够数量和强度的冰量；②具有输送大量冰块的水流条件；③下游河道有阻止大量流冰的边界条件，如河道比降由陡变缓处，水库回水末端，河流入湖、入海地区，河流急弯段，稳定封冻河段及有冰塞的河段等。

冰坝洪水的特点为：①流量不大、水位高；②凌峰流量沿程递增；③冰塞、冰坝壅水段水位涨率快、幅度大。

融冰洪水：封冻河流或河段主要因热力作用使冰盖逐渐融解，河槽蓄水缓慢下泄而形成洪水。融冰洪水水势较平稳，凌峰流量也较小。

（4）山洪：山区溪沟中发生的暴涨洪水。

山洪的主要特点是流速大，过程短暂，往往夹带大量泥沙、石块，突然爆发的破坏力很大。山洪主要由强度很大的暴雨、融雪在一定的地形、地质、地貌条件下形成。在相同暴雨、融雪的条件下，地面坡度越陡，表层物质越疏松，植被条件越差，越易于形成山洪。由于其突发性，发生的时间短促并有很大的破坏力，山洪的防治已成为许多国家防灾的一项重要内容。

山洪的分类：按径流物质和运动形态可分为普通山洪和泥石流山洪两大类。

普通山洪以水文气象为发生条件。在遇到暴雨或急剧升温情况下，易于形成暴雨山洪、融雪山洪或雨雪混合山洪。这种山洪的泥石含量相对较少，其密度一般小于 $1.3t/m^3$（稀性泥石流），流速很大，有时高达 $5\sim10m/s$，甚至更高。它对河槽的冲蚀作用很强，基本上不发生河槽沉积。在以裸露基岩为主的石山区，最易于发生这种山洪。

泥石流山洪是山洪的一种特殊形态，除水文气象因素外，还需要表层地质疏松为条件。从力学观点区分，泥石流有重力类和水动力类两种主要类型。重力类泥石流是坡面上松散的土石堆积物发生失稳和突然滑动的现象。雨水侵入虽为重要原因，但它不一定与洪水同步发生，其运动范围也较小。水动力类泥石流发生于暴雨期间，与洪水同步发生，称为泥石流山洪。泥石流山洪的泥石含量很高，密度一般为 $1.3t/m^3$（稀性泥石流）$\sim1.5t/m^3$（稠性泥石流），甚至超过 $2t/m^3$。山洪尤其是泥石流山洪，冲毁村镇、农田、林木、铁路、桥梁并淤堵河川，会造成极严重的灾害。

山洪的分布：山洪多发生在温带和半干旱地带的山区。那里往往暴雨集中，表层地质疏松且植被稀疏，具备易于形成山洪的条件。在湿润地区，由于植被较密，岩石风化较弱，一般不易发生山洪。在干旱地区，暴雨条件不足，也难发生山洪。中国的山洪分布很广，除干旱地区以外的山区均有发生，尤以淮河、海河和辽河流域的山区最为强烈。泥石流山洪主要分布在中国西南、西北和华北地区，其他地区也有零星分布。

山洪的防治：山洪的破坏力极强，可以采取工程措施与非工程措施防治山洪。但是，诸如排洪道、谷坊、丁坝、防护堤、水土保持等只能在一定程度上抵御或缓解山洪。许多国家比较倾向于在采取适当工程措施的同时，采取非工程措施，防御山洪，避开山洪。非工程措施主要包括编制山洪风险图表，超短期山洪预警预报以及撤退、救灾等。特别是山洪风险图表，它根据山洪的量级、致灾的严重程度划分成不同的风险度，勾绘出具有不同风险度的风险地区和范围，向受山洪威胁地区的政府部门与居民提供土地利用、工程防护措施规划、居民搬迁等重要信息。

（5）溃坝洪水：堤坝或其他挡水建筑物瞬时溃决，发生水体突泄所形成的洪水。

溃坝洪水的特点是突发性和来势汹涌，其对下游工农业生产、交通运输及人民生命财产威胁很大。工程设计和运行时，需要预估大坝万一溃决对下游的影响，以便采取必要措施。

溃坝原因为：①自然力的破坏，如超标准特大洪水、强烈地震及坝岸大滑坡；②大坝设计标准偏低，泄洪能力不足；③坝基处理和施工质量差；④运行管理不当，盲目蓄水或电源、通信故障等；⑤军事破坏。其中，超标准洪水及基础处理问题是溃坝的主要原因。

溃坝类型：坝的溃决，按溃决范围分为全溃和局部溃两类，按溃坝过程分为瞬间溃（溃坝时间很短）与逐渐溃。具体一座坝的可能溃决情况与坝型、库容、壅水高度有关。混凝土坝溃决时间很短，可认为是瞬间溃；土石坝溃决有个冲刷过程，有的长达数小时，为逐渐溃。拱坝溃决一般为全溃或某高程以上溃决，如法国马尔帕塞拱坝；重力坝溃决为一个坝段或几个坝段向下游滑动，如美国圣弗朗西斯重力坝。峡谷中的土石坝可以全溃，如中国石漫滩水库大坝；丘陵区河谷较宽，土坝较长，多为局部溃，如美国的蒂顿坝和中国的板桥水库大坝。溃坝初瞬，坝上游水位陡落，随着时间的推移，波形逐渐展平，相应水量下泄。溃坝后坝下游水位陡涨，高于常年洪水位几米甚至数十米，常出现立波，如一道水墙，汹涌澎湃向下游推进，流速可达到或超过10m/s，并引起强烈的泥沙运动，对沿河桥梁及两岸房屋建筑破坏极大。经过较长的槽蓄及河道阻力作用，立波逐渐衰减，最终消失。

（6）风暴潮：由气压、大风等气象因素急剧变化造成的沿海海面或河口水位的异常升降现象。

世界上有许多国家受到风暴潮的影响，中国是频受风暴潮侵袭的国家之一。在南方沿海，夏、秋季节受热带气旋影响，多台风登陆；在北方沿海，冬、春季节，冷暖空气活动频繁，北方强冷空气与江淮气旋组合影响，常易引起风暴潮。

风暴潮是一种气象潮，由此引起的水位异常升高称为增水，水位降低称为减水。由风暴潮引起的最大增水值一般为1～3m，最大可达6.0m左右。风暴潮可造成严重的自然灾害，毁坏沿海堤坝、农田、水闸及港口设施，使人民生命财产遭受巨大损失。中国从20世纪60年代开始开展风暴潮预报研究，并在国家气象、海洋部门的组织领导下建立了风暴潮预报网。

风暴潮可分为两类：一类是由热带气旋（包括台风、飓风、热带低压等）引起的，另一类是由温带气旋及寒潮（或冷空气）大风引起的。热带气旋引起的风暴潮大多数发生在夏、秋两季，称为台风风暴潮；温带气旋引起的风暴潮主要发生在冬、春两季。这两类风暴潮的差异为：前者的特点是水位变化急剧，而后者的特点是水位变化较为缓慢，但持续时间较长。这是由于热带气旋较温带气旋移动得快，而且风和气压的变化也往往急剧的缘故。风暴潮是一种长波的水体运动，其周期为1～100h，介于低频天文潮与海啸周期之间。

（7）海啸：由于海底地震造成的沿海地区水面突发性巨大涨落现象。

在海岸地带因山崩、滑坡等使大量的泥沙、岩砾倾泻入海，也会引起海啸。这种海底地形短暂而剧烈的变化，使得邻近海面和海水压力相应发生变化而导致海啸。当海底地壳因地震而坍塌时，海水向坍塌处集中，之后在惯性力作用下使该处的海面形成高度不大但范围很广的水面隆起。在重力作用下，该水面隆起部分就成为海面波动的动力因素，并发展成为海啸。当海底因地震而产生隆起时，则在该处的海面也随之发生隆起，形成海面波动向四周传播。海底火山爆发时，喷出的大量岩浆抬高了海面，产生了从火山发源地向四周传播的巨大波动。水下核爆炸引起的海啸与其类似。

海啸为长波，在大洋中海啸震源的水面升高幅度在1～2m，但波长可达几十至几百千米，周期为2～200min，最常见的是2～40min，传播速度可达700~900km/h。海水运动几乎可以从海面传播到海底附近，具有很大的能量。海啸在向大陆沿岸方向传播时，由于水深逐渐变浅，传播速度虽有所减缓，但因能量集中，使波高急剧增大而成为海啸巨浪，高度可达10～15m，对沿海工程建设造成巨大影响，给人民生命财产造成巨大损失。2004年发生在印度洋的海啸给多个沿海国家造成了毁灭性灾难。

以上几种洪水，其形式、成因和危害有共同之处，也有一定区别。河洪的河流集水面积较大，影响范围大；山洪集水面积小，影响范围较小；泥石流往往与山洪伴生；海潮大多数情况下只影响临海城市。

1.1.2 洪水要素及等级

1.1.2.1 洪水要素

洪水要素包括洪峰流量、洪水总量、洪水水位及洪水过程。洪峰流量是指一次暴雨洪水发生的最大流量（也称"峰值"，以m^3/s计）；洪水总量是指一次暴雨洪水产生的洪水总量（以亿m^3或万m^3计）；洪水水位是指一次暴雨洪水引起河道或水库水位上涨达到的数值（以海拔高程m计），其最大值称为最高洪水水位；洪水过程是指洪峰流量随时间变化的过程，一般用洪水过程线表示。

影响河道防洪安全的关键在"峰"，也就是一次暴雨洪水发生的洪峰流量和最高水位；影响水库安全的关键在于"量"，也就是一次暴雨洪水发生的洪水总量与最高库水位。防汛中洪水水位主要分为设防水位、警戒水位、保证水位3项。

设防水位：当江河洪水漫滩后，堤防开始临水，需要防汛人员巡查防守时的规定水位。

警戒水位：堤防水位到达一定深度，有可能出现险情。需要防汛人员巡堤查险，做好抗洪抢险准备的警惕戒备水位。我国主要河道的重要水文站都有警戒水位的规定。

保证水位：是经过上级主管部门批准的设计防洪水位或历史上防御过的最高洪水位。当水位接近或达到保证水位时，防汛进入紧急状态，防汛部门要按照紧急防汛期的权限，采取抗洪抢险措施，确保堤防等工程安全。

1.1.2.2　洪水等级

根据2008年11月中华人民共和国国家质量监督检验检疫总局和中国国家标准化管理委员会联合发布的《水文情报预报规范》（GB/T 22482—2008），洪水等级划分为4个：洪水要素重现期小于5年的洪水为小洪水，5～20年的洪水为中洪水，20～50年的洪水为大洪水，大于50年的洪水为特大洪水。

估计重现期的洪水要素项目包括洪峰水位（流量）或时段最大洪量等，可依据河流（河段）的水文特性来选择。

1.1.3　汛、汛期和防汛

汛的含义是指定期涨水，即由于降雨、融雪、融冰，使江河水域在一定的季节或周期性涨水现象。汛常以出现的季节或形成的原因命名，如春汛、伏汛、

秋汛、潮汛等。春汛（或称桃花汛），是指春季江河流域内降雨、冰雪融化汇流的涨水现象，因其恰值桃花盛开季节故称为桃花汛；伏天或秋天由于降雨汇流形成的江河涨水，称为伏汛或秋汛；沿江滨海地区海水周期性上涨，称为潮汛。

汛期的含义是指江河水域中的水在一年中有规律显著上涨的时期。我国各河流所处的地理位置、气候条件和降雨季节不同，汛期有长有短，有早有晚，即使是同一条河流，其汛期各年情况也不尽相同，有早有迟，汛期来水量相差很大，千差万别。为了做好防汛工作，根据主要降水规律和江河涨水情况规定了汛期，如珠江为4～9月，长江为5～10月，淮河为6～9月，黄河为6～10月，海河为6～9月，辽河为6～9月，松花江为6～9月。

防汛的含义是为防止或减轻洪水灾害，在汛期进行防御洪水的工作。其目的是保证水库、堤防和水库下游的安全。《中华人民共和国防汛条例》第三条明确了我国防汛的方针，即"安全第一，常备不懈，以防为主，全力抢险"16字方针。其基本任务是积极采取有力的防御措施，力求减轻或避免洪水灾害的影响和损失，保障人民生命财产安全和经济建设的顺利发展。

防汛主要工作内容包括：防汛组织、防汛责任制和防汛抢险队伍的建立，防汛物资存储和经费的筹集，江河水库、堤防、水闸等防洪工程的巡查防守，暴雨天气和洪水水情预报，蓄洪、泄洪、分洪、滞洪等防洪设施的调度运用，出现非常情况时采取临时应急措施，发现险情后的紧急抢护和洪灾抢救等。

1.1.4　频率与重现期

（1）频率的概念。频率是指大于或等于某一数值随机变量（如洪水、暴雨或水位等水文要素）出现的次数与全部系列随机变量总数的比值，用符号P表示，以百分比（％）为单位。它是用来表示某种洪水、暴雨或水位等随机变量可能出现的机会或机遇（概

率）。例如，$P=1\%$，表示平均每100年可能会出现一次；$P=5\%$，表示平均每100年可能会出现5次，或平均每20年可能会出现一次。计算频率的公式为$P=[m/(n+1)]\times100\%$，其中m表示大于或等于某一随机变量出现的次数，n表示所观测的随机变量总次数。

（2）重现期的概念。重现期是洪水或暴雨等随机变量发生频率的另一种表示方法，即通常所说的"多少年一遇"。重现期用T表示，一般以年为单位。洪水重现期是指某地区发生的洪水为多少年一遇的洪水，意思是发生这样大小（量级）的洪水在很长时期内平均多少年出现一次。例如，百年一遇的洪水，是指在很长一段时间内，平均一百年才出现一次这样大小的洪水。但不能认为恰好每隔一百年就会出现一次，应从频率的概念理解，这样大小的洪水也可能百年内不止出现一次，也许百年中一次也没出现。

（3）重现期与频率的关系。重现期与频率的关系，可用公式表示：①当所分析的对象是最大洪峰流量或降雨量等，它们出现的频率小于50%时，则重现期为$T=1/P$（年）；②当所分析的对象是较小的枯水流量或较小的降雨量时，其频率一般大于50%，则重现期为$T=1/(1-P)$（年）。例如，当$P=1\%$时，则$T=100$（年），称为百年一遇。

例如，在某一条河流上发生10000m³/s的洪峰流量，在50年中可能会出现1次，则其频率为2%，其重现期为50年，又称为50年一遇的洪水。通常所说的某洪峰流量是多少年一遇，就是指该量级洪水流量的重现期。

1.2　洪灾形成机理

1.2.1　洪灾形成因素

洪灾指洪水造成的损失以及其他影响，洪灾具有突发性强、波及面广、影响程度大的特征，是人类面临的最主要的自然灾害之一，也是影响社会和谐的重要隐患。

纵观世界主要文明的起源，我们可以发现这样一个认识：人类文明的起步是从用火开始的，而人类社会的形成是从治水开始的。中国古代的思想家就把洪水灾害视同猛兽，提出了"为政之要，其枢在水"的观点。防洪工作需要与自然规律协调安排，人与洪水协调共处。要付出合理的投入，取得可能获得的最大效益。要进行科学规划，确定城市的防洪标准，修建防洪工程体系，包括堤防、水库，并设置分蓄行洪区，建设区内安全设施，以便主动分蓄行洪。这些工作的目标为：在城市发生规划标准的常遇和较大洪水时，国家经济和社会活动不受影响；遇到超标准的大洪水和特大洪水时，有预定的分蓄行洪区和防洪措施，国家经济和社会不发生动荡，不影响国家长远计划的完成。防洪减灾是关系到人民群众生命财产安全，关系到社会稳定与可持续发展的重要事业。

近几十年我国的城市建设发展迅速，城镇化率（城镇人口占总人口的百分比）从1978年的17.92%上升到2014年的54.77%，如图1-1所示。

据有关资料显示，我国有近40%的人口、50%的国民收入、70%的工业产值集中在城市，绝大部分科技力量和高等教育设施也集中在城市。据联合国经济和社会事务部人口司2008年2月26日发布的《世界城市化展望》报告指出，到2050年，中国的城市人口占总人口的比例将增至70%。但是，城镇化发展的同时也带来了各种隐患。城市化致使城市内的天然水文、

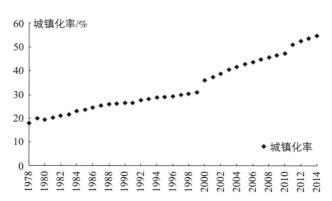

图1-1　中国城镇化率发展图（1978~2014年）
（数据来源于国家统计局）

水力特性发生显著变化，接纳城市排洪的中等河流，遇到 2～5 年一遇的常见洪水时，可使河流洪峰流量迅猛增加。城区洪水观测资料表明，城市洪峰流量比天然江河高出几倍甚至几十倍，对人口稠密、工商业发达、建筑物繁多的市区构成了严重威胁，加之地下空间的不断开发使城市孕灾环境发生了巨大变化，给防洪安全带来巨大隐患。

洪灾形成及灾害严重程度取决于 3 个因素：一是洪水超过防护能力形成洪水泛滥，或因防护设施质量不好而失效导致洪水泛滥；二是受灾体在洪水中的暴露度与脆弱度；三是洪灾管理政策与管控措施的有效性[2]。暴露度是指一个地区受洪水泛滥淹没影响的人口、农田、资产，以及其他基础设施等分别占各自总数的比例。脆弱度指受灾体承受洪水淹没影响的能力和适应与恢复的能力。政策与管控措施指政府对受灾地区制定的防洪减灾标准及其他减灾对策。一般而言，在相同洪水泛滥条件下，暴露度越大和脆弱度越高，政策与管控措施又不得力时，洪水损失及影响越大，反之亦然。

从洪水形成（因）开始到洪灾损失与影响产生（果），都是在自然环境与人类社会环境中演绎的，环境给灾害形成提供了平台。由于环境是变化的，因此，洪水特征与变化的环境自然成为形成洪涝灾害特征复杂性的根本原因。不同洪水的特征不同，形成条件与形成过程都很复杂，对受灾体的影响程度自然千差万别。例如，流域下垫面改变所引起洪水产汇流的变化，防洪体系的改变而引起洪水时空分布的变异，经济社会发展而增加洪灾损失的物质基础，气候变化可能加大洪水的频度与量级。变化的环境对洪水的影响加重了洪涝灾害的复杂性。

1.2.2　洪灾特征

1.2.2.1　堤防洪水集聚效应增强灾害分布的随机性

部分地区为了提高自身的防洪标准，对流域或区域整体利益欠考虑，竞相加修和加高局部堤防及加大内涝外排能力，使部分天然洪泛区消失，加大、加快了洪水入河，导致外河水位不断升高，使流域整体防洪能力下降，洪水风险加大或转移。其主要表现在以下几个方面。

1. 沿江（河）堤防束水集聚效应增大，江河洪水沿程的复杂变化

城市为了抵御江河洪水而修筑堤防，但是如果标准过高不仅影响城市环境，而且会使沿河洪水的入河量增加，抬高洪水位。据有关资料分析，广西邕江上游修建堤防后，南宁河段 20 年一遇洪水水位抬高 40cm。进入 20 世纪 90 年代，长江南京下关站年年突破警戒水位。据统计，南京下关站从 1921 年至 1996 年，年最高水位的多年平均值为 8.21m；而自 20 世纪 70~90 年代，年最高水位的多年平均值为 8.60m，上升近 40cm。分析其原因，除流域内湖泊蓄水能力下降、沿江排涝能力增强外，干支流堤防加高、加长使洪水入河量增加也是重要原因之一。沿江河修建堤防不仅造成洪水集聚效应，并且由于堤防标准不均匀，洪水集聚效应十分复杂，沿程洪水时大时小，导致沿程洪水变化的复杂性。

2. 城市围堤加重内涝并恶化环境

城市为了自保而修建围堤，在防御外洪的同时也加重了城区涝水外排的困难，并使环境恶化。例如，珠江三角洲的一些城市大都被围堤包围起来，防洪标准提高了，但内涝加重了，环境污染了，人居条件下降了。国外十分重视防洪带来的环境问题。在对待城市排水问题上，并不一味提高工程排水标准，而是推行雨水利用政策，让涝水就地多消化一点儿，宁肯堤防修矮一点儿，城内调蓄能力多保留一点儿，生态环境用水多安排一点儿，创造好的人居环境。

1.2.2.2　城市洪涝灾害问题随着城市化进程的加快而越来越突出

1. 城市不透水地面增多，绿地、植被减少

随着城市化的快速发展，城市地面硬化速度不断提高，不透水地面大幅度增多，城市已经成了一个钢筋混凝土的"森林"。首先，不透水地面的增多，既减少下渗雨水量，又降低地面糙率，使大部分降雨形成地面径流，造成城区暴雨产流、汇流历时明显缩短，水量显著加大。其次，城市化的发展使得绿地、植被不断减少，在暴雨来临时不能起到固水作用，而是直接形成地表径流，使城市内涝加剧。

2. 城市排洪能力差

随着城市化速度的加快，城区人口迅猛增多，工业、企业大量增加，生活用水和工业用水量大幅度上升，废水相应大幅度增多。而我国大多数城市，尤其是中小城市，合流制排水系统排放能力不足，一遇到暴雨，污水和雨水同时涌入排水系统，常造成排水管道爆满，不能及时排洪，导致污水四溢、泛滥成灾。

3. 城市水体面积减少

由于城市社区、交通、工厂等大量侵占原来的蓄涝池塘和排涝水渠，不仅使城市水体不断减少，还打乱了原来天然河道的排水走向，因而加剧了城市排涝时的压力。尤其在汛期，江河水位或潮位高涨，雨洪无法自排，城内水体又无法调蓄，从而加重了城市洪涝灾害。

4. 城区降水增多

随着城区面积的不断扩大及"热岛效应"不断增强，城区上升气流加强，加上城市上空尘埃增多，增加了水汽凝结核，有利于雨滴的形成。二者共同作用，使我国南方城市，尤其是大城市，暴雨次数增多，强度加大，城区出现内涝的几率明显增大。

5. 城市暴雨洪涝在城市范围内是非均衡的

城市社会、经济的发展在一个城市内是非均衡的，因而造成城市范围内的灾害损失也是非均衡的，十分复杂。

例如，浙江省杭嘉湖地区在10年一遇的风险范围内，杭州、嘉兴、海宁、桐乡的固定资产占杭嘉湖地区的百分比较大，特别是杭州市百分比高达67.8%。

由此可知，一旦发生洪涝灾害，损失的空间分布自然是非均衡的，十分复杂。

1.2.2.3 暴雨与复杂地质条件结合，使山洪发生点难以预测

我国洪涝灾害导致人员伤亡的事件主要发生在山丘区。据统计，新中国成立以来至20世纪90年代，全国每年山洪灾害死亡人数约占洪涝灾害死亡总人数的2/3，年均死亡逾千人。而21世纪以来则已上升到80%左右，2003年全国有18个省（自治区、直辖市）、2004年全国有22个省（自治区、直辖市）先后发生了导致人员死亡的山洪灾害。山洪地质灾害的猝发性极强，极具摧毁性。例如，2005年6月，黑龙江省宁安市沙兰镇沙兰河上游突降罕见特大暴雨，山洪爆发，造成117人死亡，其中小学生105人。2010年8月，甘肃省舟曲县发生特大山洪泥石流灾害，造成1765人死亡、失踪。2012年5月，甘肃省岷县突发暴雨山洪，导致47人死亡、12人失踪。山洪的破坏力极强，在山洪泥石流灾害发生地，几乎所有的防洪系统都无法存在[3]。

1）引发山洪地质灾害的因素

（1）降雨因素。降雨因素是诱发山洪灾害的直接因素。洪水灾害的发生主要是强降雨迅速汇聚成强大的地表径流而引起的，强降雨对泥石流的激发也起着重要作用。滑坡与降雨量、降雨历时有关，相当一部分滑坡滞后于降雨发生。

暴雨发生季节性强，频率高。我国的山洪灾害主要集中在5~9月汛期，尤其6~8月主汛期更是山洪灾害的多发期，且区域性明显，易发性强。我国西南地区、秦巴山区、江南丘陵地区和东南沿海山丘区山洪灾害集中，爆发频率高，易发性强；西北地区和青藏高原地区相对分散，爆发频率较低。

（2）地形地质因素。地形地质因素是发生山洪灾害的基础和潜在条件。山丘区因地形起伏大，沟壑密集，洪水汇流迅速，从降雨到山洪灾害形成历时短，一般只有几个小时，短则不到1h，很少达到或者超过24h；而且山丘区暴雨常具突发性，难以准确预报暴

雨的发生、发展，又因山丘区目前监测站网覆盖率普遍较低，使山洪灾害预测预防存在极大困难。

根据调查资料分析统计，全国山洪灾害防治区近50年来共发生山洪灾害111325次，平均密度240次/（万km²）。防治区内以丘陵、台地和山前平原发生山洪灾害的密度最高，其次为中小起伏山地。山洪灾害发生次数在软硬相间岩体分布区和次硬岩体分布区发生最多，发生山洪灾害的密度分别为261次/（万km²）、270次/（万km²）。软硬相间岩体是发生泥石流、滑坡灾害的主要岩性单元。

西南地区一、二级阶梯的过渡带是活动断裂带的发育中心地带。安宁河断裂带、绿汁江断裂带、小江断裂带、波密—易贡断裂带和白龙江断裂带等，为我国泥石流最发育的地区。

（3）经济社会因素。经济社会因素是山洪灾害的主导因素之一。山丘区资源无序开发、城镇不合理建设、房屋选址不当以及大量病险水库的存在等，导致或加剧了洪水灾害。

2）山洪地质灾害的空间分布

我国山洪地质灾害的空间分布很广，包括沟壑洪水灾害分布、泥石流灾害分布与滑坡灾害分布。

（1）沟壑洪水灾害分布。大体上以大兴安岭—太行山—巫山—雪峰山一线为界划分为东、西两部分。该线以东，沟壑洪水灾害主要分布于江南、华南和东南沿海的山地丘陵区以及东北大小兴安岭和辽东南山地区，分布广、数量多；该线以西，沟壑洪水主要分布于秦巴山区、陇东和陇南部分地区、西南横断山区、川西山地丘陵以及新疆和西藏的部分地区，常呈带状或片状分布。

（2）泥石流灾害分布。西南地区和秦巴山地区是泥石流灾害的主要分布区域；沿青藏高原边缘山区，横断山—秦岭—太行山—燕山一线深切割地形既是华夏、西域和西藏三大地块缝合线及其次级深大断裂带，又是强地震带及降水强度高值区，泥石流灾害分布也较为集中。

（3）滑坡灾害分布。西南地区滑坡灾害多，发生频率高；东南、华中、华南地区的滑坡多分布于低山丘陵地区，多为浅层滑坡；东北和华北地区，滑坡分布较少，发生频率较低；西北地区由于缺乏相应气候条件和地形条件等，滑坡灾害分布密度低。

根据2006年国务院批准的《全国山洪灾害防治规划报告》，目前，我国山洪灾害造成的财产损失年均约400亿元，1950~1990年因山洪导致农田年均受灾面积为4400万亩，1991~2000年因山洪导致农田年均受灾面积为8100万亩，山洪严重制约着我国山丘区经济社会的发展。

3）特大山洪实例

2010年8月7日23时40分，甘肃省甘南州舟曲县北部突降强暴雨，县城北面的三眼峪、罗家峪爆发了特大山洪泥石流，由北向南横穿县城冲入白龙江。山洪携带大量的泥沙和巨石，以及被冲毁的房屋、石木和杂物阻塞了白龙江。不到0.5h，白龙江舟曲城区段就形成了长约3000m、水面宽100m、最大水深约9m、蓄水量150万m³的堰塞湖，导致舟曲县城1/3的区域淹没在水中。

导致这次山洪的原因：一是暴雨强度很大；二是山高坡陡，土质疏松。白龙江流域地貌多为石质山岭，谷地狭窄，山势高大，水流湍急。武都以上自然植被较好，为白龙江石山森林区；武都以下植被条件较差，山坡上多为天然草丛，河谷地带被依山傍水开垦为条形梯田。由于山高坡陡，在土质较疏松的舟曲一带，汛期经常发生滑坡灾害。

1.2.3　洪灾的演变

1.2.3.1　洪灾演变的驱动因素

制约洪灾的主要因素是洪水因子、受灾体的暴露度和脆弱性，以及对洪水与洪灾的政策和管控。这些制约因素也称为洪灾演变的驱动因素。环境是洪水与洪灾的载体，是洪灾形成的平台。平台的变化会导致洪水与洪灾的多样化。因此，观察与研究洪灾的演变必须立足于对环境变化的观察与研究。一般而言，环境变化改变洪水的时空分布特性，改变受灾体的暴露度和脆弱度。应对洪灾的策略与管控措施更进一步改变洪水的时空分布特性，改变受灾体的暴露度与脆弱性。

洪水泛滥成灾的主要原因是洪水来量超过保护区的防洪能力；另外，保护区防洪设施质量差也会在洪水未超过防洪能力之前溃决，导致洪水泛滥淹没成灾。以超标准洪水泛滥成灾为例，超过防洪能力的洪水通常称为超标准洪水，当出现超标准洪水时，如果其他防洪措施得当，工程设施未必一定失效，酿成洪水泛滥成灾。因此，形成洪灾，一是洪水超过防洪能力，二是防洪抢险措施未及时跟上。目前，我国主要江河防洪能力普遍偏低，如果遭遇超过防洪能力的洪水，发生水灾的可能性是存在的。另外，受灾体的暴露度和脆弱性是造成洪灾大小的另一因素。如果泛滥地区人口稀少，社会资产不多，洪灾损失自然很小；反之，洪灾损失就大。因此，严格控制对高洪水风险区的经济开发，减少洪水风险地区的脆弱性很重要。

考虑到洪水特点和经济能力，不可能在防洪建设上投入大量人力、物力和财力，只能按照具有一定的防洪安全度修建防洪设施，承担一定的风险。根据经济上基本合理、技术上切实可行的原则，我国制定了《防洪标准》（GB 50201—2014）。

1.2.3.2 通过改变受灾体的暴露度与脆弱性改变灾害结果

为了减轻洪水威胁，长期以来，人们采取种种措施对洪水实施干预，以控制洪水、抗御洪水。例如，建造水库、修筑堤防、开辟分洪道和蓄滞洪区、植树造林、水土保持、洪水调度等。由于洪水的随机变化很大，人们不可能完全控制洪水，因而逐渐将应对洪水的策略从控制洪水转变为管理洪水，给洪水以出路，与洪水同在，和谐相处。世界各国凡有洪水的地方，人们都在反思如何才能更好地解决洪灾问题。

一个地区遭遇洪水后，评估该地区可能产生的洪水影响与损失一般集中于3个方面，分别是洪水事件的危险性、受灾体的脆弱性及其暴露度[2]。变化环境主要是流域下垫面的改变、防洪体系的建造、经济社会的变化和气候变化4个方面。这些环境的改变将显著影响承灾体的脆弱性。一般而言，由于土地利用引起的下垫面的改变，主要对洪水风险源产生影响，特别是产汇流的变化，将直接引起洪水量级及洪水时空分布的变化。如果洪水的变化是朝着加大洪水的方向发展，则具有特定防洪标准的受灾体可能抗御不了变化后洪水的侵袭，从而使受灾体的脆弱性加重。建立的防洪体系将改变洪水风险的时空分布，工程的防洪效益一般将减轻某些受灾体的脆弱性，但也可能加重某些受灾体的脆弱性。例如，建造水库后，一般情况下减轻了下游洪水压力，减轻了下游某些受灾体的脆弱性；但也可能在特殊情况下，水库加大泄洪量，导致下游洪水增大，使某些受灾体无法抗御，从而加大了脆弱性。经济社会发展增加了物质财富，一旦遭遇无法抗御的洪水，损失将会增大，因而加重了某些受灾体的脆弱性。同样，气候变化可能导致极端洪水发生的频度和量级增加，从而加重某些受灾体的脆弱性。因此，必须用动态的观点审视环境变化引起的洪灾演变。

减少洪灾的有效途径在于减少受灾体的脆弱性，即通过加强风险管控能力限制风险驱动源可能造成的侵害。人类很少有可能减少地震、海啸、热带气旋、洪水等风险驱动源的强度，因此，减少洪水危险的主要机会就是设法减少脆弱性。

所有严重的危险都在某种程度上以脆弱性为基础，即使最严重的危险，良好的灾害管理也能在大幅度减少死亡率方面大有可为。不过，减少很严重危险的脆弱性可能投资巨大而无法接受和权衡。例如，拉美开曼岛的建筑规范规定抵御中等热带气旋，如果抵御很严重的气旋，则要提高标准而使建筑投资呈指数增长。实际上，这种权衡已反映在规范条例中。例如，许多规范规定防御475年一遇地震，而非很稀遇发生的地震。国家保险相关规定要求保险商应拥有能应付1500年一遇危险的资金。不过，不同国家的权衡价值观是不同的。例如，芬兰修建的海堤要能抵御10000年一遇的暴潮；而在中低收入国家，即使政治上重要，技术上可行，投资也负担不起。

近几十年，世界各国都在增强减少气象灾害（如热带气旋和洪水）死亡率的能力研究。尽管越来越多的人居住在洪泛区和暴露在气旋下的沿海，死亡率却在减少。例如，东亚和太平洋地区目前的死亡率仅为1980年的1/3。与此相反，随着资产暴露度的增加，热带气旋与洪水引发的经济损失的增加量超过了努力降低脆弱性对减少损失的作用。在中低收入国家，特别是那些经济快速发展的国家，尽管灾害管控能力和减少脆弱性方面有所改进，但这方面的发展成效仍不足以应对资产暴露度增加的失控趋势。

1.3　城市洪灾防治实践的回顾与总结

1.3.1　我国城市洪灾概况

自古以来，我国的城市几乎都是在江河湖海水域附近或依山傍水而建，受到不同类型洪水的威胁。历史上，我国各大江河洪水泛滥时也给沿岸城市带来过灭顶之灾。近年来，城市城区暴雨洪水或严重积水事件频繁发生，造成的灾害影响极为惊人。目前，我国城市防洪形势仍比较严峻。有防洪任务的城市中，只有45%左右的城市达到国家规定的防洪标准，且防洪标准普遍低于日本、美国等发达国家。除了防洪，城市排涝标准更低，不少城市常常遇暴雨就积水成灾。因此，城市防洪排涝是今后我国防洪排涝工作的重点。

城市的洪水泛滥有两种不同的类型，第一类可能是由于河流漫溢堤防形成的。第二类是在特殊情况下，经下水道漫溢，或由于高强度的降雨造成低洼区内的街道和财物被淹，地铁以及交通干线低洼处内的财物受淹等。这主要是由于排泄洪水或内涝的设施不足，或经常堆积的残渣堵塞排水管道和下水道的入口或蓄水池的出口等产生的。

我国城市洪涝灾害主要来自暴雨洪水、台风、风暴潮、山洪等外洪和内涝的威胁。风险最大的是超标准洪水及城市防洪堤漫溃或上游大坝溃决等外洪带来的毁灭性灾害。历次较大的洪水灾害，城市的水灾损失都占有相当的比例。据统计，城市受淹损失占历次洪灾造成的总损失的比例越来越大，一般达到50%~80%。历史上，我国各大江河洪水泛滥时给沿岸城市带来过灭顶之灾。1870年，武汉市被洪水围困，成为泽国。1915年7月，珠江大水，广州市被淹没7天，受灾农田43.2万hm^2，灾民378万人，死亡十余万人，损失达119亿元（如无特殊说明，本书提到元都指人民币）。1931年，武汉三镇被淹100天，最高水位达28.28m，创1865年建站以来最高纪录，最大水深6m多，市区街道行舟，78万人受灾，有3.26万人死于洪水；从汉口至南京沿江的各城市均遭水灾。1932年7月，松花江大水，哈尔滨市被淹1个月之久，全市38万人口中有24万人受灾，死亡灾民2万余人。1939年7~8月，海河遭遇50年一遇以上的洪水，天津市被淹长达一个半月，水深1.7m，受灾人口80万，直接经济损失达6亿元。1954年7月淮河流域雨量大而集中，造成了全流域的大洪水。1983年7月，汉江上游发生特大洪水灾害（仅次于1588年），安康老城全部被淹，洪水高出城堤1~2m，城堤决口6处，主要街道水深7~8m，城区近9万人受灾，死亡870人，城市专用设施遭到毁灭性破坏，直接经济损失达55.3亿元。

进入20世纪90年代，我国几乎每年发生一次大的洪涝灾害，年均洪涝灾害损失1101亿元，占同期国民生产总值的2.38%（美国洪涝灾害损失约占其国民生产总值的0.3%，日本为0.22%）。一些大城市屡遭暴雨洪水袭击，损失相当严重。

1991年，江淮地区受洪水袭击，仅苏皖两省44个城市就有30个城市受灾，受灾人口达2.2亿，直接经济损失达685亿元。1994年，广西、湖南相继发生特大洪灾，直接经济损失分别为362亿元和44.8亿元。1998年，夏季南方的长江，北方的嫩江、松花江流域相继发生特大洪灾，受灾面积达2587万hm²，受灾人口2.3亿，倒塌房屋566万间，直接经济损失高达2484亿元。2004年7月10日，北京城区内持续了近2h的暴雨，造成十多座立交桥下的积水超过2m，致使交通瘫痪。虽是周末，但市内局部地区堵车时间平均达到5h之多。2004年9月3日，十年九旱的达州市遭受了百年一遇以上的特大暴雨洪灾，造成5个县城进水，水、电、气全部中断，达州城区最深进水8m，除一条高速公路外，所有交通中断。2007年7月中旬，重庆、济南遭受有记录以来特大强降雨袭击，两座城市因灾死亡103人。2007年10月8日，因受北上台风及南下强冷空气的影响，杭州市区遭遇罕见暴雨袭击，城区调用面粉筑堤防内涝。2008年5~6月，深圳连降大雨，暴雨致使宝安部分片区、南山前海片区出现大面积内涝，最大积水深1m多。2009年广州暴雨来袭，多处交通要道均出现了因为水浸街而导致的塞车现象；天河岗顶附近多处水浸，所有高出路面的新修的下水口都被挖开，但排水情况还是不太理想。2010年入夏以来，南方地区汛情不断，部分城市遭遇强暴雨袭击，引发城市严重内涝，100多个县级以上城市一度进水，如成都遭遇入汛以来最强降雨侵袭，中心城区及蒲江县、都江堰市、青白江区等地出现短时内涝。2011年6~7月，北京、济南、合肥、重庆、扬州等14座城市被淹，如6月18日武汉市遭遇强暴雨袭击，致使低洼路段再次淹水，行人只能涉水而过，交通接近瘫痪。2012年7月21日，北京市遭遇61年来最强暴雨袭击，引发山洪泥石流灾害，因灾死亡97人，全市平均降雨量170mm，城区平均降雨量215mm，局部地区降雨量328mm，接近500年一遇，造成经济损失116.4亿元，受灾人口190万。2012年的夏天，北京、天津、上海、重庆、广州、武汉、长沙、成都、扬州、南京、保定等大中小城市均遭遇暴雨侵袭[4]。

1.3.2 我国城市防洪设施建设现状

1.3.2.1 我国城市防洪建设成就

1949年以来，党中央国务院十分重视城市防洪工作，城市防洪工作得到很大发展，主要体现在以下几个方面。

1）城市防洪工程建设迅速发展

1949年，我国城市防洪堤极少。随着城市经济和人口的发展，我国大力开展城市防洪工程建设，兴建了大量的堤防工程。至2013年，全国已有城市防洪堤长2.8万km，保护着8.8km²的城区面积，建有排水管线43万km。现在，不少有条件的城市防外江洪水已有防洪墙或防洪堤形成的圈堤保护，有的由大江、大河主要堤防保护，有的由上游水库保护。为解决市区内涝问题，很多城市兴建了排涝站，还有的利用洼地建公园等，用于蓄滞涝水。

我国幅员辽阔，除沙漠、戈壁和极端干旱区及高寒山区外，大约2/3的国土面积存在着不同类型和不同危害程度的洪水灾害。如果沿着400mm降雨等值线从东北向西南画一条斜线，将国土分为东、西两部分，那么东部地区是我国防洪的重点地区。

自1949年以来，我国主要江河都进行了大规模的防洪工程建设。水库工程是防洪治理中的重要组成部分。1949年前，全国仅有大中水库23座，其中大型水库6座，中型水库17座，有防洪作用的只有松辽流域的二龙山、闹德海、丰满等水库。截至2006年年底，全国已建成水库85849座，其中大型水库482座，中型水库3000座，总库容5841亿m³，水库数量居世界之首。这些水库不仅在历次洪灾中发挥了拦洪削峰的重要作用，而且还为农田灌溉、城乡供水、发电提供了宝贵的水源和水能资源。

1949年以前，我国堤防只有42万km，除黄河下游大堤、荆江大堤、洪泽湖大堤、永定河堤防、钱塘江海堤外，堤防不仅数量很少，且残缺不全，防御能力很低。新中国成立以后，我国在蓄泄兼筹、统筹规划、把堤防作为防洪综合治理措施的前提下，进行了大规模的堤防建设。从1949年开始，黄河进行了三次大规模的修堤运动。据统计，50多年来，黄河下游大堤修复土石方13.8亿m³，相当于修建13座万里长城。其他江河也都持续开展了堤防的加高培厚及除险加固工作。

在1954年长江大水、1958年黄河大水、1963年海河大水、1991年江淮大水、1994珠江大水、1995年第二松花江大水、1996年及1998年长江大水、1998年嫩江及松花江大水中，堤防发挥了极其重要的作用，使广大人民群众的生命和数以亿计的财产免受损失。

2）城市防洪排涝能力有了很大提高

据统计，2013年全国在有防洪任务的城市中，有321座城市防洪能力达到了国家防洪标准，占总数的50%。其中全国重点防洪城市31个，有10个达标，达标率32%；全国重要防洪城市54个，有16个达标，达标率30%。1949年前上海市没有堤防，现在已建超过百年一遇的防洪墙，不少地段已达千年一遇标准；北京市由于上游兴建了官厅、密云等水库，并修建了蓄滞洪区，使其防洪标准由基本不设防提高到大于千年一遇；哈尔滨市在1958年开始兴建了40年一遇的防洪工程，1989年将堤防加高加固，加上蓄滞洪区等措施，该市防洪标准进一步提高到100年一遇；由于修建了北江大堤，广州市的防洪标准达100年一遇。

3）城市防洪规划与城市建设发展规划协调发展

为了协调城市和江河的关系，使城市防洪工程建设服从江河流域规划，也为使城市防洪规划与城市建设发展规划相协调，以达到保护城市防洪安全的目的，需要制定科学、合理的城市防洪标准，安排好涝水的出路，需制定城市防洪规划。根据水利部1990年印发的《城市防洪规划编制大纲》（水汛[1990]13号）和2011年印发的《关于加强城市防洪规划工作的指导

意见的通知》（水规计[2011]649号），各地开展了城市防洪规划的编制（修订）工作。目前，587座城市编制完成或正在编制防洪规划，占有防洪任务城市总数的92%；有351座已完成或正在实施规划建设，占有防洪任务城市总数的55%。

4）城市防洪管理工作有了很大提高

近年来，城市防洪工程建设和日常管理工作有了长足进展，组织机构进一步健全、完善。防汛抢险责任制进一步建立、健全。城市防洪预案在防洪工作中也发挥了很大作用。另外，城市河段清淤除障、拆除违章建筑及有碍行洪设施、清除河道内的垃圾、恢复河道行洪能力等工作成效显著，这些措施提高了城区河段行洪能力、降低了城区河段水位，保护了城市防洪安全。在城市防洪工程建设过程中，堤防工程的建筑形式从一般土堤到结构复杂的钢筋混凝土轻型结构，如上海外滩的防洪墙已成为城市的一道风景线。

5）地方防洪排涝法规不断健全

1988年以来，国家先后制定了《中华人民共和国水法》、《中华人民共和国防洪法》、《中华人民共和国河道管理条例》、《中华人民共和国防汛条例》等法律法规，为规范城市防洪排涝减灾工作提供了基础支撑。各地在遵照执行以上国家法律法规的同时，结合自身实际，陆续出台了一系列规范城市防洪排涝职责分工、日常管理、预报预警、监测巡查、应急转移等有关工作的地方性法规和管理办法。例如，《上海市防汛条例》、《四川省城市排水管理条例》、《南昌市城市防洪条例》、《武汉市城市排水条例》、《浙江省防御洪涝台灾害人员转移办法》、《成都市排水设施管理办法》、《平湖市城市防洪工程运行管理办法》等，多层次、全方位的城市防洪排涝法制化管理体系正在逐步建立和完善。

6）城市防汛指挥信息化逐步加速

根据城市防洪排涝减灾需求和应用特点，各城市进一步加快了防洪指挥系统的信息化建设，加强信息采集系统、防汛通信和计算机网络系统、防洪排涝预

警预报系统建设，为城市防洪排涝调度决策指挥提供有力支撑；整合城市各部门水文、气象、交通、工程监控等应用平台，实现城市防洪排涝应急管理信息共享和协调联动。北京、武汉、上海、济南、南宁等城市初步建立了城市防洪排涝应急管理平台，实现了多部门信息共享、应急联动。

7）防洪工程体系有了初步规模

我国是洪水频发的国家之一，而且洪水灾害损失严重，为了保护人民群众的生命财产安全、保障国民经济的平稳发展，新中国成立后，国家在防洪工程建设方面投入了大量的人力、财力。到20世纪末，我国各大江河流域均已初步建成了以水库、堤防、河道整治与蓄滞洪区为主体的防洪工程体系[5]。

（1）长江流域。长江是我国第一大河流，全长超过6300km，流域面积达180万km²，约占全国总面积的18.75%。长江干流流经青海、四川、西藏、云南、重庆、湖北、湖南、江西、安徽、江苏、上海11个省（自治区、直辖市），流域范围涉及13个省（自治区、直辖市），横跨我国西南、华中、华东三大经济区。长江流域的防洪重点在其中下游。

经过20世纪50年代和80年代两次规划以及相应的大规模投资建设，长江流域已形成了以堤防、大中型水利枢纽和蓄滞洪区为主体的比较完善的防洪工程体系。到目前为止，长江中下游有干堤3600km、支堤30000km；开辟了荆江分洪区、洪湖分洪区、汉江杜家台分洪区、洞庭湖、鄱阳湖蓄洪圩垸等分洪工程，共有国家级分蓄洪区40处，总面积12000km²，分蓄洪容量约700亿m³。

结合水资源开发利用，修建水库45628座，总库容1420.5亿m³，其中大型水库142座，总库容1185亿m³，干流和支流洪水得到了比较有效的控制。目前，长江中下游干流及湖区堤防的防洪标准10～20年一遇，结合蓄滞洪区的运用，同时加强防守，可防御1954年型洪水，基本保证干堤和重要城市安全。2009年三峡水利枢纽建成后，荆江河段防洪标准提高到约100年一

遇，并可不同程度地提高其下游的防洪标准。

（2）黄河流域。黄河流域横贯我国东西，流经青海、四川、甘肃、宁夏、内蒙古、陕西、山西、河南、山东9个省（自治区），在山东汇入渤海，干流全长5464km，流域面积79.5万km²。

黄河的显著特点是"水少沙多、水沙异源"，其下游以悬河著称。黄河流域大部分位于我国的西北部，洪水灾害频发地区是其下游地区。黄河洪水问题始终是中华民族的心腹之患，尽管新中国成立以前的历朝历代对黄河治理都提出了许多理论并进行了大规模的治河实践，但没能形成完整的治黄体系，对黄河进行全面治理与开发规划是在新中国成立之后。

经过新中国成立后50余年的规划与建设，黄河的防洪能力已得到大幅度提高。黄河下游干支流上已建成了黄河三门峡水库、小浪底水库、伊河陆浑水库、洛河故县水库，这些水库对削减洪峰和减轻水库下游地区的防洪压力发挥了重要作用。以防洪作为首要任务且对中下游防洪具有关键作用的小浪底水库工程的建成，标志着黄河防洪建设进入一个新的阶段。通过上游河段的水库调蓄，同时配合堤防工程，兰州河段可防御100年一遇，宁夏、内蒙古河段可防御50年一遇的洪水。小浪底水利枢纽工程，是黄河干流在三门峡以下唯一能够取得较大库容的控制性工程。坝址控制流域面积69.4万km²，占黄河流域面积的92.3%。工程建成后，使黄河下游防洪标准由60年一遇提高到1000年一遇。

（3）珠江流域。珠江是我国南方的大河，流经云南、贵州、广西、广东、湖南、江西6个省（自治区）及越南的东北部，流域面积45.37万km²，其中我国境内面积44.21万km²。

珠江流域地处亚热带，北回归线横贯流域的中部，气候温和多雨，多年平均年降水量1200～2200mm。珠江水量丰富，年均河川径流总量为3360亿m³，仅次于长江，其中西江2380亿m³，北江394亿m³，东江238亿m³，三角洲348亿m³。径流年

内分配极不均匀，汛期4～9月约占年径流量的80%，6～8月占年径流量的50%以上。因此，珠江流域洪水灾害频繁，尤以中下游和三角洲为甚。珠江流域已建成江海堤防20500km，水闸8500座，修建各种类型水库13000座，总库容706亿m³。保护广州和珠江三角洲的北江大堤的防洪标准约为100年一遇，北江飞来峡水库已建成，堤、库联合运用，近期可防御200年一遇洪水，远期可达300年一遇防洪标准。西江和珠江三角洲万亩以上围堤一般为20年一遇防洪标准。

（4）淮河流域。淮河流域地处我国东部，介于长江与黄河流域之间，流域地跨河南、安徽、江苏、山东及湖北5省，流域面积27万km²。1997年流域内总人口16043万，平均人口密度为594人/km²，是全国平均人口密度122人/km²的4.8倍，居我国各大江河流域人口密度之首。

淮河流域地处我国南北气候过渡带，气候条件相对复杂，多年平均年降水量为920mm，降水时空分配不均，汛期（6～9月）降水量占年降水量的50%～80%。历史上，淮河是我国洪水灾害频发的流域之一，因此，淮河流域防洪体系的建设始终受到国家的高度重视。到目前为止，淮河流域已修建各类水库3500座，总库容250多亿m³，其中大型水库36座，库容193亿m³，防洪库容113亿m³。大中型防洪控制闸600座；设置国家级行蓄洪区26处，滞洪容量280多亿m³；全面整修加固堤防15000km；开辟淮沭新河、新沂河、新沭河、苏北总干渠等排洪河道，扩大了入江水道，使淮河水系尾闾的排洪能力由8000m³/s提高到13000～16000m³/s，沂沭泗水系的排洪入海能力由1949年的不到1000m³/s增大到11000m³/s。这些防洪工程体系能使淮河干流中游防御1954年型洪水，防洪标准约为40年一遇，淮北平原和里下河地区也可防御1931年型和1954年型洪水。淮河流域1991年发大水后，国家加大了对淮河防洪的投入，安排了19项骨干防洪工程，这些工程完成后，正阳关以下主要防洪保护区的防洪标准将提高到100年一遇，沂沭泗水系中

下游防洪标准将提高到50年一遇，淮北重要跨省支流的防洪标准提高到20年一遇。

（5）辽河流域。辽河是我国东北地区南部大河，流经河北、内蒙古、吉林和辽宁4省（自治区），流域面积22.94万km²，辽河流域已建成水库715座，总库容150多亿m³，其中大型水库17座，库容117亿m³，山区各主要支流的洪水基本得到控制。整修加固堤防长度11000km，修建各类水闸370座，其中大型水闸17座。辽河干流与浑河、太子河等主要河道现有防洪标准为20年一遇。辽河流域山区洪水已基本得到控制，沿河各大城市的防洪标准已比较高。1985年辽河发生常遇洪水灾害，并未超过河道防洪标准，但因河道严重设障，水位异常壅高，导致辽河干流多处溃决，引发较大灾害。

（6）松花江流域。松花江流域位于我国东北地区的北部，流域面积55万km²，现有堤防约11600km，已建成大中型水库125座，总库容290亿m³。在这样的防洪工程体系下，松花江干流、第二松花江、嫩江的总体防洪标准约为20年一遇，其中哈尔滨市、佳木斯市和齐齐哈尔市等沿江重要城市基本上可防御100年一遇洪水。

（7）海河流域。海河流域包括海河、滦河、徒骇马颊河等水系，流域面积31.78万km²。流域地跨8个省（直辖市、自治区），包括北京、天津两个直辖市，河北省大部，山西省东部、北部，山东、河南两省北部，以及内蒙古自治区、辽宁省的一小部分。

海河流域处于我国干旱和湿润气候的过渡地带，多年（1956～1984年）平均年降水量为546.6mm。由于受季风气候的影响，流域降水量年内分配很不均匀，75%～85%集中在汛期，在汛期又往往集中于几场暴雨，从而导致海河流域水害频发。20世纪50年代以来，特别是1963年海河大洪水之后，按照"上蓄、中疏、下排、适当蓄滞"的防洪方针对流域进行了大规模治理。截至2000年末，共建成大、中、小型水库1900座，总库容294亿m³，防洪库容

超过100亿m³。控制山区面积约85%；开辟分蓄洪区26处，蓄滞洪容量170亿m³。开挖疏浚行洪河道50多条，排洪入海总流量一度由1949年的2420m³/s提高到24680m³/s，但由于各种原因，现已降低到15000m³/s左右；现有堤防20000km。20世纪70年代末，海河流域治理工程主体按规划完成时，通过堤、库、蓄滞洪区和河道的联合调度运用，预计海河流域平原北系基本可防御1939年型、南系可防御1963年型洪水，防洪标准约50年一遇。

（8）中小河流。我国中小河流众多，其中威胁重要城镇、交通要道的中小河流基本上达到10～20年一遇的防洪标准，但大量的中小河流目前防洪标准较低，有些甚至完全未设防。据近年来的洪水灾害损失统计，中小河流水灾损失所占的比例呈上升趋势。在防洪减灾实践中，协调干流与支流、大江大河与中小河流的关系也将是我国防洪减灾工作的重要内容之一。

1.3.2.2 存在的问题

城市是政治、经济、文化、经贸中心和交通枢纽，对当地经济社会发展具有带动和辐射作用，城市防洪安全直接关系到社会和经济的稳定发展，是国家防汛的重点。各级政府对城市防洪工作十分重视，通过加大对城镇市区河道、沟道治理力度，依法开展防洪综合整治等措施，取得了一定成效。

近几年，特别是1998年大洪水以来，根据国家规定和各地方防汛抗旱总指挥部的要求，已有相当数量城市都进行了城市防洪规划。按照统一规划、分步实施的原则，通过修建河堤、清淤除障、河道综合整治等，提高了城市的防洪能力，而且美化了城市。

城市洪灾作为城市灾害的一大组成部分，一直备受关注。城市防洪设施是城市基础设施的重要组成部分，主要包括堤防、内行洪排水设施、水库及其他设施。同时，完善配套的城市防洪排涝设施是城市经济持续快速发展的重要保障。我国城市防洪排涝的基础差，尽管各市都有一定的防洪设施，但真正出现洪水

时并不能保障该市的生命线不受损害。城市防洪现状及存在的问题如下。

1）城市防洪标准较低

我国城市防洪标准普遍较低，除上海市按1000年一遇防洪标准设计外，许多大城市如武汉、合肥等防洪标准均不到100年一遇。目前仍有300多座城市尚未达到国家规定的防洪标准，占有防洪任务城市总数的1/2。由于洪水的随机性、城市发展的动态性、人类对洪水认识能力的局限性，工程防洪措施在合理的技术经济条件下，只能达到一定的防洪标准。无论防洪标准定得多高，都有可能出现超标准的洪水。防洪标准定得过高，限于经济实力，也不可能完全实施，并不是防洪标准越高越合理，但也不是标准越低越经济，若设计标准过低，造成城市被淹的可能性就越大，造成生命财产巨大损失的概率越高。目前，城市防洪规划中，经济防洪标准很难做到真正合理。

2）城市防洪工程不能满足防洪要求，防洪设施管理不善

城市防洪工程是城市可持续发展的重要保障，高标准的防洪体系是保障生命财产安全的重要基础设施，也是加快城市化进程的必需条件。我国的防洪工程设施底子薄，施工比较简陋，更不能做到定期检修。许多城市的防洪设施都遭到过不同程度的破坏，如天然岩石屏障开挖，防洪堤上建房造屋，开渠引水，堤身中取土取石，从而使洪水到来时，防洪设施无法开启使用。例如，四川射洪城，由于防洪堤年久失修，荒草丛生，致使1981年洪水决堤80m以上，全城被淹。

3）某些城市房屋建筑不符合要求

在历次洪水灾害中，均不免出现房屋倒塌现象。这是因为这些房屋的材料不能适应洪水的冲击或者浸泡，虽然现在大部分建筑都由钢筋混凝土建成，但仍有不少是砖木结构。因此，在易受洪水威胁的城市，要注意建筑的适应洪水能力。

4）城市规划上存在失误

对现代城市水灾研究的不足，对现代城市水灾成灾规律的不了解，往往造成城市规划上的许多失误，从而引起或加重城市洪涝灾害。目前全国有54座城市尚未编制防洪规划，有290座城市尚未实施规划。有些城市在做城市规划时，由于在城市设防与否的问题上举棋不定，致使遭受重大灾害。

1.4　国内外洪涝灾害防治对策的比较与借鉴

1.4.1　美、日、中洪涝灾害防治的现状和对策比较

美、日等发达国家防洪战略调整的经历有所不同，深入分析两国治水基本方针，结合我国实际情况，从中总结出发达国家推进洪水管理方面具有共性意义的实质。

1）美国洪水管理的特点

美国的洪水管理理论强调：

（1）防洪工程体系的兴建刺激了洪泛区的开发，洪泛区占用者的增加与资产密度的提高是洪灾损失持续增长的主要原因。

（2）大江大河要全面提高防洪标准，政府必须提供巨额资金，与保护的效益相比，可能得不偿失，受灾者有权得到政府的救助，使得国家财政负担越来越重。

（3）少数洪泛区占用者获得了廉价土地开发利用的利益，却要全体纳税人为他们提供防洪保护、承担洪灾风险，违背了公平的原则。

（4）洪泛区土地的开发利用，使其调蓄洪水与生态环境保护方面的天然功能严重丧失。

（5）使"人群远离洪水"是比"让洪水远离人群"更为合理的防洪减灾方略。

概括起来，美国防洪的特点为：人少、地多、简单、宏观。对于人少地多的特点，大家都不难理解，特别是相对于我国来说这种特征更为明显。所谓"简单"，一方面是洪水比较简单，美国的河流大多数都是从北向南流，因此发生全流域性大洪水灾害的几率小；另一方面是调度简单，严格按照规划的调度图运行；最后一个特点是宏观，美国更为注重从宏观机制上解决问题，综合运用政策、法律、经济等手段来解决防洪问题，上述美国防洪方略演变的3个标志性特点充分表明了这一点。美国选择推行强制性的洪水保险来让洪泛区的占用者自己承担部分洪灾风险并在更大范围分担风险，严格限制洪水高风险区的经济发展以及完善应急管理体制来减少水灾损失。

2）日本洪水管理的特点

日本国土狭窄，流域面积小，河道短，比降大，洪水暴涨暴落，一次大的台风暴雨即可能引发全国性的洪水灾害。在占国土总面积10%的受洪水威胁的区域中，集中了全国50%的人口和70%的资产。因此，日本对洪泛区土地也是寸土必争、寸土必保[6]。

日本的洪水管理理论强调：

（1）以工程手段降低洪水风险，为国民创造相对安全的生存环境。

（2）根据水灾影响的差异，对河流实行分级管理，由各级政府按比例分担防洪工程建设的费用。

（3）在治水的规划中必须协调好干支流、左右岸、上下游的治水矛盾。

（4）重视处理因为流域高度城市化，市街地向低洼的洪涝高风险区扩张，流域中不透水面积率加大，河道洪峰流量增加，洪峰水位抬高，所导致的已有防洪标准的衰减，洪水风险呈现增长的趋势问题。

（5）防灾投入必须与经济发展同步增长，并且采取对策满足社会、经济发展日益提高的安全保障需求。

（6）必须确保流域固有的蓄滞水功能，避免雨水更快更集中地排入河道，加重河道的行洪负担，导致洪水风险的转移。

（7）重视洪水预警报系统、防灾信息传达系统、居民避难系统等应急反应能力的建设，加强居民的防灾训练，是减少灾害损失的有效措施。

（8）治水对策必须同时考虑景观、生态、环境等要素，创造人与自然相协调的生存条件。

日本防洪的特点是工程第一、高投入、从小处着手，同时不忘记向国际上推行自己的先进技术和产品，并作为赚取外汇的手段，一举两得。日本坚持走上了一条以持续高投入建设高标准防洪工程体系，逐步增强应急反应能力的道路，并取得了极大成功，使水灾损失占国民生产总值的比例从20世纪50年代的10%左右降到了80年代以来的0.2%左右，并为保护生态环境做出了应有贡献。

为结合我国实际，学习和借鉴世界上发达国家的经验，吸取他们的教训，下面再比较一下中、日、美三国防洪形势到底有何不同，如表1-1、表1-2所示。

从防洪的角度来看，美、日、中三国基本的国土条件有显著的不同，中国大陆陆地面积960万km²，扣除荒漠、海拔400m以上高原与陡坡超过25°的山区，可居住面积仅有310万km²，其中100年一遇洪泛区面积约为76.8万km²。

与美、日等国家相比，我国的防洪形势要严峻得多，我国的江河，除了山区性河道之外，几乎都在堤防的紧紧约束之下，早就没了洪泛区的概念。所谓的滩区、行洪区、蓄洪区、滞洪区等，也都是指有人居住、被堤围护的地区。我国洪水高风险区的开发和利用是历史遗留下来的现实，早已不存在美国那种限制开发的机遇。

美国、日本、中国洪泛区、可住地与陆地面积的比较　　表1-1

比较项目	美国	日本	中国
可住地面积/陆地面积	70.9%	36.6%	32.3%
洪泛区面积/陆地面积	4.1%	10.0%	8.0%
洪泛区面积/可住地面积	5.8%	27.3%	24.0%

注：美国的洪泛区面积为FEMA确定的100年一遇洪水的淹没范围，约38万km²。

美国、日本、中国防洪形势的比较　　表1-2

比较内容	美国	日本	中国
洪泛区面积	近70万km²	近3.8万km²	近100万km²
洪泛区中人口	约3000万（12%）	约6000万（50%）	5~6亿（40%~50%）
大水灾中需要转移的人口	数千至数十万	数千至数十万	数万至数百万
洪水持续时间	数日至数月	数小时至数日	数日至数月
洪峰流量	数千至数万m³	数百至数万m³	数千至数万m³
防洪策略	工程与非工程措施并举，以洪水保险推动泛洪区管理	高标准防洪工程体系，辅以灾害应急管理	注重工程手段与防汛抢险
社会经济条件	发达国家，法制观念与保险意识强	有实力建造高标准防洪工程体系	发展中国家，法制观念与保险意识较弱
主要防洪手段与对策	高坝大库结合堤防建设，洪泛区管理，局部性的防护措施，洪水保险，洪水预警报系统，灾害救援系统	高标准防洪防涝工程体系，综合性治水规划，洪水预警报系统，灾害避难系统，社会性的防灾与互保共济组织	水库调度，堤防保护，防汛抗洪抢险，分蓄洪，洪水预报系统，以军队作为抢险救灾的主力，"一方有难，八方支援"

虽然中、美同为大国，但美国在风险管理上可以宁肯不要九年的收获，也不要一年的损失；而中国是宁肯承受一年的损失，也要争取九年的收获。美国认为洪泛区占用者自己承担水灾损失才算公平；而我国必须要强调"一方有难，八方支援"，才有利于维护社会的安定。

虽然中、日两国同在洪水高风险中求发展，但是日本的综合治水是建立在高投入、高技术的基础之上，而我国大江、大河的治理尚不具备这样的条件。

在巨大的人口与粮食需求的压力之下，在经济与社会发展水平的约束之下，中国不可能完全放弃洪水高风险区的开发和利用，靠短期内高投入来消除洪涝灾害的风险，或者靠严格限制洪水高风险区的经济发展来减少损失，均不现实。

1.4.2　发达国家洪灾防治先进经验

1.4.2.1　美国的洪灾防治措施和经验

美国是世界上最早提出并实施洪水管理的国家。美国与我国一样，大江、大河多，洪泛区范围广，可能出现持续数月的特大洪水。在各种自然灾害中，江河洪水最为联邦政府所重视。美国防洪方略调整三个标志性事件如下。

1936年制定了《防洪法》（"The Flood Control Act"，1936），根据该法，联邦政府开始大量投资防洪工程建设，包括筑坝、修堤、河道整治及其他类似的措施，但是由于洪泛区土地无限制地开发和利用，导致水灾损失仍然有增无减。

当时，美国的法律规定，为纳税人提供防灾保障与灾后救济是政府应尽的责任。而水灾损失持续增长的局面，使得政府的财政负担越来越重。这时，有经济学家指出，政府用于防洪工程与救灾的费用是全体纳税人的钱，为什么少数人跑到洪泛区里去发展，却要全体纳税人为他们提供保护，替他们分担损失呢？于是，美国开始探讨如何将洪泛区管理列入防洪减灾的体系中。

1968年制定了《洪水保险法》（"The National Flood Insurance Acts"，1968），1973年制定了《洪水灾害防御法》（"The Flood Disaster Protection Act"，1973），这是美国防洪战略的一次重大转折：一系列限制洪泛区开发利用的措施被提高到相等甚至超过原先承诺的工程措施的地位。

其思路是，洪泛区土地价格虽然低，但是洪水风险越大的地方，保险费率就要定得越高，以使洪泛区的诱惑力降低；未参加国家洪水保险的人，受灾后不再获得联邦政府的灾害救济并无权申请救灾贷款。此外，对土地利用方式、建筑物构造方式等都作了与防洪有关的法律规定。同时，建立相应的推进机制。洪泛区管理是政府行为，必须依靠地方政府实施。首先，美国将改善洪泛区土地管理和利用，采取防洪减灾措施作为社区参加洪水保险计划的先决条件，再将社区参加全国洪水保险计划作为社区中个人参加洪水保险的先决条件，这就对地方政府形成了双重压力，即不加强洪泛区管理，就将失去联邦政府的救灾援助；同时，也可能失去选民的支持，因为社区中居民受灾后得不到救济，责任在于地方政府。从而促使地方政府加强洪泛区管理，使洪水保险计划切实达到分担联邦政府救灾费用负担和减轻洪灾损失的双重目的。因此，所谓强制性洪水保险，首先是针对地方政府而言的；而对于洪泛区中的个人、家庭和企业来说，强制性并不是强迫参加洪水保险，而是义务与权利的约定。为了鼓励地方政府在洪泛区管理与减灾方面的投入，1990年美国在其洪水保险计划中进一步引入了社区洪水保险费率评定系统计划（CRS计划），对参加联邦洪水保险计划的社区，根据其洪泛区管理的业绩，分10级进行评定（表1-3）。如果社区以自身财力投入减灾活动，成效显著，并且超出了联邦政府的要求，可以评为最高的1级。这种情况下，该社区的居民购买洪水保险时可以减免45%的保险费。CRS是美国以经济手段加强洪泛区管理的又一重大举措。

洪水保险费率减免等级评分表　表1-3

等级	减少率	评分
1	45%	4500+
2	40%	4000~4499
3	35%	3500~3999
4	30%	3000~3499
5	25%	2500~2999
6	20%	2000~2499
7	15%	1500~1999
8	10%	1000~1499
9	5%	500~999
10	0%	0~499

　　1993年美国出现了历史上最严重的大洪水，表1-4表明，1993年的洪灾从经济损失来看是美国迄今为止损失最为惨重的，大约相当于200年一遇洪水。

美国典型年洪水经济损失[7]（单位：亿美元）表1-4

年度	当年洪水经济损失	洪水经济损失（1999年价）
1903	0.53	34.33
1913	1.71	105.13
1927	3.48	103.52
1935	1.27	39.79
1936	2.82	84.13
1937	4.41	115.04
1951	10.29	114.94
1955	9.95	92.52
1964	6.52	42.70
1965	7.88	49.78
1972	44.65	156.24
1973	18.94	61.32
1975	13.73	38.08
1976	30.00	76.64
1977	13.00	30.96
1993	163.70	194.52
1995	51.10	57.30
1996	61.22	67.10
1997	87.30	91.59
1999	54.55	54.55

　　密西西比河流域1993年创纪录的大洪水使得许多美国人认识到150多年来的政府"洪水控制"（flood control）的国家政策没有达到预期的目的，洪水不可能完全被控制住，洪水风险也不可能完全消除，美国未来的洪水政策应该从"洪水控制"走向"洪水管理"（flood management）。

　　美国跨部门洪泛区管理审查委员会1994年发布的报告认为，这次创纪录的洪水损失大大提高了全体国民的水患意识，并且对国家洪水减灾战略的方方面面提出了新的问题，1993年的大洪水促使美国政府修订了国家洪泛平原管理统一规划，开始制定更全面、更协调的措施保护并管理人与自然系统，以确保长期的经济和生态环境的可持续发展。

　　美国以风险管理理论为基础，建立工程措施与非工程措施并举的综合型的防洪减灾体系之后，这一新的防洪方略陆续为世界许多国家所借鉴。

1.4.2.2　日本的洪涝防治措施和经验

　　日本在20世纪60~70年代处于中高速城市化的阶段，为了减少水灾损失，曾努力以高投入来扩大防洪保护范围，提高防洪排涝标准。结果发现，河道洪水峰型变得越来越尖陡，洪水到达时间提前，洪峰流量成倍增加，洪峰水位显著抬高，已有防洪保护标准相对降低；随着城市不透水面积的增加，城市内涝加重，加之受灾地区人口、资产密度提高，水灾损失依然呈上升趋势。而传统行之有效的拓宽河道、开挖分洪水道、加高堤防等措施在高度城市化的地区已经难以实施；简单提高城市排水能力，势必更为加重河道的行洪负担与下游河段的防洪压力。

　　为此，从20世纪70年代后期起，日本开始加强洪水风险的研究，建设省河川局从1979年起制定出综合治水特定河川计划，对治水方略作了重大调整。在治水指导思想上，从努力扩大防洪保护范围向确保流域固有的蓄滞水功能转变；在治水对策上，从单纯改善自然环境向改善自然环境与改善社会经济环境相结合发展。在防洪规划中，对各段河流都指定洪峰的限制流量。也就是说，一旦暴雨袭来，不是如何尽快地将内水排入河道，而是发展雨水渗透、蓄流设施，等洪峰过后再排入河道；对河道中可能发生的超额洪水，不是继续加高堤防，而是沿河设定分洪区，在分洪区的堤防上选择一段，改造成分流堰，限制堰顶高程低于堤顶高程，使超额洪水在确定的地点自动漫溢出槽，起到削峰的作用；或者建造超级堤防，使堤宽达到堤高的3~5倍，即使洪水漫溢也不会出现堤防溃决的恶性事件，削弱了超标准洪水的破坏力。超级堤上可以建房修路，土地利用率更高。

在非工程防洪措施方面注重：①泛滥区的管理，如制定土地利用法规，发展耐淹建筑等；②报警避难系统的建设，如发展洪水预警报系统、洪水信息传送系统、居民避难系统，加强防汛组织，绘制并公布洪水风险图等。

1.4.2.3 欧洲国家城市防洪规划与实践

德国、法国、荷兰三国位于欧洲中西部，地理位置相邻。长期以来，这三个国家均非常重视防洪减灾和环境治理，积累了丰富的治水经验。他们在防洪减灾方面的做法和思路非常独特，成效显著，为三国的社会发展、经济建设创造了良好的环境。

1）从环境水利角度出发，重视防洪治水

德国、法国、荷兰三国在治水思路上曾经较长时间地沿袭单一目标的治理。随着三国社会和经济的发展、人们物质生活水平的提高，三国对水环境提出了更高要求，在治水观念上由过去单一修建防洪工程来达到防洪减灾目的，转变为以保护水环境为重点的多目标综合治理。他们认为，单一目标治理虽然取得了很大成效，但往往破坏了自然环境，给生态环境带来长时期的不利影响，从而又严重威胁到人类自身的利益和安全。因此，他们对江河采取了综合治理的办法，从生态保护和环境治理的全局考虑修建防洪工程，把工程措施与水环境、社会环境结合起来。三国特别重视对环境的影响，将河流的整治和居住点的保护纳入环境强制系统。他们认为洪水是自然现象，不

可能不发生，也不可能人为完全控制住；对自然进行太多干扰，人为改变洪水的自然条件，会加重洪水灾害。德国的巴伐利亚州便有意识地将原来规则的堤防断面改为不规则的断面，将原来直线河道改为弯曲的河道，让河流保持自然状态，这是一个非常典型且非常成功的例子。

他们认为，河流运动有其自然摆动的范围，在治水时必须给洪水保留足够的通道。采取防洪措施首先应以保护人的生命为主，其次是保护好可能给周围环境造成污染的企业、工厂及其他设施，该淹的就淹，不要为保护某块土地花费太多的人力和物力。三国防洪抢险的主要任务是救人，只要人能安全撤离、可能造成污染的企业能得到保护就行。例如，德国科隆市的防洪标准为100年一遇，但在发生10年、50年或100年一遇洪水时允许一些地区受淹。

这三个国家都将水利工程的规划建设与营造更加优美的环境相结合，普遍采取还河道以原生态的措施。经过多年的有效治理，三国的水环境有了很大改善，避免或减轻了洪水灾害。人们所到之处不见裸露的土地，森林、花木、草地，郁郁葱葱，空气清新，视野开阔，河流沿岸更是水碧草绿、景色如画、风光无限。

上述治水观念的形成，与三国地多人少、生产过剩、地理气候条件优越紧密相关，同时也是经过长期的防洪治水实践所形成的。这也是当今欧洲经济发达国家治水的基本要求和主要特征。

2）非工程措施作用大

三国重视防洪非工程措施建设，其非工程措施投入一般为工程措施的1/10。三国的非工程设施比较完善，并在防洪减灾中发挥了重要作用。例如，德国各州均有洪水预报中心，法国全国有52个洪水预报中心。洪水预报中心与各水文站、雨量站实行计算机联网，水情、雨情信息的收集及分析处理均由计算机进行。三国均有较完善的雷达测雨站点、快速的洪水自动测报设施、先进的通信传输设备和布局较广的数据

网络。

三国对洪泛区的管理有具体明确的措施。例如，法国在防洪政策中规定：保护洪水流经区域和扩展区域，禁止在洪水严重区域建设任何新工程与居民区，保护与水相关的景点和环境。三国都将城市较低的地区或河道滩地开辟成公园、绿地、球场、停车场、道路等，平时为娱乐场所，当有洪水时作为调蓄洪水的场所。他们对蓄滞洪区内的土地管理非常严格，不能开发建设就坚决做到不开发建设，决不含糊；所有的蓄滞洪区都能正常运行。

三国十分重视提高公众的防灾意识，在中小学普遍开展灾害预防教育。德国把洪水预警分为四级，并广泛宣传，告知居民风险程度和预防措施。当洪水到来时，居民可自行判断危险程度，并合理安排工作和生活。尤其值得称道的是荷兰阿夫斯勒特坝和三角洲的重要工程，因其周边和内部环境优美，已被作为旅游景点，供游人参观、访问，使游人在休闲娱乐中接受防洪减灾知识教育。

1.5 我国城市防洪对策探讨

在未来的20年间，我国洪灾发生的情势仍呈难以根本逆转之势。洪水灾害的发生由灾害源（即恶劣气象条件）、致灾载体（即洪水及相关的水系条件）和受灾体（即洪水影响的空间范围及其社会经济因素）三方面的因素具体决定[8]。洪水灾害的防治则是通过人为手段对这三个方面的因素及其组合状态的改变和调整，以达到减小灾害损失的过程。我国未来洪灾情势由自然、社会、经济三方面的因素所决定。

1）自然背景因素

我国各主要河流均自西向东汇流入西太平洋。我国社会人口、经济主要密集分布于各大河流的中下游冲洪积平原地区。气候受环太平洋季风控制，太平洋地区交替发生的厄尔尼诺及拉尼娜现象均对我国有着

明显影响。另外，温室效应对全球气候变化的影响，也进一步加剧我国恶劣气象因素发生的复杂化。在地质与地貌上，我国西部大多为高原地区，处于抬升、剥蚀、夷平历史状态，东部则处于堆积和平原延伸扩大的历史时期，这种背景决定了我国主要河流发育和演化的特点，也从根本上规定了这些河流的泥沙和淤积，以及河道变化的情况。从自然背景来看，影响我国洪水灾害的自然因素在未来不会有太大变化。

2）人口因素

人与水争地是我国洪水灾害形势恶化的最根本原因，作为受灾体，即作为保护对象的社会存在，在最近的几十年，由于城市化进程的加快，城镇人口以极快的速度增长，并以其自身法则分离出有悖于防洪情势的空间格局。

3）社会背景因素

洪涝灾害在同一水系内具有空间上的关联性，灾害损失上也具有空间上的不对称性。这种特性容易导致地区之间、部门之间的争利避害行为，而治水防洪大局则要求地区之间、部门之间的协调合作，并且是长期性的、制度性的协调合作。从我国治水的现实来看，由于地区、部门间的损益补偿标准以及财政转移支付制度的不规范性和连续性，目前仍很难尽快达成协力合作、高效治水、防灾减损的目标。

制定城市防洪减灾对策时，针对以上三个因素，除了力求减小自然变异的程度和作用外，更重要的是采取工程与非工程及社会综合性防洪减灾措施，即在顺应自然变异规律的前提下，规划与指导人类社会活动，创造自然与人类相和谐的环境，加强对人类的保护，减小城市的洪涝灾害损失[9]。

（1）加强城市防洪规划工作。城市防洪规划要先行。城市防洪思路应该从"尽快排走"向"尽量调蓄"转变。城市防洪是一个长期、预先、整体规划的问题。城市防洪规划与城市所在江河流域规划、城市总体规划、江河航运以及城市给水排水、城市道路桥梁等，有着十分密切的关系。把城市防洪减灾建设作

为资源利用、生态建设和国土开发整治的重要组成部分，使城市建设布局、整体规划与流域规划、城市防洪规划相协调、适应。凡有防洪任务的城市应尽快编制和报批防洪规划，按规划建设和完善防洪体系，保障社会安宁和可持续发展。同时，在加快城市化的进程中，应避免出现重地上而轻地下的问题，需切实加强城市地下空间的开发利用，结合城市生态文明建设，源头化收集利用雨水，利用洼地进行调蓄，将区域生态环境的保护和协调，与雨水的资源化利用、源头减排有机结合起来，这是保障未来城市可持续发展的关键。

（2）加大城市防洪工程建设投入。加快对现有城市防洪工程的除险加固和城市防洪工程的建设，提高城市防洪排涝标准。根据规划，到2015年我国包括大中城市、省会城市等在内的大部分城市均要达到国家标准。针对我国城市防洪排涝标准普遍偏低的情况，在城市防洪工程建设资金方面要多方筹集，加大筹资力度，建立健全市场经济条件下的城市防洪集资、融资措施，加大国家和各级地方政府对城市防洪的投入，如开展征收河道工程建设管理费，建立城市水利基金，利用银行贷款，通过建设防洪工程开发土地等方式筹集资金进行城市防洪工程建设。

（3）尽快形成完善的城市防洪减灾体系。根据我国的洪水灾害特点，防洪减灾体系包括常规防洪工程体系、非常规防洪工程体系和防洪非工程体系以及水情、灾情、工情评价体系与洪水灾害保障体系。常规防洪工程体系指由河道、堤防、水库和城市排水系统等常规工程所组成的防洪排涝工程体系。法国巴黎在进行城市规划时就设计了很大的地下排水系统，既能存水又能排水。始建于19世纪中期的巴黎下水道，中间是宽约3m的排水道，两旁是宽约1m的供检修人员通行的便道，目前总长达2300多km，规模远超巴黎地铁，至今每年都有十多万人前去参观学习。青岛市被公众冠以"中国最不怕淹的城市"之名。1897年，德国计划将青岛建成在太平洋最重要的海军基地，当

时铺设下水管道尺寸最高2.5m、宽3m，当时青岛是中国唯一一座雨污分流的城市。非常规防洪工程是一种特殊的防洪措施，主要包括分蓄行洪区的安全、灌溉、排水、生活供水设施，撤退道路设施，电源、通信等各种基础设施以及行政管理、运用损失补偿条例等体系。防洪非工程体系包括：水情监测预测预警系统，防汛指挥调度系统，防洪工程设施管理系统，政策法规体系。加强城市防洪工作是一个综合性问题，不仅是技术，更涉及政策法规等防洪非工程措施。在德国，部分城市实施了强制性标准。根据本地区特点，在防洪规划中规定城市建筑不透水面积最大不超过3.3%。在日本，许多城市利用停车场、广场铺设透水路面或碎石路面，使雨水尽快渗入地下。在我国台湾地区，很多停车场已改用透水地面，一些新停车场甚至就是一片杂草丛生的草坪。在城市规划时，应留出更多的与硬化地面配套的透水地面和存水设施。现在世界上很多城市都在发展地下空间，充分利用地下车库和地下交通。

（4）借鉴国外经验采用城市防洪风险管理方法。当前，国外城市防洪管理主要采用3种模式的风险管理方法，即使洪水远离城市、使城市远离洪水和考虑洪水淹没影响。"使洪水远离城市"这种模式的思路是，减少洪水发生的概率，提高城市的防洪排涝标准。对应的技术手段主要有疏浚河道，修建堤防、分洪道，整治排水沟，兴建泵站等；相关的空间规划措施包括蓄滞洪区建设、堤防退建、城区沟塘水面保护以及公共设施（网球场、操场）滞洪功能建设等。"使城市远离洪水"这种模式的思路是，为避免洪涝灾害对城市的威胁，在城市规划阶段就对城市的建设发展方向、位置和高程提出明确要求，使城区尽量避开易发洪水的地区。该模式主要适用于新城规划建设，特别是对那些用地紧张、发展空间不足的城市，为防止其向低洼地和河滩地发展，提倡在老城区周边的较安全区域建设卫星城。"考虑洪水淹没影响"这种模式的基本思路是，通过采取预防、调整、改造等措施，使城市

在洪水风险地区继续生存和发展。其特点是城市能够面对并做好准备对付偶然的洪水入侵。该模式的主要内容包括早期预警反应能力建设、房屋等基础设施对洪水的适应能力建设等。例如,编制撤退方案、抬高房屋地面高度等。除撤退道路和地铁防洪设施建设外,这个模式对城市发展的约束和影响基本不大。

(5)加强城市防洪的基础工作。随着城镇人口增长,防洪堤、内河沟网、道路、下水道、地下停车场、排涝(闸)站、人饮工程等市政基础设施投入相应增加。这些基础设施规划设计的一些关键性设计指标完全要靠水文分析和计算才能准确确定。要解决城市化面临的各种水文问题,必须加强城市水文建设。

城市水文建设的重要内容是站网布设与城市产汇流模拟方法研究。城市水文站网布设主要考虑雨量站布设密度问题,密度取决于市政基础设施参数中设计高程的容许误差。在技术应用方面,应积极采用先进的自动测流装置,实现无人值守,无线遥测。

城市化使城区地面大部分被房屋、路面铺占,加上热岛现象,城市暴雨频率加大,产汇流条件变化,应当加强城市水文学、综合防洪、排涝规划的研究和城市洪水预报模型及调度模型的研究;利用地理信息系统和数字模拟现代技术,进行洪水风险图的研制;加强风险管理和遥感技术在防洪规划、洪水预报及灾情评估中的应用等。

第2章 城市洪水灾害风险评价

2.1 城市洪水灾害风险评价意义

由于影响城市洪水灾害的因素错综复杂，目前人们还未能全面认识洪水形成机制，因此，在城市洪水灾害防治过程中，在对未来城市洪水灾害预测和预警的同时，还需要对城市洪水风险及危害程度作出评价，以便实施正确的防洪措施。

城市洪水灾害风险一般是指城市可能造成灾害的洪水发生的可能性。城市洪水灾害风险的存在是客观的和确定的，而风险的发生是不确定的。城市洪水灾害风险评价是指在防洪措施中引入概率的概念，定量地估计某地出现某种类型洪水的可能性，也可视为超长期洪水概率预报。

城市洪水灾害风险评价是城市洪水灾害防治的决策依据，具有一定的经济效益、社会效益和应用价值。城市洪水灾害风险评价有助于确定科学的防洪工程建设规划与标准，促进防洪管理部门提高指挥决策的正确性、科学性以及工作效率，指导城市发展过程中的城镇建设、土地规划、生产建设和人民生活，降低洪水灾害损失，同时可以为保险业核定洪水灾害保险额度提供参考标准。通过城市洪水灾害风险评价，可以掌握城市发展规划下的洪水灾害风险变化，从而确保地区平安、社会稳定，促进城市与社会经济的健康快速发展。

2.2 城市洪水灾害的风险特征

2.2.1 洪灾风险的不可消除性

洪灾与地震、飓风等其他自然灾害不同，它是可控制的，但是它也是不可消除的。长期以来，人们有个误解，认为只要加强防洪工程的建设就可以战胜洪水，消除洪灾。这种"人定胜天"的思想已经在实践中遭到屡屡挫败。美国1993年的大洪水和中国1998年的大洪水表明，加强工程标准只是在一定范围内能控制洪灾，但是，问题的反面在于，越是高标准的防洪工程，一旦遭到破坏，其后果也就越严重。

加强防洪标准，洪灾的风险并没有消除，反而从某种意义上来说，是在人类控制的范围内累积。"根治洪水"只是一种幻想，尤其是期望一举根治洪水，则更是一种有害的幻想。

2.2.2 洪灾风险的利害双重性

人们一向以洪水为灾害，但是从另一个角度来说，洪水是大自然资源循环、平衡的一种重要机制。

根据研究成果，从长的时间尺度来看，河流依靠自然的力量将较大集水范围的水土资源输送到中、下游平原地区，创造出了有利于人类生存与发展的环境。洪水，包括其泛滥的过程，是完成这一使命的主要方式，从这个角度看，洪水也是给人类造福的使者。

即使在短期内，对于大江大河中、下游平原地区，尤其是干旱半干旱地区，洪水在缓解水资源短缺矛盾、补充地下水源、改善土壤条件等方面仍然发挥着重要作用。人类在治水活动中，如何顺应自然，因势利导，趋利避害，化害为利，是值得思考的问题。

2.2.3 洪涝灾害风险的不确定性

洪灾风险的不确定性，包含受益与受损两方面。一般认为，风险是遭受损失的可能性，而且，人们通常将预期但实际未得到的收益也算作损失。然而，在人与洪水相处的过程中，既存在遭受损失的可能性，也存在获得利益的可能性[10]。洪水的利害两重性如表2-1所示。

洪水的利害两重性 表2-1

考察的视点	利的特性	害的特性
长期的视点	将山区水土资源输送到中、下游平原地区，创造出了有利于人类生存与发展的环境	在不当的人类活动影响下，流域上游过度的水土流失会导致生态环境难以逆转地恶化
短期的视点	缓解水资源短缺矛盾、补充地下水源、改善土壤条件、改善河湖水质	造成人畜伤亡、资产损失、扰乱正常的生产生活秩序、加重财政负担
区域的视点	某些地区可能因此而在资源、环境、经济等方面受益	局部地区遭受洪水破坏，生态环境恶化、灾后重建负担重，某些地区间接受害
可持续发展的视点	大自然对人类不当行为的惩罚和报复，是制约人类非理性活动的一种力量	对某些政治、经济落后的地区，可能成为长期难以脱贫的原因之一

人类在人口增长对粮食与土地需求日益增大的压力下，到洪泛区中寻求生存、谋发展，本身就是一种冒险的行为。冒险是为了扩大生存的空间，从洪泛区水、土资源的利用中获取更大利益，但同时也面临着遭受水灾损失的可能性。如果缺乏必要的防护措施，一旦洪水袭来，就可能导致家毁人亡的恶果。不当的获取与保护措施，还可能遭受自然界更为严厉的报复。

目前许多水库转而为城镇供水之后，与防洪应用发生了矛盾。在获得提高供水保障率利益的情况下，水库应急泄洪的可能性也在增加。在实施洪水资源风险管理的条件下，在获得风险损失的同时仍然可能获得风险收益，表现出的风险损失是洪水造成的灾害，但同时会形成对地下水的补充、生态环境的恢复等资源利用的优势，这就是洪水资源的风险收益。

因此，洪水资源管理的研究，是着眼于如何更为合理地获取效益、避免灾害的研究，而不是单纯局限于减少水灾损失的研究。

从我国人多地少的国情出发，洪水风险的选择往往是处于后者的情况。而从发展的趋势来看，我国人口与土地的压力还将进一步增大，这就更加不能简单地放弃冒风险的选择。

2.2.4 洪灾风险的可管理性

就自然属性而言，洪水的出现过程具有可预见性与可调控性。对任一特定的区域，历史洪灾信息的管理、灾害监测系统的管理、灾害预测预报系统的管理、防洪工程系统的管理、防洪调度决策支持系统的管理，可以科学地制订防洪工程规划与调度方案，约束洪水的泛滥范围、控制洪峰流量与水位，降低淹没的水深以及缩短淹没的历时等，达到减轻洪水危害性的目的。

就社会属性而言，同等规模洪灾可能造成的实际损失及其影响，还与社会的综合防灾能力与承灾体的特性有关。

洪灾风险的可管理性表明，虽然洪灾的风险不可避免，但是洪灾的损失及其不利的影响完全可以通过人类提高自身的管理水平来限制和减轻。

2.3 城市洪水灾害风险识别

洪水灾害是多个自然因素共同促成的，气候条件、水文条件、地形地貌条件等都对洪水灾害有比较大的影响。

1. 气候因素

我国大部分地区是典型的大陆性季风气候。冬季风从亚欧大陆内部纬度较高的俄罗斯西伯利亚和蒙古高原一带，吹向纬度低的太平洋、印度洋热带海洋洋面，主要是由于北半球冬季大陆内部气温较低、气压较高，而热带洋面气温较高、气压较低，于是寒冷干燥的气流从大陆吹向海洋，从纬度较高的地方吹向纬度较低的地方，使沿途所经地区普遍降温，进一步加大了我国冬季南北气温的差异，这样就形成了干冷的偏北风（西北风、东北风），即冬季风。可以说，南北受冬季风影响程度大小不同是我国冬季南北温差很大的主要原因之一。夏季风从低纬度的太平洋和印度洋热带洋面吹向纬度较高的大陆内部，主要是由于北半球夏季低纬的热带洋面气温相对较低、气压较高，而大陆内部气温较高、气压较低。于是温暖湿润的气流从纬度较低的热带洋面吹向纬度较高的大陆内部，形成了温暖湿润的偏南风（东南风、西南风），即夏季风。

受东南和西南季风的影响，降雨在时空分布上很不均匀，雨热同期，易旱易涝。哈尔滨、北京、武汉、广州降水量年变化情况表现为"夏季多、冬季少"的特点，并且地区之间差距较大。由于距海远近不同，从东南到西北内陆，受夏季风的影响逐渐减弱，我国降水的空间分布呈现"东南多、西北少"的特点。

洪灾与各地雨季的早晚、降雨时段以及台风活动等密切相关。华南雨季来得早而长，夏、秋易受到台风侵袭，是我国受涝时间最长、次数最多的地区。从季节来看，夏涝较多，春涝、春夏涝次之，秋涝再次，夏秋涝最少。长江中下游地区自4月份出现雨涝，5月份明显增强，主要集中于江南，6月份为梅雨季节；黄淮海地区春季时雨水稀少，一般没有雨涝现象，7~8月份雨涝范围扩大，并且次数增加，占全年的70%~90%；东北地区降雨几乎全部集中于夏季；西南地区则因地形复杂，洪水出现的迟早和时期差异较大；西北地区则终年雨雪稀少，很少出现大范围的雨涝现象。

这些气候特点及受其影响的降雨特点使各地城市的防洪工作有了不同要求和任务，在评价城市防洪安全时，需要充分考虑气候因素。

2. 水文因素

古往今来，人类往往聚集在河流附近生活，形成各种规模大小的城市。而河流在给予人类生活便利的同时，对人类生命财产及城市文明都构成了一定危险。历史上，洪水泛滥，造成毁灭性破坏的例子比比皆是。因此，流域的水文特点也是城市防洪安全的重要依据。我国有黄河和长江两大水系，以下介绍黄河流域和长江流域的整体水文特点。

黄河地处中纬度，大气环流西风带。黄河流域年降水量多年均值为476mm，其地区分布的总趋势是由东南向西北递减，400mm等雨量线位于托克托—榆林—靖边—环县—平凉—天水。降水量最多的地区是秦岭北坡（800mm）；降水量最小的地区宁蒙河套灌区年降水量只有200~300mm，特别是内蒙古杭锦后旗至临河一带年降水量更小，不足150mm。降水在年内分配很不均匀，主要集中在夏季（6~8月），占全年的54.1%，最大月份出现在7月，占全年的21.2%；冬季（12月至次年2月）降水最少，占全年的3.1%，最小月份在12月，占全年的0.6%。

长江流域属亚热带季风气候区，西南季风和东南

季风均可进入，为形成暴雨提供了有利条件。长江降
雨量丰沛，多年平均降雨量1057mm，有4个主要雨
区：①武夷山雨区，年降雨量为1640mm，雨期最早，
在3~6月份；②南岭雨区，年降雨量约1400mm，雨
期稍后，在4~6月份；③峨眉山雅安雨区，年降雨量
1000mm，雨期在7~8月份；④汉江雨区，雨期最迟，
在8~9月份，甚至延至10月份，年降雨量约1000mm。
在正常年份，长江流域的雨带从3~4月份起，自东南
向西北移动，中下游的雨季早于上游，江南早于江
北。降雨量分布由东南向西北递减，中下游降雨多于
上游。

3. 地形地貌因素

地形地貌对洪灾类型起到决定性作用。由于自然
地理条件、地形地貌特点的区别，洪灾形成的条件、
机理便各有不同，形成各类洪水灾害，对经济、社会
发展的影响以及对生态环境的冲击也不尽相同，可大
致分为以下几种类型。

1）平原洪水型水灾

平原洪灾指江河洪水泛滥造成，水流扩散，波及
范围广，行洪速度缓慢，淹没时间长。平原涝灾是因
当地暴雨积水不能及时排除而形成的水灾，主要分布
在平原低洼地区和水网地区。我国平原地区的洪水灾
害往往相互交织，外洪顶托、涝水难排，从而加重了
内涝灾害；而涝水的外排又加重了相邻地区的外洪压
力，洪水与涝水不分是其主要特点。平原洪水型水灾
波及范围广，持续时间长，造成的损失巨大，发生频
繁，是我国最严重的一种水灾。

2）沿海风暴潮型水灾

风暴潮灾害是海洋灾害、气象灾害及暴雨洪水
灾害的综合性灾害，突发性强、风力大、波浪高、
增水强烈、高潮位持续时间长、引发的暴雨强度大，
往往与洪水遭遇，一旦发生风暴潮常常形成严重的
水灾。

3）山地丘陵型水灾

根据洪水形成原因，山地丘陵洪水又可分为暴雨

山洪、融雪山洪、冰川消融山洪或几种原因共同形成
的山洪，其中以暴雨山洪最为普遍和严重。其特点是
历时短、涨落快、涨幅大、流速快且挟带大量泥沙、
冲击力强、破坏力大。

2.4 城市洪水灾害评估指标体系

2.4.1 评估指标体系建立的原则

评估指标体系是指为了评价某个研究对象而由若
干相互关联的指标组成的指标群。评估指标体系由指
标元素和指标元素之间的相互关系构成，即指标结
构。一个完整的评估指标体系的建立需要同时确定指
标元素和指标结构，包括指标的概念、指标值的计算
范围、计量单位、计算方法以及对标准值进行规定规
范等。

研究和制定城市防洪安全评估指标体系是为全面
揭示和反映城市防洪安全与经济、社会及生态、环境
之间的相互作用。评估指标体系具有一定的导向性，
一方面可以确定评价对象的等级特性，另一方面可以
反映评价对象存在的问题，揭示不同城市防洪安全的
差距和今后需要努力的方向。目前，城市防洪系统种
类复杂，衡量指标较多，有些指标之间相关性不一，
无法全部予以考虑，建立既能反映防洪安全现状又具
有可操作性的评估指标体系是正确评价城市防洪安全
的基础。

涉及城市防洪系统安全评价的相关指标具有复
杂、层次多，子系统之间既能相互作用、相互影响，
又存在着两者间的输入与输出关系等特点，因此，需
要在众多相关指标中选择最具灵敏性、能够度量并且
有丰富内涵的主导性指标来作为评价因子，以此形成
指标体系来整体评价城市防洪系统。在建立防洪体系
整体评价指标的过程中要遵循一定的原则，主要有以
下7个原则。

1）完备性原则

在建立城市防洪的整体评估指标体系时，首先必须遵守完备性原则，也就是所建立的指标体系一定要能够全面反映各方面因素对城市防洪系统的不同影响。这既要包括城市防洪系统的工程措施和非工程措施以及外部环境之间的相互联系、相互作用等各种因素，又要包括城市防洪系统自身各种不同的特征参数；既要有能够定量计算表达的指标，又要包含能够定性描述说明的指标；既要有考虑工程的近期要求，又要去研究工程的长远影响因素；既要能分析影响工程的直接因素，又要考虑影响工程的间接因素；既要分析局部的影响因素，又要考虑整体的影响因素。

2）独立性原则

城市防洪系统的整体评价通常包含很多种不同的指标，这些指标所评价的范围往往具有一定的相互重叠区域。在选定指标时一般不应选择能够面面俱到地反映各种因素的指标，而是应该选择能够抓住关键性的具有独立性的指标来进行分析和计算。但指标的相对独立性与相关性并不是完全对立的，独立性并不排斥指标的相关性。

3）灵活性原则

时空属性是洪水灾害的一个明显属性，在不同的自然条件、不同的时间、不同的社会经济发展水平以及不同的种族和不同的文化背景的城市中，在考虑城市防洪问题时都有各自不同的侧重点和出发点。因此，在通常情况下，指标是随不同城市的差异特征而变化的。所以，指标体系应该具有灵活性，且能根据各地区的不同具体情况而进行相对应的改变调整。

4）简洁性原则

在建立城市防洪系统的整体评估指标体系时，应首先要满足完备性原则，在此前提下，则应该尽可能地减少各种指标的数量，以便防止因信息过多而重复杂乱，从而抓住问题的主要矛盾，避免信息混乱，减少相应的工作量且使计算分析方便，对方案评价改进

能够提供更方便简洁的条件。

5）可操作性原则

在对城市防洪系统作出整体科学的评价时，需要有大量数据信息的验证和支持。而这些有用数据的真实性、可获得性和可靠性就成为指标体系真实可靠性的基础。建立系统的城市防洪评估指标体系要联系实际，不能够脱离实际盲目建立看似全面却在实际操作中不可实行的评估指标体系。同时，指标体系应做到简洁明确和易于计算分析。

6）动态性原则

城市防洪系统内部通常是按照一定的方式在有序地运动着，而不是静止不动的。城市防洪系统的这种运动一般是由各种不同矛盾的演化推进而形成的，如协同和制约、熵增和熵减、确定和随机、保护和开发、更新和毁灭等各种因素。建立良性循环的城市防洪系统运行机制并推进其进一步完善就是建立健全城市防洪整体评价系统的重要目的。运用评估指标体系可以对城市防洪系统的动态运行过程进行全面有效的监测和调控。因此，在实际操作中，应该尽可能地选择能及时反映防洪系统运行过程中随时间变化而变化的趋势性指标。

7）可持续性原则

城市防洪系统正常运转的一个基本原则就是可持续性原则，同时，可持续性也是社会经济可持续发展的一个重要标志，必然的可持续性也就成为建立城市防洪系统评估体系时所必须要遵循的基本原则之一。因此，在评价防洪系统的安全性时，整个系统的可持续性也是不能忽略的。重视和体现这一基本原则，就要选择那些能够体现社会、环境、经济等可持续发展能力的变量来作为城市防洪系统的整体评价指标。

2.4.2　指标选取的方法

建立一个科学、完备、实用的评估指标体系是件

相当复杂而又困难的工作。常用的评价指标选取方法有目标分析法、频率统计法、因果法、理论分析法、Delphi法和专家咨询法等。

城市防洪系统的建设和社会、经济状况是城市防洪安全的主要决定因素，而防洪系统和社会、经济因素都具有复杂性、多层次性，子系统间有相互作用，同时存在子系统间的输入和输出，因此可应用层次分析法来建立评估指标系统。

1. 层次分析法简介

层次分析法（Analytic Hierarchy Process，AHP）是美国匹兹堡大学教授萨蒂于20世纪70年代提出的一种系统分析方法。层次分析法能将定量分析和定性分析相结合，是分析多目标、多准则的复杂大系统的有力工具。将层次分析法引入决策，是决策科学化的一大进步[11]。

层次分析法的原理是首先把要解决的问题分层系列化，即根据问题的性质和要达到的目标，将问题分解为不同的组成因素，按照因素之间的相互影响和隶属关系将其分层聚类组合，形成一个递阶、有序的层次结构模型。通过两两比较判断，确定每一层中因素的相对重要性，建立判断矩阵。通过计算判断矩阵的最大特征值及其相应的特征向量，得到各层次要素对上层次某要素的重要性次序，从而建立权重向量。最后，通过综合计算各层因素相对重要性的权重值，得到最低层（方案层）相对于最高层（总目标）的相对重要性次序的组合权值，以此作为评价和选择方案的依据。

2. 层次分析法的应用

评估指标体系结构普遍采用3种形式：一元、线性和塔式指标体系结构（如图2-1所示），而目标层次分析法多采用树状结构，因此，这种指标选取方法也被称为目标层次分类展开法。将城市防洪安全按逻辑向下展开成若干子目标，再将各目标分别向下展开，形成分目标或准则，依次类推，直至可定量或可定性分析的指标层为止。一般地，顶层为抽象目标

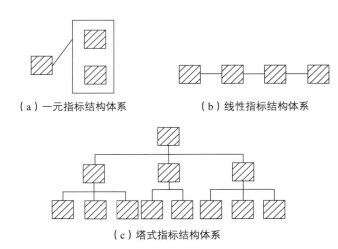

（a）一元指标结构体系　　（b）线性指标结构体系

（c）塔式指标结构体系

图2-1　一元、线性与塔式指标体系结构图

层，第二层是社会、经济等子目标，中间是若干准则层，底层为指标层。

2.4.3　城市洪水灾害评价指标的选取

城市防洪安全是一个涉及面广、多目标、多准则的综合问题，因此，在城市防洪安全评价过程中，要从洪灾成因、受灾主体和防洪措施等方面来综合考虑防洪安全问题。针对城市自然致灾因子、社会经济影响因素和城市防洪减灾措施影响因素等关系城市防洪安全的不同方面，选择有代表性的指标建立评估指标体系，整体指标结构如图2-2所示。

该评估指标体系的顶层为抽象目标，对城市防洪的安全性进行评价，第二层是社会、经济等准则层。城市洪灾的发生是自然致灾因子、社会经济状况、防洪减灾措施等共同作用的结果。城市的自然条件是城市洪灾的先天性成因。城市洪水必将对城市的社会、经济状况产生一定影响，经济越发达的城市，一旦遭遇洪水，往往损失越大。防洪减灾措施是抵御洪灾的外部措施，对城市洪水灾害的发生有一定的缓解作用。因此，建立城市防洪安全评估指标体系时，要考虑城市自然条件、社会经济条件以及城市防洪措施现状三方面因素。

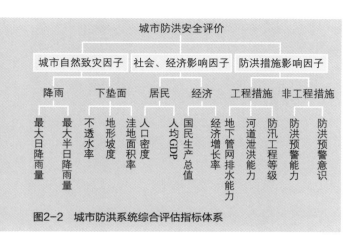

图2-2 城市防洪系统综合评估指标体系

2.4.3.1 自然致灾指标

城市的自然条件是造成洪灾的根本性因素,不利的气候条件和地势情况更易形成洪灾,造成严重损失。因此,从洪灾成因上考虑,在评价城市防洪安全时,应首先关注城市的自然条件。然而,导致城市洪灾的自然因素复杂多样,历时长的强降雨往往形成峰高量大的洪水;地势较陡的城区,汇流较快,在同样的降雨前提下,较地势平坦地区更易形成洪峰较大的洪水;绿化率可削弱洪峰;城区的洼地是易遭洪灾损害的地区。影响城市洪水的降雨情况和下垫面情况有以下几个方面。

1. 降雨指标

在水文循环中,大量水汽从山区或者海洋环境中由气流运输到城市上空,凝结成雨云,在适当条件下降落到城市下垫面,就形成了降雨。雨水降落至下垫面,汇集成地面径流。当遇到强度大、历时长的降雨时,则易形成洪灾,造成损失。因此,城市的降雨特点是防洪安全问题的基础。可采取最大面降雨量和汛期平均降雨量作为反映城市降雨情况的两大指标。

1)最大24h降雨量指标C1

降雨特性的一手资料一般包括雨量站的点降雨量和降雨历时两个基本数据,通过点降雨量可换算出面降雨量。在水利部门,通常统计一定时间内的降雨量来表征降雨特性。以城区雨量站的降雨量作为点雨

量,采用马斯京根法计算城市的面降雨量。在历史资料中选出最大值,作为最大日降雨量指标,反映该地区较长历时的降雨强度值,以"mm"为单位表示。

2)最大12h降雨量指标C2

同样采用马斯京根法,计算汛期12h的面降雨量,在历史资料中选出最大值,作为最大12h降雨量指标,反映该地区较短历时的降雨强度值,以"mm"为单位表示。

2. 下垫面指标

雨水降落到不同下垫面,进入不同的循环阶段:降落到混凝土、水泥等人工岩石表面的雨水,由于无法渗透到地下,便顺着地势,在地表汇集成水洼或细流进入河道;降落到公园、绿化带等植被上的雨水,除了绿色植物截留本身所需的水分(这部分继而随着蒸(散)发重新回到大气中),其余水量渗透进入土壤,补给地下水。显然,下垫面的透水情况和地势特点对降落到地表的雨水进入水循环起着至关重要的作用,可选取不透水率来反映透水情况、地形坡度反映地形情况。

1)不透水率指标C3

在城市不断发展过程中,人类将原有的透水性土地改造成不透水的水泥地,因此,绿化率可用来表示城市的透水能力。以城市地图上,以一定面积为单位面积,将地图栅格化后,统计绿化率不到30%的栅格率作为不透水率,以"%"为单位表示。

2)地形坡度指标C4

以城市数字高程地图为依据,采用ArcGIS软件中Spatial Analyst Tools的slope分析模块,输出该区域的坡度指标,反映该城市的地形坡度情况。ArcGIS软件以DEM高程数据为基础的坡度计算通常是以3×3像元为单位进行的,以中心单位为输出单位,可以计算8个方向的斜度,运算速度较快,输出的坡度值仍以像元形式储存,从而计算出平均坡度,也可通过灰度或者颜色的设定以图像形式输出坡度分布图。

3）洼地面积率指标C5

将以商用、交通等各种目的开辟的地下空间定义为洼地，统计城市地下空间的面积，与城市总面积相比，得出洼地面积率。根据多次洪灾经验，洼地往往易造成较为严重的洪灾损失，因此，该指标用以反映城市存在不易排水被淹危险范围的状况，以"%"为单位表示。

2.4.3.2　社会经济影响指标

洪水过境，城市的方方面面都处于被破坏的危险之中，而两座城市化程度不同的城市在遭遇同样量级的洪水时，城市化程度高的城市将有更多的生命和财产受到威胁。选取居民生命和财产安全、社会物质财产安全和非物质财产安全3个方面分析城市社会经济防洪安全指标，衡量洪水对城市的安全影响。

1. 居民生命、财产安全指标

1）人口密度指标C6

在发生水灾时，人口密度越大，受害人口数量也就越多，在同等级洪水中，损害也就越大。因此，以"人口/面积"作为人口密度指标来衡量居民受危害的程度，用"人/km^2"为单位表示。

2）人均收入指标C7

在发生水灾时，人均收入越大，受威胁的财产也就越多，在同等洪水条件下，对居民个人的损失也就越大。因此，以"国民生产总值/人口总数"反映该城市居民在洪灾中可能损失的财产量，以"元"为单位表示。

2. 经济影响指标

1）国民生产总值C8

对于整个社会来说，经济实力越强，财富积累越多，一旦遭遇洪水，损失也就越大，采用城市国民生产总值反映该城市可能受洪水影响的总财产指标，以"元"为单位表示。

2）经济增长率C9

洪水给一个正处于发展期的城市带来的损失不仅是当前的财富，同时也损害了城市的发展前景。采用该城市的经济增长率来衡量洪水对该城市经济发展产生的影响以及对城市未来财富造成的影响，用"%"表示。

3. 历史文化影响指标

城市历史文化指标C10：一座城市有很多文明遗迹，大到历朝皇城等古建筑，小到各种石刻、石碑等，都有很高的文化价值，然而，历史上多次发生过洪水泛滥破坏古迹的事件，因此，一座城市的文化意义也是需要在城市防洪时需要着重考虑的问题。以建城历史来衡量一个城市的文明程度，用"年"表示。

2.4.3.3　防洪措施影响指标

城市采取各种防洪措施应对洪灾，防治和减少洪水带来的破坏，可分为工程措施和非工程措施。全面有效的防洪措施可以抵御洪水，使城市免受洪灾损失；而防御标准低、设施陈旧的防洪措施会使城市处于危险境地。

考虑防洪措施的复杂性和多样性，全面反映城市的防洪能力是无法实现的，本书选取了部分典型指标，从工程措施和非工程措施两方面指标来衡量城市的防洪能力。

1. 工程措施指标

防洪工程按功能和目的可分为挡、泄（排）和蓄（滞）几类，在城市内部，主要是泄（排）功能的防洪工程；同时，防洪工程又涉及防洪标准的问题。从地面的河道泄洪能力、地下的管网泄洪能力以及防洪工程等级3个方面反映城市防洪工程措施的防洪能力。

1）地下管网排水能力指标C11

以城市地下管网的过水能力作为管网的排水能力，反映该城市地下管道的分洪能力，以"m^3/s"为单位表示。

2）河道泄洪能力指标C12

以城市的河道设计水位的过水量作为河道的泄洪能力，根据淤积情况，专家打分反映该城市河道的泄水情况，以"m^3/s"为单位表示。

3）防洪工程等级C13

河道、水闸、堤坝等水工建筑物的防洪等级可以反映该城市防洪工程的防洪能力。

2. 非工程措施指标

非工程措施有很多，防洪预警、洪泛区管理、洪水保险、防洪宣传和相应的法规政策等，考虑可比性和差异性，选取防洪预警能力和防洪减灾意识用以衡量城市防洪非工程措施的防洪能力。

1）防洪预警能力C14

防洪预警能力主要体现在对降雨洪水预报的准确性和及时性，主要由区域的雨情监测系统反映降雨情况，预测洪水。因此，以城区及其周边（特别是上游）地区的雨情监测系统的监测能力来衡量防洪预警能力。

2）防洪减灾意识C15

群众的防洪意识对躲避洪水对生命和财产的危害往往起到重要作用，对群众的防洪减灾意识进行知识普查，以普查结果的平均成绩反映城市居民对防洪减灾的意识。

2.4.4　城市洪水灾害评价指标标准值的确定

2.4.4.1　城市洪水灾害等级划分

城市防洪安全可笼统分为安全与危险两种状态，然而，事实上这种分类过于极端，大部分城市防洪处于安全与危险之间的过渡状态，或者偏于安全，或者偏于危险。由此，将城市防洪安全分为4个等级，如表2-2所示。

防洪系统安全等级划分表　　表2-2

等级	等级标准
1	城市防洪系统安全等级为绝对安全状态
2	防洪系统安全处于相对安全状态
3	防洪系统安全处于轻度预警状态
4	防洪系统安全处于重度预警状态

2.4.4.2　城市洪水灾害评价指标标准值

以表2-2所示等级划分为标准，参考有关规范和实际情况，确定防洪安全评价指标的标准（表2-3），并对标准值的确定方法进行说明。

1. 自然致灾指标标准值确定

最大24h降雨量指标、最大12h降雨量指标：

在气象部门发布的天气预报中小雨、中雨、暴雨等专业术语，它们之间的区别是：24h内雨量超过50mm的称为暴雨，超过100mm的称为大暴雨，超过250mm的称为特大暴雨。

不透水率指标、地形坡度指标、洼地面积率指标：在可能的区间内，采用传统的4级分制。考虑习惯上以60分为"及格"的传统观念，对指标标准值进行对应的折算，符合我国的传统习惯。

自然致灾指标标准值表　　表2-3

评价指标		特征值				单位
		1	2	3	4	
最大24h降雨量指标	C1	50	80	100	250	mm
最大12h降雨量指标	C2	30	50	70	140	mm
不透水率指标	C3	0	0.2	0.6	1.0	%
地形坡度指标	C4	0	20	40	60	°
洼地面积率指标	C5	0	0.2	0.6	1.0	%

2. 社会经济影响指标标准值确定（表2-4）

（1）人口密度指标（人/km²）：将1000、500、200和50作为特征值。

（2）人均收入指标（万元）：将15000、10000、6000和2000作为特征值。

（3）国民生产总值（亿元）：将5000、1000、500和50作为特征值。

（4）经济增长率（%）：将8%~20%平均得到各级别的特征值。

（5）历史文化指标（年）：以50年、200年、500年和1000年为分界确定级别特征值。

社会经济影响指标标准值表　表2-4

评价指标		特征值				单位
		1	2	3	4	
人口密度指标	C6	100	200	500	1000	人/km²
人均收入指标	C7	0.2	0.6	1.0	1.5	万元
国民生产总值	C8	50	500	1000	5000	亿元
经济增长率	C9	8	12	16	20	%
历史文化指标	C10	50	200	500	1000	年

3. 防洪措施影响指标标准值确定（表2-5）

（1）地下管网排水能力和防洪工程等级：按照国内的整体水平分级，以城市的平均排水能力和平均工程等级为计算依据。

（2）河道泄洪能力指标和防洪预警能力指标：这两个指标具有一定的主观性，因此采用专家打分的方式较为准确，以传统四分制作为分级依据。

（3）防洪减灾意识：该指标通过问卷调查获得，设计一份防洪减灾常识试卷，随机抽取部分居民进行调查，最后计算得分，取平均值。以传统的四分制作为分级依据。

防洪措施影响指标标准值表　表2-5

评价指标		特征值				单位
		1	2	3	4	
地下管网排水能力指标	C11	400	300	200	100	m³/s
河道泄洪能力指标	C12	1.0	0.6	0.4	0	—
防洪工程等级	C13	10	50	100	200	年
防洪预警能力	C14	1.0	0.6	0.4	0	%
防洪减灾意识	C15	100	60	40	0	—

2.4.5　城市洪水灾害评价指标权重的确定

权重表示对被评价对象的不同侧面重要程度的定量分配，在评价过程中，体现各评价因子在总体评价中所起作用进行区别对待。权重的确定对评价结果的影响很大，因此，选择一种符合实际并且准确的权重确定方式至关重要。

权重的确定方法有很多，依据确定权重时的数据类型，可分为主观赋权法和客观赋权法两种权重确定方式。

1. 主观赋权法

主观赋权法依靠人的主观经验，专家咨询是信息的主要来源，即利用专家组的知识和经验。其主要有层次分析法、因素对比法、德尔菲法等。

1）层次分析法

在进行定量信息的数字化过程中，层次分析法也采用主观判断的方法来对评价目标、子目标和指标的相对重要性进行判断，从而组成判断矩阵，并计算权重值来使定性分析和定量分析相结合，但分析过程过于复杂。

2）因素对比法

因素对比法通过用所选择的评价指标对各因素的相对重要性进行比较、赋值和计算权重。但是在计算过程中，关于各种影响因素的相对重要性和其在评价体系中所占的比重，是通过参评人员的直接判断，这样的直接判断必然会成为影响评定精确度的不利因素，而且在实际操作过程中，比较计算相对复杂。

3）德尔菲法

德尔菲法是常用预测方法的一种。它能对多种不确定因素做出概率估算，主要针对无法定量分析的、非技术性因素等不确定因素，但德尔菲法也有一定不稳定性，这主要是因为专家最后给出的评价结果是建立在统计分布基础之上。

主观赋权法的主要缺点是主观的随意性过大，而且这一缺点并没有因为采取如增加专家人员数量、仔细选择参与专家等措施而得到根本的改善。在某些个别情况下，如果运用单一的一种主观赋权法，从而得到的权重结果很可能会与实际情况存在较大差异，通常会夸大或降低某些指标的作用，以至于导致排序结果无法完全真实地反映各事物之间的真实关系。

2. 客观赋权法

客观赋权法的信息源是统计数据本身，主要有类间标准差法、熵值法、变异系数法。

1）类间标准差法

一般来说，标准差是衡量数据偏离均值程度的一种度量。例如，对于第 i 个特征而言，当类间标准差越大，则说明在不同的类别之间，这种特征的变异程度也就越大。当提供的信息量越大，类间标准差法在综合评价中所起到的作用就越大，同时，其权重也就越大；反之，则权重也就相应越小。

2）熵值法

熵值法是用来衡量事物不确定性出现概率的一种方法。熵值可以表明特征值的变异程度，也能反映其相关的权重。如果某个特征的信息熵越小，就可以表明特征值的变异程度越大，同时如果提供的特征信息量越大，则权重也就相应越大；反之亦然，即当特征的信息熵越大时，说明特征值的变异程度越小，提供的特征信息量越少，则其权重也越小。

3）变异系数法

在客观确定权重的方法中，相对较为普遍应用的方法是熵权法和变异系数法。但是随着进一步的深入研究，发现运用熵权法得出的各指标权重存在着均衡化分配的缺点。而变异系数则是利用表征评价指标的特征值之间的差异性来确定各评价指标的权重，这种方法克服了熵权法存在的权重分配均衡化的缺陷，并在此基础上通过建立数学评价模型，相对地使评价结果更加客观和合理。

3. 权重确定方法的选择

客观赋权法避免了人为偏差，但从评价的本身意义来看，并不必然体现出指标在评价系统中的实际地位。而主观赋权法可以根据实际存在的现实问题确定各指标之间的合理排序，也就是说，尽管主观赋权法不一定能准确地确定不同指标的权系数，但在大多数情况下，主观赋权法却在一定程度上能够有效地对各指标按照其重要程度而确定给定权系数的先后顺序。

2.5　城市洪水灾害评价方法

评价是根据确定的目的来测定对象系统的属性，将这种属性变为客观定量的计值或主观效用的行为，本质上是对评价对象进行价值判断的过程。评价一般解决分类、排序、整体性评价三类问题，城市防洪安全属于整体性评价问题。人们在不同时代和背景下形成了多种不同的评价方法，有定性评价、定量评价，有单指标单目标评价、多指标多目标综合评价，有静态评价、动态评价等评价方法。以下介绍一些典型的评价方法和分类。

1. 常规评价方法

常规评价方法包括定性评价方法和定量评价方法，是最早出现的评价方法。

（1）定性评价方法：专家调查法是较早出现、应用较广泛的定性评价方法，综合专家组的个人经验和知识，对评价对象作出主观判断，其中常用的有专家个人判断法、专家会议法和德尔菲法。

（2）常规定量评价方法：常规定量评价方法有综合指数法和功效系数法，是将不同量纲和性质的各项指标进行标准化处理来计算综合指数值综合评价经济效益的方法，是重要的综合评价方式，并发展出了一些变形方法，如指数型功效系数法。

2. 多元统计评价方法

多元统计是对多个变量统计分析的一种定量分析方法。因评价往往是多变量的，因而被引入到评价实践中来。主要的多元统计评价方法有主成分分析法、判别分析法、因子分析法、典型相关分析法、聚类分析法。

因子分析法（Factor Analysis）是在主成分分析法的基础上发展起来的，不同的是，主成分分析是将一组具有相关关系的变量变换为一组维数相同但互不相关的变量，而因子分析法则是通过研究多个指标变量相关矩阵的内部依赖关系，找出控制所有变量的尽可能少的公共因子，将每个指标变量表示成公共因子的线性组合，以再现原始变量与因子之间的相关关系，从而构造一个结构简单的因子模型。

典型相关分析的基本思想是，首先分别在两组变量（即两个随机向量的各个分量）之中选取若干有代表性的综合变量，每一个综合变量都是这组变量的一个线性组合，而且综合变量之间是互相关的，称为典型相关变量。然后通过这一组典型相关变量的相关关系的研究，代替原来两组变量之间相关关系的研究。

3. 运筹学评价方法

运筹学理论在评价中的广泛应用是20世纪60~70年代之后，随着多目标规划理论的推广而发展起来的，其中使用最为广泛的是数据包络分析法。数据包络分析（Data Envelopment Analysis，DEA）是以相对效率概念为基础发展起来的一种效率评价方法，用来评价多输入和多输出的"部门" [称为决策单元（DMU）]的相对有效性。DEA方法特别能有效处理多种投入、多种产出指标时的评价问题，最适合于效益类问题评价，但不适合以排序为目的的评价问题。

4. 系统科学理论

系统科学是20世纪40年代之后迅猛发展起来的一门跨学科的学科，它从系统角度考察和研究整个客观世界。系统科学理论在评价中的应用是贯穿评价指标的选取到评价模型的建立整个过程，其最著名的例子就是层次分析法。

5. 决策科学理论

决策科学包括多准则决策、群决策、模糊决策、序贯决策及决策支持系统等诸多研究方向，其中多目标决策（Multiple Criteria Decision Making，MCDM）是决策分析中研究最为广泛的核心内容。由MCDM理论产生的评价方法有很多，比较有代表性的是Roy提出并经过多次改进的ELECTRE方法与Hwang和Yoon提出的TOPSIS法。ELECTRE法是一种先淘汰部分备选方案，使决策人可以直接决策，或把备选方案排列成序，从而选出最优方案。TOPSIS法则是通过计算方案的理想点和负理想点之间的差距，寻找同时满足距理想点近并距负理想点远的方案，借此也可对评价对象进行排序。

要对城市防洪安全做出总的鉴定和评价，需要采用某些手段或方法把城市防洪安全的各方面结合起来，作为一个统一整体来认识。城市防洪安全评价是一个系统而复杂的决策过程，必须综合考虑评估指标体系的各个指标，而每一个指标特性不同，涉及许多不确定、模糊的因素，因此，基于模糊数学理论的模糊模式识别模型是处理这类整体评价问题的有效途径。

第3章 城市洪灾防治标准及规划设计要求

3.1 城市防洪标准的涵义

3.1.1 城市防洪标准的定义

城市防洪标准是指城市应具备的防洪能力,即城市整个防洪体系的综合抗洪能力。城市防洪标准的表达方式通常有三种:概率标准、历史稀遇水灾害标准和最大灾害成因分析标准。

概率标准,以洪水的重现期(N)或出现频率(P)表示。该标准认定水灾害的发生是一种随机的水文事件,通过随机水文事件的概率分析,确定某个概率$p \leqslant 100\%$的水文事件作为规划设计标准;或者说,该工程措施抵御某种水灾害的概率为p,如$p=1/1000$的设计洪水。当缺乏长系列的历史水文资料时,可利用导致水文事件的气象资料(如暴雨资料)来分析洪水。它比较科学、直观地反映了洪水出现几率和防护对象的安全度,目前包括我国在内的很多国家普遍采用。

历史稀遇水灾害标准,以调查、实测的某次大洪水或适当加成表示。用这种方式表示防洪标准不很明确,其洪水的大小与调查、实测期的长短和该时期洪水状况有关,适当加成任意性很大。由于历史的原因,我国一些较大河流采用了该方法,如我国长江堤防采用1954年洪水作为标准;又如,葛洲坝枢纽选用1978年洪水作为设计洪水,1870年洪水作为校核洪水。瑞典、挪威也有用实测最大洪水加成作为标准洪水的,加成量为10%~20%。随着水文、气象资料的积累和洪水分析计算技术水平的提高,这种方式将会较少采用。

最大灾害成因分析标准,以可能最大洪水(PMF)表示,通常有两种做法。一种是按水库失事风险的高低,把标准分为三级:最高一级用PMF,中间一级用暴雨洪水,最低一级用频率洪水,取50年一遇至100年一遇。这种方法在美国、加拿大、巴西、印度等国应用较多,但该法是分段采用不同的方法确定防洪标准,且准确计算可能最大洪水目前还比较困难。另一种是把PMF从高到低分级,如依次采用PMF、3/4PMF、1/2PMF、1/3PMF四级。这种对PMF打折扣的方法随意性较大,而且防洪安全也不明确,目前已很少采用。

3.1.2 城市防洪标准的分级

2012年水利部主编、住房和城乡建设部批准的国家标准《城市防洪工程设计规范》(GB/T 50805—2012)和2014年住房和城乡建设部与国家质量监督检验检疫总局联合发布的国家标准《防洪标准》（GB 50201—2014）都明确规定，城市防洪标准采用"设计标准"一个级别，不用校核标准[12][13]。这与水库大坝、溢洪道、铁路桥梁、涵洞和供水工程采用设计和校核两级标准有所区别，在工程实践中这是首先应当明确的。

3.1.3 城市防护等级与防洪标准

（1）《城市防洪工程设计规范》（GB/T 50805—2012）、《防洪标准》（GB 50201—2014）规定，城市防护区应根据政治、经济地位的重要性、常住人口或当量经济规模指标分为四个防护等级，其防护等级应按表3-1确定。

城市防护等级　　　　表3-1

城市防护等级	分等指标		
	防洪保护对象的重要程度	防洪保护区人口/万人	当量经济规模/万人
I	特别重要	≥150	≥300
II	重要	≥50，且<150	≥100，且<300
III	比较重要	≥20，且<50	≥40，且<100
IV	一般重要	<20	<40

注：①防洪保护区人口是指城市防洪工程保护区的常住人口。
②当量经济规模为城市防护区人均GDP指数与人口的乘积，人均GDP指数为城市防护区人均GDP与同期全国人均GDP的比值。

（2）同一城市防护等级，洪水类型不同应采用不同的防洪标准，如表3-2所示。其中，江河洪水和海潮防洪标准较高，山洪防洪标准较低。这主要是考虑江河洪水和海潮洪灾，对城市来说往往是全局性的，影响面广，损失较大，应采用较高的防洪标准；山洪因为每条山洪沟江水面积较小，洪水灾害一般都是局部性的，防洪标准可以低一些。

（3）对于遭受洪灾或失事后损失巨大、影响十分严重的城市，或对遭受洪灾或失事后损失及影响均较小的城市，经论证并报请上级主管部门批准，其防洪工程设计标准可适当提高或降低。

城市防洪工程设计标准　　　　表3-2

城市防护等级	设计标准/年		
	洪水	海潮	山洪
I	≥200	≥200	≥50
II	≥100，且<200	≥100，且<200	≥30，且<50
III	≥50，且<100	≥50，且<100	≥20，且<30
IV	≥20，且<50	≥20，且<50	≥10，且<20

注：①根据受灾后的影响、造成的经济损失、抢险难易程度以及资金筹措条件等因素合理确定。
②洪水、山洪的设计标准指洪水、山洪的重现期。
③海潮的设计标准指高潮位的重现期。

（4）城市分区设防时，各分区应按表3-1和表3-2分别确定城市防护等级和设计标准。

（5）位于国境界河的城市，其防洪工程设计标准应专门研究确定。

（6）当建筑物有抗震要求时，应按国家现行有关设计标准的规定进行抗震设计。

（7）防洪建筑物的级别，应根据城市防护等级、防洪建筑物在防洪工程体系中的作用和重要性按表3-3所示划分。

防洪建筑物级别　　　　表3-3

城市防护等级	永久性建筑物级别		临时性建筑物级别
	主要建筑物	次要建筑物	
I	1	3	3
II	1、2	3	4
III	3	4	5
IV	4	—	5

注：①主要建筑物系指失事后使城市遭受严重灾害并造成重大经济损失的堤防、防洪闸等建筑物。
②次要建筑物系指失事后不致造成城市灾害或经济损失不大的丁坝、护坡、谷坊等建筑物。
③临时性建筑物系指防洪工程施工期间使用的施工围堰等建筑物。

3.1.4 城市防洪标准的意义及要点

城市防洪标准是城市防洪规划、设计、施工和运行管理的一项重要依据，防洪标准定得越高，城市越安全，防洪效益也就越高，但所需的工程投资也就越大；相反，防洪标准定得越低，所需工程投资越小，但城市防洪安全性和防洪效益也越低。所以，确定城市防洪标准是一项比较复杂、难度较大的工作；不仅是一个安全、技术性问题，也是一个包含政治、经济等社会因素在内的综合性政策问题。需要从上述各方面进行综合分析论证，在"规范"规定的范围内合理确定。对社会、经济地位重要，受洪灾后损失和影响巨大，需要防洪费用相对较少的，应选用较高的防洪标准；对社会、经济地位相对较次要，受洪灾后损失和影响较小，需要防洪费用相对较多的，宜选用较低的防洪标准。

1. 最佳经济标准

不论防洪标准达到几百年一遇，都还有出现超标准洪水的可能性，洪水灾害是不能够完全避免的。如果防洪标准定得低一些，堤防主要用于防止常遇洪水灾害，因堤防发挥作用的使用频率较高，其投资的效益也就较高。但是由于防洪标准低，在一定时期内发生超标准洪水灾害的可能性也较大。因此，要从投资效益和可能发生的灾害损失两方面综合考虑，从经济角度来说，对两个不同标准的方案，如果在一段时期内采用低标准方案节省的投资加上用于扩大再生产的增值大于因降低标准可能形成的灾害经济损失的增值，就是经济合理的；当然还要考虑社会效益、环境生态效益，权衡利弊。虽然各国情况不同，但对大多数经济发达国家而言，并未把防洪标准定得非常高。例如，日本农业地区的堤防一般为50年一遇，城市堤防100年一遇，对少数经济高度发达地区堤防200年一遇。美国则把100年一遇洪水作为标准洪水。可以认为，这样的标准基本上是合理的。

2. 堤防根据国力逐步达标

防洪标准确定后也不是追求一步到位，根据国家财政能力，保持每年都有较稳定的投入，分轻重缓急逐步达标，这样投资积压的风险最小。同时，也可以维持一支较稳定的建设队伍，避免治河投资大起大落所造成的困难。

3. 防洪标准以降雨或流量频率计算

我国在防洪标准的计算方面是以河道某一断面的水位为基础的。近年来出现了较多问题，因为河道水位是一个不稳定的因素，当河道边界条件发生变化时水位也随之变动，如堤距缩窄、河口围垦、侵占滩地等都导致同一流量的洪水位不断抬高。而且在利用水位系列进行统计分析时，因河道边界条件前后变化较大，在不同条件下得到的统计结果难以应用。

目前在国外，对小流域以降雨频率为基准。这是较稳定的标准，其统计结果受地表影响较小。根据降雨进行产汇流计算，可得到相应各断面的洪水。而流域内人类活动的各种影响以及河道边界条件的变化都可在产汇流模型中充分反映，因此可以得到比较符合实际的洪水计算结果。

对于大流域，因降雨分布不同而形成的洪水过程也有很大差异，难以采用降雨频率作为确定防洪标准的依据。这时以洪峰流量作为计算标准较为合理。对某一断面而言，流量与洪水频率之间的关系相对稳定，即使在河道上游修建水库、分洪区等流量调控设施，其影响也容易确定。

3.2　城市防洪工程规划设计总体要求

（1）城市防洪工程规划设计，应以所在江河流域防洪规划、区域防洪规划、城市总体规划和城市防洪规划为依据，全面规划、统筹兼顾，工程措施与非工程措施相结合，综合治理。

（2）城市防洪应在防治江河洪水的同时治理涝水，洪、涝兼治；位于山区的城市，还应防山洪、泥石流，防与治并重；位于海滨的城市，除防洪、治涝外，还应防风暴潮，洪、涝、潮兼治。

（3）城市防洪工程规划设计，应调查收集气象、水文、泥沙、地形、地质、生态与环境和社会、经济等基础资料，选用的基础资料应准确可靠。

（4）城市防洪范围内河、渠、沟道沿岸的土地利用应满足防洪、治涝要求，跨河建筑物和穿堤建筑物的设计标准应与城市的防洪、治涝标准相适应。

（5）城市防洪工程规划设计遇湿陷性黄土、膨胀土、冻土等特殊的地质条件或可能出现地面沉陷等情况时，应采取相应处理措施。

（6）城市防洪工程规划设计，应结合城市的具体情况，总结已有防洪工程的实践经验，积极慎重地采用国内外先进的新理论、新技术、新工艺、新材料。

（7）城市防洪工程规划设计应按国家现行有关标准的规定进行技术经济分析。

（8）城市防洪工程的规划设计，除应符合《城市防洪工程设计规范》（GB/T 50805 2012）外，尚应符合国家现行有关标准的规定。

3.3 城市防洪工程总体规划布局

3.3.1 城市防洪工程总体规划布局原则

（1）城市防洪工程总体规划布局，应在流域（区域）防洪规划、城市总体规划和城市防洪规划的基础上，根据城市自然地理条件、社会经济状况、洪涝潮特性，结合城市发展的需要确定，并应利用河流分隔、地形起伏采取分区防守。

（2）城市防洪应对洪、涝、潮灾害统筹治理，上下游、左右岸关系兼顾，工程措施与非工程措施相结合，并应形成完整的城市防洪减灾体系。

（3）城市防洪工程总体规划布局，应与城市发展规划相协调、与市政工程相结合。在确保防洪安全的前提下，应兼顾综合利用要求，发挥综合效益。

（4）城市防洪工程总体规划布局应保护生态与环境。城市的湖泊、水塘、湿地等天然水域应保留，并应充分发挥其防洪治涝作用。

（5）城市防洪工程总体规划布局，应将城市防洪保护区内的主要交通干线、供电、电信和输油、输气、输水管道等基础设施纳入城市防洪体系的保护范围。

（6）城市防洪工程总体规划布局，应根据工程抢险和人员撤退转移等要求设置必要的防洪通道。

（7）防洪建筑物建设应因地制宜，就地取材。建筑形式宜与周边景观相协调。

（8）城市防洪工程体系中各单项工程的规模、特征值和调度运行规则，应按城市防洪规划的要求和国家现行有关标准的规定经分析论证确定。

3.3.2 江河洪水防治要求

（1）江河洪水的防治应分析城市发展建设对河道行洪能力和洪水位的影响，应复核现状河道泄洪能力及防洪标准，并应研究保持及提高河道泄洪能力的措施。

（2）江河洪水防治工程设施建设应上下游、左右岸相协调，不同防洪标准的建筑物布置应平顺衔接。

（3）对行（泄）洪河道进行整治时，应上下游、左右岸兼顾，并应避免或减少对水流流态、泥沙运动、河岸稳定性等产生不利影响，同时应防止在河道中产生不利于河势稳定的冲刷或淤积。

（4）位于河网地区的城市，可根据城市河网情况分区，采取分区防洪的方式。

3.3.3 海潮防治要求

（1）防潮堤防布置应与滨海市政建设相结合，与城市海滨环境相协调，与滩涂开发利用相适应。

（2）滨海城市防潮工程，应根据防潮标准及天文潮、风暴潮或涌潮的特性，分析可能出现的不利组合情况，合理确定设计潮位。

（3）位于江河入海口的城市，应分析洪潮遭遇规律，按设计洪水与设计潮位的不利遭遇组合确定海堤工程设计水位。

（4）海堤工程设计应分析风浪的破坏作用，合理确定设计浪高，采取消浪措施和基础防护措施。

（5）海堤工程设计应分析基础的地质情况，采取相应的加固处理技术措施。

3.3.4　山洪防治要求

（1）山洪治理的标准和措施应根据山洪发生的规律，结合城市具体情况统筹安排。

（2）山洪防治应以小流域为单元，治沟与治坡相结合、工程措施与生物措施相结合，进行综合治理。坡面治理宜以生物措施为主，沟壑治理宜以工程措施为主。

（3）排洪沟道平面布置宜避开主城区。当条件允许时，可开挖撇洪沟将山坡洪水导至其他水系。

（4）山洪防治应利用城市上游水库或蓄洪区调蓄洪水削减洪峰。

3.3.5　泥石流防治要求

（1）泥石流防治应贯彻以防为主，防、避、治相结合的方针，应根据当地条件采取综合防治措施。

（2）位于泥石流多发区的城市，应根据泥石流分布、形成特点和危害，突出重点，因地制宜，因害设防。

（3）防治泥石流应开展山洪沟汇流区的水土保持，建立生物防护体系，改善自然环境。

（4）新建城市或城区、城市居民区应避开泥石流发育区。

3.3.6　超标准洪水安排要求

（1）城市防洪总体布局中，应对超标准洪水做出必要、应急的安排。

（2）遇超标准洪水所采取的各项应急措施，应符合流域防洪规划总体安排。

（3）对超标准洪水，应贯彻工程措施与非工程措施相结合的方针，应充分利用已建防洪设施潜力进行安排。

3.4　城市防洪江河堤防设计标准

3.4.1　城市防洪江河堤防设计原则

（1）堤线选择应充分利用现有堤防设施，结合地形、地质、洪水流向、防汛抢险、维护管理等因素综合分析确定，并应与沿江（河）市政设施相协调。堤线宜顺直，转折处应用平缓曲线过渡。

（2）堤距应根据城市总体规划、地形、地质条件、设计洪水位、城市发展和水环境的要求等因素，经技术经济比较确定。

（3）江河堤防沿程设计水位，应根据设计防洪标准和控制站的设计洪水流量及相应水位，分析计算设计洪水水面线后确定，并应计入跨河、拦河等建筑物的壅水影响。计算水面线采用的河道糙率应根据堤防所在河段实测或调查的洪水位和流量资料分析确定。对水面线成果应进行合理性分析。

（4）当堤顶设置防浪墙时，墙后土堤堤顶高程应高于设计洪（潮）水位0.5m以上。堤顶或防洪墙顶高程可按下列公式计算确定：

$$Z = Z_p + Y$$
$$Y = Z_p + R + e + A$$

式中　Z——堤顶或防洪墙顶高程（m）；

　　　Y——设计洪（潮）水位以上超高（m）；

　　　Z_p——设计洪（潮）水位（m）；

　　　R——设计波浪爬高（m），按现行国家标准《堤防工程设计规范》（GB 50286—2013）的有关规定计算；

　　　e——设计风壅增水高度（m），按现行国家标准《堤防工程设计规范》的有关规定计算；

　　　A——安全加高（m），按现行国家标准《堤防工程设计规范》的有关规定执行。

（5）土堤应预留沉降量，预留沉降量值可根据堤基地质、堤身土质及填筑密度等因素分析确定。

3.4.2 防洪堤防（墙）设计要求

（1）防洪堤防（墙）可采用土堤、土石混合堤、浆砌石墙、混凝土或钢筋混凝土墙等形式。堤型应根据当地土石料的质量、数量、分布和运输条件，结合移民占地和城市建设、生态与环境和景观等要求，经综合比较选定。

（2）土堤填筑密实度应符合的要求为：①黏性土土堤的填筑标准按压实度确定，1级堤防压实度不应小于0.95，2级和高度超过6m的3级堤防压实度不应小于0.93，低于6m的3级及3级以下堤防压实度不应小于0.91。②非黏性土土堤的填筑标准应按相对密度确定，1、2级和高度超过6m的3级堤防相对密度不应小于0.65，低于6m的3级及3级以下堤防相对密度不应小于0.60。有抗震要求的堤防应按现行行业标准《水工建筑物抗震设计规范》（DL 5073—2000）的有关规定执行。

（3）土堤和土石混合堤，堤顶宽度应满足堤身稳定和防洪抢险的要求，且不宜小于3m。堤顶兼作城市道路时，其宽度和路面结构应按城市道路标准确定。

（4）当堤身高度大于6m时，宜在背水坡设置戗台（马道），其宽度不应小于2m。

（5）土堤堤身的浸润线，应根据设计水位、筑堤土料、背水坡脚有无溃水等条件计算。溢出点宜控制在堤防坡脚以下。

（6）土堤边坡稳定性可采用瑞典圆弧法计算，安全系数应符合现行国家标准《堤防工程设计规范》（GB 50286—2013）的有关规定。迎水坡应计及水位骤降的影响，高水位持续时间较长时，背水坡应计及渗透水压力的影响；堤基有软弱地层时，应进行整体稳定性计算。

（7）当堤基渗径不满足防渗要求时，可采取填土压重、排水减压和截渗等措施处理。

（8）土堤迎流顶冲、风浪较大的堤段，迎水坡可采取护坡防护，护坡可采用干砌石、浆砌石、混凝土和钢筋混凝土板（块）等形式或铰链排、混凝土框格等，并应根据水流流态、流速、料源、施工、生态与环境相协调等条件选用；非迎流顶冲、风浪较小的堤段，迎水坡可采用生物护坡。背水坡无特殊要求时宜采用生物护坡。

（9）迎水坡采取硬护坡时，应设置相应的护脚，护脚宽度和深度可根据水流流速和河床土质，结合冲刷计算确定。当计算护脚埋深较大时，可采取减小护脚埋深的防护措施。

（10）当堤顶设置防浪墙时，其净高度不宜高于1.2m，埋置深度应满足稳定和抗冻要求。防浪墙应设置变形缝，并应进行强度和稳定性核算。堤顶设置防浪墙示意图如图3-1所示。

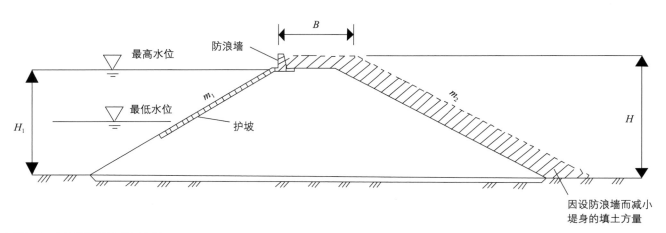

图3-1 堤顶设置防浪墙示意图

（11）对水流流速大、风浪冲击力强的迎流顶冲堤段，宜采用石堤或土石混合堤。土石混合堤在迎水面砌石或抛石，其后填筑土料，土、石料之间应设置反滤层。

（12）城市主城区建设堤防，当其场地受限制时，宜采用防洪墙。防洪墙高度较大时，可采用钢筋混凝土结构；高度不大时，可采用混凝土或浆砌石结构。防洪墙结构形式应根据城市规划要求、地质条件、建筑材料、施工条件等因素确定。

（13）防洪墙应进行抗滑、抗倾覆、地基整体稳定性和抗渗稳定性验算，并应满足相应的稳定性要求；不满足时，应调整防洪墙基础尺寸或进行地基加固处理。

（14）防洪墙基础埋置深度，应根据地基土质和冲刷计算确定。无防护措施时，埋置深度应为冲刷线以下0.5m，在季节性冻土地区，应为冻结深度以下。

（15）防洪墙应设置变形缝，缝距应根据地质条件和墙体结构形式确定。钢筋混凝土墙体缝距可采用15～20m，混凝土及浆砌石墙体缝距可采用10～15m。在地面高程、土质、外部荷载及结构断面变化处，应增设变形缝。

（16）已建堤防（防洪墙）进行加固、改建或扩建时，应符合的要求为：①堤防（防洪墙）的加高、加固方案，应在抗滑稳定性、渗透稳定性、抗倾覆稳定性、地基承载力及结构强度等验算安全的基础上，经技术经济比较确定。②土堤加高在场地受限制时，可采取在土堤顶建防浪墙的方式加高。③对新老堤的结合部位及穿堤建筑物与堤身连接的部位应进行专门设计，经核算不能满足要求时，应采取改建或加固措施。④土堤扩建宜选用与原堤身土料性质相同或相近的土料。当土料特性差别较大时，应增设反滤过渡层（段）。扩建选用土料的填筑标准应按本规范执行，原堤身填筑标准不满足本规范要求时应进行加固。⑤堤岸防护工程的加高应对其整体稳定性和断面强度进行核算，不能满足要求时，应结合加高进行加固。

3.4.3　穿堤、跨堤建筑物设计要求

3.4.3.1　总体要求

与城市防洪堤防（墙）交叉的涵洞、涵闸、交通闸等穿堤建筑物，不得影响堤防安全、防洪运用和管理，多沙江河淤积严重河段，堤防上的穿堤建筑物设计应分析并计入设计使用年限内江河淤积的影响。

3.4.3.2　穿堤涵洞和涵闸设计要求

（1）涵洞（闸）位置应根据水系分布和地物条件研究确定，其轴线与堤防宜正交；根据需要，也可与沟渠水流方向一致、与堤防斜交，交角不宜小于60°。

（2）涵洞（闸）净宽应根据设计过流能力确定，单孔净宽不宜大于5m。

（3）控制闸门宜设在临江河侧涵洞出口处。

（4）涵洞（闸）地下轮廓线布置，应满足渗透稳定性要求。与堤防连接处应设置截流环或刺墙等，渗流出口处应设置反滤排水设施。

（5）涵洞长度为15～30m时，其内径（或净高）不宜小于1.0m；涵洞长度大于30m时，其内径不宜小于1.25m。涵洞有检修要求时，净高不宜小于0.8m，净宽不宜小于1.5m。

（6）涵洞（闸）进、出口段应采取防护措施。涵洞（闸）进、出口与洞身连接处宜做成圆弧形、扭曲面或八字形，平面扩散角宜为7°～12°。

（7）洞身与进出口导流翼墙及闸室连接处应设变形缝，洞身纵向长度不宜大于8～12m；位于软土地基上且洞身较长时，应分析并计入纵向变形的影响。

（8）涵洞（闸）工作桥桥面高程不应低于江河设计水位加波浪高度和安全超高，并应满足闸门检修要求。

3.4.3.3　交通闸设计要求

防洪堤防（墙）与道路交叉处，路面低于河道设计水位需要设置交通闸时，交通闸应符合下列要求。

（1）闸址应根据交通要求，结合地形、地质、水

流、施工、管理，以及防汛抢险等因素，经综合比较确定。

（2）闸室布置应满足抗滑、抗倾覆、渗流稳定以及地基承载力等的要求。

（3）闸孔尺寸应根据交通运输、闸门形式、防洪要求等因素确定。底板高程应根据防汛抢险和交通要求综合确定。

（4）交通闸应设闸门控制。闸门形式和启闭设施，应根据交通闸的具体情况按要求选择：①闸前水深较大、孔径较小，关门次数相对较多的交通闸可采用一字形闸门。②闸前水深较大、孔径也较大，关门次数相对较多的交通闸可采用人字形闸门。③闸前水深较小、孔径较大，关门次数相对较多的交通闸可采用横拉闸门。④闸前水位变化缓慢，关门次数较少，闸门孔径较小的交通闸可采用叠梁闸门。

3.4.4 地基处理要求

（1）当地基渗流、稳定性和变形不能满足安全要求时，应进行处理。

（2）对埋藏较浅的薄层软弱黏土土层宜挖除；当埋藏较深、厚度较大难以挖除或挖除不经济时，可采用铺垫透水材料、插塑料排水板加速排水，或在背水侧堤脚外采用设置压载、打排水井等方法进行加固处理。

（3）浅层透水堤基宜采取黏土截水槽或其他垂直防渗措施截渗；相对不透水层埋藏较深、透水层较厚且临水侧有稳定滩地的地基宜采用铺盖防渗形式；深厚透水堤基，可设置黏土、土工膜、混凝土、沥青混凝土等截渗墙或采取灌浆帷幕处理，截渗墙可采用全封闭、半封闭或悬挂式。

（4）多层透水堤基，可采取在堤防背水侧加盖重、开挖排水减压沟或打排水减压井等措施处理，盖重应设反滤体和排水体。各项处理措施可单独使用，也可结合使用。

（5）对判定堤基可能有液化的土层，宜挖除后换填非液化土。挖除困难或不经济时，应采取人工加密措施，使之达到与设计地震烈度相适应的紧密状态。对浅层可能液化的土层宜采用表面振动压密或强夯方法，对深层可能液化的土层宜采用振冲、强夯等方法加密。

（6）穿堤建筑物地基处理措施应与堤基处理措施相衔接。

3.5 城市防洪海堤工程设计标准

3.5.1 城市防洪海堤工程设计原则

（1）海堤应依据流域、区域综合规划及城市总体规划、城市防洪规划等规划设置。

（2）海堤堤线布置应符合治导线规划、岸线规划要求，并应根据河流和海岸线变迁规律，结合现有工程及拟建建筑物的位置、地形地质、施工条件及征地拆迁、生态与环境保护等因素，经综合比较确定。

（3）海堤工程的形式应根据堤段所处位置的重要程度、地形地质条件、筑堤材料、水流及波浪特性、施工条件，结合工程管理、生态环境和景观等要求，经技术经济比较后综合分析确定。堤线较长或水文、地质条件变化较大时，宜分段选择适宜的形式，不同形式之间应进行渐变衔接处理。

3.5.2 海堤堤身设计要求

（1）海堤堤身断面可采用斜坡式、直立式或混合式。风浪较大的堤段，宜采用斜坡式断面；中等以下风浪、地基较好的堤段，宜采用直立式断面；滩涂较低、风浪较大的堤段，宜采用带有消浪平台的混合式或斜坡式断面。

（2）堤顶高程应根据设计高潮（水）位、波浪爬高及安全加高按下式计算确定：

$$Z_\mathrm{P}=H_\mathrm{P}+R_\mathrm{F}+A \qquad (3-1)$$

式中　Z_p——设计频率的堤顶高程（m）；

　　　H_p——设计频率的高潮（水）位（m）；

　　　R_F——按设计波浪计算的频率为 F 的波浪爬高值（m），海堤允许部分越浪时 $F=13\%$，不允许越浪时 $F=2\%$；

　　　A——安全加高（m），按表3-4所示规定选用。

堤顶安全加高　　　　　　表3-4

海堤工程级别	1	2	3	4	5
不允许越浪 A/m	1.0	0.8	0.7	0.6	0.5
允许部分越浪 A/m	0.5	0.4	0.4	0.3	0.3

（3）海堤按允许部分越浪设计时，堤顶高程按公式（3-1）计算后，还应进行越浪量计算，允许越浪量不应大于0.02m³/（s·m）。

（4）当海堤堤顶临海侧设有稳定、坚固的防浪墙时，堤顶高程可算至防浪墙顶面，不计防浪墙高度的堤身顶面高程应高出设计高潮（水）位，高差是累计频率为1%的波高的0.5倍。

（5）堤路结合的海堤，按允许部分越浪设计时，在保证海堤自身安全及堤后越浪水量排泄畅通的前提下，堤顶超高可不受以上（2）~（4）条规定的限制，但不计防浪墙高度的堤顶高程仍应高出设计高潮（水）位0.5m。

（6）海堤设计堤顶高程应预留沉降超高。预留沉降超高值应根据堤基、堤身土质及填筑密度等因素按有关规定分析计算确定。

（7）海堤堤顶宽度应根据堤身安全、防汛、管理、施工、交通等要求，依据海堤工程级别按表3-5所示规定选定。

海堤堤顶宽度　　　　　表3-5

海堤工程级别	1	2	3~5
堤顶宽度/m	≥5	≥4	≥3

（8）海堤堤身设计边坡应根据堤身结构、堤基条件及筑堤材料、堤高等条件，经稳定性计算分析确定。初步拟定时可按表3-6所示规定选用。

海堤设计边坡　　　　　表3-6

海堤堤型	临海侧坡比	背海侧坡比
斜坡式	1:1.5~1:3.5	水上：1:1.5~1:3
直立式	1:0.1~1:0.5	水下：海泥掺砂1:5~1:10
混合式	按斜坡式和陡墙式	砂壤土1:5~1:7

（9）海堤堤身填筑应密实，堤身土体与护面之间应设置反滤层。

（10）海堤工程防渗体应根据防渗要求布设，防渗体尺寸应结合防渗、施工和构造要求经计算确定。堤身防渗体顶部高程应高于设计高潮（水）位0.5m。

（11）堤身护坡的结构、材料应坚固耐久，应因地制宜、就地取材、经济合理、便于施工和维修。

（12）海堤堤身应进行整体抗滑稳定性、渗透稳定性及沉降等计算，防浪墙还应进行抗倾覆稳定性及地基承载力计算，计算方法应符合现行国家标准《堤防工程设计规范》的相关规定。

3.5.3　海堤堤基处理要求

（1）堤基处理应根据海堤工程级别、地质条件、堤高、稳定性要求、施工条件等选择技术可行、经济合理的处理方案。

（2）建于软土地基上的海堤工程，可采取换填砂垫层、铺设土工织物、设镇压平台、排水预压、爆炸挤淤及振冲碎石桩等措施进行堤基处理。

（3）厚度不大的软土地基，可采取换填砂垫层的措施加固处理，也可采用在地面铺设水平垫层（包括砂、碎石排水垫层及土工织物、土工格栅）堆载预压固结法加固处理。

（4）在软土层较厚的地基上填筑海堤，可采取填筑镇压平台措施处理地基。镇压平台的宽度及厚度，应由稳定性分析计算确定。堤身高度较大时，可采用多级镇压平台。

（5）在淤泥层较厚的地基上筑堤时，可采取铺设土工织物、土工格栅措施加固处理。土工织物、土工格栅材料的强度、定着长度以及与堆土及基础地基间的摩擦力等指标，应满足设计要求。

（6）软弱土或淤泥深厚的地基，可采用竖向排水预压固结法加固处理。竖向排水通道材料可采用塑料排水板或砂井。

（7）淤泥质地基也可采用爆炸挤淤置换法进行地基置换处理。

（8）重要的堤段或采用其他堤基处理方法难以满足要求的堤段，可采用振冲碎石桩等方法进行堤基加固处理。

3.6 城市防洪河道治理及护岸（滩）工程设计标准

3.6.1 城市防洪河道治理及护岸（滩）工程设计原则

（1）治理流经城市的江河河道，应以防洪规划、城市总体规划为依据，统筹防洪、蓄水、航运、引水、景观和岸线利用等要求，协调上下游、左右岸、干支流等各方面的关系，全面规划、综合治理。

（2）确定河道治导线，应分析研究河道演变规律，顺应河势，上下游呼应、左右岸兼顾。

（3）河道治理工程布置应利于稳定河势，并应根据河道特性，分析河道演变趋势，因势利导选定河道治理工程措施，确定工程总体布置，必要时应以模型试验验证。

（4）桥梁、渡槽、管线等跨河建筑物轴线宜与河道水流方向正交，建筑物的跨度和净空应满足泄洪、通航等要求。

3.6.2 河道整治要求

（1）城市河道整治应收集水文、泥沙、河床地质和河道测量资料，分析水沙特性，研究河道冲淤变化及河势演变规律，预测河道演变趋势及对河道治理工程的影响。

（2）城市河道综合整治措施应适应河势发展变化趋势，便于维护和促进河道稳定。

（3）河道整治工程堤防及护岸形式、布置应与城市建设风格一致，与城市环境景观相协调。

（4）护岸工程布置不应侵占行洪断面，不应抬高洪水位，上、下游应平顺衔接，并应减少对河势的影响。

（5）护岸形式应根据河流和岸线特性、河岸地质、城市建设、环境景观、建筑材料和施工条件等因素研究选定，可选用坡式护岸、墙式护岸、板桩及桩基承台护岸、顺坝和短丁坝护岸等。

（6）护岸稳定性分析应包括的荷载为：①自重及其顶部荷载；②墙前水压力、冰压力和被动土压力与波吸力；③墙后水压力和主动土压力；④船舶系缆力；⑤地震力。

（7）水深、风浪较大且河滩较宽的河道，宜设置防浪平台，并宜种植一定宽度的防浪林。

3.6.3 坡式护岸设计要求

（1）建设场地允许的河段，宜选用坡式护岸。坡式护岸可采用抛石、干砌石、浆砌石、混凝土和钢筋混凝土板、预制混凝土块、连锁板块、模袋混凝土等结构形式。护岸结构形式的选择，应根据流速、波浪、岸坡土质、冻结深度以及场地条件等因素，结合城市建设和景观要求，经技术经济比较选定。当岸坡高度较大时，宜设置戗台及上、下护岸的台阶。

（2）坡式护岸的坡度和厚度，应根据岸坡坡度、岸坡土质、流速、风浪、冰冻、护砌材料和结构形式等因素，经稳定性和防冲分析计算确定。

（3）水深较浅、淹没时间不长、非迎流顶冲的岸坡，宜采用草或草与灌木结合形式的生物护岸，草和灌木的品种根据岸坡土质和当地气候条件选择。

（4）干砌石、浆砌石和抛石护坡材料，应采用坚硬未风化的石料。砌石下应设垫层、反滤层或铺设土工织物。

（5）浆砌石、混凝土和钢筋混凝土板等护坡应设置纵向和横向变形缝。

（6）坡式护岸应设置护脚，护脚埋深宜在冲刷线以下0.5m。施工困难时可采取抛石、石笼、沉排、沉枕等护底防冲措施。重要堤段抛石宜增抛备填石。

3.6.4　墙式护岸设计要求

（1）受场地限制或城市建设需要可采用墙式护岸。

（2）各护岸段墙式护岸具体的结构形式，应根据河岸的地形地质条件、建筑材料以及施工条件等因素，经技术经济比较选定，可采用衡重式护岸、空心方块及异形方块式护岸或扶壁式护岸等。

（3）采用墙式护岸，应查清地基地质情况。当地基地质条件较差时，应进行地基加固处理，并应在护岸结构上采取适当的措施。

（4）墙式护岸基础埋深不应小于1.0m，基础可能受冲刷时，应埋置在可能冲刷深度以下，并应设置护脚。

（5）墙基承载力不能满足要求或为便于施工时，可采取开挖或抛石建基。抛石厚度应根据计算确定，砂卵石地基不宜小于0.5m，土基不宜小于1.0m，抛石宽度应满足地基承载力的要求。

（6）墙式护岸沿长度方向在相应位置应设变形缝：①新旧护岸连接处；②护岸高度或结构形式改变处；③护岸走向改变处；④地基地质条件差别较大的分界处。

（7）混凝土及浆砌石结构相邻变形缝间的距离宜为10～15m，钢筋混凝土结构宜为15～20m。变形缝宽20～50mm，并应做成上下垂直通缝，缝内应填充弹性材料，必要时宜设止水。

（8）墙式护岸的墙身结构应根据荷载等情况进行计算：①抗倾覆稳定性和抗滑稳定性；②墙基地基应力和墙身应力；③护岸地基埋深和抗冲稳定性。

（9）墙式护岸应设排水孔，并应设置反滤层。对挡水位较高、墙后地面高程又较低的护岸，应采取防渗透破坏措施。

3.6.5　板桩式及桩基承台式护岸设计要求

（1）地基软弱且有港口、码头等重要基础设施的河岸段，宜采用板桩式及桩基承台式护岸，其形式应根据荷载、地质、岸坡高度以及施工条件等因素，经技术经济比较确定。

（2）板桩宜采用预制钢筋混凝土结构。当护岸较高时，宜采用锚碇式钢筋混凝土板桩。钢筋混凝土板桩可采用矩形断面，厚度应经计算确定，但不宜小于0.15m；宽度应根据打桩设备和起重设备能力确定，可采用0.5～1.0m。

（3）板桩打入地基的深度，应满足板桩墙和护岸整体抗滑稳定性要求。

（4）有锚碇结构的板桩，锚碇结构应根据锚碇力、地基土质、施工设备和施工条件等因素确定。

（5）板桩式护岸整体稳定性可采用瑞典圆弧滑动法计算。

（6）桩基承台和台上护岸结构形式，应根据荷载和运行要求，进行稳定性分析验算，经技术经济比较，结合环境要求确定。

3.6.6　顺坝和短丁坝护岸设计要求

（1）受水流冲刷、崩塌严重的河岸，可采用顺坝或短丁坝保滩护岸。

（2）通航河道、河道较窄急弯冲刷河段和以波浪为主要破坏力的河岸，宜采用顺坝护岸。受潮流往复作用、崩岸和冲刷严重且河道较宽的河段，可辅以短丁坝群护岸。

（3）顺坝和短丁坝护岸应设置在中枯水位以下，应根据河流流势布置，与水流相适应，不得影响行洪。短丁坝不应引起流势发生较大变化。

（4）顺坝和短丁坝的坝型选择应根据水流速度的大小、河床土质、当地建筑材料以及施工条件等因素综合分析选定。

（5）顺坝和短丁坝应做好坝头防冲和坝根与岸边的连接。

（6）短丁坝护岸宜成群布置，坝头连线应与河道治导线一致；短丁坝的长度、间距及坝轴线的方向，应根据河势、水流流态及河床冲淤等情况分析计算确定，必要时应以河工模型试验验证。

（7）丁坝坝头水流紊乱，受冲击力较大时，宜采取加大坝顶宽度、放缓边坡、扩大护底范围等措施进行加固和防护。

3.7 城市防洪防洪闸设计标准

3.7.1 防洪闸闸址和闸线选择要求

（1）闸址应根据其功能和运用要求，综合分析地形、地质、水流、泥沙、潮汐、航运、交通、施工和管理等因素，结合城市规划与市政工程布局，经技术经济比较选定。

（2）闸址应选择在水流流态平顺，河床、岸坡稳定的河段。泄洪闸、排涝闸宜选在河段顺直或截弯取直的地点；分洪闸应选在被保护城市上游，且河岸基本稳定的弯道凹岸顶点稍偏下游处或直段。

（3）闸址地基宜地层均匀、压缩性小、承载力

大、抗渗稳定性好，有地质缺陷、不满足设计要求时，地基应进行加固处理。

（4）拦河闸的轴线宜与所在河道中心线正交，其上、下游河道的直线段长度不宜小于水闸进口处设计水位水面宽度的5倍。

（5）分洪闸的中心线与主干河道中心线交角不宜超过30°，位于弯曲河段宜布置在靠河道深泓一侧，其方向宜与河道水流方向一致。

（6）泄洪闸、排涝闸的中心线与主干河道中心线的交角不宜超过60°，下游引河宜短且直。

（7）防潮闸闸址应根据河口河道和海岸（滩）水流、泥沙情况、冲淤特性、地质条件等，经多方面分析研究选择。防潮闸闸址宜选在河道入海口处的顺直河段，其轴线宜与河道水流方向垂直。重要的防潮闸闸址确定，必要时应进行模型试验检验。

（8）水流流态、泥沙问题复杂的大型防洪闸闸址选择，应进行水工模型试验验证。

3.7.2 防洪闸工程布置要求

（1）闸的总体布置应结构简单、安全可靠、运用方便，并应与城市景观、环境美化相结合。

（2）闸的形式应根据其功能和运用要求合理选择。有通航、排冰、排漂要求的闸，应采用开敞式；设计洪水位高于泄洪水位，且无通航排漂要求的闸，可采用胸墙式，对多泥沙河流宜留有排沙孔。

（3）闸底板或闸坎高程，应根据地形、地质、水流条件，结合泄洪、排涝、排沙、冲污等要求确定，并结合堰型、门型选择，经技术经济比较合理选定。

（4）闸室总净宽应根据泄流规模、下游河床地质条件和安全泄流的要求，经技术经济比较后确定。闸室总宽度应与上、下游河道相适应，不应过分束窄河道。

（5）闸孔的数量及单孔净宽，应根据防洪闸使用功能、闸门形式、施工条件等因素确定。闸的孔数较

少时，宜用单数孔。

（6）闸的闸顶高程不应低于岸（堤）顶高程；泄洪时不应低于设计洪水位（或校核洪水位）与安全超高之和；挡水时不应低于正常蓄水位（或最高挡水位）加波浪计算高度与相应安全超高之和，并宜结合相应因素留有适当裕度：①多泥沙河流因上、下游河道冲淤变化引起水位升高或降低的影响；②软弱地基上地基沉降的影响；③水闸两侧防洪堤堤顶可能加高的影响。

（7）闸与两岸的连接，应保证岸坡稳定和侧向渗流稳定，有利于改善水闸进、出水水流流态，提高消能防冲效果、减轻边荷载的影响。闸顶应根据管理、交通和检修要求，修建交通桥和检修桥。

（8）闸上、下翼墙宜与闸室及两岸岸坡平顺连接，上游翼墙长度应长于或等于铺盖长度，下游翼墙长度应长于或等于消力池长度。下游翼墙的扩散角宜采用7°～12°。

（9）翼墙分段长度应根据结构和地基条件确定，建筑在坚实地基上的翼墙分段长度可采用15～20m，建筑在松软地基上的翼墙分段长度可适当减短。

（10）闸门形式和启闭设施应安全可靠，运转灵活，维修方便，可动水启闭，并应采用较先进的控制设施。

（11）防渗排水设施的布置，应根据闸基地质条件、水闸上下游水位差等因素，结合闸室、消能防冲和两岸连接布置综合分析确定，形成完整可靠的防渗排水系统。

（12）闸上、下游的护岸布置，应根据水流状态、岸坡稳定性、消能防冲效果以及航运、城建要求等因素确定。

（13）消能防冲形式，应根据地基情况、水力条件及闸门控制运用方式等因素确定，宜采取底流消能。

（14）地基为高压缩、松软的地层时，应根据基础情况采取换基、振冲、强夯、桩基等措施进行加固处理，有条件时也可采取插塑料排水板或预压加固措施等。

（15）对位于泥质河口的防潮闸，应分析闸下河道泥沙淤积规律和可能淤积量，采取防淤、减淤措施。对于存在拦门沙的防潮闸河口，应研究拦门沙位置变化对河道行洪的影响。

3.7.3　防洪闸工程设计要求

（1）防潮闸的泄流能力应按偏于不利的潮位，依据现行行业标准《水闸设计规范》（SL 265—2001）的泄流公式计算，并应采用闸下典型潮型进行复核。闸顶高程应满足泄洪、蓄水和挡潮工况的要求。

（2）防潮闸设计应满足闸感潮启闭的运行特性要求，对多孔水闸，闸门应采用对称、逐级、均步启闭方式。

（3）防潮闸门型宜采用平板钢闸门，在有减少启闭容量、降低机架桥高度要求时可采用上、下双扉门。

（4）防洪闸护坦、消力池、海漫、防冲槽等的设计应按水力计算确定。

3.7.4　防洪闸水力计算要求

（1）防洪闸单宽流量，应根据下游河床土质，上、下游水位差及尾水深度、河道和闸室宽度比等因素确定。

（2）闸下消能设计应根据闸门运用条件，选用最不利的水位和流量组合进行计算。

（3）海漫的长度和防冲槽埋深，应根据河床地质、海漫末端的单宽流量和水深等因素确定。

3.7.5　防洪闸结构与地基计算要求

（1）闸室、岸墙和翼墙应进行强度、稳定性和基底应力计算，其强度、稳定安全系数和基底应力允许值应满足有关标准的规定。

（2）当地基为软弱土或持力层范围内有软弱夹层时，应进行整体稳定性验算。对建在复杂地基上的防洪闸的整体稳定性计算，应进行专门研究。

（3）防潮闸应采取分层综合法计算其最终沉降量。

（4）防洪闸应避免建在软硬不同地基或地层断裂带上，难以避开时必须采取防止不均匀沉降的工程措施。

3.8 城市防洪山洪防治和泥石流设计标准

3.8.1 城市防洪山洪防治设计原则

（1）山洪防治工程设计，应根据山洪沟所在的地形、地质条件，植被及沟壑发育情况，因地制宜，综合治理，形成以水库、谷坊、跌水、陡坡、撇洪沟、截流沟、排洪渠道等工程措施与植被修复等生物措施相结合的综合防治体系。

（2）山洪防治应以山洪沟流域为治理单元进行综合规划，并应集中治理和连续治理相结合。

（3）山洪防治宜利用山前水塘、洼地滞蓄洪水。

（4）修建调蓄山洪的小型水库，应根据其失事后造成损失的程度适当提高防洪标准，并应提高坝体的填筑质量要求。

（5）排洪渠道、截流沟宜进行护砌，排洪渠道、截流沟、撇洪沟设计应提高质量要求。

（6）植树造林等生物措施以及修建梯田、开水平沟等治坡措施，应按有关标准规定执行。

3.8.2 跌水和陡坡设计要求

（1）山洪沟或排洪渠道底部纵坡较陡时，可采用跌水或陡坡等构筑物调整。

（2）跌水和陡坡设计，水面线应平顺衔接。水面线可采用分段直接求和法和水力指数积分法计算。

（3）跌水和陡坡的进、出口段，应设导流翼墙与沟岸相连接。连接形式可采用扭曲面，也可采用变坡式或八字墙式。

（4）跌水和陡坡的进、出口段应护底，其长度应与翼墙末端平齐，底的始、末端应设一定深度的防冲齿墙。跌水和陡坡下游应设置消能防冲措施。

（5）跌水跌差小于或等于5m时，可采用单级跌水；跌水跌差大于5m，采用单级跌水不经济时，可采用多级跌水。多级跌水可根据地形、地质条件，采用连续或不连续的形式。

（6）陡坡段平面布置应力求顺直，陡坡底宽与水深的比值宜控制为10~20。

（7）陡坡比降应根据地形、地基土性质、跌差及流量大小确定，可取1：2.5~1：5，陡坡倾角必须小于或等于地基土壤的内摩擦角。

（8）陡坡护底在变形缝处应设齿坎，变形缝内应设止水或反滤盲沟，必要时可同时采用。

（9）当陡坡的流速较大时，其护底可采取人工加糙减蚀措施或采用台阶式，人工加糙减蚀或台阶式形式及其尺寸可按类似工程分析确定。重要的陡坡，必要时应进行水工模型试验验证。

3.8.3 谷坊设计要求

（1）山洪沟可利用谷坊措施进行整治。

（2）谷坊形式应根据沟道地形、地质、洪水、当地材料、谷坊高度、谷坊失事后可能造成损失的程度等条件比选确定。可采用土石谷坊、浆砌石谷坊、铅丝石笼谷坊、混凝土谷坊等形式。

（3）谷坊位置应选在沟谷宽敞段下游窄口处，山洪沟道冲刷段较长的，可顺沟道由上到下设置多处谷坊。谷坊间沟床纵坡应满足稳定沟道坡降的要求。

（4）谷坊高度应根据山洪沟自然纵坡、稳定坡降、谷坊间距等确定。谷坊高度宜为1.5~4m，当高度大于5m时，应按塘坝要求进行设计。

（5）谷坊间距，在山洪沟坡降不变的情况下，与谷坊高度接近成正比。

（6）谷坊应建在坚实的地基上。当为岩基时，应清除表层风化岩；当为土基时，埋深不得小于1m，并应验算地基承载力。

（7）铅丝石笼、浆砌石和混凝土等形式的谷坊，在其中部或沟床深槽处应设溢流口，当设计谷坊顶部全长溢流时，应进行两侧沟岸的防护。溢流口下游应设置消能设施，护砌长度可根据谷坊高度、单宽流量和沟床土质计算确定。

（8）浆砌石和混凝土谷坊，应每隔15~20m设一道变形缝，谷坊下部应设排水孔。

（9）土石谷坊不得在顶部溢流，宜在坚实沟岸开挖溢流口或在谷坊底部设泄流孔，并应进行基础处理。

3.8.4　撇洪沟及截流沟设计要求

（1）城市防治山洪可采用撇洪沟将部分或全部洪水撇向城市下游。

（2）撇洪沟的设计标准应与山洪防治标准相适应，也可根据工程规模大小和失事后造成损失的程度适当提高。

（3）撇洪沟应顺应地形布置，宜短直平顺、少占耕地、减少交叉建筑物、避免山体滑坡。

（4）撇洪沟的设计流量应根据山洪特性和撇洪沟的汇流面积与撇洪比例确定，当只撇山洪设计洪峰流量的一部分时，应设置溢洪闸（堰）将其余部分排入承泄区或原沟道。

（5）撇洪沟的设计沟底比降宜因地制宜选择，断面应采取防冲措施。

（6）截流沟的设计标准应与保护地区的山洪防治治理标准一致，设计洪峰流量可采用小流域洪水的计算方法推求。当只能截留设计洪峰流量的一部分时，应设置溢洪堰（闸）将其余部分排入承泄区。

（7）截流沟宜沿保护地区上部边缘等高线布置，并应选择较短线路或利用天然河道就近导入承泄区。

（8）截流沟的设计断面应根据设计流量经水力计算确定，沟底比降宜以沟底不产生冲刷和淤积为控制条件。

3.8.5　排洪渠道设计要求

（1）排洪渠道渠线宜沿天然沟道布置，宜选择地形平缓、地质条件稳定、拆迁少、渠线顺直的地带。渠道较长的宜分段设计，两段排洪明渠断面有变化时，宜采用渐变段衔接，其长度可取水面宽度之差的5~20倍。

（2）排洪明渠设计纵坡，应根据渠线、地形、地质以及与山洪沟连接条件和便于管理等因素，经技术经济比较后确定。当自然纵坡大于1∶20或局部渠段高差较大时，可设置陡坡或跌水。

（3）排洪明渠渠道边坡应根据土质稳定条件确定。

（4）排洪明渠进、出口平面布置，宜采用喇叭口或八字形导流，其长度可取设计水深的3~4倍。

（5）排洪明渠的安全超高可按有关标准的规定采用，在弯曲段凹岸应分析并计入水位壅高的影响。

（6）排洪明渠宜采用挖方渠道。对于局部填方渠道，其堤防填筑的质量要求应符合有关标准规定。

（7）排洪明渠弯曲段的轴线弯曲半径，不应小于最小允许半径及渠底宽度的5倍。当弯曲半径小于渠底宽度的5倍时，凹岸应采取防冲措施。

（8）当排洪明渠水流流速大于土壤允许不冲流速时，应采取防冲措施。防冲形式和防冲材料，应根据土壤性质和水流流速确定。

（9）排洪渠道进口处宜设置拦截山洪泥砂的沉沙池。

（10）排洪暗渠纵坡变化处应保持平顺，避免产生壅水或冲刷。

（11）排洪暗渠应设检查井，其间距可取为

50~100m。暗渠走向变化处应加设检查井。

（12）排洪暗渠为无压流时，断面设计水位以上的净空面积不应小于断面面积的15%。

（13）季节性冻土地区的暗渠，其基础埋深不应小于土壤冻结深度，进、出口基础应采取适当的防冻措施。

（14）排洪渠道出口受承泄区河水或潮水顶托时，宜设防洪（潮）闸。对排洪暗渠也可采用回水堤与河（海）堤连接。

3.8.6　城市防洪泥石流防治设计原则

（1）泥石流作用强度，应根据形成条件、作用性质和对建筑物的破坏程度等因素分级。

（2）泥石流防治工程设计标准，应根据泥石流作用强度选定。泥石流防治应以大中型泥石流为重点。

（3）泥石流防治应进行流域勘察，勘察重点是判定泥石流规模级别和确定设计参数。

（4）泥石流流量计算宜采用配方法和形态调查法，两种方法应互相验证。也可采用地方经验公式。

（5）城市防治泥石流，应根据泥石流特点和规模制定防治规划，建设工程体系、生物体系、预警预报体系相协调的综合防治体系。

（6）泥石流防治工程设计，应预测可能发生的泥石流流量、流速及总量，沿途沉积过程，并研究冲击力及摩擦力对建筑物的影响。

（7）泥石流防治，应根据泥石流特点和当地条件采取综合治理措施。在泥石流上游宜采取生物措施和截流沟、小水库调蓄径流，泥沙补给区宜采取固沙措施，中下游宜采取拦截、停淤措施，通过市区段宜修建排导沟。

（8）城市泥石流防治应以预防为主，主要城区应避开严重的泥石流沟；对已发生泥石流灾害的城区宜以拦为主，将泥石流拦截在流域内，阻挡泥石流进入城市，对于重点防护对象应建设有效的预警预报体系。

3.8.7　拦挡坝设计要求

（1）泥石流拦挡坝的坝型和规模，应根据地形、地质条件和泥石流的规模等因素经综合分析确定。拦挡坝应能溢流，可选用重力坝、格栅坝等。

（2）拦挡坝坝址应选择在沟谷宽敞段下游卡口处，可单级或多级设置。多级坝坝间距可根据回淤坡度确定。

（3）拦挡坝的坝高和库容应根据不同情况分析确定：①以拦挡泥石流固体物质为主的拦挡坝，对于间歇性泥石流沟，其库容不宜小于拦蓄一次泥石流固体物质总量；对于常发性泥石流沟，其库容不得小于拦蓄一年泥石流固体物质总量。②以依靠淤积增宽沟床、减缓沟岸冲刷为主的拦挡坝，坝高宜按淤积后的沟床宽度大于原沟床宽度的2倍确定。③以拦挡泥石流淤积物稳固滑坡为主的拦挡坝，其坝高应满足拦挡的淤积物所产生的抗滑力大于滑坡的剩余下滑力。

（4）拦挡坝基础埋深，应根据地基土质、泥石流性质和规模以及土壤冻结深度等因素确定。

（5）拦挡坝的泄水口应有较好的整体性和抗磨性，坝体应设排水孔。

（6）拦挡坝稳定性计算，其计算工况和稳定系数应符合相关标准的规定。

（7）拦挡坝下游应设消能设施，可采用消力槛，消力槛高度应高出沟床0.5~1.0m，消力池长度可取坝高的2~4倍。

（8）拦挡含有较多大块石的泥石流时，宜修建格栅坝。

3.8.8　停淤场设计要求

（1）停淤场宜布置在坡度小、地面开阔的沟口扇形地带，并应利用拦挡坝和导流堤引导泥石流在不同部位落淤。停淤场应有较大的场地，使一次泥石流的淤积量不小于总量的50%，设计年限内的总淤积高度不宜超过5~10m。

（2）停淤场内的拦挡坝和导流坝的布置，应根据泥石流规模、地形等条件确定。

（3）停淤场拦挡坝的高度宜为1~3m。坝体可直接利用泥石流冲积物。对于冲刷严重或受泥石流直接冲击的坝，宜采用混凝土、浆砌石、铅丝石笼护面。坝体应设溢流口排泄泥水。

3.8.9 排导沟设计要求

（1）排导沟宜布置在沟道顺直、长度短、坡降大和出口处具有停淤堆积泥石场地的地带。

（2）排导沟进口可利用天然沟岸，也可设置八字形导流堤，其单侧平面收缩角宜为10°~15°。

（3）排导沟横断面宜窄深，坡度宜较大，其宽度可按天然流通段沟槽宽度确定，沟口应避免洪水倒灌和受堆积场淤积的影响。

（4）沟口还应计算扇形体的堆高及对排导沟的影响。

（5）城市泥石流排导沟的侧壁应护砌，护砌材料可根据泥石流流速选择，采用浆砌块石、混凝土或钢筋混凝土结构。护底结构形式可根据泥石流特点确定。

（6）通过市区的泥石流沟，当地形条件允许时，可将泥石流导向指定的落淤区。

第4章　设计洪水流量的分析计算

设计洪水流量是防洪工程规划的基本依据。设计洪水流量计算是一项比较复杂的工作。计算的目的是为进行防洪规划提供各种规定（或洪水重现期）的洪水流量。按此流量进行防洪工程的水力计算，确定设计河段的水位标高、验算河（沟）的行洪能力，据以确定防洪工程的规模。因此，设计洪水流量计算成果准确、合理与否，将直接关系到工程规划的成败。如设计流量偏大必造成不应有的浪费，而如果流量偏小则又潜伏着危险。

设计洪水流量计算的方法较多，不论采用何种类型方法计算，工作重点应放在分析研究。在计算过程中必须坚持从实际情况出发，深入调查研究，注意基本资料的可取性，重视暴雨和洪水规律的变化，做到多种方法计算，反复比较论证、慎重选定设计洪水流量。

设计洪水是为防洪等工程设计而拟定的、符合指定防洪设计标准的、当地可能出现的洪水，即防洪规划和防洪工程预计设防的最大洪水。设计洪水的内容包括设计洪峰、不同时段的设计洪水量、设计洪水过程线等。本章主要对设计洪水流量的不同推求方法进行介绍。

4.1　水文频率计算基本方法

4.1.1　设计洪水

设计洪水是符合设计标准要求的洪水。标准应如何确定，这是一个关系到政治、经济、技术、风险和安全的极其复杂的问题。例如，设计防洪建筑物，如果设计洪水定得过大，就会使工程造价大大增加，但工程安全上所承担的风险就会较小；反之，如果设计洪水定得过小，虽然工程造价降低了，但工程遭受破坏的风险却增大了。我国现在是选定某一合适的频率（洪水出现的机会）作为设计洪水的标准。水利水电工程的洪水标准按防洪对象的性质划分为两大类，水工建筑物设计的洪水标准（即工程本身的防洪标准，简称设计标准）和防护对象的防洪标准（即下游地区的防洪标准，简称防洪标准）。设计标准取决于建筑物的等级，而建筑物等级是由工程规模决定的。对设计永久性水工建筑物的洪水标准又分为两种情况：一是正常运用情况的标准，称为设计标准，这种标准的洪水称为设计洪水，不超过这种标准的洪水来临时，水利枢纽一切维持正常状态；二是非常运用情况的标准，称为校核标准，这种标准的洪水称为校核洪水，这种洪水来临时，水利枢纽的某些正常工作可以暂时被破坏，但主要建筑物必须确保安全。校核洪水大于设计洪水，如某工程属二等建筑物，枢纽中永久建筑物属2级，因此设计标准的频率 $P=1\%$，即百年一遇，校核标准 $P=0.1\%$，即千年一遇。为此，要计算出百年一遇和千年一遇的洪水，以供水工建筑物设计时应用。

防洪标准的大小取决于防护对象的重要性。当不超过这一标准的洪水来临时，通过水库的调洪作用，控制下泄流量，使下游防洪控制点的洪水不超过河道安全泄流量。显然，没有水库的安全，也就谈不上下游防护对象的安全，因此上述水库洪水标准一般都高于防护对象的防洪标准。设计标准和防洪标准，一般根据水利水电工程的规模、重要性和保护区的情况，按照政府颁布的洪水设计规范选定。

设计洪水标准以设计频率表示，频率这个名词比较抽象，为便于理解，还常常转化为重现期来表达。所谓重现期，即变量的取值在长期内平均多少年内出现一次。例如，设计频率 $P=1\%$ 的洪水，重现期 $T=100$ 年，称其为百年一遇洪水。频率与重现期的关系，当研究暴雨洪水问题时，采用下式计算：

$$T=1/P \qquad (4-1)$$

式中　　T——重现期（年）；

　　　　P——频率，以小数或百分数计。

例如，上述洪水的频率 $P=1\%$，代入式（4-1）得 $T=100$ 年。由于水文现象一般并无固定的周期性，所谓百年一遇的洪水，是指大于或等于这样的洪水在长时期内平均100年可能发生一次，而不能认为每隔100年必然遇上一次。

4.1.2　水文频率计算基本方法

水文频率计算，就是根据实测的某一水文系列（如一系列实测的历年最大洪峰流量，称为样本），计算系列中各随机变量值的经验频率，由此求得与经验频率点配合最好的以频率函数表达的频率曲线——理论频率曲线，然后按照要求的设计频率，即可在该线上查得设计值。

4.1.2.1　经验频率计算

假设有一水文系列，其中各变量依从大至小排列为 x_1，x_2，$\cdots$，x_m，$\cdots$，x_n，我国规定用经验频率公式（数学期望公式）计算某变量值 x_m 的经验频率

$$P=\frac{m}{n+1}\times100\% \qquad (4-2)$$

式中　　P——随机变量 x_m 的频率（％）；

　　　　m——随机变量值从大到小的排列序号；

　　　　n——样本容量，即样本系列的总项数。

例如，某雨量站1956～1979年共观测降雨资料24年（即$n=24$），如表4-1所示第（1）、（2）栏，按由大到小顺序排列，得第（3）、（4）栏的序号m和相应的年雨量x_m由式（4-2）即可算出x_m对应的经验频率P，列于第（8）栏。必须指出，式（4-2）称为经验频率计算的数学期望公式，已经从理论上证明，该式计算的P值可近似代表变量x_m在总体系列出现的概率（也称几率），使之成为推求理论频率曲线的基础。所谓总体系列，简称总体，是指某一随机变量的整体。水文要素的总体可以认为是无限长的，如某一站的雨量，其系列长度可以认为与地球的寿命同样长，而观测的数值只是从中随机抽取的一个样本[1]。

某站年降水量频率计算表　　　　　　　　　　　表4-1

资料		经验频率及统计参数的计算					
年份	年降水量 X/mm	序号 m	按大小排列的年降水量x/mm	模比系数K_i	K_i-1	$(K_i-1)^2$	$P=\dfrac{m}{n+1}\times100\%$
（1）	（2）	（3）	（4）	（5）	（6）	（7）	（8）
1956	533.3	1	1064.5	1.602	0.6024	0.362932	4
1957	624.9	2	998.0	1.502	0.5023	0.252339	8
1958	663.2	3	964.2	1.451	0.4515	0.20381	12
1959	591.7	4	883.5	1.330	0.3300	0.108881	16
1960	557.2	5	789.3	1.188	0.1882	0.035407	20
1961	998.0	6	769.2	1.158	0.1579	0.024936	24
1962	641.5	7	732.9	1.103	0.1033	0.010664	28
1963	341.5	8	709.0	1.067	0.0673	0.004528	32
1964	964.2	9	663.2	0.998	−0.002	2.74×10^{-6}	36
1965	637.3	10	641.5	0.966	−0.034	0.001178	40
1966	546.7	11	637.3	0.959	−0.041	0.001652	44
1967	509.9	12	624.9	0.941	−0.059	0.003518	48
1968	769.2	13	615.5	0.927	−0.073	0.005396	52
1969	615.5	14	606.7	0.913	−0.087	0.007518	56
1970	417.1	15	591.7	0.891	−0.109	0.011944	60
1971	789.3	16	587.7	0.885	−0.115	0.013296	64
1972	732.9	17	586.7	0.883	−0.117	0.013646	68
1973	1064.5	18	567.4	0.854	−0.146	0.021277	72
1974	606.7	19	557.2	0.839	−0.161	0.025993	76
1975	586.7	20	546.7	0.823	−0.177	0.031339	80
1976	567.4	21	538.3	0.810	−0.190	0.035976	84
1977	587.7	22	509.9	0.768	−0.232	0.054021	88
1978	709.0	23	417.1	0.628	−0.372	0.138474	92
1979	883.5	24	341.1	0.513	−0.487	0.236709	96
合计	15993.5	—	15993.5	24.02	−0.020	1.592000	—

4.1.2.2　经验频率曲线

以随机变量为纵坐标，以经验频率为横坐标，点绘经验频率点据，根据点群趋势绘出一条平滑曲线，称为经验频率曲线。如图4-1所示点是按表4-1中第（4）栏和第（8）栏对应的数值描绘，经验频率曲线是指分布在频率4%～96%的那段曲线。实际上，因为样本系列往往不长，经验频率曲线分布的范围不够大，因此无法直接按设计频率在线上查得设计值，所以实际工作中常常只点绘频率点据，不绘经验频率曲线，而是绘制理论频率曲线。

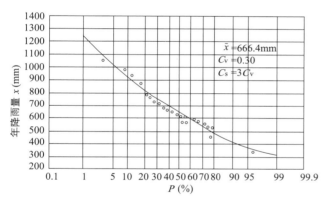

图4-1　某站年降雨量理论频率曲线

4.1.2.3　理论频率曲线

根据上述分析表明，为了从频率曲线上查取小频率或大频率的设计值，必须将经验频率曲线按合适的频率函数向两端外延，这样求得的一条完整的频率曲线，在水文上称为理论频率曲线。水文上把由频率函数表示且能与经验频率点群配合良好的频率曲线称为理论频率曲线，它近似反映总体的频率分布。因此，常用它对未来的水文情况进行预测。理论频率曲线有皮尔逊Ⅲ型、克里茨斯—闵凯里曲线等类型。

根据我国水文计算的大量经验，理论频率曲线一般都采用皮尔逊Ⅲ型分布，其中有均值$\bar{x}$、变差系数C_v、偏差系数C_s三个统计参数，按照经验频率点群配合最佳的原则选定理论频率曲线。

1）皮尔逊Ⅲ型分布

皮尔逊Ⅲ型分布函数为

$$P = \frac{\beta^{\alpha}}{\Gamma(a)} \int_{x_0}^{\infty} (x - a_0)^{a-1} e^{-\beta(x-a_0)} dx \quad （4-3）$$

$$a = \frac{4}{C_s^2}, \quad \beta = \frac{2}{x C_s^2 C_v}, \quad a_0 = \bar{x}\left(1 - \frac{2C_v}{C_s}\right)$$

式中　　x ——随机变量值；

P ——大于或等于x的累积频率，简称频率；

x_P ——频率为P的x值；

$\bar{x}$ ——均值；

C_v ——变差系数；

C_s ——偏差系数。

由式（4-3）知，设计值x_P取决于P、$\bar{x}$、C_v、C_s，对于某随机变量系列，$\bar{x}$、C_v、C_s一定，因此x_P仅与P有关。对于指定的P值，由式（4-3）可以算出x_P，于是就可对应地点绘出理论频率曲线。要对如此复杂的函数进行积分非常麻烦，实际应用上，通过查算已制成的专用表就可轻而易举地完成这一计算。x_P的计算公式为

$$x_P = K_P \bar{x} \quad （4-4）$$

式中　　K_P—— 模比系数，$K_P = \dfrac{x_P}{\bar{x}}$，可按$C_v$和$C_v/C_s$，由$P$通过查皮尔逊Ⅲ型频率曲线的模比系数$K_P$值表取得。

2）统计参数

为了确定一条与经验频率点群配合好的理论频率曲线，就得初步估算出频率函数中的统计参数，对于皮尔逊Ⅲ型曲线来说，就是要由样本系列估算$\bar{x}$、C_v、C_s三个统计参数。

（1）均值$\bar{x}$。

均值，也称算术平均数，代表样本系列的平均情况。例如，甲河的多年平均降水量$\bar{x}_{甲}$=1800mm，乙河的多年平均降水量$\bar{x}_{乙}$=1000mm，说明甲河的降水量比乙河丰富。设随机变量m系列共有n项，各项值为x_1，x_2，…，x_m，…，x_n，则均值$\bar{x}$的估算

公式为

$$\bar{x} = \frac{1}{n}\sum_{i=1}^{n} x_i \qquad (4-5)$$

（2）变差系数（离势系数）C_v。

变差系数C_v，反映系列变量值对于均值的相对离散程度。C_v大，说明系列变量分布相对于均值比较离散；反之，说明分布比较集中。由样本系列估算C_v的公式为

$$C_v = \frac{1}{\bar{x}}\sqrt{\frac{\sum_{i=1}^{n}(x_i - \bar{x})^2}{n-1}} = \sqrt{\frac{\sum_{i=1}^{n}(K_i - 1)^2}{n-1}} \qquad (4-6)$$

式中：K_i——x_i的模比系数，$K_i = \frac{x}{\bar{x}}$。

（3）偏态系数C_s。

偏差系数只能反映系列的相对离散程度，不能反映系列在均值两旁是否对称和不对称的程度。为表达系列相对于均值的对称程度，水文上采用偏差系数C_s来描述，其估算公式为

$$C_s = \frac{\sum_{i=1}^{n}(x_i - \bar{x})^3}{(n-3)(\bar{x}C_v)^3} = \frac{\sum_{i=1}^{n}(K_i - 1)^3}{(n-3)C_v^3} \qquad (4-7)$$

当$C_s=0$时，随机变量大于均值与小于均值的出现机会均等，均值对应的频率为50%，称为对称分布；当$C_s>0$时，表示大于均值的变量出现的机会比小于均值的变量出现的机会少，称为正偏分布，水文分布多属于此；当$C_s<0$时，分布情况正好与$C_s>0$时的情况相反，称为负偏分布。由于水文样本系列一般仅有几十年，采用式（4-7）估算C_s误差很大，因此一般不用式（4-7）估算，而是在配线时根据C_v/C_s的经验值初估。

4.1.2.4 适线法确定理论频率曲线

适线法也称配线法，是以经验频率点据为基准，给它选配一条拟合最好的理论频率曲线，以此代表水文系列的总体分布。适线法的具体做法如下。

1）计算并点绘经验频率点

把实测资料按由大到小的顺序排列，按式

（4-2）计算各项的经验频率，并与相应的变量一起点绘于频率格纸上。频率格纸是水文计算中绘制频率曲线的一种专用格纸，它的纵坐标为均匀分格（或对数分格），表示随机变量；横坐标表示频率P，为不均匀分格，中间部分分格较密，向左、右两端分格渐疏。正态曲线绘在这种格纸上正好为一条直线。

2）估算统计参数

根据式（4-5）和式（4-6）分别计算均值$\bar{x}$及变差系数C_v；C_s按经验初选，暴雨、洪水的C_s取$(2.5 \sim 4.0)C_v$。

3）选定线型

我国一般采用皮尔逊Ⅲ型曲线。

4）配线

由选定的线型和估算的$\bar{x}$、C_v、C_s得各P值的K_P，按式（4-4）算得各P值对应的x_P，依此在绘有经验频率点的频率格纸上绘一条理论频率曲线，如果与经验点配合良好，则该理论频率曲线就是要确定的理论频率曲线，否则应对初估参数适当修正，直至配合最好为止。修改统计参数时，应首先考虑修改C_s，其次考虑修改C_v，必要时也可适当调整$\bar{x}$。

为了避免修改参数的盲目性，需要了解参数$\bar{x}$、C_v、C_s对频率曲线形状的影响。由式（4-3）可知，频率曲线是密度曲线的积分曲线，其形状与参数有着密切的关系。C_v值越大，曲线越陡，如图4-2所示。图4-3表示$C_v=1.0$时，各种C_s值对频率曲线的影响，当C_s增大时，曲线上段变陡，而下段趋于平缓。若C_s和C_v不变时，由于$\bar{x}$的不同，频率曲线的位置也就不同，增大均值将使频率曲线抬高，并且变陡。

4.1.2.5 设计值的推求

已知设计频率P，可在确定的理论频率曲线上直接读取与P对应的变量值x_P，此即推求的设计值。为精确起见，也可按确定的理论频率曲线的统计参数及设计频率P，由皮尔逊Ⅲ型频率曲线的模比系数K_P值表查取K_P，按$x_P=K_P\bar{x}$求得设计值。

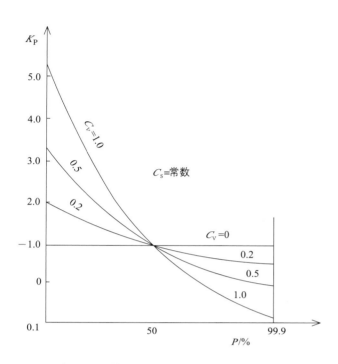

图4-2　当C_s＝1.0时各C_v值对频率曲线的影响

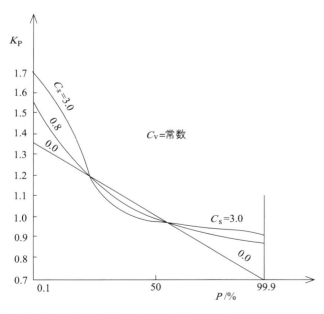

图4-3　当C_v＝1.0时，各C_s值对频率曲线的影响

4.2　利用实测流量资料推求设计洪水流量

4.2.1　洪水选样

每一次的洪水过程是在时间和空间上的连续过程，理应当作随机过程来分析研究各种不同洪水出现的可能性。由于受到观测资料的限制，同时也为了简化计算，人们常用洪水过程线的一些数值特征来反映洪水的特性，如洪峰流量Q_m，一次洪水总量W_T，一日或三日洪水总量w_1、w_3等，并把它们作为随机变量来进行频率分析。所谓洪水选样问题，是指根据工程设计的要求选用哪些洪水的数字特征作为分析研究的对象，以及如何在连续的洪水过程中选取洪水的数字特征。

4.2.1.1　洪峰流量统计系列选样方法

洪峰流量统计系列选样，有年最大值法、年若干最大值法和超定量法三种。

（1）年最大值法：也叫做年洪峰法，即每年选取一个最大的洪峰流量，即每年只选取最大的一个瞬时流量作为频率分析的计算样本。例如，从n年的资料中每一年选取一个最大的洪峰流量，组成n年样本系列，进行频率分析。

（2）年若干最大值法：一年中取若干个相等数目的洪峰流量进行频率分析。

（3）超定量法：选择超过某一标准的全部洪峰流量进行频率分析。

以上3种方法中，符合重现期以年为指标的防洪标准要求的防洪工程设计洪峰流量采用年最大值法计算，较为合适。在计算时要求洪水形成的条件是同一类型的，如同为暴雨洪水或同为融雪洪水，不能把年内不同季节、不同类型形成的最大洪峰流量混在一起作为洪水系列进行频率计算，也不能把溃坝洪水加入系列之中。

4.2.1.2　洪水总量统计系列选择

（1）一次洪水量法：统计各年中最大的一次洪水

量，进行频率分析。一次洪水量的历时长短不一，以此进行年最大值频率分析和进行各项统计成果的地区一般都缺乏共同基础。同一次洪水量的各次洪水，因历时长短不一，对防洪工程威胁程度大不相同。因此，一次洪水量的统计不符合防洪工程要求，除特殊情况，一般不采用。

（2）定时段洪水量法（极值法）：以一定时段为标准（如1d、3d、7d等），统计该时段内的最大洪水量。由于历时相同，各年之间及各地之间均有共同基础。定时段洪水量是暴雨时程分布及流域产流、汇流条件的综合产物，也能较精确地反映其对防洪工程的威胁程度，而且应用简便，一般采用此法。

4.2.2　资料的审查

对洪水系列资料要求做"三性审查"，即做资料的可靠性、一致性、代表性审查。

1. 资料可靠性审查

资料可靠性审查就是要鉴定资料的可靠程度，其目的是减少观测和整理中的误差并改正其错误。要审查资料的测验方法、整编方法和成果质量。特别是审查影响较大的大洪水年份，以及观测和整编资料较差的年份，如新中国成立前及"文革"期间的资料。审查的内容为测站的变迁、水尺位置、水尺零点高程和水准面的变化情况，汛期是否有水位观测中断情况，测流断面是否有淤积，水位流量关系的延长是否合理等。如发现问题，应会同原整编单位做进一步审查和必要的修改。

2. 资料一致性审查

用数理统计方法进行洪水频率分析计算的前提是要求资料满足一致性。资料的一致性主要表现在流域的气候条件和下垫面条件的稳定性，如果气候条件或者下垫面条件显著变化，则资料的一致性就遭到破坏。一般认为，流域的气候条件变化是缓慢的，从几十年或几百年来看，可以认为是相对稳定的。而下垫

面条件，可能由于人类活动而迅速变化。例如，测流断面上游修建了引水工程，则工程建成前后下游水文站测得的实测资料的一致性就遭到破坏。对于前后不一致的资料，应还原为同一性质的系列。由于上游的槽蓄作用减少或增加，分洪、决堤等影响到下游站的洪水，可用洪水演进的办法来还原。

3. 资料代表性审查

资料的代表性是指样本资料的统计特性能否很好地反映总体的统计特性。在洪水的频率计算中，则表现为样本的频率分布能否很好地反映总体的概率分布。如样本的代表性不好，就会给设计成果带来误差。由于总体的概率分布为未知，代表性的鉴别一般只能通过更长期的其他相关系列做比较来衡量。

1）与水文条件相似的参证站比较

参证站系列越长越好。例如，甲、乙两站在同一条河流上或在同一地理区域上，所控制的集水面积差不多。设甲站只有1981～2000年20年的资料，而乙站有1901～2000年100年的资料。将乙站作为参证站，把其100年的洪峰资料当作总体系列，通过相关计算得到其均值$\overline{Q}_m$、变差系数C_v，偏差系数C_s；再求得乙站1981～2000年资料（样本系列）的$\overline{Q}_m$、C_v、C_s。如果两者的结果很接近，则参证流域1981～2000年的资料有代表性，即该样本可以代表总体。由于甲站与乙站的水文条件相似，故可以推断甲站1981～2000年的洪峰资料具有代表性。

2）与较长雨量资料对照

对于代表性不好的洪峰系列，应该设法加以展延，以增加其代表性，因为样本容量越大越能代表总体。为了增加样本的代表性，一般采用下面两种方法展延洪峰流量系列：

（1）把同一条河流上、下游站或邻近河流测站的洪峰与设计站同一次洪峰建立相关关系，以插补设计站短缺的洪峰资料。

（2）如果设计站控制流域的面雨量资料记录较长，可用产流、汇流计算方法由暴雨资料来插补延长

洪峰流量资料。由于影响洪峰流量的因素极为复杂，用上述方法有时得不到满意的结果。

目前在设计洪水计算中，更重要的是利用特大洪水的处理来提高资料的代表性。根据历史文献、石刻洪痕及古洪水调查推算历史洪水，往往可以调查到100年甚至上千年以来发生的特大洪水灾害。

4.2.3 洪水资料的插补延长及特大洪水资料的处理

如实测洪水系列较短或者实测期内有缺测年份，可用下列方法进行洪水资料的插补延长。

1. 上、下游站或邻近流域站资料的移用

若设计断面的上、下游有较长记录的参证站，设计站和参证站流域面积差不多，且下垫面的情况几乎相同，可考虑将上游或下游站的洪峰流量直接移用到设计站。如果两站面积相差不超过15%，且流域自然地理条件比较一致，流域内暴雨分布均匀，可按下列公式修正移用：

$$Q_m = \left(\frac{F}{F'}\right)^n Q'_m \qquad (4-8)$$

式中 Q_m、Q'_m——设计站、参证站洪峰流量（m³/s）；

           F、F'——设计站、参证站流域面积（km²）；

           n——指数，对大中河流，$n=0.5 \sim 0.7$，对$F \leqslant 100km^2$的小流域，$n \geqslant 0.7$，也可以根据实测洪水资料分析得到。

2. 利用洪峰、洪水量关系插补延长

利用本站或邻近站同次洪水的洪峰和洪水量相关关系，或洪峰流量相关关系进行插补延长。同次洪水的峰量关系，因受到洪水展开和区间来水的影响，相关关系很密切，可以考虑加入一些反映上述影响因素的参数，如降暴雨中心位置及洪峰形状等，以改善相关关系，提高计算精度。上、下游站洪峰流量相关图如图4-4所示。

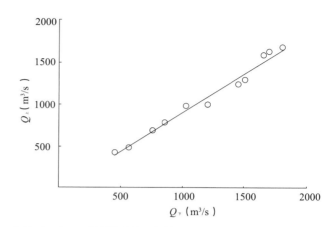

图4-4 上、下游站洪峰流量相关图

频率计算问题成果的合理性与计算资料的代表性有很大关系。在资料的样本不很长时，一般的频率计算方法往往使成果变动很大。如果利用历史文献资料和调查的历史洪水的方法来确定出历史上很早发生过的特大洪水，即可把样本资料系列年数增加到调查期限的长度，这样就能够增加资料样本的代表性。当然，调查期每一年的洪水是不可能都得到的，这使系列资料不连续，也就不可能用一般的方法来计算洪水频率，因此就要研究有特大洪水时的频率计算方法，也称为特大洪水的处理。

对于有n年实测和插补延长的资料系列，若没有特大洪水需提出来另外处理，将其值由大到小排位，序号是连贯的，称为连序系列或称为连序样本。若通过历史洪水的调查和文献考证后，实测和调查的特大洪水洪峰流量Q_m需要在更长的时期N内进行排位，序号是不连贯的，其中有不少属于缺失项位，这样的系列称为不连序系列或不连序样本（图4-5）。

考虑特大洪水时经验频率的计算基本上是采用特大洪水的经验频率与一般洪水的经验频率分别计算的方法。设调查期及实测期（包括空位）的总年数为N年，连序实测为n年，共有a次特大洪水，其中有l次发生在实测期，$a-1$次是调查考证所得。目前国内有两种考虑特大洪水的经验频率计算方法。

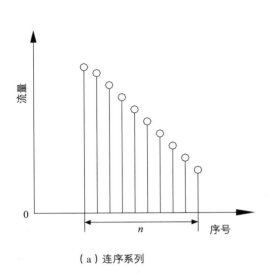
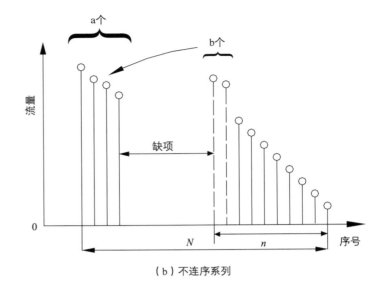

（a）连序系列　　　　　　　　（b）不连序系列

图4-5　连序系列和不连序系列示意图

1）独立样本法

独立样本法是把包括历史洪水的长系列（N年）和实测的短系列（n年）看成是从总体随机取样的两个独立样本，各项洪峰值可在各自所在系列中排位，则一般洪水（n项中除去了l项特大洪水）的经验频率为

$$P_m = \frac{m}{n+1}(m = l+1,\ l+2,\ \cdots,\ n) \quad (4-9)$$

特大洪水的经验频率为

$$P_M = \frac{M}{N+1}(M = 1,\ 2,\ \cdots,\ a) \quad (4-10)$$

式中　　m——一般洪水在n中的排序；

　　　　M——特大洪水在N中的排序。

2）统一样本法

将实测系列洪水和特大洪水系列共同组成一个不连序系列作为代表总体的一个统一样本，不连序系列的各项可在调查期限N年内统一排位。特大洪水的经验频率依然按照式（4-10）计算，实测系列中（$n-l$）项一般洪水的经验频率计算为

$$P_m = P_{Ma} + (1-P_{Ma})\frac{m-l}{n-l+1} \quad (4-11)$$

式中　　P_{Ma}——N年中末位特大洪水的经验频率，$P_{Ma} = n/(N+1)$；

　　$(1-P_{Ma})$——N年中一般洪水（包括空位）的总频率；

　$(m-l)/(n-l+1)$——实测期一般洪水在n年（除去l项）内的排位频率。

在频率格纸上点绘经验频率点据，一般洪水的Q_m和P_m对应，特大洪水的Q_M和P_M对应，然后进行配线。

4.2.4　设计洪水量及洪水过程线的推求

4.2.4.1　设计洪水量的推求

年最大流量可以从水文年鉴上直接查得，而某一历时的年最大洪水总量则要根据洪水水文要素摘录表的数据用面积包围法（梯形面积法）分别算出，如最大1d洪水量W_1、最大3d洪水量W_3和最大7d洪水量W_7等。值得注意的是，所谓最大1d洪水量实际上是最大连续24h洪水量，并不是逐日平均流量表中的最大日平均流量乘以一天的秒数；同样W_3指最大连续72h洪水量，其他依次类推。同一年内所选取的固定时段洪量，可能发生在同一次洪水中，也可能不发生在同一

次洪水中，关键是选取最大值。如图4-6所示最大1d洪量和最大3d、最大5d洪量就不属于同一次洪水。

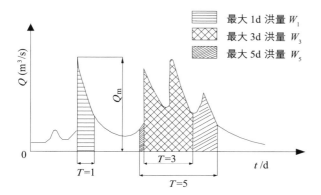

图4-6 面积包围法

4.2.4.2 设计洪水过程线的推求

有了设计洪峰Q_P和设计洪水量W_P，还要按典型洪水分配推求设计洪水过程线，才能够反映出设计洪水的全部特征。

1. 典型洪水的选择

对于设计标准较低的水利工程，可选用洪峰流量与设计洪峰相近的洪水为典型洪水；对于设计标准较高的水利工程，设计频率较小，为安全起见，应该选最危险的洪水为典型，具体地说，就是选"峰高量大、主峰偏后"的典型洪水。大洪水峰高量大，而主峰又偏后，则第一次小洪峰已占用了部分防洪库容，大洪峰到来，对水库的威胁更大。因此，选最危险的洪水为典型来进行设计，工程的安全就有了较可靠的保证。

2. 按典型放大

把设计洪峰、设计洪水量按典型放大为设计洪水过程线，有同倍比放大和同频率放大两种方法。

1）同倍比放大法

令洪水历时T固定，把典型洪水过程线的纵高都按同一比例系数放大，即为设计洪水过程线。采用的比例系数又分两种情况。

（1）按峰放大。

例如，典型洪水的洪峰为$Q_典$，其设计洪峰为$Q_设$，采用比例系数$K_峰 = Q_设/Q_典$，$K_峰$乘以典型洪水过程线的每一纵高，即得设计洪水过程线。这种方法适用于洪峰流量起决定影响的工程，如桥梁、涵洞、堤防等，主要考虑能否宣泄设计洪峰流量，而与设计洪水量关系不大。

（2）按量放大。

令典型洪水总量为$W_典$，设计洪水总量为$W_设$，比例系数$K_量 = W_设/W_典$，以$K_量$乘以典型洪水过程线的每一纵高，即为设计洪水过程线。

对于洪水量起决定影响的工程，如分蓄洪区、排涝工程等，只考虑能容纳和排出多少水量，而与洪峰无多大关系，可用这种放大方法。

一般情况下，$K_峰$和$K_量$不会完全相等，所以按峰放大的洪水量不一定等于设计洪水量，按量放大后的洪峰不一定等于设计洪峰。此外，1d、3d、7d洪水量的倍比系数都不会相等，用上述两种简单方法不好处理。所以对于重要的水利水电工程，一般都采用同频率放大法。

2）同频率放大法

在放大典型过程线时，若按洪峰和不同历时的洪水量分别采用不同倍比，便可使放大后过程线的洪峰及各种历时的洪水量分别等于设计洪峰和设计洪水量。也就是说，放大后的过程线，其洪峰流量和各种历时的洪水总量都符合同一设计频率，故称为"同频率放大法"。此法能适应多种防洪工程的特性，目前大、中型水库规划设计主要采用此法。

取洪水量的历时为1d、3d、7d、15d，则"典型"各段的放大倍比可计算如下：

$$K_峰 = Q_P/Q_典 \qquad (4-12)$$

1d洪水量的放大倍比为

$$K_1 = W_{1,P}/W_{1,典} \qquad (4-13)$$

式中　　Q_P——设计洪峰流量；

　　　　$Q_典$——典型洪水的洪峰流量；

　　　　$W_{1,P}$——设计1d洪水量；

　　　　$W_{1,典}$——典型洪水连续1d最大洪水量。

"典型"的洪峰和一天洪水量可分别按式（4-12）和式（4-13）计算的放大倍比进行放大。怎样放大3d的洪水量呢?由于3d之中，包括了1d，$W_{3,P}$中包括有 $W_{1,P}$，$W_{3,典}$中包括了$W_{1,典}$，而"典型"1d的过程线已经按K_1放大，因此对"典型"3d的过程线只需要把1d以外的部分进行放大。

因此，1d以外、3d以内的典型洪水量为（$W_{3,典}-W_{1,典}$），设计洪水量为（$W_{3,P}-W_{1,P}$），所以这一部分的放大倍比为

$$K_{1\sim3}=（W_{3,P}-W_{1,P}）/（W_{3,典}-W_{1,典}） \qquad （4-14）$$

同理，在放大典型过程线3d到7d的部分时，放大倍比为

$$K_{3\sim7}=（W_{7,P}-W_{3,P}）/（W_{7,典}-W_{3,典}） \qquad （4-15）$$

7d到15d的放大倍比为

$$K_{7\sim15}=（W_{15,P}-W_{7,P}）/（W_{15,典}-W_{7,典}） \qquad （4-16）$$

于是可放大典型过程线为设计频率的洪水过程线。在典型放大过程中，由于在两种天数衔接的地方放大倍比（K）不同，因而在放大后的交界处产生不连续的突变现象，使过程线是锯齿形。此时可以徒手修匀，使其成为光滑曲线，但要保持设计洪峰和各种历时的设计洪水量不变。同频率放大法优点是求出来的过程线比较符合设计标准；缺点是可能与原来的典型相差较远，甚至形状有时也不能符合自然界中河流洪水形成的规律。为改善这种状况，应尽可能地减少放大的层次，如除洪峰和最长历时的洪水量外，只取一种对调洪计算起直接控制作用的历时，称为控制历时，并依次按洪峰、控制历时和最长历时的洪水量进行放大，以得到设计洪水过程线。

4.3 洪水调查与推算设计洪水流量

4.3.1 洪水调查方法与步骤

历史洪水调查是目前计算设计洪峰流量的重要手段之一。具有长期实测水文资料的河段，用频率计算方法可以求得比较可靠的设计洪峰流量。我国河流一般实测水文资料年限较短，用来推算稀遇洪水，其结果可靠性较差，特别是在山区小河流，没有实测水文资料，用经验公式或推理公式计算往往误差较大。因此，在洪水计算中，对历史洪水调查应给予足够重视。

历史洪水调查是一项十分复杂的工作。在调查资料较少、河床变化较大的情况下，计算成果往往会产生较大误差。因此，对于洪水调查的计算成果，应对影响成果精度的各种因素进行分析，来确定所得成果的可靠程度。

4.3.1.1 洪峰流量调查方法

根据历史洪水调查推算洪峰流量时，可按洪痕点分布及河段的水力特性等选用适当的方法，如当地有现成的水位流量关系曲线就可以利用，还要注意河道的变迁冲淤情况加以修正。当调查河段无实测水文资料时，一般可采用比降法。用该法时，需注意有效过水断面、水面线及河道糙率等基本数据的准确性。如断面及河段条件不适于用比降法计算时，则可采用水面曲线法。当调查河段具有良好的控制断面（如急滩、卡口、堰坝等）时，则可用水力学公式计算，这样可较少依赖糙率，成果精度较高。由洪痕推算洪峰流量，各种方法会得出不同结果，因此应进行综合分析比较后合理选定。

1）水位-流量关系曲线高水延长法

当洪水痕迹位于水文站断面附近，其间无较大支流汇入而又有条件将调查洪痕搬移到水文站断面时，可延长实测的水位-流量关系曲线来推算洪峰流量。

2）面积-比降法

调查河段顺直、洪痕点较多、河床稳定时，采用比降-面积法推算洪峰流量，分为均匀流和非均匀流两种情况。

（1）稳定均匀流的流量一般按下式计算:

$$\begin{cases} Q = AV = A\dfrac{1}{n}R^{\frac{2}{3}}I^{\frac{1}{2}} = KI^{\frac{1}{2}} \\ R = \dfrac{A}{X} \\ I = \dfrac{\Delta H}{L} \\ K = \dfrac{A}{n}R^{\frac{2}{3}} \end{cases} \quad (4\text{-}17)$$

式中　　Q——流量（m³/s）；

A——过水断面面积（m²）；

V——过水断面流速（m/s）；

X——过水断面湿周（m）；

n——河底糙率；

R——水力半径（m）；

ΔH——沿程水头损失（m）；

L——河段长度（m）；

I——水力坡度；

K——输水率（m³/s）。

（2）稳定非均匀流可按伯努利能量方程计算如下：

$$H_2 + \frac{a_2 V_2^2}{2g} = H_1 + \frac{a_1 V_1^2}{2g} + h_f + h_j \quad (4\text{-}18)$$

式中　　H_1、H_2——1、2断面的水位（m）；

V_1、V_2——1、2断面的平均流速（m/s）；

h_f——沿程水头损失（m）；

h_j——局部水头损失（m）；

g——重力加速度（9.8m/s²）；

a_1、a_2——1、2断面的流速不均匀系数，一般取1.0。

3）水面曲线法

当调查河段较长，洪痕点分散，沿程河底坡降和横断面有变化，水面曲线较大时，可用水面曲线法推算。其方法如下：

（1）根据洪痕点处的断面图，计算并绘制水位Z与面积A关系曲线。

（2）选定各断面处的河道糙率n，通过公式4-19计算并绘制z和流量模数K关系曲线。

$$K = \frac{A}{n}R^{\frac{2}{3}} \quad (4\text{-}19)$$

（3）以水面比降S代替河底比降，用$Q=KS^{1/2}$计算假定洪峰流量的初值。

（4）由下游断面起向上游断面逐段推算水面曲线，水位按下式计算：

$$Z_U = Z_L + \frac{1}{2}\left(\frac{Q^2}{K_U^2 + K_L^2}\right)L - (1-\alpha)\frac{V_U^2 + V_L^2}{2g} \quad (4\text{-}20)$$

式中　　Z_U、Z_L——上、下游断面的水位（m）；

Q——洪峰流量（m³/s）；

V_U、V_L——上、下断面平均流速（m/s）；

α——断面扩散系数，若$V_U < V_L$，$\alpha=0$，若$V_U < V_L$，$\alpha=0.5$；

L——上、下断面间距（m）。

（5）如果推算的水面线与大部分洪痕点拟合较好，则假定洪峰流量的初值即为推求值；否则，重新假定计算，直至相符为止。

4）水力学公式法

调查河段下游有急滩、卡口、堰闸等良好控制断面时，可用相应的水力学公式推算，公式如下：

$$Q = A_C\left(\frac{gA_C}{\alpha B_C}\right)^{1/2} \quad (4\text{-}21)$$

（1）在急滩处，当河段底坡的转折处发生临界水流时用下式推算洪峰流量：断面发生临界水流的判别式为

$$S_下 > S_C > S_上 \quad (4\text{-}22)$$

$$S_C = \frac{n^2 Q^2}{A_C^2 R_C^{4/3}} \quad (4\text{-}23)$$

式中　　A_C——临界水流处的过水断面面积（m²）；

B_C——临界水流处的水面宽（m）；

α——动能校正系数，渐变水流常取105～110；

S_C——河床临界比降；

$S_下$、$S_上$——断面以上或以下的河床比降；

R_C——临界水流处的水力半径。

（2）在桥孔或断面束窄，形成河段上、下游水位落差，用下式推算洪峰流量：

$$Q = A_{\mathrm{L}} \sqrt{\frac{2g(Z_{\mathrm{U}} - Z_{\mathrm{L}})}{\left(1 - \dfrac{A_{\mathrm{L}}^2}{A_{\mathrm{U}}^2}\right) + \dfrac{2gA_{\mathrm{L}}^2}{K_{\mathrm{U}}K_{\mathrm{L}}}}} \qquad （4\text{-}24）$$

$$K_{\mathrm{U}}K_{\mathrm{L}} = \overline{A^2 \, C^2 \, R}$$

式中　　K_{U}、K_{L}——上、下断面的输水因素。

5）试验法

当特大洪水的洪痕可靠、估算要求较高时，可设立临时测流断面测流，或采用试验的方法推算。

4.3.1.2　洪水调查的步骤

洪水调查主要按以下步骤实施。

（1）相关资料的调查和收集：调查和收集的内容见洪水调查的主要内容。

（2）对调查和收集的资料整理分析，包括资料的准确性和可靠性分析、调查洪水的洪峰流量、洪水过程线及洪水总量的计算分析等。

（3）历史洪水重现期的确定。

（4）数据的处理包括调查洪水大小排位、调查洪水的频率分析。

（5）设计洪水的推求：在第3步计算基础上按照本章水文频率计算基本方法，推求一定设计频率下的设计洪水。

（6）调查成果的合理性检查。

4.3.2　洪水调查的主要内容

河流洪水现象的数量特征分析研究属于水文测验的范围，但是洪水测验受到时间和空间的局限，往往不能满足要求，需要通过洪水调查加以补充。因此，洪水调查同洪水测验的内容没有本质上的区别。一般情况下，洪水调查内容如下。

1. 历史上洪水发生的情况

从地方志、碑记、老人及有关单位了解过去发生洪水的情况，洪水一般发生的月份，以及时间、洪水涨落时间及其组成情况。

2. 各次大洪水的详细情况

洪水发生的年、月、日及洪水痕迹，当时河道过水断面、河槽及河床情况，洪水涨落过程（开始、最高、落尽），洪水组成及遭遇情况，上游有无决口、卡口和分流现象，洪水时期含砂量及固体径流情况。

3. 自然地理特征

流域面积、地形、土壤、植物及被覆等，有了这些资料即可和其他相似流域洪水进行比较，借以判断洪水的可靠性。

4. 洪痕的调查和辨认

1）河段的选择

（1）选择河段最好靠近工程地点，并在上、下游若干千米内，另选一两个对比河段进行调查以资校核。

（2）河段两岸最好有树木和房屋，以便查询历史洪水痕迹。

（3）河段尽可能选择在平面位置及河槽断面多年来没有较大冲淤、改道现象的地段。

（4）河段最好比较顺直，没有大的支流加入，河槽内没有构筑物和其他阻塞式回水、分流现象。

（5）河段各处断面的形状及其大小比较一致的河段。

（6）河段各处河床覆盖情况基本一致。

（7）当利用控制断面及人工建筑物推算洪峰流量时，要求该河段的水位不受下游瀑布、陡滩、窄口或峡谷等控制。

（8）洪水时建筑物能正常工作，水流渐变段具有良好的形状，无旋涡现象，构筑物上、下游无因阻塞所引起的附加回水，并且在其上游适当位置有可靠的洪水痕迹。

2）洪痕的调查

（1）砖墙、土坯墙经洪水泡过，有明显的洪水痕迹，由于水浪冲击，在砖、土坯上显出凹痕或表层剥落，但要与长期遭受雨水吹打所造成的现象区别开来，根据风向与雨向来综合确定。

（2）从滞留在树干上的漂流物可以判断洪水位。取证漂流物时，应注意由于被急流冲弯的影响，而不能真实地反映当时洪水位，并要注意不要混淆落水时遗留的漂浮物。

（3）在岩石裂缝中填充的泥沙，也可以作为辨认洪痕的依据，但要特别注意与撒入裂缝的砂区别开来。

（4）在山区溪沟中被洪水冲至河床两侧的巨大石块，它的顶部可作为洪水位，但要肯定该石块是洪水冲来的，而不是因岸塌而来的。

4.3.3 历史洪水重现期的确定

进行历史洪水的调查和计算的目的是为了延长实测水文资料，减少设计洪水计算中的抽样误差，提高设计洪水的精度。因此，除要对调查洪水的洪峰流量做认真分析计算及合理性分析外，尚需要对每场洪水的重现期（特别是特大洪水）做出比较合理的分析考证，这样才能较正确地估算其经验频率。例如，黄河三门峡河段1983年历史洪水，过去在频率计算中只能按1983年至计算时间计其重现期，只能定为100余年；以后通过文献资料结合考古等多种途径考证，其重现期至少应为1000年。这样就比较正确地确定了1984年洪水在频率曲线上的位置，从而也提高了三门峡及小浪底设计洪水的精度。

1）通过历史文献资料考证

历史文献、碑文、古迹以及明清故宫档案内有许多洪涝灾害记载，将这些资料进行系统的整理分析，可以得到几百年来的特大洪水及排位情况，这样可以根据特大洪水处理来计算其经验频率，从而确定其重现期。

2）通过沿河古代遗物考证

一般河流流域文化历史悠久，沿河两岸广存古代遗物，以此推断历史大洪水的重现期是一种可靠的方法。

4.3.4 设计洪水流量的推求

由洪水调查成果可用适线法推求设计洪峰流量，此方法基本要求是在同一断面处有3个以上不同重现期的洪水调查成果。根据洪水调查成果首先假定均值 $\bar{x}$ 及变差系数 C_v、C_s/C_s 值，按各省已定的经验关系值，把调查到的洪水调查成果点绘在频率线上，经过几次假定均值 $\bar{x}$ 与 C_v 值，采用目估定线的方法，最后试算到频率曲线与洪调点结合最佳为止。其所假定的均值 $\bar{x}$、C_v 即为设计参数。这种方法比较简便而且容易做到，因此被广为应用。

4.4 由暴雨资料推求设计洪水流量

4.4.1 由暴雨资料推求设计洪水的主要内容

当无实测洪水资料而有实测雨量资料时（对于面雨量资料 $n \geqslant 30$ 年），可通过雨量资料推求设计洪水。

由暴雨资料推求设计洪水是以降雨资料形成洪水理论为基础的。按照暴雨洪水的形成过程，推求设计洪水主要有以下几个方面内容。

1）推求设计暴雨

推求设计暴雨同频率放大法求不同历时指定频率的设计雨量及暴雨过程。

2）推求设计净雨

设计暴雨扣除损失就是净雨。

3）推求设计洪水

应用单位线等方法对设计净雨进行汇流计算，即得到流域出口断面的设计洪水过程。

设计暴雨定义为符合指定设计标准的暴雨量及其时空分布。它应包括3个方面：指定标准的暴雨设计量，暴雨的时间分配，暴雨的空间分配。总的来说，要较准确地计算某一点指定标准的暴雨量容易，但要指出某一标准暴雨的时空分布却相当困难。现行计算方法是假定设计暴雨与设计洪水同频率，即认为由某一频率的设计暴雨推求的设计洪水，其频率与设计暴雨的频率相同。

众所周知，暴雨是形成洪水的主要因素，洪水的形成不仅与暴雨的量级大小有关，而且还与暴雨的时空分布、前期影响雨量、下垫面条件等有着密切的关系。某一设计频率的洪水，可以由若干时空分布条件不同的暴雨所形成。一般来说，在暴雨量相同的情况下，暴雨强度越大，暴雨走向与河流一致且前期影响雨量越大时，则洪峰流量及短时段洪水量越大。

很多学者通过多年暴雨推求设计洪水工作的实践，认为相同标准的设计暴雨推求的设计洪水往往差别很大，使得设计洪水的标准失去意义，即设计暴雨与设计洪水是不同频率的，这是设计暴雨推求设计洪水方法本身无法避免的缺陷。

4.4.2 样本系列

一般暴雨资料的统计，可采用定时段（如1d、3d、7d等）年最大值选择的方法。时程划分一般以8h为日分界，由日雨量记录进行统计选样。短历时分段一般取24h、12h、6h、3h、1h等；只有当地具有自记雨量记录，才能保证统计选样的精度；若用人工观读的分段雨量资料统计，往往会带来偏小的成果。根据统计，在我国年最大24h雨量为年最大日雨量的1.10~1.30倍，平均为1.12倍左右，即

$$H_{24} = 1.12H_d \qquad (4-25)$$

式中 H_d——年最大1d雨量；

H_{24}——年最大24h雨量。

以自记雨量资料为基础，按概率概念选样原理。短历时暴雨选样的方法主要有以下几种：年最大值法选样和非年最大值法选样，其中非年最大值法选样又分为超大值法、超定量法和年多个样法3种。

1）年最大值法选样

年最大值即从每年各种历时的资料中选一个最大值，该资料不论大雨年或小雨年都有一个资料被选，其概率为严密的一年一遇的发生值，按极值理论，当资料年限很长时，它近似于全部资料选样的计算值，选出的记录值独立性强，资料的收集也较容易，对于推算高重现期的暴雨强度其优点较多。

2）非年最大值法选样

非年最大值法选样包括以下3种选样方法。

（1）年超大值选样法：在N年全部资料中分别对不同历时（如1h、2h、6h、12h、1d、3d、7d）按大小顺序排列，然后取最大的雨量，平均每年选用一组，但用该法时大雨年选用的资料多，小雨年选用的资料少，甚至有的年份没入选。该法是从大量资料中考虑它的发生年，发生的机会是平均期望值。

（2）超定量选样法：根据规定的雨量门槛值，从N年全部资料中选出超过门槛值的全部暴雨，它同样是从大量的资料中考虑它的发生年，其发生的机会也是平均期望值，只是每年所取个数不一样。因此，超定量法和超大值法两者在意义上相差不大。该选样方法可得的资料比超大值法选样资料多，大、小资料都不遗漏，所以更适用于年资料不太长的情况；但其门槛值定过低，有可能使系列长度或取样工作量加大。

（3）年多个样选样方法（或一年多次法）：是指在每年中，对各种暴雨历时选取k（4~8）个最大雨样，然后不论年次由大到小统一排序，再从中选取资料年限的3~4倍的最大雨样，作为统计的基础资料。该选样方法本质上来说仍属于超定量法的性质，只是控制统计的资料个数，使工作量较少。此法是每年按规定个数取样，但有的年份取出的多为大雨量，而有的年份则取不到较大的雨量。以上这些选样方法均有运用场合，近年国外流行用年最大值选样或年超大值法。《室外排水设计规范》（GB 50014—2006）（2014年版）规定"城市暴雨公式常用于历时较短"，重现期较低的范围，通常采用年多个样法或用超定量法选样。我国现在大多采用年多个样选样法，一些地方由于资料年份长、重现期要求较高而采用年最大值法。

年最大值选样和年超大值法要求资料年份在20年以上，超定量选样法和年多个样选样方法则要求资料年份在10年以上。

4.4.3　推求方法

4.4.3.1　设计暴雨的计算

1. 当流域暴雨资料充分时

当流域暴雨资料充分时，可用把流域的面雨量资料作为对象（概念上说，即先求得各年各场次大暴雨的各种历时的面雨量，然后按照指定历时，如1h、6h、12h、1d、3d、7d等）的方法。按照上述选样方法选取不同指定历时的样本系列，如6h、12h、1d、3d、7d等样本系列。样本系列选定以后，即可按照一般程序进行频率计算，求出各种历时暴雨的频率曲线。然后依设计频率，在曲线上查得各统计历时的设计雨量。目前我国暴雨频率计算的方法、线型、经验频率公式等洪水频率计算相同。

2. 当流域暴雨资料短缺时

当设计流域雨量站太少，各雨量站观测资料太少；或虽然站多、观测资料也不少，但各站资料的起始年份不同；或流域面积太小，根本没有雨量站，在这些情况下，前面雨量频率计算方法不适用。同时，由于相邻站点同次暴雨相关性很差，难以用相关法来插补延长，以解决资料不足问题。此时多采用间接方法来推求设计面雨量。间接方法为：先求出流域中心处的设计点雨量；然后再通过点雨量和面雨量之间的关系（暴雨点面关系），间接求得指定频率的设计面雨量。

1）设计点雨量的计算

如果流域中心处恰好有一个具有长期雨量资料的测站，那么可以依据该站的资料进行频率计算，求得各种历时的设计暴雨量。点雨量频率计算中，也存在特大暴雨和成果合理性理论分析的问题，必须给予充分注意和认真对待。特大暴雨的频率计算和特大洪水

的频率计算相似，在此不再重述。而对暴雨频率计算成果的合理性分析，除应把各统计历时的暴雨频率曲线绘制在一张图上检验，将统计参数、设计值和临近地区站的成果协调外，还需要借助水文手册的点暴雨参数等值线图、临近地区发生的特大暴雨记录以及世界的暴雨记录进行分析。如果流域上完全没有长系列资料时，一般可通过查各省区的水文手册中暴雨统计参数等值线图来解决。由等值线图可查得流域中心处各种历时暴雨的统计参数，这样就不难绘制出各种历时暴雨的频率曲线，求得设计值。

2）设计面雨量的推求

当流域面积很小时，可直接把流域中心设计点雨量与流域面积雨量关联起来，因设计点雨量的位置（一般取流域的中心）和暴雨面积（恒为流域面积）是固定的，故常称为定点面关系。为了将雨量站较密的流域获得的定点定面关系移用于雨量站稀少或缺乏的流域，通常将一个水文分区中各流域的点面关系综合为图4-7所示的定点定面关系a-T-F，流域中心雨量折算为流域面雨量的系数，称为点面系数，随所取的暴雨历时T和流域面积F而变化，它等于历时T的流域面雨量与相应流域中心点雨量的比值。另一种暴雨中心点面关系，即暴雨中心雨量与各等雨量线包围面积上的面雨量间的相关关系，由于点雨量的位置和面雨量的面积随各场暴雨变动，故称为动点动面关系；但是纵横坐标的意义却有实质性的差别。作为动点动面关系的a，实际上代表的是某一历时暴雨的等雨量

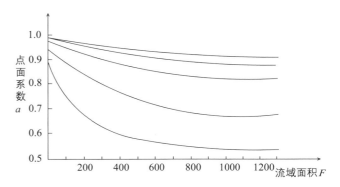

图4-7　某水文站分区定点定面暴雨点面关系曲线

线包围面积F上的面雨量与相应的暴雨中心点雨量之比，但应用时，又作为定点定面关系的a使用。动点动面关系制作比较容易，以往应用得普遍，大多数省区的水文手册中刊载的均为这种点面关系。由以上分析可知，由设计流域中心点雨量推求设计流域面雨量时，理应采用定点定面关系。采用动点动面关系时，应分析几个与设计流域面积相邻的临近流域的a值做验证，如果差异较大，应做适当修正。

依据暴雨点面关系求设计面雨量很容易。例如，水文分区中的某流域，流域面积为$500km^2$，流域中心百年一遇1d暴雨为300mm，由图4-7上查得的点面系数$a=0.92$，故该流域百年一遇1d面雨量$P_1\%=0.92\times300=276mm$。

4.4.3.2 设计暴雨过程的拟定

拟定设计暴雨过程的方法也与设计洪水过程线的确定类似，首先选定一次典型暴雨过程，然后再以各历时设计雨量为控制进行缩放，即得到设计暴雨过程。选择典型暴雨时，原则上应该在各年的面雨量过程选取。典型暴雨的选取原则，首先，考虑所选典型暴雨的分配过程时应是设计条件下比较容易发生的；其次，还要考虑是对工程不利的。所谓比较容易发生，首先是从量上考虑，即应使典型暴雨的雨量接近设计暴雨的雨量；其次是要使典型的雨峰个数、主雨峰位置和实际降雨时数是大暴雨最常见的情况，即这种雨型在大暴雨中出现的次数比较多。所谓对工程不利，主要有两个方面：一是指雨量比较集中，如7d暴雨特别集中在3d，3d暴雨特别集中在1d等；二是指主雨峰比较靠后，这样降雨分配过程所形成的洪水洪峰较大而且出现较迟，对水库安全将是不利的。为了简便，有时选择单站雨量过程做典型。当难以选择某次合适的实际暴雨做典型时，最后取多次大暴雨进行综合，获得一个能反映大多数暴雨特性的概化综合暴雨时程分配做典型。

典型暴雨过程的缩放方法与设计洪水的典型过程缩放计算基本相同，一般采用同频率放大法。即先由各历时的设计雨量和典型暴雨过程计算各段放大倍比，然后与对应的各时段典型雨量相乘，得设计暴雨在各时段的雨量，此即为推求的设计暴雨过程。

4.5 推算小流域面积设计洪水流量

4.5.1 小流域设计暴雨

小流域面积上的排水建筑物，有城市厂矿中排除雨水的管渠，厂矿周围地区的排洪渠道，铁路和公路的桥梁和涵洞，立体交叉进路的排水管道，广大农村中众多小型水库的溢洪道等。在设计时，需要求得该排水面积上一定暴雨所产生的相应于设计频率的最大流量，以便根据最大流量确定管渠或桥涵的大小。小流域面积的范围，当地形平坦时，可以大到$300\sim500km^2$；当地形复杂时，有时限制在$10\sim30km^2$。小流域一般没有实测的流量资料，所需的设计流量往往用实际暴雨资料间接推算，并认为暴雨与形成的洪水流量频率是相同的。考虑到流域面积比较小，集流时间较短，洪水在几个小时甚至在几十分钟就能到达排出口。因此，给水排水设计一般只要推求洪峰流量即可。由上可知，暴雨与形成的洪水流量频率是相同的，而且流域较小，是属于短历时暴雨。因此，暴雨频率的确定关系洪水洪峰流量大小。

4.5.2 雨量和降雨历时与频率关系曲线

4.5.2.1 降水三要素

降水量、降水历时和降雨强度可以定量描述出来的特性，称为降水三要素。降水量用落在不透水地面上雨水的深度来表示，单位为mm。观测降雨量的仪器有雨量器和自记雨量计两种。降水历时是降水所经历的时间，可用年、月、日、时或分钟为单位。降水强度是指单位时间内的降雨量。在Δt降水历时内降

水量为 Δh，平均的降水强度 $\bar{i}$ 可用下式表示：

$$\bar{i} = \frac{\Delta h}{\Delta t} \quad (4-26)$$

瞬时降雨强度 i 则按照下式计算：

$$i = \lim_{\Delta t \to 0} \frac{\Delta h}{\Delta t} = \frac{\mathrm{d}h}{\mathrm{d}t} \quad (4-27)$$

4.5.2.2 雨量和降雨历时与频率关系曲线

1. 暴雨强度-历时关系

小流域所设计的洪水，绝大多数是在较短的时间内降落的，属于短历时暴雨性质。根据气象方面的规定：24h降雨量超过50mm或者1h超过16mm的称为暴雨。在雨量记录纸上选出每场暴雨进行分析，绘制强度-历时关系曲线，这是整理点雨量资料首先要做的工作。

某雨量站记录的一场降雨为历时102min、共降雨23.1mm的暴雨。由自记雨量累积曲线上根据规定的历时，即可从中求出各历时的最大降雨强度。

暴雨强度-历时关系计算表　表4-2

历时/min	雨量/mm	暴雨强度/（mm/min）	所选时段 起	所选时段 讫
5	7.0	1.40	16:43	16:48
10	9.8	0.98	16:43	16:53
15	12.1	0.81	16:43	16:58
20	13.7	0.68	16:43	17:03
30	16.0	0.53	16:43	17:13
45	19.1	0.42	16:43	17:28
60	20.4	0.34	16:43	17:37
90	22.4	0.25	16:43	18:07
120	23.1	0.19	16:43	18:19

根据表4-2所示数据可以绘制暴雨强度-历时曲线，即相应历时内的最大平均暴雨强度-历时曲线，如图4-8所示。从图4-8中可以看出平均暴雨强度 i 随降雨历时的增加而递减。这也是确定短历时暴雨公式的基础。

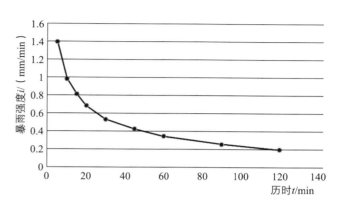

图4-8　暴雨强度-历时关系曲线

2. 暴雨强度-降雨历时-频率之间的关系

选取暴雨样本系列，作为统计的基础资料。按照不同的历时，将暴雨样本系列从大到小排列，做频率分析计算，这时得到经验频率为次频率。一般要求按不同的历时，计算重现期为0.25年、0.33年、0.5年、1年、2年、3年、5年、10年等的暴雨强度，绘制暴雨强度 i、降雨历时 t 和重现期 T 的关系表，如表4-3所示。

暴雨强度-降雨历时-重现期关系表　表4-3

T/年	T/min 5	10	15	20	30	45	60
	i/（mm/min）						
0.25	0.318	0.218	0.189	0.619	0.141	0.117	0.103
0.33	0.432	0.308	0.258	0.230	0.191	0.155	0.143
0.50	0.557	0.446	0.366	0.325	0.266	0.227	0.198
1	0.813	0.652	0.544	0.470	0.395	0.330	0.288
2	1.180	0.863	0.712	0.631	0.520	0.435	0.382
3	1.350	0.973	0.810	0.715	0.596	0.496	0.434
5	1.530	1.120	0.931	0.820	0.682	0.575	0.497
10	1.830	1.340	1.110	0.980	0.818	0.680	0.596
暴雨强度总计 Σi	8	5.920	4.920	4.340	3.609	3.015	2.641
暴雨强度平均值 $\bar{i}$	1	0.740	0.651	0.542	0.452	0.376	0.330

当设计采用的重现期大于资料记录的年份时，就需要应用理论频率曲线，再用适线法求出不同历时 t 的暴雨强度 i 和次频率的关系。此时，将不同历时已适线好了的理论频率曲线用格纸综合为一张适线综合图，然后从各曲线求出不同重现期的暴雨强度，也可以制成表4-3所示关系。

4.5.3 短历时暴雨公式

根据表4-3中的数据在普通方格纸上可以绘制图，它表示不同重现期的不同降雨历时与暴雨强度（i-t-T）的关系。暴雨强度随历时的增加而减小。这是一种基本上属于幂函数类型，通常用下列公式表达：当 i 与 t 点绘制双对数坐标纸上不是直线关系时，采用

$$i = \frac{A}{(t+b)^n} \qquad （4-28）$$

当 i 与 t 点绘制双对数坐标纸上是直线关系时，采用

$$i = \frac{A}{t^n} \qquad （4-29）$$

式中　　n——暴雨衰减指数；

　　　　b——时间参数；

　　　　A——雨力（mm/min）。

A 是随重现期 T 变化而变化的，可用式（4-30）表达

$$A = A(1 + C \lg T) \qquad （4-30）$$

式中　　A_1、C、T——相应的参数。

式（4-30）中的相关参数可以用手工求解，也可以采用计算机编程求解。我国大多数城市现都编制了暴雨强度公式，在实际应用中可以查阅相关的水文手册。

4.5.4 经验公式

随着科学技术的发展，推算小流域暴雨洪峰流量的方法得到不断完善，并取得了许多可喜成果。我国目前各地区对小流域的暴雨洪水的计算公式主要有推理公式和地区经验公式两种。

推理公式也称半经验半理论公式，该公式着重推求设计洪峰流量，也兼顾时段洪水量和洪水过程线的推求。它是以暴雨形成洪水的成因分析为基础，考虑影响洪峰流量的主要因素，建立理论模式，并利用实测资料求得公式的参数。其计算成果具有较好的精度，是国内外使用最广泛的一种方法。推理公式的适用可以参考相关水文设计手册。

地区经验公式只是推求洪峰流量，它是建立在某地区和临近地区的实测洪水和调查洪水这些资料的基础上，探求地区暴雨洪水的经验性规律，在使用上有一定的局限性。

经验公式是在缺乏调查洪水资料时常用的一种简易方法。在一定的地域内，水文、气象和地理条件具有一定的共性。影响洪峰流量的因素和水文参数也往往存在一定的变化规律。我国水利部门按其地区特点划分若干个分区，分别编制地区的洪水经验公式。

经验公式按其选用资料的不同，大致可以分成以下几种类型。

（1）根据当地各种不同大小的流域面积和较长期的实测流量资料，并有一定数量的调查洪水资料时，可对洪峰流量进行频率分析；然后再用某频率的洪峰流量 Q_P 与流域特征做相关分析，制定经验公式，其公式为

$$Q_P = C_P F^n \qquad （4-31）$$

式中　　F——流域面积（km^2）；

　　　　C_P——经验系数（随频率而变）；

　　　　n——经验指数。

本法的精度取决于单站的洪峰流量频率分析成果。要求各站洪峰流量系列具有一定的代表性，以减少频率分析的误差；在地区综合时，则要求各流域具有代表性。它适用于暴雨特性与流域特征比较一致的地区，综合的地区范围不能太大。湖北、江西、安徽

省皖南山区等采用这种类型的经验公式，北方地区的山西省临汾、晋东南、运城地区等也采用这种类型的经验公式。

（2）对于实测流量系列较短、暴雨资料相对较长的地区，可以建立洪峰流量Q_m与暴雨特征和流域特征的关系，其公式为

$$\begin{cases} Q_m = CH_{24}^2 F^n \\ Q_m = Ch_a^\beta F^n J^m \end{cases} \tag{4-32}$$

式中　　H_{24}——最大24h雨量（mm）；

　　　　h_a——时段净雨量（mm）；

　　　　β、α——暴雨特征指数；

　　　　n、m——流域特征指数；

　　　　C——综合系数；

　　　　F——流域面积（km²）；

　　　　J——河道平均比降（%）。

本法考虑了暴雨特征对洪峰流量的影响，因此地区综合的范围可适当放宽。辽宁省、山东省、山西省都采用下列类似公式。

①辽宁省采用的经验公式。

$$Q_P = K_P \alpha_P Q_C$$
$$Q_C = K_i \overline{P}_{24} F \tag{4-33}$$
$$K_i = \frac{0.278}{24^{1-n} 2T^n}$$

当$T<1$，$n=n_1$

当$T\geq 1$，$n=n_1$

$$T = x\left(\frac{L}{\sqrt{J}}\right)y$$

式中　　K_P——频率为P的年最大24h暴雨模比系数；

　　　　α_P——频率为P的径流系数；

　　　　Q_C——不因P而变的常数流量（m³/s）；

　　　　K_i——地理参数；

　　　　L——河道长度（m）；

　　　　J——河道平均坡度（‰）；

　　　　$n(n_1, n_2)$——短历时暴雨指数；

　　　　T——流域汇流历时（h）；

　　　　$\overline{P}_{24}$——年最大24h暴雨均值；

　　　　F——流域面积（km²）；

　　　　x、y——地区参数。

②山东省采用的经验公式。

a. 山丘地区：$0.1\text{km}^2 < F < 300\text{km}^2$，用式（4-38）为

$$Q_P = \beta F^{0.732} J^{0.315} P_t^{0.462} R_t^{0.699} \tag{4-34}$$

b. 平原地区：用式（4-35）为

$$Q_P = KF0.62 J^{0.315} P_t^{0.35} R_t^{0.699} \tag{4-35}$$

式中　　β——系数，一般山丘区为0.680；

　　　　P_t——设计频率为P、历时为t的年最大降水深（mm）；

　　　　R_t——由P_t产生的净雨深（mm）；

　　　　K——系数。

c. 有些地区建立洪峰流量均值$\overline{Q}_m$与暴雨特征和流域特征的关系为

$$\overline{Q}_m = CF^n \tag{4-36}$$
$$\overline{Q}_m = C\overline{H}_{24} F^n J^m \tag{4-37}$$

式中　　$\overline{H}_{24}$——最大24h暴雨均值。

本法只能求出洪峰流量均值，尚需用其他方法统计出洪峰流量参数C_s、C_v才能计算出设计洪峰流量Q_P值。地区经验公式形式繁多，不能一一收集列入。设计者可结合工作需要查阅各水利、铁道、公路、城建部门有关资料；但在使用中应特别注意使用地区与公式制定条件的异同，以避免盲目使用造成较大差错。

d. 此外，水利、铁道、公路研究院（所）也根据各自的研究成果制定出如下类似的公式。

（a）水利电力科学研究所经验公式。

汇水面积在100km²以内为

$$Q_P = KA_P F^{2/3} \tag{4-38}$$
$$A_P = (24)^{n-1} H_{24P} \tag{4-39}$$

式中　　A_P——暴雨雨力（mm/h）；

　　　　H_{24P}——设计频率为P的24h降雨量；

　　　　F——流域面积（km²）；

　　　　K——洪峰流量参数，可查表4-4。

洪峰流量参数值 表4-4

汇水区	项目			
	$J/\%$	ψ	$V/(\text{m/s})$	K
石山区	>1.5	0.80	2.2~2.0	0.60~0.55
丘陵区	>0.5	0.75	2.0~1.5	0.50~0.40
黄土丘陵区	>0.5	0.70	2.0~1.5	0.47~0.37
平原坡水区	>0.1	0.65	1.5~1.0	0.40~0.30

注：多数K值简化公式为$K=0.42\psi V^{0.7}$，其中ψ为径流系数，V为集流流速（m/s）。

（b）公路科学研究所经验公式。

汇水面积小于10km²，用式（4-40）计算

$$Q_P=CSF^{2/3} \qquad (4-40)$$

式中　　C——系数，石山区为$C=0.6~0.55$，丘陵区为$C=0.5~0.40$，黄土丘陵区为$C=0.47~0.37$，平原坡水区为$C=0.40~0.30$；

S——相应于设计频率的1h降雨量（mm），可自当地雨量站取得。

4.6　其他注意事项

（1）当设计断面上游建有较大调蓄作用的水库等工程时，应分别计算调蓄工程以上和调蓄工程至设计断面区间的设计洪水。设计洪水地区组成可采用典型洪水组成法或同频率组成法。

（2）各分区的设计洪水过程线可采用同一次洪水的流量过程作为典型，以分配到各分区的洪量控制放大。

（3）对拟定的设计洪水地区组成和各分区的设计洪水过程线，应进行合理性检查，必要时可适当调整。

（4）在经审批的流域防洪规划中已明确规定城市河段的控制性设计洪水位时，可直接引用作为城市防洪工程的设计水位。

第5章 城市洪灾防治规划：工程措施

5.1 蓄水工程

蓄水工程包括水库、行滞蓄洪区等。

5.1.1 水库工程

1. 水库基本知识

1）水库的概念及其作用

水库是指在河道、山谷等处修建水坝等挡水建筑物形成蓄积水的人工湖泊。水库的作用是拦蓄洪水，调节河川、径流和集中落差。一般来说，坝筑得越高，水库的容积（简称库容）就越大。但在不同的河流上，即使坝高相同，其库容相差也很大，这主要是因为库区内的地形不同造成的。如库区内地形开阔，则库容较大；如库区为一峡谷，则库容较小。此外，河流的坡降对库容大小也有影响，坡降小的库容较大，坡降大的库容较小。根据库区河谷形状，水库有河道型和湖泊型两种。水库有山谷水库、平原水库、地下水库等，以山谷水库，特别是其中的堤坝式水库为数最多，通常所称的水库工程多指这一类型。它一般都由挡水、泄洪、放水等水工建筑物组成。这些建筑物各自具有不同作用，在运行中，又相互配合形成水利枢纽。

在被保护城镇的河道上游适当地点修建水库，调蓄洪水，削减洪峰，保护城镇的安全。同时，还可利用水库拦蓄的水量满足灌溉、发电、供水等发展经济的需要，达到兴利除害的目的。

在河道上游修建水库，洪水通过水库时受到水库调洪库容的滞蓄作用，由水库下泄到下游河道去的洪水历时增加，最大流量减小，洪水过程线变得比较平缓，洪水对下游的威胁就可以减小。水库的防洪调节就是利用水库的防洪库容来滞蓄洪水，削减洪峰，防止和减轻洪水灾害，达到保护下游防护区安全度汛的目的。

2）水库工程等别

水库枢纽工程主要根据其总库容分为五级，级别根据《防洪标准》（GB 50201—2014）（表5-1）。其水工建筑物根据工程等级分为五级，根据《防洪标准》（GB50201—2014）按表5-2的规定确定。

水库工程的等别　　　　表5-1

工程等级	水库	
	工程规模	总库容/$\times 10^8 m^3$
I	大（1）型	$\geqslant 10$
II	大（2）型	<10, $\geqslant 1.0$
III	中型	<1.0, $\geqslant 0.10$
IV	小（1）型	<0.10, $\geqslant 0.01$
V	小（2）型	<0.01, $\geqslant 0.001$

注：水库总库容指水库最高水位以下的静库容，洪水期基本恢复天然状态的水库枢纽总库容采用正常蓄水位以下的静库容。

水工建筑物的级别　　　表5-2

工程级别	永久水工建筑物的级别	
	主要建筑物	次要建筑物
I	1	3
II	2	3
III	3	4
IV	4	5
V	5	5

水库工程水工建筑物的防洪标准，应根据其级别按表5-3的规定确定。

当山区、丘陵区的水库枢纽挡水高度低于15m，上、下游水头差小于10m时，其防洪标准可按平原区、滨海区的规定确定；当平原区、滨海区的水库枢纽的挡水高度大于15m，上、下游水头差大于10m时，其防洪标准可按山区、丘陵区的规定确定。土石坝一旦失事将对下游造成特别重大的灾害时，1级建筑物的校核洪水标准应采用可能最大洪水（PMF）或10000年一遇，2～4级建筑物的校核洪水标准可提高一级。混凝土坝和浆砌石坝，洪水漫顶可能造成极其严重的损失时，1级挡水和泄水建筑物的校核洪水标准，经过专门论证并报主管部门批准后，可采用可能

最大洪水（PMF）或10000年一遇。低水头或失事后损失不大的水库枢纽工程的1～4级挡水和泄水建筑物，经过专门论证并报主管部门批准后，其校核洪水标准可降低一级。规划拟建的梯级水库，其上、下游水库的防洪标准应相互协调、统筹规划、合理确定。

3）水库的特征水位及其相应库容

表示水库工程规模及运用要求的各种水库水位，称为水库特征水位，如图5-1所示。它们是根据河流的水文条件、坝址的地形地质条件和各用水部门的需水要求，通过调节计算，并从政治、技术、经济等因素进行全面综合分析论证来确定的。这些特征水位和库容有其特定的意义和作用，也是规划设计阶段确定主要水工建筑物尺寸（如坝高和溢洪道大小）、估算工程投资、效益的基本依据。这些特征水位和相应的库容通常有下列几种。

（1）死水位（$Z_{死}$）和死库容或垫底库容（$V_{死}$）。水库在正常运行情况下，允许消落的最低水位称为死水位。死水位以下的水库容积称为死库容或垫底库容。水库正常运行时蓄水位一般不能低于死水位。除非特殊干旱年份，为保证紧急用水，或其他特殊情况，如战备、地震等要求，经慎重研究，才允许临时泄放或动用死库容中的部分存水。确定死水位应考虑的主要因素为：保证水库有足够的能发挥正常效用的

水库工程水工建筑物的防洪标准（单位：年）　　　表5-3

水工建筑物级别	防洪标准（重现期）				
	山区、丘陵			平原区、海滨区	
	设计	校核		设计	校核
		混凝土坝、浆砌石坝	土坝、堆石坝		
1	1000～500	5000～2000	可能最大洪水（PMF）或10000～5000	300～100	2000～1000
2	500～100	2000～1000	5000～2000	100～50	1000～300
3	100～50	1000～500	2000～1000	50～20	300～100
4	50～30	500～200	1000～300	20～10	100～50
5	30～20	200～100	300～200	10	50～20

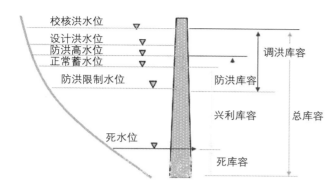

图5-1　水库特征水位及其相应库容示意图

使用年限，特别应考虑部分库容供泥沙淤积；保证水电站所需要的最低水头和自流灌溉必要的引水高程；库区航运和渔业要求；旅游和生态用水要求等。

（2）正常蓄水位（$Z_蓄$）和兴利库容（$V_兴$）。在正常运行条件下，水库为了满足设计的兴利要求，在开始供水时应蓄到的水位称为正常蓄水位。正常蓄水位到死水位之间的库容，是水库可用于灌溉、发电、航运等兴利调节的库容，称为兴利库容，又称调节库容或有效库容。正常蓄水位与死水位之间的深度，称为消落深度或工作深度。溢洪道无闸门时，正常蓄水位就是溢洪道堰顶高程；当溢洪道有闸门控制时，多数情况下正常蓄水位也就是闸门关闭时的闸顶高程。

正常蓄水位是水库最重要的特征水位之一，它是一个重要的设计数据。因为它直接关系到一些主要水工建筑物的尺寸、投资、淹没、综合利用效益及其他工作指标，大坝的结构设计、强度和稳定性计算，也主要以它为依据，因此，大中型水库正常蓄水位的选择是一个重要问题，往往牵涉到技术、经济、政治、社会、环境等方面的影响，需要全面考虑，综合分析确定。

（3）防洪限制水位（$Z_限$）和结合库容或重叠库容（$V_重$）。水库在汛期为兴利蓄水允许达到的上限水位称为防洪限制水位，又称为汛期限制水位，或简称为汛限水位。它是在设计条件下，水库防洪的起调水位。该水位以上的库容可作为滞蓄洪水的容积。当出

现洪水时，才允许水库水位超过该水位。一旦洪水消退，应尽快使水库水位回落到防洪限制水位。兴建水库后，为了汛期安全泄洪和减少泄洪设备，常要求有一部分库容作为拦蓄洪水和削减洪峰之用。防洪限制水位或低于正常蓄水位，或与正常蓄水位齐平。若防洪限制水位低于正常蓄水位，则将这两个水位之间的水库容积称为结合库容，也称共用库容或重叠库容。汛期它是防洪库容的一部分，汛后又可用来兴利蓄水，成为兴利库容的组成部分。

（4）防洪高水位（$Z_防$）和防洪库容（$V_防$）。为保护下游防护对象而允许水库坝前蓄到的最高水位称为防洪高水位，该水位由水库下游防护对象的设计洪水标准确定。此水位至防洪限制水位间的容积称为防洪库容。

（5）设计洪水位（$Z_设$）和设计调洪库容（$V_设$）。当遇到大坝设计标准洪水时，水库坝前达到的最高水位称为设计洪水位。它至防洪限制水位之间的水库容积称为设计调洪库容。设计洪水位是水库的重要参数之一，它决定了设计洪水情况下的上游洪水淹没范围，同时又与泄洪建筑物尺寸、类型有关；而泄洪设备类型（包括溢流堰、泄洪孔、泄洪隧洞）则应根据地形地质条件、坝型和枢纽布置等特点拟定。

（6）校核洪水位（$Z_校$）和调洪库容（$V_校$）。当大坝遇到校核标准洪水时，水库坝前达到的最高水位称为校核洪水位。它至防洪限制水位之间的水库容积称为调洪库容或校核调洪库容。校核洪水位以下的全部水库容积就是水库的总库容。由设计洪水位或校核洪水位加上一定数量的风浪爬高和安全超高值，就能得到坝顶高程。

此外，水库回水水面与坝前水位水平面之间的楔形水库容积称为动库容，坝前水位水平面以下的水库容积称为静库容，动库容一般集中在水库变动回水区。地形开阔、河道比降较小的水库，动库容相对较大。入库流量越大，水库末端回水水面上翘越高，动库容越大。因此，当库区发生洪水时，动库容更为明显。

2. 水库调洪作用及调洪计算原理

河道上修建水库，一方面是为了兴利，通过兴利调节计算，规划出适当的死库容和兴利库容，调节枯水季节或枯水年的流量，以满足各用水部门设计的需水要求，但仅有这两种库容是不够的，在汛期若遇大的洪水，水库将会因为没有泄洪设施而使大坝失事，不仅不能兴利，反而会给下游地区带来危害，为保证水工建筑物的安全，还必须设置调洪库容和修建泄洪建筑物；另一方面，为了减轻下游洪水灾害，要求水库对下游承担一定的防洪任务，如对于某一标准的洪水，要求水库的下泄流量不大于规定的允许泄量，以保证下游防护区的安全。为使水工建筑物和下游防护地区能抵御规定的洪水，要求水库设置一定的调洪库容和泄洪建筑物，使洪水经过调节后安全通过大坝；对于下游防洪标准的洪水，还要求下泄流量不超过规定的允许泄量，以保证下游防护地区的流量不超过安全泄量。

水库为实现这些目标而发挥其调洪作用的主要途径在于对入库洪水的滞蓄。一般情况下，入库洪水过程峰高、量大，通过水库滞蓄使出库洪水过程变平缓，洪水历时延长，洪峰流量减小，从而达到减轻下游防洪负担、提高下游防洪标准的目的。因此，水库调洪作用为：拦蓄洪水，削减洪峰，延长泄洪时间，使下泄流量能安全地通过下游河道。而影响水库洪水调节的因素主要是入库洪水、泄洪建筑物形式与尺寸、汛期水库的控制运用方式和下游防护对象的防洪要求。若泄洪建筑物尺寸减小，同一水位的下泄流量也就减小，所需调洪库容则将加大；反之，则相反。因此，入库洪水、泄洪建筑物类型与尺寸、调洪方式和调洪库容之间是相互关联、相互影响的。水库防洪调节计算，就是要定量地分析计算它们之间的关系。

水库调洪计算的基本原理是逐时段联立求解水库的水量平衡方程和水库的蓄泄方程。水库的水量平衡方程表示为，在计算时段 Δt 内，入库水量与出库水量之差等于该时段内水库蓄水量的变化值，即

$$\frac{Q_1 + Q_2}{2} \Delta t - \frac{q_1 + q_2}{2} \Delta t = V_2 - V_1 = \Delta V \quad （5-1）$$

式中　Q_1、Q_2——计算时段初、末的入库流量（m^3/s）；

q_1、q_2——计算时段初、末的水库的下泄流量（m^3/s）；

V_1、V_2——计算时段初、末的水库库容（m^3）；

ΔV——计算时段中水库蓄水量的变化值（m^3）；

Δt——计算时段（h）。

当已知水库入库洪水过程线时，Q_1、Q_2 均为已知。计算时段 Δt 的选择，应以能较准确反映洪水过程线的形状为原则，陡涨陡落时，Δt 取短些；反之，取长些。时段初的水库蓄水量 V_1 和泄流量 q_1 可由前一时段求得，而第一个时段的 V_1、q_1 为已知的起始条件，未知的只有 V_2、q_2。但由于一个方程存在两个未知数，为了求解，须再建立第二个方程，即水库的蓄泄方程，由水库的泄洪建筑物形式决定。

水库的泄洪建筑物主要是指溢洪道和泄洪洞，水库的泄流量就是它们的过水流量。在溢洪道无闸门控制或闸门全开的情况下，其泄流量可按堰流公式计算，即

$$q_{溢} = M_1 B H_1^{\frac{3}{2}}$$

式中　M_1——流量系数；

B——溢洪道堰顶宽度（m）；

H_1——溢洪道堰上水头（m）。

泄洪洞的泄流量可按有压管流计算，即

$$q_{洞} = M_2 F H_2^{\frac{1}{2}}$$

式中　M_2——流量系数；

F——泄洪洞洞口的断面面积（m^2）；

H_2——泄洪洞的计算水头（m）。

可见，当水库的泄洪建筑物形式和尺寸一定的情况下，其泄流量只取决于水头 H。根据水库的水位库容曲线 $Z-V$ 可知，下泄洪水的水头 H 是水库蓄水量

V 的函数，所以泄流量 q 也是水库蓄水量 V 的函数，即水库的蓄泄方程为

$$q = f(V) \tag{5-2}$$

联立式（5-1）和式（5-2）求解，便可求得时段末的水库蓄水量 V_2 和泄流量 q_2。而逐时段联解式（5-1）和式（5-2），即可求得与入库洪水过程相应的水库蓄水过程和泄流过程。

当水库拟定不同的泄洪建筑物尺寸时，通过计算，便可得到水库泄洪建筑物尺寸与水库洪水位、调洪库容、最大泄流量之间的关系，为最终确定水库调洪库容、最高洪水位、最大泄流量、大坝高度和泄洪建筑物尺寸提供依据。

水库调洪计算，在水利工程规划、设计、施工、管理诸阶段的水文水利计算中都有应用，是水利计算与水库调度的基础内容之一。由于各个阶段或同一阶段所遇到的具体情况不同，其计算问题也有所不同。例如，运用管理阶段，库容和泄洪建筑物类型、尺寸已是定值，此时，多是由入库洪水预报相应的最高库水位及最大下泄流量；相反，要求将实测的出库洪水反演为设计标准的洪水、校核标准相应的入库洪水。再如，规划设计阶段，往往是入库洪水或符合下游防洪标准的洪水已定，要求拟定若干泄洪措施方案，通过调洪计算，分析推求其下泄洪水过程、防洪特征库容、特征水位、坝高以及投资、损失、效益等，然后通过综合比较，按最优化原则，选择一个最优的防洪措施方案，这是设计中最常遇到的情况。除此之外，有时还会遇到有些条件受到限制，如水库上游的淹没不能超过某一范围，即设计最高洪水位、调洪库容大体已定，需通过调洪计算确定最大下泄流量和泄洪建筑物尺寸，诸如此类的情况还很多，但其计算原理和方法都是相同的。

水库防洪调节计算的主要任务为：规划设计阶段，主要根据水文计算提供的设计洪水资料，通过调节计算和工程的效益投资分析，确定水库的调洪库容、最高洪水位、最大泄流量、坝高和泄洪建筑物尺寸；运行管理阶段，主要根据某种标准的洪水（或预报洪水），在不同防洪限制水位时，水库洪水位与最大下泄流量的定量关系，为编制防洪调度规程、制定防洪措施提供科学依据。

水库防洪调节计算主要分 3 个步骤。

（1）拟定比较方案：根据地形、地质、施工条件和洪水特性，拟定若干个泄洪建筑物形式、位置、尺寸以及起调水位方案。

（2）调洪计算：求得每个方案相应于各种安全标准设计洪水的最大泄流量、调洪库容和最高洪水位。

（3）方案选择：根据调洪计算成果，计算各方案的大坝造价、上游淹没损失、泄洪建筑物投资、下游堤防造价及下游受淹损失等，通过技术经济分析与比较，选择最优方案。

由于水库容积曲线 $Z-V$ 没有具体的函数形式，因此很难列出水库蓄泄方程 $q = f(V)$ 的具体函数式。所以，水库的蓄泄方程只能用列表试算或图示的方式表示出来。水库调洪计算的基本方法有 3 个：

（1）列表试算法。为了求解式（5-1）和式（5-2）两式，通过列表试算，逐时段求出水库的蓄水量和下泄流量，这种方法称为列表试算法。该法适合无闸门控制和有闸门控制、定时段和变时段等各种情况的调洪计算。

（2）半图解法。式（5-1）和式（5-2）也可以用图解和计算相结合的方式求解，这种方法称为半图解法。常用的有双辅助曲线法和单辅助曲线法两种。

（3）简化三角形解法。对于无实测洪水资料的中小型水库，可以根据概化的三角形洪水过程，用简化三角形求解水库的最大调洪库容 V_m 和最大下泄流量 q_{max}，如图 5-2 所示。

3. 水库防洪调度

水库防洪调度就是确保水库安全，实现水库防洪任务，使水库充分发挥综合效益而采用的一种控制运用方式。由于它涉及水库上、下游的安全和综合效益的发挥，对国民经济产生很大影响，所以水库运行管

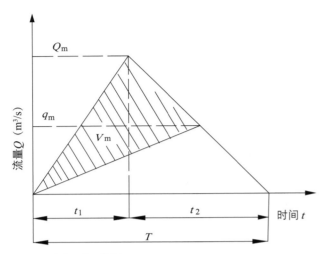

图5-2 简化三角形解法

理机构和各级政府都十分重视。

1）水库的防洪调度任务

水库的防洪调度任务主要是确保工程安全，有效地利用防洪库容拦蓄洪水、削减洪峰、减免洪水灾害，正确处理防洪与兴利的矛盾，充分发挥水库的综合效益。水库防洪调度须事先制订防洪调度方案和防洪调度图。

2）水库的防洪调度方案

水库防洪调度方案在设计阶段就已拟定，主要目的是检验水库主要参数的合理性、估算防洪效益。由于规划设计时的资料相对较少，对水库实际调度中的影响因素考虑不够，所以在设计阶段拟定的防洪调度方案一般难以完全实施。水库投入运行以后，水库的规模及设备的主要参数已定，随着运行年限的增长、各种资料的增加，以及水库特性及下游防洪要求的变化，每年都要结合现时的具体要求和来水情况制订防洪调度的方案和措施，以满足国民经济发展要求。

3）水库的防洪调度图

水库的防洪调度图是由水库在汛期各个时刻的蓄水指示线所组成，如图5-3所示。它是反映汛期内不同时刻，为了拦蓄洪水，水库所必须留出的防洪库容。它包括防洪限制水位、防洪调度线、防洪高水位及由这些线所划分的调洪区。在防洪调度图中的校核

洪水位、设计洪水位、防洪高水位，都是以防洪限制水位为起调水位，分别对水库的校核洪水、设计洪水及相应于下游防洪标准的洪水进行调洪计算推求而来的。防洪调度线是根据下游防洪标准的设计洪水过程线，从防洪限制水位开始，进行调洪计算而得出的水库蓄水指示线。

4）水库的防洪调度方式

水库的防洪调度方式取决于水库所承担的防洪任务、洪水的特性和其他影响因素，因此调度方式多种多样，但概括起来可分为自由泄流和控制泄流两种，其中控制泄流又可分为固定泄流、变动泄流和错峰调节3种方式。

（1）自由泄流方式。对于溢洪道不设闸门的水库，当水库水位超过溢洪道的溢流堰堰顶高程时，水库中的水即从溢洪道自由泄流。对于溢洪道设置闸门的水库，当入库洪水超过水库的设计洪水位时，为了保证水库的安全，将溢洪道闸门全部开启，采取自由泄流。在自由泄流的情况下，水库的防洪调度比较简单，水库的下泄流量取决于入库洪水的大小和水库泄水设备的泄水能力。

（2）固定泄流方式。水库在调洪过程中根据下游防洪保护区的重要性，水库和下游防洪设施的防洪能力，按某一个（一级）或几个（多级）固定流量用闸门控制泄流时，即为固定泄流方式。这种泄流方式适用于对下游承担防洪任务，水库距下游防洪保护区较近，区间集水面积较小的情况。采用固定泄流方式必须规定明确的判别条件，以便按此条件调节洪水。通常，对于防洪库容较小的水库，以入库流量作为判别条件；对于防洪库容较大的水库，则以入库流量结合调洪库容（水位）来判别下泄流量。

（3）变动泄流方式。对于调节性能较好，用闸门控制泄流的水库，通常采用变动泄量的泄流方式。在洪峰进入水库之前，水库的泄量逐渐增大，在洪峰进入水库时，水库的泄量加大到相应频率洪水的最大泄量，然后用变动泄量的方式逐渐减小泄量，使水库水

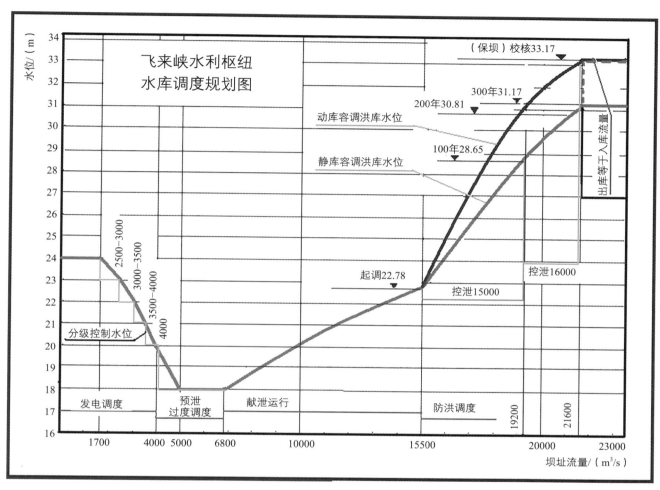

图5-3 飞来峡水利枢纽水库的防洪调度图
注：资料来源于飞来峡水利枢纽管理处。

位缓慢下降，或者关闭泄水道闸门，或通过发电来消落水位。

（4）错峰调节方式。错峰调节是水库在进行洪水调节时，使水库的最大泄量与下游水库或下游区间的洪峰流量在时间上错开，以减轻下游水库或下游河道的防洪负担，这是承担下游防洪任务的水库的一种调节方式。错峰调节一般有两种方式，即前错峰调节和后错峰调节。前错峰调节是在洪水入库前将水位降低，腾出一部分库容来拦蓄洪水，以便经水库调节后的最大泄量能与下游水库或区间洪水的洪峰错开。后错峰调节也是在洪水入库前先腾出一部分库容，在洪水入库后，先将洪水拦蓄在水库内，减小下泄流量或完全

不泄水，以便下游区间洪峰通过下游水库或下游防护区后再加大泄水流量，以错开两者在下游出现的时间。

5.1.2 蓄滞洪区

1. 蓄滞洪区的概念

《中华人民共和国防洪法》规定：防洪区是指洪水泛滥可能淹及的地区，分为洪泛区、蓄滞洪区和防洪保护区。洪泛区是指尚无工程设施保护的洪水泛滥所及的地区。防洪保护区是指在防洪标准内受防洪工程设施保护的地区。蓄滞洪区是指包括分洪口在内的河堤背水面以外临时储存洪水的低洼地区及湖泊等，

其中多数在历史上就是江河洪水淹没和蓄洪的场所。蓄滞洪区包括行洪区、分洪区、蓄洪区和滞洪区。

例如，渡良濑蓄滞洪区是日本最大的蓄滞洪区，总面积33km²，位于日本最大河流利根川的中部，如图5-4所示。历史上，渡良濑蓄滞洪区附近为沼泽湿地，地势低洼，是天然的洪水蓄滞之处。1973年起，日本对渡良濑蓄滞洪区开始了综合开发利用，使蓄滞洪区除具有防洪功能外，还发挥了改善生态环境、净化水质、休闲娱乐、美化景观、调节河道径流和供水等功效。2001年15号台风之际，渡良濑蓄滞洪区按照规划运用，保障了利根川和下游城市的安全[14]。

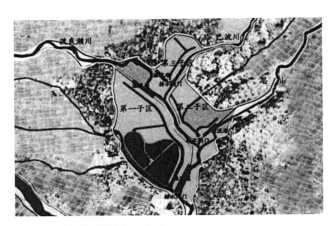

图5-4 渡良濑蓄滞洪区示意图
注：资料来源于中国水利水电科学研究院。

行洪区是指主河槽与两岸主要堤防之间的洼地，历史上是洪水走廊，现有低标准堤防保护的区域，遇较大洪水时，必须按规定的地点和宽度开口门或按规定漫堤作为泄洪通道。

分洪区是指利用平原区湖泊、洼地修筑围堤，或利用原有低洼圩垸分泄河段超额洪水的区域。

蓄洪区是分洪区发挥调洪性能的一种，它是指用于暂时蓄存河段分泄的超额洪水，待防洪情况许可时再向区外排泄的区域。

滞洪区是分洪区起调洪性能的一种，这种区域具有"上吞下吐"的能力，其容量只能对河段分泄的洪水起到削减洪峰或短期阻滞洪水的作用。

蓄滞洪区是江河防洪体系中的重要组成部分，是保障重点防洪安全、减轻洪水灾害的有效措施。为了保证重点地区的防洪安全，将有条件地区开辟为蓄滞洪区，有计划地蓄滞洪水，是流域或区域防洪规划现实与经济合理的需要，也是为保全大局，而不得不牺牲局部利益的全局考虑。从总体上衡量，保住重点地区的防洪安全，使局部受到损失，有计划地分洪是必要的，也是合理的。截至2010年，我国现有蓄滞洪区98处，主要分布在长江、黄河、淮河、海河流域中下游平原地区的安徽、湖北、湖南、天津、河北、河南、江西、山东、江苏、北京10个省（直辖市），如表5-4所示。其中，长江流域44处，黄河流域2处，海河流域28处，淮河流域21处，松花江流域2处，珠江流域1处。其总面积约3.5万km²，蓄洪总容量970亿m³。耕地约200万hm²，人口1700万[15]。这些蓄滞洪区大致分两种类型：一是洪水出现时首当其冲、运

中国蓄滞洪区统计表　　　　表5-4

流域	数量	名　称
长江	44	围堤湖、六角山、九垸、西官垸、安澧垸、澧南垸、安昌垸、安化垸、南顶垸、和康垸、南汉垸、民主垸、共双茶、城西垸、屈原农场、义和垸、北湖垸、集成安和、钱粮湖、建设垸、建新农场、君山农场、大通湖东、江南陆城、荆江分洪区、涴市扩大区、虎西备蓄区、人民大垸、洪湖分洪区、杜家台、西凉湖、东西湖、武湖、张渡湖、白潭湖、康山圩、珠湖圩、黄湖圩、方洲斜塘、华阳河、荒草二圩、荒草三圩、汪波东荡、嵩子圩
黄河	2	北金堤、东平湖
淮河	21	蒙洼、城西湖、城东湖、瓦埠湖、老汪湖、泥河洼、老王坡、蛟停湖、黄墩湖、南润段、邱家湖、姜唐湖、寿西湖、董峰湖、汤渔湖、荆山湖、花园湖、杨庄、洪泽湖周边（含鲍集圩）、南四湖湖东、大逍遥
海河	28	永定河泛区、小清分洪区、东淀、文安洼、贾口洼、兰沟洼、宁晋泊、大陆泽、良相坡、长虹渠、柳围坡、白寺坡、大名泛区、恩县洼、盛庄洼、青甸洼、黄庄洼、大黄铺洼、三角淀、白洋淀、小滩坡、任固坡、共渠西、广润坡、团泊洼、永年洼、献县泛区、崔家桥
松花江	2	月亮泡、胖头泡
珠江	1	湛江

注：资料来源于水利部，《国家蓄滞洪区修订名录（2010年1月7日）》。

用频率较高的，如淮河大堤间的行洪区；二是为防御特大洪水、保护重要地区预留的，如长江的荆江分洪区、洪期分蓄洪区，以及黄河的北金堤分洪区等。

2. 蓄滞洪区的安全、建设和管理

1988年，国务院批准了水利部《关于蓄滞洪区安全与建设指导纲要》（国发〔1988〕74号），对合理和有效地运用蓄滞洪区，指导区内居民的生活和经济建设，适应防洪要求等做了原则规定。2000年国务院发布了《蓄滞洪区运用补偿暂行办法》（中华人民共和国国务院令第286号），对因蓄滞洪水遭受损失进行合理补偿的对象、范围、标准和补偿程序等做了明确规定。

蓄滞洪区的安全、建设和管理，实行所在地各级人民政府行政首长负责制。蓄滞洪区的日常管理工作，由所在地各级人民政府水行政主管部门负责。所在地政府可根据需要成立蓄滞洪区管理机构和蓄滞洪区管理委员会。管理委员会可由当地水利、财政、税务、交通、公安、农业、计划生育、邮电通信、土地管理等部门组成。管理委员会的日常工作由蓄滞洪区管理机构负责。蓄滞洪区的分洪、滞洪命令分别由国务院防汛抗旱总指挥部和省防汛抗旱指挥部按规定权限发布。管理内容主要有：①建立健全管理机构；②制定蓄滞洪区总体规划和安全建设规划，并监督实施；③编制防洪调度运用准备和群众撤离安置措施；④分洪后救助、补偿和善后工作；⑤进行日常管理，加强安全设施建设与管理，控制人口增长和限制经济发展；⑥制定法律、法规，依法管理蓄滞洪区。

蓄滞洪区安全建设规划是区内居民生产生活建设和指导社会经济发展的基本依据。规划的原则为："因地制宜、突出重点、平战结合、分期实施。"规划应依据已有的防洪规划进行，根据已有工程设施情况、洪水调度原则等对区内避洪（撤退）设施建设、通信预警系统建设与撤离设施建设、工程管理等做出规划。避洪与撤离设施建设，应密切结合居民住房建设及乡村公共设施建设等统筹安排。规划标准应与当地经济发展水平相适应，并确保居民生命财产安全。

蓄滞洪区土地开发利用和各项经济建设要符合防洪要求，并保持蓄洪能力，减少洪灾损失：①蓄滞洪区应根据运用特点，调整产业结构，种植耐水作物；②严禁在分洪口附近和洪水主流区内修建或设置阻碍行洪的各种建筑物，堆放弃土及种植阻水的高秆作物，已有的要限期清除；③严禁在蓄滞洪区内发展污染严重的企业和生产，储存危险品；④在蓄滞洪区内建设油田、铁路、公路、矿山、电厂、通信设施及光缆、管道等非防洪工程项目，应当编制洪水影响评价报告，并提出自保防御措施。

蓄滞洪区应建立洪水调度运用与预警、预报系统，且需符合的要求为：①蓄滞洪区要根据流域或区域防洪规划，制订洪水调度运用方案，包括蓄滞洪区运用标准、运用措施及调度权限。洪水调度运用方案须按照国务院规定的权限报请省（自治区、直辖市）级以上政府批准。②建设洪水预报与预警系统。洪水预报包括预报洪水位、洪水量、分洪时间和允许撤离的时限等。预警是指利用广播、电视、电话、报警器、汽笛、锣鼓、火把等方式，将信息传播到需要分洪的整个地区，包括与外界隔绝的孤立地区。通信预警系统在任何情况下都要畅通无阻，并应建设有线与无线两套系统。③按照国务院批准和省级政府制订的防御大洪水方案的程序，由防汛指挥部门统一发布分蓄洪警报。分蓄洪指令一旦发出，所在地县级政府要立即组织实施，强制执行，任何单位和个人不得阻拦、拖延。

5.2　分洪工程

将超过河道安全泄量的洪水分走或进行滞蓄，以减轻洪水对原河道两岸防护区的威胁，减免洪水灾害，所采取的措施称为分洪工程。

5.2.1 分洪工程的类型

根据分洪方式的不同，分洪工程可分为分洪道式、滞蓄式和综合式三类。

1）分洪道式分洪工程

分洪道又称减河，在河岸一侧选定适当地点，利用天然河道或开挖新河，并两侧筑堤，将超过河道所能容纳的洪水分泄入海、入分洪区或其他河流，也可绕过保护区再返回原河道，以保证防护区的安全。分洪道的布置方式一般分为以下三种。

（1）分洪绕过防护区复归原河道或入邻近河流，如图5-5所示。当河道某一河段排洪能力与其上、下游不相适应，采取其他措施有困难时，可将超过安全泄量的洪水通过分洪道绕过卡口河段保护区，再回归原河道。例如，美国密西西比河中游比尔茨角—新马德里河段的马德里分洪道，下游的河道狭窄难以通过设计洪水，为保证开罗的安全和减轻洪水对保护区的威胁，在河的右岸河堤外约8km修建堤防，两堤之间作为分洪道，设计分洪15600m³/s。分洪水流经自溃堤漫流入分洪道，在新马德里上游回归原河道。当两条河流邻近洪水出现不相遭遇时，在河段的保护区上游建闸，经分洪道排入其他河流。再如，江苏省南京市的滁河马汊河分洪道工程。马汊河全长13.6km，是一条人工开挖的分洪道，一期、二期分别于1974年、1990年进行施工，施工后实际行洪流量为

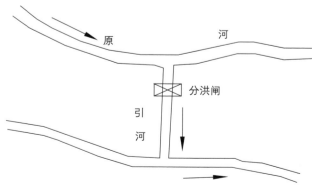

图5-5 分洪入邻近河流

800m³/s。三期工程于2013年5月正式开工，经过近两年的建设，目前已结束。为了进一步提高分洪能力，河道底部从原来35m挖宽至52～55m，边坡延长，开挖土石方总量为280万m³，工程总投资约3亿元人民币。同时，拆除了原来河道上两座阻水严重的桥梁，新建两座新桥。现在马汊河的行洪流量已提升至1220m³/s，在1h内，可将半个多玄武湖排空，达到了《滁河流域防洪规划》的标准，可有效分担滁河流域的整体防洪压力。

（2）分洪入邻近湖泊、洼地，如图5-6所示。利用分洪道将超过防护标准的部分洪水泄入邻近湖泊、洼地。例如，怀洪新河全长127km，是淮河中游自安徽省怀远县至洪泽期开辟的一条综合利用的分洪河道，其主要任务是把淮河中游洪水分泄到下游的洪泽湖。2003年，淮河发生了1954年以来最大的流域性洪水灾害，怀洪新河首次投入防汛抗洪。7月4日开启怀洪新河何巷闸，最大分洪流量1540m³/s，共分淮河干流洪水167亿m³，降低蚌埠闸上水位0.3～0.5m，大大减轻了淮河干流和蚌埠市的防洪压力。

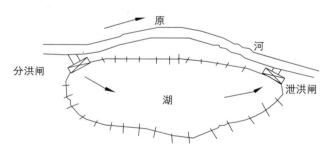

图5-6 分洪入邻近湖泊

（3）直接分洪入海，如图5-7所示。在近海排洪不畅、泄洪能力不足的河段，开辟分洪道，把超过河道安全泄量的洪水直接分泄入海或分洪区。例如，我国河北省的海河下游滨海地区，开辟独流减河分流入渤海。

2）滞蓄式分洪工程

如防护区附近有洼地、坑塘、废墟、民垸、湖泊等承泄区（分洪区），能够容纳部分洪水时，可利用

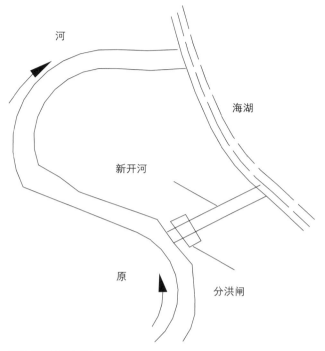

图5-7 分洪入海

上述承泄区临时滞蓄洪水，当河道洪水消退后或在汛末，再将承泄区中的部分洪水排入原河道。荆江分洪工程，它是利用被保护区的右侧，荆江与虎渡河之间的低洼地带作为分洪区，在分洪区的上游处设置进洪闸，将荆江洪水分流入分洪区（承泄区），同时还在分洪区下游（防护区下游）处设置泄洪闸和临时扒口泄洪设施，当荆江洪水消退后，再将分洪区洪水排入荆江原河道，如图5-8所示[16]。分洪区中还应设有安全岛（安全台）或安全区，作为分洪区人民群众及财产的临时安全撤离地带。

3）综合式分洪

如果防护区附近无洼地、坑塘、湖泊等分洪区，但在防护区下游不远处有适合的分洪区，则可在防护区上游的适当地点修建分洪道，直达上述分洪区，将超标准的部分洪水泄入防护区下游的分洪区。也可利用邻近的河沟筑坝形成水库作为分洪区，并修建分洪道将河道超标准洪水引入水库滞蓄。

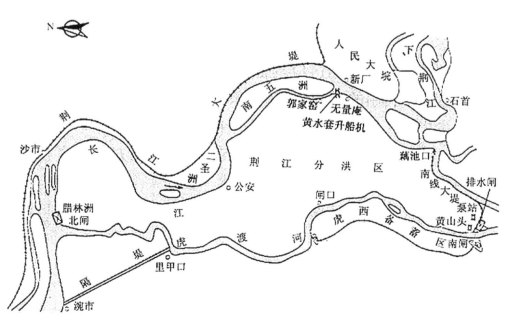

图5-8 荆江分洪工程示意图

5.2.2 分洪方式的选择

分洪方式应根据当地的地形、水文、经济等条件，本着安全可靠、经济合理、技术可行的原则，因地制宜地选取和确定。分洪方式的选择一般应考虑以下几种方案。

（1）如防护区的下游地区无防护要求，下游河道的泄洪能力较强，而且在防护区段内有条件修建分洪道时，可采用分洪道绕过防护区将超过防护标准的部分洪水泄入下游河道的方案。

（2）如防护区临近大海，防护区下游河道的行洪能力不高，则可采用分洪道将超过防护标准的部分洪水直接泄入海洋的方案。

（3）如防护区附近除原河道外，尚有相邻河流，而且两河相隔的距离不大，则可采用分洪道将原河道的部分洪水排入相邻河道的方案。

（4）如防护区附近有低洼地、坑塘、民垸、湖泊等临时承泄区，而且短期淹没的损失不大，则可考虑采用滞蓄分洪方案。

（5）如承泄区（分洪区）位于防护区下游不远处，则可考虑采用分洪道和滞蓄区综合防洪的方案。

5.2.3 分洪道线路的选择

分洪道线路，应按照地形、地质、洪水流向以及社会经济情况等因素选定分洪道堤线，堤线要大致与河流平行，在靠河处采取块石护岸、护坡、护堤脚等措施加以防护。选择时应考虑以下几点。

（1）分洪道的线路应根据地形、地质、水文条件来确定，尽可能利用原有的沟汊拓宽加深，少占耕地，减小开挖工程量。

（2）分洪道应距防护区和防护堤有一定距离，以保证安全。

（3）分洪道的进口应选择在靠近防护区上游的河道一侧，河岸稳定，无回流及泥沙淤积等影响。

（4）对于直接分洪入下游河道和相邻河道的分洪道，分洪道的出口位置除应考虑到河岸稳定、无回流和泥沙淤积等影响外，还应考虑到出口处河道水位的变化、分洪的效果和工程量等的影响。

（5）分洪道的纵坡应根据分洪道进、出口高程及沿线地形情况来确定，在地形及土质条件允许的情况下，应选择适宜的纵坡，以减小分洪道的开挖量。

某市水系及支流洪水分洪工程是通过开挖分洪道，将支流板桥河洪水分泄到保护区外的二十铺河，工程包括分洪道、拦河坝、泄洪闸和分洪闸。其运行规程为：一般年份不分洪，以避免对二十铺河沿线造成危害；超过20年一遇洪水时，视分洪口下游区间洪水情况分泄部分洪水；遇到规划标准100年一遇洪水时，分洪道错峰运行；遇超过100年一遇洪水时，分洪道、分洪闸与泄洪闸联合运行，确保拦河坝安全。此外，该市于2012年在南淝河马家渡处新开直通巢湖的分洪道，分洪道中心线长880m，底宽20m，底高程5.000m，遇5年一遇洪水时可分洪800m³/s。工程建成后，可有效降低上游河道洪水位，对该市当涂路桥以上老城区的防洪安全极为有利。

5.2.4 分洪区的选择及布置

分洪区是指利用湖泊、洼地及修筑围堤或利用老的圩垸加高、加固以滞蓄洪水的区域。

（1）分洪区的选择。在有条件的地方，最好选在人口稀少荒芜地区或不宜种植的盐碱地或湖泊，并筑围堤，以限制洪水漫延，增加蓄滞能力。但在我国，由于平原区人口稠密，荒地少，有时不得不选有相当数量人口与耕地的低洼地带作为分洪区。在长江中下游已先后开辟荆江分洪区及洪湖、西凉湖等蓄洪区，淮河兴建蒙洼、城西湖、城东湖等分洪区，黄河下游建成东平湖、北金堤分洪区，海河下游有白洋淀、东淀等分洪蓄洪区。

（2）分洪区的布置。分洪区一般位于河流一侧，进口建分洪闸，出口修建泄水闸，周围沿着分洪区的边缘修筑围堤（坝），把洪水约束在规定范围内，围堤线应尽量沿分洪区较高地带修筑，区内修建各种避洪设施和排水系统，如修建排水泄洪闸、站等设施。排水设施选在分洪区的较低处，以便排泄。排水方式采用自流排水或抽水排水两种办法相配合。淮河蒙洼分洪区为淮河流域比较大的蓄滞洪区。

5.2.5 避洪安全设施

为分洪时保障分洪区人民生命财产安全而采用的安全设施称为避洪安全设施。避洪设施一般有如下几种：

（1）通信、警报。在分洪区建设通信、警报网，传达洪水预报、分洪警报以及发布指挥有关转移命令等。

（2）桥梁和道路。按照迁安计划布置公路和桥梁。干、支线分别通往主要村镇和安全台区，确保风雨无阻。

（3）庄台工程。庄台也称避水台或村台。在应用上，有的是当作中转站，供分洪时区内移民暂时停留，然后组织转移；有的则是永久性的安全台，供居民常住和临时转移。安全台宜选在分洪区地势较高、浅水区或圩堤两侧筑成。台点的分布既考虑区内居民原分布情况，又考虑内、外水位及风浪与安全台内外水流对台基安危的影响等，并要求交通方便、供应便利。临时中转台，房屋可以少建，临时提供帐篷，以及其他临时性设施，要求对外交通方便；台面大小按规划转移人口而定。永久性庄台，主要是建设永久性的房屋，以及部分临时房屋及生活活动场所、仓库建设、牲畜养殖、公用设施、学校、卫生所等。

（4）安全区。安全区属于永久性的工程，选择地势较高，靠近分洪区围堤人口比较集中的村镇、居民点或者规划分洪区时作为永久性集中安置的移民点，加做围堤、形成封闭圈，要求与干堤基本相同，必要

时加强防护以保证安全。安全区面积，不仅考虑现状，还要考虑发展的可能，有条件的要包括部分生产面积，如蔬菜及其他经济作物生产用地，及一些公共建设，如学校、医院、仓库、机关、工厂和内外交通，还有排水设施及必要的灌溉设施，并为分洪临时转移准备必要的条件等。

（5）避水楼房。房屋必须避开行洪急流区顶冲点。建筑应是耐水防冲的高层楼房，其安全层在分洪区设计水位加风浪超高以上，分洪时居民搬至安全层居住，并把主要物资搬到楼上，尽量减少损失。

（6）船只与救生设备。在平原湖区，船只平时做运输、分洪时做临时转移之用；特别紧急情况时，编制木竹排自救，或投放救生衣和救生圈进行临时抢救等。

各种避洪设施的修建配合，除通信、警报、道路、桥梁要因地制宜设置外，其他如庄台、安全区、避水楼房等，则要根据不同情况研究选定。船只避洪主要是为了抢救来不及转移的居民，一般多为临时调集的船舶或冲锋舟，在各分洪区都要有这方面的准备。在我国分洪区内，因大部分居民仍居住在区内，从事正常的农、副业生产活动，为了保障居民安全，除国家投资或补助修建避洪安全设施外，每年汛期一般由当地政府专门机构汛前拟定迁安计划，以便分洪时适时转移。

5.2.6 分洪闸和泄洪闸闸址的选择

分洪闸和泄洪闸的闸址应根据地形、地质、水文、水力、施工、管理和经济等条件，因地制宜地综合分析后确定。

（1）分洪闸的闸址应选择在防护区上游的适当地点，应有利于分洪，保证下游河道安全泄洪和防护区的安全。

（2）分洪闸应选择在稳定的河岸上，如必须选择在河流弯道上时，应尽可能设置在弯道的凹岸，以防

河水淘刷。

（3）分洪闸的闸址最好选择在岩石地基上，如必须设置在土基上时，应选择土质均匀、压缩性小、承载力较大的土基，以防产生过大的沉降和不均匀沉降。同时，地基的透水性也不应过大，以便于闸基的防渗处理。

（4）分洪闸的闸孔轴线与河道的水流流向应呈锐角，以使水流顺畅，便于分洪，并防止闸前产生回流，影响分洪效果和闸前水流对闸基的淘刷。

（5）为了节约投资，可增设临时扒口分洪口门，在大洪水期间配合分洪闸同时分洪，以满足最大洪峰流量通过时能迅速分洪，降低河道洪水位的要求。

（6）根据分洪区地形和排水的要求来确定泄洪闸（排水闸）的位置，一般泄洪闸应设置在分洪区下游，距下游河道较近的地方，闸址土质均匀，压缩性小，承载力较大。

（7）为了加快汛后分洪区内洪水的排泄，以满足农业和生产要求，可根据排水时间的要求和泄洪量的大小，在分洪区靠近原河道的适当位置增设扒口泄洪入原河道的临时性排洪口门，配合排水闸联合泄洪。

5.2.7　分洪工程的运用

根据江河分洪运用的经验，为准确及时分洪，都以控制站洪水位为准进行运用。若为多项工程联合运用，则应根据洪水大小、组成、运用的安全性和经济损失程度等条件，统筹兼顾，权衡利弊，综合考虑分洪工程的运用方式和程序；并随时根据水情变化调整分洪流量，若遇更大洪水需增加分洪量时，应选择适当地点，临时扒口分洪，满足分蓄洪的要求。分洪时，分洪闸的运用原则如下。

（1）当河道洪水超过防护区设计洪水标准时，分洪闸开闸分洪，以保证河道安全泄洪。

（2）分洪闸应以闸前水位（河道安全泄量时相应水位）或安全泄量作为闸门启闭的条件。

（3）分洪闸应根据闸前水位确定所需要的分洪流量及闸门开启高度，并应根据闸前及分洪区内水位的变化情况，及时调整闸门的开启高度。

（4）当河道洪水超过设计洪水标准，在分洪区容量允许的情况下，除分洪闸进行分洪外，还可选择适当地点扒口临时分洪，以保证防护区的安全。

例如，怀洪新河何巷分洪闸为怀洪新河进口控制工程，设计分洪流量2000m³/s（含船闸），相应闸上水位22.87m，闸下水位22.37m，共14孔，孔径8m，底板为筏式结构。国家防汛抗旱总指挥部下发了《怀洪新河洪水调度方案（暂行）》（办河〔2002〕26号），规定如下。

①淮河干流发生洪水，当吴家渡水位达到22.600m（废黄河高程，下同）时，启用怀洪新河分洪。何巷枢纽最大分洪流量2000m³/s。

②当吴家渡水位低于22.600m，但淮北大堤或淮南、蚌埠城市圈堤发生重大险情时，启用怀洪新河分洪。

③怀洪新河的分洪调度由淮河水利委员会负责，安徽、江苏两省防汛抗旱指挥部组织实施。怀洪新河于2000年全线竣工后，分别于2003年和2007年进行两次分洪。2003年7月4日上午10时，怀洪新河何巷闸首次开闸分洪，分洪流量1000m³/s，相当于周期蚌埠闸上淮河干流流量7450m³/s的13%。2007年7月29日，鉴于淮河干流长期处于高水位，为减轻堤防防守压力，决定启用怀洪新河分洪，淮河防汛抗旱总指挥部29日零时30分左右发出关于做好怀洪新河分洪准备的通知，要求安徽和江苏两省防汛抗旱指挥部于29日11时前做好怀洪新河分洪的准备工作。分洪期间，安徽防汛抗旱指挥部要求关闭沿线涵闸，限制安徽省境内向怀洪新河排涝，保证淮河峰山站下泄流量不超过1800m³/s。怀洪新河何巷闸第二次开启，控制最大分洪流量1000m³/s，何巷闸14孔闸门全部开启，开启高度15m，流量886m³/s。

5.2.8 泄洪

分洪区根据主要河道洪水下降情况，应适时开启泄水闸，尽快将分入的洪水排出，以便恢复生产和重建家园，或者为后续洪水提供滞蓄库容。分洪区应根据自然条件和防洪与兴利要求，其运用方式可分为滞洪与蓄洪两种，一般的分洪区滞蓄两者兼有，即在分洪运用到达设计蓄洪水位前，则为蓄洪；当超过设计蓄洪水位时，采用"上吞下吐"的运用方式，则为滞洪或行洪的运用方式。在上、中游有水库的情况下，应考虑进行统一联合调度运用，以取得更好的效益。

分洪作为防洪重要措施之一，早为世界各国普遍采用。随着社会、经济的发展和人口增多，分洪损失也越来越大。要进一步研究在短时间内转移大量居民并减少财产损失的途径和方法，以及分洪区的建设、管理、淹没损失补偿措施和有关规定。特别是对运用频繁的分洪区，应考虑移民建镇，减少损失。

5.3 泄洪工程

扩大行洪断面、筑堤、保护河岸和堤坝、加强城市内涝排除等均属于泄洪工程措施，包括河道整治、护岸工程、堤防工程、排水管网和排水闸站建设等。

5.3.1 河道整治

河道整治是按照河道演变规律，因势利导，调整、稳定河道主流位置，改善水流、泥沙运动和河床冲淤部位，以适应防洪、航运、供水、排水、生态等国民经济建设要求的措施。河道整治包括控制和调整河势、裁弯取直、河道展宽、疏浚等。城市河道作为城市的重要基础设施，既是城市防洪排涝和引水、供水的通道，又是城市景观和市民休闲的场所。随着经济的发展和人们对生活环境质量要求的不断提高，对

于河道的治理在满足行洪排涝基本功能的基础上，应重视其生态、景观、休闲、娱乐等功能。

1）城市河道整治原则

城市河道整治必须综合考虑自然条件、治河技术与社会因素的影响，随着国民经济的发展和治河技术水平的提高，河道整治的原则也不断得到修改、补充和完善，概括起来有以下几点。

（1）全面规划、综合治理。城市河道整治涉及国民经济多个部门以及沿岸众多单位、个人。河道治理要科学规划，系统、可持续地考虑流域内存在的问题。从沿岸产业布局、沿岸小区的开发、工业用地、水资源保护利用、水环境综合治理、防洪抗旱、生态修复系统建设等进行系统规划。综合治理的同时，需进行污水截流、雨水的收集与利用、道路与景观规划、生态河道修复等。通过在坡面上种植植物，减少地表径流，达到护坡作用，以此减少对水体污染的影响，进行自然生态护岸。同时，所形成的"多孔隙"空间又可为水生动物、鸟类提供栖息场所，使得人工水景成为有生命活力的水生生态系统。因此，进行城市河道整治时，应合理协调上下游、左右岸关系，统筹考虑各方面要求，做到全面规划，并使近期规划与远期规划相结合，城市河道整治规划与城市建设总体规划、流域总体规划相结合。

城市河道整治的主要目的各不相同，有的以防洪为主，有的以航运为主或防洪、航运并重，有的则以岸线利用或土地开发为主等。综合治理是指根据河道的具体特点，既要满足整治的主要目的，又要统筹兼顾城市经济的发展，人居环境的改善、相关的国民经济各部门以及沿岸的单位、个人的利益和要求，尽可能达到综合效益最大。

（2）因势利导、重点整治。因势利导是指通过对河道实测资料的分析，找出河道演变规律，掌握有利时机，及时整治，以达到事半功倍的效果。另外，设置的河工建筑物也应顺应河势，适应水沙变化规律。

城市河道整治的工程量一般较大，难以在短期内

完成，因此，在实施过程中应根据城市实际情况、投资力度等，分轻重缓急，突出重点，注意远近结合，合理安排实施。对河势变化剧烈，不及时整治将会引起上、下游河势连锁反应，造成重大影响与不良后果的河段，应优先安排；对国民经济发展有重大作用的整治工程，应优先安排；对远期开发整治有显著作用的部分工程，也应适当优先考虑。

（3）因地制宜，就地取材。由于城市河道整治工程量大面广，因此，在整治措施、整治建筑物的布置和结构形式上，要因地制宜地选择，并注意新技术、新工艺的应用。在工程建设上，尽量就地取材，降低造价。例如，四川的都江堰，就是利用当地的竹木、卵石等材料做成杩槎、卵石竹笼来修建整治建筑物。另外，对于先进技术或新材料，如适应本地的情况，就尽量吸收，并加以改进。

（4）以人为本、生态治河。城市河道整治要先分析河流自然规律，结合城市特有风貌特点、文化特点和经济特点等确定整治方案。生态治理的原则，除满足河道宣泄洪水要求外，还要尽量保持河道的自然特点及水流的多样性。宽窄交替、深浅交错、急流与缓流并存，偶有弯道与回水，岸边有水草，为各类水生物提供栖息繁衍的空间，是生物多样性的景观基础。一条自然的河流，必然有凹岸、凸岸、深潭、浅滩和沙洲，降低河水流速，蓄洪涵水，可削弱洪水的破坏力。在堤防建设的同时，尽量保持沿河湿地、沼泽地的水源补给。

将生态的理念应用于河道的综合治理中，是城市河流整治的发展趋势。利用生态修复技术使受到污染的城市河流重新恢复水生态环境功能，可以使河流在发挥防洪排涝的基本水利功能的同时，也具有景观和休闲的功能，有助于改善城市环境。"以人为本、生态治河"就是要做到人与自然的融合。为此，在城市河道整治中必须要保持滨水空间与城市整体空间结构的连接；延续城市历史文化和城市记忆；维护河流的连续性；维持水流的横向扩展功能和与河岸的循环交

换能力；保护生态平衡，充分发挥河道在防洪、资源利用、生态保护等方面的作用。

2）城市河道整治规划的内容

城市河道整治的首要任务是拟定整治规划，规划范围可根据城市发展要求，结合河道除害兴利，并考虑河道本身的特点具体确定。编制规划时要根据整治任务和要求，进行河势查勘，收集和整理相关资料，分析河道的演变规律。当资料缺乏时，应根据需要进行观测，对尚不十分明确的问题，还需通过模型试验来研究解决。在充分了解河道特性和城市经济、历史、文化特点等基础上，提出包括河道整治工程措施、水环境保护和水景观设计等在内的整治方案，并做技术经济分析，选择技术上可行、经济上合理的方案。

城市河道整治规划的主要内容包括：整治任务和要求、整治规划的基本原则、河道特性分析、整治方案及预算的编制、方案比较及论证等。

必须指出，城市河道整治与传统意义上的河道整治大相径庭，河道功能被大大扩展，因此，城市河道整治涉及水利、城市设计、生态环境、园林景观等多方面，需多专业协作，采用立体化设计，才能达到河道综合利用城市可持续发展等目的。

3）城市河道整治规划的设计依据

整治规划设计的主要依据为设计流量及设计水位、设计断面和治导线等，所涉及的特征流量和相应的特征水位有3个。

（1）设计流量及设计水位。在整治规划中，相应于不同整治河槽对应有不同的设计流量和设计水位。洪水设计流量由相应的防洪标准确定，习惯上用某一频率的流量或重现期来确定。防洪标准根据被保护对象的重要程度及财产的价值来确定。城市的防洪标准按表3-1、表3-2确定。目前我国城市的防洪标准尚未达到表列的要求，需加大投入，尽快达到要求。洪水超过防洪标准时，要有分洪区和湖泊围垦的区域分蓄洪水。通过保证率或重现期算得设计洪水流量后，

再根据河槽断面情况求得相应的设计洪水位。在规划中，要考虑工程的使用期，确定规划水平年。对于多沙河流，河道冲淤迅速，尚需计算至规划水平年时的冲淤值。除此之外，设计洪水流量和设计洪水位还用来校核各种整治建筑物的安全，包括结构强度和地基可能冲刷深度等。为此，还需要确定发生洪水时整治建筑物附近的水流流速。

①洪水河槽的设计流量及设计水位。洪水河槽主要从宣泄洪水的角度来考虑，设计流量根据某一频率的洪峰流量来确定，其频率的大小根据保护区的重要程度而定（表3-1、表3-2）。相应于设计流量下的水位即为洪水河槽的设计水位。

②中水河槽的设计流量（或造床流量）及设计水位（或中水位）。造床流量是指造床作用最持久、影响程度最大的特征流量，或者说它对塑造河床形态所起作用最大的特征流量，其造床作用与多年流量过程的综合造床作用相当。河道中一般两侧为洪水河滩，中间为河槽。在设计中，常采用平滩流量作为造床流量，相应的水位称为造床水位或中水位，一般用来设计中水河槽断面和相应的治导线。在河道整治中，造床流量和中水位有特别重要的意义。

③枯水河槽的设计流量及相应的水位。枯水河槽的治理是为了解决航运、取水和水环境等问题，确保枯水期的航运和取水所需的水深或最小安全流量。一般确定这一河槽整治相应的设计流量、水位的方法有：由某一保证率的流量来确定，保证率一般采用90%～95%，或采用多年平均枯水流量为枯水设计流量，其相应水位作为枯水设计水位。

例如，黄河下游是取接近造床流量的平滩时流量（中水流量）作为整治流量。因为河流塑造河床形态的造床作用，在水量相对较大、作用时间较长的综合条件下，其效应最为显著。中水流量与相应的治导线在河道整治中有重要意义。但有些以航运为主进行整治的河流实施较大规模的整治，则多着重于低水或枯水选定整治流量，力求使低水期的河道状况得到改善，以利于航运。低水河槽趋于稳定，泄流畅通，也在一定程度上对防洪有利。

近代世界发达国家的河流，如美国密西西比河、欧洲莱茵河均大规模地进行过河道整治，颇有效益。中国大中城市附近的大江、大河河段，经过整治，与五十多年前相比已大有改观。我国自20世纪50年代开始，即着手对黄河下游的窄河段加以治理，按照"固定中水河槽，稳定流路，有利于泄洪排沙，有利于灌溉引水"的要求，采取"以坝（桩坝、丁坝）护滩定弯，以弯导流"的工程措施，大力修建护滩控导工程，由下而上开展了以防洪为主要目的的河道整治，从下而上，逐步发展，已基本达到改善水流，护滩保堤，有利于排洪、排沙的要求。

（2）设计断面。

①洪水河槽设计断面。洪水时由于水流漫滩的时间较短，且滩地流速较小，水流挟带的泥沙淤积在滩地上，造床的作用不显著。因此，洪水河床其形态不取决于洪水流量，即河床宽度和深度之间没有一定的河相关系。河相是指河床在某特定条件下的面貌。通常把处于冲淤相对平衡状态河流的河床形态与来水来沙及河床边界条件间最适应（稳定）的关系称为河相关系。设计洪水河床断面主要从能宣泄洪水流量来考虑。

②中水河槽设计断面。中水河槽主要是在造床流量作用下形成的，取决于来水来沙条件及河床地质组成，即服从河相关系。中水河槽的宽度（B）、深度（h）可采用河相关系计算，即 $B = \zeta^2 h^2$，其中 ζ 为河相系数，可根据水文观测资料整理得出。

③枯水河槽设计断面。枯水河槽断面设计一般只考虑过渡段（浅滩段）横断面的设计，设计断面只是为满足航运要求。所需的河宽和通航水深按航运部门的要求确定。给定通航水深后，已知枯水流量、糙率、水面坡降等即可求得过渡段应该控制的河宽。值得注意的是，由于枯水河槽是在造床流量作用下形成的，枯水流量对河槽的改造不显著，不能引用相应的

河相关系式。

（3）治导线。治导线又称整治线，是河道经过整治后，在设计流量下的平面轮廓线，通常用两条平行线表示。对于分汊河段，以主汊为主，欲保留的支汊也可用两条平行线表示。在同一边界条件下，弯道段河宽小于顺直河段河宽，且两者之比也是一个变数。目前，河道整治还是以经验为主，用两条平行线组成的治导线来表示控导的中水流路和枯水流路，既可满足河道整治的实际需要，又便于确定整治建筑物的位置，在河道整治中被广为采用。

设计流量不同，治导线也不同，对应有洪水治导线、中水治导线、枯水治导线。由于洪水漫滩时滩地水浅流缓，水边线的位置对河床演变和水流形态的影响不大，所以一般不绘制洪水治导线。按照整治目的和要求在整治规划中要绘制中水治导线及枯水治导线。中水治导线必须保证能通过设计中的造床流量，其流路大体与洪水流路一致，以免发生严重的滩地水流横截中水河槽现象。这样的现象会使局部的河道发生很大变形，对河道稳定很不利。因此，中水治导线在河道整治中最为重要，它是与造床流量相对应的中水河槽整治的治导线，此时造床作用最强烈，如能控制这一时期的水流，不仅能控制中水河槽，而且能控制整个河势的发展，达到稳定河道的目的。

在整治流量、设计水位、设计河宽确定之后，治导线的形式取决于河湾形态关系。在一般情况下，通过弯曲半径 R、中心角 φ、直河段长 l、河湾间距 L、弯曲幅度 P 及河湾跨度 T 来描述河湾形态。河道流量越大，河湾曲率半径越大。当缺少规范的河湾资料时，可取河湾曲率半径值为

$$R = KB$$

式中　　B——直段河宽（m）；

K——系数，一般可取 3～9。

治导线两反向曲线之间的直线段不能过短，以免在过渡段断面产生反向环流；也不能过长，以免加重过渡段的淤积，甚至产生犬牙交错状的边滩。一般可

取直线长 l 为

$$l = （1～3）B$$

治导线两个同向弯顶点之间距离 T 为

$$T = （12～14）B$$

在黄河下游以防洪为主要目的，对中水河槽进行整治时的河湾形态关系为：河湾间距 L 是平槽河宽 B 的 5～8 倍，弯曲幅度 P 是平槽河宽 B 的 1～5 倍，河湾跨度 T 为平槽河宽 B 的 9～15 倍，直河段长度 l 是平槽河宽 B 的 1～13 倍，弯曲半径 R 一般为河宽 B 的 3～6 倍。

确定河道治导线时，应注意以下几点。

①尽量利用已有的整治工程。枯水治导线还应尽量利用边滩和河心洲。

②布置治导线，特别是枯水治导线，要避免洪水漫滩以后河滩水流方向与河槽成较大夹角，以免枯水河槽在出现洪水时淤积。

③尽量利用河道自然发展趋势加以引导。

④布置治导线时力求左右岸兼顾、上下游呼应。

⑤应尽量满足各经济部门对河道整治的要求。当各部门的要求相互矛盾时，按整治的主要目的确定。

确定治导线在河道整治中是很重要的，涉及整治建筑物的规模和造价。治导线的拟定是一项相当复杂的工作，没有丰富的治河经验很难拟定出一条符合实际情况的治导线。其拟定的一般方法和步骤如下。

①由整治河段进口开始逐弯拟定，直至整治河段的末端。

②第一个弯道要根据来流方向、现有河岸形状及导流方向拟定。若凹岸有工程，可根据来流及导流方向选取能充分利用的工程段，给出弯道处凹岸治导线，并尽可能地利用现有工程或滩岸线；按设计河宽缩短弯曲半径，绘制与其平行的另一条线。

③拟定第二个弯道的弯顶位置，并绘出第二个弯道的治导线。

④用公切线把第一、第二两个弯道连接起来，其公切线即为两个弯道间的直线段。

⑤依次做出第三个弯道，直至最后一个弯道。

⑥进行修改。检查、分析各弯道形态、上下弯关系、控制河势的能力等，并进行必要的修改。一条切实可行的治导线需经过若干次的调整才能确定。

⑦初步拟定治导线后，还要与天然河道进行对比分析，通过比较弯道个数、河湾形态、弯曲系数、导流能力、已有工程的利用程度等来论证治导线的合理性。

（4）城市河道整治措施。城市河道整治措施主要包括疏浚拓宽、裁弯取直、护岸工程、河道清理（清障）、截污治污与水生态修复等。市区河道一般已经定型，两岸建筑物密集，拓宽困难，河道整治主要是疏浚、裁弯取直和截污治污。市区河段往往因纵坡较缓而淤积影响行洪，因此要经常性地疏浚；同时，严格禁止向城市行洪河道倾倒垃圾、矿渣等。过分弯曲的河道不仅影响行洪，而且也影响城市规划，可以结合防洪和城市规划对弯曲河段进行裁弯取直。坝式护岸的丁坝、顺坝等同时兼有护岸和调整水流的作用。

①疏浚。疏浚是用机械或人工的方法浚深拓宽河道、清除污染底泥，增加泄洪能力、降低洪水位、减轻洪水对城市的威胁、维持航道标准尺寸以及改善水环境。

以增加泄洪能力、维持航道标准尺寸为目的的疏浚，挖槽定线应按照河道和浅滩的演变规律因势利导地进行，同时也要考虑施工技术的可能性和经济上的合理性。在挖槽定线时还应注意：挖槽方向应尽量与主流方向一致以利于泥沙向下运行；挖槽应位于主流线上，底部与上、下游河床平顺连接，以保证水流畅通；挖槽在平面上应为直线，当因其他原因必须设计成折线时，应将曲率半径尽量放大，以利于航行和施工；挖槽断面宜窄深，以便得到较大的单宽流量和流速，增加挖槽的输沙能力，有利于挖槽稳定；挖槽定线要考虑挖泥机械的施工条件。抛泥区位置的选择直接关系到疏浚工程的成败和效果，按照既不能影响挖槽的稳定性和泄流通航，又要求尽可能地利用所挖出泥沙的原则来选择抛泥区。在选择抛泥区位置时，应

尽可能利用抛泥加高边滩、抛填土堤及堵塞有害的倒套、串沟等，尽量利用河道附近的低洼、荒废土地，把疏浚与改土结合起来，并注意挖泥船或排泥管的施工条件与工效。

以清除污染底泥、改善水环境为目的的疏浚，至少应将污染层的底泥全部挖除，挖泥时应采取措施减小底泥搅动后的扩散范围，防止底泥中的污染物释放到河水中，造成二次污染；底泥运输过程中应设专人巡视排泥管线、检查运输泥驳的密封性，避免因泄漏造成污染；底泥脱水过程中，应对渗滤水进行处理，防止渗滤水进入水体和土壤，污染自然水体和地下水。底泥的最终处置方法有综合利用、填埋、焚烧等多种方式，无论采用哪一种方法，都要防止对水体、空气、人群健康产生危害。

疏浚河段应包括保护区附近河段及其下游的一段河道。如果疏浚河段长度 L 太短，由于下游的壅水作用，保护区范围河段水位不能降到预期水位。因此，河道疏浚要根据疏浚后水面曲线计算，通过技术经济分析比较，合理选择疏浚长度，使疏浚后保护区河段洪水位降到安全水位以下。

②清障。河道内的各种堆积物和围墙、围堤或建筑物等占据了部分河槽，束窄了河道的过水断面面积，在洪水时期将会在上游河道形成壅水，从而对上游河道的防洪造成威胁，必须及时清除。河道清障的范围包括：河道内的堆积物，如矿石、矿渣、石碴、碎砖、各种建筑材料和生活垃圾等；为了扩大建筑用地和农田而修建的围墙或围堤；在河滩上修建的各种建筑物，滩地上生长的灌木丛和杂草等。河道清障同样需要有足够的长度，以保证扩宽和清障后，城市范围内的设计洪水位能够降到安全水位以下。

根据《中华人民共和国河道管理条例》及《中华人民共和国防洪法》等要求，对河道管理范围内的阻水障碍物，按照"谁设障，谁清除"的原则，由河道主管机关提出清障计划和实施方案，由防汛指挥部责令设障者在规定的期限内清除。逾期不清除的，由防

汛指挥部组织强行清除，并由设障者负担全部清障费用。对壅水、阻水严重的桥梁、引道、码头和其他跨河工程设施，根据国家规定的防洪标准，由河道主管机关提出意见并报经地方人民政府批准，责成原建设单位在规定的期限内改建或者拆除。汛期影响防洪安全的，必须服从防汛指挥部的紧急处理决定。

例如，2002年3月30日，坐拥长江和黄鹤楼胜景的武汉外滩花园小区曾以"我把长江送给你"这句广告词风光一时。这一住宅小区开发项目经有关部门立项、审批历经4年建成，却被定性为"违反国家防洪法规"并被强制爆破，造成直接经济损失达2亿多元人民币，拆除和江滩治理等方面的费用更让政府付出了数倍于其投资的代价。2010年7月29日上午10时，湖北恩施鹤峰县白族乡隔子河旁，被网友称为"湖北最牛违建"的7层小楼被爆破拆除。

③裁弯取直，如图5-9所示。弯曲型河段，凹岸冲刷，凸岸淤积。凹岸的冲刷崩塌将毁坏大片农田、房屋和工厂，河势也蜿蜒曲折，造成水流不畅，壅高上游洪水位，威胁河湾附近城镇的防洪安全，必须予以整治[17]。弯曲型河段的整治通常采用坝式护岸。但当河道过度弯曲形成河环时，河环处水流与河床的矛盾严重激化，这时要顺应河势的发展趋势，在河环狭颈处采取人工裁弯的措施，以加速河道由曲变直的转化过程。这个转化过程是在严密的人工控制下进行的，可以避免随机性自然裁弯时可能出现的种种弊端。

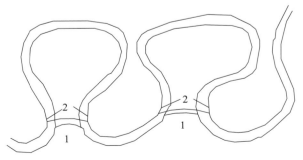

1-引河；2-锁坝

图5-9　裁弯取直示意图

裁弯的位置要考虑对上下游、左右岸可能产生的有利和不利影响，尽可能满足防洪、航运、引水及工农业生产需要。必须注意因势利导，保证进口迎流、出口顺畅的原则。

裁弯取直时，一般先沿选定的引河线路开挖出一条断面较小的引河，再利用水力冲成符合最终断面设计要求的新河。其方式一般有外裁和内裁两种。外裁是将引河的进、出口设在上游弯道前和下游弯道后，与上、下游形成一个大弯道。外裁时引河进、出口很难与上、下游弯道平顺衔接，且引河线路较长，故较少采用。内裁是将引河布置在河弯狭颈处，引河进口布设在上游弯道顶点稍下方，并使得引河与老河水流的夹角θ越小越好；出口布置在下游弯道顶点的上，使出口水流平顺。内裁时引河与上、下游弯道可连成3个平缓弯道，线路较短，对上、下游影响也较小，故采用较多。

河段裁弯后由于边界条件发生了变化，老河和引河以及裁弯段以上和以下的河段将发生变化。引河发展过程可分为普遍冲刷阶段、弯道形成阶段和弯道正常演变阶段。引河的演变与一般弯道演变规律相似，过水断面不再继续扩大，河床平行向凹岸方向产生位移。

老河的淤积过程发展也相当快。在初期由于流量减少，比降减缓，流速变小，沿途将发生淤积，但还保持弯道洪冲枯淤的规律。当老河分流比小于0.5时，进入中期，此时水流挟沙能力进一步降低，老河由原有的冲淤规律转向单向淤积的过程。在末期由于老河的上、下口门淤积断流而形成牛轭湖。

④稳定河岸，塞支强干。对于分汊型河段，当分汊河段处于相对稳定时，可采取措施把现状汊道的平面形态固定下来，维持各种水位下良好的分流比，使江心洲得以稳定，可在分汊河段上游节点处、汊道入口处、弯曲汊道中局部冲刷段以及江心洲首部和尾部分别修建整治建筑物，以稳定河岸、保护江心洲。

对一些多汊河段或两汊道流量相差较大时，则往往采取塞支强干的办法。堵塞汊道时，应分析该河道的演变规律，尽可能选择逐渐衰退的汊道加以堵塞。一汊堵塞后，另一汊将逐渐展宽与刷深。堵塞汊道的措施视具体情况不同，可修建挑水坝、锁坝等。对于主、支汊有明显兴衰趋势的分汊河段，宜修建挑水坝；在中小河流上，为取得较好的整治效果通常修建锁坝堵汊。在含沙量较大的河流上，锁坝也可用沉树编篱等透水块体代替，起缓流落淤的作用。在含沙量较小的河流上，宜采用实体锁坝堵塞，如图5-10所示。

⑤河口整治。河流进入海口，由于水流流速降低，泥沙沉积，河床抬高，随着河口的不断延伸，在入海口处形成三角洲淤积。同时，受潮汐冲刷在入海口易形成多汊道的喇叭口。河口的淤积与多汊影响了河道的航运和泄洪。整治的措施是采取工程方法形成相对稳定的入海口，并防止外河潮汐对入海口的侵袭，在近乎垂直内河岸线建设丁坝固定河槽，如图5-11所示。

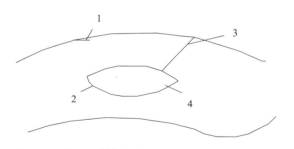

图5-10　分汊河道整治示意图
1-丁坝；2-护坡；3-封堵堤；4-中心岛

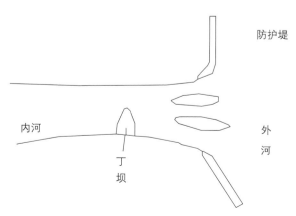

图5-11　河口整治示意图

⑥截污与治污。城市人口集聚，产业集中，污染源多，城市河道往往成为纳污的容器，致使水质恶化、生态系统破坏。因此，要恢复城市河道的自然生态和生物多样性，就必须截污、治污，引水冲污改善水质。截污、治污的主要措施有：提高污水的接管率和处理率、推行中水回用、倡导节约用水、划分水功能区域等。

合肥市从2007年下半年起，沿南淝河及其支流四里河、板桥河、二十埠河等河岸埋设截污管网，将排往河道的污水全部收集起来，就近输送到污水处理厂，累计建成截污管117km。此外，为完善污水管网，确保污水"收得到、能处理"，合肥市在污水处理厂建设中坚持"厂网并举、管网优先"，共建成污水管网1600km，仅2008年就建成污水管网567km，超过了过去16年所建管网总长。2012年年底，合肥市计划再投入1.8亿元人民币，在南淝河主城区段建设截污和水质改善工程。

合肥市南淝河经过多年治理，污染得到较好控制，但主城区段的水质离水环境综合治理规划要求仍有较大差距。一方面，需加强点源污染治理，加强截污、治污，配套建设污水管网，保证管网和污水处理厂的沟通，加快对现有污水处理厂的提标改造步伐；在河道两侧管网覆盖不到或建设成本太高的地方，布局建设小型污水处理设施，实现生活污水就地处理，并开展"中水回用"。另一方面，在面源污染治理上，加快雨污分流改造步伐，逐步消灭历史遗留的雨污不分问题，规范混凝土搅拌场、农家乐等排水户的污水直排行为。实施人工湿地示范工程，加快推进沿线村庄污水生态处理技术的运用，对南淝河中下游进行清淤，控制河道内污染底泥，逐步恢复河道生态系统。

⑦水生态修复。水生态修复技术是生态工程技术的一个分支，其基本含义是根据水生态学及恢复生态学基本原理，对受损的水生态系统的结构进行修复，促进良性的生态演替，达到恢复受损生态系统生态完整性的一种技术措施。根据水生态系统所受胁迫的主

要类型，水生态修复技术大体可划分为两类。第一类是利用生物生态方法治理和修复受污染水体的技术。例如，人工湿地技术，是人工建造的、可控制的和工程化的湿地系统，可以进行污水处理，调节气候，补充地下水，改观生态景观，作为教育科研基地，形成水体植被生态网络，实现人与自然高度和谐。第二类是采用生态友好的水利工程技术。例如，河道修复技术是对人类活动引起河道空间结构的不利改变而进行的修复，使河道在基本满足行洪需求的基础上，宜宽则宽、宜弯则弯、宜深则深、宜浅则浅，形成河道的多形态、水流的多样性，满足不同生物在不同阶段对水流的需要，满足人们对水景观的渴求。

按照水生态系统的理论，结合河道的实际状况，水生态修复技术措施有：

（a）两岸造林。河岸上应尽可能留出空间，种植树冠较大的树木，逐步形成林带，地面则栽植草坪，贴岸的树冠还可以伸向河道上空。

（b）坡上植草坪（或灌木）。护坡上的草坪和灌木与土壤形成的土壤生物体系，起到减少有机物对河道、湖泊的冲击，防止水土流失，改变护坡硬、直、光的形象，给人们以绿色、柔和、多彩的享受。有些灌木的根须还能够直接伸到水体中吸收水中的营养成分。

（c）上攀绿藤。城市化地区的部分河道，由于整个地区水面积严重不足，为了确保水安全，提高河道汛期的蓄水量，不得已加高、加固防洪墙。弥补的办法是，在墙的陆域一侧种植绿色的爬藤植物；有条件的地区，在防洪墙的两面墙上，可依墙分层布设一些条式和点式的花坛，种上灌木或花草；硬质结构的直立或斜坡式护坡，宜种植一些垂枝灌木。

（d）水边栽植物。水边是水生态系统中一个非常重要的组成部分，要尽可能构建水植物多样性的环境。在种植方法上，其一般可以直接栽在河边的滩地上、斜坡上，也可栽在盆、缸及竹框之类的容器做成的定床上；直立式防洪墙的下面，在不影响河道断面

的基础上，利用河底淤泥在墙边构筑一定宽度并有斜坡的湿地带，创造水生植物生长的条件。

（e）水中建湿地。河流、湖泊中的湿地，是修复水生态系统的一项重要手段。在河道与湖泊的治理中，应尽可能因地制宜地保留和建设一些湿地。湿地是水景观中不可多得的重要一环，它充满了自然气息，是人们回归自然的一种象征。

（f）水下种水草。实践证明，水草茂盛的水体往往水质很好，而且与众不同的是清澈见底。人工种植水草，是修复河道、湖泊水生态系统的重要一环。

（g）水里养鱼虾。在放养鱼虾时，要注意食草性、食杂性、食肉性之间的搭配。鱼虾在水中自由洄游，在水面泛起阵阵涟漪，使河道、湖泊显得生机蓬勃。

（h）河道曝气。河流受到污染后会缺氧，人工向水体中连续或间歇式充入空气（或纯氧），加速水体复氧过程，以提高水体的溶解氧水平，恢复和增强水体中好氧微生物的活力，使水体中的污染物质得以净化，从而改善河流的水质。河道曝气技术已在英国的泰晤士河，美国的圣克鲁斯港和Homewood运河，韩国的釜山港湾，北京的清河和上海的上澳塘等河流得以应用，效果显著，彻底消除了水体黑臭现象，有效地削减了污染负荷，有助于河道生态系统的恢复。

5.3.2 护岸工程

护岸工程是指为防止河流侧向侵蚀及因河道局部冲刷而造成的坍岸等灾害，使主流路线偏离被冲刷地段的保护工程设施。护岸工程应按河道整治线布置，布置的长度应大于受冲刷或要保护的河岸长度。防护措施通常有：直接加固岸坡，抛石或砌石护岸，在岸坡植树、种草等。按照设计理念，护岸工程可分为传统护岸和生态型护岸。传统的护岸工程以水泥、沥青、混凝土等硬性材料为主要建材，在结构形式上分为直立式、斜坡式或斜坡式与直立式组合的混合形式。护岸断面典型结构示意图如图5-12所示。

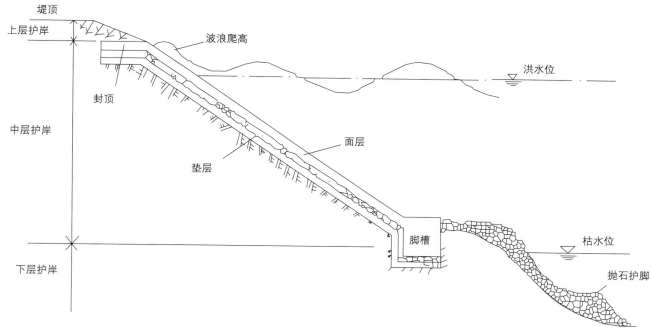

图5-12　护岸断面结构示意图

1）传统护岸工程

传统护岸工程类型有：①斜坡式护岸。斜坡式护岸又可分为坝式护岸（包括堤身、护肩、护面、护脚和护底）和坡式护岸（包括岸坡、护肩、护面、护脚和护底）。②直立式护岸。直立式护岸可采用现浇混凝土、浆砌块石、混凝土方块、石笼、板桩、加筋土岸壁、沉箱、扶壁及混凝土重力挡水墙等结构形式。③混合式护岸。混合式护岸兼容以上两形式特点，一般在墙体较高的情况下采用。

（1）斜坡式护岸。斜坡式护岸又可分为坡式护岸和坝式护岸两种。斜坡式护岸工程多以水泥、砂浆、石料、混凝土等为主要建筑材料。护岸工程以枯水位作为分界线，枯水位以下部分称为护脚工程，常用的护脚工程有抛石及沉排、沉柳石枕或石笼等；枯水位以上部分称为护坡工程，常采用浆砌块石护坡、干砌块石护坡等。其中，护脚工程是重点，必须按照"护脚为先"的原则优先考虑。

①抛石护脚。抛石护脚是在需要防护地段从深泓到岸边均匀地抛一定厚度的块石层，以减弱水流对岸边的冲刷，稳定河势，如图5-13所示。设计抛石护脚时应考虑块石规格、稳定坡度、抛护范围和厚度等几方面问题。采用抛石时，抛石直径一般为40～60cm。抛石的大小，以能经受水流冲击，不被冲走为原则；抛石厚度一般为0.8～1.2m，不宜小于抛石粒径的2倍，水深流急处宜增大，坡度宜缓于1∶1.5。当工程规模较大时，抛石粒径应根据水深、流速、风浪情况，按《堤防工程设计规范》（GB

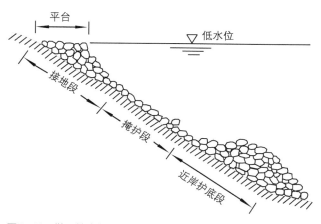

图5-13　抛石护脚断面图

50286—2013）中有关公式确定。水下抛石护脚为隐蔽工程，其工程质量的优劣全部体现在施工过程的控制中，因此，施工时应采用先进科学的管理方法来保证施工质量、提高工程管理效率。施工顺序为：抛前施工测量放样→现场抛投试验→施工区格划分→测量放样→定位船的定位→石料船挂靠→抛投石料→测量条格抛投量→补抛→完工水下断面测量。

沉排护脚可以选用柴排、充砂管袋软体排、土工织物软体排、模袋混凝土沉排、铰链式混凝土板沉排等。采用土工织物的沉排必须设置在多年平均最低水位以下，其他结构的沉排顶部应设置在多年平均最低水位附近。沉排上端与水平台之间抛块石，厚度0.8～1.0m。沉排材料必须有足够的强度。沉排必须与被保护的堤防或滩岸有足够强度的锚固连接。沉排护脚断面示意图如图5-14所示。

柳石枕是在梢料内裹以石块，捆扎成直径为0.8～1.0m的柱状物体，长度可根据需要而定，是一种常用的护岸和护底的基本构件。

石笼是用梢料、木条、竹条或铅丝编成的笼子，内填以石块做成的护坡和护底材料，石笼常做成矩形和圆柱形两种。

②块石护坡。块石护坡分为干砌、浆砌两种，主要由脚槽、坡面、封顶3部分组成。脚槽主要起阻止砌石坡面下滑、稳定坡面的作用；坡面由面层与垫层构成，面层块石大小及厚度应能保证水流和波浪作用下不被冲动，垫层起反滤作用；封顶的作用在于使砌石和岸滩衔接良好，并阻止雨水入侵，防止护坡遭受

破坏。砌石工程应分别自坡脚向坡顶施工，施工顺序为：清基→敷设导滤沟→坡脚脚槽砌筑→枯水平台→接坡石→铺坡面粗砂碎石垫层→砌筑石块或混凝土预制块→砌筑浆砌石封顶→砌筑顶面浆砌石纵向排水沟→石块或混凝土预制块护坡与浆砌封顶部分连接部分砌筑。护坡浆砌石排水沟应与封顶浆砌石连接牢固，过渡平顺、美观。

需要注意的是，浆砌石厚度一般不小于35cm，干砌、浆砌石护坡与土体之间必须设置垫层，垫层宜采用砂、砾石或碎石、石碴和土工织物，砂石垫层厚度应不小于0.1m。同时，浆砌石护坡还须设置排水孔，孔径为50～100mm、孔距可为2～3m，宜呈梅花形布置。此外，浆砌石护坡还须设置变形缝。

③坝式护岸。坝式护岸分为丁坝、顺坝，或丁坝和顺坝结合形式。丁坝是一种坝形建筑物，它的一端与河岸相连接，另一端则伸向河槽，其方向可以与水流正交或斜交，在平面上与河岸形成丁字形，故称为丁坝。丁坝能起到挑流和导流的作用。河道急弯冲刷河段宜采用顺坝护岸。顺坝应布置在急弯凹岸处。可以调整岸滩，加大曲率半径，促使凹岸稳定。顺坝坝头宜做成封闭式或缺口式，并应布置在水流转向点稍上游处；坝根应嵌入河岸中，并应适当考虑上、下游岸边的保护，应布置在水流转折点以下，以利于导引水流，防止凹岸淘刷。顺坝顶纵向坡度应与河道整治线水面比降一致。坝式护岸工程示意图如图5-15所示。

丁坝的种类很多，按丁坝坝轴与水流方向夹角的

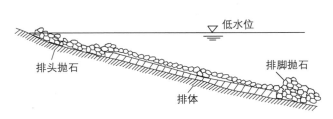

图5-14 沉排护脚断面示意图

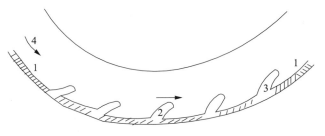

图5-15 坝式护岸工程示意图
1-护坡；2-丁坝；3-人字坝；4-流向

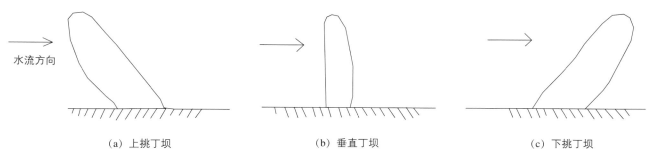

（a）上挑丁坝　　　　　　　（b）垂直丁坝　　　　　　　（c）下挑丁坝

图5-16　丁坝类型示意图

不同，丁坝可分为上挑丁坝、正挑丁坝和下挑丁坝3种，如图5-16所示；按丁坝坝身形式的不同，可分为人字坝、月牙坝、雁翅坝、磨盘坝等几种；按丁坝坝身透水的情况，丁坝又可分为不透水丁坝和透水丁坝两种。

丁坝由坝头、坝身和坝根组成。坝身一般用土料做成，外部用石块、柳石枕等耐冲材料围护；也可用抛石砌成，在比较松软的河床上则先用沉排做底，然后再抛石做成坝身；或用柳石枕、沉排等砌筑而成。为了防止丁坝底部被淘刷，常用沉排、柳石枕、抛石等护底。丁坝组成示意图如图5-17所示。

顺坝坝顶宽度视坝体结构而异。土顺坝坝顶宽度可取2～4.8m，抛石顺坝坝顶宽度可取1.5～3m。坝的外坡，因有强烈水流紧贴流过，为减小水流的破坏作用，坡度应比较平顺，边坡系数可取1.5～2，并沿边用抛石或抛枕加以保护。坝的内坡，一般水流较缓，边坡系数可取1～1.5，坝基如为中细砂河床，还应设置沉排，沉排伸出坝基的宽度，外坡不小于6m，内坡不小于3m。顺坝因作用较小，坝头冲刷坑较小，无需特别加宽加固；但坝头边坡系数应适当加大，一般不小于3，坝根与河岸的连接和丁坝相同。

顺坝在河道整治中，也是常用的一种整治建筑物，它具有束窄河槽、导引水流、调整河岸等作用，常布置在过渡段、分汊河段、急弯及凹岸末端、河口及三角洲等水流不顺和水流分散的地方，如图5-18所示。它与丁坝相比各有优缺点，视具体情况选用。

沉排又名柴排，用上、下两层梢枕做成网格，其间填以捆扎成方形或矩形的梢料，上面再压石块的排状物，其厚度根据需要而定，为0.45～1.0m，长度一般为40～50m，宽度为8～30m。

（2）直立式护岸。直立式护岸有挡土墙、板桩或承台等结构形式。挡墙又分为重力式、悬臂式和扶壁式几种。

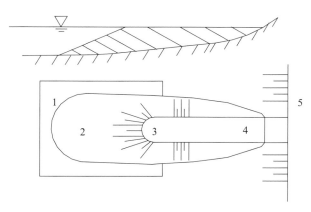

图5-17　丁坝组成示意图
1-沉排；2-坝头；3-坝身；4-坝根；5-河岸

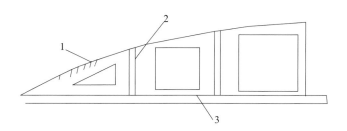

图5-18　顺坝示意图
1-河岸；2-格堤；3-顺堤

（3）重力式挡土墙是依靠本身自重维持自身和构筑物稳定的护岸形式。重力式护岸具有整体性好、占地少、维修方便、施工简单等优点。对于河道狭窄、堤外无滩地，易受水流冲刷、保护对象重要、受地形条件或已建建筑物限制的塌岸河段应采取重力式护岸形式。但重力式护岸对地基要求较高，造价也较高。

重力式护岸墙体的材料可采用钢筋混凝土、混凝土和浆砌石等。重力式护岸常用形式有整体式护岸、空心方块及异形方块式护岸和扶壁式护岸，临水侧可采用直立式、陡坡式，背水侧可采用直立式、斜坡式、折线式、卸载台阶式等，挡板式护岸如图5-19所示。

在较软地基上修建港口、码头，宜采用板桩式及桩基承台式护岸。板桩式及桩基承台式护岸形式，按照有无锚碇可分为无锚板桩和有锚板桩两类。有锚板桩又分为单锚板桩和双锚板桩。

板桩式护岸依靠板桩入土部分的横向土抗力维持其整体稳定性。有锚板桩还依靠安装在板桩上部的锚碇结构支撑。板桩式及桩基承台式护岸形式选择，应根据荷载、地质、岸坡高度以及施工条件等因素，经技术经济比较确定。单锚板桩适用于水深小于10m的城市坡岸，仅设一个锚碇，具有施工方便、结构简单等优点。双锚板桩适用于水深大于10m或软弱地基情况，结构较复杂。无锚板桩受力情况相当于埋在基础上的悬臂梁，一般适用于水深小于10m的情况。

板桩护岸的构造主要由板桩、帽梁、锚碇结构和导梁组成，如图5-20所示。板桩是护岸主要部分，帽梁的作用是将各个板桩连接成整体，导梁是板桩与锚杆间的主要传力构件。锚碇结构通常由锚碇板、锚杆组成。

锚碇结构形式有锚碇板或锚碇墙、锚碇桩或锚碇板桩、锚碇叉桩、斜拉桩锚碇、桩基承台锚碇，有锚板桩的锚碇结构形式应根据锚碇力、地基土性质、施工设备和施工条件等因素确定。锚碇板一般采用预应力或非预应力钢筋混凝土桩，锚碇板桩一般采用钢筋

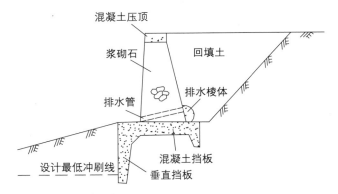

图5-19 挡板式护岸

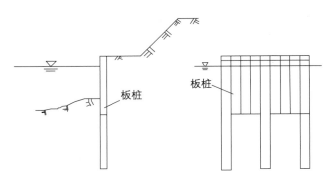

图5-20 板桩护岸示意图

混凝土板桩，锚碇叉桩一般采用钢筋混凝土桩。

板桩墙宜采用预制钢筋混凝土板桩。钢筋混凝土板桩可采用矩形断面，厚度经计算确定，但不宜小于0.15m；宽度由打桩设备和起重设备能力确定，也可采用0.5～1.0m。当护岸较高时，宜采用锚碇式钢筋混凝土板桩。在施工条件允许时，也可采用钢筋混凝土地下连续墙。

板桩墙的入土深度，必须满足板桩墙和护岸整体滑动稳定的要求。护岸整体稳定计算可采用圆弧滑动法。对板桩式护岸，其滑动可不考虑切断板桩和拉杆的情况。对于桩基承台式护岸，当滑弧从桩基中通过时，应考虑截桩力对滑动稳定性的影响。

（4）混合式护岸。混合式护岸兼容以上两种形式特点，一般在墙体较高的情况下采用。

2）生态型护岸

采用植物材料和人工材料，具有透水性和多孔性

特征，能够提供植物生长和鱼类产卵条件的护岸称为生态型护岸。它是以保护、创造生物良好的生存环境和自然景观为前提，在保证护岸具有一定强度、安全性和耐久性的同时，兼顾工程的环境效应和生物效应，以达到一种水体和土体、水体和生物相互涵养，适合生物生长的仿自然状态。生态型护岸除了起着生态保护作用外，与传统的浆砌石结构护岸相比，有结构简单、适应不均匀沉降性能好、施工更简便、成本低等优点，能较好地满足护岸工程的结构和环境要求。生态型护岸作为永久河岸防护工程正成为国内外护岸形式的发展方向。例如，瑞士和德国在20世纪80年代末就提出了捆材护岸、沉排、草格栅、干砌石等生态护岸形式，在大小河流均有较多实践；美国常用的有土壤生物工程护岸技术；日本在河流护岸整治方面效法欧美，并加以改进，有植物、干砌石、石笼、生态混凝土等护岸技术，在河流整治中取得良好效果。目前，我国多采用植被护岸和其他类型护岸相结合的方式，形成了各种不同的生态型护岸，如土工植草固土网垫、土工网复合技术、土工格栅等。

生态型护岸按材料分为三类：①天然材料护岸。包括草和草皮、合成材料加固的草、芦苇、柳树和其他树、木结构、灌木。②垂直护岸。有钢板桩、钢和石棉水泥沟槽板、石笼结构、混凝土和砖以及圬工重力挡土墙、预制混凝土块、加筋土结构、其他低造价结构。③铺砌护岸。包括抛石、砌石、石笼沉排，混凝土中的混凝土块、现浇混凝土板、土工织物沉排、土工织物和土工膜的有草复合结构、面层和格栅、二维结构（织物）。日本生态型的护岸材料概括起来有自然型（植物护岸、干砌护岸、原木石格子护岸）、半自然型（石笼护岸、半干砌石、土工材料护岸）和人工型（生态混凝土、框格砌块护岸、土壤固化剂）等生态护岸类型。日本的河流护岸一般以自然植被、石材和木料为主，构建生态河道。在大型河流的护岸中也采用刚性材料，但同时非常重视其生态性。目前，国内外常用的生态护岸有以下几种。

（1）草皮护坡。在堤坡表面的黏土层上种植草皮进行堤防坡面保护，是保护堤防免受波浪侵蚀的有效方法。在荷兰，大部分堤防的护坡采用草皮护坡，只有当波浪荷载太大、草皮护坡无法提供足够的护坡保护时才用埂块护坡的方法。

堤防草皮护坡的作用，部分是由于植草之间的相互交叠，形成了一种类似于屋顶瓦片的结构，从而在坡面水流通过时，可以保护土颗粒不随水流流失。另外，草皮护坡的一个极其重要的作用是草皮根系的蔓延和根瘤的分枝固定了草根之间的土体，从而防止坡面水土流失。

（2）石笼。石笼护岸具有很好的柔韧性、透水性、耐久性，以及防浪能力好等优点，而且具有较好的生态性。它的结构能进行自身适应性的微调，不会因不均匀沉陷而产生沉陷缝等，整体结构不会遭到破坏。由于石笼的空隙较大，因此能在石笼上覆土或填塞缝隙，以及微生物和各种生物，在漫长岁月的加工下，形成松软且富含营养成分的表土，实现多年生草本植物自然循环的目标。石笼分为以下几类。

①石箱（箱形石笼）。石箱是使填石固定就位的铁丝或聚合物丝的网格式制作物。铁丝笼是由铁丝编织的网格或者焊接而成的结构物。

②石笼格网挡墙。石笼格网挡墙是由厚度为0.5～1.0m的钢丝格网网箱叠砌而成的挡土墙结构，用于代替浆砌石及混凝土成为河流护岸挡墙，也用于陡峭岸坡的保护，同时实现植被绿化、生态环境保护。

③六角网石笼。六角网石笼防护工程由钢丝箱笼加上填充料构成，用作护坡或挡墙工程，具有抗冲性强、结构整体性好、价格低廉以及施工方便等优点。六角网石笼防护工程的防冲系数是一般抛石防护工程防冲系数的两倍，造价一般低于混凝土护坡价格，低于或接近浆砌块石价格，特别是在土质地基较差地段修建防护工程，可以免去地基处理的麻烦。

④石笼格网护垫。石笼格网护垫是厚度为0.15～0.30m的网箱结构,主要用作河道岸坡护坡,既可防止河岸遭水流、风浪侵袭而破坏,又保持了水体与坡下土体间的自然对流变换功能,既实现了生态平衡也保护了堤坡,增添了绿化景观。石笼网垫防护工程中的块石即使产生位移,此时变形后的护垫结构将调整,达到新的平衡,而整体不会遭到破坏,从而有效保护岸坡土壤不遭破坏。

(3)土工模袋混凝土护岸。土工模袋混凝土护岸是由灌入模袋内的混凝土凝固后形成的一种刚性护岸,它可使堤岸免遭水流的直接淘刷。模袋是用高强度化纤长丝机织成的双层模型垫袋,上、下两层之间按一定间距设有固定长度的绳索,用来控制成型后的模袋厚度。可根据工程设计要求,加工成不同厚度、不同规格的模袋。

土工模袋具有透水不透浆的特点,可使充灌进模袋内的混凝土中的多余水分从模袋的孔隙中排走,使混凝土的水灰比显著降低,加快混凝土凝固速度,从而提高混凝土的强度和耐久性。土工模袋混凝土面板具有抗冲能力强、成本低、不需要模板、施工机械化程度高、工期短、能够在各种复杂的地形上铺筑和无须铺设反滤层等特点,可以在水上及水下同时施工,并能大面积一次铺筑成型;由于水下施工时不需要修筑围堰,因此可用于临时抢险。

(4)生态混凝土或水泥生态种植基。日本在1989年研制了能有效抑制水体富营养化的生态混凝土材料。这种材料是一类特种混凝土,其内部具有大量的连通孔,依靠大孔混凝土的物理、化学及生物化学作用,达到净水、反滤护坡、种植等功能。常水位以下采用反滤型高强生态混凝土护坡,常水位以上采用植生型高强生态混凝土护坡。反滤型生态混凝土具有强度高、孔隙率大、孔径小的性能特点,实现了耐久、透水、反滤的护坡功能;植生型生态混凝土同时具有强度高、孔隙率大、孔径合理的植生性能特点,既达到耐久、稳定的护坡目的,又能适应多种植生方式,

满足绿化覆盖率达至95%以上的设计要求。

(5)土工织物软体排。土工织物软体排是以土工织物作为基本材料缝制成的大面积排体,可代替传统的柴排。软体排分单片排和双片排两种。单片排是用土工织物缝接成所需尺寸的排体,一般在排体四周和中间每隔一定间距布置绳网,这样既加大了排体强度,又便于施工。排体上抛填块石、石笼等压重材料或铺设混凝土连锁板。双片排是用土工织物缝制成的袋状体,其中充填透水材料作为压重。土工织物软体排具有良好的柔韧性,适应河床变形的能力强,连续性、整体性及抗冲性能好,造价比传统的柴排低,所以用它完全可以代替传统的柴排。

(6)土工网罩。土工网罩是用高强度的土工合成材料制成的网片,将固脚用的散抛石罩在一起,使散抛石形成一个整体结构,以避免抛石大量流失,提高防冲能力。土工网罩可以避免散抛石大量流失,且具有适应河床变形能力强、施工方便、费用低等特点。

(7)土工网垫草皮护坡。土工网垫草皮护坡是将草的根系固土作用和土工网垫固草防冲作用相结合而形成的一种复合型护坡技术,比一般草皮护坡具有更高的抗冲能力,适用于任何复杂地形,多用于堤坝护坡及排水沟、公路边坡的防护。

土工网垫是一种类似于丝瓜瓢网络的三维结构,由加入炭黑的尼龙丝经过一定的工艺处理,并在接点上相互熔合粘接而成。网垫疏松柔韧,90%的孔隙可以充填土、砾石或其他适宜材料。草的根系与尼龙丝互相交织在一起,形成一层坚韧的表皮,牢固地贴在土壤表层。为了使草皮得到良好生长,草种要选择适宜当地生长的优良品种,一般要求草对土质、环境的适应性要强,并且要耐盐碱、耐寒、耐旱、耐涝、根系发达。土工网垫草皮护坡具有成本低、施工方便、恢复植被、美化环境等优点。黑色土工网垫不仅可以延缓网垫老化,而且还可大量吸收热能,促进植草生长,延长其生长期。

5.3.3　堤防工程

城市堤防有土质堤防和混凝土或块石砌筑的防洪墙，前者断面尺寸较大，占地多，多是历史上修筑的；防洪墙断面尺寸较小、占地少、结构美观，宜建成城市滨水景观带。根据《2013年全国水利发展统计公报》（2014年11月），2013年底全国已建成五级以上江河堤防27.68万km，累计达标堤防17.98万km，堤防达标率为65%，其中一级、二级达标堤防长度为2.95万km，达标率为76.8%。全国已建成江河堤防保护人口5.7亿，保护耕地4300万hm²。堤防在防洪中发挥了举足轻重的作用。

5.3.3.1　类型及堤防级别

（1）土堤通常都采用土石料建造，其类型有均质土堤、斜墙式土堤、心墙式土堤和混合式土堤4种，其中最常采用的是均质土堤，如图5-21所示。

均质土堤是由单一的同一种土料修建的，这种形式的防护堤结构简单，施工方便，如果筑堤地点附近有足够适宜的土料，则常采用这种类型的防护堤。

斜墙式土堤的上游面（迎水面）是用透水性较小的土料填筑，以防堤身渗水，称为防渗斜墙，堤身的

其余部分则用透水性较大的土料（如砂、砂砾石等）填筑。

心墙式土堤的堤身中部是用透水性较小的土料填筑，起到防渗的作用，称为防渗心墙，堤身的其余部分则用透水性较大的土料填筑。

土堤的类型应根据地形、地质条件，筑堤材料的性质、储量和运距，气候条件和施工条件来进行综合分析和比较，初步选择防护堤的形式，拟定断面轮廓，然后进一步分析比较工程量、造价、工期，根据技术上可行、经济上合理的原则，最后选定防护堤的类型。

（2）防洪墙。城市中心市区和工矿区地方狭窄、土地价格高昂，防洪堤由于堤身庞大，占地较多，拆迁费用非常大。因此，城市中心区的堤防工程宜采用防洪墙。防洪墙具有体积小、占地少、拆迁量小、结构坚固、抗冲能力强等优点，因此在城市防洪中被广泛采用。防洪墙应采用钢筋混凝土结构，高度不大时可采用混凝土或浆砌石防洪墙，如图5-22～图5-25所示。

防洪墙的形式基本上可分为3类。

①重力式。通常采用浆砌石或混凝土建造，墙的

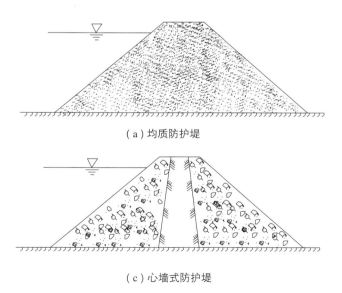

（a）均质防护堤　　（b）斜墙式防护堤

（c）心墙式防护堤　　（d）混合式防护堤

图5-21　防护堤的类型

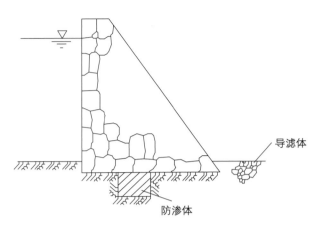

图5-22 浆砌块石防洪墙

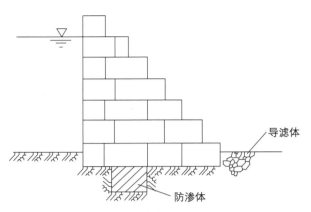

图5-23 浆砌混凝土预制块防洪墙

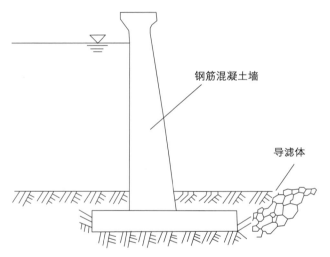

图5-24 钢筋混凝土防洪墙

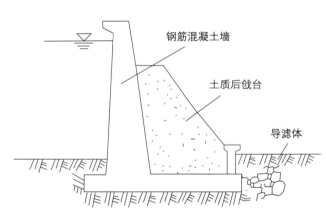

图5-25 有土质后戗台的钢筋混凝土防洪墙

迎水面为竖直面，背水面为倾斜面，但有时为了反射冲击墙面的波浪，也可将迎水面做成曲线形。其适用于墙体较低或地基承载力较高的情况。

②悬臂式。通常采用钢筋混凝土建造，墙的迎水面一般垂直。其适用于墙体相对较高或地基承载力差的情况。

③扶壁式。即在悬臂式的背水面每隔一定距离增设一道扶壁（支墩），以支撑墙面，通常采用钢筋混凝土建造。其适用于墙体较高的情况。例如，南昌市赣江防洪墙，高约10m，采用扶壁式结构，设计标准为百年一遇（$P=1\%$）。

（3）多功能堤防工程。堤防工程可以和交通、旅游等结合起来，充分发挥堤防的综合效益。土堤一般可兼做堤顶道路。堤防工程还可以根据所在位置的环境，与滨江（河）公园结合起来，美化环境，提供娱乐、休闲场所。例如，湖南省常德市处在洞庭湖水系沅江下游左岸，为消除洪水威胁修建了高约6m的钢筋混凝土防洪墙，然后以3km长的防洪墙为载体，修建了一座旨在弘扬中华传统文化、加强爱国主义教育的诗墙，被命名为"中国常德诗墙"，被载入上海吉尼斯世界纪录大全。

防洪墙位于市区，一定要注意与其他市政设施的协调。必要时，可以和园林、娱乐场所和商业建筑等结合起来，可设计为空箱结构，水电管线从空箱中走，顶部设5m宽的景观平台，具有防洪、通行和景观等多重功效。上海市外滩防洪墙也为空箱式结构，净高2.5m，宽1.4m。防洪墙外移使外滩陆域面积增加

近一倍，道路由原来6车道扩建成10车道，极大地改善了交通条件；空箱内还可作为停车场，缓解了这里的停车难问题。

（4）堤防级别及标准。堤防工程的防洪标准应根据防护区内防洪标准较高防护对象的防洪标准确定。堤防工程的级别应符合国家标准《堤防工程设计规范》的规定，如表5-5所示。

堤防工程的级别及防洪标准　　　　　　　　　　　　　　表5-5

堤防工程的级别	1	2	3	4	5
防洪标准［重现期（年）］	≥100	<100，且≥50	<50，且≥30	<30，且≥20	<20，且≥10

遭受洪灾或失事后损失巨大、影响十分严重的地方工程，其级别可适当提高；遭受洪灾或失事后损失及影响较小或使用期限较短的临时堤防工程，其级别可适当降低。提高或降低堤防工程级别时，1级、2级堤防工程应报国务院水行政主管部门批准，3级及以下堤防工程应报流域机构或省级水行政主管部门批准。

5.3.3.2　堤线布置及堤形选择

1. 堤线布置

（1）堤线布置应根据防洪规划，地形、地质条件，河流或海岸线变迁，结合现有及拟建建筑物的位置、施工条件、已有工程状况以及征地拆迁、文物保护、行政区划等因素，经过技术经济比较后综合分析确定。

当防护区内无河流通过，防护对象为城镇、工矿、农田或重要文物时，防护工程的布置有3种方式：①如果防护区位于河岸边，河道行洪断面并不宽阔，此时堤防多沿河岸布置。在堤防内侧坡脚处开挖排水沟渠（堤内边沟），用以汇集和截流地表水，并在排水沟的适当地点修建抽水站，将排水沟渠中的水抽出堤防外，如图5-26（a）所示。②如果河道岸边滩地宽阔平坦，为了使滩地仅在大洪水时才被淹没，而在其他年份洪水不大时仍可加以利用，则可在滩地靠河

道的一侧修筑大的防护堤（防护堤长而低）。此时两层防护堤的内侧均需修建排水沟渠和抽水站，如图5-26（b）所示。③当防护对象比较分散，并不集中在一起，如某些工厂、矿山或企业的位置距城镇较远时，为了缩短堤防的长度，则可采用分片防护的方式。即对城镇和工矿企业分别修建堤防进行防护，如图5-26（c）所示[18]。

当防护区内无河流通过时，防护工程的布置有4种方式：①当通过防护区内的河流不大、流量较小时，可修建防护堤将防护区整片防护，并将通过防护区的河道截断，在防护堤内侧修建排水沟渠，将防护区内的地表水汇集到河沟内，并在河沟末端（即防护堤内坡脚处）设置抽水站，将河水和排水沟渠内的水抽出防护堤外，如图5-27（a）所示。②当通过防护区内的河沟流量不大，可在河沟进入防护区处筑坝，将河沟截断，而在防护区的一侧另外修筑一条人工河道，绕过防护区将河沟中的水排入河道中，沿防护区修建堤防。将防护区整片防护，并在堤防内侧设置排水沟渠和抽水站，将汇集的地面水排出堤防外，如图5-27（b）所示。③当通过防护区内的河沟流量不大时，可修建堤防将防护区整片防护，并将河沟在靠近堤防处改用压力输水管，穿过堤防将河沟中的水排至堤外河道中，如图5-27（c）所示。④当通过防护

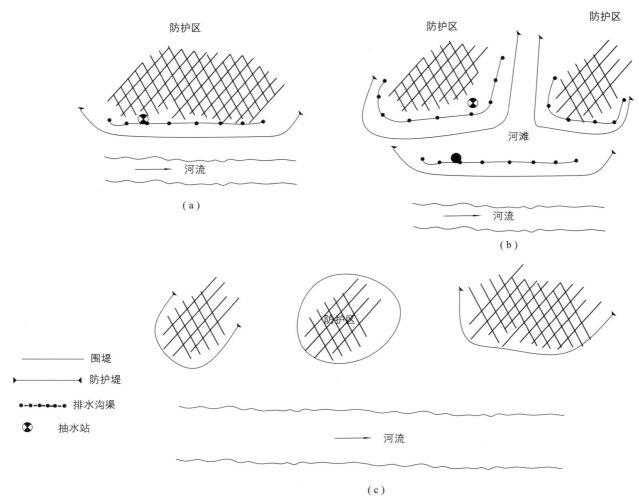

图5-26　防护区内无河流通过时堤防工程的布置

区的河流较大时，则应沿河修建堤防，对防护区进行分片防护。在每个防护片内分别修建排水沟渠和抽水站，将地面水分别抽出堤防外，如图5-27（d）所示。

（2）堤线布置应符合的原则为：①堤线布置应与河势相适应，并宜与大洪水的主流线大致平行；②堤线布置应力求平顺，相邻堤段间应平缓连接，不应采用折线或急弯；③堤线应布置在占压耕地、拆迁房屋少的地带，并宜避开文物遗址，同时应有利于防汛抢险和工程管理；④湖堤、海堤堤线布置宜避开强风或暴潮正面袭击；⑤城市防洪堤的堤线布置应与市政设

施相协调；⑥堤防工程宜利用现有堤防和有利地形，修筑在土质较好、比较稳定的滩岸上，应留有适当宽度的滩地，宜避开软弱地基、深水地带、古河道、强透水地基。

（3）海涂围堤、河口堤防及其他重要堤段的堤线布置，应与地区经济、社会发展规划相协调，并应分析论证对生态环境和社会、经济的影响，必要时应进行模型试验后分析确定。

2. 堤距确定

（1）新建或改建河堤的堤距应根据流域防洪规划分河段确定，上下游、左右岸应统筹兼顾。

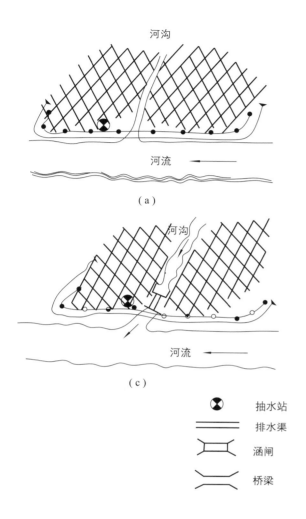

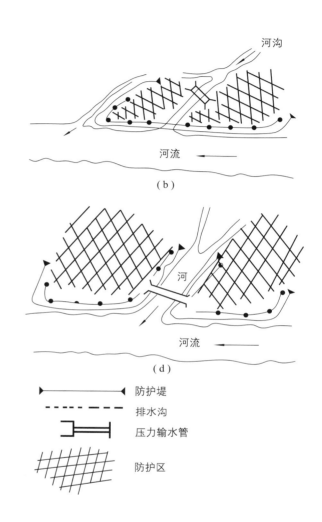

	抽水站			防护堤
	排水渠			排水沟
	涵闸			压力输水管
	桥梁			防护区

图5-27　防护区内有河流通过时堤防工程的布置

（2）河堤堤距应根据河道的地形、地质条件，水文泥沙特性，河床演变特点，冲淤变化规律，经济社会长远发展、生态环境保护要求和不同堤距的技术经济指标，并综合权衡有关自然因素和社会因素后分析确定。

（3）受山嘴、矶头或其他建筑物、构筑物等影响，排洪能力明显小于上、下游的窄河段，应采取清除障碍或展宽堤距的措施。

3．堤型选择

（1）堤防工程的形式应根据堤段所在的地理位置、重要程度、堤址地质、筑堤材料、水流及风浪特性、施工条件、运用和管理要求、环境景观、工程造价等因素，经过技术经济比较后综合确定。

（2）加固、改建、扩建的堤防，应结合原有堤型、筑堤材料等因素选择堤型。

（3）城市防洪堤应结合城市总体规划、市政设施建设、城市景观与亲水性等选择堤型。

（4）相邻堤段采用不同堤型时，堤型变换处应做好连接处理。

5.3.3.3　堤基处理

堤基处理应根据堤防工程级别、堤高、堤基条件和渗流控制要求，选择经济合理的方案。

堤基处理应符合的要求为：渗流控制应保证堤基及背水侧堤脚外土层的渗透稳定；堤基应满足静力稳定要求，按抗震要求设计的堤防还应满足抗震动力稳定要求；竣工后堤基和堤身的总沉降量和不均匀沉降量不应影响堤防的安全和运用。

堤基处理应探明堤基中的暗沟、古河道、塌陷区、动物巢穴、墓坑、窑洞、坑塘、井窖、房基、杂填土等隐患，并应采取处理措施。

1）软弱堤基处理

（1）软弱堤基处理应研究软黏土、湿陷性黄土、易液化土、膨胀土、泥炭土和分散性黏土等软弱堤基的物理力学特性和渗透性，并应分析其对工程可能产生的影响。

（2）堤基中浅埋的薄层软黏土宜挖除。当厚度较大难以挖除或挖除不经济时，可采用铺垫透水材料加速排水和扩散应力、在堤脚外设置压载、打排水井或塑料排水带、放缓堤坡、控制施工加荷速率等方法进行处理。

（3）当软黏土堤基采用铺垫透水材料加速排水固结时，其透水材料可使用砂砾、碎石、土工织物，也可结合使用。在防渗体部位应避免造成渗流通道。

（4）在软黏土堤基上采用连续施工法修筑堤防，当填筑高度达到或超过软土堤基所能承载的高度时，可在堤脚外设置压载。一级压载不满足要求时，可采用两级压载，压载的高度和宽度应由稳定性计算确定。

（5）软黏土堤基可采用排水砂井和塑料排水带等加速固结，排水井应与透水垫层结合使用。在软黏土层下有承压水并危及堤防安全时，应避免排水井穿透软黏土层。

（6）在软黏土地基上筑堤，可采用控制填土速率的方法，填土速率和间歇时间应通过计算、试验或结合类似工程分析确定。

（7）在软黏土地基上修筑重要的堤防，可采用振冲法或搅拌桩等方法加固堤基。

（8）在湿陷性黄土地基上修筑堤防，可采取预先浸水法或表面重锤夯实法处理。在强湿陷性黄土地基上修建较高或重要的堤防，应专门研究处理措施。

（9）对于必须处理的可液化土层，当挖除有困难或挖除不经济时，可采取人工加密的措施处理。对于浅层的可液化土层，可采取表面振动压密等措施处理；对于深层的可液化土层，可采用振冲、强夯、围封、设置砂石桩加强堤基排水等方法处理。

（10）泥炭土无法避开且又不可能挖除时，应根据泥炭土的压缩性采取碎石桩、填石强夯等相应的措施，有条件时应进行室内试验和试验性填筑。

（11）膨胀土堤基，在查清膨胀土性质和分布范围的基础上，必要时应采用挖除、表层防护等方法处理。

（12）分散性黏土堤基，在堤身防渗体以下部分应掺入石灰，石灰掺量应根据土质情况由试验确定，其质量比可采用2%；均质土堤处理深度可采用0.2～0.3m，心墙或斜墙土石堤在防渗体下处理深度可采用1.0～1.2m。在防渗体下游部位可采用满足保护分散性黏土要求的滤层。

2）透水堤基处理

（1）表层透水堤基处理可采用截水槽、铺盖、地下防渗墙及灌浆截渗等方法处理。

（2）浅层透水堤基宜采用黏性土截水槽截渗。截水槽底部应达到相对不透水层，截水槽宜采用与堤身防渗体相同的土料填筑，其压实密度不应小于堤体的同类土料。截水槽的底宽应根据回填土料、下卧的相对不透水层的允许渗透比降及施工条件确定。

（3）透水层较厚且临水侧有稳定滩地的堤基，宜采取铺盖防渗措施。铺盖的长度和断面应通过计算确定。计算时，应计算下卧层及铺盖本身的渗透稳定性。当利用天然弱透水层作为防渗铺盖时，应查明天然弱透水层及下卧透水层的分布、厚度、级配、渗透系数和允许渗透比降等情况，在天然铺盖不足的部位应采取人工铺盖补强措施。缺乏铺盖土料时，可采用土工膜或复合土工膜，在其表面应设保护层及排气排水系统。

（4）需要在砂砾石堤基内进行灌浆截渗时，应通过室内及现场试验确定堤基的可灌性，并应按现行行业标准《水工建筑物水泥灌浆施工技术规范》（SL 62—2014）的有关规定执行。

3）多层堤基处理

（1）对多层堤基，可采取堤防临水侧垂直截渗，堤防背水侧加盖重、减压沟、减压井等处理措施，也可多种措施结合使用。

（2）表层弱透水层较厚的堤基，宜采取盖重处理措施。盖重宜采用透水材料。

（3）表层弱透水层较薄、下卧的透水层基本均匀且厚度足够时，宜采取减压沟处理措施。减压沟可采用明沟，也可采用暗沟。

（4）弱透水层下卧的透水层呈层状沉积、各向异性且强透水层位于地基下部或其间夹有黏土薄层和透镜体时，宜采取减压井处理措施，应根据渗流控制要求和地层情况，结合施工等因素，合理确定井距和井深。

（5）减压沟、减压井宜靠近堤防背水侧坡脚或在盖重末端设置。

4）岩石堤基的防渗处理

（1）当岩石堤基有下列情况之一时，应进行防渗处理：强风化或裂隙发育的岩石，可能使岩石或堤体受到渗透破坏的；因岩溶等原因，渗水量过大，可能危及堤防安全的。

（2）当岩石堤基强烈风化可能使堤基或堤身受到渗透破坏时，防渗体下的岩石裂隙应采用砂浆或混凝土封堵，并应在防渗体下游设置滤层；非防渗体下宜采用滤料覆盖。

（3）对岩溶地区，应在查清岩溶发育情况的基础上，根据当地材料情况，填塞漏水通道。必要时，可加防渗铺盖。

（4）当岩石堤基需设置灌浆帷幕时，可按现行行业标准《水工建筑物水泥灌浆施工技术规范》的有关规定执行。

5）堤基垂直防渗

（1）防渗墙宜布置在堤基中心区或临水侧堤脚附近处，当堤基和堤身均需采取渗控措施时，防渗墙应结合堤身防渗要求布置。

（2）防渗墙可采用悬挂式、半封闭式或封闭式等形式。防渗端的具体形式应在分析渗流控制效果和对地下水环境的影响后综合确定。

（3）防渗墙深度应满足渗透稳定的要求。半封闭式和封闭式防渗墙深入相对不透水层的深度不应小于1.0m。当相对不透水层为基岩时，防渗墙深入相对不透水层的深度不宜小于0.5m。

（4）黏土、水泥土、混凝土、塑性混凝土、自凝灰浆、固化灰浆和土工合成材料等，均可作为防渗墙墙体材料。采用土工合成材料时，其厚度不应小于0.5mm，采用其他材料时，墙体的厚度可按下式计算，并应结合施工要求综合分析确定：

$$D = \Delta H / J_允$$

式中　　D——墙体厚度（m）；

　　　　ΔH——上、下游水头差（m）；

　　　　$J_允$——墙体材料的允许比降。

5.3.3.4　堤身设计

堤身的结构设计应经济实用、就地取材、便于施工和维护，并应满足防汛和管理要求。

堤身设计应依据堤基条件、筑堤材料及运行要求分段进行。堤身各部位的结构与尺寸，应经稳定性计算和技术经济比较后确定。

土堤堤身设计应包括堤身断面布置、填筑标准、堤顶高程、堤顶结构、堤坡与戗台、护坡与坡面排水、防渗与排水设施等。防洪墙设计应包括墙身结构形式、墙顶高程和基础轮廓尺寸及防渗、排水设施等。

通过古河道、堤防决口堵复、海堤港汊堵口等地段的堤身断面,应根据水流、堤基、施工方法及筑堤材料等条件,结合各地的实践经验,经专门研究后确定。

1)筑堤材料与填筑标准

(1)土料、石料及砂砾料等筑堤材料的选择,应符合下列规定:均质土堤的土料宜选用黏粒含量为10%~35%、塑性指数为7~20的黏性土,且不得含植物根茎、砖瓦垃圾等杂质,填筑土料含水率与最优含水率的允许偏差为±3%,铺盖、心墙、斜墙等防渗体宜选用防渗性能好的土,堤后盖重宜选用砂性土;砌墙及护坡的石料应质地坚硬,冻融损失率应小于1%,石料外形应规整,边长比宜小于4。护坡石料粒径应满足抗冲要求,填筑石料最大粒径应满足施工要求;垫层和反滤层的砂砾料宜为连续级配、耐风化、水稳定性好。砂砾料用于反滤时含泥量宜小于10%。

(2)下列土不宜做堤身填筑土料,当需要时,应采取相应的处理措施:淤泥类土、天然含水率不符合要求或黏粒含量过多的黏土,冻土块、杂填土,水稳定性差的膨胀土、分散性土等。

(3)土堤的填筑标准应根据堤防级别、堤身结构、土料特性、自然条件、施工机具及施工方法等因素综合分析确定。

(4)用石渣料做堤身填料时,其固体体积率宜大于76%,相对孔隙率不宜大于24%。

(5)决口堵复、港汊堵口、水中筑堤、软弱堤基上的土堤,设计填筑标准应根据采用的施工方法、土料性质等条件,并结合已建成的类似堤防工程的填筑标准分析确定。

2)堤顶高程

(1)堤顶高程应按设计洪水位或设计高潮位加堤顶超高确定。我国部分堤防超高如表5-6所示。

(2)流冰期易发生冰塞、冰坝的河段,堤顶高程尚应根据历史凌汛水位和风浪情况进行专门分析论证后确定。

我国部分流域堤防超高值表　表5-6

流域	堤名	超高/m
长江	荆江大堤	2.0
	九江大堤	1.5
	武汉防洪堤	2.0
	支流堤	1.0
黄河	下游上段	3.0
	下游中段	2.5
	下游下段	2.1
淮河	淮河干堤	2.0
	一般堤	1.5
	洪泽湖堤	3.0~3.5
海河	干流堤	3.0
	潮白河堤	2.0
松花江	佳木斯城区段	2.0
	乡村堤	1.7
辽河	下游干堤	1.5
	沈阳市区	2.5
鄱阳湖	湖堤	2.0
洞庭湖	重点堤垸	1.0~1.5

(3)当土堤临水侧堤肩设有防浪墙时,防浪墙顶高程计算应与堤顶高程计算相同,但土堤顶面高程应高出设计水位0.5m以上。

(4)土堤应预留沉降量。沉降量可根据堤基地质、堤身土质及填筑密度等因素分析确定,宜取堤高的3%~5%。

(5)区域沉降量较大的地区,可适当增加预留沉降量。

3)土堤堤顶结构

(1)堤顶宽度应根据防汛、管理、施工、构造及其他要求确定。堤顶宽度,1级堤防不宜小于8m,2级堤防不宜小于6m,3级及以下堤防不宜小于3m。我国部分江、河、湖、海堤顶宽度列于表5-7。

（2）回车场、避车道、存料场可在堤顶设计宽度以外设置，其具体布置及尺寸可根据需要确定。

（3）上堤坡道的位置、坡度、顶宽、结构等可根据需要确定。临水侧上堤坡道宜顺水流方向布置。

（4）堤顶路面结构应根据防汛、管理的要求，并结合堤身土质、气象、是否允许越浪等条件进行选择。

（5）堤顶应向一侧或两侧倾斜，坡度宜采用2%～3%。

（6）防浪墙可采用浆砌石、混凝土等结构形式。防浪墙净高不宜超过1.2m，埋置深度应满足稳定和抗冻要求。风浪大的海堤、湖堤的防浪墙临水侧可做成反弧曲面。防浪墙应设置变形缝，并应进行强度和稳定性核算。

5.3.3.5　堤坡与戗台

（1）堤坡应根据堤防级别、堤身结构、堤基、筑堤土质、风浪情况、护坡形式、堤高、施工及运用条件，经稳定性计算确定。1级、2级土堤的堤坡不宜陡于1：3。

（2）戗台应根据堤身稳定性、管理、排水、施工的需要分析确定。堤高超过6m时，背水侧宜设置戗台，戗台的宽度不宜小于1.5m。

（3）风浪大的堤段临水侧宜设置消浪平台，其宽度可为设计浪高的1～2倍，且不宜小于3m。消浪平台应采用浆砌大块石、竖砌条石、混凝土等进行防护。

5.3.3.6　护坡与坡面排水

（1）护坡的结构形式应安全实用、便于施工和维护。对不同堤段或同一坡面的不同部位可选用不同的护坡形式。

（2）临水侧护坡的形式应根据风浪大小、近堤水流、潮流情况，结合堤防级别、堤高、堤身与堤基土质等因素确定。通航河流船行波作用较强烈的堤段应分析船行波的作用和影响。背水侧护坡的形式应根据

我国部分江、河、湖、海堤顶宽度表（单位：m）

表5-7

堤名	堤顶宽度	堤名	堤顶宽度
一、江河堤		海河子牙河堤	6～12
黄河下游干流堤	平工7～9 险工9～11	嫩江吉林段堤	6
黄河下游支流堤	平工4～6 险工6～8	珠江北江堤	7
长江：Ⅰ类	8～12	二、湖堤	
长江：Ⅱ类	6～8	鄱阳湖重点堤	8
长江：Ⅲ类（支流堤）	6	鄱阳湖一般堤	4～8
长江民垸	4～6	洞庭湖重点堤	8～10
淮河淮北大堤	10	洞庭湖一般堤	5～6
淮河城市工矿堤	8～10	微山湖江苏西堤	8
淮河一般堤	6～8	三、海堤	
淮河支流堤	5～8	浙江海堤	3～6
辽河干流堤	6	上海海堤	4～14
辽河支流堤	4.5	苏北海堤	6～8
海河滦河堤	6～8	广东重点海堤	5～7
海河永定河堤	8	广西海堤	2～3

当地的暴雨强度、越浪要求，并结合堤高和土质情况确定。

（3）土堤堤坡宜采用草皮等生态护坡，受水流冲刷或风浪作用强烈的堤段，临水侧坡面可采用砌石、混凝土等护坡形式。

（4）高度低于3m的堤防，其护坡结构尺寸可按已建同类堤防选定。

（5）砌石、混凝土等护坡与土体之间应设置垫层。垫层可采用砂、砾石或碎石、石碴和土工织物，砂石垫层厚度不应小于0.1m。风浪大的堤段的护坡垫层可适当加厚。

（6）浆砌石、混凝土等护坡应设置排水孔，孔

径可为50～100mm，孔距可为2～3m，宜呈梅花形布置。浆砌石、混凝土护坡应设置变形缝。

（7）砌石、混凝土护坡在堤脚、戗台或消浪平台两侧或改变坡度处，均应设置基座，堤脚处基座埋深不宜小于0.5m，护坡与堤顶相交处应牢固封顶，封顶宽度可为0.5～1.0m。

（8）海堤临水侧可采用斜坡式、陡墙式或复合式防护形式，并应根据堤身、堤基、堤前水深、风浪大小以及材料、施工等因素经技术经济比较确定。陡墙式护坡宜采用重力挡土墙结构，其断面尺寸应由稳定性和强度计算确定。砌置深度不宜小于1.0m，墙与土体之间应设置过渡层，过渡层可由砂砾、碎石或石碴填筑，其厚度可为0.5～1.0m。复合式护坡宜结合变坡设置平台，平台的高程应根据消浪要求确定。斜坡式海堤示意图如图5-28所示，复合式海堤示意图如图5-29所示。

（9）风浪强烈的海堤临水侧坡面的防护宜采用混凝土或钢筋混凝土异形块体，异形块体的结构及布置可根据消浪的要求经计算确定。重要堤段应通过试验确定。

（10）高于6m的土堤受雨水冲刷严重时，宜在堤顶、堤坡、堤脚以及堤坡与山坡或其他建筑物结合部设置排水设施。

（11）平行于堤轴线的排水沟可设在戗台内侧或近堤脚处。坡面竖向排水沟可每隔50～100m设置一条，并应与平行于堤轴向的排水沟连通。排水沟可采用混凝土或砌石结构，其尺寸与底坡坡度可由计算或结合已有工程的经验确定。

5.3.3.7 防渗与排水设施

（1）堤身防渗的结构形式应根据渗流计算及技术经济比较合理确定。堤身防渗宜采用均质土堤形式，也可采用心墙、斜墙或其他防渗墙形式。防渗材料可采用黏土、混凝土、沥青混凝土、土工膜等材料。堤身排水可采用深入背水坡脚或贴坡滤层。滤层材料可采用砂、砾料或土工织物等材料。

（2）堤身的防渗体应满足渗透稳定以及施工与构造的要求。

（3）堤身的防渗与排水体的布设应与堤基防渗和

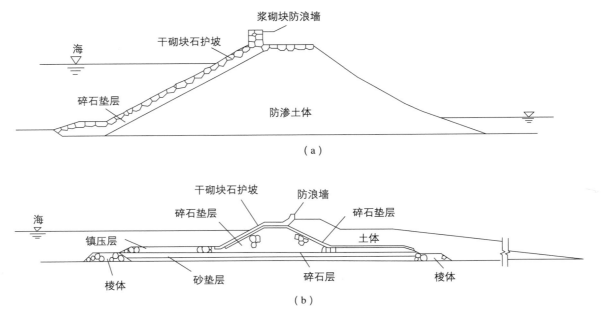

（a）

（b）

图5-28 斜坡式海堤

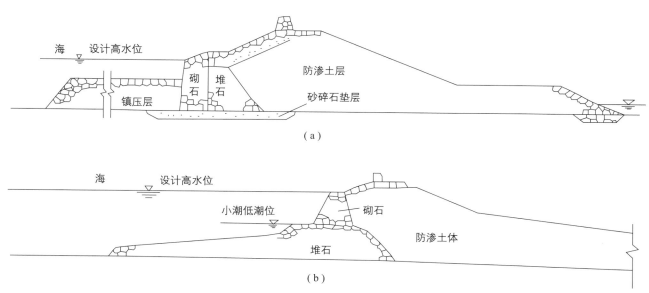

图5-29　复合式海堤

排水设施统筹布置，并应使堤身防渗和堤基防渗紧密结合。

（4）防渗体的顶部应高出设计水位0.5m。

（5）土质防渗体的断面应自上而下逐渐加厚。顶部的水平宽度不宜小于1m，底部厚度不宜小于堤前设计水深的1/4。砂、砾石排水体的厚度或顶宽不宜小于1m。

（6）土质防渗体的顶部和斜墙的临水侧应设置保护层。保护层的厚度不应小于当地冻结深度。

（7）采用土工膜作为堤身防渗材料时，可用斜向或垂直铺塑形式，土工膜与土工织物的使用应符合现行国家标准《土工合成材料应用技术规范》（GB/T 50290—2014）的有关规定。

（8）堤身采用贴坡排水时，排水体的顶部应高出浸润线出逸点0.5～1.0m。

5.3.3.8　防洪墙设计

（1）城市、工矿区等修建土堤受限制的地段，可采用防洪墙。防洪墙宜采用钢筋混凝土结构，当高度不大时，可采用混凝土或浆砌石结构。砌石防洪墙示意图如图5-30所示。

（2）防洪墙可采用重力式、悬臂式、扶臂式、加筋式、空箱式等结构形式，如图5-31～图5-33所示。

（3）防洪墙应进行抗倾、抗滑和地基整体稳定性计算。地基稳定性、承载力、变形不满足要求时，应对地基进行加固或调整防洪墙基础尺寸。地基加固可采取置换、复合地基、桩基等措施，如图5-34所示。

（4）防洪墙应满足强度和抗渗要求。结构强度计算应按现行行业标准《水工混凝土结构设计规范》（SL 191—2008）的有关规定执行。钢筋混凝土、混凝土、浆砌石等材料建筑的防洪墙，其底部的渗流计算可用改进阻力系数法。

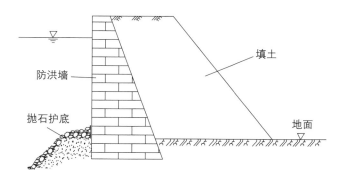

图5-30　砌石防洪墙

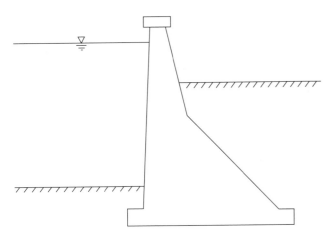

图5-31 重力式防洪墙

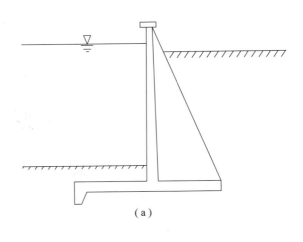

（a）

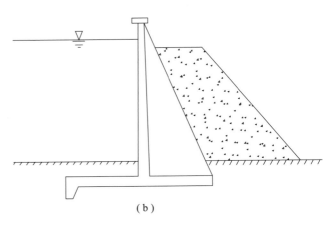

（b）

图5-33 扶臂式防洪墙

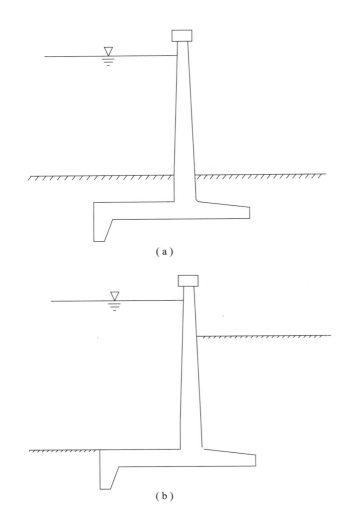

（a）

（b）

图5-32 悬臂式防洪墙

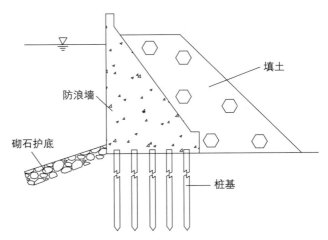

图5-34 桩基式防洪墙

（5）防洪墙基础埋置深度应满足抗冲刷和冻结深度的要求。

（6）防洪墙应设置变形缝，钢筋混凝土墙缝距宜为15～20m，混凝土及浆砌石墙宜为10～15m。地基土质、墙高、外部荷载、墙体断面结构变化处应增设变形缝，变形缝应设止水。

5.3.4　排水工程

城市排水工程由排水管网或排水沟道系统、排水闸站、污水处理厂等构成。

1）城市排水系统

城市排水系统是处理和排除城市污水和雨水的工程设施，通常由排水管道和污水处理厂组成。

（1）城市排水体制。城市排水体制应根据城市总体规划、环境保护要求、当地自然条件（地理位置、地形及气候）和废水受纳体条件，结合城市污水的水质、水量及城市原有排水设施情况，经综合分析比较确定。城市排水体制应分为分流制与合流制两种基本类型。同一座城市的不同地区可采用不同的排水体制。

①合流制排水系统。合流制排水系统是将生活污水、工业废水和雨水混合在一个管渠内排放，通常在靠近容泄区（河、湖、坑塘等）的附近修建一条截流干管，在截流干管的末端设置污水处理厂，同时在污水合流干管的末端设置溢流井，当污水流量较小时，污水从合流干管通过截流干管进入污水处理厂，经处理后排入容泄区；当污水流量较大时，部分污水则从溢流井中溢出，直接排入容泄区。

合流制排水系统的缺点是有部分混合污水未经处理就排入容泄区，对容泄区中的水体造成污染。其优点是排水系统比较简单，目前国内外的一些老城市均为合流制排水系统。其适用于条件特殊的城市，且应采用截流式合流制城市排水系统的类型。

②分流制排水系统。分流制排水系统是将生活污水和工业废水与雨水在两个或两个以上各自独立的排水管渠内进行排放的排水系统。在实行污水、雨水分流制的情况下，污水由排水管道收集，送至污水处理厂处理后，再排入水体或回收利用；雨水径流由排水管道收集后，就近排入水体。排放生活污水、工业废水和城市污水的系统称为污水排水系统，排放雨水的系统则称为雨水排水系统。新建城市、扩建新区、新开发区或旧城改造地区的排水系统应采用分流制。在有条件的城市可采用截流初期雨水的分流制排水系统。

（2）城市排水系统的布置形式。排水系统的布置形式很多，归纳起来有6种基本布置形式，即正交式布置、截流式布置、平行式布置、分散式布置、辐射状分散布置和环绕式布置。排水系统的布置应结合当地的地形、土壤情况、城市规划要求、污水处理厂的位置、容泄区的情况、污水种类等因素，根据具体条件因地制宜综合考虑。

①正交式布置。各排水流域的干管以最短距离沿与水体垂直相交的方向布置的形式，适用于地势向水体倾斜的地区。这种布置形式的干管长度短，管径比较小，污水的排放也比较迅速，是比较经济的一种布置形式，但是由于污水未经处理就直接排放，将会使容泄区的水质遭受污染，影响环境。因此，这种布置方式仅适用于布置雨水排水系统。

②截流式布置。截流式布置是沿低地敷设主干管，并将各干管的污水截流后再送污水处理厂的布置形式。截流式排水布置由于污水经处理后才排入容泄区，因此减轻了对容泄区水体的污染，改善了城市的环境条件，适用于分流制排水系统中生活污水和工业废水的排水系统布置。

③平行式布置。为了避免因干管坡度过大而导致管内流速过大，使管道受到严重冲刷或跌水井过多，使干管与等高线及河道基本上平行，主干管与等高线及河道成一倾斜角敷设的布置形式即为平行式布置，适用于地势向河流方向有较大倾斜的地区。

④分散式布置。分散式布置即分别在地势较高地区和较低地区敷设独立的管道系统，地势较高地区的污水靠重力流直接流入污水处理厂，较低地区的污水用水泵抽至较高地区干管或污水处理厂。

⑤辐射状分散布置。当城市中央部分地势高，且向周围倾斜，四周又有多处排水出路时，各排水流域的干管常采用辐射状分散布置。这种布置具有干管长度短、管径小、管道埋深浅、便于污水排出等优点，但要求水泵站和污水处理厂的数量较多，适用于地势比较平缓的较大城市。

⑥环绕式布置。沿四周布置主干管，将各干管的污水截流送往污水处理厂集中处理的布置形式即为环绕式布置。这种布置可减少污水处理厂的数量和建筑用地，节省污水处理厂的基建投资和运行管理费用。

（3）排水管道与排水沟道。城市雨水或污水的排放可以采用暗管，也可以采用明沟，应根据具体条件选用。

收集沿途居住区和工厂排出的污水与雨水的排水管道内的水流，通常是凭借管道的坡降重力自流。为汇集水流，排水管道一般布设在地势较低处，并尽可能使管道的坡度同地形一致。有时要设置中途排水泵站，将管道内的污水或雨水提升后再自流输送。雨水通常就近分散排入水体。一些地势低洼的城区，雨水不能自流排出，为排除内涝，常需设置雨水泵站，将雨水提升后再排入容泄区。

排水沟道一般分为骨干沟道、支沟等，当排水面积较大或地形较复杂时，排水沟道级数可适当增加。排水沟主要用以排水，有时也起到蓄水和滞水作用。通常采用明沟将涝水自流排入容泄区。但在一些地区，由于汛期外河水位高于排水区内的沟道水位，涝水不能自流排出，需设置泵站抽排。为了节省排水费用和能源，还要尽量利用排水区内的湖泊、洼地滞蓄一部分涝水。

排水管（沟）的断面形式通常有圆形、半椭圆形、马蹄形、方圆形（城门洞形）、蛋形、矩形、倒方圆形、梯形等几种。半椭圆形断面在承受垂直压力和活荷载方面的性能比较好，适用于污水流量变化不大和管渠直径大于2m的情况。马蹄形断面具有较好的水力条件和承受外力条件，但施工比较复杂，适用于流量变化不大的大流量污水排水管道。

污水管道的管径不宜过小（允许的最小管径不小于150mm），直径过小极易堵塞，给养护管理造成困难。污水管道的埋置深度应按《室外排水设计规范》（GB 50014—2006）中规定的要求确定，如在行车道下的管道，管顶的最小覆土厚度一般不小于0.7m。

2）排水闸站

排水泵站也称抽水站、水泵站，是将低处的水抽向高处的一种集中的排水设备。

为了保护防护区免遭洪水淹没，在防护区临河一侧修筑围堤后，防护区原有的排水出路即被隔断，此时防护区内的城镇污水、工业废水、雨水、地下水以及防护区内原有河沟中的水流，均须通过抽水站用水泵排出堤外。

（1）排水泵站。如果防护区的面积较大，地形的起伏不大，地势为单向倾斜，有单一的骨干排水河沟进行排水的地区，宜在排水出口处修建较大的集中抽水站。当防护区内地形起伏较大、地势高低不平、排水出口分散时，宜分散建立较小的抽水站。

如果防护区内有较大的具有调蓄能力的容泄区，且容泄区的地势较低，可使各排水沟自流排水进入容泄区，在容泄区附近集中修建较大的抽水站，将容泄区中的水集中抽出防护堤外；若容泄区的地势较高，则宜在各排水沟的末端分散修建抽水站，将各排水沟中的水抽入容泄区，经容泄区调蓄后，在外河水位较低时再自流排出防护堤外。

抽水站站址选择时，应考虑以下几方面因素：尽可能避免选在防护区比较低洼的地点建站，以便汇集水流；靠近容泄区（湖泊、坑塘、洼地、河沟等）或防护堤附近建站；应选择在地质条件良好、承载力较高的地方建站；应靠近电源，又与居民区和公共建筑物有一定距离（一般应不小于25m）的地方建站；应使抽水站的进水和出水平顺，尽量减小管路长度。

（2）防洪闸。为排除防护区内涝积水或防止外河水位倒灌，往往需要在防护区下游靠近容泄区的低洼地点修建防洪闸或排涝闸。防洪闸可与排水泵站联合修建。若汛期容泄区水位较低，能够自排，则开闸排水；不能自排则利用泵站抽排。滞蓄洪区内的洪水排除，一般需在分洪区下游，距下游河道较近的地方布置泄洪闸，以便在洪峰过后迅速排出。

闸址应根据其功能和运用要求，综合分析地形、地质、水流、泥沙、潮汐、航运、交通、施工和管理等因素，结合城市规划与市政工程布局，经技术经济比较选定。闸址应选择在水流流态平顺，河床、岸坡稳定的河段。泄洪闸、排涝闸宜选在河段顺直或裁弯取直的地点。闸址地基地层应均匀、压缩性小、承载力大、抗渗稳定性好，有地质缺陷、不满足设计要求的地基应进行加固处理。

泄洪闸的轴线宜与河道中心线正交，其上、下游河道的直段长度不宜小于水闸进口处设计水位水面宽度的5倍。排涝闸的中心线与河道中心线的夹角不宜超过60°，下游引河宜短且直。防潮闸闸址宜选在河道入海口处的直线段，其轴线宜与河道水流方向垂直。水流流态、泥沙问题复杂的大型防洪闸闸址选择，应进行水工模型试验验证。

5.4　工程措施的影响效益评价

5.4.1　综合评估指标体系

5.4.1.1　城市防洪系统

城市防洪规划是一个复杂的系统工程问题，要考虑资源的保护、开发和利用，将影响城市的社会、经济和环境。城市防洪系统是一个涉及众多方面的复杂系统，它与社会、经济、环境、洪水风险以及防洪工程易损度等诸多方面都有着密切的关系。

城市防洪系统的综合评价问题不是一个单纯的经济评价问题，而是一个涉及多目标、多准则的综合评价问题。所以，在评价过程中，要针对不同的目标、不同的准则选择科学的、有代表性的指标对城市防洪系统的各方面进行评价。建立城市防洪系统综合评估指标体系的目的就是将城市防洪系统的综合评价定量化和规范化，只有建立一套科学、严密、完整的城市防洪系统综合评估指标体系，才能利用一定的方法、手段对城市防洪系统的现状做出评价，从而找出其存在的问题，校正其进一步发展的方向。因此，建立城市防洪系统综合评估指标体系，是评价城市防洪系统综合效益过程中必不可少的一个重要环节。

评价方案的优劣，要从社会、经济、环境、技术等各个方面加以论证。选择方案既要考虑防洪效益，还要考虑城市供水等综合效益；既要使工程达到防洪要求，还要求方案经济和技术上可行；既要满足当前效益，还要考虑长期影响；既要满足城市本身防洪，还要照顾上下游和流域防洪。

5.4.1.2　防洪工程的综合影响

防洪工程影响是多方面的，它可以减免洪灾损失，具有巨大的经济效益；除此之外，还具有巨大的社会效益、环境效益，可以促进城市经济发展。同时，防洪工程还有一定的不利影响，即负效益。

1）社会效益

城市防洪工程的社会效益可从以下几个方面分析。

（1）避免大量人员伤亡及对其亲友造成的精神痛苦。

（2）避免大量灾民流离失所给社会带来的动荡。

（3）减免大洪水防汛抢险救灾给社会正常生产、生活造成的影响。

（4）减免上下游、左右岸水事矛盾，保障社会安定团结。

（5）避免交通中断对社会、经济发展的影响。

（6）对社会就业的稳定保障作用。

（7）减少贫困人口。

（8）对促进人民安居乐业，发展文化、教育、科学事业，以及推进社会精神文明建设的作用。

（9）对促进社会各行各业均衡发展的作用。

2）环境效益

城市防洪工程的环境效益可以从以下几个方面分析。

（1）减免洪灾，为人们提供稳定生产、生活的环境。

（2）避免洪水泛滥可能产生的瘟疫流行、水质恶化、生存环境恶化的严重灾害。

（3）防洪工程本身对环境的改善效益，包括改善运输环境、调节气候、消灭飞蝗发生地、减免血吸虫病、美化防洪工程所在地的环境、改善生态环境和为发展水域旅游创造条件等方面。

3）促进城市经济发展

防洪工程对促进城市经济发展的作用可以从以下几个方面分析。

（1）提高防洪标准、改善投资环境，加快地区经济发展。

（2）促进地区生产力的合理布局和内部结构的合理调整。

（3）促进新的城镇和经济区的形成和发展。

（4）为促进经济持续发展提供保障。

（5）为当地劳动力就业提供机会。

（6）增加房地产价值。

4）不利影响

防洪工程对城市经济发展的不利影响可以从以下几个方面分析。

（1）防洪水库淹没和其他防洪工程建设占地，对当地农业和城市经济发展与环境容量、质量的影响。

（2）对因水库淹没和建设占地所造成移民的生活水平的影响。

5.4.1.3 综合评价原则

不同防洪措施如堤防、水库、分蓄洪区等，它们的性质不同，同时所在地的社会、经济和环境条件不同，因此综合影响评价的项目和方法应有所不同。选择防洪方案还要考虑方案实施难易以及工程建成后的管理问题。城市防洪综合评价一般应该遵循以下基本原则[19]。

1）单目标与多目标结合原则

城市防洪规划方案评判，要从技术、社会、经济、环境、资源多方面进行多目标的综合评价，最后达到对方案优劣的单目标的转化。

2）定性分析与定量分析结合的原则

防洪效益综合分析应采取定量分析与定性分析相结合的方法。凡是能用货币定量表示的，应尽量用货币表示；不能用货币表示但能用实物指标定量表示的，尽可能用实物指标表示。既不能用货币表示也不能用实物指标定量表示的，则进行定性描述。定性和定量是相对的，定量指标一定程度上存在误差，误差太大，则只具有定性意义。定性指标可以按照其重要程度、影响大小通过分级进行量化。

3）模糊性与精确性结合的原则

城市防洪规划方案评判采用的技术参数要求尽可能精确，但许多指标如社会、环境影响具有模糊性。模糊性与精确性也是相对的，一定条件下可以相互转化。

4）宏观分析与微观分析结合的原则

城市防洪规划方案评判应从国民经济宏观分析出发，与国民经济发展相互一致，但应照顾到各部门、地方的利益。

5）权威决策与专家群体决策结合的原则

技术权威的经验是非常宝贵的，但其局限性也是显然的。不同技术领域、不同部门专家的群体决策可以避免权威的决策片面性。

6）现状分析与预测研究结合的原则

城市防洪工程的方案评判，要考虑到现状条件下防洪要求，但由于城市防洪工程的影响是深远的，因而对其可能造成的影响要进行预测。

5.4.1.4　综合评价系统结构

对于防洪规划方案，单因素指标的评价相对简单，如工程投资等，在其他指标不变时，越低越好；但多因素指标的评价较为复杂，关键是如何对各因素进行综合的问题。防洪规划方案评价具有递阶层次结构特点，按照层次分析方法可以将系统划分为目标层、准则层和方案层（图5-35）。

结合城市防洪特点，城市防洪方案评判的层次结构大致如下。

1）目标层

城市防洪的目标层A，主要是反映城市防洪工程的防洪目标，根据各项指标，综合反映各方案的优劣程度，从中选择最优方案。

2）准则层

B1：对社会发展有利准则，主要反映工程对社会安定和发展的效应。

B2：对经济发展有利准则，主要反映工程对促进国民经济各部门、地区经济发展，保护国家和人民生命财产安全的效应。

B3：对环境有利准则，主要反映工程对生态环境的效应。

B4：便于施工管理准则，主要反映方案实施的难易程度。

由于准则层的指标划分过于笼统，不利于指标评价，所以有必要对准则层进一步细化。

3）子准则层

（1）社会准则层B1。

C1：生命安全。

C2：市政建设。

C3：政治文化。

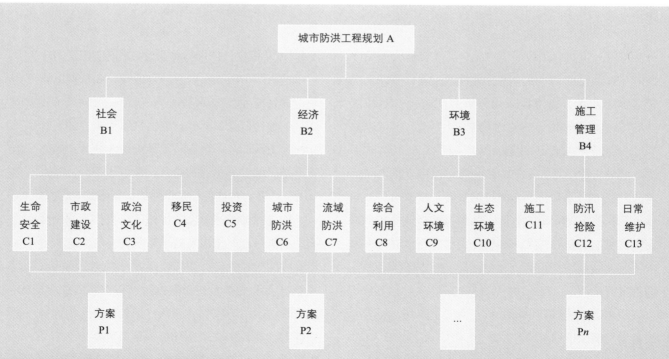

图5-35　城市防洪工程综合评价层次结构

C4：移民。

（2）经济准则层B2。

C5：投资，包括资金、人力、器材、物资等。必要时可以对主体工程、配套工程、移民安置赔偿等分项评价。

C6：城市防洪经济效益。

C7：流域防洪经济效益。

C8：综合利用效益。

（3）环境准则层B3。

C9：城市人文环境。

C10：城市自然环境。

（4）施工管理准则层B4。

C11：施工。

C12：防汛抢险。

C13：日常维护。

4）方案层

方案层由根据城市的具体情况拟定的各个方案组成。分别用P1，P2，P3，…表示。具体城市的防洪问题可以采用许多不同的方案，如可以采用以拦洪为主，也可以采用以蓄洪为主，或拦蓄结合；可以采取分洪措施，也可以采取滞洪措施；可以修建大型集中控制工程，也可以修建小型分散控制工程；可以采用市区整体防洪，也可以采用分片封闭防洪；对拟定的城市防洪标准可以一次提高到设计标准，也可以分期、分批逐步实施。另外，城市防洪工程与市政工程、流域防洪规划方案的协调问题，也可以有不同的解决办法。由此就有不同的防治方案，城市防洪规划设计首先要根据城市的地形、水系、城市条件初步拟定各种可能的规划方案，然后分别对各方案进行工程投资、效益、综合影响、社会经济、技术条件等多方面的分析论证。

各层次之间具有一定联系，为便于评判，层内各因素尽可能保持独立。

各城市的层次结构可以根据其具体情况增加或删减，或者采用不同的层次结构。

5.4.1.5　城市防洪方案综合评价原理

设某城市防洪工程有m个方案供选择，每个方案可以从n个因素加以评价，评价的最终结果和所有评价因素的综合如下。

设第i个方案的综合评价结果指标为a_i，m个方案组成方案的综合评价矩阵（向量）

$$A = (a_1, a_2, a_3, \cdots, a_i, \cdots, a_m)$$

按指标的性质可以选择综合指标最大（小）的方案作为最优方案。

由于综合评价指标是许多单因素指标的综合，难以直接获取，一般综合评价以单因素评价为基础，即通过单因素评价指标的综合进行评价。

设第i个方案相对于第j个因素的优度指标为r_{ij}，则构成了单因素评判指标矩阵R

$$R = (r_{ij})_{m \times n}$$

设每个方案可根据n个因素进行评判，各个因素的重要程度不同，分别用权重w_j表示。构成权重矩阵W

$$W = (w_1, w_2, \cdots, w_j, \cdots, w_n)$$

由此计算综合评价向量

$$A = W \times R$$

5.4.1.6　综合评估指标体系建立的原则和方法

进行城市防洪系统综合评价时，要根据区域复合系统发展特征确立评价指标。指标是反映系统要素或现象的数量概念和具体数值，它包括指标的名称和指标的数值两部分。城市防洪系统综合评估指标体系本质上是区域发展条件的集合，是由若干相互联系、相互补充、具有层次性和结构性的指标组成的有机体系。

构成评估指标体系的指标既有直接从原始数据而来的基本指标，用以反映子系统的特征，又有对基本指标的抽象和总结，用以说明各子系统之间的联系及区域复合系统作为一个整体所具有性质的综合指标，如各种"比"、"率"、"度"、"指数"等。在选择评价指标时，要特别注意选择那些具有重要控制意义，受管理措施直接或间接影响的指标；具有时间和空间动态特征的指标；显示变量间相互关系的指标；显示与外部环境有关的开放系统特征的指标。

1）建立指标体系的基本原则

从广义上说，城市防洪系统综合评价问题涉及的评价指标极其复杂，层次众多，子系统之间既有相互作用，又存在着相互间的输入与输出，因此，要在众多的指标中选择那些最灵敏的、可以度量且内涵丰富的主导性指标作为评价因子，形成城市防洪系统综合评估指标体系。在建立城市防洪系统综合评估指标体系过程中，要遵循以下原则。

（1）完备性。

建立城市防洪系统综合评估指标体系时，首先要遵守完备性原则，即所建立的指标，要能够全面反映城市防洪系统的各个方面的因素。在指标的内容和范围方面既要包括城市防洪工程措施与非工程措施和外部环境的相互联系、相互作用等因素，又要包括城市防洪方案本身的各项特征参数；既要能反映出所有定量表达的指标，又要包含定性描述的指标；既要考虑近期的要求，又要研究长远的影响因素；既要分析直接的影响因素，又要考虑间接的影响因素；既包括局部的影响因素，又包含整体的影响因素。

（2）独立性。

城市防洪系统综合评价包含了多种指标，一些指标所评价的范围具有相互重叠的区域。所选定的指标不应面面俱到地包容各种指标，而应抓住关键性独立指标进行分析和计算。但是指标的相对独立性并不排除其相关性。

（3）灵活性。

洪水灾害具有明显的时空属性，不同时间、不同自然条件、不同的经济社会发展水平、不同的种族和文化背景的城市对城市防洪问题的考虑都具有不同的侧重点和出发点。指标是随城市的差异而变化的。因此，指标体系应具有灵活性，根据各地区的具体情况允许进行相应的调整。

（4）简洁性。

对于所建立的城市防洪系统综合评估指标体系，在满足完备性原则的前提下，应尽可能地减少指标的数量，防止信息重复杂乱，以利于抓住主要矛盾，避免混乱，减少工作量，方便分析计算，为方案评价改进提供方便条件。

（5）可操作性。

对城市防洪系统做出科学的综合评价需要大量数据信息的支持，这些数据的可获得性和可靠性是指标体系可靠性的基础。在建立城市防洪系统规划方案的评估指标体系时，不应脱离资料信息条件的实际，盲目地建立看似全面实则不可行的指标体系。

（6）动态性。

每个城市防洪系统内部不是静止不动的，而是按照一定的方式有序地运动着。这种运动是由诸多矛盾的演化推进的，如确定与随机、协同与制约、递增与递减、更新与毁灭、保护与开发等。城市防洪系统综合评价就是要建立良性循环的运行机制，推进城市防洪系统的进一步完善。运用评估指标体系可以对城市防洪系统中的动态过程进行有效监测和调控。所以，实际操作中要尽可能地选择能够反映防洪系统随时间变化趋势的指标。

（7）可持续性。

可持续性是生态系统正常运转的基本法则，也是社会、经济可持续发展的重要标志，当然也是城市防洪系统规划所要遵循的基本原则。因此，在评价城市防洪系统的综合效益时，不能忽视整个系统的可持续性。要体现出这一点，在选择评价指标时就要选择能体现社会、经济、环境等可持续发展能力的变量作为综合评价的指标。

2）建立指标体系的方法

由于城市防洪系统结构复杂、层次众多，子系统之间既有相互作用，又有相互间的输入和输出，某些元素及某些子系统的改变可能导致整个系统由优到劣或由劣到优的变化。要建立一个具有科学性、完备性及实用性的综合评估指标体系，是一个复杂而又困难的工作。

目前，建立评估指标体系的方法主要有频率统计法、理论分析法和专家咨询法。频率统计法主要是对目前有关可持续发展评价研究的报告、论文进行频率统计，选择那些使用频度较高的指标；理论分析法主要是对城市可持续发展的内涵、特点、基本要素、主要问题进行分析、比较、综合，选择那些重要的发展条件和针对性强的指标；专家咨询法是在初步提出评价指标的基础上，进一步咨询有关专家意见，对指标进行调整。

建立评估指标体系一般要经过两个阶段：初步拟定阶段和筛选确定阶段。具体步骤如下。

（1）初步拟定。

拟定综合评估指标体系时，必须首先对城市防洪系统现状做深入的系统分析。从分析各评价因素的逻辑关系入手，对评价方案做出条理清晰、层次分明的系统分析。从整体最优原则出发，以局部服从整体、宏观与微观相结合、长远与近期相结合，综合多种因素，确定评价方案的总目标。然后，对目标按其构成要素之间的逻辑关系进行分解，形成系统完整的评估指标体系。

（2）指标筛选。

初步拟出评估指标体系后，应进一步征询有关专家意见，对指标体系进行筛选、修改和完善，以最终确定指标体系。筛选指标时，各项原则既要综合考虑，又要区别对待。

一方面，要综合考虑评价指标的完备性、独立性、可操作性等，不能仅由某一原则决定指标的取舍；另一方面，由于各项原则各具特殊性及目前认识上的差距，对各项原则的衡量方法和精度不能强求一致。例如，完备性是相对的，它包含了两层含义：一是指所选指标应尽量全面反映城市发展的各项特征，二是指根据评价目的、评价精度决定指标的数目。如果所考虑的城市范围很大，对评价精度的要求可相应降低，指标数目可相应减少；如果要考虑的城市范围较小，对评价精度的要求可相应提高，指标数目可相应增多。

5.4.1.7 城市防洪系统综合评估指标体系框架

建立城市防洪系统综合评估指标体系时，要考虑社会影响、经济影响、环境影响、洪水风险及易损度等多个方面。

社会、经济是城市防洪系统发展的支撑系统，没有一定的社会、经济基础做后盾，城市防洪系统的建设就无法进行。城市防洪系统的建设是一个取之于民用之于民的过程，在建成一定规模后，必然产生效益回馈社会和经济系统，因此，在城市防洪系统的综合评价中就必然包括社会影响和经济影响评价。

环境影响也是新时期评价水利工程时不容忽视的重要因素，城市防洪系统的建设必须要同环境（自然环境和社会环境）的承载能力相协调，以牺牲环境为代价的城市防洪系统建设是不符合社会可持续发展要求的。

洪水风险以及防洪工程易损度也是在城市防洪系统评价中不可缺少的方面。洪水风险以其固有的属性广泛存在于城市防洪系统中，因此，在评价过程中，就不能不提及风险；防洪工程虽然可以起到安全泄洪、防灾减损的目的，但是它也会因为失事造成极大的损失，所以，在综合评价城市防洪系统时，应该选择一些与洪水风险及工程易损度密切相关的指标，如允许洪灾风险指标、防洪减灾指标、风险转移指标以及综合灾度指标和易损度指标等。

1）社会影响指标

作为国民经济基础产业的城市防洪系统建设，与社会生活领域的发展有着密切关系。城市防洪系统不是孤立存在的，而是存在于整个社会大系统之中。在城市防洪系统综合评价中，城市防洪系统对社会各方面都会产生影响，因此评价城市防洪系统综合效益时，就不能不考虑到城市防洪系统对社会产生的影响。将社会影响指标分为人口指标、人居生活指标、社会稳定与发展指标以及基础设施影响指标4个主题层，具体指标及计算方法或含义如下。

（1）人口指标。

①人口增长率＝［（现状人口－上年人口）/上年人口］×100%。

②人口密度＝总人口数/土地面积。

③人口预期寿命（反映了人口享受的精神生活和物质生活的水平）。

（2）人居生活指标。

①居民消费指数增长率＝［（现状年消费指数－上年消费指数）/上年消费指数］×100%。

②恩格尔系数＝（食品总支出/家庭消费支出总额）×100%。

③疾病传播指数＝（洪水期间医疗单位收治的患病人数/城市总人口）×100%。

④精神创伤程度。精神创伤是指由于洪水灾害的发生，给人们精神上、心理上带来的恐慌、悲痛、不安等影响，致使人们无法正常生活、工作，从而造成无形的损失，属于定性指标，通过社会调查得出。

（3）社会稳定与发展指标。

①人口失业率＝（总失业人口数/劳动力总数）×100%。

②基尼系数 G。基尼系数是比较综合反映收入分配不平等的指标之一，最先由意大利统计学家基尼根据洛伦茨曲线提出。

洛伦茨曲线是反映收入分配比例与人口分布比例之间关系的函数，如图5-36所示。

$$I=I（P）$$

式中　I——收入分配的百分比；

　　　　P——人口分布的百分比。

基尼系数 G＝（OQ 与 OMQ 围成的图形面积）/

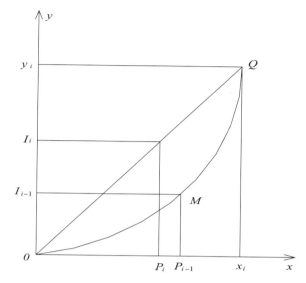

图5-36　洛伦茨曲线

（OQ 与 x 轴围成的面积），基尼系数评价标准如表5-8所示。

③基本生活用水保证率＝（基本饮水可供水总量/基本饮水需求总量）×100%。

④移民安置效果指数。城市防洪系统建设要涉及移民问题，移民安置工作直接影响社会稳定。

⑤城镇化水平增长效果＝（有项目时城镇化水平/无项目时城镇化水平）×100%＝（人均新增收入额/人均原有收入额）×100%。

⑥消费水平增长效果＝（人均新增消费支出/人均原有消费支出）×100%。

（4）基础设施影响指标。

①水、电、气系统影响程度：主要指由于洪水灾害对工业、农业及第三产业的用水、用电、用气所造成的影响。

基尼系数评价标准　表5-8

基尼系数	<0.2	0.2~0.3	1/3	0.3~0.4	0.4~0.5	>0.6
含义	收入高度平均	平均	理论最佳值	相对合理	收入差距较大	收入差距悬殊

②交通系统影响程度：指由于洪水灾害的发生导致的城市公路、铁路、航空及航运等不畅甚至整个交通系统的瘫痪，属于定性指标。

③信息通信系统影响程度：指由洪水灾害对广播、电视、网络等信息通信系统所造成的影响，属于定性指标。

以上3个指标均采用德尔菲法（Delphi method）获得。

2）经济影响指标

城市防洪系统的建设既是以一定的经济基础为依托，又在建成后对经济产生一定的影响。本书所提及的经济影响指标主要包括基本指标、集约化程度指标、产业结构指标3个方面。

（1）基本指标。

①人均GDP＝GDP总值/总人口。

②经济增长率＝（水利工程项目引起的国内生产总值增量/国内生产总值）×100%。

③人均粮食产量＝粮食总产量/总人口。

④霍夫曼比例系数＝（消费资料工业净产值/生产资料工业净产值）×100%＝（轻工业净产值/重工业净产值）×100%。

（2）投入指标。

①防洪工程措施系统建设投入

$$FE = F_1 + F_2 + F_3$$

式中　　FE——防洪工程措施系统建设投入；

F_1——防洪工程建设总投资；

F_2——防洪工程建设的移民总投入；

F_3——由防洪工程建设所带来的其他相关投入（如建设工程占地等）。

②防洪非工程措施系统建设投入。

与防洪工程措施系统相比，防洪非工程措施系统建设的投入是一项长期的过程，因此其投入值的计算没有统一的量化公式，根据以往城市防洪系统建设的资料，城市非工程措施系统建设的投入约为防洪工程措施系统建设投入的1%。

③防洪系统维护投入。

防洪系统维护费依据防洪工程维护费的定义方法，采用防洪系统维护费附加的办法，按缴费单位和个人应纳流转税税额的1.0%计征。

（3）效益指标。

①防洪效益。这里的防洪效益是指防洪工程体系的防洪效益，它的定义为防洪工程体系所产生的减灾值与该体系投入之比。设年减灾值为TLR，投入的年成本与工程的年运行费用之和为ARC，则防洪工程体系的防洪效益BLR计算如下：

$$BLR = TLR/ARC$$

式中　　TLR——无相应防洪工程体系时的年期望损失与该防洪工程建成后的年期望损失之差。

该指标不仅可用于规划现有防洪工程体系的防洪效益，还可用于评价规划工程的总体效益。对于规划的防洪工程体系的总体防洪效益可按以下步骤进行粗估。

第一，费用计算。设规划工程的总投资预算为I，工程正常运行期为n年（通常取30～50年），利率为i（多取7%），工程的年运行管理费为I的1%～2%，则规划工程的年运行费用

$$ARC = I \times \left[i + \frac{i}{(1+i)^n - 1} \right] + (0.01 \sim 0.02) \times I$$

第二，年均灾害损失值（EAD）估算。

第三，年减灾值估算。规划工程的年减灾值上限为EAD。实际上，由于年均洪灾损失中包括涝灾损失（EADL），该部分应从防洪工程的年减灾值中扣除，涝灾年均损失在水灾中所占的比例依流域特点不同而有相当大的差异。

防洪规划中的工程建设，一般是在现有防洪能力的基础上提高一个档次，若从总体20年一遇的标准提高到50年一遇，减轻的灾害损失值估计约为30%；若由50年一遇提高到100年一遇，减轻的损失值大致为40%。假设一流域将总体防洪标准由20年一遇提高到50年一遇，则南方流域减灾值可粗略估算如下：

$$TLR \approx 0.3 \times (AED - AEDL)$$
$$\approx 0.3 \times (AED - 0.7AED)$$
$$\approx 0.09AED$$

通常流域各区域现状防洪标准不一致，如若有10年一遇、20年一遇和50年一遇3个档次，设规划将现状10年、20年和50年一遇标准提高到20年、50年和100年一遇标准的区域的国内生产总值分别为GDP10、GDP20、GDP50，可按GDP加权平均大致估算年减灾均值。

第四，效益估算。

②灌溉效益指数＝项目实施后灌溉用水保证率－项目实施前灌溉用水保证率。

③供水效益指数＝用水量×100%〔（项目实施后可用水量－项目实施前可用水量）/项目实施前可用水量〕×100%。

④水土保持效益指数＝（项目建设后新增草场、林地覆盖面积/辖区总面积）×100%。

⑤促进旅游资源开发效益指数＝（旅游资源效益总量）×100%。

3）环境影响指标

当前水利的发展趋势可以形象直观地说从减灾水利向资源水利、环境水利发展，今后水与人类的和谐、水生态环境平衡和水环境美化分量将加重。环境影响在近几年评价水利工程时，已经越来越多地受到关注。本书选取与城市防洪系统紧密相关的以及能够综合衡量环境发展态势的指标，大体上包括如下两个主题层。

（1）自然环境指标。

①水土流失面积比例＝（水土流失面积/土地总面积）×100%。

②流域水质影响程度指数用Ⅰ、Ⅱ、Ⅲ类水质断面所占整个流域的百分比表示。

③植被破坏程度指数由因项目建设造成的植被覆盖率的变化来表示。

④诱发地质灾害发生程度。诱发地质灾害发生程度是指城市防洪工程建成后可能诱发的山体滑坡、泥石流及地震等地质灾害的程度，属于定性指标。指标值由德尔菲法获得。

⑤水景观及水文化营造程度。水景观和水文化营造程度指在水利工程建设中发挥水资源的人文、生态、环境综合效应水平，反映出水文明建设程度。

（2）社会环境指标。

①文化古迹破坏指数＝（项目建设前后文化古迹减少量/项目建设前文化古迹总数）×100%。

②公众受教育程度指数＝（受初等教育以上人口/城市总人口）×100%。

③大众信息传媒系统建设情况。城市防洪中的大众传媒的作用是指在有险情发生时，通过广播、电视、网络等媒体向公众进行传播。大众信息传媒系统建设情况由传媒力度指数来衡量。传媒力度指数＝（媒体信息传播覆盖面积/整个城市面积）×100%。

④防洪法规及条例的普及程度。防洪法规及条例的普及程度指国家或地方政府颁布的法规或条例在市民中的知晓程度。这主要与宣传和教育程度有关，属于定性指标，可依据社会调查获得数据。

⑤防洪系统建设支持率。防洪系统建设支持率是指在人们对防洪系统建设前期、中期及系统建成后的支持程度、满意程度和信任程度，属于定性指标，通过社会调查获得。

⑥公众参与程度。公众参与程度指人们参加防洪系统建设的程度，包括参加工程措施系统建设和非工程措施系统建设，属于定性指标，通过社会调查获得。

4）洪水风险指标

洪水风险的存在是一个不争的事实，因此在评价城市防洪系统时，也要综合考虑洪水的风险因素。在城市防洪系统综合评价中，以允许风险理论为前提，来衡量城市防洪体系的防洪效果，以实现减少洪水损失、向洪水资源要效益的目的。选取允许洪灾风险指标、洪灾损失指标、防洪减灾指标、风险转移指标和洪水资源化利用指标5个指标主题层。

（1）允许洪灾风险值指标。

①生命损失风险值。

随着社会的发展，新的防洪理念更强调以人为本，注重人的生命安全，而不是单纯以金钱来衡量洪灾损失。在考虑洪水风险时，洪水对公众的生命威胁是一个很重要的问题。

洪灾生命损失风险值的计算如下：

$$RLOL = P \cdot LOL$$

式中　　P——洪灾风险率；

　　　　LOL——生命损失数。

一般而言，洪水灾害造成的生命损失数LOL应该是洪水的物理特征和洪泛区社会特征的函数，即$LOL = f(F, W, L, PO)$，其中，F为洪水风险特征，在很大程度上取决于洪泛区的地理状况和水利工程的失效模式（溃口位置、大小等）。可以通过数值计算的方法，确定淹没区的最大洪水深度、流速、洪水波到达的时间及水深增长速率等。这些指标决定了人们对洪水的承受能力。当水深和流速超过某一允许模糊阈值时，人的生命就会受到较大威胁。W为预警时间，即从接到洪水警报到洪水波对人们造成生命威胁所经历的时间。它主要取决于洪水的预警预报系统和从洪水撤离的条件。预警时间对生命损失数造成很大影响。据国外统计的预警时间与生命损失数的关系表明，以$W = 1.5h$为限值。当$W > 1.5h$时，LOL可以大大减少至极低水平；反之，当$W < 1.5h$时，LOL明显增大，如图5-37所示。L为洪泛区的土地利用情况及洪泛区内建筑物的抗洪性能等。PO为总的风险人口数。在进行洪灾人口损失粗略估算时，可以采用人口空间分布的居民地模拟方法，即利用遥感影像技术识别并勾画出居民地的边界，而后根据所调查地区人口密度计算出每个居民地上的人口。

计算生命损失时多采用经验分析法。

②经济损失风险值。

经济损失由传统的经验分析法确定，即在水文水力学方法确定淹没面积的基础上，根据典型洪水调查

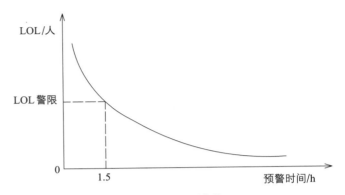

图5-37　洪灾生命损失与预警时间关系曲线

确定的单位面积综合洪水损失指标，以点带面，从而确定整个受灾范围内的综合洪水损失。

（2）洪灾损失指标。

①洪水灾害的年期望损失。

洪水灾害的年期望损失定义为灾害事件发生的概率（频率）与该概率事件所造成损失乘积的积分，是度量洪水灾害风险的主要指标之一。

②水灾宏观损失率。

水灾宏观损失率为一个广义的概念，它是反映水灾风险对国民经济的影响程度或国民经济对洪水风险承受能力的指标。水灾宏观损失率定义为洪水风险区的水灾年期望损失与国内生产总值之比。

由于洪水和内涝灾害特性有所不同，减轻洪水灾害和内涝灾害风险的措施也有很大差异，区分洪灾损失率和涝灾损失率，对于把握不同致灾因素的风险是必要的。

③洪灾损失年增长率。

随着国民经济日益发展、社会财富逐步积累、土地利用价值稳步增值，即使是在发生相同洪水的条件下，洪水造成的损失也呈逐年增加的趋势。通常，用洪灾损失年增长率r的概念来预测洪灾损失增长趋势。

影响洪灾损失年增长率的因素众多，其中起决定作用的是财产总量的增长和财产损失率的增减。财产总量的逐年增长是不争的事实，而财产损失率却可能有增有减。随着防洪标准的提高，损失率大多呈下降

趋势。国内外的研究均表明：小洪水事件的损失量可趋于下降，而大洪水事件的损失量呈上升趋势，但总的趋势是洪水损失量逐年增加，洪灾年增长率趋于下降。

鉴于影响洪灾年增长率的因素很多，且相互关系复杂，目前还没有一套公认的计算方法，在实际应用时都会套用数值1%～5%。

（3）防洪减灾指标。

防洪工程建设的目的是为保护高洪水风险群民众的生命财产安全，保障社会经济的稳定和可持续发展。设某一流域或某一区域的洪水风险区面积内，当防洪工程体系的建设可使某一量级以下的洪水（称为下限洪水）完全控制在河道内时，相应的工程保护率达100%；当洪水超过某一量级工程全面失事时，相应的工程保护率为0；当发生的洪水介于两者之间，工程保护率则介于0～1。在某些极端情况下，如洪水造成水库大坝失事、堤防决口，工程的存在反而有可能使淹没范围大于天然情况，此时相应的工程保护率为负值。

从我国防洪工程体系现状和防洪规划的特点看，其保护程度可以从两方面衡量：一是针对规划防洪对象进行评价，二是按平均情况进行评价。

①规划洪水保护率。规划洪水保护率指在规划的典型洪水发生时，以此为防御对象所规划建设的防洪工程体系减少的淹没面积或保护面积与无此工程体系时的淹没面积之比。我国许多流域的规划防御对象为20世纪曾发生过的最大洪水。

②工程体系平均保护率。工程体系平均保护率定义为有防洪工程体系后的年平均保护面积与无该体系情况下年均淹没面积之比。

③减灾率。

洪水灾害风险通常以年期望损失为代表，因此，减轻洪水风险的程度可通过洪水损失的减少率表示。

减灾率（或风险减少率）是衡量防洪体系防洪减灾效果的指标，具体指某种防洪体系建成后减少的年期望损失与建成前的期望损失之比。

目前，计算洪灾期望损失（洪灾风险）对一些流域或区域而言相对比较困难，因淹地面积通常与灾害损失成正比，作为近似，减灾率可以用面积比表示。

对于保护某一局域的防洪工程，提高标准通常可减少该局域的洪水灾害风险或提高减灾率，但对全局而言，并非总是如此。若工程设置不当，将经济相对不发达地区的洪水风险转移到经济发达地区，而使总体灾害风险或期望损失增加，与未建该工程或未提高该局部防洪标准相比，减灾率有可能是负值。

④救灾费用减少率＝（减少的救灾费用/原有洪水灾害救灾费用）×100%

（4）风险转移指标。

①风险补偿率。

风险补偿率是衡量洪水风险区灾后恢复能力的主要指标之一，指某一流域或区域所获得的年均水灾补偿与水灾期望损失之比。

水灾补偿中包括国家救济、补偿、外界捐款、援助、保险理赔等项目滞洪区运用补偿暂行办法的有关规定，蓄滞洪区运用后，对住房、农作物、专业养殖、经济林、农业生产机械及家庭主要耐用消费品的水毁损失的补偿范围在40%～70%。也就是说，蓄滞洪区运用的洪水风险分担率在40%～70%。

②洪水风险转移率。

对已有防洪体系的改变，如提高某一区域的防洪标准、调整防洪调度方式等，通常伴随着洪水风险的转移。例如，防洪水库的建设减轻了其下游的洪水风险，同时将造成上游更多的淹没，使部分风险转移到上游；兴建堤防保护某一区域，但可能使洪水更多地输送到其下游或影响到对岸；设置蓄滞洪区本身就是主动转移风险。风险的转移从防洪全局上考虑有时是合理的，使整体风险降低；有时可能是不合理的，使整体风险反而扩大。

洪水风险转移率指建设新的防洪工程或改变防洪工程调度方式后被保护区减少的洪水风险与其他地区

因此而增加的洪水风险之比。

当洪水风险转移率大于1时，防洪体系或格局的改变是不合理的；是否合理还需要衡量改变所需的投入，若投入的年成本与可能增加的风险之和大于可能减少的风险，从经济上衡量在改变的当时是不合理的。

（5）洪水资源化指标。

①蓄、滞洪量比例。

这里所说的蓄、滞洪量主要指：在充分论证的基础上，提高水库防洪限制水位，多蓄洪水；利用流域河网的调蓄功能，使洪水在平原区滞留更长时间。

蓄、滞洪量比例系数＝蓄、滞洪量/（总库容＋河道蓄水量）

②洪水利用工程比例。

建设洪水利用工程，引洪水于田间，回灌地下水。洪水利用工程不仅可以减少水土流失，减轻洪水威胁或洪水危害，还可以进一步增加地下水的补给量，以备旱时利用。

洪水利用工程比例系数＝洪水利用工程/城市水利工程总数

③生态用洪量比例。

生态用洪量主要包括：

（a）利用洪水前锋，清洗河道污染物。

（b）恢复部分湿地。在起到改善生态环境、调蓄洪水功效的同时，实现供水、水产养殖和旅游等综合效益。这也是在新时期实现土地利用方式调整平稳过渡的有效途径之一。

生态用洪量比例系数＝生态用洪量/总的来洪量

5）易损度指标

城市防洪系统中的工程防洪措施主要是用来抵御洪水、确保人民生命财产安全的，但是防洪工程一旦失事，其后果不堪设想。因此，在评价城市防洪系统时，也要将城市防洪工程的易损度考虑在内。洪灾易损度分级标准如表5-9所示。

在综合评价模型中，需要确定单因素评价指标和各因素在综合评价中的权重指标。指标确定按各自性质可以采用不同的方法，如标准化方法、专家评判方法、模糊数学方法、序列测度方法等。

5.4.1.8　标准化方法

有些评价因素本身具有定量指标，并表示相应因

洪灾易损度分级标准　　　　　　　　　　　　　　　　　　　表5-9

易损度	分级	承灾体特征	灾情预测
0.0~0.2	极低易损	承灾体类型单一，数量很少，主要以土地资源承灾体为主	以毁坏农田、土地为主，人员伤亡极少
0.2~0.4	低度易损	承灾体类型较少，数量不多，人口密度不大，主要以土地、房屋、村寨承灾体为主	以毁坏农田、村寨和房屋为主，人员伤亡较少
0.4~0.6	中度易损	承灾体有多种，且数量较多，人口密度中等，除土地资源外，还可能涉及城镇、交通设施承灾体	以综合损失为主，有一定的人员伤亡
0.6~0.8	高度易损	承灾体类型多样，数量较多，人口密度大，经济发达，物质财富积累多	以综合损失为主，包括城镇、交通、工矿和土地资源等，人员伤亡较大
0.8~1.0	极度易损	承灾体类型多样，数量众多，人口密度大，人类活动频繁，经济发达，物质财富积累多，基础设施条件好	以城镇泥石流灾害损失为主，兼以其他类型的综合损失，人员伤亡很大

素的优劣性质，如工程投资、经济效益、人员伤亡数、工程占地面积等。这些因素的评价指标可以直接通过无量纲化、归一化等标准化方法获取其优度指标（或劣度、关系密切程度等）。为了便于与其他评价指标综合，一般采用归一化方法。

（1）序列测度方法。

序列测度方法适用于评价对象的各不同评价因素指标具有同等重要性，即相同的权重，这时各对象的评价因素指标组成评价序列。事先根据各评价对象的指标拟定参考对象（一般是最优指标集），各评价对象的优劣程度就可以用相应对象评价因素序列与参考序列的关系密切（相似）程度表示。描述对象关系密切程度的量很多，如数理统计中相关系数等，但由于评价因素一般不会超过10个，相关系数精度差，因此一般采用灰色数学中的灰色关联系数方法。

（2）层次分析比较方法。

指标权重和许多评价指标本身不是定量指标，具有"模糊"或"灰色数"性质。评价中要首先予以量化，可以采用层次分析方法。层次分析方法一般采用两两比较方法，常用的是用1～9表示相对标度。1、3、7、9表示一个因素相对于另一个因素"同样"、"稍微"、"明显"、"极端"重要，2、4、6、8表示相邻中间值。因素i与因素j比较和因素j与因素i比较互为倒数。

5.4.2　城市洪涝灾害防治工程规划方案的优选

5.4.2.1　综合评价方法

在社会经济统计中，当我们用描述事物某一方面的指标分析事物时，实际上是从不同方面分开来认识事物。而要对事物做出总的鉴定或评价，则需要用某些手段或方法把事物的各个方面结合起来作为一个统一体来认识。经过这种分析评价和综合过程，才能对事物有一个全面、客观的认识。系统综合评价方法正是这种综合的工具。

1）评价方法介绍

评价是指"根据确定的目的来测定对象系统的属性，并将这种属性变为客观定量的计值或者主观效用的行为"。评价需要解决的主要问题是分类、排序和整体评价，评价方法主要围绕此类目的展开。评价方法近年来得到了快速发展，其他学科领域的知识逐渐应用到评价工作中，形成了许多新的评价方法，一些现存的评价方法经过大量的实践检验也日趋完善。评价方法的科学性是对事物进行客观评价的基础，因此对评价方法的研究具有广泛的意义。

我们面临的多是复杂系统，对其进行正确评价难度非常大，在评价方法方面有许多理论问题和实践问题亟待解决，因而具有广阔的研究前景。从总体上说，评价方法一般分为基于数学理论的评价方法、基于智能原理的评价方法以及基于多种方法集成的评价方法等。

（1）层次分析法（AHP）。

（2）数据包络分析（DEA）。

（3）主成分分析（PCA）。

（4）模糊综合评判法（FCE）。

（5）TOPSIS评价法。

（6）人工神经网络综合评价法。

（7）灰色关联度分析法。

灰色关联度分析法是针对少数据且不明确的情况，利用既有数据潜在的信息处理，并进行预测或决策的方法。

2）评价方法的选择

城市防洪综合评价体系是由众多社会经济指标、环境生态指标和洪水风险指标等组成的多目标决策系统，其难点是如何确定该系统中各评价准则和各评价指标的权重。因此，基于人工智能原理的人工神经网络法（Articfial Neural Network）和基于传统数学理论的层次分析法（Analytci Hieraerhy Process，AHP）是处理这类综合评价问题的有效途径。前者不仅便于根据已学会的知识和处理问题的经验对复杂问题做出合理的判断决策,而且关键是它不需要人为设定权重,并且通过已训练好的神经模型可以很方便地进行各种风险因素的敏感性分析;后者便于将决策人的思维过程数学化,为选择最优方案提供定量化的标准,帮助决策者保持思维过程的一致性,将各种方案之间的差异数值化,从而为选择最优方案提供易于被人接受的决策依据,因而在系统工程实践中得到了极为广泛的应用。

5.4.2.2 不同优选模型的适用环境

城市防洪规划方案的综合优选是一个涉及政治、社会、经济、环境等多准则、多因素的复杂多目标决策问题。综合分析比较各类指标,从所提供的方案集中优选出最佳方案,对提高城市防洪能力、促进城市可持续发展具有重要意义。目前城市防洪规划方案综合优选的研究焦点问题,仍然是如何科学、客观地将一个多目标问题转换为一个单目标问题。近年来,国内外学者相继提出了模糊层次综合优选模型、灰色综合优选模型和交互式综合优选模型等,这些模型的应用为水利领域方案的优选及具体决策的做出提供了强有力的理论依据,但是上述模型都涉及了各指标的权重和转换问题,使得模型在使用上遇到一定的困难。人工神经网络理论突破了传统数学模型的线性处理方法,具有很强的自学习和非线性映射能力,善于从大量统计资料中分析提取客观统计规律,避免了对权重的处理问题,可使结果更加客观、合理,因此更为适应城市防洪规划方案的研究。

5.4.3 环境影响评价

5.4.3.1 意义和主要内容

1)城市防洪工程环境影响评价的意义

城市是特殊的生态环境。城市防洪工程减免城市洪水灾害损失,为城市创造了安全的生产、生活和建设环境,具有重大的社会效益、经济效益和环境效益。但城市防洪工程建设也会带来一些环境问题,诸

如施工期的大气、水体、噪声污染,占用土地、人口迁移、水文环境不利影响等。城市防洪工程规划设计应把维护和改善城市生态环境作为规划的一项重要目标,使防洪工程在城市的经济、社会与环境各方面得到协调发展。遵照国家和地方有关规范、法规和技术标准,如《中华人民共和国水法》、《中华人民共和国环境保护法》、《中华人民共和国防洪法》、《江河流域规划环境影响评价规范》(SL 45—2006)、《建设项目环境保护管理办法》、《水利水电工程环境影响评价规范》(SDJ 302—88)、《地表水环境质量标准》(GB 3838—2002)、《农田灌溉水质标准》(GB 5084—2005)、《生活饮用水卫生标准》(GB 5749—2006)、《污水综合排放标准》(GB 8978—1996)、《环境空气质量标准》(GB 3095—2012)等进行工程影响环境评价。

2)城市防洪工程环境影响评价的主要内容

城市防洪工程规划的环境影响评价,包括预估、评价工程规划对环境的影响,研究维护和改善环境的对策、措施,完善规划方案。环境影响评价是城市防洪工程规划的一个组成部分,评价工作要贯彻于规划的全工程。

城市防洪工程规划环境影响评价的主要内容有:

(1)调查环境现状,提出主要环境问题,拟定近、远期规划环境目标。

(2)对城市防洪工程规划方案进行环境影响的识别、预估和评价。

(3)研究维护和改善环境的对策、措施,完善规划方案。

(4)编写环境影响篇章和专题报告。

城市防洪工程规划环境影响评价的范围,一般应与城市防洪工程规划范围相一致,重点在于城市保护区范围。对为城市防洪而兴建的上游蓄滞洪等防洪工程,其影响范围已经超过城市防护范围,环境影响评价的范围应是工程影响范围。有些城市防洪工程除了具有城市防洪效益外,还有流域防洪效益,其调查和

评价范围应相应扩大。

城市防洪环境评价要以城市环境规划和江河环境规划为基础，注意与环境规划目标的协调。

规划的环境目标，是指维护和改善城市环境质量的预期目标应针对城市存在的主要环境问题，根据国家环境保护法规，结合技术、经济能力合理拟定。一般应拟定近期和远期两个规划水平年的环境保护目标，并尽可能规定相应的标准和要求。

城市防洪作为一项环境保护工程，其环境目标主要是防治水害、改善生产生活环境、保护人民生命财产安全。除此之外，城市防洪工程与城市洪水、航运结合起来，还要考虑其他目标，如合理开发利用水资源，防止河流、湖泊枯竭及地面沉降，防治土壤盐渍化、沼泽化、沙漠化；改善居民生活用水条件，保障人群健康；保护和改善江河、湖泊、地下水等的水质；合理开发利用土地资源、保护森林、植被，防治水土流失；保护文物古迹以及风景名胜；保护自然保护区以及珍稀、濒危动植物资源。

应根据城市的自然和社会经济条件，提出防灾、减灾和改善居民生产、生活环境的标准与具体要求。要合理开发利用土地资源，对水土流失严重地区，应提出保护自然植被、植树种草、涵养水源、防治水土流失的目标和要求。

3）环境监测站网规划

城市防洪工程的环境影响可能要经过较长的时期才能显示出来。为对防洪工程建设和运行造成的环境影响进行全面了解，掌握和评价环境质量状况以及发展趋势，为管理部门执行环境法规、标准，全面开展环境管理提供数据、资料，必要时需要设置环境监测站，对防洪工程的环境进行经常性监测。

环境监测项目按照防洪工程规模、组成，以及影响的范围和性质安排，一般有水库和河流水质、降水、蒸发、泥沙等。环境监测包括施工期和工程运行期两个时期。工程运行期间的一些环境监测项目可以与水文观测项目结合起来。

5.4.3.2　城市防洪工程的主要环境影响

1）城市防洪工程的有利影响

城市防洪工程减免城市洪水灾害损失，为城市创造了安全的生产、生活和建设环境，具有重大的社会效益、经济效益和环境效益，在一定意义上是一项重大的环境保护工程，其有利影响是显而易见的。在环境方面的有利影响主要表现在以下方面。

（1）保障城区人民生命财产安全。

城市一般是国家和地区的政治、经济、文化中心与交通枢纽，洪水灾害严重，势必影响城市以及周边地区的社会安定和经济发展。搞好城市防洪建设，保障城市人民生命财产安全，将给城市提供良好的发展环境。

洪水灾害不仅给城市带来经济损失，而且各种污、废水随洪水涌入市区将会污染环境；洪水过后，地面积水以及各种漂浮物有利于蚊蝇滋生，传播疾病，威胁灾后人民健康；洪水将大量城市植被淹没，生态环境遭到严重破坏。实施城市防洪工程后，城市生态环境的破坏问题也将随洪水灾害防治而得以解决。

（2）有利于航运和改善水环境。

为防治城市洪水灾害而进行的疏浚河道等措施的实施，不仅降低河道洪水位，而且因淤积严重的航运河道的航运条件也随之改善。河道疏浚后，不仅加大泄洪能力，而且河道断面增大，改善了航运条件。城市河道往往因城市排污等原因，底泥污染严重，河道疏浚清淤等措施既可增加行洪能力，又可改善河道水质。

（3）为有效利用水资源和城市经济发展创造条件。

防洪水库作为一种重要的城市防洪措施，不仅减免了洪水灾害损失，拦蓄的洪水还可以作为城市的优质水源。随着城市发展，需水量增加，城市用水供需矛盾日益突出。城市防洪与城市供水相结合，有利于城市生态环境的良性循环，为城市经济发展创造有利条件。另外，水库水体本身就是城市的重要景观，有利于发展城市旅游业。

2）防洪工程施工期间的不利影响

防洪工程施工期间，施工人员、机械、材料集中于施工现场，对城市大气、声环境和水体造成影响。因此，工程施工期间的环境影响主要是对城市大气、噪声和水体3个方面的影响。

对大气环境影响主要来自工程施工和运输，主要表现为大气中粉尘、TSP、NO_x增加。在施工现场和运输路线相应范围内，污染因子与背景环境值叠加可能会造成大气环境指标的恶化，甚至超出允许标准。

噪声污染主要来自施工机械和运输车辆，主要集中在施工现场及其周边地区和运输道路两旁。

水体环境污染主要来自施工中的泥沙、污泥、施工材料废料，以及生产、生活污水等。施工污染物进入河流，会导致水体质量恶化。河道清淤清出的淤泥处理不当，可能造成二次污染。生活垃圾、施工废料的随意倾倒甚至可能堵塞河道，以及导致疾病蔓延。

施工期间对大气、噪声、水体的不利影响，主要通过加强施工管理、合理安排施工场地布局、对施工废料和淤泥合理处置等措施加以解决。

3）工程建成后对城市环境的影响

城市防洪工程建成后，可能对城市微气候、城市自然景观、市区河流水质和河床等造成不利影响，同时城市防洪工程还要挖压占地，造成移民问题等。

（1）对城市微气候的影响。

城市防洪工程对城市微气候的影响主要来自上游蓄水工程和市区堤防工程影响。城市防洪堤防高出地面太多，可能因挡住了城市的通风口而影响城市的微气候。上游修建蓄洪水库，水面扩大也会影响城市的微气候，但主要集中在城市的上游郊区。

上游蓄水工程一般对库区周边微气候产生的影响主要是气温极差减小、库区湿度和风速增大，但总的来说，这种影响一般不大。影响较大的是水库大坝和市区堤防。当大坝和堤防高出地面较多时，影响空气

流通。另外，通风不畅，对大气污染物质的扩散、稀释不利，会加重城市上空大气污染和酸雨危害。

堤防的这种不利影响，可以通过在堤防的适当地段设置一定数量的通风闸口加以解决，通风闸口河道行洪时关闭，平时打开通风。要对通风闸口的位置、数量、通风效果以及工程投资和运行管理综合考虑，经技术经济评价确定。

堤防工程以其投资少、运行管理方便而广泛应用于城市防洪。但其缺点是因其位于市区，堤防过高则对市区微气候、自然环境造成影响。为了尽量降低城市防洪工程的不利影响，一般是使上游蓄水工程与下游河道堤防工程相结合，降低堤防高度，既保证防洪，又降低了不利影响，这种堤库结合的防洪模式在城市防洪中广泛采用。

（2）对城市自然景观的影响。

城市是人类的杰作，城市内江河、湖泊、花草、林木、房屋、路桥、植被等构成了城市独特的自然景观。城市防洪建筑物的随意插入以及防洪堤对景观的分割，如果建筑物外形、颜色与城市自然环境不协调，则将改变原来的自然景观因素的协调性，影响原来的布局和结构形态。

另外，弯弯曲曲的河流往往是城市的重要景观。由于河道整治，河道的渠化也会使河道丧失原来的美感。

防洪工程建筑物等应与城市景观能够自然地融合起来，形成新的景观，或者尽量降低对原来景观的破坏，一般通过美学措施减轻工程对城市自然景观的破坏。

防洪工程建筑物等应与城市景观有机地融合。为此，必须认真研究原来景观的属性，即景观的物理特征（如地形、地貌、颜色等）、景观的人文特点（如历史因素、格调、功用等）。在此基础上研究工程对景观的影响，并提出防洪工程的插入方案、补救办法和新景观的构成方案。一般城市上游蓄水工程建成后水域稍加开发本身就是旅游景区。市区土堤较难与周

边景观结合，可以采用种植林木、草皮，同时修建人行道和路灯，与市区河道堤防一起形成新景区。石堤或混凝土防洪墙可以与宣传栏等结合。

（3）对河流水质和河势的不利影响。

在城市上游兴建的蓄洪工程，不仅拦蓄了汛期径流，而且为了城市供水、旅游等目的，也拦蓄了枯季径流，使市区河流枯季流量大幅度减小，污水量与径流量对比随之发生变化，导致河流水质恶化。上游蓄水或河道拓宽增大防洪能力，降低了洪水位，水流流速和挟沙能力降低，势必造成河道泥沙淤积，反过来影响防洪。

城市河道等水体具有泄洪、航运、旅游等功能。河流等水体水质恶化和河势变坏直接降低城市水体的功能。

为降低工程对河流河势的影响，一般采取河道经常性清淤、疏浚的办法解决。

为降低工程对城市河道水质的影响，应严格限制污水排放，治理环境污染。除此之外，还可以在上游蓄水工程规划设计时考虑一定的环境用水，稀释河道污染物，缓解污染状况，避免污染加剧。环境用水一般包括：维护和改善江河、湖泊等水域环境的用水；美化环境和旅游用水；河道输沙和河口冲淤、压碱用水；改善下游盐渍地和保护草原、荒漠植被的用水；保护珍稀、濒危动植物和维持鱼类产卵、繁殖的用水；其他环境用水，如航运等。

4）防洪工程对城市土地占用和移民的影响

实施城市防洪工程，需要一定的土地占用、房屋拆迁和移民，安置移民会对城市造成重大的自然环境和社会环境影响。如处置不当，甚至会影响移民的正常生活，以及城市的社会安定和发展。

城市防洪工程难免占地和移民，安置移民是一项难度大、影响深远、政策性很强的工作。因此，在城市防洪工程规划设计时，要注意少占地，同时对移民要做好安排，调整库区的产业结构。市区堤防选型是减少土堤占用的重要措施，一般市区应选择占地少的

混凝土或钢筋混凝土防洪墙。另外，应该将堤防与道路、房屋等结合起来，既发挥防洪墙的综合利用功能，也有利于移民的安排。

5.4.3.3　环境影响评价

环境影响评价应按环境状况调查、环境影响识别、预估和总体评价的步骤进行。

1）环境状况调查

进行环境状况调查，目的在于了解城市防洪规划范围及其影响地区的自然环境和社会状况，为拟定环境规划表，进行环境影响的预估、评价提供依据。环境状况调查是环境影响评价的基础工作，应针对城市防洪工程和工程所在城市特点，结合城市规划和流域防洪规划、江河环境规划有重点地进行，调查内容如下。

（1）自然环境：一般包括气候、水文、泥沙、水质、地貌、地质、土壤等。

（2）社会环境：一般包括人口、土地、工业、农业、人群健康状况、景观、文物、污染源和污染状况以及洪、涝、旱、碱、渍、沙、潮灾害等。

（3）生态环境：水生生物、陆生生物以及珍稀动植物等。

通过对城市防洪工程所在城市的环境状况调查，提出城市存在的主要生态与环境问题。一般包括：

（1）自然条件下存在的问题。

（2）已建防洪工程引起的问题。

（3）城市社会、经济发展带来的问题。

2）环境影响识别、预估和总体评价

环境影响识别，即筛选识别影响要素。环境影响要素，或称环境影响因子，是指由于人类活动改变环境介质（空气、水体或土壤等）而使人类健康、人类福利、环境资源等发生变化的物理、化学或生物等因素[20]。不同的人类活动项目可以有不同的环境影响要素；同一环境影响要素也可以来自不同项目，建设项目的影响可能是有利影响，也可能是不利影响，因此环境影响要素应包括有利和不利影响两个方面。

环境影响评价，首先要根据建设项目性质建立环

境影响要素清单，然后根据对影响性质和程度的预估，筛选出主要影响要素。影响要素清单的建立应全面反映项目的影响，根据项目性质予以增删。

城市防洪规划方案实施后，将对众多的环境要素产生影响，应通过识别筛选，选出主要环境要素作为影响预估的重点。环境影响方案应从自然、社会和生态等多方面进行，包括水体水质、水资源分配、土地利用、河流冲刷、生物、人群健康状况、移民、人文景观、社会安定等。城市防洪项目往往与城市供水、航运、交通等项目相结合，因此应将城市防洪项目分解，分别进行评价。城市防洪工程的影响评价既包括工程项目建成后的影响，也包括工程施工期间的影响；既包括防洪骨干工程，也包括附属工程。

对筛选出的主要环境要素，应预估规划方案实施对其影响的性质和程度。有些影响因素能够定量，如水质等；有些难以定量，如社会安定等。预估应尽可能采用定量分析方法，难以定量的，可定性描述。

城市防洪工程规划方案对环境要素的影响预估结果，应与无规划状况和拟定的规划目标做对比，若规划方案对环境造成不利影响较大，或达不到规划环境目标时，应研究对策和措施，必要时应修改规划方案或调整规划环境目标的标准和要求。环境影响总体评价是从宏观上评价各规划方案对城市环境的影响，分析各规划方案的环境影响差异，为规划方案的比选提供依据。环境影响评价应在环境要素影响预估的基础上进行。

环境影响总体评价的方法应力求简便。环境影响总体评价的结果，应有简明的文字说明、明确的结论。对推荐的近期工程，应阐明其对城市环境的影响，并做出评价。远期规划对城市环境的影响，可只做出趋势性的定性描述。

典型的城市防洪环境影响因素和作用如表5-10所示。对于城市防洪工程影响评价，其影响因素可以从自然环境、生态环境、社会环境等方面进行，对城市防洪的水库、堤防、防洪闸等主要措施，以及航运、农业灌溉、城市供水、施工等方面，分别预估评价各因素的大小。各影响因素的大小一般可以划分为"可能有显著影响"（用S表示）、"可能有影响"（用E表示）和"无影响或影响很小"（用空白表示）3种定性评价指标。各城市的情况不同，因此环境影响因素和作用表应根据各城市和防洪特点做补充修改。

3）环境影响评价篇章

城市防洪工程规划作为江河城市防洪规划和城市规划的一部分，应有环境影响评价篇章，必要时对应编写环境影响评价专题报告。环境影响评价篇章一般应包括以下内容。

（1）环境现状以及存在的主要问题。

（2）城市防洪主要工程措施和近期、远期规划环境目标。

（3）各规划方案的环境影响总体评价和比选内容。

（4）工程对城市环境影响的评价和趋势估计，包括有利影响和不利影响。

（5）工程环境影响监测站网规划。

（6）工程对环境不利影响的对策，以及须进一步研究的环境问题和建议。

城市防洪环境影响相互作用表　　　　　　　　　　　表5-10

影响因素	工程措施	水库	防洪堤	航运	城市供水	面上工程施工
自然	水质					
	水资源分配					

续表

影响因素 工程措施		水库	防洪堤	航运	城市供水	面上工程施工
自然	土地利用					
	地下水					
	森林植被					
	河道冲淤					
	河口冲淤					
生态	陆生生物					
	水生生物					
	珍稀动植物					
社会	移民					
	土地淹没					
	人群健康状况					
	文物古迹					
	景观					
	就业安置					
	经济发展					
	人身安全					
	社会安定					

第6章 城市洪灾防治规划：非工程措施

6.1 非工程措施概述

随着防洪事业的发展，人们逐渐发现，虽然防洪工程的标准逐年提高，但洪灾损失并没有随着防洪工程建设降低，反而有逐年增加的趋势，如美国1900~1939年，洪灾损失大于5000万美元（1966年价格）的洪水平均6年一次；而1940年以后却增加到平均2年一次。在近30年间，洪水损失平均20亿美元，在过去的10年里，洪灾损失已经增加到每年30亿美元。在1988~1992年4年间，美国联邦应急管理局每年为灾后恢复支付高达2亿美元，1993年则高达42亿美元。

20世纪90年代以来，我国的洪水灾害损失也有不断增加的趋势。1990年洪灾直接经济损失239亿元，1991年779亿元，1992年413亿元，1993年达641.74亿元，1994年达1796.6亿元，1998年长江、松花江大水的直接经济损失竟高达2500亿元[20]。

造成洪灾损失增加的一个主要原因是由于城市化和洪泛区财富的过度聚集。例如，在美国，按照美国以前法律，一旦遭受洪灾，均可从联邦政府获得大量救济和补助，并且损失越大，补助越多。开发者没有经济压力和防洪意识，洪灾过后，仍然对洪泛区继续进行不合理开发；从减灾工程中得到利益，吸引了

人、财、物向洪泛区聚集，从而加大了洪灾损失，形成恶性循环。而这单靠防洪工程是无法解决的，必须依靠国家法律、法规，控制洪泛区不合理开发利用和财富的过度聚集等非工程措施加以解决。

自20世纪50年代以来，非工程防洪措施日益得到重视。美国先后制定了《全国洪水保险法》（1968年）、《洪水灾害防御法》（1973年）、《水资源开发法》（1974年）、《灾害救济法》（1974年）、《水土资源规划的原则、标准和方法》（1980年），通过政府对洪泛区的管理，以及开展洪水保险、洪水预报预警等措施，减轻了洪灾损失或降低了洪水灾害对社会发展的不良影响，有效地遏制了洪灾损失迅速增加的势头。美国环境保护专家欧文（Owen）进行的不同组合的防洪措施下的20世纪美国洪灾损失对比预测研究，从中可以看出非工程防洪措施的重要性。

我国近年来除了大规模开展城市防洪工程建设外，同时开始了非工程防洪措施的研究、试点和实施，如要求城市规划中必须进行城市防洪规划。城市建设和开发区建设必须要有防洪措施配套，加强河道的管理，相应法律、法规的颁布实施等。所有这些都对我国城市防洪减灾工作发挥了重要作用。

另外，工程防洪措施虽然具有防洪效益，但也付出了代价，如防洪堤防对城市环境的影响；防洪水库

造价高、淹没大片耕地、破坏自然景观、破坏生态平衡等；河道整治如裁弯取直，将会使美丽的河曲变成丑陋的河沟，河势改变影响过流生态平衡等，相对来说，非工程防洪措施的代价要小得多。

6.1.1 非工程措施与工程措施的比较

防洪工程与非工程措施的目的都是减免洪水灾害损失，但防洪非工程措施与防洪工程措施相比具有不同的方式、作用、性质和特点[21]。

（1）防洪工程措施是通过控制和改变洪水本身，将洪水流量、洪水位等洪水特征降低到安全线以下，以避免或减轻洪水灾害损失；而防洪非工程措施不改变洪水本身特征，而是改变保护区和保护对象本身的特征，减少洪水灾害的破坏程度，或改变、调整洪水灾害的影响方式或范围，将其不利影响降低到最低限度。

（2）防洪工程措施的保护对象是整个保护区，包括大片土地和人口、建筑物及其财产，强调的是总体，而不是个别防护对象；而防洪非工程措施考虑的是保护区内小范围土地、少数人口以及局部的居住区和设施。

（3）防洪工程措施主要着重于现有或拥有的设施和土地的保护，是在人口、财产受到洪水威胁时采取的事后被动保护措施；与防洪工程措施不同，防洪非工程措施主要着重于洪泛区的使用规划，是在洪泛平原的利用、人口和财富聚集有可能造成重大洪灾损失之前，通过避让或提高财产本身抗洪性能而采取的主动措施。

（4）防洪工程措施主要涉及工程建设，是工程技术问题；防洪非工程措施涉及法律、法规、行政等方面，着重于洪泛区的管理问题，有赖于国家、地方、集体和个人之间的合作。

（5）防洪工程措施实际上是一种事后补救措施，制约因素多，难度高，工程量大，一般需要较大的投资；防洪非工程措施因为是主动措施，制约因素少，事前决策灵活，所以一般费用较低。

（6）防洪工程措施的防洪指标明确，如洪水重现期、设计流量、水位、工程投资、防洪效益等；而非工程防洪措施的防洪减灾指标与防洪工程措施不同，指标具有随机性，如风险度、减灾度等。

6.1.2 主要非工程措施的分类

非工程措施是除了工程措施以外的城市防洪的一种重要措施。20世纪40年代芝加哥大学怀特博士提出"防洪规划的地形力法"对防洪非工程措施进行了最早探索，1966年美国众议院465号文件第一次正式提出和使用"非工程措施"，作为减少洪灾损失的综合措施。

防洪减灾的非工程措施主要有洪泛区管理；建立洪水预报预警系统，拟定居民的应急撤离计划和对策；制订超标准洪水的紧急措施方案，实行防洪保险，建立防洪基金和救灾组织；防洪减灾法制建设，防洪宣传教育等。

6.2 洪泛区土地管理

6.2.1 洪泛区土地管理的必要性

城市洪水灾害损失的增加趋势与洪泛平原的开发利用有着密切关系。在洪泛平原开发利用之前，当然无所谓洪水灾害损失。随着洪泛平原开始有人居住，也就开始有了洪水灾害问题，并且开始筑堤防洪。筑堤防洪带来的效益使得人们过分相信防洪工程提供的安全，吸引越来越多的人在洪泛平原定居，并加速了城市化进程。洪泛平原土地价值越来越高，人口和财富越来越向洪泛平原聚集，土地就越紧张，甚至侵占河道；河道过水断面越来越小，洪水位有逐年抬高的趋势。当遭遇稀遇大洪水的情况下，势必给洪泛平原的城市造成巨大的洪水灾害损失。

洪泛区、防洪区等不仅是一个单纯的技术概念，因为涉及防洪、土地利用、赔偿等活动，所以需要从法律角度加以规定。《中华人民共和国防洪法》规定，防洪区是指洪水泛滥可能淹及的地区，分为洪泛区、蓄滞洪区和防洪保护区。洪泛区是指尚无工程设施保护的洪水泛滥所及的地区。蓄滞洪区是指包括分洪口在内的河堤背水面以外临时储存洪水的低洼地区及湖泊等。防洪保护区是指在防洪标准内受防洪工程设施保护的地区。洪泛区、蓄滞洪区和防洪保护区的范围，在防洪规划或者防御洪水方案中划定，并报请省

级以上人民政府按照国务院规定的权限批准后予以公告。防洪区涉及国家、集体和个人的利益，在界定时要认真研究。事实上，有些河道的两岸洼地或一些湖泊水面线之间有一些低矮的堤防。因这些低矮堤防的保护，中小洪水时不行洪，大洪水时则进洪，辅助防洪，这些范围的土地应属于洪泛区的范畴。

洪泛区土地管理，就是通过颁布法令条例等方式限制洪泛区新的开发和土地买卖，防止侵占泄洪区等，使洪泛区土地得到合理利用，从而减免洪水灾害。洪泛区土地管理，一方面对现状土地利用进行调整，另一方面规划未来土地利用。

因此，对洪泛平原的土地进行管理，限制土地的不合理利用，对于降低洪水灾害损失具有重要意义。洪泛区开展和洪水灾害关系如图6-1所示。

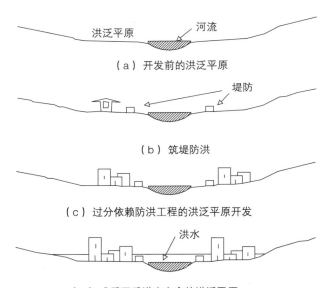

图6-1 洪泛区开展和洪水灾害关系

6.2.2 洪泛区的分区管理

按照洪水水文和危害特征，对洪泛区进行分区，从各分区内建筑物高度、结构、人口密度、土地利用等方面实行不同的管理。洪泛区分区依据是洪水特征、洪泛区地形特征。美国等西方国家一般将洪泛区

划分为两种分区：行洪区和行洪边缘区。

行洪区是指天然河道及其两岸，是洪水的主要通道。行洪区应能宣泄设计洪水而不抬高上游水位。除特别许可外，行洪区不允许建设妨碍防洪的任何设施；特别许可的一般只限于游览娱乐场所、交通通道等。

行洪边缘区是指遇设计洪水时，行洪区外淹没的洪泛区土地。行洪边缘区土地允许一定的限制性开发，合理规划，并对建筑物高度、用途等加以控制。

我国大多依据洪水出现规律、洪泛区内的土地位置、对行洪的作用及实际洪水运用情况对洪泛区内土地进行不同的限制开发，一般按行洪的频率标准分类限制。例如，淮河流域，把行洪区划分为经常行洪区和稀遇行洪区。经常行洪区为低标准行洪区，行洪标准低于5年一遇，每2~3年即要行洪；稀遇行洪区的行洪标准高于5年一遇。

《重庆市城市总体规划（1996—2020）》中规定，"以原始地形为准，将10年一遇洪水位以下的河床定为主行洪区。在主行洪区内严禁修建一切碍洪阻洪的建筑物，必要的工程构筑物的修建应先做模型试验，经论证报批后方能动工。10年一遇洪水位以上和20年一遇洪水位以下的用地为限制使用区，限制使用区内严禁修建影响行洪的建筑物，此区域内的建（构）筑物必须具有防御洪水的功能（防淹、防冲、能过水、有拆离通道……）。"该规划的防洪措施的实施，不仅行洪河道畅通，避免因水位壅高增大淹没面积，而且通过限制相应范围土地利用，减免淹没面积上的洪灾损失[22]。

6.2.3 洪泛区建筑管理

保护城市免受洪水破坏的重点是保护城市的各种公用和民用建筑物，主要是公共设施、厂房、仓库、居民住宅等，这些设施一旦破坏，影响极大，恢复重建难度大、费用高。因此，根据洪泛区土地

的洪水危险程度，对洪泛区内建筑物提出防洪要求具有重要意义。

西方一些国家的泛洪区内建筑物一般采用锚固措施防止漂离；建筑物设计最低标高根据洪水可能淹没深度确定，建筑物结构需要满足承受洪水压力和水流冲撞的要求等。

我国淮河、长江等流域各城市常见的是筑庄台，其次是建保庄圩，有些地方的房屋采用钢筋混凝土框架结构的避水楼等。这些防洪措施因各地习惯、地形等不同而有所差异，但都可以减免洪水灾害损失。

洪水灾害防治是整个社会的责任，洪泛区的管理需要政府来实施。例如，将洪泛区临河土地公有化，由政府安排露天开发，可以减轻洪灾损失。洪泛区土地管理费等于制定和执行条例的费用，加上社区被迫重新安排其他开发方式所造成的净经济损失。

我国政府和各城市政府大多对涉及所在城市防洪的河道、可能淹没土地的使用制定了相应的管理法规、办法，对减免洪灾损失起到了一定作用，今后应集中加强这些法律、法规的实施力度。

6.3 洪水保险

6.3.1 洪水保险的作用

洪水保险，与其他自然灾害保险一样，作为社会保险具有社会互助救济性质。财产所有者每年交付一定保险费对财产进行投保，遭遇洪水灾害时可以得到一定的赔偿。

洪水保险作为防洪非工程措施，与其他非工程措施不同的是它本身并不能降低洪灾损失。但是通过洪灾损失的共同分担，减轻受灾者的损失负担，减少社会震荡，因而具有社会效益；另外，受灾者得到补偿后可以很快恢复生产，促进经济发展，因而也具有经济效益。

洪水保险是抗洪救灾的主要对策之一。我国洪水灾害频率高、范围广、灾情重,而目前我国的防洪工程标准还很低,因而实施洪水保险作为非工程措施对我国具有特殊意义。

1991年华东大水,江苏省扬州市有80多家受保企业、1000多户受保家庭遭受洪灾损失。扬州市保险公司在最短时间内,核定了46家企业并及时发放赔付款1200万元,帮助企业生产自救;常州市龙头企业——常州市柴油机厂,灾后因缺乏资金,不能及时排涝恢复生产,后利用扬州市保险公司赔款购置排涝设备和急需的生产资料,一周内即全面恢复生产。

6.3.2 洪水保险模式

洪水保险作为特殊险种,涉及面广,影响因素多,难度大。各个国家有不同的情况,保险模式也不一样。但总的来说,洪水保险逐渐由自愿保险向强制保险转变,由通用型向特殊型转变,由补偿型向集资和基金型转变;并且由于洪水保险的风险极大,保险公司还要进行再保险,这是洪水保险的趋势。

我国开展洪水保险十几年来、先后进行了1981年四川洪水、1982年武汉洪水、1983年陕西安康洪水,1985年、1986年辽河洪水等多起理赔活动,初步显示了洪水保险的优越性。中国人民保险公司进行了许多试点,大致分为4种模式,即通用型保险、定向型洪水保险、集资型洪水保险、强制性全国洪水保险。

通用型保险。即现在保险公司实行的各种企业、家庭财产、货物运输以及农村生产等保险中包括的洪水保险业务。其内容和特征为:①将洪水灾害与其他自然灾害一样对待;②自愿保险;③只承担纯自然灾害情况下的理赔,而对行洪区的运用带来的灾害不予以考虑;④理赔经费全部依靠投保费。投保人和保险人在这种模式中的负担过重,影响洪水保险事业的发展,因而不宜采用。

定向型洪水保险。1984~1986年在淮河干流的颍上县南润段试点的"漫堤行洪保险"就是这种模式。其主要内容和特征为:①特定范围的保户,即长期居住该行洪区的群众;②保户和国家分摊保险费,即群众分摊30%,余下的由国家和省财政分摊,并向保险人一次付清;③限定条件,即堤围高度超过设计高度部分必须铲除,保证行洪安全。但这种模式的堤防超设计高度部分的铲除问题实施难度较大。

集资型洪水保险。1988年在淮河干流大范围内试点,包括淮北大堤堤圈,蚌埠市、淮南市等城市和县城,淮南煤炭、电力基地等工矿企业。在模式B的基础上:①投保户增加了洪泛区保护范围内收益方;②建立有效的防洪保险基金会组织,把损失、收益两个方面联系起来,当成洪水保险的统一体;③保险人可以是受委托的中国人民保险公司,也可以是基金会自行承保,这是由各级政府负责征收和管理的防洪基金的办法。

强制性全国洪水保险。这种模式是最符合我同洪水灾害特点的理想模式。①将洪水保险作为独立险种,由国家颁布洪水保险法,实行全国性洪水保险;②确定统一的洪水保险率标准,明确洪泛区,由国家统一推行;③建立洪水保险基金;④制定洪泛区统一开发规划和管理;⑤建立洪水保险管理机构。

我国是洪水灾害频繁的国家,长期以来,我国的防洪经费主要由国家财政承担,洪水灾害补偿也由国家财政储备支付,这使得一方面国家财政负担沉重,另一方面也妨碍人们防洪意识的建立,导致不合理的规划和经济发展,从而制约了地方经济的可持续发展。

近年来,基于对防洪保险意义的认识,吸收国外洪水保险经验,并结合我国国情,我国各地进行了开展洪水保险、筹措防洪经费的工作,如江苏省自1991年起开始征收"防洪保安资金",由各级财政部门负责管理,实行统一规划,分级筹集、分级配套,集中使用。防洪保安资金主要用于治理淮河、太湖和开挖通榆河、泰州引江河等水利重点工程建设,设区的市可在本级征收的防洪保安资金中安排不超过30%的资金用于城市防洪工程建设和维修。

6.3.3　洪泛区洪水风险图

洪水保险应以洪水风险图为依据，洪水威胁大的土地使用者应承担较高洪水保险费用，因而应给予较高保险率。

洪灾损失不仅与淹没范围有关，而且与洪水演进路线、到达时间、淹没水深及流速大小等有关。洪水风险图就是对可能发生的超标准洪水的上述过程特征进行预测，标识洪泛区内各处受洪水灾害的危险程度。根据洪水风险图并结合洪泛区内社会、经济发展状况，可以做到：①合理制定洪泛区的土地利用规划，避免在风险大的区域出现人口与资产的过度集中；②合理制订防洪指挥方案，避免临危出乱；③合理确定需要避难的对象，避难的目的地及路线；④合理评价各项防洪措施的经济效益；⑤合理确定不同风险区域的不同防护标准；⑥合理估计洪灾损失，为防洪保险提供依据。

编制洪水风险图的方法有三种：

（1）历史洪水调查方法。主要靠查阅文献史料，走访当事人与现场洪痕查访。

（2）洪水演进的水力学模型试验方法。水力学模型可以得出较直观的结果，但受模型率及投资、周期等条件限制，不可能大面积推广。

（3）利用计算机对洪泛区洪水过程进行数值模拟，随着大容量计算机的发展与普及，对洪泛区洪水的数值模拟及预报技术取得了迅速进展，其方法是将地形高程，城镇分布，河道、堤防、公路、铁路、桥梁等各种阻水建筑物的位置、走向等自然地理信息与降雨洪水等水文信息输入计算机，模拟洪水在洪泛区的演进及堤坝溃决等情况。目前，我国科技工作者已成功地将自行开发的二维不恒定流洪水演进数值模型应用于永定河洪泛区、小清河洪泛区，辽河流域、黄

河北金堤分滞洪区以及沈阳市等地的洪水风险图编制工作。这一技术正在更大范围内推广普及。

我国洪水保险工作起步较晚，而西方特别是美国、德国等发达国家从事洪水保险的历史要长得多，研究成果丰富，因此学习西方先进洪水保险经验，逐步探索符合我国国情的洪水保险模式具有重要意义。

在此以黄河东平湖分洪区洪水风险图为例。东平湖分洪区位于山东省梁山县、东平县、平阴县境内，原是黄河与汶河下游冲积平原相接地带的洼地。汛期黄河洪水自然倒灌入湖，汛后水落，湖水又回归黄河。自1958年大洪水以来，先后修建了林辛、十里堡石洼、司垓等进、出湖闸，现已扩建成为防洪运用的分洪区。整个东平湖由贯穿的二级湖堤分隔为新、老两湖区。分洪区总面积为638km^2，原设计水位46.000m，总库容39亿m^3。其中，老湖区面积221km^2，相应库容12.1亿m^3；新湖区面积417km^3，相应库容26.9亿m$^{3[23]}$。

东平湖分洪区的运用原则为：根据黄河下游对各类洪水的处理措施，确定艾山以下大堤按11000m^3/s设防，10000m^3/s控泄。东平湖具体分洪还要按当时黄河、汶河洪水遭遇情况而定，蓄水按两级分洪运用原则掌握。

针对东平湖分洪区的实际情况和防洪要求，中国水利水电科学院与山东黄河河务局研究了其分洪运用时的洪水演进过程，基于黄河花园口洪峰流量22300m^3/s、汶河10天洪量10亿m^{3}条件下，计算得出湖区的淹没范围、水深、流速、淹没历时等资料，进而整理绘出分洪区的洪水风险图，如图6-2所示。根据洪水淹没深度及运用条件，可将全湖划分为危险区、深水重灾区、重灾区、轻灾区和安全区五类区域。此图可作为东平湖分洪区防洪调度和防洪减灾决策的重要科学依据。

在绘制出东平湖分洪区这样的洪水风险图以后，可在实地设置洪水警示牌，或在电线杆、永久建筑物等引人注目的地方树立风险警告标志，如"危险区"、

陈山口闸前
黄河洪水（花园口洪峰流量在
22000m³/s左右），全湖蓄洪
危险区 —⑭⑬⑧④⑦
深水重灾区 —①
重灾区 —⑫⑮⑤①
轻灾区 —③⑥
安全区 —②⑤⑨⑩

大古城
③
⑦
沈楼 ⑨ ⑩
林辛闸 ⑧
十里堡闸 土山
石洼闸 师集 ⑭
二道坡 ①
级 湖
大安山乡
朱家桥 ⑥
堤
王台闸下
⑤
② — 汶河
武家漫
小安山乡 ⑬
李官屯乡
老王庄 ⑫
杨岗 ⑪
流长河泄水闸
高压 ⑮
司垓退水闸

图6-2　东平湖分洪区洪水风险图

"深水重灾区"、"重灾区"、"轻灾区"和"安全区"等。这样，当地民众都知晓各个地方的洪水危害程度，一旦听到分洪避险信息，即可及时向安全地带转移。

6.4　防洪基金

20世纪80年代前，我国防洪建设资金来源渠道单一，主要靠国家拨款。进入80年代后，确立了水利国民经济基础产业地位，防洪建设资金来源渠道及投入量均发生了较大变化。目前，我国防洪建设资金来源的几个主要渠道为：水利基本建设投资，水利事业费，水利以工代赈以及其他来源渠道的资金。但防洪事业仍落后于经济建设的发展，防洪建设资金供需矛盾突出。据有关部门测算，年资金供需差额为几十亿到上百亿元。这还仅是量的预测，如果考虑到其他与防洪建设相关的经济发展需要的各因素在内，供需矛盾还要大得多。因此，为了加强防洪工程的建设，改善防

洪工程的运行管理条件，提高防洪抗灾能力，以适应国民经济和社会发展的需要，增加对防洪工程的投入就显得十分迫切。防洪不是单纯的社会福利事业，而应该是经济建设事业的一部分，由国家负担一部分防洪费用是应该的，直接受益的生产经营单位与个人负担一部分费用也是十分合理的。因此，通过在防洪区内征收防洪基金，让防洪受益者负担一部分防洪费用，从而使防洪基金的征收合理化、制度化和法律化。

6.4.1　防洪基金的性质、作用及特点分析

1. 防洪基金的性质

防洪基金主要是根据《中华人民共和国水法》、《中华人民共和国防洪法》和《河道管理条例》等法律、法规，按照"谁受益、谁出资，多受益、多出资"的基本原则，由国家行政机关和国家授权的行使行政职能的单位向防洪受益单位和个人征收，由水利部门主管、专项用于防洪事业的资金。防洪基金其主要目的是为了弥补国家防洪事业经费的不足，加强防洪建设和洪灾救助与补偿，更好地为社会、经济发展提供防洪减灾服务。据此，就防洪基金的来源分析，它主要来源于国民收入的初次分配和再分配。从防洪基金交费者的角度看，防洪基金是防洪保护区内的居民和从事生产经营活动的受益者逐年分担的部分防洪费用，是一种责任和义务，只是这种责任和义务转化为缴纳资金的形式；从国家的角度看，是一种取之于民、用之于民的专项建设资金。防洪基金也是从修建防洪工程或实施防洪措施所获效益中逐年回收的部分投资，可减少突发性洪灾对国家经济的沉重负担。

2. 防洪基金的作用

防洪基金可以用来支付防洪工程管理和维修加固费用，赔偿分蓄洪区的分洪损失及其他地区洪灾救助，也可用来修建新的防洪工程或实施新的防洪措施，提高防洪能力。当出现防洪工程无法防御的洪水后，还可用来补助受灾群众恢复生产和生活。此外，防洪基

金征收工作的开展还有助于唤起人们的水患意识。

（1）保证防洪工程建设有一个稳定的资金来源渠道。现有防洪工程往往处于资金规模不到位，致使工程工期延误，工程质量得不到保证，资金效益得不到充分发挥；新建防洪工程或实施防洪措施时，则苦于缺乏经费。建立防洪基金是克服防洪建设资金来源不足的一条有效措施。

（2）促进实施工程与非工程措施相结合的防洪策略。近年来，由于防洪观念的转变，开始强调工程与非工程措施相结合的防洪策略。这样，抗洪中除了防洪工程的作用外，还突出了行政措施、经济手段和管理机制的作用，这就要求有一个可靠的持续性经费来源。防洪基金的建立不仅是有效可靠的经费来源之一，而且可以发挥一定的经济杠杆作用，是实施工程与非工程措施相结合防御洪灾的必要经济手段。

（3）促使防洪集资规范化和制度化。近几年来，我国一些省、市为筹措防洪资金，根据《中华人民共和国水法》、《中华人民共和国防洪法》和《河道管理条例》，出台了防洪建设资金征集办法。防洪建设资金是在一定时期内一次征集，一次或分次进行分配和使用的防洪资金，它只是建立了防洪基金的雏形，还不能形成一种稳定、可延续、滚动使用的基金，不具备基金的要点和真正含义。具有代表性的江苏、安徽和广东三省征集防洪资金时，在征收范围、标准及使用管理上都有各自的特点。防洪建设资金的征集做法，只是一种暂时的、权宜的做法。随着经济的发展，发生洪灾时的损失也相应增加，这就迫切需要建立防洪基金制度，规范防洪建设资金的筹措工作，使之正规化，从而促使防洪资金的筹措经常化，形成一种制度。

（4）有利于增强全民关心水利、办水利，共同促进水利发展的意识。防洪建设是全社会的共同事业，要发动群众和各部门集资，真正做到全社会共同搞好水利建设，走"水利为社会，社会办水利"的道路。长期以来，形成了由国家包揽防洪经费、防洪受益区

不负担或很少负担防洪经费的不合理局面。应该改变这种局面，使受益区群众认识到缴纳防洪资金的合理性和必要性。因此，建立防洪基金制度，还不仅仅是一个资金的筹措问题，更是一个水患意识的唤起和增强问题。

3. 防洪基金的特点

防洪基金是除各级政府专拨的防洪经费外，定期向防洪受益区内从事生产经营活动的集体与个人征收的用于防洪系统的运行管理、维修加固、救灾重建、实施新的防洪措施的专用资金，因而具有以下特点。

（1）防洪基金的设立是为了发展防洪事业，获得防洪的社会效益，而不是以获得直接经济效益、盈得利润为目的。

（2）防洪基金的征收范围广。防洪资金的征收范围是由河道堤防工程、分蓄洪工程、洪水库等工程与非工程措施组成的防洪体系共同保护的防洪受益区。

（3）防洪基金来源渠道多。向防洪受益区征收防洪基金是基金来源的主渠道。此外，国家的投入、农民的投劳折资、其他水利投入等都是防洪基金的补充来源。

（4）防洪基金是根据国家有关政策、法规或有关财经制度所形成的。由政府有关部门、水利防洪有关的暂理机构以及财政、银行等部门共同管理。

（5）防洪基金不同于一般基金的形成，它的征取者和被征取者之间没有直接经济上的关系，它们之间的关系通过防洪抗洪直接减轻洪灾所造成的经济损失和减灾后所产生的社会效益体现出来。

6.4.2 防洪基金与洪水灾害保险的关系分析

防洪基金与洪水灾害保险之间既有联系又有区别，主要体现在性质、征收对象及作用三个方面。

（1）性质。洪水灾害保险是易遭受洪灾地区的群众居安思危、互助自助，对洪灾后果谋求妥善解决的一种防洪非工程措施，是群众在未遭受洪灾年份积累

一定的保险金供灾后补贴生活、恢复生产所用，也是用未遭受洪灾地区的保险金来补偿受灾地区的部分损失，从时空两方面在整体上达到安定社会、稳定经济的目的。而防洪基金是指各级政府专拨的防洪经费及定期从防洪受益区内从事生产经营活动的集体及个人征收的防洪保护费。所谓防洪受益区是由堤防工程、分蓄洪工程、防洪水库等工程和非工程措施组成的防洪体系共同保护的地区。

（2）征收对象。实行洪水灾害保险与征收防洪基金的对象并没有明确的划分。一般来说，洪水灾害保险对象可分为两类。第一类是计划的行、蓄、滞洪区，洪水达到规定标准时就要牺牲局部保全大局，这些地区必须参加洪水灾害保险；第二类是洪水危险区，这些地区所在位置低于洪水水位，或者有防洪工程，但工程防洪标准低，洪水超过一定标准就可能淹没该地区。防洪基金征收对象也分为两类：第一类是防洪工程标准较低的地区。这些地区在一定程度上受到防洪工程的保护，同时又易遭受洪水威胁，所以该地区的单位及个人除必须参加洪水灾害保险外，还应缴纳一定的防洪保护费。第二类是防洪工程标准较高的地区。这类地区由于防洪标准较高，通常不实行强制性洪水灾害保险，当出现防洪工程不能抗御的洪水时，其受灾范围之广、损失之大，不是实行生产自救能够解决的，政府不得不进行巨额财政补贴。因此，这类地区也应列为法定的防洪保险费征收对象。

（3）作用。洪水灾害保险主要用于洪灾发生后补偿投保人恢复生产和生活，减轻国家抗洪救灾的财政负担，促进防灾减损工作及洪泛区的统一规划管理。而防洪基金则主要用来支付防洪工程运行管理费用和维修加固费用；修建新的防洪工程或实施新的防洪措施，提高防护区的防洪标准；赔偿分蓄洪区的分洪损失；当出现防洪工程无法防御的洪水后，还可以用来补助受灾群众、恢复生产和生活。

综上所述，洪水灾害保险与防洪基金互不相同、互为补充。建立防洪基金的目的在于加强防洪工程建设，强化防洪抗洪能力，提高防御洪水灾害的能力。实行洪水灾害保险，则是使在洪灾中个人或单位所遭受的经济损失，通过保险得到经济补偿。防洪基金与洪水灾害保险的关系实质上是一个有机的整体，防洪基金的建立在一定程度上弥补洪水灾害保险存在的缺陷，有助于洪水灾害保险的实施和开展。

6.5 防洪救灾、减灾制度建设

6.5.1 防洪救灾、减灾制度的经济学分析

救灾是灾害形成以后所必须做的一切善后救援工作的总称，即抢救灾民生命财产、安排灾民生活、恢复生产、灾区重建等。根据经济学理论，现代社会实现资源配置、提供物品和服务的方式一般分为市场机制和政府机制。救灾应该是公共物品，而且是公共供应物品。首先，当灾害发生后，提供紧急救灾服务的任何组织和个人对灾民的救助行动不能从市场交易或价格反映，灾民接受这类服务，包括接受任何实物也不用付费。救灾具有地地道道的正面外部经济性；即使用救灾物品而向灾民收费是不可能的，或者说，即使灾民并没有直接参与救灾物品的生产，他照样应该享有被救助的权利，排除他是不可能的。所以，救灾工作具有公共物品的"非排他性"。其次，救灾工作仅是一种紧急状态下的应急性行动，它只能保证灾民的基本生活需求，且在短时间内按人平均分配。因此，救灾工作还具有"非竞争性"。

由于救灾具有非排他性和非竞争性，因而在救灾物品的分配过程中，便会出现问题，如经济行为者可能会产生控制、占用某些人的救灾物品使用份额，表现为多吃多占，不要白不要。理论上，人们在消费公共物品的行为过程中往往是不遵守规则的，可能人人都有给出错误信息的倾向，这是因为公共物品的消费过程并不会自动存在一种类似于竞争的市场中的协调

机制，如在救灾物品的消费过程中不能引入价格机制。在这种情况下，救灾这种公共供应物品的最优或次优供给必须依靠一种集中的、权威性的计划过程，以便救灾物品的有效配置。于是，由政府根据社会福利原则来向灾民组织分配救灾物品就成为一种现实的而且是唯一的选项。

6.5.2　我国现行救灾、减灾体制的特点及其弊端剖析

在中国，遭遇自然灾害后，除老百姓的自助自救之外，国家的法律、法规和政策措施及其实施在救灾中举足轻重。中国古代的"荒政"，即"救饥之政"，是我国历代封建统治者在遇到自然灾害后，为缓和阶级矛盾、保证长久的赋税收入，实行的一种社会救济政策。清代救荒措施集历代之大成，具有一整套比较固定的程序，即一个地区遭遇灾荒后，需要经过报灾、勘灾、审户等步骤，然后才实施救灾救荒措施：救灾、缓征、赈饥、借贷、通商、以工代赈、劝输等。清代救灾救荒的措施已完全制度化，各种规定条例周密详细，且有多项实施细则保证了政策措施的贯彻执行，其救灾救荒的一整套措施基本上是建立在政府行为上的，民间的救灾救荒功能较弱。

新中国成立以后，国家确立了以防为主，防灾、抗灾、救灾相结合的原则。在救灾方面，批判性地吸收了我国历代赈济的经验，根据国家经济体制和社会状况的变化，在不同的历史时期提出了不同的救灾工作方针，建立了政府统一领导、部门按职能分工负责的救灾工作体制，体现在如下特点。

（1）各级政府领导。每遇大灾，各级政府主要领导都亲临灾区，指导救灾工作。一般是省管到县、县管到村，组成临时性救灾机构，协调、调动可以使用的人力、物资，负责灾害的防、抗、救和灾后恢复重建的全过程。中央政府视灾情给予工作指导

和财政、物资支援。1998年抗洪救灾工作从中央到地方，各级政府都显示出了很高的效率，联合国灾害评估小组的报告写道："给人留下了无比深刻的印象。"

（2）中国人民解放军和预备役部队是抗洪救灾的主力军。他们是救灾工作，尤其是抗御重大自然灾害的胜利保证。以1998年水灾为例，长江和嫩江、松花江发生洪灾后，先后调动解放军和武警部队66个师、旅，共投入抗洪抢险兵力达433.22万人次，组织民兵、预备役部队500多万人次，动用车辆23.68万台次、舟艇3.57万艘次、飞机和直升机1289架次。

（3）国家救济。国家对灾民的救济是补助性的，由中央财政、地方财政提供。它限于解决灾民的吃、住、穿、治病、转移安置。国家救济款的使用原则为：第一，专款专用，只能援助当年受灾地区，按规定用途使用；第二，重点使用，救济重点是因灾无法维持基本生活的贫困户和孤寡老人、重灾户和紧急转移的灾民；第三，集中使用，解决最需要解决的问题，特别是吃饭问题。在1998年洪涝灾害中，全国受灾人口总计10169.2万，紧急转移人口1044.7万，由于政府紧急筹集、组织、调运救灾款物，通过行政分配网络，迅速覆盖最需要救济的灾民，因而整个社会并未因此而发生动荡[24]。

（4）灾区的村民自治组织——村民委员会在抗洪救灾中发挥了重要作用。一方面，他们积极组织村民上堤护堤、抗洪抢险和灾后重建；另一方面，及时、公平地分配各种救灾款物，维持了灾区基层社会的稳定。

目前我国的政府救灾体系其实质是一种由上而下的政府对受灾地区灾民的救济行为，这种依靠政府力量、国家财政的救灾行为在特定的历史条件下或特定的地区具有其独特的优越性，可以使有限的财力、物力更集中地用到最困难的人群身上，从而在有限的层次上体现社会救济的效率。由于市场机制动员资源的

相对缺少，这种行政性救灾和防灾体制存在着一定的弊病，主要表现在以下几个方面。

（1）行政性体制是以计划经济为背景的。在计划经济体制下，所有的资源，包括物质资源和人力资源，都由政府支配，政府可以无偿地调动这些资源，投入到防洪救灾、减灾中去。即使是社会捐赠，也由政府动员，甚至采用行政命令的办法来动员。在市场经济条件下，越来越多的资源掌握在民间，政府能够支配的资源在减少，政府财政收入占GDP的比例已从1978年的31.2%下降到1996年的11%。在这种情况下，政府运用行政手段动员防洪救灾、减灾资源的能力势必减弱，行政性体制的有效性因此受到限制。

（2）政府负担过重。政府长期担当救火队员的角色，一根线通到基层，对灾民的生活实行全包，导致政府机构及其工作人员陷于大量繁杂的具体事务之中，不堪重负。

（3）救灾资金和物资的分配存在问题。一是政府通过行政手段动员的资源大多是无偿分配的，最容易滋长那种不要白不要和谁叫的声大谁就可能得到较多救济的不道德报灾行为。这一方面可能会形成对灾情的虚报；另一方面会助长整个社会的不诚实风气，从而造成更大范围的负面社会影响，容易滋生负责救灾工作官员的腐败。二是为了确保防洪救灾、减灾物资、资金的准确发放，行政部门往往对其下拨物资、资金实施严格的行政控制，但这又影响到其下拨的速度。

（4）行政性体制抑制了市场机制和非政府机构的作用，如保险公司和社会团体在防洪救灾、减灾中的作用，导致灾民养成依赖政府、漠视灾害风险的心理。一些本应在保险业和灾民之间处理的事务，至今仍被视为政府的责任，由政府直接参与或干预。这不仅影响政府的日常运作，还会由于政府力量的直接介入妨碍当地金融保险机构按市场规则经营，造成防灾救灾中保险的缺失。

6.5.3　建立政府、社会、保险分工协作的防洪救灾、减灾新机制

中国是一个自然灾害频繁发生的国家，且正在进入市场经济新体制，按照经济学理论，一方面，公共救灾应该是政府行为；另一方面，抗洪救灾又可以有市场行为参与，让政府和企业各自按照应该遵循的规律运作，构造一个包含政府、社会捐赠、灾害保险三者合理分工、彼此配合，与市场经济内在运行机理相吻合的防洪救灾、减灾新机制。

政府应在防洪救灾、减灾中发挥主导作用，制定和执行救灾政策，其主要职责如下。

第一，坚持中央和地方政府共同承担救灾责任、分级负责救灾资金的原则，完善灾情等级和救灾责任的划分标准，依法管理、筹措和使用救灾资金，运用国家计划能力，建立健全灾害救助物资储备制度，充分发挥社会主义制度优越性，在灾害发生时迅速动员人力、物力和财力，确保灾民的生命安全和吃、穿、住、医疗等基本生活。

第二，政府负责学校、医院、养老院、道路、通信、电力等公用基础设施的灾后重建。从经济学原理上看，这些设施提供的物品是公共品，受益范围广，也是其他行业、部门灾后重建的基础，因此迅速重建这些设施是政府的应尽职责。

第三，灾后水利基础设施的重建。水毁工程的修复、大江大河大湖堤防的加固、大型水利枢纽工程的修复与加固是各级政府应尽的职责。

第四，补偿分洪区分洪损失。分洪损失包括分洪转移费用、分洪转移所造成的经济损失和分洪后的水灾损失，尽快出台具体的分蓄洪区分洪补偿政策和实施细则，建立分洪补偿基金，推进灾害救助的市场化进程。保证在必要时可以依法分蓄洪，保障分蓄洪区的利益补偿。为了有效履行分洪补偿责任，政府补偿基金的资金来源主要包括：政府财政专项拨款、受益地区分洪税收附加、分洪区税收提取、防洪救灾彩票收入等。

中华民族有互济互助、一方有难、八方支援的优良传统，在防洪救灾中，社会捐赠起着重要作用，但须对现存的捐赠体制进行适当的改革，使之成为防洪救灾的有力支柱。

第一，目前民政部门既是捐赠政策的制定者，又是捐赠事务的具体执行者，这种局面要改变。民政部门要把精力集中在防洪救灾、减灾政策的制定上，具体捐赠事务则让给社会团体，如中华慈善总会、中国红十字会和社会志愿团体。

第二，在捐赠活动中引入激励机制。在目前的捐赠活动中，行政动员色彩很浓，强调无偿性，实物捐赠占了相当大的比例。完全可以在捐赠过程中引入激励机制，把规范的彩票制度运用到防洪救灾、减灾工作中，针对某次洪灾，发行专项赈灾彩票，筹集资金。彩票发行已被引入到1998年赈灾活动中，经国务院批准，1998年年底已发售额度为50亿元的赈灾彩票，效果比较好。随着中国居民收入的增加，中国彩票的发行空间将会逐步扩大，赈灾活动要积极加以利用，使之成为重大灾害救助和灾后重建的一个重要资金来源。

保险是为了确保经济生活的安定，对特定的危险和事故所导致的损失，集合多数经济单位，根据合理的计算，规定经济单位预交的费用，以补偿未来可能的损失的一种经济制度。保险分为财产保险、人身保险和无形利益保险三类。目前国外与洪水灾害有关的保险主要有农业保险和洪水灾害保险。广义的农业保险包括收获保险和牲畜保险，狭义的农业保险主要指收获保险。收获保险是以补偿农作物因遭受各种自然灾害而造成的减产减收为目的的保险，自然灾害包括冰雹、旱灾、水灾、霜灾、病虫害等；洪水灾害保险主要是担保建筑物及内部财产因洪水而形成损失的保险。

6.6　防汛抢险

防汛是在汛期掌握水情变化和工程状况，做好水量调度和加强建筑物及其下游安全度汛工作；抢险是在建筑物出现险情时，为避免失事而进行的紧急抢护工作。

《中华人民共和国防洪法》规定，我国防汛抗洪工作实行各级人民政府行政首长负责制，统一指挥、分级分部门负责。

防汛指挥是防汛工作的核心，正确发挥其职能是防汛成功的关键，如果防汛工作不当或指挥调度失误，将造成不可挽回的损失，同时其他职能部门需要通力合作，才能取得防汛抗洪的胜利。

6.6.1　防汛指挥系统组成与职责

防汛指挥工作担负着发动群众、组织社会力量、从事指挥决策等重大任务，而且需要进行多方面的协调和联系。因此，需要建立强有力的组织机构，担负有机的配合和科学的决策，做到统一指挥、统一行动。建立和健全各级防汛指挥系统并明确其职责是取得防汛抗洪斗争胜利的关键[25]。

1）国务院设立国家防汛抗旱总指挥部

国家防汛抗旱总指挥部总指挥由国务院副总理担任，成员由中央军委总参谋部和国务院有关部门负责人组成。国家防汛抗旱总指挥部办公室为其办事机构，负责管理全国防汛的日常工作，设在水利部。

国家防汛抗旱总指挥部统一指挥全国的防汛工作，制定有关防汛工作的方针、政策、法令和法规，根据汛情进行防汛动员，对大江大河的洪水进行统一调度，监督各大江河防御特大洪水方案的执行，对各地动用重大分滞洪区要求进行审批，组织对重大灾区的救灾，领导支持灾区恢复生产、重建家园。

2）地方防汛抗旱指挥部

有防汛任务的县级以上各级政府，成立防汛指挥部（有抗旱任务的，成立防汛抗旱指挥部或防汛防旱防风指挥部），由同级人民政府有关部门、当地驻军和人民武装部负责人组成，各级人民政府首长任指挥。其办事机构设在同级水行政主管部门，或由人民政府指定的其他部门，负责所辖范围内的日常防汛工作。

各级防汛指挥机构，汛前负责制定防汛计划，组织队伍，划分防汛堤段，进行防汛宣传教育和传授抢险技术，做好分蓄洪准备与河道清障；传达贯彻上级指示和命令，清理和补充防汛器材，整顿防汛队伍；汛后认真总结经验教训，检查防洪工程水毁情况并制定修复计划，做好器材及投工的清理、结算、保管等工作。

3）各大江河流域机构防汛指挥部

水利部所属的流域管理机构内部组成防汛办事机构。黄河、长江等跨省、自治区、直辖市的重要河流设防汛总指挥部，由有关省、自治区、直辖市人民政府负责人和流域机构负责人组成，负责协调指挥本流域的防汛抗洪事宜。河道管理机构、水利水电工程管理单位建立防汛抢险和调度运行专管组织，在上级防汛指挥部领导下负责本工程的防汛调度工作。

另外，水利、水电、气象、海洋等有水文、雨量、潮位测报任务的部门，汛期组织测报报汛网，建立预报专业组织，向上级和同级防汛指挥部门提交水文、气象信息和预报。城建、石油、电力、铁道、交通、航运、邮电、煤矿以及所有有防汛任务的部门和单位，汛期建立相应的防汛机构，在当地政府防汛指挥部和上级主管部门的领导下，负责做好本行业的防汛工作。

防汛工作按照统一领导、分级分部门负责的原则，建立健全各级、各部门的防汛机构，发挥有机的协调配合，形成完整的防汛组织体系。防汛机构要做到正规化、专业化，并在实际工作中不断加强机构自身的建设，提高防汛人员的素质，采用先进设备和技术，提高信息系统、专家系统和决策系统的水平，充分发挥防汛机构的指挥战斗力。

6.6.2 地方各级防汛指挥机构的具体职责

各级防汛指挥部在同级人民政府和上级防汛指挥部的领导下，是所辖地区防汛的权力机构，具有行使政府防汛指挥权和监督防汛工作的实施权。根据统一指挥、分级分部门负责的原则，各级防汛机构要明确职责，保持工作的连续性，做到及时反映本地区的防汛情况，果断执行防汛抢险调度指令。防汛机构的职责如下。

（1）贯彻执行国家有关防汛工作的方针、政策、法规和法令。为深入改革开放，实现国民经济持续、稳定、协调发展，做好防汛安全工作。

（2）制订和组织实施防御洪水预案。

（3）掌握汛期雨情、水情和气象形势，及时了解降雨区的暴雨强度、洪水流量，江河、闸坝、水库水位，长短期水情和气象分析预报结果。必要时发布洪水、台风、凌汛预报、警报和汛情公报。

（4）组织检查防汛准备工作，即每年汛前对以下内容进行检查：①检查树立常备不懈的防汛意识，克服麻痹思想；②检查各类防汛工程是否完好，加固工程完成情况，有无防御洪水方案；③检查河道有无阻水障碍及清障完成情况；④检查水文测报、预报准备工作；⑤检查防汛物料准备情况；⑥检查蓄滞洪区安全建设和应急撤离准备工作；⑦检查防汛通信准备工作；⑧检查防汛队伍组织的落实情况；⑨检查备用电源是否正常等。

（5）负责有关防汛物资的储备、管理和防汛资金的计划管理。资金包括列入各级财政年度预算的防汛维修费、特大洪水补助费以及受益单位缴纳的河道工程修建维护管理费、防洪基金等。对防汛物资要制定国家储备和群众筹集计划，建立保管和调拨使用制度。

（6）负责统计掌握洪涝灾害情况。

（7）负责组织防汛抢险队伍，调配抢险劳力和技术力量。

（8）督促蓄滞洪区安全建设和应急撤离转移准备工作。

（9）组织防汛通信和报警系统的建设管理。

（10）组织汛后检查。主要检查：①汛期防汛经验教训；②本年度暴雨洪水特征；③防洪工程水毁情况；④防汛物资的使用情况；⑤防洪工程水毁修复计划；⑥抗洪先进事迹表彰情况等。

（11）开展防汛宣传教育和组织培训，推广先进的防洪抢险科学技术。

6.6.3　其他部门在防洪中的职责

防汛是全民大事，任何单位和个人都有保护防洪工程设施和依法参加防汛抗洪的义务。防汛是一项社会性防灾抗灾工作，要积极动员、组织和依靠广大群众与自然灾害作斗争，要动员和调动各行业各部门的力量，在政府和防汛指挥部的统一领导下，齐心协力完成抗御洪水灾害的任务。各有关部门的防汛职责如下。

（1）各级水行政主管部门负责所辖已建、在建江河堤防、民垸、闸坝、水库、水电站、蓄滞洪区等各类防洪工程的维护管理，防洪调度方案的实施，以及组织防汛抢险工作。

（2）水文部门负责汛期各水文站网的测报报汛，当流域内降雨、冰凌和河道、水库水位、流量达到一定标准时，应及时向防汛部门提供雨情、水情和有关预报。

（3）气象、海洋部门负责暴雨、台风、潮位和异常天气的监测与预报，按时向防汛部门提供长期、中期、短期气象预报和有关公报。

（4）电力部门负责所辖水电工程的汛期防守和防洪调度计划的实施。

（5）邮政、通信部门汛期为防汛提供优先通话的条件，保持通信畅通，并负责本系统邮政、通信工程的防洪安全。

（6）建设部门根据江河防洪规划方案做好城区的防洪、排水规划，负责所辖防洪工程的防汛抢险，并负责检查城乡房屋建筑的抗洪、抗风安全等。

（7）物资、商业、供销部门负责提供防汛抢险物资供应和必要的储备。

（8）铁道、交通、民航部门汛期优先支援运送抢险物料，为紧急抢险及时提供所需车辆、船舶、飞机等运输工具，并负责本系统所辖工程设施的防汛安全。

（9）民政部门负责灾民的安置和救济，发生洪灾后地方政府要立即进行抢救转移，使群众尽快脱离险区，并安排好脱险后的生活。各工农业生产部门组织灾区群众恢复生产和重建家园。

（10）公安部门负责防汛治安管理和保卫工作，制止破坏防洪工程和水文、通信设施以及盗窃防汛物料的行为，维护水利工程和通信设施安全。在紧急防汛期间协调防汛部门组织撤离洪水淹没区的群众。

（11）中国人民解放军及武装警察部队负有协助地方防汛抢险和营救群众的任务，汛情紧急时负有执行重大防洪措施的使命。

（12）其他有关部门均应根据防汛抢险的需要积极提供有利条件，完成各自承担的抢险任务。

6.7　城市洪涝灾害防治应急管理体系

受经济、技术条件的制约，防洪工程的标准是有限的，对于超标准洪水必须采取应急措施。另外，由于工程质量及偶然事故等原因，标准内洪水也可能出现意外险情。我国大多数堤防为土堤，防洪标准不高，水库也存在较多隐患。在险情发生的情况下，常常需要在极短的时间内组织数以万计的群众紧急避难迁安。特别是在城市化的进程中，如何保护各种生命线网络系统及尽快恢复遭受破坏的生命线系统，是减少灾害损失的重要环节。因此，防汛应急管理体系是我国现代防洪安全保障体系不可缺少的组成部分。未来在推进有控制性泛滥的治水模式时，防汛应急管理体系对减轻灾害损失更将发挥关键性的作用。

建立防洪减灾应急管理体系应依据《中华人民共和国水法》、《防汛条例》、《中华人民共和国防洪法》和《重要江河防御特大洪水方案》等法规，加强以下几个方面的建设。

（1）加强应急管理组织体系的建设。我国现有的各级防办组织体系与防汛行政首长负责制是符合我国国情的组织方式，今后需要继续强化组织管理体系，加强专业机动抢险队伍的建设，并做好充分的物质准备。

（2）做好防洪减灾应急预案。目前，我国仅有部分大江大河制定了防御特大洪水预案，且仅考虑了若干特定的情况。今后需要全面加强防汛草案的制订工作。加强高新技术的开发应用，深入开展洪水风险分析，为防汛应急预案的制订提供新的技术手段与科学依据。

（3）加强洪水预报预警系统建设。根据洪水的形成和运动规律，利用历史的和实时的雨量、水情、气象信息对未来一定时段内的洪水情况进行洪水预报预测。我国江河洪水一般由暴雨造成。通过采用天气图、卫星云图和雷达信息预报预测暴雨的发生、发展、移动和变化过程，掌握实时雨情信息，增加洪水预报的预见期，对防汛抗洪的应急管理极其重要。当预报即将产生严重洪水灾害时，发布洪水警报，使洪水受淹区的居民及时撤离危险地带，并尽可能地将财产、设备、牲畜等转移至安全地区，从而减少淹没区的生命财产损失。例如，荆江分洪区1998年大洪水中，为了做好分洪运用的准备，要求区内30余万群众在不到24h的时间内紧急撤离。尽管后来没有分洪，依然造成严重损失。然而根据洪水仿真模拟的结果，从开闸分洪至洪水传播到整个分洪区需要4~5天时间。可见，洪水预报预警系统建设对应急管理是十分重要的。

（4）加快防汛指挥系统的现代化建设。我国防汛指挥系统建设必须从信息管理系统上升到决策支持系统的层次。

（5）建立现代化、专业化的抢险救灾队伍。

6.7.1 洪水预报警报系统

洪水预报警报系统是一项重要的防洪非工程措施。利用洪水预报技术对洪水做出预报，对抗洪抢险具有重要意义，在将出现超安全水位以前，做出警报，组织人员和财产撤退转移，可以减免洪水灾害损失。

1）洪水预报警报系统

一般大流域和河流都应建设洪水预报系统，城市作为流域防洪重点，可以建立独立洪水预报系统，根据上游流域雨情和水情预报城市河流洪水特征，通过预报做出防洪决策，当出现超防洪标准洪水时，发布洪水警报。同时，也可以在桥墩等建筑物上刻水位标记，或安装简易的洪水自动警报系统。

2）警报发布程序

警报发布程序取决于警报发布手段、发布时间等。防洪决策要由行政负责人和防洪专家共同做出，有统一协调的机构，以使警报发布可靠准确，避免误报；警报要传播到防护区所有地点；报警方式和通信手段主要有广播、电视、电话、传呼、警车等；报警内容要经过有关机构审核；警报效果反馈，以保证警报的有效性。

3）人员和财物撤退

洪水警报发布后，应立即组织洪水威胁地区人员、财物的撤退。救护设备准备，撤退路线选择，人财物安置等。对于经常遭受洪水威胁的城镇，平时就要修建撤退时所需的道路、桥梁。

4）临时保护措施

需要在洪灾发生之前做好临时防洪措施的准备，如砂石料、沙袋的准备，临时闸门的加固，防洪工程交通通道的封堵等。

5）重要生活服务设施的维护管理

要保证交通、通信、医院等重要设施在洪水期间能够正常运转。为此，应安排这些设施的检查、维护。

洪水预报警报系统的组成部分与实施情况如下。

1）洪水预报警报系统的组成

洪水预报警报系统由信息采集、信息处理、通信、决策和警报发布5个子系统组成（图6-3）。

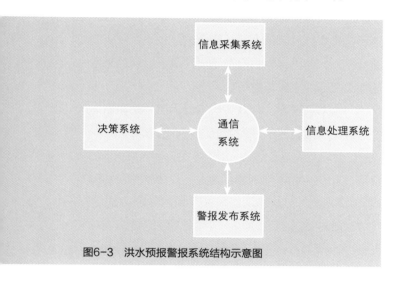

图6-3　洪水预报警报系统结构示意图

（1）信息采集系统。采用两套方案：一是雨情站点的遥测手段，将遥测站的雨情信息通过中继站传送至信息处理中心，经解码后供处理；二是利用常规的人工报汛手段。

（2）信息处理系统。根据采集的信息，应用多变量洪水预报模型、经验单位线模型、流域水文模拟模型对洪水流量进行预报，再经水位—流量关系转换为水位预报。

（3）通信系统。无线电、程控电话，完成雨情遥测站与中继站、中继站与信息中心通信；计算机广域网，采用远程访问服务器组成计算机广域网，将防汛指挥部与各有关单位连接起来形成防汛网络，与省防汛指挥部的网络相连接；电子信箱，利用电子信箱开通防汛通信专用网；电传，将洪水预报成果传到各有关单位，手机通知有关决策和工作人员。

（4）决策系统。由市长组成的防汛指挥部是防洪的决策机构，接受上级部门的指令并根据情况下达防洪指令。

（5）警报发布系统。为了将水情信息及时传送到受洪水威胁的单位和个人，设置了多种发布渠道，提高信息发布的可靠程度：利用计算机网络、传真机、程控电话向省防汛指挥部汇报汛情并接受指令，向各机关单位通报水情并下达命令；通过邮电局168热线电话、无线中文寻呼机、市广播电台、市电视台、有线电视台、30个立体声音箱向社会和有关人员通报和发布水情；当深夜洪水位将上涨到20年一遇洪水位时，出动警车发布警报。

2）洪水预报警报系统的实施

防汛指挥机构：由市政府、市防汛指挥部、下辖各区、重要工矿企业等组成。

防汛责任制：由政府首长、行政、企业、事业单位和街道负责落实各单位的防洪预案。

防洪抢险队伍：由市建委和各区政府负责汛前组织落实，主要由民兵、医务人员、公安民警组成。

防汛物资：汛前准备好通信、运输、木材、草袋、药品、食品、照明等器材。

6.7.2　洪水危机应急预案编制

6.7.2.1　应急预案概述

应急预案又称"应急计划"或"应急救援预案"，是针对可能发生的突发公共事件，为迅速、有效、有序地开展应急行动而预先制订的方案；是针对具体设备、设施、场所和环境，在安全评价的基础上，为降低险情造成的人身、财产与环境损失，就险情发生后的应急救援机构和人员，应急救援的设备、设施、条件和环境，行动的步骤和纲领，控制险情发展的方法和程序等，预先做出的科学而有效的计划和安排，用以明确事前、事发、事中、事后的各个进程中，谁来做、怎样做、何时做以及相应的资源和策略等的行动指南。

应急预案实际上是标准化的反应程序，以使应急救援活动能迅速、有序地按照计划和最有效的步骤来进行，它具有6个方面的含义。

（1）险情预防：通过危险辨识、险情后果分析，采用技术和管理手段控制危险源、降低险情发生的可能性。

（2）应急响应：发生险情后，明确分级响应的原则、主体和程序。重点要明确政府、有关部门指挥协调、紧急处置的程序和内容；明确应急指挥机构的响应程序和内容，以及有关组织应急救援的责任；明确协调指挥和紧急处置的原则与信息发布责任部门。

（3）应急保障：是指为保障应急处置的顺利进行而采取的各种保证措施。一般按功能分为人力、财力、物资、交通运输、医疗卫生、治安维护、人员防护、通信与信息、公共设施、社会沟通、技术支撑以及其他保障。

（4）应急处置：一旦发生险情，具有应急处理程序和方法，能快速反应处理故障或将险情消除在萌芽状态的初期阶段，使可能发生的险情控制在局部，防止险情扩大和蔓延。

（5）抢险救援：采用预定的现场抢险和抢救方式，在突发事件中实施迅速、有效救援，指导群众防护，组织群众撤离，减少人员伤亡，确保人员的生命和财产安全。

（6）后期处置：是指突发公共事件的危害和影响得到基本控制后，为使生产、工作、生活、社会秩序和生态环境恢复正常状态所采取的一系列行动。

应急预案根据不同的分类标准可以分为不同的种类。应急预案应当有相应的组织负责编制，根据预案责任主体的性质不同，应急预案可以分为企业预案和政府预案：企业预案由企业根据自身情况制定，由企业负责；政府预案由政府组织制定，由相应级别的政府负责。根据险情影响范围不同可以将预案分为现场预案和场外预案，现场预案又可以分为不同等级，如车间级、工厂级等；而场外预案按险情影响范围的不同，又可以分为区县级、地市级、省级、区域级和国家级。各类、各级预案均各有侧重，但应协调一致。

根据应急预案层次的不同可分为以下几种。

（1）综合预案：也是总体预案，是预案体系的顶层设计，从总体上阐述城市的应急方针、政策、应急组织结构与相应的职责，以及应急行动的总体思路等。

（2）专项预案：针对某种具体、特定类型的紧急事件，如危险物质泄漏和某类自然灾害等的应急响应而制订。

（3）现场预案：在专项预案的基础上，针对特定场所，通常是风险较大的场所或重要防护区域所制订的预案，如危险化学品险情专项预案下编制的某重大危险源的场内应急预案等。

（4）单项预案：针对大型公共集聚活动和高风险的建筑施工活动而制订的临时应急行动方案。

（5）预案的基本结构：由于各类预案各自所处的行政层次和使用的范围不同，其内容在详略程度和侧重点上会有所差别，但都可以采用基于应急任务或功能的“1+4”预案编制结构，即由一个基本预案加上应急功能设置、特殊风险预案、标准操作程序和支持附件构成。

（6）基本预案：对应急管理的总体描述。主要阐述被高度抽象出来的共性问题，包括应急的方针、组织体系、应急资源、各应急组织在应急准备和应急行动中的职责、基本应急响应程序以及应急预案的演练和管理等规定。

6.7.2.2　洪水危机应急预案编制步骤和内容

应急预案的编制一般分为5个步骤，即组建应急预案编制队伍、开展风险与应急能力分析、预案编制、预案评审和预案实施。

预案从编制、维护到实施都应该有各级、各部门的广泛参与，在预案实际编制工作中往往会由编制组执笔，但是在编制过程中或编制完成之后，要征求各部门的意见，包括高层管理人员、中层管理人员、人力资源部门、工程与维修部门、安全卫生和环境保护部门、邻近社区（地区）、法律部门、财务部门等。

危险分析是应急预案编制的基础和关键过程。危险分析的结果不仅有助于确定需要重点考虑的危险，提供划分预案编制优先级别的依据，而且也为应急预案的编制、应急准备和应急响应提供必要的信息和资料。

危险分析包括危险识别、脆弱性分析和风险分析。

1）危险识别

要调查所有的危险并进行详细的分析是不可能的。危险识别的目的是要将可能存在的重大危险因素识别出来，作为下一步危险分析的对象。危险识别应分析本地区的地理、气象等自然条件，堤防、大坝设施等的具体情况，总结本地区历史上曾经发生的重大洪灾，来识别出可能发生的灾害。危险识别还应符合国家有关法律、法规和标准的要求。

危险识别应考虑因素如下。

（1）历史情况。事件所在位置以往发生过的紧急情况，包括水涝灾、危险物品泄漏、极端天气、地震、飓风、龙卷风等。

（2）地理因素。事件所处地理位置，如临近洪水区域、地震断裂带和大坝，临近危险化学品的生产、储存、使用和运输企业，临近重大交通干线和机场，临近核电厂、重要化工厂、电厂等。

（3）技术问题。某系统和工程出现故障与危机可能产生的后果，包括闸门失灵、溢洪道堵塞、通信系统失灵、计算机系统失灵、电力故障、供水故障等。

（4）人的因素。人的失误可能因为培训不足、工作没有连续性、粗心大意、错误操作、疲劳、无经验等原因造成。

（5）物理因素。考虑设施建设的物理条件、危险工艺和副产品、设备的布置、照明、紧急出口、避难场所临近区域等。

（6）管制因素。彻底分析紧急情况，考虑如下情况的后果：水工建筑物倒塌、出入禁区、电力故障、通信电缆中断、燃气管道破裂、结构受损、空气或水污染、爆炸、房屋建筑倒塌、化学品泄漏等。

2）脆弱性分析

脆弱性分析要确定的为：一旦发生洪水危险，哪些地方容易受到破坏。脆弱性分析结果应提供下列信息。

（1）洪水灾害严重影响的区域，以及该区域的影响因素（如地形、交通、风向等）。

（2）预计位于脆弱带中的人口数量和类型[如群众、职员、敏感人群（医院、学校、疗养院、托儿所）]。

（3）可能遭受的财产破坏，包括基础设施（如水、食物、电、医疗）和运输线路。

（4）可能的环境影响。

3）风险分析

风险分析是根据脆弱性分析的结果，评估灾害发生时对区域造成破坏（或伤害）的可能性，以及可能导致的实际破坏（或伤害）程度。通常可能会选择对最坏的情况进行分析。风险分析可以提供下列信息。

（1）发生洪涝灾害和环境异常的可能性，或同时发生多种紧急险情的可能性。

（2）对人造成的伤害类型（急性、延时或慢性的）和相关的高危人群。

（3）对财产造成的破坏类型（暂时、可修复或永久的）。

（4）对环境造成的破坏类型（可恢复或永久的）。

依据危险分析的结果，对已有的应急资源和应急能力进行评估，包括应急资源的评估，明确应急救援的需求和不足，外部资源能否在需要时及时到位，是否还有其他可以优先利用的资源。应急资源包括应急人员、应急设施（备）、装备和物资等，应急能力包括人员的技术、经验和接受的培训等。应急资源和能力将直接影响应急行动的快速有效性。预案制订时应当在评价与潜在危险相适应的应急资源和能力的基础上，选择最现实、最有效的应急策略。

预案编制内容主要包括概况（自然地理、社会经济、洪涝风险分析、洪水危机后果分析、洪涝防御体系、重点防护对象）、组织体系与职责、预防与预警、应急响应、应急保障、后期处置。

1）概况

自然地理包括地理位置，地形与地貌特点，高程范围，气象水文特征，水系与河道、水库、湖泊等情况；社会经济包括现状总人口、非农业人口、国内生产总值、固定资产、重要交通干线、重要基础设施等；洪涝风险分析包括暴雨、洪水、风暴潮主要特征、洪水传播时间、主要暴雨洪水成因与地区组成，主要致灾暴雨洪水来源及量级、发生频率，城市历史洪水，主要控制站不同频率洪水水位或高潮位、流量，洪水、暴雨渍涝、台风暴潮可能致灾影响淹没范围及风险分析，洪涝风险图；洪水危机后果分析包括估计洪涝灾害发生后的直接和间接后果；洪涝防御体系包括防洪体系（堤防、水库、湖泊、蓄滞洪区、分洪道等）与除涝排水设施（泵站、涵闸等），防洪、除涝排水、防台风暴潮现状能力或防御标准。防洪、除涝排水、防台风暴潮的薄弱环节，重要工程险段及病险涵闸，桥梁及河道违章建筑的阻水情况；重点防护对象包括党政机关要地、部队驻地、城市经济中心、广播电台、电视台等重点部门和重点单位，地铁、地下商场、人防工程等重要地下设施，以及供水、供电、供气、供热等生命线工程设施，重要有毒有害污染物生产或仓储地，城区易积水交通干道及危房稠密居民区等。

2）组织体系与职责

当地人民政府防汛指挥机构负责处置城市防洪应急事务，并明确其主要职责。明确防汛指挥机构成员单位的主要职责，力求责任明确、分工合理，避免职能交叉。明确防汛指挥机构的办事机构及其主要职责。例如，国务院设立国家防汛抗旱指挥机构，负责领导、组织全国的防汛抗旱工作，其办事机构设在国务院水行政主管部门，洪水应急管理是其主要工作内容之一，其组织系统如图6-4所示。广东省级洪水危机应急管理工作由广东省三防应急管理机构承担，其组织机构以广东省为例，如图6-5所示。

3）预防与预警

分类明确当地气象、水文、防洪与排涝工程险情、洪涝灾情信息的具体报送内容、负责报送单位、

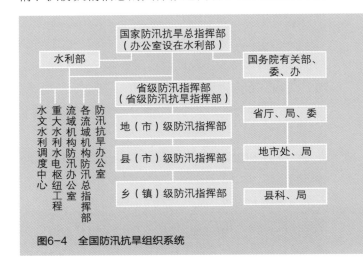

图6-4 全国防汛抗旱组织系统

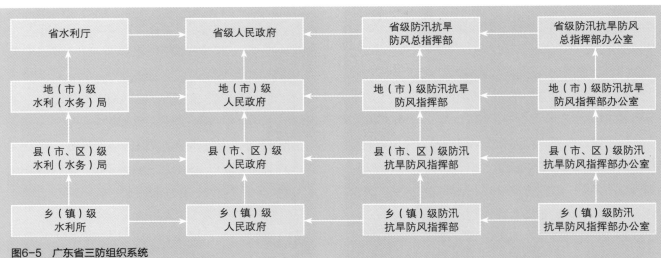

图6-5 广东省三防组织系统

报送时限等，形成规范的信息报告制度。

根据当地洪水（含江河洪水、冰凌洪水以及山洪等）、暴雨渍涝、台风暴潮等灾害事件的严重程度，合理划分预警级别（通常由重到轻分为Ⅰ、Ⅱ、Ⅲ、Ⅳ4级，分别用红、橙、黄、蓝色表示），确定向社会发布的警示标志。

根据所在地的江河防洪预案及相应的洪水调度方案，制订不同量级江河洪水的防御对策、措施和处理方案，以及相应的洪水调度方案（如水库、蓄滞洪区、分洪设施的调度运用等）。其中，超标准洪水的防御方案应明确社会动员、临时分蓄洪、群众转移安置等具体措施。此外，还应针对冰凌洪水以及由于堤防决口、水闸垮塌、水库溃坝等造成的突发性洪水，制订相应的洪水防御方案。根据山洪灾害的发生与发展规律，制订不同量级暴雨及其地区组合条件下，山洪灾害专防与群防相结合的防御对策、措施和处理方案。制订不同量级暴雨及其地区组合条件下，渍涝的防御对策、措施和处理方案，包括应急排水、交通临时管制与疏导、工程抢修以及重要保护对象的防雨排涝方案等。制订不同量级台风暴潮条件下，当地应对台风暴潮的防御对策、措施和处理方案，如人员转移的通知与落实、危旧建筑物和重要设施的防护等。

4）应急响应

应急响应内容主要包括：

（1）明确当地发生洪水、山洪灾害、暴雨渍涝、台风暴潮等灾害事件时应急响应行动的分级总数（通常由重到轻分为Ⅰ、Ⅱ、Ⅲ、Ⅳ4级），当地人民政府及其防汛指挥机构应急响应行动的总体要求，以及应急响应发布单位等。明确应急响应行动的分级标准及对应的主要行动要求。

（2）明确不同量级江河洪水条件下的主要应急响应措施，包括蓄滞洪区运用的准备和批准权限、进入紧急防汛期的条件和发布权限等。明确出现堤防决口、水闸垮塌、水库溃坝前期征兆及发生险情后的紧

急上报规定和应采取的处理措施等。明确发生山洪灾害时的主要应急响应措施，包括发布山洪警报的标准及责任单位、人员转移的主要原则、人员紧急抢救与救援等。明确发生暴雨渍涝时的主要应急响应措施，包括工程调度和设置临时排涝设备的要求及责任单位、发布城市涝水限排指令的权限等。明确发生台风暴潮时的主要应急响应措施，如台风暴潮监测与警报发布、人员与物资转移、海上作业保护与搜救、重要保护对象的防护与抢险等。

（3）为防御洪水灾害和有效利用水资源而采用的能对气象、水文要素进行观测、传输和处理，并具有发布预报警报功能的信息系统。洪水警报系统与洪水预报系统有的互相联系，有的单独建立。其功能是争取时间，及早掌握水情及其发展情势，以便研究对策，采取措施，减免洪水造成的损失。

（4）明确汛情、工情、险情、灾情（含大面积停电、停水、重大疫情等次生衍生灾害）等信息报送、处理与反馈以及发布的原则和主要要求。明确应对灾害的指挥和调度措施，以及发生重大灾害时派赴工作组（含专家组）的要求等。明确群众转移的原则和工作程序，以及相应的安全与生活保障措施等。明确险情和灾情监控、抢护和救援的指导原则、工作程序和总体要求。明确确保抢险人员自身安全和受威胁群众人身安全的各项防护与医疗救护措施。明确对重点地区或部位实施紧急控制以及动员社会力量的条件、权限和要求等。

（5）明确应急响应结束的条件和发布程序。

5）应急保障

（1）通信与信息保障。明确确保预案执行过程中通信与信息畅通的主要保障措施，如党政军领导机关、现场指挥及其他重要场所的应急通信保障方案，信息数据库建设与网络共享等。

（2）抢险与救援保障。明确抢险救援装备、技术力量、队伍（含专业与非专业队伍）、专家组在管理和启动等方面的保障措施，包括各类工程、供水、供

电、供气、供热等基础设施、房屋建筑、交通干线抢险、抢修，以及人员救护等。

（3）供电与运输保障。明确对抗洪抢险、抢排积涝、救灾现场等供电与运输的主要保障措施、责任单位等。

（4）治安与医疗保障。明确灾区治安管理、疾病防治、防疫消毒、抢救伤员等保障要求。

（5）物资与资金保障。明确防汛物资储备管理、调拨程序与调运方式、防汛经费的安排、特大防汛经费的申请等保障措施。

（6）社会动员保障。明确防汛指挥机构动员社会力量投入防汛、支持抗灾救灾和灾后重建工作的保障措施。

（7）宣传、培训和演习。明确城市防洪排涝宣传、市民防洪减灾教育、技术人员培训、防汛减灾演习等保障措施。

6）后期处置

（1）灾后救助。明确政府各有关部门及相关单位救灾工作的要求与职责。

（2）抢险物资补充。明确如何根据防汛抢险物资消耗情况，及时补充抢险物资的具体要求。

（3）水毁工程修复。明确水利、供水、交通、电力、通信等工程或设施水毁修复的资金来源、时限等具体要求。

（4）灾后重建。明确相关工程或设施的灾后重建标准、指导原则和实施措施等具体要求。

（5）保险与补偿。明确保险与补偿的适用条件、承办机构职责和任务、工作原则、工作流程等。

（6）调查与总结。明确调查与总结的适用条件、承办单位、时限要求和审核程序等。

6.7.2.3 应急培训和演习

1）应急培训

应急预案培训的原则是加强基础、突出重点、边练边战、逐步提高。其范围包括政府主管部门的培训、村（居）民的培训、企业全员的培训和专业应急救援队伍的培训。

基本应急培训主要包括：①报警；②疏散；③洪水灾害应急培训；④不同水平应急者培训。

在具体培训中，通常将应急者分为5种水平：初级意识水平应急者，初级操作水平应急者，危险专业水平应急者，危险专家水平应急者，险情指挥者水平应急者。

洪水危机应急管理的专业性、技术性强，要加强对各级领导、责任人、指挥人员和救灾人员进行洪水危机应急管理知识定期培训，培训内容应包括应急管理、工程抢险、应急预案等知识。

按分级负责原则，各级洪水危机应急管理指挥部门分别组织开展防汛行政责任人、技术责任人和防洪抢险骨干人员的培训。加强对武警、部队、防汛机动抢险队和防汛抢险民兵轻舟机动大队抗洪抢险技术培训。特别注重基层队伍培训，提高其技术水平。

培训工作应做到合理规范课程、考核严格、分类指导，保证培训工作质量。应结合实际，采取多种组织形式，定期与不定期相结合，每年汛前至少组织一次培训。

2）应急演习

各级洪水危机应急管理部门根据工作需要举行不同类型的应急演习，以检验、改善和强化防御洪水危机应急准备和应急响应能力。

防洪专业抢险队伍应针对当地易发生的各类险情，每年进行抗洪抢险演习。演习内容应主要包括针对特定灾情采取的各项应急响应措施以及常用的查险、探险、抢险方法。每2~3年举行一次多个部门联合进行的专业演习。

演练的类型包括：①桌面演练。由应急组织的代表或关键岗位人员参加的，按照应急预案及其标准工作程序，讨论紧急情况时应采取行动的演练活动。②功能演练。针对某项应急响应功能或其中某些应急行动举行的演练活动，主要是针对应急响应功能，检验应急人员以及应急体系的策划和响应能力。③全面演练。针对应急预案中全部或大部分应急功能，检验、评价应急组织应急运行能力的演练活动。

演练的参与人员包括：①参演人员。承担具体任务，对演练情景或模拟事件做出真实情景响应行动的人员。具体任务为救助伤员或被困人员，保护财产或公众健康，获取并管理各类应急资源，与其他应急人员协同处理重大险情或紧急事件。②控制人员。即控制演练时间进度的人员。具体任务为确保演练项目得到充分进行，以便评价；确保演练任务量和挑战性；确保演练进度；解答参演人员的疑问和问题；保障演练过程安全。③模拟人员。扮演、代替某些应急组织和服务部门，或模拟紧急事件、事态发展的人员。具体任务为扮演、替代与应急指挥中心、现场应急指挥相互作用的机构或服务部门，模拟险情的发生过程（如释放烟雾、模拟气象条件、模拟泄漏等），模拟受害或受影响人员。④评价人员。负责观察演练进展情况并予以记录的人员。主要任务为观察参演人员的应急行动，并记录观察结果；协助控制人员确保演练计划进行。⑤观摩人员。来自有关部门、外部机构以及旁观演练过程的观众。

6.7.3　应急预案的评审、备案和实施

6.7.3.1　应急预案的评审

1）评审目的

发现应急预案存在的问题，完善应急预案体系；提高应急预案的针对性、实用性和可操作性；实现总体应急预案与相关单位单项应急预案衔接；增强单位洪水危机防范和应急处置能力。

2）评审原则

实事求是，符合各单位或区域应急管理工作实际；对照相关标准，发现预案中存在的问题与不足；依靠专家、综合评定，及时补充完善应急预案。

3）评审依据

国家及地方政府有关法律、法规、规章和标准，以及有关方针、政策和文件；地方政府、上级主管部门以及水利有关应急预案及应急措施；单位或区域可能存在洪水风险和应急能力。

4）评审人员

熟悉并掌握国家有关安全生产法律、法规及规章，熟悉并掌握应急管理知识，熟悉单位或区域洪水安全管理工作。

5）评审要点

（1）符合性。应急预案的内容是否符合有关法规、标准和规范的要求。

（2）适用性。应急预案的内容及要求是否符合本单位或区域实际情况。

（3）完整性。应急预案的要素是否符合评审规定的要素。

（4）针对性。应急预案是否针对可能发生的洪水类别、重大隐患、重点部位。

（5）科学性。应急预案的组织体系、预防预警、信息报送、响应程序和处置方案是否合理。

（6）规范性。应急预案的层次结构、内容格式、语言文字等是否简洁明了，便于阅读和理解。

（7）衔接性。综合应急预案、专项应急预案、现场处置方案以及其他单位或区域的预案是否衔接。

6）评审方法

应急预案评审分为形式评审和要素评审，评审可采取符合、基本符合、不符合3种方式简单判定。对于基本符合和不符合的项目，应提出指导性意见或建议。

（1）形式评审。依据有关规定和要求，对应急预案的层次结构、内容格式、语言文字和制订过程等内容进行审查。形式评审的重点是应急预案的规范性和可读性。

（2）要素评审。依据有关规定和标准，从符合性、适用性、针对性、完整性、科学性、规范性和衔接性等方面对应急预案进行评审。要素评审包括关键要素和一般要素。为细化评审，可采用列表方式分别对应

急预案的要素进行评审。评审应急预案时，将应急预案的要素内容与表中的评审内容及要求进行对应分析，判断是否符合表中要求，发现存在的问题及不足。

关键要素指应急预案构成要素中必须规范的内容。这些要素内容涉及单位日常应急管理及应急救援时的关键环节，如应急预案中的危险源与风险分析、组织机构及职责、信息报告与处置、应急响应程序与处置技术等要素。

一般要素指应急预案构成要素中简写或可省略的内容。这些要素内容不涉及单位日常应急管理及应急救援时的关键环节，而是预案构成的基本要素，如应急预案中的编制目的、编制依据、适用范围、工作原则、单位概况等要素。

7）评审程序

应急预案编制完成后，应在广泛征求意见的基础上，采取会议评审的方式进行审查。会议审查应由单位或区域主管防汛的领导组织，会议审查规模和参加人员根据应急预案涉及范围和重要程度确定。

（1）评审准备。应急预案评审应做好以下准备工作：成立应急预案评审组，明确参加评审的单位或人员；通知参加评审的单位或人员具体评审时间；将被评审的应急预案在评审前送达参加评审的单位或人员。

（2）会议评审。会议评审可按照以下程序进行：介绍应急预案评审人员构成，推选会议评审组组长；应急预案编制单位或部门向评审人员介绍应急预案编制或修订情况；评审人员对应急预案进行讨论，提出修改和建设性意见；应急预案评审组根据会议讨论情况，提出会议评审意见；讨论通过会议评审意见，参加会议评审人员签字。

（3）意见处理。评审组组长负责对各位评审人员的意见进行协调和归纳，综合提出预案评审的结论性意见。编制单位应按照评审意见，对应急预案存在的问题以及不合格项进行分析研究，对应急预案进行修订或完善。反馈意见要求重新审查的，应按照要求重新组织审查。

6.7.3.2　应急预案的备案

各级防汛管理部门的洪水应急预案，应当报同级人民政府和上一级管理部门备案。其他负有洪水安全管理职责的部门的应急预案，应当抄送同级洪水安全管理部门。

申请应急预案备案，应当提交以下材料。

（1）预案备案申请表。

（2）预案评审或者论证意见。

（3）预案文本及电子文档。

受理备案登记的洪水安全管理部门应当对应急预案进行形式审查，经审查符合要求的，予以备案并出具应急预案备案登记表；不符合要求的，不予备案并说明理由。

各级"三防"部门应当指导、督促检查各单位做好应急预案的备案登记工作，建立应急预案备案登记建档制度。

6.7.3.3　应急预案的实施

应急预案经批准发布后，应急预案的实施便成了应急管理工作的重要环节。应急预案的实施包括：开展预案的宣传贯彻，进行预案的培训，落实和检查各个有关部门的职责、程序和资源准备，组织预案的演练，并定期评审和更新预案，使应急预案有机地融入到城市的公共安全保障工作之中，真正将应急预案所规定的要求落到实处。

各级"三防"部门应当采取多种形式开展应急预案的宣传教育，普及洪水预防、避险、自救和互救知识，提高相关人员安全意识和应急处置技能，应当将应急预案的培训纳入培训工作计划，并组织实施本行政区域内相关单位的应急预案培训工作。

应急预案的要点和程序应当张贴在应急地点和应急指挥场所，并设有明显的标志。

各级"三防"部门应当定期组织应急预案演练，提高本部门、本地区洪水危机应急处置能力。

应急预案演练结束后，应急预案演练组织单位应当对应急预案演练效果进行评估，撰写应急预案演练评估报告，分析存在的问题，并对应急预案提出修订意见。

应急预案修订的重要性并不亚于预案的制订。由于客观情况经常发生变化，只有及时对预案进行修订，才能更有效地应对突发事件。《中华人民共和国突发事件应对法》第17条规定："应急预案制订机关应当根据实际需要和情势变化，适时修订应急预案。"

各级"三防"部门制订的洪水应急预案，应当根据预案演练、机构变化等情况适时修订。有下列情形之一的，应急预案应当及时修订。

（1）相关单位因兼并、重组、转制等导致隶属关系、经营方式、法定代表人发生变化的。

（2）预案涉及周围环境发生变化，形成新的重大危险源的。

（3）应急组织指挥体系或者职责已经调整的。

（4）依据的法律、法规、规章和标准发生变化的。

（5）新建、改建、扩建工程项目完工后。

（6）应急预案演练评估报告要求修订的。

（7）应急预案管理部门要求修订的。

负责应急预案修订部门应当及时向有关部门或者单位报告应急预案的修订情况，并按照有关应急预案报备程序重新备案。

各级"三防"部门应当按照应急预案的要求配备相应的应急物资及装备，建立使用状况档案，定期检测和维护，使其处于良好状态。

洪水危机发生后，应当及时启动应急预案，组织有关力量进行救援，并按照规定将灾情信息及应急预案启动情况报告相关部门。

6.7.4　应急管理案例

6.7.4.1　广东省"05·6"洪水应急管理

2005年6月17~24日，受静止锋、切变线、地面低压、季风低槽、低涡等天气系统的影响，珠江流域出现了持续性的强降雨过程，强度普遍达到暴雨到大暴雨、局部特大暴雨。暴雨中心主要在西江支流柳江、桂江、蒙江和红水河以及北江、东江中上游和珠江三角洲东北部，韩江流域也普降暴雨，本次降雨的特点是持续时间长、强度大。由于强降雨的影响，西江洪水涨速急，洪峰流量大，持续时间长，是有实测记录以来的最大洪水，超过了100年一遇；北江也出现了超警戒水位的洪水；西江、北江洪水在思贤滘相遭遇，之后进入珠江三角洲，又适逢南海天文大潮顶托，使西、北江下游和珠江三角洲的水文情势变化十分复杂，珠江三角洲腹地的许多水文站点的洪潮水位超过了历史最高纪录，防汛任务极为严峻。

1）汛情和灾情

"05·6"洪水灾害有以下几个特点。

（1）暴雨强度大、时间长。

从2005年6月18日开始，广东省大部分地区出现持续高强度降水，其中龙门、新丰、紫金、佛冈、海丰等县和河源市源城区等地出现了持续特大暴雨。广东省"05·6"暴雨区的中心主要位于增江上游到新丰江水库库区一带（以下简称"龙门—河源暴雨区"）、海丰公平水库库区（简称"公平暴雨区"）。龙门—河源暴雨区过程雨量大于800mm的笼罩面积大约有100km²，雨量大于600mm的笼罩面积大约有3150km²，雨量大于200mm的笼罩面积覆盖了整个东江流域和北江流域的1/2。龙门—河源暴雨区的暴雨中心龙门县三天降雨量1088.6mm（达1000年一遇，为当地有记录以来的最大值），新丰江水库的最大日雨量为296mm（达到200年一遇），博罗县蓝田站最大1h雨量81.5mm（接近历史最高纪录）；汕尾市海丰县、河源市、韶关市新丰县分别记录得868.4mm、722.0mm、600.1mm过程累积雨量。广西境内的暴雨区主要位于柳江中下游到桂江上游一带，其次贺江中游一带也有一个范围较小的暴雨中心。

（2）洪水突发性强、范围大，西江、东江及珠江三角洲汛情严重。

广东省珠江水系的西江、北江、东江、韩江以及东南沿海的大小河流基本上都暴发了洪水。特别是西江洪水流量量级大、涨速快、来势迅猛，同时北江洪水流也是涨速快、流量增大迅猛，两江洪水基本上都是单峰型洪水。由于西江干流底水高，江口站、梧州站起涨水位均接近警戒水位，加上干、支流洪水相互叠加，暴雨区移动与洪峰传播一致，洪水起涨快、涨率大，使西江干流梧州以上峰高突出，部分河段水位超过"98·6"大洪水纪录，6月23日11时，梧州水文站洪峰水位达26.750m，相应流量53000m³/s（超100年一遇），高要水文站24日6时出现12.680m的洪峰水位，洪峰流量55000m³/s（超100年一遇，超过1915年的大洪水历史纪录），马口站的洪峰水位8.970m、洪峰流量为53000m³/s（历史最大）；东江惠阳站23日10时洪峰水位12.860m，相应流量7790m³/s（是自1979年以来的最大值）；北江石角站24日12时水位12.360m，相应流量13500m³/s。西江、北江洪水到达珠江三角洲，洪峰几乎相碰（西江洪峰比北江洪峰略早10多个小时），且恰逢珠江三角洲的天文大潮，其情形类似于"98·6"洪水，但比"98·6"大洪水严峻，珠江三角洲网河区竹艮、中大、黄埔、老鸦岗、容奇、江门、太敖、勒竹、马鞍、小榄（二）、五斗等站均出现超历史实测最高潮位，特别是中大站出现2.77m的高潮位（达200年一遇），江门站最高潮位5.11m、小榄站最高潮位5.09m（均达100年一遇）。

（3）受灾面广、损失严重。

暴雨洪水共造成广东省河源、韶关、佛山、肇庆、惠州、梅州、清远、云浮、汕尾、珠海等17个市94个县（市、区）808个乡（镇）受灾，受灾人口448.86万，死亡65人，倒塌房屋5.48万间；农作物受灾面积21.88万hm²，其中粮食作物12.345万hm²，减收粮食15.8万t；停产工矿企业2540家，毁坏铁路路基（面）1.35km、公路路基（面）2198km；损坏输电线路929km、通信线路778km；损坏中型水库5座、小型水库121座，损坏堤防3216处共计407.6km，堤防决口1090处共计47.5km，损坏护岸3081处、水闸1570座、灌溉设施8183处、机电井61眼、水文测站27座、水电站189座，冲毁塘坝2217座。全省直接经济总损失49.7亿元，其中农林牧渔业损失22.19亿元，工业运输业损失11.44亿元，水利设施直接经济损失10.47亿元。

2）"05·6"洪水应急管理

（1）预警处理

2004年广东省防汛抗旱总指挥部（后简称防总）编制了防洪、防旱、防风3个应急专项预案，修编了东江洪水调度方案。在"三防"办公管理系统中接入了全面的水雨情信息（包括西江广西境内的重要站点信息）。2005年3月中旬，在全省防汛形势会商会上，广东省防总要求各地、各部门要做好防御西北江等大江大河流域性大洪水的准备。汛前，分别召开了全省"三防"工作会议、全省三防办主任会议和北江大堤防汛工作会议，全面部署安全度汛工作。广东省防总认真组织汛前安全大检查，要求各级水利、"三防"部门要把防洪安全作为一项头等大事来抓，所有工程和所有部位都要落实以行政首长责任制为核心的防汛责任制，行政责任人要亲临工程实地，了解工程状况，了解工程防洪预案，做到心中有数，切实担负起责任，做好思想、组织、物资准备。同时，不断推进防汛各项工作规范化、制度化建设，建立健全防御洪水、台风灾害机制，调动一切积极因素、合理配置资源，提高防洪保安和应急处置能力。各地都按照防洪预案的要求，立足于防大汛、抗大洪，储备抢险物料，组织抢险队伍，做好抢险准备。

各级防汛指挥部门加强预测预报，科学调度水库等防洪工程。气象、水文部门加大预测、预报密度，省水文局每隔2h向省防总上报一次水文雨情水情，省气象局及时将天气变化情况上报省防总。快速、及时、准确的水文预报成果，为珠江防汛抗洪抢险决策提供了信息保障。

做好预警工作，按照预报的洪峰水位高程，及时组织洪峰水位以下、没有堤防保护地区的群众及时转移到安全的地带进行安置，对洪峰到来时有可能被淹的物资及时组织转移，全省受灾地区共安全转移群众38.7万人，整个防洪抢险过程中没有人员伤亡。

（2）分级响应。

6月22日上午，根据珠江流域汛情，国家防总宣布启动二级响应，全面展开珠江流域防汛抗洪抢险应急工作。

6月23日广东省政府宣布西江（广东境内）和北江进入防汛I级应急响应，向全省发出西江和北江抗洪抢险救灾紧急动员令，要求发扬"98"抗洪精神，圆满完成抗洪抢险任务，极大鼓舞了广大军民的抗洪斗志。

广东省防总按照抗洪抢险工作预案和工作部署，加强值班，掌握汛情，统一调度，统一指挥，并加强与西江、北江上游省区的联系，及时了解全省流域的水情，指导全省各地科学防汛救灾。省防总先后派出了22个工作组分赴各地参加和指导抗洪救灾工作；各行政责任人、技术责任人第一时间奔赴抗洪救灾第一线。省防总及时调动部队、防汛机动抢险队等，前往东线抗洪救灾，前往西江、北江防汛抗洪。

（3）科学调度。

广东省防总按照抗洪抢险工作预案和工作部署，加强值班，掌握汛情，统一调度，统一指挥，并加强与西江、北江上游省区的联系，及时了解全省流域的水情，指导全省各地科学防汛救灾。广东省抗洪总指挥部坚持科学调度，及时采取有效措施，有条不紊地推进抗洪抢险工作。在洪峰来临之前，北江飞来峡水库进行预泄，提前做好拦洪准备。6月23日，省防总向飞来峡水库发出3号调度令，从6~16时，削峰3000m³/s，实现了北江与西江洪水错峰，减轻了西江和珠江三角洲的防洪压力；东江流域的新丰江、枫树坝、天堂山等水库尽量拦蓄洪水，减轻东江和增江中下游的防洪压力。从6月18~27日，新丰江水库几乎拦蓄了所有入库洪水，共拦蓄了23.80亿m³洪水。库水位也上涨了7.50m；21日14时新丰江水库入库流量11865m³/s，出库流量仅310m³/s，使博罗站22日22时

流量仅为7410m³/s（从河源演进到博罗需34h）。如果新丰江不实施拦洪，此次博罗站洪峰流量将超过100年一遇（14400m³/s），东江沿岸堤围可能尽溃。因此，新丰江水库为减轻东江干流防洪压力做出了巨大贡献。此外，省防总向枫树坝水库先后发出2号和4号调度令，水库从22日1时至23日4时，控泄700m³/s，共蓄洪1亿多m³，在一定程度上减轻了龙川县的防洪压力。

（4）及时抢险。

在河源市出现严重灾情的情况下，省防总紧急调配广东省军区和佛山民兵轻舟队的冲锋舟、省机动抢险队和救生衣、装载机等一大批抢险物资，前往河源市抢险救助受困群众；惠州军分区从工兵团中派出50名官兵、20艘冲锋舟参加龙门县抢险救灾、转移被洪水围困群众，安全转移群众24000人。

6月24日，江门市石洲、壳窖两座水闸闸体进口底板前后端出现渗漏。外江水从该薄弱处进入，然后在闸体出口底板与消力池之间的结构缝涌出，造成闸后管涌情况出现。

险情出现的主要原因是设计不合理。由于闸基是含水量较大的淤泥，为满足闸体承载力要求，闸底采用预制混凝土桩加固，两侧回填部位却没有处理，以致使闸体与两侧回填土出现不均匀沉陷，造成闸底板脱空，形成渗漏通道。3月江新联围河道管理达标验收时，工作组已发现几乎所有新建水闸的两侧填土表面低于闸顶，且出现贯穿性裂缝，当即请江门市水利局务必在4月中旬处理完毕。限于时间和设备，江门市只处理了闸两侧的裂缝，但对闸底基础与地基可能脱空的部位未及时处理。当外江与内河出现较大水头差，外江水从水闸进口底板结构缝最薄弱的部位进入渗透通道，然后从闸体与闸后消力池之间的结构缝涌出。

主要抢险措施为：①立即在闸后筑一条隔水围堰，壅高闸后水位，减少内外水头差，降低外江水渗透压力；②在闸前进口底板及护坦铺设两层防渗薄

膜，然后堆填沙包镇压，隔绝外江水与渗透点直接联系，减少渗流量；③石洲水闸漏水点位于进口底板最前端且涌水量较大，决定在水闸进口堆筑围堰，进一步隔断江水与渗漏点的直接联系，同时为今后进一步处理闸基渗漏通道做准备；④壳窖水闸因渗水量相对不如石洲水闸，潜水员已摸清进水点在闸室结构缝，决定在堵缝后只在闸室铺两层防渗薄膜，范围延伸至进水底端，然后网填沙包。抢险方案实施后，效果明显，险情基本得到控制。

（5）应急保障。

据统计，全省共投入抢险人员148万人，其中部队2.7万人，共安全转移受灾群众38.7万人。6月22～24日，根据河源、肇庆、云浮、清远等受灾市及省武警总队的请求，广东省防总迅速调拨编织袋115万只、救生衣7000件、土工布3.3万㎡、钢筋笼300个、防汛灯等物资。

国家防总及时调拨物资支援广东省防汛抗洪工作，6月22～23日紧急调往广东冲锋舟50艘，防汛土工布10万㎡，覆膜编织布20万m²，汽油发电机组50台，铅丝网片4000片，防汛应急灯500盏，投光灯200盏（配电缆1万m），救生衣2万件。

广东省国土厅24h监测危险点，并及时将涉及地质灾害防治内的"明白卡"发至村民手中；广东省民政厅紧急启动救灾工作应急预案，成立救灾应急指挥部；广东省卫生厅加强灾情疫情监测与报告，并组建10支救灾医疗防疫队，随时开赴灾区；广东省交通厅为防汛抢险车辆提供方便，并及时预警预告各道路受浸情况等，为人们提供准确的行动指南。

（6）善后工作。

在整个抗洪救灾过程中，充分体现以人为本、民生为先的理念。各级政府和部门以确保人民生命安全为首要目标，主要做了以下几方面工作：①及时组织居住在低洼地带、地质灾害易发地及大江大河沿岸受威胁地方的群众安全转移。西江沿线没有因堤防决口和城镇受淹而造成人员伤亡。②妥善安置紧急转移出

来的群众，确保他们有饭吃、有干净水喝、有住处、有衣穿、有病能得到及时医治。③对被洪水围困一时无法实施有效转移，但安全有保障的群众实施空投物品，确保受灾群众不挨饿、不受冻、不染疫。④灾后各部门迅速组织力量修复、维护受洪水损毁的道路、桥梁、供电、供水、通信等设施。⑤灾区群众都得到了妥善安置，各项恢复生产工作得到有序进行，灾区人心稳定，社会秩序正常。

3）"05·6"洪水应急管理工作启示

（1）要加强珠江流域机构对防洪统一调度。

"05·6"两江大洪水主要是中上游的降雨汇集而成，西江是跨省（自治区）江河，存在跨区域的防洪调度问题。随着社会、经济的发展，流域防洪统一调度、水资源统一配置和管理的问题越来越突出，要求越来越高。需进一步强化珠江水利委员会流域统一管理调度的职能，加强西江等跨省（自治区）江河的防洪统一调度、水资源统一配置和管理，确保防汛安全。

（2）防洪预案有待进一步修编完善。

2004年，广东省防总制订了防洪、防旱、防风3个专项预案和汇总编制了省自然灾害应急总体预案；但防洪预案还有待完善，要按照防洪防旱防风法制化、规范化和科学化的要求，修编完善防洪、防旱、防风预案，并制定各部门实施细则。同时，加快各大流域洪水调度方案编制工作的力度，进一步完善流域洪水防御预案，加强超标准洪水的蓄滞洪区的管理和建设。

（3）要充分认识防洪工程体系在抗洪中的重要作用。

1998年长江大水以后，长江堤防建设、治淮治太、黄河治理等工作相继实施，珠江是七大江河中唯一没有得到系统整治的河流。因此，开展西江控制性骨干枢纽工程建设，加快建设龙滩水库，开工建设大藤峡水库及重要堤防等防洪工程势在必行。

（4）加强机动抢险队伍管理和物资储备工作。

2005年，广东省有省防汛抢险机动队、二队、北江抢险队和西江抢险队4个专业队伍。他们大多为企业，平时与省防总联系不多，建队时广东省没有安排补助资金，抢险后抢险费用没能落实。为了发挥广东省抢险专业队伍防大汛、抢大险的作用，要加强对抢险队伍的统一管理，落实抢险费用。

"05·6"洪水抗洪抢险需要调拨的物资量大且紧急，但目前广东省仅租用少量场地储备物资，没有专门的防汛物资仓库，防汛物资不足，大部分要靠临时从外地或厂家购置或调用，质量、数量和时间难以保证；有必要加强防汛物资的管理。

（5）加快三防指挥系统项目建设。

2005年，广东省三防指挥系统尚未建成，对防御流域性洪水的测报、信息共享、会商、决策、指挥等工作很不利，要加快完成三防指挥系统项目。大力支持市、县三防指挥系统建设，为防汛抗旱提供信息共享，构筑通信平台和科学指挥专家系统，不断提升水旱风灾害防御应急处置能力。

6.7.4.2 长江1998年大洪水应急管理

1998年我国气候异常，长江、松花江、珠江、闽江等主要江河暴发了大洪水。长江洪水仅次于1954年，为20世纪第二位全流域型大洪水；松花江洪水为20世纪第一位大洪水；珠江流域的西江洪水为20世纪第二位大洪水；闽江洪水为20世纪最大洪水。在党中央坚强领导下，广大军民发扬"万众一心、众志成城，不怕困难、顽强拼搏，坚忍不拔、敢于胜利"的伟大抗洪精神，依靠新中国成立以来建设的防洪工程体系和改革开放以来形成的物质基础，抵御了一次又一次洪水的袭击。

1）雨情、水情和灾情

1998年6~8月长江流域面平均降雨量为670mm，比多年同期平均值多183mm，仅比1954年同期少36mm。汛期，长江流域的雨带出现明显的南北拉锯及上下游摆动现象，大致分为4个阶段。

第1阶段为6月12～27日，江南北部和华南西部出现了入汛以来第一次大范围持续性强降雨过程，总降雨量达250～500mm。其中，江西北部、湖南北部、安徽南部、浙江西南部、福建北部、广西东北部降雨量达600～900mm，比常年同期偏多90%~200%。

第2阶段为6月28日至7月20日，降雨主要集中在长江上游、汉江上游和淮河上游，降雨强度较第1阶段为弱。

第3阶段为7月21～31日，降雨主要集中在江南北部和长江中游地区，雨量一般为90～300mm，其中湖南西北部和南部、湖北东南部、江西北部等地降雨量达300～550mm，局部超过800mm，比常年同期偏多100%～500%。

第4阶段为8月1～27日，降雨主要集中在长江上游、清江、澧水。汉江流域，其中嘉陵江、三峡区间和清江、汉江流域的降雨量比常年同期偏多70%~200%。

汛期，长江上游先后出现8次洪峰并与中下游洪水遭遇，形成了全流域型大洪水。

（1）洪水过程。

6月12～27日，受暴雨影响，鄱阳湖水系暴发洪水，抚河、信江、昌江水位先后超过历史最高水位；洞庭湖水系的资江、沅江和湘江也暴发了洪水。两湖洪水汇入长江，致使长江中下游干流监利以下水位迅速上涨，从6月24日起相继超过警戒水位。

6月28日至7月20日，主要雨区移至长江上游。7月2日宜昌出现第1次洪峰，流量为54500m³/s。监利、武穴、九江等水文站水位于7月4日超过历史最高水位。7月18日宜昌出现第2次洪峰，流量为55900m³/s。在此期间，由于洞庭湖水系和鄱阳湖水系的来水不大，长江中下游干流水位一度回落。

7月21～31日，长江中游地区再度出现大范围强降雨过程。7月21～23日，湖北省武汉市及其周边地区连降特大暴雨；7月24日，洞庭湖水系的沅江和澧水暴发大洪水，其中澧水石门水文站洪峰流量19900m³/s，为20世纪第二位大洪水。与此同时，鄱阳湖水系的信江、乐安河也暴发大洪水；7月24日宜昌出现第3次洪峰，流量为51700m³/s。长江中下游水位迅速回涨，7月26日之后，石首、监利、莲花塘、螺山、城陵矶、湖口等水文站水位再次超过历史最高水位。

8月，长江中下游及两湖地区水位居高不下，长江上游又接连出现5次洪峰，其中8月7~17日的11天内，连续出现3次洪峰，致使中游水位不断升高。8月7日宜昌出现第4次洪峰，流量为63200m³/s。8月8日4时沙市水位达到44.950m，超过1954年分洪水位0.28m。8月16日宜昌出现第6次洪峰，流量63300m³/s，为1998年的最大洪峰。这次洪峰在向中下游推进过程中，与清江、洞庭湖以及汉江的洪水遭遇，中游各水文站于8月中旬相继达到最高水位。干流沙市、监利、莲花塘、螺山等水文站洪峰水位分别为45.220m、38.310m、35.800m和34.950m，分别超过历史实测最高水位0.55m、1.25m、0.79m和0.77m；汉口水文站20日出现了1998年最高水位29.430m，为历史实测纪录的第二位，比1954年水位仅低0.30m。随后宜昌出现的第7次和第8次洪峰均小于第6次洪峰。

（2）洪水量级。

1998年长江荆江河段以上洪峰流量小于1931年和1954年，洪量大于1931年和1954年；城陵矶以下的洪量大于1931年，小于1954年。从总体上看，1998年长江洪水是20世纪第二位的全流域型大洪水，仅次于1954年。

1998年长江洪水量级小于1954年，但中下游水位却普遍高于1954年，有360km河段的最高洪水位超过历史最高纪录。水位高的主要原因为：①溃口和分洪水量比1954年少。1954年长江中下游溃口和分洪总水量高达1023亿m³，1998年只有一些洲滩民垸分洪、溃口，分蓄水量只有100多亿m³。②湖泊调蓄能力降低。1949年长江中下游通江湖泊总面积17198km²，到1998年只剩下洞庭湖和鄱阳湖仍与长江相通，总面积6000多km²。③长江与洞庭湖的水流关系发生变化。20世

纪60年代末、70年代初，长江的下荆江河段裁弯取直后，荆江河段的泄洪能力加大，上游来水分流入洞庭湖的流量减少，而其下游河道过流能力没有相应增加，从而造成城陵矶附近水位抬高。④长江上中游地区水土流失加重了中下游地区防洪的压力。新中国成立以来，洞庭湖淤积量约40亿t，淤积减小了湖泊容积，抬高了洪水水位。

1998年洪水大、影响范围广、持续时间长，洪涝灾害严重。全国共有29个省（自治区、直辖市）遭受了不同程度的洪涝灾害。据各省（自治区、直辖市）统计，农田受灾面积2229万hm²（3.34亿亩），成灾面积1378万hm²（2.07亿亩），死亡4150人，倒塌房屋685万间，直接经济损失2551亿元。江西、湖南、湖北、黑龙江、内蒙古、吉林等省（自治区）受灾最重。

2）洪水应急管理

1998年的抗洪斗争，中央明确提出了确保长江大堤安全、确保重要城市安全、确保人民生命安全的抗洪目标。

（1）预测预防。

汛前，国家防总根据气象部门的预报提早做出了长江可能暴发全流域型大洪水的判断，较往年提早一个月召开国家防总第一次会议，对防汛抗洪的各项准备工作做出全面部署，提出明确要求；检查了大江大河特别是长江的防汛准备工作，督促落实各项措施；公布大江大河行政首长防汛责任制名单，加强社会舆论监督；组织修订印发了大江大河洪水调度方案，落实了各项防洪预案；加大汛前投资，应急加固了一批险工、险段、险库、险闸；充实抢险队伍，储备了防汛抢险物资。

各级水利部门认真按照国务院和国家防总的统一部署，对防汛准备工作做了周密安排。长江流域的湖北、湖南、江西、安徽、江苏等省按照防御1954年全流域型大洪水的要求，加大了防汛准备工作力度。

（2）指挥统一。

在整个抗洪抢险过程中，党中央、国务院时刻关注汛情的发展，直接领导抗洪斗争。8月7日，在长江抗洪的紧要关头，中央政治局常委召开会议，做出了《关于长江抗洪抢险工作的决定》，对抗洪工作进行了全面部署。党和国家主要领导人亲赴第一线指挥抗洪抢险救灾。为贯彻落实中央的决定，8月11日国家防总在湖北荆州召开特别会议，针对长江防汛极为严峻的形势，决定采取严防死守长江大堤的8条具体措施，要求各地加大巡堤查险力度，突击加高加固长江大堤，做好抢大险尤其是溃口性险情的准备，及时排除险情，及时补充抢险料物，合理部署和使用抗洪抢险力量，做好洪水科学调度。

（3）调度科学。

在抗御1998年长江大洪水过程中，湖南、湖北、江西、四川、重庆等5省（直辖市）的763座大中型水库参与了拦洪削峰，拦蓄洪水总量为340亿m³，发挥了极为重要的作用。在抗御长江第6次洪峰时，隔河岩、葛洲坝等水库通过拦洪削峰，降低了沙市水位0.40m左右；汉江丹江口水库最大入库流量18300m³/s，最大下泄流量仅1280m³/s，削减洪峰93%，避免了武汉附近杜家台等分洪区分洪，减轻了武汉市防守的压力。据统计，1998年全国共有1335座大中型水库参与拦洪削峰，拦蓄洪水总量532亿m³，减免农田受灾面积228万hm²（3420万亩），减免受灾人口2737万，避免200余座城市进水。

（4）决策科学。

8月7日，江西省九江市长江大堤4~5号通航闸之间基础发生重大管涌险情，导致大堤决口。险情发生后，专家组成的技术顾问组在现场研究制订了堵口方案，决定在决口处沉船外侧抢筑围堰，减小决口处的流量；在决口处由部队抢筑钢木组合结构坝进行封堵；在决口下游侧再修筑第二道围堰，防止灾情扩大。经过军民奋勇拼搏，8月12日堵口成功，没有造成人员伤亡。

8月16日，宜昌出现第6次洪峰。水文部门预报

沙市洪峰水位为45.300m，按照防洪预案，荆江分洪区有可能启用。国家防总在现场召集有关专家分析了当时的抗洪形势：第一，荆江分洪区的作用主要是保护荆江大堤的安全。荆江大堤10多年来已按防御45m的设计水位进行了加固，大堤在设计水位之上还有2m超高，因此只要进一步加强防守，不启用荆江分洪区，安全是有保障的。第二，长江上游和三峡区间降雨已暂时停止。据水文部门计算分析，这次洪水过程需要分洪的超额洪水流量只有2亿m³左右，为此而启用有54亿m³分洪容积的荆江分洪区损失太大。第三，从当时长江防守最紧张的洪湖、监利河段堤防防守情况看，该河段远离荆江分洪区，荆江分洪区分洪对降低这一河段的洪水位作用不大。根据以上分析，党中央、国务院决定不启用荆江分洪区，继续严防死守长江大堤；加强科学调度，湖北、湖南、四川、重庆境内的有关水库尽全力拦蓄洪水，削减洪峰流量。经广大军民奋力抗洪抢险，长江第6次洪峰8月17日通过沙市，水位45.220m，避免了运用荆江分洪区带来的损失。

（5）保障有力。

军民联防。1998年汛期，解放军、武警部队投入长江、松花江流域抗洪抢险的总兵力达36.24万人，有110多位将军、5000多名师团干部参加了抗洪抢险，动用车辆56.67万台次，舟艇3.23万艘次，飞机和直升机2241架次。在防守洪湖江堤、抢堵九江决口、保卫大庆油田和哈尔滨市等一系列重大抗洪战役中，发挥了关键作用。据统计，长江流域参加抗洪抢险的干部、群众达670万人。

应急保障。国务院动用总理预备费，增拨抗洪抢险资金数十亿元。原国家计委、经贸委、财政部、民政部及时下拨资金、物资。铁道部门安排抗洪救灾军用专列278对，运送部队官兵12万余人，紧急运送救灾物资5万多车皮。民航系统安排抗洪抢险救灾飞行1000多架次，运送救灾物资和设备560多t。原交通部及时决定在长江中游江段实施封航，以保大堤安全。

通信部门保证了防洪抗洪的通信畅通。电力部门保障了抗洪抢险的电力供应。公安部门大力加强灾区的社会治安工作。新闻宣传部门及时、全面地报道汛情和抗洪抢险情况，大大激励了抗洪军民的斗志。国家防总从全国各地紧急调拨了大量抢险物资，共调拨编织袋2亿多条、编织布1400万㎡、无纺布286万m³、橡皮船2415艘、冲锋舟760艘、救生衣59.92万件、救生圈7.74万只、帐篷4650顶、照明灯3082盏、铅丝455t、砂石料6.79万m³、防汛车136台、抢险机械46台，调拨物资总价值4.94亿元。

据统计，在1998年抗洪抢险斗争中，各地调用的抢险物资总价值130多亿元。民政部、中华慈善总会、中国红十字会和各地民政部门收到的各界捐款35亿元，捐物折款37亿元。

（6）救灾救济。

及时做好救灾和卫生防疫工作，保障灾区人民生活。各级民政和卫生部门全力以赴做好工作，受灾群众得到了妥善安置，其吃、穿、住、医等基本生活条件得到了保障。卫生防疫工作取得了很大成绩，大灾之后没有出现大疫。受灾地区传染病疫情总体呈平稳趋势，重点传染病得到有效控制。法定报告的26种甲、乙类传染病累计发病率低于前5年的水平。病毒性肝炎、流行性出血热、乙型脑炎和疟疾发病数低于1997年。与灾害相关的皮炎、红眼病、肠炎等疾病得到了及时治疗。

3）灾后重建

1998年大洪水过后，党中央、国务院对灾后重建、江湖治理和兴修水利工作极为重视，1998年10月中国共产党十五届三中全会做出《中共中央关于农业和农村工作若干重大问题的决定》，要求进一步加强水利建设。随后，党中央、国务院下发了《关于灾后重建、整治江湖、兴修水利的若干意见》，对灾后水利建设做了全面部署。具体工作包括以下方面。

（1）实施封山植树、退耕还林，加大水土保持工作力度，改善生态环境。全面停止长江、黄河流域上

中游天然林采伐。重点治理长江、黄河流域生态环境严重恶化地区，大力实施造林工程，扩大和恢复草地植被，逐步实施25°以上坡地退耕还林，加快25°以下坡地改梯田。依照《中华人民共和国森林法》，开展森林植被保护工作，强化生态环境管理。

（2）加强水土保持工作，严格执行开发建设项目水土保持方案报批制度、建设项目必须与水土保持设施同时设计、同时施工、同时投产。依法划分重点预防保护区、重点治理区、重点监督区，落实防治责任，加强监督管理，坚决控制新的水土流失。以小流域为单元，实行山、水、田、林、路全面规划、综合治理，工程措施、生物措施、蓄水保土等措施相结合，形成水土保持综合防护体系。

（3）做好平垸行洪、退田还湖、移民建镇和蓄滞洪区安全建设。对在1998年大洪水中溃决和影响行洪的江河湖泊洲滩民垸，清除圩堤，移民建镇，恢复蓄洪能力。一些条件较好的民垸，实行"退人不退耕"的办法，一般洪水年可正常耕作，遇较大洪水时，进洪调蓄洪水。加快蓄滞洪区安全建设，因地制宜地采取建安全区、筑安全台和移民建镇等方式，安置好蓄滞洪区内的居民；区内修建必要的道路和通信设施，并抓紧研究制定因分蓄洪水而遭受损失的补偿办法，建立保险机制。

（4）加高加固堤防。把堤防加高加固作为灾后江湖治理工作的重点，通过实施综合防洪措施，使大江大河大湖堤防能防御新中国成立以来发生的最大洪水，重点地段达到防御100年一遇洪水的标准。重点做好堤防基础防渗和堤身隐患处理，以及高程不足堤段的加高培厚。积极推广使用新技术、新材料、新工艺，确保防洪工程质量。

（5）加快江河控制性工程建设。对洪涝灾害频繁，尚未修建控制性工程的主要江河，继续按照流域综合规划，抓紧修建干、支流水库。抓紧三峡、小浪底等在建水库工程的建设，尽快发挥防洪作用。继续抓好病险水库的除险加固。

（6）加强河道的整治。加强长江、黄河等江河下游河道河势控制和崩岸治理。在洞庭湖区及其四水尾闾、鄱阳湖区及其五河尾闾、松滋口等长江三口洪道，对因淤积影响行洪的河段进行清淤疏浚。黄河结合堤防淤背进行清淤疏浚。海河、淮河、松花江等江河淤积严重的河段，也要进行清淤，增加泄洪能力。坚决清除河道行洪障碍，保持行洪畅通。

（7）提高防洪现代化技术水平，加大科技投入。用5年左右的时间，按照统一领导、统一规划、统一标准的原则，逐步建成覆盖全国重点防洪地区的防汛指挥系统；加速发展气象卫星和新一代多普勒天气雷达网，配备现代化水文观测设施，加强暴雨洪水预警系统建设；加强抗洪抢险方面的科研、工作，组织力量开展抢险技术、堵口技术、堤防防渗技术和隐患探测技术的攻关，研制抗洪抢险急需的、实用的新设备和新材料；积极组建抗洪机械化抢险队，加强抢险人员技术培训，建设一批现代化抢险队伍。

6.7.4.3　美国密西西比河洪水管理

1. 洪灾情况

密西西比河流域是仅次于亚马孙河及刚果河流域的世界第三大流域，密西西比河发源于美国北部明尼苏达州，流经10个州，注入墨西哥湾，全长约3950km，总流域面积超过322万km²，占美国大陆面积的41%。沿途有圣路易斯、孟菲斯和新奥尔良等重要港口城市，是美国对外贸易的重要通道。农业是该地区的主体成分，密西西比河流域内为鱼类和野生动物提供了重要的栖息地，拥有美国最大最长的湿地系统。流域内的降雨量变化很大，记录的最小年流量为7.5万m³/s，最大年流量为60万m³/s，后者为平均值的3倍多。

该流域内包括4个完全不同的自然地理区，包括世界上最好的沃土区和7个差异很大的植被区。这种自然环境的多样性影响到洪水的类型和频率。几百万年以前河流的三角洲开始在伊利诺伊州开罗附近形成，此后向南推进了1600km。河流的主要港口城市

新奥尔良所在地，5000年以前还是海水。流域内水土流失严重，泥沙输送数量巨大，每年使墨西哥湾淤积7亿t泥沙。1993年洪水的输沙量达21亿t。

该流域包括3条大河，即密西西比河、俄亥俄河及密苏里河。密西西比河本身就很巨大，在圣路易斯市从水文上分为上密西西比河流域及下密西西比河流域。由于气候上的差异以及流域面积巨大，从未出现过全流域型洪水。但是，每年都会在这一巨大流域的某些地方出现某种类型的洪水，每2~10年会暴发一次波及1/4以上河道范围的洪水。最易于同时产生大洪水的河流为俄亥俄河及下密西西比河。

洪水泛滥总是这个低洼地区的一个问题，1849~2008年密西西比河暴发了约12次大洪水。1993年暴发的洪水在密西西比河上游及密苏里河流域引发了灾难，洪水直接导致38人死亡；约450万hm²农田被淹，居民住房、运输线路和公共设施遭到严重破坏，美国中西部7个州损失达300亿美元。2008年6月6日起，破纪录的强降雨使美国中西部密西西比河流域河水暴涨，至6月19日至少造成24人死亡，近4万人被转移安置，有200万hm²农田被毁，直接经济损失已超过15亿美元；密西西比河有22处堤坝被洪水漫过，另外还有20多处岌岌可危，总损失在200亿美元以上。

2. 应急管理

截至1812年，港口城市新奥尔良已修建约160km（100mile）防洪堤，至1855年，下密西西比河已修建约1600km（1000mile）防洪堤（国家和地方投资修建）。19世纪40年代各州呼吁联邦政府增加防洪及航运投资。1849年及1850年两次洪水使联邦政府采取了行动。1850年美国国会授权美国陆军工程师团对三角洲地区进行勘测，勘测结果采取3种基本防洪措施：堤防、泄洪道（天然的及人工的）以及河道弯曲段裁弯取直。此后还建议在上游修建水库。

1858年特大洪水进一步促进了防洪工作，三角洲勘测单位建议"单纯堤防"方案，这一政策一直执行至20世纪。单纯堤防方案主要保护沿干流的城镇。

1871年美国国会指示沿密西西比河及俄亥俄河建立水位观测网，开始收集水位及降雨资料，并通过电报向沿河发出洪水预警，特别是对于易于发生洪水的下密西西比河流域。

1879年建立了7人组成的密西西比河委员会，任务是防洪、治河、保护河岸及改善航运。

1879～1927年期间的特大洪水预防主要措施是"单纯堤防"政策。

密西西比河委员会对整个河道系统进行了勘测，对主要河段的航运及防洪提出了计划；同时，对主要支流利用私人投资修建了防洪设施，主要是各种形式的堤防。

截至19世纪末，沿下密西西比河修建了主要堤防系统，有些达到美国联邦标准，有些未达到。1903年及1907年洪水破坏了许多非联邦政府修建的堤防，造成大量人员伤亡。密西西比河委员会制定了新的堤防标准。1917年美国国会通过了《防洪法》，号召进一步修建堤防，并与地方分摊投资，成为第一批政府-私人伙伴关系之一。

1922年暴发了接近历史最大的洪水，美国联邦政府修建的堤防控制了洪水，加强了对"单纯堤防"政策的信心。但是，1927年俄亥俄河的春汛洪水破坏了1879～1926年修建的庞大堤防系统，淹没了大范围地区。

1927年的惊人洪水暴露了"单纯堤防"政策的谬误。1928年制定了《防洪法》，并由美国联邦政府拨款3亿美元。法案规定下游的防洪由联邦政府负责，这是联邦政府政策的一大改变。法案要求控制下密西西比河的洪水。1936年及1937年再次暴发大洪水，进一步加重了联邦政府的职责和行动。

截至20世纪30年代，人们更好地认识到如何进行防洪和洪泛平原管理，认识到需要修建所有工程设施——水库、泄洪道和裁弯取直，也认识到需要进行多目标开发——防洪、航运、供水以及以后提出的旅游。1936～1952年，美国国会投资110亿美元修建防洪工程，主要是拦蓄洪水。陆军工程师团在上密西西比河修建了76座水库，在密苏里河上修建了49座水库。垦务局在密苏里河流域修建了22座防洪水库。在1933年成立田纳西河流域管理局。

经过长期酝酿并最终实现的政策变动是在联邦政府（主要负责）、州政府、当地集团（如社区和防洪区）之间重新分担防洪活动。

1851～1950年投入了几十亿美元，采取工程措施解决密西西比河洪水，但并未能消除洪灾损失。防洪一直是国家的目标，1936年确定由联邦政府负责，但在20世纪40年代后期防洪任务由各种联邦政府机构和州政府机构共同分担，它们对于如何防洪常常有不同的观点。

在20世纪50年代，美国开始认识到利用工程措施控制洪水是不够的。这样就促进了洪泛平原管理技术及防洪保险的发展。这些措施采用"与河流共处而不是对立"的观点。1968年美国国会建立国家防洪保险计划，1970年批准《联邦环境保护法》。新的非工程措施实施了30年，但并未解决问题，洪灾继续发生，密西西比河在1965年、1973年及1982年、1983年继续暴发洪水，特别是突发性的洪水给密西西比河许多支流造成灾害。

20世纪70年代以来，洪灾救济日益成为减灾的一项措施。因此，每次大洪水后美国国会都制订专门的救济法案。这种救济加非工程措施的办法基本代替了1851～1950年昂贵的防洪建设计划。

在过去150年内，在人类与密西西比河的斗争中，美国联邦政府在政策上做了很大改变，但一直未能完全解决密西西比河的防洪问题。

1993年上密西西比河及下密苏里河的夏季洪水，1996年伊利诺伊河的暴雨洪水以及1997年俄亥俄河的春季洪水均造成很大灾害。这些洪水的影响包括4个主要方面。

（1）经济影响。

1993年、1996年、1997年洪水在经济上的影响涉及洪泛平原的农业，中西部的工商业及农产品生产、商品销售、制造业、运输业、旅游业等，经济总损失如上所述。

（2）环境影响。

环境影响的许多方面很难定量，有些尚未定量，有些尚需许多年以后才能确认。洪水相当大程度上改变了河道及洪泛平原的生态系统，彻底改变了许多环境条件。

（3）对美国联邦政府的影响。

1993年532个县被美国联邦政府确认为受灾县，1996年为11个，1997年为79个。联邦政府的防洪政策受到了影响。在3次洪水中参加防洪保险的人数不足10%。大量的堤防破坏影响了各级政府机构。在1993年洪水中，联邦政府所属229个堤段中有39段破坏，非联邦政府所属268个堤段中164段破坏，私人堤防1079段中879段破坏。堤防的重建给各级政府造成很大负担。1997年和2008年洪水也有同样后果。

（4）社会影响。

在洪灾地区社会影响巨大。死亡人数相对较少，说明洪水预报及预警系统的改善。1993年洪水时撤退9.4万人，至11月底45000人无家可归，至1994年6月仍有3000人无家可归，中西部6.1万户严重破坏，其中60%彻底破坏。1996年洪水时撤退4300人，3.5万户受淹。1997年洪水时撤退1.8万人，8.3万户受淹。

3. 洪水的教训

从密西西比河洪水中可以得出以下6点教训。

（1）洪水超过过去经验值，而设计洪水继续发生。

近期这几次大洪水每次类型都很不相同，对河系造成异乎寻常的影响，使防洪建筑物受到很大损失，造成意料不到的社会影响。为此，对这些洪灾的原因应进行探讨，许多损失是由于洪水超过设计标准，而自从有记录以来，洪水从未或很少达到设计标准，这就提出如何规定设计标准的问题。需要进行一些科学技术研究，以改善对特大洪水的了解，缓解其影响和

更好地采取防护措施。这些内容包括：①制定计划以便在洪水期间和以后收集资料；②发展和安装更先进的仪器，以便测量洪水及流量；④开发洪水监测和预测的水文模型。

（2）产生了意料不到的重大影响。

在这几次洪水中，国家地面运输系统，特别是铁路、公路系统遭受了异乎寻常的广泛损失。由于河流水位预测失误和洪水监测系统失效，许多船舶在洪泛区受阻，使造船业及航运业受到很大损失。许多关键性的公路引桥也需要加高。

这些洪水的降雨记录和高水位记录为工程师和结构专家提供了资料，以便更有效地为抵御特大洪水进行设计。对灾害估计的现有技术是不充分的，应该利用洪水资料改进对洪灾的估计。

洪泛平原的生态系统得到了改善。尽管人类活动改变了洪泛平原，大洪水一般会改善洪泛平原的生态系统。但是，人类活动在很多方面损害了河流的生态系统。近期的几次洪水促进了有害生物的侵入，造成巨大的环境问题。在1993年以后，河流生物栖息地的恢复令人失望。陆军工程师团对基建的投资仍大大超过了对环境的投资。

（3）对洪水的监测和预测系统失效或不足。

现有的洪水监测和预测系统不充分，造成洪水预报的错误。需要更好的预警技术和河道监测设备。

（4）洪水信息不完善、不正确或不及时。

洪水条件和洪灾损失的资料突出贫乏而且一般不准确（常常偏低），洪水暴发数周以后，估算资料仍然很不准确。如何取得洪水条件和损失接近实时的更准确资料，需要做出改进，以便在洪水期间进行调度并进行灾后救济和恢复工作。

洪水水位预报经常失误。洪水预测用的水文操作模型需要大加改进。对于所有洪水的近于实时的洪灾估计和洪水规模的预测，无论在实际数量方面或经济方面都估计得过低。因此，对于洪水规模及其可能影响还缺少实时的信息。政府应改善有关手段以便取得

洪水影响的信息。

洪水及其频率存在着误解。与洪水有关的教育计划将有助于对洪水预报的了解，有助于对生活和耕种在洪泛平原的风险取得更清楚的认识。政府应利用广播媒体发布信息。

（5）许多缓解洪灾损失的措施失败，但也有一些成功。

过去缓解洪灾的工程措施和非工程措施只是部分取得成功。只有10%的受灾人员购买了防洪保险。这几次洪水更促进了洪泛平原利用政策的改善以及美国联邦洪水保险计划的改善。1993年及1997年堤防系统的大规模失事表明并非所有堤防，特别是保护农田的堤防，都能做到在经济上确有实效地抵御洪水。但是，过去为控制洪水投入建设的建筑物是有效益的。

（6）洪水所产生的效益。

这几次洪水的主题是广泛的损失。但在受灾的同时也有获益。科学家和工程师从近几次洪水中获得了新的知识，新的环境问题得到了认识，洪泛平原的生态系统在很多方面获益，公众和政治家认识到联邦政府政策的缺陷从而使政策得到改善，一些损坏的和年老失修的设施得到更换，非受灾区的农民和企业在财政上获益。美国在1993年洪水以后通过了联邦洪水保险计划法案以及联邦作物保险计划。

第7章 城市防洪工程管理设计

7.1 城市防洪工程管理设计原则和内容

7.1.1 一般原则

城市防洪工程管理设计，是为有效实现防洪工程规划的预期效果，对城市防洪工程建成运行期间所进行的有关管理机构、人员、范围、规章制度、管理设施、管理经费等的设计。管理设计应为堤防、水库等防洪工程正常运用、工程安全和充分发挥工程效益创造条件，促进防洪工程管理正规化、制度化、规范化，不断提高现代化管理水平；要符合安全可靠、经济合理、技术先进、管理方便的原则，并在管理实践和试验研究的基础上积极采用新理论、新技术。

管理设计和工程设计是统一的设计整体，在设计中应采用统一的级别；工程管理建设是工程建设的重要组成部分，在新建、改建城市防洪工程设计中，管理设计应与城市防洪主体工程设计同步进行，城市防洪工程可行性研究和初步设计阶段的设计文件应包括工程管理设计内容。工程管理设施的基本建设费用，也应纳入工程总概算。城市防洪工程的工程管理设计，应符合国家有关政策和规范，并结合城市防洪工程特点和城市特点。

7.1.2 基本内容

城市防洪工程管理设计，按照工程等级标准、运行管理需要进行，主要包括以下设计内容。

（1）管理体制、机构设置和人员编制。

（2）管理单位生产、生活区建设。

（3）工程管理范围和保护范围。

（4）工程观测。

（5）交通设施和通信设施及其他维护管理设施。

城市防洪工程是防洪体系中的重要基础设施，工程的安危关系着国计民生的全局。搞好工程的维护管理，必须要有稳定的经费来源做保证。维修管理经费渠道不确定、数额不足，将会严重制约工程的良性运行和使用寿命。因此，在工程管理设计中，要以工程总体经济评价为基础，测算工程年运行管理费。将工程年运行管理费单独提出，明确反映在设计文件中，供有关主管部门审定年费用标准，落实资金渠道和分配比例，为制定财务补偿政策、考察工程财务偿付、保值能力等提供依据。

7.2 管理机构

城市防汛抗洪工作实行市长负责制，统一指挥，分级、分部门负责。城市防洪工程实行按行政统一管理的管理体制。按照城市规模和防洪主体工程的性质规模，实行一、二、三级管理机构。管理机构和人员编制以及隶属关系的确定是一项政策性很强的工作，一般应按照国家有关规定予以确定。

在工程管理设计中管理机构和人员编制应确定以下内容。

（1）按照工程隶属关系，确定任务和管理职能。

（2）确定管理机构建制和级别。

（3）确定各级管理单位的职能机构。

（4）确定管理人员编制人数。

一般江河堤防工程按照水系、行政区划和堤防级别与规模组建重点管理、分片管理或条块结合的管理机构，按三级或二级设置管理单位。第一级为管理局（处级），第二级为管理总段（科级），第三级为管理分段（股级）。

水库工程按照水库等级规定，先确定水库主管部门，据此确定与主管部门级别相适应的水库管理单位的机构规格。管理单位级别要按低于主管部门级别的原则设置（表7-1）。

依据水库管理单价的规格、工程特点和有关部门现行的有关规定，设置水库管理单位机构，并按精简的原则确定人员编制。

对于城市防洪工程，一般设置统一的管理机构，负责协调整个城市的防洪工程；然后按照堤防、水库、排涝泵站等主体工程设置相应的主体工程管理单位。管理单位按照工程特点设置相应职能机构，如工程管理、规划设计、计划财务、行政人事、水情调度、综合经营等科室，以及各主体工程管理单位。管理机构应以精简高效为原则，遵照国家有关规定，合理设置职能机构或管理岗位，尽量减少机构层次和非生产人员。

7.3 管理单位生产、生活区建设

7.3.1 主要内容

管理单位的生产、生活区建设，应与主体工程配套。本着有利于管理、方便生活、经济适用的原则，合理确定各类生产、生活设施的建设项目、规模和建筑标准。

按建筑性质和使用功能、管理单位生产、生活区建设项目区分为五类。

（1）公用建筑：包括各职能科室的办公室及通信调度室、档案资料室、公安派出所等专用房屋。

（2）生产和辅助生产建筑：包括动力配电房、机修车间、设备材料仓库、车库、站场、码头等。

（3）利用自有水土资源：开发种植业、养殖业及其相应产品加工业所必需的基础设施和配套工程。

（4）生活福利及文化设施建设：包括职工住宅、集体宿舍、文化娱乐室、图书阅览室、招待所、食堂

水库等级与主管部分级别　　　　　　　　　　　　　表7-1

工程规格	水库等级划分							水库主管部门级别
	水库总库容/亿m³	水库坝高/m	防洪		灌溉面积/万亩	城镇及工矿企业用水	水电站装机容量/万kW	
			保护城镇及工矿区	保护农田面积/万亩				
大（1）型	>10	—	特别重要	>500	>150	特别重要	>120	省级
大（2）型	10~1	80及以下	重要	500~100	150~50	重要	120~30	县级以上
中型	1~0.1	60及以下	中等	100~30	50~5	中等	30~5	县级以上

及其他生活服务设施。

（5）管理单位庭院环境绿化、美化设施。

7.3.2　生产、生活区选址

生产、生活区场地要位置适中，交通较便利；能照顾工程全局，有利于工程管理，方便职工生活；地形地质条件较好，场地较平整，占地少；基础设施建设费用较低，对长远建设目标有发展余地。

7.3.3　生产、生活用房

管理单位生产、生活区各类设施的建筑面积，应按有关规定合理分析计算确定。

（1）各职能科室办公室建房标准。

堤防工程应按定编职工人数人均建筑面积 9～12m^2 确定，定编人数少于 50 人的单位，可适当扩大建筑面积。专用设施所需的房屋，应按其使用功能、设备布置和管理操作等要求确定。防洪水库管理单位人均面积（含会议室）为 10～15m^2。

（2）职工宿舍及文化福利设施。

职工宿舍及文化福利设施的建筑面积，按定编职工人数的人均面积综合指标确定，堤防人均 35～37m^2，大（1）型水库人均 30～32m^2，大型水库人均 32～35m^2，中型水库人均 35～37m^2。其中，图书室、接待室、医务室、公用食堂等文化福利设施的建筑面积，应控制在人均 5m^2 的指标以内。

（3）生产用房。

生产维修车间、设备材料仓库、车库、油库等生产用房的建筑面积，应根据其生产及仓储物资的性质、规模及管理运用要求确定。

7.3.4　生产、生活区其他设施

1）庭院工程和环境绿化美化设施

生产、生活区的庭院工程和环境绿化美化设施，应通过庭院总体规划和建筑布局，确定所需的占地面积。生产、生活区的人均绿地面积应不少于 5m^2，人均公共绿地面积不少于 10m^2。

2）生产、生活区附属设施

生产、生活区建设，应根据当地的水源、电力、地形等自然条件，因地制宜，建设经济适用的供排水、供电、交通系统。生产、生活区必须配置备用电源，备用电源的设备容量，应能满足防汛期间电网事故停电时，防汛指挥中心的主要生产服务设施用电负荷的需要。

7.4　工程管理范围和保护范围

为保证防洪工程安全和正常运行，根据当地的自然地理条件、土地利用情况和工程性质，规划确定工程的管理范围和保护范围，是管理设计的重要内容之一，也是据以进行工程建设和管理运用的基本依据。两者相辅相成，构成工程系统完整的安全保障体系。

7.4.1　工程管理范围

城市防洪工程管理范围，是指城市防洪系统全部工程和设施的建筑场地（工程区）和管理用地（生产、生活用地）。这一范围内的土地，必须在工程建设前期通过必要的审批手续和法律程序，实行划界确权、明确管理单位的土地使用权。

1）堤防工程

堤防工程的管理范围包括：

（1）堤防堤身，堤内外戗堤，防渗导渗工程及堤内、外护堤地。

护堤地是城市防洪堤防工程管理范围的重要组成部分。它对防洪、防凌、防浪、防治风沙、优化生态环境以及在抗洪抢险期间提供安全运输通道有着重要

的作用。护堤地范围，应根据工程级别并结合当地的自然条件、历史习惯和土地资源开发利用等情况进行综合分析确定。护堤地的顺堤向布置应与堤防走向一致；堤内、外护堤地宽度，可参照表7-2规定的数值确定。

护堤地横向宽度　　　　表7-2

工程级别	1	2、3	4、5
护堤地宽度/m	30～100	20～60	5～30

特别重要的堤防工程或重点险工、险段，根据工程安全和管理运用需要，可适当扩大护堤范围。海堤工程的护堤地范围，一般临海一侧的护堤地宽度为100～200m，背海一侧的护堤地宽度为20～50m。背海侧顺堤向挖有海堤河的，护堤地宽度应以海堤河为界。城市市区土地空间狭窄、堤防工程的护堤地宽度在保证工程安全和管理运用方便的前提下，可根据城区土地利用情况，对表7-2中规定的数值进行适当调整，护堤地横向宽度应从堤防内外坡脚线开始起算，设有戗堤或防渗压重铺盖的堤段应从戗堤或防渗压重铺盖坡脚线开始起算。

堤防工程首尾端护堤地纵向延伸长度应根据地形特点适当延伸，一般可参照相应护堤地的横向宽度确定。

（2）穿堤、跨堤交叉建筑物：包括各类水闸、船闸、桥涵、泵站、鱼道、伐道、道口、码头等。

（3）附属工程设施：包括观测、交通、通信设施、测量控制标点、护堤哨所、界碑、里程碑及其他维护管理设施。

（4）护岸控导工程：包括各类立式和坡式护岸建筑物，如丁坝、顺坝、坝垛、石矶等。

护岸控导工程的管理范围，除应包括工程自身的建筑范围外，还应按不同情况分别确定建筑范围以外区域。邻近堤防工程或与堤防工程形成整体的护岸控导工程，其管理范围应从护岸控导工程基脚连线起向

外侧延伸30～50m，并且延伸后的宽度不应小于规定的护堤地范围。与堤防工程分建且超出护堤地范围以外的护岸控导工程，其管理范围的横向宽度应从护岸控导工程的顶缘线和坡脚线起分别向内、外侧各延伸30～50m，纵向长度应从工程两端点分别向上、下游各延伸30～50m。在平面布置不连续，独立建造的坝垛、石矶工程，其管理范围应从工程基脚轮廓线起沿周边向外扩展30～50m。河势变化较剧烈的河段，根据工程安全需要，其护岸控导工程的管理范围应适当扩大。

（5）综合开发经营生产基地：是指工程管理单位利用自有水土资源，发展种植业、养殖业和其他基础产业所需占用的土地面积。

（6）管理单位生产、生活区建筑：包括办公用房屋、设备材料仓库、维修生产车间、砂石料堆场、职工住宅及其他生产生活福利设施，划定堤防管理范围要考虑所在河道的管理范围。我国河道管理条例规定，有堤防的河道管理范围为两岸堤防之间的水域、沙洲、滩地、行洪区、两岸堤防和护堤地，无堤防河道的管理范围根据历史最高洪水位或者设计洪水位确定。

2）防洪水库工程

防洪水库工程区管理范围包括：大坝、输水道、溢洪道、电站厂房、开关站、输变电、船闸、码头、鱼道、输水渠道、供水设施、水文站、观测设施、专用通信及交通设施等各类建筑物周围和水库土地征用线以内的库区。其确定应考虑所在地区的地形特点。

对于山丘区水库，大型水库上游从坝轴线向上不少于150m（不含工程占地、库区征地重复部分），下游从坝脚线向下不少于200m，上、下游均与坝头管理范围端线相衔接；中型水库下游从坝轴线向上不少于100m（不含工程占地、库区征地重复部分），下游从坝脚线向下不少于150m，上、下游均与坝头管理范围端线相衔接；大坝两端以第一道分水岭为界或距坝端不少于200m。对于平原水库，大型水库下游

从排水沟外沿向外不少于50m，中型水库下游从排水沟外沿向外不少于20m，大坝两端从坝端外延不少于100m。

溢洪道（与水库坝体分离的），由工程两侧轮廓线向外不少于50～100m，消力池以下不少于100～200m，大型溢洪道取值趋向上限，中型溢洪道取值趋向下限；其他建筑物，从工程两侧廓线向外不少于20～50m，规模大的取上限，规模小的取下限。

生产、生活区（含后方基地）管理范围包括：办公室、防汛调度室、值班室、仓库、车库、油库、机修厂、加工厂、职工住宅及其他文化、福利设施，其占地面积按不少于3倍的房屋建筑面积计算；有条件设置渔场、林场、畜牧场的，按其规范确定占地面积。

水库工程管理范围的土地应与工程占地和库区征地一并征用，并办理确权发证手续，待工程竣工时移交给水库管理单位。

7.4.2　工程保护范围

工程保护范围，是为防止在临近防洪工程的一定范围内，从事石油勘探、深孔爆破、开采油气田和地下水或构筑其他地下工程，危及工程安全而划定的安全保护区域。在工程保护范围内，不改变土地和其他资源的产权性质，仍允许原有业主从事正常的生产建设活动；但必须限制或禁止某些特殊活动，以保障工程安全。

（1）堤防工程。

在防洪堤防工程背水侧紧邻护堤地边界线以外，应划定一定的区域，作为工程保护范围。堤防工程背水侧和临水侧都应划定保护范围。堤防工程背水侧保护范围从堤防背水侧护堤地边界线起算，其横向宽度参照表7-3规定的数值确定。堤防工程临水侧的保护范围已经属于河道管理范围，按《河道管理条例》规定执行。

堤防工程保护范围数值表　　表7-3

工程级别	1	2、3	4、5
保护范围的宽度/m	200~300	100~200	50~100

（2）防洪水库工程。

防洪水库工程的保护范围分成工程保护范围和水库保护范围。

工程保护范围是为保护水库枢纽工程建筑物安全而划定的保护范围。工程保护范围界线外延，主要建筑物不少于200m，一般不少于50m。

水库保护范围主要是为防止库区水土流失及其污染水质而划定的保护区域。由坝址以上，库区两岸（包括干、支流）土地征用线以上至第一道分水岭脊线之间的陆地，都属于水库保护范围。

7.5　工程监测

7.5.1　监测目的和布置要求

城市防洪工程监测设施设计，应根据工程类型、级别、地形地质、水文气象条件及管理运用要求，确定必需的工程监测项目。要求通过监测手段，达到以下目的。

（1）监测工程安全状况：监测了解水库、堤防、防洪闸等主体工程及附属建筑物的运用和安全状况，是工程监测的首要目的。

（2）检验工程设计：检验工程设计的正确性和合理性。

（3）积累科技资料：为堤防工程科学技术开发积累资料。

工程监测设计内容应包括监测项目选定、仪器设备选型、监测设施整体设计与布置，编制设备材料清册和工程概算，提出施工安装与监测操作的技术要求等。

埋设的监测设备应安全可靠、经久耐用，并能满足以下要求。

（1）监测项目的站点布置应具有良好的控制性和代表性，能反映工程的主要运行工况。

（2）工程监测剖面，应重点布置在工程结构和地形、地质环境有显著特征和特殊变化的堤段或建筑物处，尽量做到一种监测设施兼顾多种用途。

（3）地形、地质条件比较复杂的堤段，根据需要可适当增加监测项目和监测剖面。

（4）设置监测设施的场地，应具有较好的交通、照明、通信等工作条件，保证在恶劣天气条件下能正常进行监测。

7.5.2 工程监测项目

监测项目按其监测目的和性质可分为两类：一类为基本的监测项目，如水位、潮位、堤身沉降、浸润线及堤表面监测，这类监测项目是维护工程安全的重要监测手段；另一类是专门监测项目，如堤基渗压、水流形态、河势变化、河岸崩坍、冰情、波浪等，这类监测项目与工程所处的地理环境有着密切的关系，是针对某种环境因素的不利影响而设置的，具有地域性和选择性。因此，对这类监测项目要做好地勘、试验等前期基础工作，进行必要的可行性论证，不可盲目布点。各监测项目的选点布置及布设方式，应进行必要的技术经济论证。

7.5.2.1 堤身沉降、位移监测

大坝、堤身沉降量监测，可利用沿堤顶埋设的里程碑或专门埋设的固定测量标点定期或不定期进行监测。地形、地质条较复杂的堤段，应适当加密测量标点。堤身位移监测断面，应选在堤基地质条件较复杂，渗流位势变化异常，有潜在滑移危险的堤段。每一代表性堤段的位移监测断面应不少于3个，每个监测断面的位移监测点不宜少于4个。

大坝、堤防工程竣工后，无论是初期运行或正常运行阶段，都要定期进行沉降和位移监测（主要是垂直位移）。

7.5.2.2 渗流监测

汛期受洪水位浸泡时间较长，可能发生渗透破坏的大坝、堤段应选择若干有代表性和控制性的断面进行渗流监测。渗流监测项目主要有堤身浸润线、堤基渗透压力及减压排渗工程的渗控效果等；必要时，还须配合进行渗流量、地下水水质等项目的监测。渗流监测项目一般应统一布置，配合进行监测；必要时，也可选择单一项目进行监测。

监测断面应布置在有显著地形、地质弱点，堤基透水性大、渗径短，对控制渗流变化有代表性的堤段。设置的测压管位置、数量、埋深等，应根据场地的水文和工程地质条件、建筑物断面结构形式及渗控措施的设计要求等进行综合分析确定。结合进行现场和实验室的渗流破坏性试验，测定和分析堤基土壤的渗流出逸坡降和允许水力坡降，判别堤基渗流的稳定性。

7.5.2.3 水文、水位、潮位监测

水文、水位监测，是做好工程控制运用、监测工程安全、搞好城市防洪调度的重要手段。城市防洪水库流域应设置雨量站，水库应建设水库水文站。堤防工程沿线，应选择适当地点和工程部位进行水位或潮位监测，适当位置应建设水文站，监测了解堤防沿线的水情、凌情、潮情及海浪的涨落变化；调控各类供水、泄水工程的过流能力、流态变化及消能防冲效果；与有关的工程监测项目进行对比监测，综合分析监测资料的精确度和合理性等。其监测站或监测剖面，一般应选择在以下地点。

（1）水位或潮位变化较显著的地段。

（2）需要监测水流流态的工程控制剖面。

（3）大坝溢洪退水闸、泵站等水利工程的进出口。

（4）进洪、泄洪工程口门的上、下游。

（5）与工程监测项目相关联的水位监测点。

（6）其他需要监测水位、潮位的地点或工程部位。

7.5.3　专门监测项目

专门监测项目包括对水流流态、河床冲淤变化及河势变化，以及滩岸崩坍、冰情、波浪等监测项目。

汛期应对堤岸防护工程区的近岸及其上下游的水流流向、流速、浪花、漩涡、回流及折冲水流等流态变化进行监测。了解水流变化趋势，监测工程防护效果。河型变化较剧烈的河段应对水流的流态变化、主流走向、横向摆幅及岸滩冲淤变化情况进行常年监测或汛期跟踪监测，监测河势变化及其发展趋势。汛期受水流冲刷岸崩现象较剧烈的河段，应对崩岸段的崩塌梯形态、规模、发展趋势及渗水点出逸位置等进行跟踪监测。

受冰冻影响较剧烈的河流，凌汛期应定期进行冰情监测，其监测项目有：

（1）结冰期，水流冰盖层厚度及冰压力。

（2）淌冰期，浮冰体整体移动尺度和数量。

（3）发生冰塞、冰坝河段的冰凌阻水情况和壅水高度。

（4）冰凌对河岸、堤身及附属建筑物的侵蚀破坏情况。

受波浪影响较剧烈的堤防工程，应选择适当地点进行波浪监测。波浪监测项目包括波向、波速、波高、波长、波浪周期及沿堤坡或建筑物表面的风浪爬高等。监测站设置的位置，应选择在堤防或建筑物的迎风面，水域较开阔、水深适宜、水下地形较平坦的地点。

7.5.4　监测设备配置

为保证工程监测工作的正常进行，并获得准确可靠的监测资料，应配置必需的监测仪器及设备。常规的仪器、设备可参照表7-4的标准进行配置。

常规监测仪器、设备配置表

表7-4

序号	仪器、设备名称	单位	配置数量		
			一级管理单位	二级管理单位	三级管理单位
一、控制测量仪器					
1	J2经纬仪	台	4	2	1
2	S3水准仪	台	4	2	1
3	红外线测距仪	台	1		
二、地形测量仪器					
4	平板仪	台	2-4	2	1
三、水下测量仪器、设备					
5	测探仪	台	2	1	
6	定位仪	台	2	1	
7	测船	只	2	1	
四、水文测量仪器、设备					
8	自记水位计	架	2-4	1-2	
9	流速测量仪	架	2-4	1-2	
五、渗流观测仪器、设备					
10	电测水位器	台	2	1	
11	遥测水位器	台	2	1	
六、其他仪器、设备					
12	摄像机	台	1		
13	照相机	台	2	1	
14	计算机	台	2	1	

第8章 城市洪灾防治经济评价

城市防洪工程经济效益计算和经济分析评价，对于已建、拟建或改、扩建工程项目都具有重要意义。城市防洪项目可行性研究与初步设计应进行经济评价，对城市防洪的方案进行效益、费用等指标分析计算，论证方案的可行性，并根据论证结果选择最优方案。

工程管理或防汛主管部门在当年洪水暴发后，分析计算年度防洪经济效益，是管理工作的一项重要内容；分析计算某地区或流域一定时期内的防洪经济效益，或工程建成运行若干年后的防洪经济效益，可以展示其防洪工作的成果。

8.1 防洪工程经济评价特点、计算原则和步骤

8.1.1 评价特点及主要内容

工程经济评价包括国民经济评价和财务评价。国民经济评价是从国家整体角度，采用影子价格，分析计算项目的全部费用和效益，考察项目对国民经济的净贡献，评价项目经济合理性。财务评价是从财务角度，采用财务价格，分析测算项目的财务支出和收入，考察项目的盈利能力、清偿能力，评价项目的财务可行性。

城市防洪工程属于社会公益事业的水利建设项目，主要是社会效益，一般没有财务收入，因此可只进行国民经济评价，而不进行财务评价；但当国民经济评价合理时，应进行财务分析，提出维持项目正常运行需由国家补贴的资金数额和需采取的经济优惠措施及有关政策。

防洪工程的修建，其本身不能直接创造财富，而是除害。其工程效益，只有遇到原有工程不能防御的洪水出现时才能体现出来，其所减免的洪灾损失即为本工程的防洪效益[26]。防洪工程特点如下。

（1）社会公益性：防洪工程的防护对象是一个地区，受益的也是该地区各行各业和全体居民，属社会公益性质，一般没有财务收益。

（2）随机性与不确定性：气象预测目前还不可能做到准确的中长期雨情预报，因此防洪工程有可能很快遇上一次或几次大洪水，也可能很长时间，甚至在工程有效寿命期内都不出现。洪水的年际和年内变化很大，具有随机性特点。

（3）间接性与可变性：防洪措施的效能在于减免洪灾造成的损失和不良影响，一般无财务收益，所获得的主要是间接效益，其中包括社会效益和环境效益，而且难以估量。一般情况下，随着时间的推移，

人民和国家财富不断增加，当遇到相同频率洪水时，防洪效益将逐年增长。

城市防洪国民经济评价主要包括：洪灾损失调查和分析计算，防洪经济效益分析计算测算，防洪费用分析计算，防洪经济评价。按照工程建成与否，分为已建工程经济评价和拟建工程评价；按照评价的范围，分为单项防洪工程和流域综合防洪工程的经济效益评价；按照评价的时期长短，分为当年防洪经济效益评价和工程长期经济效益评价。

具有综合利用功能的城市防洪项目，国民经济评价应把项目作为整体进行评价。在进行项目方案研究、比较时，应根据项目的各项功能，对项目各项功能的合理性，协调各项功能的要求，合理选择项目的开发方式和工程规模。费用分摊可以采用分摊系数方法和替代工程方法计算。

城市防洪工程作为水利建设项目，其经济评价应遵循费用与效益口径对应一致的原则计算资金的时间价值，以动态分析为主，以静态分析为辅。

进行城市防洪项目的经济评价，必须重视社会经济资料的调查、分析和整理等基础工作。调查内容应结合项目特点有目的地进行。引用调查的社会经济资料时，应分析其历史背景，并根据各时期的社会经济状况与价格水平进行调整、换算。

8.1.2　计算原则

（1）对规划设计的待建防洪工程防洪效益，采用动态法计算；对已建防洪工程的当年防洪效益，一般采用静态法计算。

（2）只计算能用货币价值表示的因淹没而造成的直接经济损失和工业企业停产与电力、通信中断等原因而造成的间接经济损失。

（3）各企事业单位的损失值、损失率、损失增长率，按不同地区的典型资料分析，分别计算选用。

（4）投入物和产出物价格对经济评价影响较大的部分，应采用影子价格，其余的可采用财务价格。

8.1.3　计算步骤

防洪经济评价的计算步骤如下。

（1）了解防洪保护区内历史记载发生洪灾的年份、月份，各次洪水的洪峰流量及洪水历时。根据水文分析，确定致灾洪水的发生频率。

（2）确定各频率洪水的淹没范围。根据各频率洪水的洪峰流量及与区间洪水的组合情况，推求无堤情况下各频率洪水的水面线，并将水面线高程点绘在防洪保护区的地形图上，即可确定各频率洪水的淹没范围。现场调查时应对此水面线进行复核修正。

（3）历史洪水灾害调查。通过深入现场调查及查阅有关历史资料，分类统计各行业的直接损失、间接损失及抗洪抢险费用支出。调查工作可通过全面调查和典型调查分别进行。若防洪保护区范围小、行业单一，可进行全面调查；若防洪保护区范围较大，需调查的行业较多，调查内容复杂，则需采用典型调查的方法，可选择2或3个具有代表性的洪灾典型区进行。调查的方法如下。

①防洪保护区的各行业财产价值调查：包括人口、房产、家庭财产、耕地、工商企业、基础设施、电力、通信、公路铁路交通、水利工程等的基本情况。应根据不同频率洪水的淹没范围分别统计。

②调查分析洪灾损失增长率：通过对各行业历年国民经济增长情况的统计，分析防洪保护区内的综合国民经济增长率。据此，综合分析，确定洪灾损失增长率。

调查的方法如下。

（a）调查各典型区各频率洪水的淹没水深及相应的各行业财产损失率，从而得出淹没水深与财产损失率关系曲线，用此关系曲线和调查的各行业财产值，计算保护区内各频率洪水的财产损失值。

（b）直接调查各典型区各频率洪水的财产损失值，根据各典型区的面积得出单位面积的损失值，将此作为各频率洪水的损失指标或扩大损失指标。并根据此扩大损失指标和淹没面积计算出防洪保护区内各频率洪水的财产损失值。

③绘制洪水频率与财产损失值关系曲线：根据洪水灾害调查成果，用致灾洪水的发生频率与相应的财产损失值，绘制不同洪水频率与财产损失值关系曲线。

（4）防洪效益计算。根据所修建防洪工程的防洪作用，在洪水频率财产损失值关系曲线上，分析修建防洪工程后所能减免的洪水灾害，绘制出修建工程后洪水灾害损失值与洪水频率关系曲线，并依此计算多

年平均防洪效益。

（5）国民经济评价。根据防洪工程的投资，年费用及多年平均防洪效益，进行防洪工程的经济评价。防洪工程的经济评价，可采用经济内部收益率、经济净现值和经济效益费用比等评价指标进行。经济内部收益率大于或等于社会折现率、经济净现值大于或等于零、经济效益费用比大于或等于1的工程项目是经济合理的。

8.2 防洪工程经济评价

按照有关规范要求，各类水利建设项目均应对项目整体进行国民经济评价。

对综合利用的枢纽工程，应采用影子价格分别计算多年平均效益及各项功能的年效益，提出经调整后的项目整体的固定资产投资、年运行费用及流动资金，采用国家规定的12%的社会折现率，计算经济净现值，并计算项目整体的经济内部收益率，与规定的社会折现率进行对比分析。有防洪任务的枢纽工程，在合理计算各项功能效益的前提下，一般来说其经济评价指标较水电工程要低，若不满足12%的社会折现率要求，可按照7%的社会折现率做进一步计算，评价项目整体的经济合理性。

对同时包括堤防及护岸工程的项目可以将其视为一个整体，其效益计算范围、工程标准等均采用相同数值。护岸工程虽然不能以洪水重现期或频率的概念反映其标准高低，但可将其视为保护堤防工程达到设计标准的一项工程措施，在效益和费用的计算上按整体考虑。单一的护岸工程可以按照前述的效益与费用计算法进行项目的经济评价。

对有些项目整体可以明确划分为多个单独成立的项目时，除对项目整体进行国民经济评价外，还应对可分解的独立项目进行评价，以考察每个项目的经济合理性，以及为工程分期实施提供参考依据。在实际

操作中，为简化计算也可仅对项目整体进行评价。

　　仅对防洪工程的局部地段实施整治加固工程措施的项目，在计算防洪效益的工程费用后，应检查效益和费用的计算口径是否一致，如不一致应进行调整。

　　对防洪保护范围是由几个独立的防洪工程共同保护的情况，在对其中一部分防洪工程实施整体加固措施时，仍遵循效益与费用计算口径一致的原则，对计算范围内的防洪效益按比例进行分摊后计算经济评价指标。

　　对项目整体进行国民经济评价计算后，应对其评价指标进行必要的分析。对评价指标较低甚至不满足规范要求的，应分析其原因，诸如项目的社会经济状况以及与确定的防洪标准是否协调，采取的工程措施是否合理等，从而进一步论证该项目的必要性和合理性。对评价指标超出社会折现率的项目，同样应从项目区的社会经济状况、经济发展水平、重要设施及财产组成等方面进行合理分析说明。

8.2.1　城市洪灾损失评估

　　城市洪水灾害主要是指由于河流洪水泛滥或山洪暴发，冲毁或淹没城市造成的一系列灾害。洪灾损失主要可分为 5 类：人员伤亡损失，城乡房屋、设施和物资损坏造成的损失，商业停业及交通、电力、通信中断等造成的损失，农林牧副渔各业减产造成的损失，防汛抢险和救灾等费用支出。

　　作为一种常见的自然灾害，洪水灾害与其他灾害相比有其自身特点。

　　洪水本身暴发具有随机性，洪灾损失还受许多除洪水本身特征之外的其他随机因素的影响，这些影响因素也具有随机性，因此洪水灾害发生和灾害损失具有随机性。

　　洪水灾害既可造成经济损失，还可在社会、环境等方面造成严重影响。因而，洪灾损失的影响是多方面的，可以分为政治、社会、经济、环境等多个方面。

　　洪灾损失有的可以用货币表示（如经济损失），有些则难以用货币表示（如人员伤亡）。在不能用货币表示的损失类型内，有的可以用数量表示，有的只能定性描述。例如，人员伤亡虽然不能用货币表示，但可以用数量表示，但像洪水对人们心理上的伤害、对社会稳定的影响等则只能定性描述。

　　洪水灾害损失具有逐年增加的趋势。随着社会、经济的发展，洪水淹没区的人口和财富也在不断增长和聚集，土地不断增值，因此，同样的洪水，洪灾损失将不断增加。

　　城市洪水灾害除了在相应城市地区造成直接经济损失外，还可以对淹没区外的其他地区和当地长期的社会、经济发展方面造成间接损失。因此，城市水灾可以划分为直接损失和间接损失。直接损失是指洪水淹没造成城市人、（财）物、生产等方面的损失，间接损失是指由直接损失带来的连锁损失。

　　由于城市在国民经济中的特殊地位，城市洪水灾害与农村洪水灾害相比也具有一些不同之处。例如，由于城市人员、财产集中，同样量级洪水单位面积上的损失要比农村高得多；城市淹没区的财产往往集中在一些大型工矿企业上，一旦遭受洪水，这些企业的损失占有相当大的比例；城市财富的集中又造成洪灾损失与城市地形具有更为密切的关系。

　　1）城市洪灾损失调查

　　城市洪水灾害研究、防洪效益计算和防洪措施方案选择都依赖于洪水灾害调查。洪水灾害调查的目的是研究当地洪水灾害成灾机理和规律，以对未来可能发生的洪水灾害损失进行预测。洪水灾害调查分为全面调查和典型调查两种方法。全面调查方法就是对实际发生的一系列洪灾的淹没区的各种灾害损失进行详细调查，这种调查方法工作量大，实际操作困难，所以一般采用典型调查方法。典型调查方法就是在洪水淹没区选取具有代表性的典型区域进行调查，从而估计出整个淹没区洪灾损失的方法。

城市洪灾损失调查包括防洪保护区社会经济调查和洪灾损失调查两方面。

（1）防洪保护区社会经济调查：社会经济调查是一项涉及面广、工作量大的工作，应尽量依靠当地政府的支持，取得可靠的数据。对于调查方法，可全面调查、抽样调查或典型调查，也可二者结合。对防洪保护区的城邦乡镇和农村，应实地调查，以取得各项经济资料；对城区调查应以国家统计部门的有关资料为准；对铁路、交通、邮电部门，也应取自有关部门的统计数据。

（2）洪灾损失调查。

洪灾损失包括直接损失（即指各行各业由于洪水直接淹没或水冲所造成的损失）、间接损失（即指由于上述直接损失带来的波及影响而造成的损失），以及抗洪抢险的费用支出。

在利用洪水调查分析成果对未来洪水灾害损失进行预测时，要考虑到由于城市经济的发展造成的洪灾损失的增加倾向。因此，在进行洪水灾害调查时，还应包括对洪灾损失增加方面的调查。

洪灾损失调查的主要内容如下。

①工商业、机关事业单位损失：包括固定资产、流动资金，因淹没减少的正常利润和利税收入等。固定资产损失值包括不可修复的损失和可修复的修理费与搬迁费；为维持正常生产的流动资金损失包括燃料、辅助料及成品、半成品的损失，停产、半停产期间的工资、车间及企业管理费、贷款利息、折旧及维持设备安全所必需的材料消耗等，减产利税应为停产（折合全停产）期间内的产值损失与利税率之积；其他损失包括因受灾需建临时住房费用、职工救济费、医药费等。

②交通损失：包括铁路、公路、空运和港口码头的损失部分。还可分为固定资产损失、停运损失（即按实际停运日计算）、间接损失及其他损失。停运损失指因铁路、公路停运所造成的对国家利润上的损失。间接损失系指因铁路、公路停运，使物资积压、

客运中断对各方面所造成的损失。

③供电及通信损失：供电损失包括供电部门的固定资产损失和停电损失。停电损失按停电时间和日停电损失指标确定。通信线路损失包括主干线及各支线路损失与修复所需的人员工资等费用。邮电局损失，还应计算其利润等。

④水利工程设施损失：根据洪水淹没和被冲毁的水利设施所造成的损失，包括水库、堤防、桥涵、穿堤建筑物、排灌站等项，应分别造册，分项计算汇总。

⑤城郊洪灾损失调查：包括调查农作物蔬菜损失及住户的家庭财产损失等。

上述各项经济损失，均应按各频率洪水的淹没水深与损失率关系，计算出各频率洪水财产综合损失值，并绘制成洪水频率与财产综合损失值关系曲线。

2）洪灾损失率、财产增长率，洪灾损失增长率的确定

（1）洪灾损失率：是指洪灾区内各类财产的损失值与灾前或正常年份各类财产值之比。损失率不仅与降雨、洪水有关，而且有地区特性。不同地区、不同经济类型区其损失率不同。各类财产的损失率，还与洪水淹没历时、水深、季节、范围、预报期、抢救时间和抢救措施等因素有关。

（2）财产增长率：洪灾损失或兴修工程后的减灾损失，一般与国民经济建设有密切关系。因此，在利用已有的各类曲线时，必须考虑逐年的洪灾损失增长率。由于国民经济各部门发展不平衡，社会各类财产的增长不同步，因此，必须对各类社会财产值的增长率及其变化趋势进行详细分析，才能最后确定。

（3）洪灾损失增长率：是用来表示洪灾损失随时间增加的一个参数。由于洪灾损失与各类财产值和洪灾损失率有关，因此，洪灾损失增长率与各类财产的增长率及其洪灾损失率的变化，以及洪灾损失中各项损失的组成比例变化有关，在制定其各类财产的综合增长率时，应充分考虑这类因素。洪灾损失增长率是

考虑有关资金的时间因素和财产值，随时间变化而进行的一种修正及折算方法。其计算步骤为：①预测洪灾受益区的国民经济各部门、各行业的总产值的增长率；②测算各类财产的变化趋势，分段确定各类财产洪灾损失的变化率；③计算各有关年份的财产值、洪灾损失值及各类财产损失占总损失的比例；④计算洪灾综合损失增长率 β，可按下式求得。

$$\beta = \sum \lambda_i \phi_i \qquad (8-1)$$

$$\phi_i = s_i / \sum s_i \qquad (8-2)$$

式中　λ_i——第 i 类社会财产值的洪灾损失增长率；

　　　ϕ_i——第 i 类社会财产值的损失占整个洪水淹没总损失的比例；

　　　s_i——第 i 类财产洪灾损失值（万元）；

　　　i——财产类别，参见相关资料。

8.2.2　城市防洪经济效益

1. 城市防洪效益特点

城市防洪经济效益就是防洪工程减免的洪水灾害经济损失或增加的土地利用价值。

按照防洪工程作用的时空边界可划分为直接效益和间接效益。直接效益是防洪工程减免的由于洪水直接造成的损失值；间接效益是指减免的由洪水直接损失带来的经济和社会活动受阻，从而产生的效益。因此，计算防洪效益应包括间接效益，一般取直接效益的百分比。

按照防洪效益是否可以量化表示，可以分为有形效益和无形效益。有形效益是指可以用实物或货币指标直接定量表示的防洪效益，无形效益是指无法用实物或货币指标直接定量表示的防洪效益。例如，洪水造成的各种固定财产损失、流动资产损失等，可以用货币指标表示，属于有形效益；而由于洪水造成的财产损失、人口死亡等引起的精神损失则无法定量表示，属于无形效益。

防洪工程措施既有正面影响，也有负面影响。正面影响即正效益，是指防洪工程对外界产生的有利影响和积极作用，即防洪工程所得部分。负面影响即负效益，是指工程对外界造成的不利影响或消极作用，如对名胜古迹造成的不可恢复的淹没损失等，河道工程的挖压占地等。因此，对社会、经济、环境造成的不利影响，应采取补救措施，未能补救的应计算其负效益。

另外，防洪效益的年际变化很大，虽然防洪工程的社会和经济效益巨大，但一般无财政收入；防洪效益还有随着国民经济的发展而不断增长的趋势。

2. 年均防洪效益

1）减免洪水灾害损失方面的效益

城市防洪工程减免洪水灾害损失方面的效益，以多年效益和特大洪水年效益表示。一般采用系列年法或频率法计算其多年平均效益。作为国民经济评价基础，同时还应计算设计年以及特大洪涝年的效益，供项目决策研究。多年平均防洪效益计算一般采用系列法（实际发生年法）和频率曲线法，前者适用于已建防洪工程，后者适用于拟建防洪工程。

用来计算防洪效益的系列年应具有较好的代表性，如缺少特大洪水年，应进行适当处理。具有综合利用功能的城市防洪工程除了应根据项目功能计算各项效益外，还应计算项目的整体效益。

城市防洪规划中的工程多年评价防洪效益一般采用频率曲线方法，通过有、无项目对比分析计算。首先计算出有、无工程情况下各种设计洪水的洪水损失系列，计算式如下：

$$S_P = f(P) \qquad (8-3)$$

式中　P——洪水频率；

　　　S_P——发生频率为 P 的洪水时的损失（万元），其计算与次洪损失相同。

将以上计算成果绘制在频率格纸上。为消除误差，用光滑曲线连接，即洪水损失曲线。

根据两条曲线即可得到各种频率对应的防洪效益

$$B_P = S_P - S_P' \qquad (8-4)$$

式中　　B_P——工程的防洪效益（万元）；

　　　　S_P——无工程情况下的洪水损失（万元）；

　　　　S_P'——有工程情况下的洪水损失（万元）。

则工程多年防洪效益可按下式计算：

$$\overline{B} = \sum_{i=0}^{n}(P_{i+1} - P_i)(B_{i+1} + B_i)/2 \qquad (8-5)$$

式中　　$\overline{B}$——多年平均防洪效益（万元）；

　　　　i——频率所划分的区间端点，$i=0$，1，2，
　　　　　　…，n；

　　　　P_i——区间端点的频率；

　　　　B_i——频率P_i对应的效益（万元）。

或

$$\overline{B} = \overline{S} - S' \qquad (8-6)$$

式中　　$\overline{S}$——无工程情况下多年平均洪灾损失（万元）；

　　　　S'——有工程情况下的洪水损失（万元）。

间接经济损失可以用直接经济损失按照一定比例折算。

2）增加土地利用价值方面的效益

防洪工程建成后将提高城市防洪能力，改变土地原来的功能，使原来荒地、农地或低洼地变成城市建设用地，土地利用价值增加，从而产生防洪效益。

增加土地利用价值方面的效益计算方法目前研究还很少。有的文献建议，按用有、无工程情况下土地净收益的差值计算，但具体计算方法还不成熟。

因防洪增加的城市土地利用价值已基本体现在减免损失中，所以一般不再单独计算。

3）防洪措施总效益

考虑资金时间价值的防洪总效益按下式计算：

$$B = \sum_{i=0}^{n}\overline{B}\left(\frac{1+f}{1+i_s}\right)^i \qquad (8-7)$$

式中　　B——工程防洪总效益（万元）；

　　　　$\overline{B}$——工程多年平均防洪效益（万元）；

　　　　f——防洪效益增长率；

　　　　i_s——社会折现率；

　　　　n——使用年限；

　　　　i——年序号，$i=0$，1，2，…，n。

8.2.3　城市防洪费用、评价指标与准则

1. 防洪费用

城市防洪建设项目的费用，包括项目的固定资产投资、年运行费用和流动资金。

1）固定资产投资

固定资产投资包括防洪工程达到设计规模所需的国家、企业和个人以各种方式投入的主体工程和相应配套工程的全部建设费用，应使用影子价格计算。在不影响评价结论的前提下，也可只对其价值在费用中所占比例较大的部分采用影子价格，其余的可采用财务价格。防洪工程的固定资产投资，应根据合理工期和施工计划给出分年度施工安排。

2）流动资金

防洪工程的流动资金应包括维持项目正常运行所需购买燃料、材料、备品、备件和支付职工工资等的周转资金，可按有关规定或参照类似项目分析确定。流动资金应以项目运行的第一年开始，根据其投产规模分析确定。

3）年运行费

防洪工程的年运行费应包括项目运行初期和正常运行期每年所需支出的全部运行费用，包括工资及福利费、材料、燃料及动力费、维护费等。项目运行初期各年的年运行费，可根据其实际需要分析确定。

2. 评价指标与准则

1）一般规定

（1）防洪工程的经济评价应遵循费用与效益计算口径对应一致的原则，计及资金的时间价值，以动态分析为主，辅以静态分析。

（2）防洪工程的计算期，包括建设期、初期运行期和正常运行期。正常运行期可根据工程的具体情况研究确定，一般为30～50年。

（3）资金时间价值计算的基准点应设在建设期的第一年年初，投入物和产出物除当年借款利息外，均按年末发生和结算。

（4）进行防洪工程的国民经济评价时，应同时采用12%、7%的社会折现率进行评价，供项目决策参考。

2）评价指标和评价准则

防洪工程的经济评价，按《建设项目经济评价方法与参数》（第3版）与《水利建设项目经济评价规范》（SL-72—2013）要求进行[27][28]。评价指标主要包括经济内部收益率、经济净现值及经济效益费用比。

（1）经济内部收益率（EIRR）。

经济内部收益率为项目计算期内各年净效益现值累计等于零时的折现率。经济内部收益率采用下式进行计算：

$$\sum_{t=1}^{n}(B - C)_t(1 + EIRR)^{-t} = 0 \qquad （8-8）$$

式中　EIRR——经济内部收益率；

　　　　B——年效益量；

　　　　C——年费用量；

　　　　n——计算期。

当经济内部收益率大于社会折现率时，该项目在经济上是可行的。

（2）经济净现值（ENPV）。

经济净现值是将项目计算期内各年的净效益折算到计算初期的现值之和，采用下式进行计算：

$$ENPV = \sum_{t=1}^{n}(B - C)_t(1 + I_s)^{-t} \qquad （8-9）$$

式中　ENPV——经济净现值（万元）；

　　　　I_s——社会折现率。

当经济净现值ENPV≥0时，该项目在经济上是可行的。

（3）经济效益费用比（EBCR）。

经济效益费用比为项目效益现值与费用现值之比，采用下式进行计算：

$$EBCR = \frac{\sum_{t=1}^{n}B(1 + I_s)^{-t}}{\sum_{t=1}^{n}C(1 + I_s)^{-t}} \qquad （8-10）$$

当经济效益费用比EBCR≥1时，该项目在经济上是可行的。

进行经济评价，应编制经济效益费用流量表，反映项目计算期内各年的效益、费用和净效益，并用以计算该项目的各项经济评价指标。

8.2.4 城市防洪方案技术经济比较

对于拟建城市防洪工程项目，可以采用不同的设计标准、工程规模和措施，形成一个以上的可能方案。方案比较的目的就是通过几种可能方案的全面分析对比，合理地选用最优方案，方案比较应根据国民经济评价结果确定。

方案比较时可视项目的具体条件和资金情况，采用差额投资经济内部收益率法、经济净现值法、经济净年值法、经济效益费用比法、费用现值法或年费用法进行。

（1）差额投资经济内部收益率法（ΔEIRR）。

两个方案的差额投资经济内部收益率用两方案的计算期内各年净效益流量差额的现值累计等于零时的折现率表示。差额投资经济内部收益率大于或等于社会折现率（ΔEIRR≥i_s）时，投资现值大的是经济效果好的方案。进行多个方案比较时，应按投资现值由大到小依次两两比较。

（2）经济净现值法（ENPV）。

比较各方案的经济净现值，经济净现值大的是经济效果好的方案。

（3）经济净年值法（ENAV）。

比较各方案的经济净年值，经济净年值大的是经济效果好的方案。

（4）经济效益费用比法（EBCR）。

比较各方案的经济效益费用比，经济效益费用比大的是经济效果好的方案。

（5）费用现值法（P_c）。

比较各方案的费用现值，费用现值小的是经济效果好的方案。

（6）年费用法（AC）。

比较各方案的等额年费用，等额年费用小的是经济效果好的方案。

8.3　防洪工程财务评价简介

按照国家有关规定，城市防洪工程属于地方性的公益性工程，在目前没有实行征收防洪费的情况下，防洪工程可以不进行财务评价。但是，城市防洪工程作为水利工程，其规划设计和管理必须考虑水资源的综合开发利用。城市上游的防洪水库等工程可以考虑与城市供水、发电、渔业、旅游目标等结合，城市市区的防洪墙、河道等可以考虑与商业、旅游、停车场等结合。这些项目目标都有一定的财务收入，应进行财务评价。

一般城市的防洪问题与城市的缺水问题往往同时存在，进行城市防洪建设时必须考虑水资源的综合利用。因此，进行与防洪工程同时建设开发项目的财务评价，对于防洪工程方案选择、防洪经费筹措和防洪工程的建设具有重要作用，必须加以重视。

以下对财务评价相关知识进行简单介绍。

1）财务支出和收入

（1）投资计划和资金筹措。

与国民经济评价不同，在财务评价中，工程的投资除了包括固定资产投资外，还需安排一定的流动资金来维持项目的正常生产。为了缩短建设期，早日建成投产，要合理安排投资计划，确定建设期各年度的建设进度。财务评价要考虑资金的来源。资金来源不同，财务评价中处理和计算的方式也不同。当前对于与防洪工程合建的其他水资源综合利用项目，资金的来源渠道主要有两种：一是自筹的资本金，二是银行贷款。财务评价中，资本金不还本付息，但从项目投产期开始按一定的利润率分配项目利润；银行借款应按有关规定在一定期限内还本付息。同时，银行借款在建设期的利息计入固定资产投资。

（2）总成本费用。

水利项目的成本费用根据项目目标划分，一般包括折旧费和经营费用。折旧费一般根据有关规定按一定的折旧率每年等额提取，并计入成本。经营费用包括修理费、生产期内每年支出的工作人员的工资及福利费、办公及差旅等其他费用、借款利息等。修理费按固定资产的一定比例安排，工资及福利费按国家工资制度、人员编制等计算，办公及差旅等其他费用按工程规模等安排。固定资产和流动资金的银行借款部分的利息也应计入成本。

（3）财务效益。

财务评价的效益与国民经济评价中的效益有一定的区别。财务评价的财务效益应是项目销售收入扣除各种费用后的实际收入。

项目的销售收入根据项目的产品数量和单价进行计算。例如，与防洪工程合建的发电项目可以按上网电量和电价进行计算，与防洪工程合建的城市供水项目可以按供水量和水价进行计算，与防洪工程合建的旅游项目可以按年接待游客人数的供水量和每个游客的消费金额进行计算。

按国家财务税收制度，水利水电项目财务收入应交纳销售税金附加。销售税金附加以增值税为基数按一定税率计算。增值税以销售收入为基数计算。增值税为价外税，本身不计入销售收入支出。

销售收入扣除总成本费用和销售税金附加后的收入称为项目的利润。项目利润应按国家规定交纳所得税，交纳所得税后的利润称为税后利润。税后利润还要按照一定比例提取盈余公益金和公积金，其剩余部分称为可分配利润。

2）财务评价的内容和方法

财务评价主要根据项目的清偿能力和盈利能力分析、评价项目的可行性。

（1）清偿能力分析。

财务评价与国民经济评价不同，使用以现行价格为基础的预测价格，并遵循投入与产出口径一致的原则。因为财务评价要考虑资金的来源，产品单价要根据借款、还贷期间和还贷后采用不同的价格；还贷期间以还贷期限内完成还贷为准反推产品价格；还贷后，以满足总投资和资本金具有一定的利润率为准来确定产品价格。

还贷资金来源于未分配利润、工程折旧费以及计入成本的贷款利息。一般规定，还贷期间，全部未分配利润、90%的折旧费均用于还贷。财务分析还要对资金的来源和运用，资金、负债和所有者权益的变化情况进行分析。

（2）盈利能力分析。

考察资金的盈余情况。同时还要考察各年盈利能力，分析要分别从全部投资和资本金角度考察投资的盈利水平。研究项目投产后收回全部投资的年限、财务净现值，并要求投资的内部收益率大于基准收益率。我国当前要求的全部投资基准内部收益率为12%。

（3）敏感性分析。

在经济效益计算过程中，有些数据是预测的，在今后工程的实际运用过程中难免有很大出入和变化，直接影响各项经济指标和由此做出的决策。因此，在经济指标评价之后，还要进行敏感性分析等不确定分析，研究各项影响因素对防洪措施经济效果的影响程度和稳定程度。

敏感性分析方法包括单因素敏感性分析和多因素敏感性分析。单因素敏感性分析是指每次只变动一个参数而其他参数不变的敏感性分析方法。多因素敏感性分析是指考虑各种因素可能发生的不同变动幅度的多种组合，分析其对方案经济效果的影响程度。

敏感性分析的步骤包括确定分析指标、设定不确定因素、找出敏感因素、结合确定性分析进行综合评价、选择。

确定分析指标即确定敏感性分析的具体对象。在选择分析指标时，应与确定性分析指标相一致。

设定不确定因素。应根据经济评价的要求和项目特点，将发生变化可能性较大、对项目经济效益影响较大的几个主要因素设定为不确定因素。

找出敏感因素。计算设定的不确定因素的变动对分析指标的影响值，可用列表法或绘图法，把不确定因素的变动与分析指标的对应数量关系反映出来，从而找出最敏感的因素，还要说明敏感因素的未来变动趋势如何。

结合确定性分析进行综合评价、选择。在技术项目方案分析比较中，对主要不确定因素变化不敏感的方案，其抵抗风险能力较强，获得满意经济效益的潜力比较大，优于敏感方案。还应根据敏感性分析结果，采取必要相应对策。

敏感性分析的指标有敏感度系数和临界点（又称开关点）。

敏感度系数是指项目效益指标变化的百分率与不确定因素变化的百分率之比。敏感度系数高，表示项目效益对该不确定因素敏感程度高，提示应重视该不确定因素对项目效益的影响。

临界点（又称开关点）是指不确定因素的极限变化，即该不确定因素使项目财务内部收益率等于基准收益率时的变化百分率。临界点的高低与设定的基准收益率有关，对于同一个投资项目，随着设定基准收益率的提高，临界点将会变低（即临界点表示的不确定因素的极限变化变小）。而在一定的基准收益率下，临界点越低，说明该因素对项目效益指标影响越大，项目对该因素就越敏感。

参考文献 |

［1］张智. 城镇防洪与雨洪利用［M］. 北京：中国建筑工业出版社，2009.

［2］李原园，文康，沈福新，等. 变化环境下的洪水风险管理研究［M］. 北京：中国水利水电出版社，2013.

［3］《水利系统优秀调研报告》编委会. 水利系统优秀调研报告（第13辑）［M］. 北京：中国水利水电出版社，2014.

［4］李宗尧. 城市防洪［M］. 安徽：合肥工业大学出版社，2013.

［5］程晓陶，吴玉成，王艳艳，等. 洪水管理新理念与防洪安全保障体系的研究［M］. 北京：中国水利水电出版社，2004.

［6］金磊，周有芒. 国外最新安全减灾管理方法与应用［M］. 天津：天津大学出版社，2006.

［7］水利部防洪抗旱减灾工程技术研究中心. 2002防洪抗旱减灾进展［M］. 郑州：黄河水利出版社，2003.

［8］周健. 环境与岩土工程［M］. 北京：中国建筑工业出版社，2001.

［9］徐乾清. 中国可持续发展水资源战略研究报告集（第3卷）中国防洪减灾对策研究［M］. 北京：中国水利水电出版社，2002.

［10］蒋伯杰，曾越，李杨红. 洪水危机应急预案编制和处理技术［M］. 北京：中国水利水电出版社，2009.

［11］刑育红. 实用运筹学［M］. 北京：中国水利水电出版社，2014.

［12］中华人民共和国水利部. 城市防洪工程设计规范：［S］. 北京：中国计划出版社，2012.

［13］中华人民共和国住房和城乡建设部，中华人民共和国国家质量监督检验检疫总局. 防洪标准：［S］. 北京：中国计划出版社，2014.

［14］吕娟. 水多水少话祸福［M］. 北京：科学普及出版社，2012.

［15］王春泽，乔光建等. 水文知识读本（第二分册）［M］. 北京：中国水利水电出版社，2011.

［16］束一鸣. 防汛抗旱与应急管理［M］. 南京：河海大学出版社，2012.

［17］王金亭. 城市防洪［M］. 郑州：黄河水利出版社，2008.

［18］顾慰慈等. 堤防工程设计计算简明手册［M］. 北京：中国水利水电出版社，2014.

［19］夏岑岭. 城市防洪理论与实践［M］. 合肥：安徽科学技术出版社，2001.

［20］高艳玲. 城市水务管理［M］. 北京：中国建材工业出版社，2006.

［21］王和，吴成丕. 国际巨灾保险制度比较研究［M］. 北京：中国金融出版社，2013.

［22］何冰，王延荣，高辉巧，等. 城市生态水利规划［M］. 郑州：黄河水利出版社，2006.

［23］熊治平. 江河防洪概论［M］. 北京：中国水利水电出版社，2013.

［24］秦德智. 洪水灾害风险管理与保险研究［M］. 北京：石油工业出版社，2004.

［25］罗全胜，梅孝威. 治河防洪［M］. 郑州：黄河水利出版社，2004.

［26］朱党生. 水利水电工程环境影响评价［M］. 北京：中国环境科学出版社，2006.

［27］国家发展改革委员会，中华人民共和国建设部. 建设项目经济评价方法与参数（第3版）［M］. 北京：中国计划出版社，2006.

［28］中华人民共和国水利部. 水利建设项目经济评价规范［S］. 北京：中国水利水电出版社，2013.

第 2 篇　城市排水防涝综合规划

第9章 绪论

9.1 城市内涝概述

9.1.1 城市内涝的概念

近年来，我国各地频现城市内涝，引发公众的广泛关注。"水城"、"到城市看海"一度成为风靡网络的热门流行语，而对于"城市内涝"这一现象的概念理解却非一蹴而就。城市内涝是由降雨造成的，而其形成原因又区别于传统的雨涝。自古以来，旱涝一直伴随着人们的劳作历史，北魏郦道元的《水经注·沁水》写道："若天霖雨，陂泽充溢，则闭防断水，空渠衍涝，足以成河。"宋代苏轼的《司马温公行状》写道："天地所生财货百物，止有此数，不在民则在官，譬如雨泽，夏涝则秋旱。"《辞海·工程技术分册》中将"涝、渍"归入农田水利一节中，解释为"涝，亦称'内涝'、'沥涝'。降雨过多，使旱作物田间积水或水稻田淹水过深而致减产的现象。涝往往致渍，涝渍相随，统称为涝。"[1]《中国大百科全书·水利卷》中把"排涝"定义为"排除农田内因当地降水过多而产生的危害作物正常生长的多余地表水分的工程技术措施"[2]。可见，"内涝"本来和城市无关，只是因为积水灾害出现在城市内部以后，人们借用了农田水利中积水的专用称谓，承载了新的内涵。

随着我国城市化进程的快速发展，城区面积的不断扩张，与其相邻的大小江河水系逐渐被纳入到城市的内部空间。江河水系及其配套的防洪排水设施成为影响城市安全的主要因素之一，不同区域的排水与流域水系有着复杂的关系，城市"洪"与"涝"成为当今影响中国城市的主要水灾类型（表9-1）。洪灾，包括由江河洪水、山洪、泥石流等引发的灾害，是威胁人类生命财产的自然灾害，给城市造成的经济损失尤为严重。城市涝灾的原因众多，洪涝灾害也常常相伴发生。例如，涝水形成时，城区外河水位高，内河沟渠内的雨涝排泄不畅，导致低洼地带积水、路面受淹、交通中断，给人民生活带来极大不便，甚至造成大的经济损失。

历代以来，我国城市多以防范"山洪、河洪、海潮、山洪泥石流"等"外水"引起的洪灾为重点，而针对城市内涝尤其对超标暴雨的综合防控策略相对缺失或薄弱，以往所说的内涝标准多是水利上针对农作物耐淹程度而定的，并不适用于当前的城市内涝。近年由于城市内涝引起的严重后果及各级政府和民众的广泛重视，城市内涝的概念、标准和防治等问题成为专业研究的热点。2011年修订的《室外排水规范》中提出城市内涝的定义为："强降雨或连续性降雨超过城镇排水能力，导致城市地面产生积水灾害的现象。"2014

城市内涝灾害与外江洪水灾害的特征比较　表9-1

比较类别	外江洪水灾害	城市内涝灾害
成灾原因	以自然因素为主，如江河泛滥、风暴潮、城市内涝、堤坝溃决等	属于自然灾害，又有社会发展因素，如城市化使城区不透水面积增加，蓄洪滞洪功能退化，排水系统不完善
受灾面积	受淹区域即为受灾区域，受灾面积较大，范围较明确	影响城市交通及供水、电、气、通信等生命线工程；内洪灾害影响的范围往往比受淹范围大得多，受灾范围比较模糊
受灾几率	中小洪水也可能成灾，不同量级的洪水形成不同的淹没范围	中小洪水发生的几率减少，大洪水发生的几率依然存在，城市周边地区受灾几率可能增加
受灾部位	洪泛区、农田、鱼塘、村庄、城镇	新建城区、城市周边地区、老城区内涝加重，地下工程及构建物存在易涝区
灾害发生时间	发生在汛期，有一定规律	受城市短期极端气候影响，无规律性
受灾持续时间	与降雨范围、持续时间、地理特征等有相关关系，可能因排涝措施延长或缩短	可能因排涝措施延长或缩短
受灾损失类型	直接损失为主，主要是农作物、农舍、农业生产资料与工具、人员伤亡等	交通阻塞，供水、电、气、通信网络等城市生命线工程，临街商铺等工商企业，间接损失大于直接损失

资料来源：资惠宇. 广州城市内涝应急处置研究：以"2010.5.7"特大暴雨为例[D]. 广州：华南理工大学，2013：9-10.

年在修订版中，更进一步明确了内涝防治系统为用于防止和应对城镇内涝的工程性设施和非工程性措施以一定方式组合成的总体，包括雨水收集、输送、调蓄、行泄、处理和利用的天然与人工设施以及管理措施等。

在快速城市化进程中，人口向城市高度集中，城市面积迅速扩张，城市系统功能普遍日趋复杂。城市内涝灾害所引起的后果往往是一系列、多发的，具有连锁性特征。农业洪涝灾害、城市外江洪灾以直接经济损失为主，受灾范围与受淹范围基本吻合。而城市的正常运转依赖于其各类基础设施与生命线系统，如

交通、通信、互联网、供水、供电、供气、垃圾处理、污水处理与排水治涝防洪等。这些系统在关键点或面上一旦因洪涝遭受损害，会在系统内或系统之间形成连锁反应，出现灾情的急剧扩展，使得受灾范围远远超出实际受淹范围，间接损失甚至超过直接损失。

9.1.2　城市化中的内涝

城市化和工业化是实现一个国家或地区现代化

的两大驱动力量，城市化水平是衡量现代化发展程度的重要指标。新中国成立以来我国的城市化进程大致经历了四个阶段：第一阶段1949~1957年，经济恢复和城市化正常上升期；第二阶段1958~1965年，城市化发展的剧烈波动期；第三阶段1966~1976年，"文化大革命"时期的基本停滞期；第四阶段1977至现在，城市化加速发展期[3]。改革开放以来，伴随着工业化进程加速，我国城镇化经历了一个起点低、速度快的发展过程。据2014年国务院印发的《国家新型城镇化规划（2014—2020年）》显示，1978~2013年，我国城镇常住人口从1.7亿增加到7.3亿，城镇化率从17.9%提升到53.7%，年均提高1.02%；城市数量从193个增加到658个，建制镇数量从2173个增加到20113个，100万人口以上的城市从1949年的10个，发展到2013年的133个（图9-1）。城市在人口与经济及社会创新发展方面在国民经济中占有举足轻重的地位，快速城市化成为改革开放以来中国经济和社会发展的一个重要特征。

随着人口的快速城市化，城市用地需求和规模急速扩大，城市建成区急剧扩张。城市建成区（城区）面积从1996年的20214km²增加到2012年的45566km²，全国建设用地年均增加724万亩，其中城镇建设用地年均增加357万亩；2010~2012年，全国建设用地年均增加953万亩，其中城镇建设用地年均增加515万亩（表9-2）。2000~2011年，城镇建成区面积增长76.4%，远高于城镇人口50.5%的增长速度。土地城镇化速度快于人口城镇化，建设用地粗放低效。一些城市在城市空间布局上"摊大饼"式扩张。同时，由于我国城市化进程中的基础设施建设历史欠账和治理理念滞后等原因，普遍存在地下排水系统建设不完善的问题，城市在迅速地大规模发展，但却没有能够与之相适应的地下排水系统。

如果将一座城市比作人的有机体，城市外貌即为肌肤和衣饰，而以路网和地下管网为主的基础设施就犹如骨架和血脉。当面临交通堵塞和城市内涝时，犹如肌体内部的血管栓塞。我国当前城市所处的发展阶段决定了一座城市在没有达到一定的经济总量和富裕程度时，快速的城市化过程将是一把双刃剑。虽然城市外貌呈现出蓬勃生机的繁荣景象，但在其肌体内部仍会出现各种隐患与缺陷。特别是在城市基础设施不完善的情况下，外在表征年轻的城市就更容易发生城市内涝问题。城市内涝在一定程度上是由于城市化进程中对城市基础设施的不重视、忽视和无视造成的城市内在隐忧。据住房和城乡建设部2010年对32个省的351座城市的内涝情况调研显示，自2008年，有

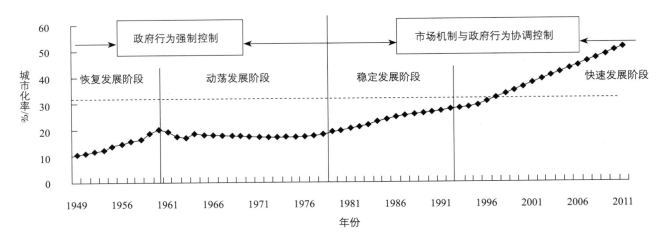

图9-1 政府经济行为视角下的城市化进程
资料来源：中共中央、国务院印发的《国家新型城镇化规划（2014—2020年）》.

2000—2012年我国土地城镇化与人口城镇化水平变化   表9-2

年份	城镇建成区面积/万hm²				土地城镇化水平/%	城镇人口/万	人口城镇化水平/%
	城市	县城	建制镇	合计			
2000	224.39	131.35	182.00	537.74	0.56	45 906	36.22
2001	240.27	104.27	197.20	541.74	0.56	48 064	37.66
2002	259.73	104.96	203.20	567.89	0.59	50 212	39.09
2003	283.08	111.15	213.40	607.63	0.63	52 376	40.53
2004	304.06	117.74	223.60	645.40	0.67	54 283	41.76
2005	325.21	123.83	236.90	685.94	0.71	56 212	42.99
2006	336.60	132.29	312.00	780.89	0.81	58 288	44.34
2007	354.70	142.60	284.30	781.60	0.81	60 633	45.89
2008	362.95	147.76	301.60	812.31	0.84	62 403	46.99
2009	381.07	155.58	313.10	849.75	0.88	64 512	48.34
2010	400.58	165.85	317.90	884.33	0.92	66 978	49.95
2011	436.03	173.85	338.60	948.39	0.99	69 079	51.27
2012	455.66	187.40	371.45	1 014.51	1.05	71 182	52.57

资料来源：张飞，孔伟. 我国土地城镇化的时空特征及机理研究[J]. 地域研究与开发，2014（5）：144-148.

213座城市发生过不同程度的积水内涝，占调查城市的62%；内涝灾害一年超过3次以上的城市就有137座，甚至扩大到干旱少雨的西安、沈阳等西部和北部城市。内涝灾害最大积水深度超过50mm的城市占74.6%，积水深度超过15mm的超过90%；积水时间超过0.5h的城市占78.9%，其中有57座城市的最大积水时间超过12h（表9-3）。[4]

城市内涝所带来的经济损失严重，2010年全国达到3745亿元，自2010年开始，损失规模均在千亿元以上，13个省份经济损失过百亿元，其中四川接近300亿元。2000～2010年和2011～2013年，全国洪涝累计直接经济损失分别为10800.99亿元[5]和7122亿元（表9-4）。经估算，2013年，7个省（区）份的洪涝直接经济损失超过当地GDP的1%：海南（2.05%）、江西（1.66%）、广西（1.38%）、吉林

（1.30%）、甘肃（1.17%）、四川（1.12%）和湖南（1.08%），而安徽接近1%（0.91%）。重要的一线城市和部分二线城市如北京、上海、深圳、武汉、杭州、南昌和广州等城市均遭受了严重的城市内涝和排水危机（表9-5），城市内涝问题成为目前城市管理者面临的严重现实难题。

9.1.3 排水管网的现状

国外发达国家城市排水系统的规划建设较早，现已发展较为完善，如德国、日本、美国、法国等。据统计，2007年德国城市排水管道长度总计达到54.07万km，人均长度为6.16m。其中，合流制排水管道长度占44.22%，分流制中的污水管道长度占34.63%，分流制中的雨水管道长度占21.15%；平均24.83m有

2008～2010年中国351座城市内涝的基本情况[4]   表9-3

内涝	事件数量/件			最大积水深度/mm			持续时间/h			
	1或2	≥3	共计	15~50	≥50	共计	0.5~1	1~12	≥12	共计
城市数量/座	76	137	213	58	262	320	20	200	57	277
城市比例/%	22.0	40.0	62.0	16.5	74.6	91.1	5.7	57.0	16.2	78.9

近年来我国内涝洪灾的伤亡和经济损失概况　　　　　　　　　　　　表9-4

年份	灾情概况	受灾人数			直接经济损失/（亿元）	评价
		受灾/（亿人）	失踪/人	死亡/人		
2009	全国气候异常，部分地区降雨历史罕见。洪涝受灾面积较常年减少近40%	不详	不详	538	超过711	死亡人数较常年减少近80%，是1949年以来最少的一年
2010	南北方、东西部（全国30个省、自治区、直辖市）都发生了严重洪涝灾害	2.1	1003	3222	3745	洪涝灾害各项指标均大于2000年以来的平均值，其中死亡、失踪人数超过1998年
2011	全国31个省（自治区、直辖市）均不同程度遭受洪涝灾害，共有1846个县（市、区）、1.6万个乡（镇）受灾，倒塌房屋69万间，受淹城市136座	0.8942	121	519	1301	因灾死亡人数为1949年以来最低
2012	全国31个省（自治区、直辖市）均不同程度遭受洪涝灾害，184个县级以上城市遭受特大暴雨袭击，城区部分受淹或发生内涝灾害。一些特大城市道路积水、交通受阻	1.2	159	673	2675	城市内涝个数和规模显著增加和扩大
2013	全国31省（自治区、直辖市）均遭受不同程度洪涝灾害，部分地区山洪灾害严重，县级以上城市受淹234座	1.2	374	774	3146	城市内涝个数进一步增加，经济损失突破3000亿元

资料来源：徐振强. 中国特色海绵城市的政策沿革与地方实践[J]. 上海城市管理，2015（1）：49-54.

近年来我国代表性城市雨涝灾害概况　　　　　　　　　　　　表9-5

城市	时间	死亡/人	程度
北京	2012年7月21~22日	79	全市平均降雨量170mm，城区平均降雨量215mm。降雨量在100mm以上的面积占北京市总面积的86%以上；全市最大点房山区河北镇达460mm，接近500年一遇，城区最大点石景山区模式口328mm，100年一遇；山区降雨量达到514mm；小时降雨超70mm的站数多达20个
上海	2010年9月2日		18站点的累积雨量超过100mm的大暴雨标准，其中徐家汇地区雨量达144.6mm
深圳	2013年8月30日	2	平均降雨78mm，最大降雨量240mm，100多处不同程度被水浸泡
	2014年3月30日	2	30年来3月份同期最强大暴雨，50年来最大的小时强降雨，气象局6年来首个全市暴雨红色预警，持续生效15h20min，创下了2006年以来时间最长、范围最广的纪录。最大日雨量出现在深圳机场，达284.1mm，最大小时雨强出现在宝安区和平社区，雨量达到116.2mm。从3月29日8：00至31日16：00，全市累计最大降雨量出现在宝安区（西乡324.3mm，沙井海上田园318.6mm，石岩基地315.1mm），内涝200处
武汉	2011年6月9~24日	—	遭遇5场特大暴雨，主要城区平均降雨量417.7mm，主要城区渍水严重，特别是6月18日暴雨，全市80多处严重渍水
	2013年7月6~7日	—	特大暴雨，中心城区最大降雨量达333.75mm。全市49处路段严重渍水，导致车辆无法正常行驶，交通几近瘫痪，部分城区道路水流成河
杭州	2013年6月24日	1	受梅雨带南侧对流云团影响，杭州主城区北部出现短时大暴雨，拱宸桥测站雨量162.1mm，德胜小学测站小时雨量153.5mm，出现大面积道路积水，晚高峰交通严重拥堵
南昌	2012年5月12日		日降水量和3h降水量分别约为200mm和124mm
	2012年8月22日	1	相当于90个青山湖的蓄水量，1人因救人触电丧生
广州	2013年4月21日	—	3h内市内出现强降水，20个气象站点记录超过50mm，其中天河区64.8mm、黄埔区51.5mm、广州石化厂124.8mm（雨量最大）

注：气象学规定，24h内某地降水大于50mm即为暴雨，大于100mm即为大暴雨。
资料来源：徐振强. 中国特色海绵城市的政策沿革与地方实践[J]. 上海城市管理，2015（1）：49-54.

1座检查井；2009年的德国城市污水纳管率平均已达98.8%（表9-6）[6]。

近年来德国排水管道长度统计[6] 表9-6

年份	城市排水管道长度/km	年份	城市排水管道长度/km
1997	445731	2004	514884
2001	486159	2007	540723

法国巴黎有着世界上最大的城市下水道系统，从1851年开始设计建设，直到1999年才完成对城市废水和雨水的完全处理。巴黎下水道总长2347km，按沟道尺寸有小下水道、中下水道和排水渠3种。每天超过1.5万m³的城市污水都通过这条古老的下水道排出市区[7]。日本城市排水管道长度在2004年已达到35万km，排水管道密度一般在20～30km/km²，部分地区可达50km/km²；美国城市排水管道长度在2002年大约为150万km，人均长度为4m以上，城市排水管网密度平均在15km/km²以上[8]。通常城市排水管网密度（城市区域内的排水管道散布的疏密水平，为城市排水管道总长与建成区面积的比值）指标越高，反映一座城市的排水管网普及率越高。

与欧美地区、日本等相比，我国城市排水管网的建设存在较大差距。但就自身而言，改革开放以来我国在城市排水管网系统建设方面也取得了较大发展。从全国来看，1990~2013年我国的城市排水管网建设长度总量（表9-7、表9-8）在过去的20余年逐年增长，尤其是近10年的建设发展加快，近70%的排水管道是在近十几年建成的。截止到2013年底，全国城市排水管道的长度总量达到46.5万km，排水管道密度为9.8km/km²。按照2013年我国城市化率53.7%的水平，经计算城镇人均排水管长度仅为0.64m[9]。

与此同时，经济发展较快的地区，在经济发展对城市基础设施的建设需求，水环境污染造成的水质型缺水以及城市居民生活质量下降等压力之下，城市排水系统的重要性日渐凸显。2008年我国城市排水管网普及率约为60%，其中小城镇现状排水管网普及率偏

1990~2013年我国城市排水管网建设情况[9] 表9-7

年份\指标	1990	1995	2000	2009	2010	2011	2012	2013
城市排水管道长度/（万km）	5.8	11.0	14.2	34.4	37.0	41.4	43.9	46.5
城市排水管道密度/（km/km²）	4.5	5.7	6.3	9.0	9.0	9.5	9.6	9.8

我国排水管道各年代所占总排水管道建设总比例[9] 表9-8

年代	管道长度/km	比例/%
20世纪70年代及以前	21860	4.7
20世纪80年代	35927	7.7
20世纪90年代	83971	18.1
2001~2013年	323567	69.5

低，为40%~60%，远低于国家排水管网覆盖率80%的标准要求[10]。从2013年各地区城市排水管道长度统计情况表（表9-9）来看，江苏、山东、浙江、广东等东部沿海省份城市排水管网建设发展较快，西部地区如新疆、西藏、青海等地区城市排水管网建设滞后。整体来看，

2013年我国各地区城市排水管网建设情况[9] 表9-9

地区	城市排水管道长度/km	地区	城市排水管道长度/km
北京	13505	河南	18297
天津	18644	湖北	20030
河北	15869	湖南	12050
山西	6676	广东	36098
内蒙古	11208	广西	8309
辽宁	16420	海南	3357
吉林	9607	重庆	9497
黑龙江	9583	四川	19519
上海	18809	贵州	5260
江苏	62194	云南	6064
浙江	33501	西藏	546
安徽	21891	陕西	6767
福建	12289	甘肃	3881
江西	10573	青海	1391
山东	46025	宁夏	1362
新疆	5660	全国	464878

我国城市排水管网不论是总量还是人均占有量和管网密度，与发达国家相比均显落后，且差距悬殊。同时，我国城市排水管网基础设施还存在投入不足、历史欠账多、管网建设明显滞后于城市发展速度的客观现实。

9.2　城市内涝的成因

城市内涝主要是指城市地区在强降雨或连续性降雨的气候条件下，形成的大面积区域积水或者一定面积范围内积水过深的渍涝灾害现象。究其主要致因可分为客观与主观两个方面：客观原因主要是全球气候变化这一直接原因以及城市化导致的城市局部地区气候条件变化这一间接原因，主观原因主要是我国在城市化进程中出现的观念、体制、规划设计、建设、管理、维护等诸多影响因素。在一定程度上可以认为，城市内涝是城市水循环极端现象的表现，是自然和社会双重因素共同作用的结果，即城市内涝具有"自然、社会"双重诱因。

9.2.1　气候因素

全球气候变化是人类迄今面临的最重大环境问题之一，也是21世纪人类面临的最严峻挑战之一。近年来全球各地出现的极端气候气象事件充分说明了气候变化的既成事实。气候变化背景下我国的暴雨日数略有增加趋势，洪涝灾害也表现出影响面积增大和危害加重的趋势。根据水利部2011年公报提供的数据资料绘制出1950~2010年中国洪涝灾害受灾、成灾面积的变化如图9-2所示。近60年来全国每年均遭受不同程度的暴雨洪涝灾害，平均每年死亡4592人；平均每年倒塌房屋195.8万间；平均每年作物受灾面积969万hm²，成灾面积539万hm²。其中，20世纪50~60年代中期，洪涝灾害面积较大；60年代中期至70年代末，灾害面积减少；自80年代后，洪涝受灾面积呈不断增加趋势[11]。

与此同时，许多研究指出，近年来我国多数地区不仅极端强降水量或暴雨降水量在总降水量中的比例有所增加，极端强降水或暴雨级别的降水强度也增强了。这种现象不仅出现在降水量和极端强降水增加的南方和西部，甚至出现在降水量和极端强降水减少的华北和东北。除西部地区外，我国大部分地区降水日数有显著减少。由于降水日数的减少，多数地区降水强度有所增加；在长江中下游和华南沿海地区，年降水量的增加主要是由降水强度增加造成的，而北方地区年降水量的减少主要源于降水日数的显著减少。西

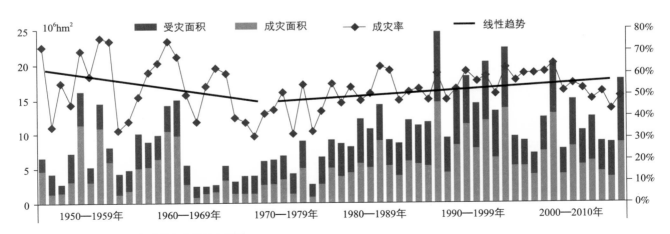

图9-2　中国1950~2010年洪涝灾害面积变化[11]

资料来源：秦大河总主编，丁永建、穆穆副总主编；丁永建、穆穆、林而达主编.中国气候与环境演变2012第2卷影响与脆弱性[M].北京：气象出版社，2012：63.

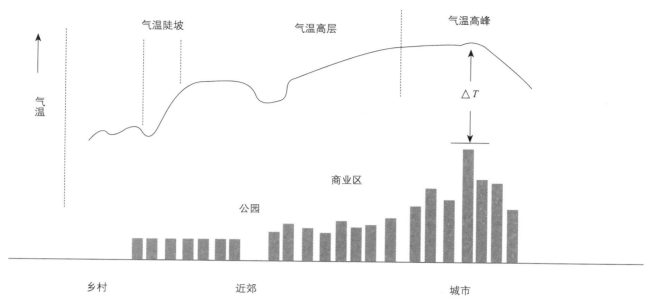

图9-3　城市气温变化示意图
资料来源：王连喜，毛留喜，李琪，等. 生态气象学导论[M]. 北京：气象出版社，2010：215.

部地区年降水量的增加是降水频率和平均降水强度共同增加的结果[12]。

此外，随着城市规模的日益扩大，城市的热岛效应、雨岛效应增强（图9-3），对城市暴雨有增幅作用。城市建筑、硬化地面及能源消耗产生的增温效应非常明显，城市周边自农业地区、郊区居住区、商业区到城市居住密集区单侧过渡，城市温度逐渐增高，人们把城市高温区比喻为立于四周较低温度的乡村海洋中的孤岛，称为"城市热岛"。从城市区域上空大气运动轨迹看，热岛效应引发城市下部大气受增温作用产生上升气流，从而产生低压区，周围农业地区冷空气进入城市，上升空气随着高度增加，气团温度下降，加之城市地区的冷、热气流交汇，易产生较为强烈的降雨过程，这就形成了雨岛[4][13]。

城市阻碍效应是暴雨形成的另一个幕后推手。城市化促使城区地面粗糙度发生很大变化，当气流从郊区向城区移动时，城区中高度不一且规模庞大的高层建筑如同屏障，使空气产生机械湍流，而人工热源导致热力湍流。同时，受地面摩擦影响，空气运动受到明显影响，造成气流总体移动速度减弱和在城区停留时间增加，进而导致城区降水时间延长、强度增大。而城区内大量车辆、工业、能源生产、尘土等导致城区大气污染物平均浓度明显大于郊区，形成以市区为中心的混浊岛，空气中尘埃和废气等的微小颗粒长时间飘浮在空气中，易于吸收水汽，形成较多的云凝结核和冰核，从而有利于形成云内水汽不稳定的胶性状态，进一步起到促进增雨的作用。在城市化影响下，形成了城市局地气象条件的变化，增加了强降雨这一导致城市内涝的驱动力因素发生的频次和强度。

9.2.2　城市水系

在我国各地快速城镇化过程中，城市非理性扩张现象普遍存在。城市排水防涝系统建设不仅欠账较多、负担倍增，而且与排水管网相衔接的河湖水系往往调蓄与行洪功能不足，甚至因被开发挤占而萎缩。自然的湖泊水系改变了，原有的排洪通道填掉了……湖泊、洼地、沟塘等历来是城市雨水排泄的通道和接纳雨水的天然"蓄水容器"，具有调蓄雨水、涵养渗流等调节径流的作用。在城市的建设过程中，由于认识缺位、急于求成，未做科学的规划和论证，盲目整平洼地、填筑沟塘、挤占湖泊，人为破坏导致了湖泊等天然"蓄水容器"容量急剧减少，调蓄雨水的能力减弱。与此同时，在城市向周边地区扩展的过程中，以往城外的行洪河道演变成城市的内河，行洪能力缩减。而城市中原有的河湖水面经过大规模改造，已所剩无几，幸存的河流水面也大幅度减少。

以素有"百湖之市"之称的武汉市为例，到20世纪末期，该市湖泊面积大为减少，湖泊数量仅存40余个，而且湖泊面积比20世纪80年代减少了56%，导致湖泊调蓄地表径流的能力仅相当于40年前的30%。而2010年的水域面积相比于1991年则减少约39%。由50年代的1581km²缩减到80年代的874km²，近30年来又减少了228.9km²（图9-4）。近年虽修建了大量的排水设施，但由于排水能力有限，在原湖塘低洼处被填筑修建的居住小区还是遭受了暴雨内涝灾害[14]。

上海市浦东新区（不含原南汇区）在2000~2003年的4年间，河流长度缩减332.4km，占2000年河流总长度的15%，年缩减率为5%；河网密度也由4.4km／km²锐减至3.72km／km²。1980~2005年深圳河网总长度减少355.4km，总条数减少378条，河网密度从0.84km／km²降低到0.65km／km²。消失的河流大部分都转变成了城市建设用地[15]。

住建部原副部长仇保兴曾经说过："具有泄洪排涝重要功能的城市水系，不是目前城市中广泛采用的管道排水或防洪工程可以取代的。"城市水系担当着蓄积雨洪、分流下渗、调节行洪、增补地下水资源、提高水蒸发量、缓解热岛效应等功能。但是这些年来，由于水系遭到破坏，这些功能都不可挽回地衰退了。城市水系是社会—经济—自然复合的生态系统，改造城市水系必须尊重自然、尊重当地的历史文化、尊重普通百姓的长远利益。然而，我国不少城市在对城市水系进行改造时采取了错误的方式[16]。

（1）大量填埋城市的河、海、湖来造地、修路和盖房。这使许多城市优美的明河变成暗渠，原来流动互通的水系变成了支离破碎的污水沟或者污水池。现在，全国城市中90%的河道受到了不同程度的污染，50%以上的河道存在严重污染。

（2）将城市河道、江岸变成单纯的防洪工程。在许多地方，城市河道治理机械地执行"××年一遇"的设计标准，简单地截弯取直，城内高大的防洪堤严重影响了原有的排水、交通系统和生态系统。

（3）纷纷为河道、湖泊做硬质驳岸和砌底。这种"三面光"的水工程建造模式使自然河堤或土坝变成了钢筋混凝土或浆砌块石护岸，造成水岸景观的千篇一律，水生态和历史文化景观的严重破坏；不仅破坏了原来河道的综合功能，还会因难以清除淤积造成引洪不畅，导致一场暴雨就到处积水的弊端。

（4）使城市污水处理系统过度集中。一些城市污水被集中起来通过污水干管送到十几公里以外的污水处理厂，处理后的中水再通过管网被运回来，使得污水处理非常不经济。

（5）远距离调水冲污。一些城市调水工程不计生态成本和社会成本，动不动就是几百、上千公里，长距离调水因要防止水的渗漏、蒸发造成的损失，要保证沿岸的污水能够深度处理从而保证调水的水质，就需要消耗极大的管理成本、经济成本和社会成本。

（6）滥采地下水，改变了城郊湿地的生态功能，影响了湿地的生态效用。一块湿地的价值比相同面积的海洋高58倍，而湿地的功能被改变，将带来灭顶之灾，造成水生态和物种的衰退。无节制地抽取城市地下水，不仅使昔日的湿地迅速变成干涸的荒漠，而且

 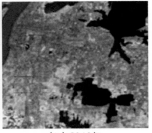

（a）1991年 　　　　　　（b）2010年

图9-4 武汉市1991年与2010年南湖、东湖等水域面积对比

也造成了大面积的地层沉陷。截至2005年，全国就已经出现区域性漏斗56个，地层沉陷的城市多达50多座。

9.2.3　地表径流

地表径流改变也是一个城市雨涝不可忽视的重要原因。城市内不透水面积增加、渗水面积减少等下垫面情况的改变，使得径流形成规律发生变化，同量级暴雨的产流系数增大，加大了城市地区的径流。

原始土壤地面具有渗透、吸纳和涵养水分的功能。自然情况下，雨水降落到地面以后，一部分被地面植物截留，一部分满足土壤缺水的需要，还有一部分要向地下渗透，只有当土壤的含水量达到饱和以后才会产生地面径流。随着城市建设步伐加快，地表大部分被水泥、沥青、不透水砖覆盖。地表日趋"硬底化"导致了可渗水地面面积逐渐减少，直接水文效应表现为径流系数的增大（图9-5）和水文过程的尖瘦化。城市土地硬化后，一方面地面摩阻减少，水流速度加快，地面径流快速汇集，洪峰提前；另一方面，下渗量减少，地面和树木冠层的截流作用变差。

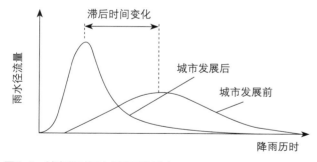

图9-5　城市化对雨水径流量的影响
资料来源：车伍，李俊奇. 城市雨水利用技术与管理［M］. 北京：中国建筑工业出版社，2006：12.

图9-6[17]以迈阿密城市的部分地区为例，研究了不透水面积和洪峰流量、洪水总量的关系。图中的不透水面积比例为排水口汇水分区不透水面积的比例。结果表明，洪峰流量、洪水总量与不透水面积成正比[18]。

周玉文等在北京市百万庄小区所做的试验（表

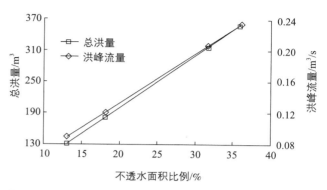

图9-6　不透水面积与洪峰流量及总洪量的关系

9-10）显示，在1h内新、旧沥青路面的降雨损失分别仅为草地的6%和12%，分别为裸露土地面积的14%和26%[19]。如果城市不透水面积达到城市面积的20%，当出现3年一遇以上降雨时，其产生的流量就可能相当于该地区原有流量的1.5～2倍。同时，与天然的下垫层相比，硬质化后的人工下垫层（建筑顶部、地表）的粗糙率要小得多（表9-11），这就也使得降雨后的地面汇流时间缩短。此外，城市为了迅速排走地表雨水，保证城市公共设施在降雨时和降雨后能尽快恢复正常功能而必然追求雨水管道网的日益完善化，这就更加速了雨水向各条内河的汇集，促使高峰流量在短时间内形成，对低洼地带造成了更大压力[20]。以深圳为例，根据深圳市规划局2005年出台的雨水工程规划标准，建成区域雨水管道工程设计采用的地表径流系数已经达到0.7，较25年前增加了75%，在相同强度的降雨情况下，产生的流量就会增加75%，这将导致雨水不能及时排出，局部出现内涝灾害[21]。

不同地表降雨后损失量[20]　表9-10

地表种类	新沥青路面	旧沥青路面	混凝土方砖	红砖	土地面	草地
损失水量/mm	2.8	5.4	9.2	17.2	20.4	46.4

地表的粗糙度[20]　表9-11

汇流途径	混凝土雨水管	混凝土路面	砾石面	人工草地	杂草地
绝对粗糙度/mm	0.5	1	5	20	50

9.2.4 设计标准

城市雨水管网系统的安全可靠性与规划设计标准直接相关。在排水设施的规划设计标准中，重现期是一个重要的参数，表示设计暴雨强度出现的周期，是根据城市的社会经济发展水平、积水后财产损失的程度等多方面因素确定的。由于历史原因，我国的城市雨水管网系统的设计重现期一直比较低，以往建设的城市雨水排水工程大多数为1年或低于1年重现期的设计标准，大大低于一般发达国家的设计标准。与发达国家和地区做对比（表9-12），美国、日本等国家在城镇内涝防治设施上投入较大，城镇雨水管渠设计重现期一般采用5~10年。美国各州还将排水干管系统的设计重现期规定为100年，排水系统的其他设施分别具有不同的设计重现期；日本也将设计重现期不断提高，《日本下水道设计指南》（2009年版）中规定，排水系统设计重现期在10年内应提高到10～15年。

我国当前雨水管渠设计重现期与
发达国家和地区的对比　　表9-12

国家（地区）	设计暴雨重现期
中国大陆	一般地区1~3年，重要地区3~5年，特别重要地区10年
中国香港	高度利用的农业用地2~5年；农村排水，包括开拓地项目的内部排水系统10年；城市排水支线系统50年
美国	居住区2~15年，一般10年；商业和高价值地区10~100年
欧盟部分国家	农村地区1年，居民区2年，城市中心/工业区/商业区5年
英国	30年
日本	3~10年，10年内应提高至10~15年
澳大利亚	高密度开发的办公、商业和工业区20~50年，其他地区以及住宅区为10年，较低密度的居民区和开放地区为5年
新加坡	一般管渠、次要排水设施、小河道5年，新加坡河等主干河流50~100年，机场、隧道等重要基础设施和地区50年

资料来源：《室外排水设计规范》（GB50014-2006）（2014版）[S].北京：中国计划出版社，2014：114

我国首都北京城区的排水设计标准是1~3年一遇，每平方公里排水设施能力可达到8.5~11.8m³/s，排水设施正常应能够应对47mm/h和66mm/h强度的降雨。2004年的暴雨，城区平均降水强度35mm/h，重点地区达到50mm/h，基本在排水设计标准以内，但仍有多处发生严重积水。2011年6月23日的暴雨，降雨量50mm/h以上的区域达到300多km²，降雨量100mm/h以上区域近40km²，超过了城市排水设计标准，造成多处内涝就难以避免[22]。而2012年7月21~22日，北京经历了自1963年极端降水事件以来最强的一次降水过程，全市平均日降水量达190.4mm，个别地区如房山总降水量达470mm、石景山328mm、最大小时雨量高达100.3mm。该事件造成北京城区大面积内涝、交通瘫痪、北京地区79人死亡（如包括河北地区则共计112人死亡）、经济损失超过百亿元[23]。

国内的城市排水规划设计规范主要有《城市排水工程规划规范》和《室外排水设计规范》。1975年发布的《室外排水设计规范》规定城市排水系统设计重现期一般为0.33～2年；1987年发布的《室外排水设计规范》规定城市排水设计重现期一般为0.5～3年；2006年发布的《室外排水设计规范》规定也是0.5～3年，重要地区为3～5年。2011年颁布的《室外排水设计规范》中将设计重现期提高到"一般地区应采用1～3年，重要干道、重要地区或短期积水即能引起较严重后果的地区，应采用3～5年"的标准。并提出"经济条件较好或有特殊要求的地区宜采用规定的上限，特别重要地区可采用10年以上"的要求。虽然三十年来排水设计标准有所提高，但在实施中仍处于较低水平，大多数城市排水设计重现期仍在1年上下。城市排水系统建设无法跟上城市建设节奏，一方面早期建设的排水设施采用的标准本来就低，但现在还在使用；另一方面，提高设计标准会增加工程造价，但产生效益却并不明显，建设方也愿意就低不就高。随着我国社会经济的发展，城市建设水平的提高，城市排水防涝的相关标准显现出偏低、缺乏量化、条目单一的特点，还存在较大的差距和需要完善的地方，这也正是从法规层面导致雨水内涝发生的原因所在。2014年版规范中的重现期下限值由1997年版规范的2年变为3年，1997年版规范的"注"变成正文，其他内容基本未变。

9.2.5 管理体制

我国的城市排水体系主要为合流制、分流制或两者并存的混流制排水系统。现行的《室外排水设计规范》规定新建地区的排水系统应采用分流制；现有合流制排水系统，应按城镇排水规划的要求，实施雨污分流改造。因此，实施过程中，新兴城市和新建城区都采用了分流制，原有合流制城区希望通过改造成分流制来控制水污染。然而，合流制由于受各种现实原因影响，完全改造成为分流制困难较大，多数城市的老城区目前都留有部分合流制，通过增加截流系统来控制部分污染。现实情况中又出现了一个较为严重的问题，新建城区的分流制管网中大都存在雨污混接的现象。武汉市主城区（含7个中心城区和2个开发区）规划的排水体制为：老城区保留合流制，约占规划总面积的20%；其余地区为分流制，约占规划总面积的80%。而武汉市水务部门2004年以来对主城区部分排水管网进行了调查，结果发现按规划建成的雨污分流排水系统并非真正的分流制，雨污混接现象相当普遍，按分流制实施的雨水和污水管道实际上成了两套合流制管道。调研结果显示，已建有排水管网的地区共260.5km²，其中合流制地区为80.6km²，占31%；分流制地区为58.6km²，占22%；混接地区121.3km²，占47%[24]。

城市排水系统工程与城市给水系统工程一样，都是城市居民的生命线工程，是服务区内其他工程设施得以正常使用的重要设施之一，确保其使用功能有着非常重要的意义。俗话说"三分建设，七分养护"。随着城市的发展，城市排水管网的覆盖规模迅速扩张，原有的排水管网日趋老化带来的负荷过重和管道

堵塞等后续养护管理问题也伴随而来，为排水管网的运行管理带来了巨大压力。管道堵塞多由城市排水管道系统中的沉积物沉积所引起。这些沉积物多来自于管道输送水流过程中悬浮固体颗粒的沉降。当发生降雨事件时，在雨水径流的冲刷作用下，会将屋顶、停车场、路面、绿地等汇水面上和空气中的固体颗粒物质，如大气粉尘、植物落叶枝干、土壤以及人们生产生活中产生的固体垃圾等带入雨水径流，最终汇入城市排水管道系统，在重力、管壁的摩擦阻力作用下，粒径、密度较大的颗粒物极易沉降到管道底部。随着年代越积越多，形成了淤塞，不仅使排水管沟过水断面减小，还增加了排水阻力，排水量大为减少。这种现象在年代久远的旧城区排水管沟中尤为突出，也是旧城区容易积水的原因之一。徐波平等调研了北京市西城区部分排水管道[25]，在调研的72个检查井连接排水管道中，沉积厚度大的管道较少，除沉积量极少的管道外，41.67%的管道内沉积物厚度占管径的20%~30%；沉积物厚度与管道管径之比小于10%的占总数的一半，在10%~50%的占45.84%，大于50%的占4.16%。为消除这种现象，应对排水管道进行定期检查和清淤，完善养护管理制度，是保证其发挥应有功能的主要保障。如果维护管理力度不够，没有采用必要的检测手段，没有形成科学、系统的管理机制，使得管网问题得不到及时修复，带病运行，将会导致管网系统功能丧失，造成城区道路积水和内涝，直接危及城市公共服务的质量和城市安全。

9.2.6 规划体系

随着我国城市建设速度的加快，城市面积不断向外围扩张，在城建过程中，虽然秉承"先规划后建设，体现规划的科学性和权威性，发挥规划的控制和引领作用"的基本原则，然而在实际执行过程中，城市在发展方向上的持续性和可预见性往往受到人为因素的影响，不断出现"朝令夕改"、"变化无常"、"有

始无终"的现象。而作为城市基础建设的排水工程，是关系到城市长久运转和安全保障的重要设施，更为重要的是，排水工程的前期建设投入大，后期改造成本更大。如果在城市规划前期，没有将城市排水规划摆在十分重要的地位，进行充分、科学的论证和预测，就会出现城市建成后的"开膛破肚"、"天天挖沟"的无奈之举。

我国现有的法定规划体系中，虽然有排水专项规划的内容，但没有独立完整、针对城市防涝的专项规划内容。排水规划大多数一般情况下也引不起足够的重视而形同虚设，不能真正解决问题。城市总体规划中的排水专业规划，虽然覆盖面大，但深度不够，受时间进度、资料条件、比例尺度等限制，不可能做得很细，管线很难准确定位；详细规划中的排水专业规划虽然比较细致，有一定的深度，但系统性差。从排水专业角度看，现在的状况是"有设计，无规划"[14]。

由于城市在防洪方面的高度重视，在流域层面已经建设了一套完备的防洪工程体系，目的是防止客水进入城市，主要针对流域、河流，所涉及的排涝主要针对区域的洪涝灾害，而不是城市的内涝灾害，以往所说的内涝标准是水利上针对农作物耐淹程度而定的，也不适用于现在的城市内涝防治；城市内部的排水管网规划更多地侧重于管道、泵站等排水设施的布置，以及设施规模的确定。现行的排水规划规范和设计标准，大多是针对排水管道和泵站等雨水设施而言的，而对城市内涝防治、应对超标雨水等没有明确的要求和技术标准。城市建立起来的城市管网排水系统，针对小重现期的降雨还可以满足，在应对超过雨水管网排水能力的暴雨径流时就显得"捉襟见肘"。

城市排水的最终归属仍是城市外围周边的流域水系，客观上必然要求城市防洪与城市排水这两套系统能够有机衔接，统一属于城市防洪涝体系。河道排涝，主要是依靠内河、排涝沟渠、泵站和闸坝等水利设施，解决较大汇流面积上、较长历时暴雨产生的涝

水排放问题，即把城市内水及过境客水排入行洪干河（或外海）。管渠排水，主要是依靠地面坡降、落水井、雨水管网等市政排水设施，解决小汇流面积上、较短历时的暴雨积水排放问题，即把城市内水排入内河或湖泊。我国的行政管理体系中，城市河道排涝多由水利部门主管，而城市管渠排水由城建部门主管。河道排涝系统及管渠排水系统分别遵循不同的行业标准及规范，在设计暴雨选样、设计暴雨历时等方面存在很多差异，各自形成独立的方法体系，缺乏系统衔接。这造成两者的计算结果难以协调统一，特别是对超管网设计标准的雨水，既没有统一的设计方法，也没有相关的技术标准和规范，当然也缺乏相应的工程设施和综合手段。

在排水管网的设计计算中，我国一直沿用传统的推理公式法计算雨水的流量。该方法理论依据是恒定均匀流，假定暴雨强度在整个汇水面积上均匀分布，且汇水面积随集流时间增长而均匀增加，事实上这种方法只适用于在汇流面积较小的区域。随着城市建成区面积急剧扩大，暴雨强度在受雨面积上分布是不均匀的，而且城市的降雨特征发生了很大变化，在这种情况下笼统地采用传统的推理公式法进行雨水系统设计与实际情况存在一定的偏差；再者，推理公式法也不能反映管网运行真实的动态情况。目前，数字模拟技术在排水规划设计中已有所应用，但只有少部分地区进行了尝试。相应的专业技术储备不足，特别是基础数据的不准确和不完全，制约了排水系统模拟技术的应用。此外，中国城市雨水模拟模型的研究起步较晚，主要引入国外模型进行计算，与世界上发达国家和地区相比有很大差距，尚无通用的独立开发、适用于我国实际的成熟计算模型。

9.3 解决城市内涝的困惑

城市内涝的成因复杂，所涉及的天气、城市开发、

排水设计理念和方法、日常维护等方面的影响相互交错，给解决城市内涝问题提出了诸多的难题与挑战。

9.3.1　管网改造

改革开放以来，国内主要大中城市基本实现中心城区排水管网的覆盖，建设了雨水排放系统，虽然采用的设计标准偏低，但已成为既成的事实。铺设地下排水管网作为城市的一项基础设施，通常是在城市开发建设前期的"三通一平、五通一平、七通一平"阶段，已将开发土地的"道路、供水、供电、通信、煤气（天然气）、排雨水、排污水"等市政管线设施建设工作完成。根据《室外排水设计规范》和《城市工程管线综合规划规范》（GB 50289—1998）的规定，排水管渠系统以重力流为主，并有最小坡度要求。在地下敷设各类市政管线时，自地表向下由浅至深为电力、电信、热力、燃气、给水、雨水、污水管线。在已建成的城市区域，地下管线系统中雨水排水管的敷设较深。对于其设计标准的提高需重新敷设，要将城市道路或场地进行二次开挖，工程投资较大，施工期间直接影响城市局部区域的日常生活和交通环境等。更重要的是，在地下有限的空间内，一条雨水管线的改动很有可能牵连其他管线也随之改动，可谓是"牵一发而动全身"，结果必将增加建成区管道提标建设工程的人力、物力、财力的投入成本。如果说在新建区域提高排水系统设计标准具有较强的可行性，但对于经济欠发达城市的建成区、旧城区，能否承受因提标而引起的工程投资的重负，是必须进行深思熟虑的现实问题。可见，仅通过提高排水管网的设计标准来防治城市内涝不但投资巨大、实施困难，且成效不一定显著，目前来看存在一个重大误区。

9.3.2　重"排"轻"蓄"

我国的城市雨涝问题目前多主要通过修建排水管网、泵站、堤坝等"灰色"市政排水工程来解决。这种传统的做法使得城市的降雨大部分不能滞蓄下渗，而通过地面收集后汇流进入雨水口，再通过管道及泵站进入河道，即以快速排除为目标。而在集中城市化进程中，城市内具有调蓄雨水、调节径流的湖泊、洼地、沟塘等天然"蓄水容器"被城市建设用地挤占；城市地面的"不透水"面积增大，可渗水地面面积逐渐减少，雨水地表产流系数增大。城市化改变了地表生态环境的结构和功能，严重影响雨水滞留、下渗和蒸发等环节，导致水环境自然循环的改变，更加剧了城市洪涝灾害风险、雨水径流污染、雨水资源流失等问题，破坏了生态环境的循环与平衡。

另外，我国对待城市雨水的态度基本上是把它当作一种"废水"尽快排放，一方面将宝贵的雨水资源白白浪费，另一方面造成雨水面源污染对接收水体生态环境的破坏[26]。在面对城市内涝问题愈演愈烈，地下管网改造难度大、城市水资源短缺、地下水资源枯竭等一系列问题时，需要我们转变对待雨水的传统观念，将对雨水的控制从单纯采取工程措施，只注重"快排"的观念基础上，开拓出雨洪生态化利用的新途径，将雨水作为一种宝贵的资源"内蓄"在城市内部；实现雨水的排洪、减涝与生态集蓄、利用结合起来，实现内涝防治"变灾为宝"的双赢目标，既达到控制雨洪、缓解内涝、改善环境的目的，又解决了水资源短缺、水污染等生态环境问题。最终走出一条雨洪资源化利用的经济效益、环境效益和社会效益多重利好的可持续发展之路。

9.3.3　应急管理

我国正处在快速城市化背景下城市规模的非理性扩张，城市新老城区、已发展区与未来发展区的拼接过程中，由于各种原因，必然会出现局部的一些城市洼地；并连同立体交通中的下穿涵洞、铁路桥、公路桥以及地下空间等设施，都成为城市排水体系中的

"盲区"与"死角",仅靠"重力流"模式的排水管网和设置排水泵站的做法,在遭遇极端天气时,排水河道高水位或周边区域排水不畅时,往往是城市内涝的易发区。例如,北京市近年来多次对排水管网进行改造,加强了重点地段的排涝能力,但仍不能满足强降雨的排水要求,以致多次发生大面积积水[22]。在城市低洼易涝地区采取提高雨水管网的设计标准,增设泵站、建设调蓄池等工程措施,如果缺乏对其致涝原因的甄别和有针对性的区域化、整体化、系统化考虑,不仅容易造成"头痛医头、脚痛医脚"的被动局面,也难以短时间内对城市内涝实现有效控制。

"进退维谷"中,需要我们以"趋利避害、从长计议"的态度来正视"城市内涝"这一自然灾害,建立完善自身的应急处置机制。对城市易涝地区的产生原因、发展过程及后果影响进行科学机理分析,相应地开展内涝灾害的风险等级评估和区划,为制定应急处置机制提供准确可靠的基础性信息。进而有效调集政府与社会相关各方面的资源,开展内涝灾害的监测预警、政府防灾减灾的应急决策与实施、公众的防灾意识教育等方面的一系列防灾应急制度的建设,达到在城市极端降雨的灾害中,最大限度地降低城市内涝的灾害损失、保障公众的生命财产安全和城市的正常运行,使我们在内涝灾害面前能够实现"提前预警、有效避险、科学调度、妥善安置、平安度险"的防灾减灾目的。

9.3.4　任重道远

众所周知,做好城市排水防涝综合规划是一项长期的复杂工作。我国中央政府高度重视排水防涝等基础设施建设,2013年国务院办公厅颁布了《关于做好城市排水防涝设施建设工作的通知》,明确提出"用10年左右时间建成较完善的城市排水防涝、防洪工程体系"的建设目标。从防洪排涝到排水防涝,一字之差,反映了行业的发展动态。从国家管理层面来说,有部门职能的变化;从工程技术层面来说,从农田排涝到城市防涝,从管网排水到综合排水、生态排水,涉及新的学科交叉领域;对技术人员来说,面临着新的技术要求和挑战。

城市内涝防治是一个复杂的系统工程,不能孤立地就排水论排水、就管道论管道。排水防涝规划和很多专业规划相关,要做好河道、管网、道路、绿化、竖向等多专业的协调衔接,协调城市排水用地和其他用地的关系。例如,城市用地布局和道路规划要考虑雨水排水,城市竖向设计和道路竖向设计要保证排水渠道畅通和雨水的综合利用,城市绿地规划要考虑接纳附近的雨水。排水(雨水)防涝综合规划不仅要考虑管网,还要考虑设计降雨、地表、河道等要素,多专业协调联动,综合排水、生态排水才是解决城市内涝问题的根本出路。

为了有效评估城市现状排水系统能力、评估和展示不同重现期情况下城市的内涝风险、科学地进行风险区划和管理、优化规划方案设计,在内涝规划编制过程中需要使用水文水力模型这一新的设计理念和技术方法。然而,我国城市的管网基础工作薄弱,数据质量差,有些城市既没有管网普查资料,也没有监测资料,排水系统历史档案也不完整,一些重要的基础数据如降雨等气象资料、城市排水基础设施和下垫面的GIS数据等的共享和公开仍然是一个很大问题,缺乏完整的数据库及其系统管理,给模型应用带来很大困难……我们要充分认识排水防涝工作的艰巨性、复杂性,做好长期作战的思想准备。在新的机遇和挑战面前,面对行业发展和技术进步,我们要达到预期的目标必将任重而道远[27]。

第10章 国内外解决雨水问题的发展综述

雨水是自然界水循环系统中的重要环节，对调节、补充地区水资源和改善保护生态环境起着极为重要的作用。人类利用雨水、管理雨水已有几千年的历史。据史料记载，公元前6000多年的阿兹泰克和玛雅文化时期就已经有了早期的雨水系统[28]。公元前7世纪，古巴比伦建成了污水下水道。至希腊、罗马时代下水道系统已经很完善并且部分形成网络。我国早在4300多年前，已经出现在城门下铺设陶制排水管将内城雨水排出的防涝措施。到了商代，小型联网排水系统已在一定区域范围内形成。随着时代的发展，我国古代的排水系统逐渐向大规模化、完善化发展。到了唐朝已出现与排水管道相配套的闸门等，而在北宋时期更有详细记载有关修建排水管道方法的书籍，当时建设于赣州的"福寿沟"至今仍保存完整并发挥治水作用。[29][30] 近20年来，德、日、美等经济发达、城市化进程发展较早的国家，非常重视利用雨水问题，采用多种途径和方法，利用雨水资源解决无可靠供水城市的水资源补给，并缓解城市防洪排涝的压力；将城市雨洪利用作为解决城市水源问题的战略措施进行试验、推广、立法和实施。其雨洪收集利用产业化道路正逐步迈向正轨。相对而言，我国内涝防治起步较早，但进入现代以来却发展缓慢，随着雨洪问题的日益加深，工程人员也逐步意识到内涝防治的必要性，逐步开展城市雨水问题的研究。

10.1 国外的主要理念

城市化所面临的雨涝灾害频发、水资源紧缺、水污染等严峻形势，以及伴随着地下水水位显著下降、生态环境恶化等一系列问题，使城市雨水的控制、利用与管理逐渐成为国内研究和应用的热点[31]。传统以排水、防洪为单一功能的市政工程基础设施，其规模建设多落后于城市发展，已无法应对日趋严峻的雨洪问题，并且缺乏在生态环境、雨水资源利用方面的价值。城市单纯依靠工程基础设施进行雨洪管理的方式需要加以转化，由简单的工程性措施向以工程性措施和非工程性措施相结合方式转变，从单一地建立城市排水系统，发展到修建雨洪管理设施对雨水进行分散式处理，注重对雨水就地解决与收集利用。

发达国家的城市化率较高，且发展进程早于我国，因此雨水问题也更早地出现，其排水方式和理念的发展进程（以美国为例）自20世纪初期起，大致经历水量管理时期、水质管理时期、可持续管理时期3个阶段（表10-1，表10-2，图10-1）。

20世纪以来西方城市雨水管理发展的3个阶段   表10-1

年代时期	1900年	1980年	1990年	2000年	2010年
水量管理					
水质管理					
可持续管理					

资料来源：Rebekah R. Brown. Impediments to integrated urban stormwater management: the need for institutional reform [J]. //王思思. 国外城市雨水利用进展[J]. 城市问题, 2009(10): 79–84.

城市主要排水方式的发展   表10-2

时期	城市排水方式	城市发展与对待雨水的观念	排水主要特征
20世纪初之前	沟渠排水	城市发展初期，沿用农业排水方式	以排放为核心，城市地面硬化程度低，以土路为主，沿路设排水沟渠
20世纪初至20世纪70年代	管道排水	工业化、人口大量增加、快速城市化，视雨水为一种"废水"，尽快排放	以快速、安全排放为核心，城市地面硬化程度大幅提高，沿石板、碎石、水泥等硬化道路设排水管道
20世纪70年代之后	基于雨洪控制利用的可持续排水	对城市化带来的环境问题进行反思，开始滞留、处理和利用雨水	开始以科学管理和调控雨洪为核心，部分使用透水铺装、滞蓄等手段处理与合理利用道路雨水

资料来源：车伍，申丽勤，李俊奇. 城市道路设计中的新型雨洪控制利用技术[J]. 公路, 2008（11）：30–34.

为了使雨水问题得到相应的控制和改善，从20世纪70年代至今，西方发达国家经过数十年的发展和研究，在城市雨水管理方面提出新型的现代雨水管理理念，已形成较为完善的管理制度、技术、法规体系以及丰富的实践经验（图10-2）。其中，最具代表性的包括20世纪70年代起源于北美的利用综合措施来解决水质、水量等问题的最佳管理措施（Best Management Practices，BMPs）[32][33]，90年代美国在BMPs基础上推行的低影响开发（Low Impact Development，LID）[34]；同时期在英国发起维持良性水循环的可持续城市排水系统（Sustainable Urban Drainage System，SUDS）[35][36]；本着雨水管理应适合所处区域生态背景的理念，澳大利亚墨尔本市作为示范城市开展了水敏感性城市设计（Water Sensitive Urban Design，WSUD）的研究[37]；新西兰集合了LID和WSUD理念的低影响城市设计与开发（Low Impact Urban Design and Development，LIUDD）[38]。这些理念是城市化背景下的产物，它们都着力于寻找一种适合特定场地或区域的雨水管理解决途径。我国正处于高速的城市化发展阶段，发达国家应对雨洪的策略对于我国乃至其他发展中国家在雨水控制利用管理方面有着重要的借鉴意义，可以帮助我国有准备、有策略地减少城市化带来的城市内涝等方面的不利影响。

20世纪50年代	70年代初	90年代初	90年代末

图10-1 美国雨洪控制措施发展特征示意图
资料来源：乔梦曦. 区域开发不同尺度雨水系统关系研究[D]. 北京：北京建筑大学，2013: 10.

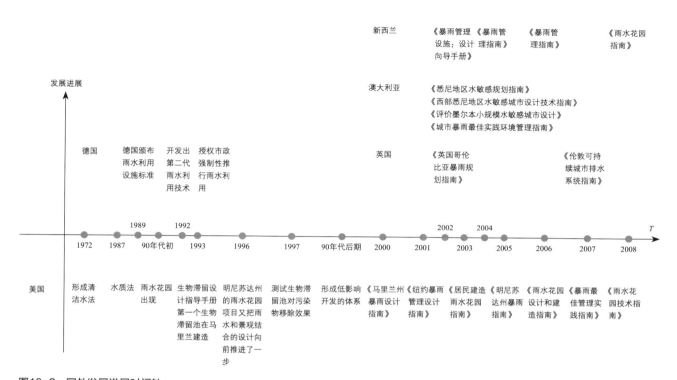

图10-2 国外发展进展时间轴
资料来源：赵萌. 北京科技园区雨水景观规划设计策略研究[D]. 北京：北京工业大学，2013: 9.

10.1.1 最佳管理措施

最佳管理措施（Best Management Practices，BMPs）是在1972年美国《联邦水污染控制法》（Federal Water Control Act）及其后来的修正案中第一次提出来的。起初BMPs的主要作用是控制非点源污染。1983年颁布了第一套暴雨径流最佳控制措施BMPs[39]。美国环保局（USEPA）对BMPs的定义是，"任何能够减少或预防水资源污染的方法、措施或操作程序，包括工程、非工程措施的操作与维护程序"[40]，并将其定位为"特定条件下用作控制雨水径流量和改善雨水径流水质的技术、措施或工程设施的最有效方式"。作为非点源污染管理的一种手段，BMPs包括了控制、预防、移除或降低非点源污染的任何计划、技术、操作方法、设施，甚至是规划原则[41][42]，其核心是在污染物进入水体对水环境产生污染前，通过各种经济高效、满足生态环境要求的措施，从源头降低潜在的污

染，并预防其进入受纳水体，使其得到有效控制[43]。

BMPs既是暴雨径流控制、沉淀控制、土壤侵蚀控制技术，也是防止和减少非点源污染的管理决策。美国不同的州对BMPs的类型有不同的划分方式，但总体上一般分为工程性措施和非工程性措施两部分，也可按源头控制BMPs（Source Control BMPs）和处理BMPs（Treatment BMPs）等方式进行分类，其主要功能是控制和削减径流非点源污染对受纳水体的污染。BMPs的目标有以下几个方面和层次[31]。

（1）洪涝与峰流量控制。

（2）具体污染物控制准则，如沉淀物、SS等污染物的去除。

（3）水量控制，主要关注的是年均径流量而非偶然的暴雨事件，要求对较小的降雨事件如25.4mm（即径流水质控制容积）以下的降雨实施有效控制，约占当地年降雨事件和径流量的90%（图10-3）。

（4）多参数控制，除了对洪涝、峰流量和水质的

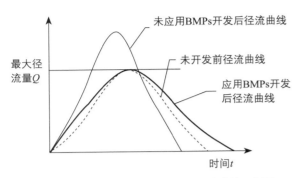

图10-3 开发前与运用BMPs开发后的径流曲线示意图
资料来源：雷雨. 基于低影响开发模式的城市雨水控制利用技术体系研究[D]. 西安：长安大学，2012:22.

传统雨水管网系统与最佳管理措施的比较　表10-3

	传统雨水处理系统	最佳管理措施
建设成本	相差不大，但由于BMPs的多功能性可能会降低总体成本	
运行和维护成本	确定的	对一些类型来说尚不明确
场地洪水控制	是	是
下游侵蚀及洪水控制	否	是
水资源再利用潜力	无	有
回补地下水的潜力	无	有
去除污染物的潜力	低	高
提供宜人的环境	否	是
教育功能	无	有
占地面积	不明显	依据BMPs的类型
寿命	已确定	某些类型尚不明确
设计标准	已确立	某些类型尚不明确

资料来源：赵晶. 城市化背景下的可持续雨洪管理[J]. 国际城市规划，2012（2）：114-119.

控制，还增加了地下水回灌与受纳水体的保护标准。

（5）生存环境保护和生态可持续性战略，即生态敏感性雨洪管理，目的是要建立一个生态可持续的综合性措施，包括以生物、化学和物理的标准来确定BMPs实施的效果。

BMPs与传统的雨水处理系统相比（表10-3）采用了不同的视角。传统方式是将雨水尽可能快地排入雨水管网，之后进入附近的水体；BMPs是通过收集、短时地储存或引导雨水按照设计流速渗透进土壤和下游的雨水设施，就近处理雨水，以达到减少径流和污染物以及控制流速的目的[44]。

工程性BMPs是一系列用于雨洪管理的具体技术手段，侧重于"缓解"暴雨产生的径流及对水质的影响[45]。以径流过程中的污染控制为核心，按照一定暴雨标准和污染物去除标准设计兴建工程设施，通过延长径流停留时间、减缓流速、向地下渗透、物理沉淀过滤和生物净化等技术，达到污染管理控制目的。

非工程性BMPs措施是多种可以提高环境和经济效益的管理措施的集合，侧重于"预防"、"保护"与"实施"，涉及更广的规划设计、管理条例层面，可以被上升为法律与政策。以源头控制为基本策略，强调政府部门和公众的作用，通过建立在法律法规、政策、程序与方法控制基础上的各种措施，如制定相关法规、土地利用规划管理、材料使用限制、卫生管理、控制废物倾倒、公众教育等[46]，加强管理，改变行为，减少最终会导致污染物产生的情形，以达到减少污染输出的目的。表10-4中分别总结了非工程性BMPs和工程性BMPs的主要类型[47]。

20世纪90年代以来，BMPs在城市雨水径流污染以及与城市排水系统相关的污染的控制管理得到了广泛应用，如合流制管网溢流（Combined Sewer Overflow，CSO）和污水管网溢流（Sanitory Sewer Overflow，SSO）[48]，目前已经发展成为一种非点源污染控制的综合性技术与法规体系。1996年，美国土木工程师协会（American Societyof Civil Engineers，ASCE）和美国环境保护署（USEPA）开始建立国际降雨径流BMP数据库（International Stormwater BMP Database），至今已收录了300多个BMPs的研究实例。2008年，美国环境保护署（EPA）在此数据库基础上

非工程性BMPs与工程性BMPs的类型　　　　　　　　　　表10-4

非工程性BMPs	类　型	工程性BMPs	类　型
保护敏感的资源	• 保护/恢复/提高滨水区自然环境 • 在雨洪管理的总体规划和设计中，保护/利用自然的物质循环 • 保护敏感的资源本身	渗透性的BMPs措施	• 有渗透层的透水铺装 • 渗池 • 地下渗透层 • 渗沟 • 雨水花园 • 渗坑/排水井 • 过滤层 • 浅草坑 • 植被过滤带 • 渗透狭坑
聚集式发展	• 尽可能将建设聚集在小的区域内 • 精明增长		
减少干扰	• 减少受城市发展影响的地区 • 在受干扰地区减少土壤的紧实程度 • 恢复受干扰地区的植被，并使用乡土物种	削减流量/峰值流量的BMPs措施	• 绿色屋顶 • 径流捕获与再利用
减少不透水的地表覆盖	• 减少街道的不透水性 • 减少停车场的不透水性	控制径流水质/峰值流量的BMPs措施	• 湿地 • 湿池/滞水池塘 • 延长滞留时间的干池 • 水质过滤及水利驱动设施
源头控制	• 街道清洁		
教育与公众参与	• 报纸、分发手册等 • 参与土地利用规划和管理 • 针对雨洪管理的解说系统 • 综合的有毒有害物质管理	恢复性的BMPs措施	• 滨水缓冲带修复 • 景观恢复 • 土壤修复 • 洪泛平原恢复

资料来源：赵晶. 城市化背景下的可持续雨洪管理[J]. 国际城市规划，2012（2）：114-119.

提取相关信息，汇集整理并建立了城市BMPs功效评价工具（Urban BMPs Performance Tool），对近220个研究中涉及的超过275项BMPs措施在蓄滞洪峰、削减污染物浓度、总量控制等方面的表现，给出了不同措施对排水量和不同污染物排放量的削减量，并随着BMPs研究的开展而不断得到补充（图10-4）[49]。

10.1.2　低影响开发策略

低影响开发策略（Low Impact Development，LID）是一种基于BMPs创新的雨水控制利用的综合技术体系，20世纪90年代由美国马里兰州乔治王子县（Prince George's County）首先提出。早期的BMPs体系主要通过塘和湿地等末端措施来对雨水进行控制，但在使用过程中人们逐渐认识到了BMPs体系存在的缺陷，即末端的雨水控制措施效率较低；城市空间有限致使其使用范围受限；有的滞留塘虽然在局部区域缓解了洪峰，但在更大的范围内反而有可能增加下游的雨洪威胁。LID正是伴随着城市"空间限制"问题和"与自然景观融合"的理念而发展起来的基于微观尺度景观控制的第二代BMPs，主要是以分散式小规模措施对雨水径流进行源头控制。

LID是指基于模拟自然水文条件原理，采用源头控制理念实现雨洪控制与利用的一种雨水管理方法[50]，它更强调与植物、绿地、水体等自然条件和景观结合的生态设计。其设计思路是通过各种分散、小型、多样、本地化的技术和有效的水文设计模拟场地开发前的水文状况，在小流域内综合采用入渗、过滤、蒸发和蓄流等方式减少径流排水量，对暴雨产生的径流实施小规模的源头控制，以使城市开发区域的水文特征尽量接近开发之前的状况[51]。

LID的核心是通过合理的场地开发方式，模拟自然水文条件并通过综合性措施从源头上降低开发导致的水文条件的显著变化和雨水径流对生态环境的影

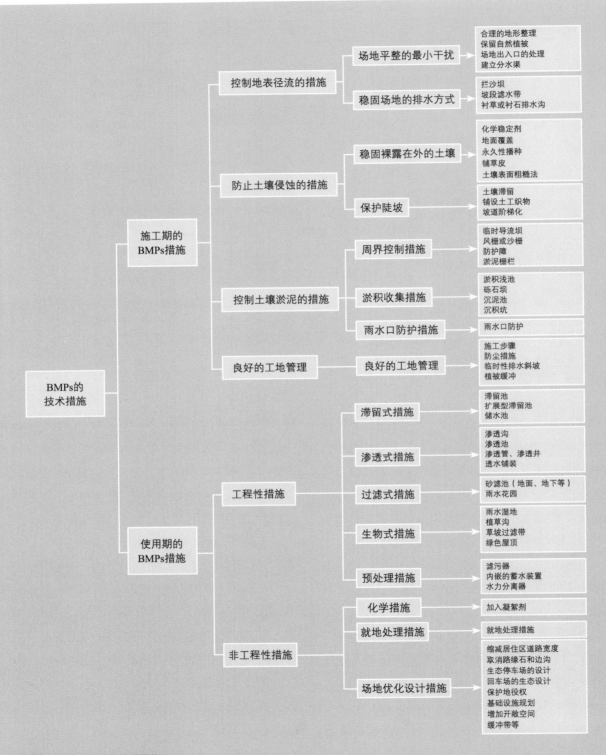

图10-4　BMPs的技术措施
资料来源：张新鑫. BMPs技术及其在我国城市绿地中的应用研究[D]. 北京：北京林业大学，2012.

响。LID的设计理念包括以下几个方面[52][53]：

（1）为地表水体的生态环境保护提供一种先进的技术及有效的经济机制。

（2）为雨洪资源管理引进新的理念、技术和目标。

源头控制：在径流产生的地方控制它们，以消除径流将污染物汇聚到下游的风险。

实现分散式控制：为了模拟自然过程，整个场地应该被视为是由一系列相互连接和作用的小尺度设计组成。这样的结构有助于为管理和控制提供灵活性，并形成自下而上的管理链条。

非工程性控制：LID设计认可自然系统去除污染物的潜力，提倡充分利用土壤的生物和化学过程。比起人工设施，自然系统更容易被设计和维护。将场地中的自然要素纳入到雨洪管理体系既节省开支又能带来额外的收益。因此，自然要素的保持和恢复（如植被和土壤的修复）就显得尤为重要。

（3）从经济、生态环境及技术可行性方面探讨雨洪资源调控措施及其他调控措施的合理性。

（4）促进公众在生态环境教育及保护方面的参与。

LID的首要目标是通过场地适用技术（如储存、渗透等）来模拟开发前场地的水文条件，主要目标和原则为：①为受纳水体的水环境保护提供改良技术；②为促进环境敏感性的项目开发从经济上提供鼓励（即经济上具有可行性）；③发展全方位的环境敏感性的场地规划与设计；④促进公共教育和鼓励参与环境保护；⑤有助于建立基于环境管理的社区；⑥减少暴雨基础设施建造和维护成本；⑦引入新的暴雨管理理念（如微观管理、多功能景观），模拟和复制接近自然的水文功能，维护受纳水体的生态/生物的完整性；⑧有助于规章制度的灵活性，鼓励创新工程和因地制宜的场地规划；⑨有助于从经济、环境和技术可行性方面对当前雨洪控制利用措施的适用性与合理选择方法方面展开讨论。

LID通过综合体系来管理城市雨水径流，包括场地规划、水文分析、综合管理措施、侵蚀和沉淀控制

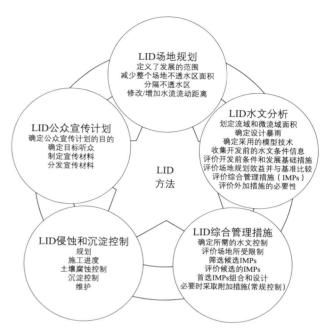

图10-5　LID方法的主要组成[52]

及公众宣传等方面，通过5个层面的策略来确保该体系实施的高效性（图10-5）。LID的应用主要针对较小的降雨事件，而非偶然的大暴雨事件，是一种可以发挥长期生态效益的可持续性的雨水资源管理方式[33]。

最理想的LID场地设计会尽量利用自然景观，将径流量减到最小，并且保护现有的自然水流通道，从而减少对排水设施的依赖，减少工程量。设计层面，通常需要结合多种控制技术来综合处理场地径流，主要分为保护性设计、渗透技术、径流储存、径流输送技术、过滤技术、低影响景观6部分，具体情况如表10-5和图10-6所示。

LID技术体系分类[33]　　　　表10-5

项目	技术说明
保护性设计	通过保护开放空间，如减少不透水区域的面积，降低径流流量
渗透技术	利用渗透既可减少径流量，也可处理和控制径流，还可以补充土壤水分和地下水

续表

项目	技术说明
径流调储	对不透水面产生的径流进行调蓄利用、逐渐渗透、蒸发等，减少径流排放量，削减峰流量，防止侵蚀
径流输送技术	采用生态化的输送系统来降低径流流速、延缓径流峰值时间等
过滤技术	通过土壤过滤、吸附、生物等作用来处理径流污染，通常和渗透一样可以减少径流量、补充地下水、增加河流的基流、降低温度对受纳水体的影响
低影响景观	将雨洪控制利用措施与景观相结合，选择适合场地和土壤条件的植物，防止土壤流失和去除污染物等，可以减少不透水面积、提高渗透潜力、改善生态环境等

1998年，美国低影响开发中心（LID Center）成立，随后乔治王子县环境资源部发表了名为"低影响开发设计战略"（Low-impact Development Design Strategies：An Integrateddesign Approach）[52] 和"低影响开发水文分析"（Low-Impact Development Hydrologic Analysis）[54]的报告；2000年，低影响开发中心并与美国环境保护署联合出版《低影响开发文献综述》（Low Impact Development（LID）：A

Literature Review）[34]，就其定义、设计策略和效益评估等做了初步探索；2003年7月，美国住房和城市发展部发布名为"低影响开发策略"[55]（Low Impact Development Practices：A Review of Current Research and Recommendations for Future Directions）的报告，详述其实施策略；2010年7月，《低影响开发雨水管理规划和设计指导》[56]（Low Impact Development Storm Water Management Planning and DesignGuide）出版，详细阐述了基于低影响开发的用地规划和雨水管理设计策略，低影响开发理论体系日趋成熟。

LID理念目前在美国、英国、澳大利亚、日本等国家均有采用[57][58]。研究和试验表明，LID措施可以削减30%~99%的暴雨径流量，延迟暴雨径流峰值出现时间5~20min；还能有效去除雨水径流中的N、P、油类、重金属等污染物，中和酸雨；绿屋顶能降低室内温度，美化环境，创造舒适的生活空间[59][60]。

我国对LID的研究与应用处于起步阶段。2006年，王建龙、车伍等在第五届世界水大会上对LID和绿色雨水基础设施（GSI）进行了介绍，提出LID、GSI及传统技术的组合将是缓解我国城市雨洪问题、

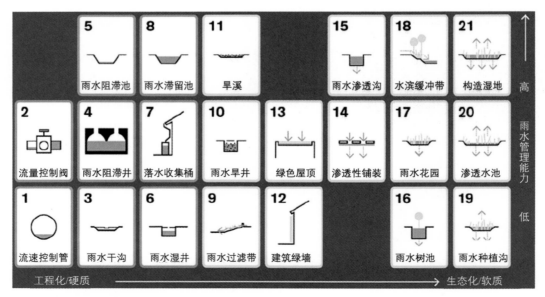

图10-6　雨水管理景观设施示意[53]

提高雨水资源利用率、改善城市生态环境的有效途径[61]；在后续研究中，他们对LID的含义、特点、技术体系、国外应用实例和具体实施方法等进行了系统介绍，并详细比较了LID与传统雨洪管理方法的区别[62]。此后，越来越多的学者开始关注并研究LID及GSI。例如，唐莉华等通过对绿色屋顶进行人工降雨径流试验，建立了绿色屋顶降雨产流的入渗模型，并分析了绿色屋顶的雨水滞蓄效果[63]。晋存田等采用SWMM（城市暴雨雨水管理模型）软件建立了北京某区域的雨水系统模型，模拟分析了铺设透水砖和下凹式绿地后区域出口干管洪峰流量的变化[64]等。与此同时，我国也开展了多项城市雨水利用与污染控制示范工程，其中较为著名的工程有北京奥林匹克公园、上海世博园、上海虹桥机场以及深圳光明区雨水综合利用示范项目等。在实践的基础上，针对雨水存储与应用的相关标准、规范和手册也陆续出台，如《室外排水设计规范》（GB 50014—2006）（2014年版）、《建筑与小区雨水利用工程技术规范》（GB 50400—2006）、《绿色建筑评价标准》（GB/T 50378—2014）以及《海绵城市建设技术指南》（2014年）等。北京、深圳也在制定相关的地方LID设计标准。这些对于我国城市的防涝、雨水利用和城市非点源污染控制起到了积极作用。

10.1.3　可持续城市排水系统

欧洲城市将雨水控制管理作为可持续发展战略的一项重要内容。起源于美国的BMPs技术手段在欧洲大部分地区被广泛应用[44]。BMPs在欧洲发展的最初几年，大多数工程性BMPs最首要的目标是径流控制和削减洪峰流量。随后在控制水量的同时注重水质的保持，如德国最常用的BMPs措施主要包括浅草坑和渗渠。由于频繁的洪涝灾害，20世纪90年代法国开始广泛地接受BMPs，如滞留池和可渗透铺装。在位于寒冷地区的国家，如瑞典、丹麦，蓄水池使用广泛，

浅草沟和渗池被用于控制雨水和融雪。南欧的一些国家如希腊、意大利、西班牙和葡萄牙，运用BMPs还相对较少，但它们尝试在一些场地运用BMPs技术处理降水[65]。

英国的BMPs技术应用相对广泛，在1999年5月更新的"国家可持续发展战略"和"21世纪议程"的背景下，为解决传统排水体制产生的多发洪涝、严重的污染和对环境破坏等问题，在工程性BMPs的基础上，建立的可持续城市排水系统（Sustainable Urban Drainage Systems，SUDS）成为英国城市规划中雨洪管理的主流。英国还于2001年成立国家可持续城市排水系统工作组，在2004年发布了报告"可持续排水系统的过渡期实践规范"（Interim Code of Practic for Sustainable Drainage Systems），提出英格兰和威尔士实施可持续排水系统的战略方法，并提供了详细的技术指导[66]。2010年4月英国议会通过《洪水与水管理法案》，英国环境署为推广"可持续排水系统"，规定凡新建设项目都必须采用"可持续排水系统"，并由环境、食品和农村事务部负责制定关于系统设计、建造、运行和维护的全国标准。

英国的可持续城市排水系统指运用一系列的管理措施和控制手段，建立预防措施、源头控制、场地控制和区域控制的有等级优先次序的4个层面的一体化管理链条，其中预防措施和源头控制处于最高等级，也就是在规划中尽量先通过预防手段在源头和小范围进行雨水的截流处理。只有当在源头或小范围不能处理时，才将雨水排放至下一级的系统中，采取其他控制处理手段。该管理链将各项具体措施组成一个有等级次序的一体化方案。通过这一种或多种措施的组合，在雨水径流产生的"源—迁移—汇处"过程中将各种处理设施连接成链状或网状，来减少进入受纳水体的污染物量，从可持续的角度处理城市的水质和水量问题，实现对雨水的流量控制管理，并体现城市水系的宜人性[67]。

可持续城市排水系统在规划设计时要求综合考虑

土地利用、水量、水质、水资源保护、景观环境、生物多样性、社会经济因素等多方面问题，体现出城市环境中水质、水量和地表水舒适宜人的娱乐游憩价值，相对于传统的排水系统更具有可持续性，主要表现在：

（1）减少因城市化而增加的径流流量及频率，减少下游洪涝灾害的风险和对受纳水体的污染。

（2）减少雨水中污染物浓度，并在意外溢流事件中担负缓冲作用，以避免高浓度污染物直接排入受纳水体。减少排入合流制排水管道内的雨水，这样就可以减少因合流制溢流而排入河流的污染物量。

（3）在城市水系中为野生动植物提供生长、栖息地，保护生物多样性。

（4）鼓励自然地下水补给（在合适的条件下），以减少对受纳区域地下含水层和河流基流的影响。

由传统的以"排放"为核心的排水系统上升到维持良性水循环高度的可持续排水系统，由原来只对城市排水设施的优化上升到对整个区域水系统的优化，不但要考虑雨水而且还要考虑城市污水与再生水，通过综合措施来改善城市整体水循环。图10-7所示的雨水径流管理链说明SUDS的理念、技术措施分为工程性、非工程性两类措施。非工程性措施主要是预防措施，包括减小铺装面积、清扫道路和教育等。工程管理措施根据雨水过程，分为源头控制、场地控制、区域控制3个等级和尺度。具体技术措施通常分为四大类：过滤带或过滤沼泽、可透水地面、渗透系统、滞留盆地和池塘。它们都本着对雨水进行就地处理的原则，利用沉淀、过滤、吸附和生物降解等自然过程，对地表水提供不同程度的处理。为使可持续城市排水系统得到广泛应用，英国建造行业研究与信息协会出版了一系列可持续城市排水系统的相关著作，为使用者提供了简明、完备的技术规范和指导手册。

10.1.4　水敏感性城市设计

水敏感性城市设计（Water Sensitive Urban Besign，WSUD）是澳大利亚从20世纪90年代初针对传统排水系统所存在的问题，发展起来的一种雨水管理和处理方法。最初其被设计用来降低城市发展对水环境的影响，但由于近10年来澳大利亚的极端干旱和城市的快速发展，WSUD系统开始受到重视并将其用于保护水生态系统和保证城市供水安全[68]。澳大利亚国家水工程委员会提出："WSUD是一种规划和设计的哲学，旨在克服传统发展中的一些不足。从城市战略规划到设计和建设的各个阶段，它将整体水文循环与城市发展和再开发相结合。WSUD结合了工程和非工程措施，并且能够影响开发过程中居民的用水行为"[69]。可见，WSUD体系是以水循环为核心，主要是把雨水、供水、污水（中水）管理视为水循环的各个环节，各环节相互联系、影响，统筹考虑，同时兼顾景观和生态环境。将城市整体水文循环和城市的发展与建设过程相结合，使城市发展对水文的负面环境影响减到最小，保护自然水系统、将雨水处理和景观相结合、保护水质、减少地表径流和洪峰流量，在增加价值的同时减少开发成本。WSUD体系中的水循环系统如图10-8所示。

WSUD的总体目标是减少城市水环境压力以及对生态环境的不利影响，主要满足水质、水量、供水、

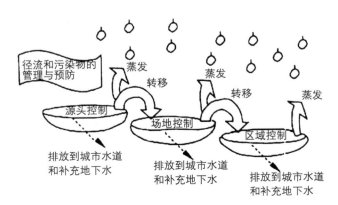

图10-7　SUDS对雨水的管理链[67]

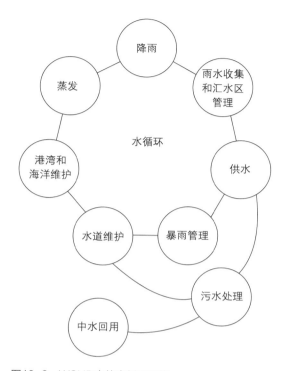

图10-8 WSUD中的水循环系统
资料来源：Melbourne Water. WSUD Key Principles [EB/OL].
http:wsud.melbournewater.com.au, 2009-06.

设施、功能5个方面的目标要求（表10-6），实现在保护周边环境的同时在城市地区节约用水并最大化地实现水的自然循环，提升城市在环境、游憩、文化、美学方面的价值。

WSUD目标　　　　　表10-6

水质	水量	供水	设施	功能
• 达到浓度要求 • 减少污染物负荷 • 急性影响管理 • 保持视觉景象	• 洪峰流量 • 持续时间 • 频率 • 容量	• 减少需求 • 饮用替代 • 再循环利用	• 保护敏感地区 • 保护自然排水系统 • 建筑环境中结合景观	• 维护设计 • 集成服务 • 多种用途 • 足够的生命周期

资料来源：Evaluating Options for Water Sensitive Urban Design – A National Guide, Joint Steering Committee for Water Sensitive Cities（JSCWSC）. June 2009：2-1.

为实现这个目标，就必须权衡各种水过程之间的关系[70]。强调最佳规划实践（Best Planning Prac-

tices）和最佳管理实践的结合。应用在从城市分区到街区、地块，包括从战略规划到设计、建设和维持的各个阶段。其主要的理念包括以下5点[71]。

（1）保护自然系统：通过保护及提升策略充分发挥天然水系的功效，作为整个生态系统的核心基础。

（2）将雨水处理手段整合进景观中：将收集的雨水作为一种景观要素，最大化地提升视觉质量和游憩价值。

（3）保证水质：在雨水径流产生、传输、排放过程中去除污染物质，在城市发展过程中保证水体的水质。

（4）减少径流和峰值流量：通过渗池和减少不透水铺装等方法减少径流，保留并使用有效的土地利用方式来储蓄或滞留洪水。

（5）在减少城市发展成本的同时增加效益：使排水设施的成本最小化，并使景观得到改善，从而提升区域土地价值。

澳大利亚WSUD的特点与其他暴雨管理体系不同，并不是专门针对雨水，而是将饮用水、雨水径流、河道健康、污水处理以及水的再循环等作为城市水循环的一个整体进行综合管理。强调水循环的流畅，雨洪管理作为其中的一个子系统支持着整个循环的正常运转，一个良性的雨水子系统才有可能维持城市的良性水循环。另外，它还强调将雨洪管理整合进城市的景观系统之中，这种做法既可以节约成本又可以提升景观的价值。

10.1.5 低影响城市设计和开发体系

低影响城市设计和开发（Low Impact Urban Design and Development，LIUDD）是新西兰在全国范围内展开的关于推行低影响设计的科学研究及实践[72]。LIUDD的发展是由北美的低影响开发（LID）和澳大利亚的水敏感性城市设计（WSUD）发展而来的。它试图通过一整套综合的方法提高建成环境的可持续性，避免由传统的城市发展所带来的一系列社会、经济、自然的负面影响，同时保护水生和陆地生态系统的完整性[73]。用适当的规划、投资和管理手段，使城市在既能够满足环境需求又能保障经济发展的前提下，沿着一种新的发展模式前进。

LIUDD体系应最大化地发挥自然价值和减少沉积物、径流污染物和不透水面积，减小对水域、生物多样性的影响和能源、材料的使用，可持续的区域及其发展以及改善城市流域的治理。总之，LIUDD应该是多种理念的综合，即LIUDD＝LID＋CSD＋ICM（＋SB），其中LID为低影响开发，CSD（Conservation Sub-Divisions）为小区域保护，ICM（Integrated Catchment Management）为综合流域管理，SB（Sustainable Building/Green Architecture）为可持续

建筑/绿色建筑。LIUDD不仅应用于城市环境，还可用于城市周边及农村，从而促进低影响农村住区设计和开发（Low Impact Rural Residential Design and Development，LIRRDD）体系的发展。

LIUDD也是为了避免常规的城市发展模式对生物多样性、理化方面（水质、水量等）、经济、社会、娱乐游憩等方面产生的负面影响，保护水生和陆生生态系统。LIUDD的关键性原则可分为3个层次（图10-9），并不断更新。

第一原则：该原则在LIUDD等级层上处于最重要的地位。该原则主要是寻求一种共识，即人类活动要考虑自然循环，最大限度地减少负面效应和优化各类设施。城市设计中ICM非常重要，其中生态承载力为其考虑的核心。

第二原则：该层次的原则可以分为3部分，首先

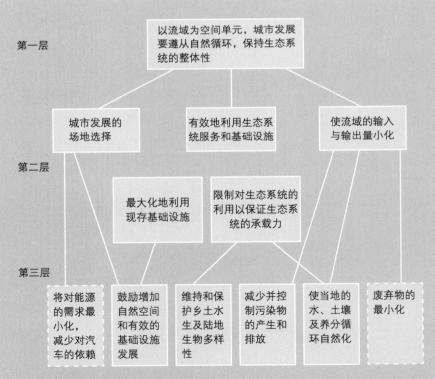

图10-9 LIUDD体系中主要原则的分级[72]
注：实线框中的是LIUDD中重点关心的问题。

是关于场地选择的原则，指出对于城市发展区域中选择最适宜的场地是LIUDD成功的关键，如果没有这一步，即使第三原则应用很好，也难以达到预想的结果；其次是有效地采用基础设施和保护、设计生态设施；再次为减小流域的输出和输入，即最大限度地将资源利用和废物处置本地化。

第三原则：主要包括利用小区域保护方法（分散式）来保持开放空间和提高基础设施的效率；利用雨水、污水、中水的综合管理来减轻污染和保护生态，优化水和营养物的循环。

新西兰的低影响城市设计与开发相对于美国、欧洲各国、澳大利亚的管理体系考虑的范围更加全面广泛，雨洪管理只是整座城市可持续发展体系的一个分支，仅仅作为城市水循环系统的一部分。

10.1.6　绿色基础设施

绿色基础设施（Green Infrastructure，GI）的思想可以追溯到150多年前美国自然规划与保护运动，设计师奥姆斯特德在19世纪50～60年代设计美国纽约中央公园时就有绿色基础设施理念的雏形。20世纪90年代，美国保护基金会（The Conservation Fund）和农业部林务局（The USDA Forest Service）首次明确提出GI的定义，即"绿色基础设施是国家自然生命保障系统，是一个由下述各部分组成的相互联系的网络，这些要素有水系、湿地、林地、野生生物的栖息地以及其他自然区，绿色通道、公园以及其他自然环境保护区，农场、牧场和森林，荒野和其他支持本土物种生存的空间。它们共同维护自然生态进程，长期保持洁净的空气和水资源，并有助于社区和人群提高健康状态和生活质量"[74][75]。绿色基础设施是建立在生态学理论基础上，相对于公路、铁路、下水道、公用设施线路等灰色基础设施（Gray Infrastructure），或者教育、科技、医疗卫生、文化等社会基础设施（Social Infrastructure）而提及的一种概念。它将城市

开放空间、森林、野生动植物、公园和其他自然地域形成的绿色多层次网格系统，看作是支持城市和社区发展的另一种必要的基础设施[76]。理论来源于两个方面，其一是维护人的多种利益而相互连接的公园和绿地系统；其二是保护生物多样性和物种栖息地的自然保护网络[77]。绿色基础设施强调连续的绿色网格的生态价值，注重维护生态系统的整体价值，以及平衡人与自然的相互关系，是对人类与自然和谐发展的宏观认识，有利于维持生态系统的功能，平衡社会经济和生态环境之间的需求，促进城市的可持续发展。

绿色基础设施体系在空间尺度上是由多个网络中心、连接廊道和小型场地组成的自然与人工的绿色空间系统（图10-10）。网络中心是大片的自然区域，较少受到外界干扰的自然生境，承担多种自然过程的作用。网络中心包括处于原生状态的土地、国家生态保护区、国家公园、森林、农田、牧场、城市公园、城市林地、公共开放空间等。连接廊道是线性的生态廊道，是网络中心之间、小型场地之间关联的纽带，从而形成完整的系统。可以作为连接廊道的有自然保护廊道、河流、城市绿带、农田保护区以及为动植物提供成长和发展的其他开放空间。小型场地是尺度上小于网络中心，并独立于大型自然区域的生境，在网络中心和连接廊道都无法连通的情况下而设立的

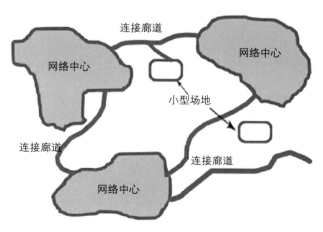

图10-10　绿色基础设施体系示意图[75]

生态节点。小型场地兼具了小生境和游憩场所的功能，包括庭院、街道花坛、小型水体、林地、农田、河流等。

作为一种新的理念，绿色基础设施应用于城市雨洪控制利用领域，正是利用城市空间尺度上的网络中心、廊道和场地的绿色空间系统。在城市层面上的城市湿地、生态公园、生态廊道，社区层面中的城市屋顶、停车场、建筑屋顶等生态节点通过具体的技术方法来实现对雨水径流的控制、净化和利用，体现了绿色基础设施理念在城市雨洪管理中的连接性、适应性、可行性和实用性，发挥平衡生态环境和城市建设发展的作用。基于绿色基础设施理念的城市雨洪管理的基本内涵主要包括以下几个方面[78]。

（1）维护城市生态系统的完整性。城市公园或绿地系统相互联系，通过区域尺度内的水道、廊道将城市绿色空间连接起来，并通过小型场地延伸到城市的各个角落，形成完整的城市雨洪网络。

（2）促进雨洪的自然生态化控制。各"网络中心"将收集、处理区域内的雨水径流，并去除雨水中携带的污染物，形成高效自然的城市排水系统；"小型场地"采用植物生态净化和其他生态措施对城市雨水进行分散管理，就地对雨水径流进行收集、储存、利用或补充地下水。

（3）现实的可操作性。在土地开发之前，就可以规划和设计绿色基础设施网络，提前做好具有高生态价值场地和连接网格的确认与保护，明确适合进行保护和发展的土地。在城市发展中，利用工程措施和生物措施在"小型场地"中模拟雨水的自然过程。同时需要公众参与，政府加强立法，资金支持，加强监督和后期的维护等。

基于绿色基础设施理念的城市雨洪管理的基本目标有：构建系统性城市雨洪管理网络，控制城市雨洪径流总量，控制城市径流污染，实现雨水的资源化利用，改善城市水环境和生态系统。

10.2　国内的历史经验

中国的雨水控制利用古已有之。在中国传统的农业活动中，很早就有砌筑塘坝、大口井、土窖等方法收集雨水并用于灌溉、生活的记载[79]。更系统和完善的雨洪利用与防治出现在我国的古代城市建设中。距今约6000年的湖南澧县城头山古城已有城墙和壕池[80]。河南淮阳平粮台古城建于距今约4500年以前，已出现陶质排水管道[81]。

春秋战国时期的《管子·乘马》写道："凡立国都，非于大山之下，必于广川之上，高毋近旱而水用足，下毋近水而沟防省。"指出城市的建设需要依山傍水，有交通水运之便，且利于防卫；城址高低适宜，既有用水之便，又利于防洪。"地高则沟之，下则堤之"，地势高则修沟渠排水，地势低则筑堤防障水。"内为落渠之写，因大川而注焉"，城内必须修筑排水沟渠，排水于大江河之中。城市建设应十分注意处理好"水用足"和"沟防省"的辩证关系。在此基础上，历代城市建设均大力发展城市的水系，充分利用自然水体，有组织地开挖沟渠，不仅达到了"水用足"的要求，而且对防洪、航运、美化环境等起到了重要作用。使得我国古城多有一个由环城壕池和城内河渠、湖泊、池塘等组成的水系，它具有多种功用，被誉为"城市的血脉"[82]。城市水系有如下10条功用。

（1）供水。

（2）交通运输。

（3）溉田灌圃和水产养殖。

（4）军事防御：古城水系的护城河即为军事防御而设。

（5）排水排洪：城市水系排水排洪的作用是十分重要的。

（6）调蓄洪水：这一作用至关重要，其调蓄容量大小是避免城市内涝的关键因素。

（7）防火。

（8）躲避风浪：一些沿海的港口城市，其城市河道或湖泊还往往兼有躲避风浪的作用。

（9）造园绿化和水上娱乐：水是造园绿化的必要条件。凡是园林多、绿化好的城市，都与城市水系发达有关，洛阳、苏州、杭州就是例子。

（10）改善城市环境。

城市水系的十大功用中，排水排洪和调蓄洪水两大功用对防止城市涝灾至关重要。

10.2.1　城市水系的作用

中国古代最重要的防止暴雨后内涝的经验，是建设一个完善的城市水系。鉴于我国各地地理环境的差别，城市水系的形态各异，可分为以线状水体为主的河渠、河网型水系，以面状水体为主的湖泊、坑塘型水系，以及线状、面状水体相结合的河湖型水系。同时，由于城市的发展背景和气候的不同，其水系的规划布局、面积、容量更是每城各异。对其中典型城市水系的研究和历史经验的总结是阐析水系对城市排涝减灾重要作用的力证。

10.2.1.1　古城防涝典范——明清紫禁城

明清北京城的城市排水系统中，规划、设计得最周密、最科学的部分是紫禁城的排水系统。紫禁城为明清两代的宫城，平面呈长方形（图10-11），南北长961m，东西宽753m，周长3428m，面积约0.724km²[83]。明永乐四年（1406年）开始兴筑，永乐十八年（1420年）基本竣工。紫禁城沿用元代大内的旧址而稍向南移，规划设计以明南京官殿为蓝本，尽量利用元大都的排水系统，并在此基础上做了如下改进。

1）开凿绕城一周又宽又深的护城河

明代开凿的紫禁城护城河（又名筒子河）宽52m、深6m，两侧以大块豆渣石和青石砌成整齐笔直的河帮，岸上两侧立有矮墙，河长约3.8km。筒子河的开凿兼有排水干渠和调蓄水库的两重作用。其蓄水容量为118.56万m³，相当于一个小型水库。对于面积不足1km²的紫禁城而言，即使出现极端大暴雨，日雨

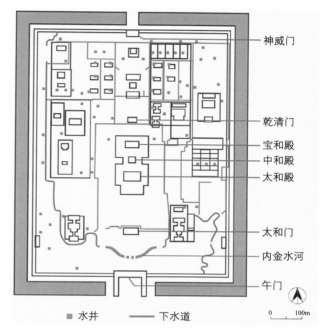

图10-11　清紫禁城图

量达225mm[84]，径流系数取0.9，而城外又有洪水困城，紫禁城内径流全部泄入筒子河，也只是使其河水位升高不足1m（0.97m）。

2）开挖城内最大的供排水干渠——内金水河

明代开挖了内金水河作为宫城内最大的供排水干渠。内金水河从玄武门西侧的涵洞流入城内，沿城内西侧南流，流过武英殿、太和门前，经文渊阁前到东三门，复经銮仪卫西，从紫禁城的东南角流出紫禁城，总长655.5丈[85]，合2097.6m。河身以太和门一带最宽，为10.4m，河东、西两端接涵洞处宽为8.2m，最窄处为4～5m。凡流经地面之处，均以豆渣石及青石砌成规整的河帮石底。

刘若愚在《明宫史》[86]中指出内金水河可提供消防、施工、鱼池等方面的供水；同时，也是紫禁城内最大的排水干渠，城内地下排水沟网最后均一一注入金水河，再由东南角出水关排出城外。"与自然地形自西北向东南下降约2m的坡度完全相符"[87]。因此，内金水河的开凿，乃是紫禁城排水系统建设的关键性工程项目。

3）设置多条排水干道和支沟，构成排水沟网

明代紫禁城内建设了若干条排水干沟，沟通各宫殿院落。总的走向是将东西方向的流水，汇流入南北走向的干沟内，然后全部流入内金水河。还建设若干支沟，构成排水沟网。其干沟高可过人。例如，太和殿东南崇楼下面的券洞，高1.5m、宽0.8m，沟顶砌砖券，沟帮、沟底砌条石。小于干沟的支沟，如东西长街的沟道，也有60～70cm高，全部用石砌。城内明、暗沟渠共长2500余丈，合8km，密度为11.05km/km²，与乾隆时京城大小沟密度（11.59km/km²）大致相同。

4）采用了巧妙的地面排水方法

紫禁城地面排水的主要方法是利用地形坡度。水顺坡流到沟漕汇流，自"眼钱"漏入暗沟内。太和殿的雨水，由三层台最上层的螭首口内喷出，逐层下落，流到院内。院子也是中间高，四边低，北高南低。绕四周房基有石水槽（明沟）。遇到台阶，则在阶下开一石券洞，使明沟的水通过。太和殿因有螭首喷水，明沟改在房基之外，喷水落下之处，四角有"眼钱"漏水。全部明沟及"眼钱"漏下的水流向东南崇楼，穿过台阶下的券洞，流入协和门外的金水河内。其他宫院排水情况也大致相同。

5）排水系统的设计、施工均科学、精确，并有妥善的管理

紫禁城排水系统的设计、施工都很科学、精确。明代的墙角与暗沟交叉处，均用整齐条石做出沟帮和沟盖，或法式上的"券輂水窗"均无掏凿乱缝之处。其明代排水系统工整，坡降精确，上万米的管道通过重重院落，能够达到雨后无淤水的效果，乃古代市政工程一大奇迹。这套排水系统一直沿用至今，使用达580余年，其坚固性和耐久性令人叹服。

紫禁城的排水系统，不仅设计和施工科学、精确，而且有妥善的管理。据《明宫史》记载："每岁春暖，开长庚、苍震等门，放夫役淘浚宫中沟渠"[15]。这种每岁掏浚宫中沟渠的做法成为管理制度，清代也沿用下来。

明清紫禁城外绕筒子河，内贯金水河，两河共长约6km，其河道密度达到8.3km/km²，堪与水城苏州（宋代为5.8km/km²[88]）相媲美。紫禁城内共有90多座院落，建筑密集，如排水系统欠佳，一定会有雨潦致灾的记录。然而自永乐十八年（1420年）紫禁城竣工，至今已近600年，竟无一次雨潦致灾的记录，排水系统一直沿用而有效，不仅是中国城市建设史，也是世界城市建设史上的奇迹。

10.2.1.2 临江丘陵城市——赣州

赣州地处章、贡两水汇合处的一个山间盆地之中，章、贡两江分别从市区东、西流过，在城市北面汇合成为赣江。古城东、西、北三面环水，南面临山，是一个很有特色的南方江城。其地势以红旗大道为高点，中间高，南北低，海拔在100.000～120.000m（黄海高程），高差一般为20～40m；地貌类型主要为河漫滩阶地、超河漫滩阶地和高阶地；仅有一些低山丘点缀其中，一般不超过160m；属亚热带湿润季风气候，降水强度大，日降雨最大达200.8mm（1961年5月16日）[89]。如城内无完善的排水排洪系统，必致雨潦之灾。北宋熙宁年间（1068～1077年），水利专家刘彝任赣州知州，做福、寿二沟，"阔二、三尺，深五、六尺，砌以砖，覆以石，纵横纡曲，条贯井然，东、西、南、北诸水俱从涌金门出口，注于江"[90]。"作水窗事十二间，视水消长而启闭之，水患顿息。"水窗即宋《营造法式》中的"券輂水窗"，即古城墙下的排水口。古城的排水系统——福寿沟有如下特点。

1）历史逾千年，至今仍为旧城区排水干道

福寿沟北宋熙宁间已存在，迄今已有1000多年历史。历代均有维修，清同治八年至九年（1869～1870年）修后依实情绘出图形（图10-12），总长约12.6km，其中寿沟约1km，福沟约11.6km。1953年修复了最长的一段福寿沟——厚德路下水道，长767.7m，砖拱结构，断面尺寸宽为1.0m，深1.5～1.6m，拱顶覆土厚0.8～1.2m。倒塌了的部分进行重建。1954年后，除修

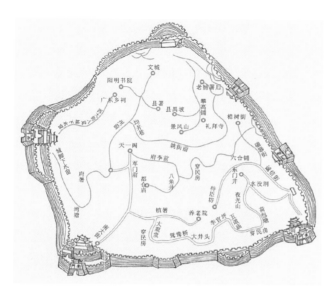

图10-12 清同治八年（1869年）赣州福寿沟图

复外，尽可能用钢筋混凝土管，改铺在街道上，清理疏通和维护管理。八境路、中山路、濂溪路、攀高铺、涌金门等处均用此法处理，共长约1.6km。至1957年，共修复旧福寿沟7.3km，约占总长度的58%，现仍是旧城区的主要排水干道。旧城区现有9个出水口，其中福寿沟出口6个仍在使用[91]。

根据福寿沟排水系统调查成果分析[92]，福寿沟排水系统由主干、支沟、浅地表排水沟与蓄水池塘4部分组成。主干为砖拱顶、砌石底结构，宽0.6～1m，高0.6～1.6m。支沟为石板顶、砌砖底结构，宽0.4～0.6m，高0.4～1.2m，部分支沟底部带有凹槽，宽0.15～0.2m，高0.2～0.4m。浅地表排水沟是指公共市政与居民小区的地面排水系统，宽0.2～0.4m，高0.2～0.8m。蓄水池塘是指分布于古城2.7km²内的湖、塘、池。

2015年7～8月，本书作者华南理工大学吴庆洲教授带领研究团队再次对福寿沟排水系统进行了现场勘察，发现现存砖石拱券结构的福寿沟约有1.8km（图10-13、图10-14），观察到的现状说明，福寿沟的设计和施工是优秀的，历代维护得力，留存至今的部分状况较好，仍然发挥着排涝泄洪的作用[93]。

2）水窗闸门借水力自动启闭

水窗闸门做得巧妙，原均为木闸门，门轴装在上游方向。当江水低于下水道水位时，借下水道水力冲开闸门。江水高于下水道水位时，借江中水力关闭闸门，以防江水倒灌。赣江路的水窗口，新中国成立后仍有木闸门，保留了"水消长而启闭"的功能。1963年改建为直径1.4m的圆形铸铁闸门，转轴位置由上游方向改在闸门上方。北门等4处出口也安装了铁闸门。

3）与城内池塘连为一体，系统调蓄

赣州市内原有众多的水塘。福寿沟把城内的三池

图10-13 赣州现存福寿沟分布图

图10-14 均井巷30号前的福寿沟（西向照片）

（凤凰池、金鱼池、嘶马池）以及清水塘、荷包塘、花园塘等几十个池塘连通起来，组成了排水网络中容量很大的蓄水库，形成城内活的水系。福寿沟是一个结构非常科学的蓄、排水系统，天降大雨时，系统通过浅地表排水沟收集地表汇流雨水到福寿沟支沟，在福寿沟支沟内，雨水被迅速分流，一部分雨水流入福寿沟主干，排入江中；一部分雨水流入蓄水池塘。待大雨过后，由于福寿沟主干水位不断下降，其水面低于蓄水池塘造成水位差，蓄水池塘的水又慢慢通过福寿沟排入江中，待水面降低到池塘排水窗以下时，池塘水位则不再外流，以保证池塘储蓄一定量的水，起到了调节旱涝的作用。赣州古城永无旱涝灾害的奥秘就在于此（图10-15）。

赣州福寿沟的以上特点，对研究我国古城的排水系统有重要价值。2010年夏季，中国许多大中城市在暴雨后街道成河、内涝成灾，而赣州城却安然无恙，其古城墙外御江河洪水，其城内福寿沟排水排洪系统继续发挥着重要作用，赣州百姓得以安居乐业。这一成就，不禁使人们对我们祖先在古城营建上的创见和智慧肃然起敬。

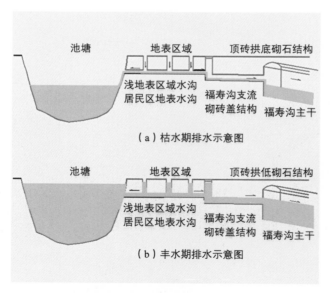

图10-15　赣州福寿沟排水模式示意图
（参见陈元增．"福寿沟"排水系统构成．赣州市城乡规划设计研究院内部资料）

10.2.2　古城水系的营建经验与启示

解决城市内涝问题中所遇到的难点与困惑，使我们认识到问题的复杂性、矛盾性与艰巨性。问题的解决不仅仅靠单纯的工程性措施，而是在城市的总体营建之始，就要尊重当地的自然原状特征，在人、城市与自然之间建立起和谐、共生的整体规划理念，将城市的雨洪管理从一味地"排"转变成"渗、蓄、滞、用、排"相结合的可持续发展模式。

观今鉴古，我国的历代古城建设都十分注意对城市水系的营建。而古代最重要的防止暴雨内涝的经验，是建设一个完善的城市水系。这种由环城壕池和城内外河渠、湖池、坑塘组成的水体，在城市规划层面的科学布局方式，城市水系各种水体所具有的"排蓄一体化"功能对防止涝灾至关重要[94]。

10.2.2.1　"城壕环绕、河渠穿城、湖池散布"的水系格局

我国大多数古城建有环城壕池，与城内的河湖、渠道，城外的自然河道相接，并在内外相接处设水关、门闸、涵洞等设施。壕池、河渠、门闸构成了古城水系的主干，从距今4300年前平粮台古城内的陶制排水管道到历代古都名城，大都遵循了这样的排水规划原则，这是古代水利学在城市规划和建设中的创造性运用。

古城水系在城市规划布局中存在一定的规律和模式（图10-16），在城市的防洪排涝方面发挥着重要作用。首先，在城市外围建立一重或多重壕池直接收纳城内排出的污水、雨水。其绕城布局的方式，使城内的排水规划满足"四向可排，就近接纳"的特点，既避免因排水路径过长而造成地面排水不畅，又合理有效地增加了河道密度与蓄容能力。在城池规模（汇水面积）与河道容量之间建立起一种内在的平衡。例如，宋东京城的内外城、宫城三圈城壕共长47.4km，蓄水容量1765.6万m³，占城市河渠总蓄水容量的95%；明清北京城的内外城、宫城三圈城壕共长

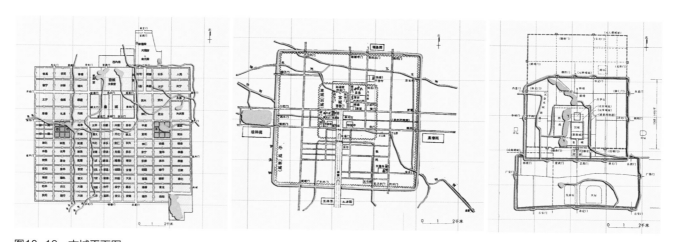

图10-16　古城平面图
（a）唐长安城平面图　（b）宋东京城平面图　（c）明清北京城平面图

44.27km，蓄水容量966.73万m³，约占城市河渠总蓄水容量的一半。

再者，贯穿城池的河渠，将城内进行了若干排水分区，避免因城池规模过大，仅靠城壕排水而出现的排水"盲区"，也增加排水河道的密度与蓄容能力。例如，宋东京城内的汴河、蔡河、五丈河、金水河共长约30km，蓄水容量86.63万m³；明清北京城内城的大明壕、东沟、西沟与通惠河，外城的龙须沟、虎坊桥明沟、三里河，共长64.27km，蓄水容量118.56万m³。

除环城壕池、穿城河渠外，古城街区中存在着众多的湖塘水体（图10-16），由于受到城墙、街区空间的限制，一般面积不大，相互之间或与环壕、河渠之间相连通，或不连通。例如，赣州（图10-17）古城内的福寿沟及其串联起来的多个坑塘，菏泽古城（图10-18）内"七十二个坑塘、七十二道沟、七十二眼井"——"城包水"的坑塘格局，荆州古城（图10-19）号称"湖的社会"，安阳古城（图10-20）、古城开封（图10-21）素有"北方水城"之称……。这些水体均匀"镶嵌"在城市街区之中，并且由于地势和排水路径的便捷，处于街区的低洼地带，当暴雨来袭时，这一座座小型的"蓄水池"在城市街区中发挥出排水防涝的功效，起到"化整为零、分区承蓄"的效果。

图10-17　赣州1872年城图

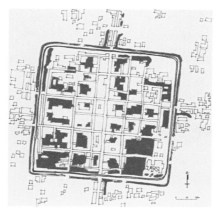

图10-18　菏泽1960年城图

图10-19　荆州1880年城图

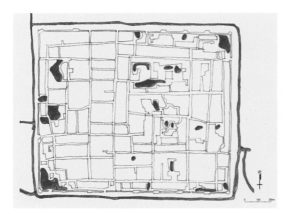

图10-20 安阳1933年城图

图10-21 开封1898年城图

10.2.2.2 古城水系是"排蓄一体化"的重要基础设施

1. 城市排洪河道密度和行洪断面两个重要技术指标是水系排水效率的直接体现

古城的水系可以不间断将城内雨水直接排出城外，当城外自然河流水位低于城壕水位时，城内雨水主要依靠沟渠排向城壕，此时城内河道的密度和行洪断面是检验城市排水效率的重要指标。根据《中国古城防洪研究》的介绍表明，唐长安城的城市排洪河道密度仅为0.45km/km²，河道行洪断面仅28m²，存在较大的规划设计缺陷；元大都城的排水排洪系统的规划设计较好，城内河道密度为1km/km²，河道行洪断面分别为147m²和238.9m²，分别为唐长安城的5.25倍和8.5倍；明清北京城的城内河道密度为1.07km/km²，城壕行洪断面为238.9m²，排水排洪系统规划设计较有水平。宋东京城的排水排洪系统的规划设计水平更高，四水贯城，河道密度为1.55km/km²，为唐长安城的3.5倍，城壕的行洪断面为372.48m²，为唐长安城的13.3倍。明清紫禁城为我国古城排水系统规划建设最完美的典范，其行洪河道密度达8.3km/km²，为唐长安城的18.4倍；筒子河的行洪断面为312m²，为唐长安城的11倍。

2. 城市水系的调蓄能力是防止雨涝之灾的重要因素

古城水系具有调蓄雨水的能力，这对暴雨或久雨后防止潦灾有重要作用。除城内湖泊、池塘具有调蓄作用外，城内河道及环城壕池本身也具有相当的调蓄能力。如果久雨造成城壕水体无法向城外河流自由排放时，只能依靠城壕、城内河渠、湖池的蓄水来避免涝灾。而排洪河道的密度和行洪断面也是量化河道蓄水容量的主要指标。在此可将历代古都的河渠调蓄能力进行初步的比较（表10-7）。唐长安城的水系蓄水总容量折合城内每平方米面积得到0.0714m³的蓄水容量；宋东京城为0.37m³，为唐长安城的5.2倍；明清北京城为0.3215m³，为唐长安城的4.5倍；元大都城为0.3999m³，为唐长安城的5.6倍；明清紫禁城为1.637m³的容量，为唐长安城的23倍，为明清北京城的5.1倍，为宋东京城的4.4倍，为元大都城的4.1倍。这就是明清紫禁城建城近600年无雨潦之灾的重要原因之一。城市水系有无足够的调蓄容量，是能否避免城市内涝的关键因素。

10.2.2.3 历史经验的启示

1. 城市排水系统的古今演变

近年来，我国城市的高速发展，早已改变了城市原有的水系历史格局，市政排水管网取代了城市内部的河渠、湖塘；大面积的"不透水"地面阻断了雨水的下渗通道，加重了管网的排水负荷；而城市雨水最终或经城市内部仅存的若干河渠排入城市外围河道，或直接排入外围河道。

中国古都河渠调蓄能力分析表　　　　　　　　表10-7

朝代	城市	城池面积/km²	城壕蓄水量/（万m³）	城内河渠蓄水量/（万m³）	城内湖池蓄水量/（万m³）	总蓄水量/（万m³）	折算储蓄城内降水规模/mm
唐	长安	83	103.6	255.2	233.94	592.74	71.4
宋	东京	50	1765.6	86.63	—	1852.23	370.5
元	大都	50	683.18	316.4	1000	1999.58	399.9
明清	北京	60.2	966.73	118.56	850	1935.29	321.5
明清	紫禁城	0.742	118.56	—	—	—	1597.8

　　与古城排水相比，城市雨水的最终收纳者仍是城市外围的水系，而现代排水设施的修建，减少了城内排蓄河道、湖池的数量（密度），但管网与河道、湖池相比存在明显缺陷。首先，排水管网不具备蓄水功能；其次，由于城市规模的扩大，城市主干管网负担的雨水汇集面积（量）不断增加，需要相应地增加管径，提高标准，重复建设。再次，在遇到城市大面积强降雨时，外围河道在上游城区收纳雨水后，水位提高，高出下游城区排水口的标高时，将导致下游城区排水不畅。

　　2. 建立多层次的城市防涝排蓄一体化系统（图10-22）

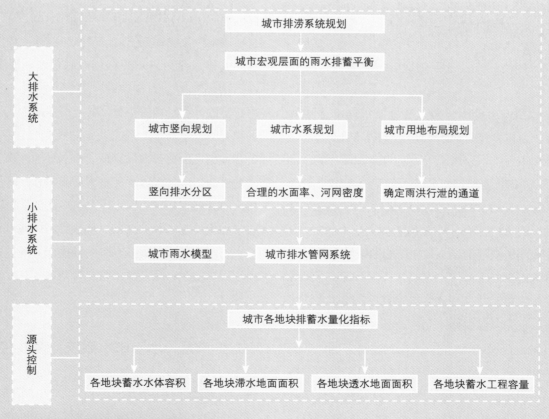

图10-22　城市防涝规划体系框架图[94]

（1）在城市总体规划层面，构建以城市水系为主体的城市防涝排蓄大系统。

在城市总体层面制定排水防涝系统规划时，应改变以"快排"为主的思路，立足"排蓄并举、排蓄互补"的设计理念，构建以河、湖、渠、池等城市水系为主体，地下调蓄隧道、调蓄池等设施为辅的城市防涝大系统，达到满足设计高重现期暴雨（如50～100年一遇）的标准，成为城市防涝安全的最根本保证。

基于城市的排水管网与城市水系是一个前后承接的有机统一体，合理的水面率、河网密度、科学的城市竖向排水分区是规划排水防涝系统的基础先决条件。不同城市应根据现状地形、原有自然水系和规划用地布局，划分出若干竖向排水分区，建立城市宏观层面的雨水排、蓄平衡，规划设计合理的水系布局、各种水体的形态与容量，确定雨洪行泄的竖向通道，引导排水安全流入河湖。对于水面率低、河网密度不足、城市低洼等内涝风险大的区域，应尽可能规划增加人工河湖、水道，或局部规划下凹式绿地、道路、广场等成为雨涝灾害情况下的地表行洪通道和调蓄水池。

（2）运用城市雨水模型，规划城市排水管网系统，校核、量化管网与水系的防涝排蓄能力。

围绕城市各排水分区采用不同的排水管网设计标准。可利用GIS（地理信息系统）等建立城市竖向规划高程模型，SWMM等雨洪软件录入拟设计的城市排水管网、河道、湖池、泵闸等排水排涝设施以及未来城市下垫面的规划信息，并在可能的条件下，加入流域水系的雨洪外围条件。模拟分析在不同暴雨强度下城市的排水排涝状况，评估与校验各分区排水管网的排水排涝能力。既要修改完善上层水系防涝大系统的规划方案，有效弥补和衔接管网与水系之间的有机联系，又要以此为依据，明确各排水分区的排水管网设计标准；制定合理的竖向规划高程，量化排蓄水系中河道、湖池等各类水体与下凹式绿地、广场等蓄水工程的设置指标；还要对未来城市下垫面的组成提出

具体的规划要求。为进一步的城市片区、地块规划提供设计依据。

（3）引入城市雨水源头控制理念，在城市地块层面制定防涝排蓄控制指标体系。

当前城市内涝产生的一个重要因素就是城市硬化面积的扩张阻断了雨水下渗，破坏了自然水文循环，降雨产生的径流峰值与总量均大幅增加。发达国家的雨洪研究中，越来越强调雨水源头控制在径流减排及水质污染控制等方面所发挥的重要作用，如美国的低影响开发技术（LID）和绿色雨水基础设施（GSI）、英国的可持续排水系统（SUDS）等，我国的《室外排水设计规范》、《绿色建筑评价标准》、《公园设计规范》（CJJ 48—92）等标准，以及国务院办公厅（2013）第23号文件、《住房和城乡建设部关于印发海绵城市建设技术指南——低影响开发雨水系统构建（试行）的通知》（建城函〔2014〕275号）中，也都明确地应用LID雨水源头控制的措施。

雨水源头控制系统可以明显缓解排水管网和城市水系的排放压力，需要在城市的片区、地块规划层面，通过对雨水的"渗透、滞蓄、调蓄、净化、利用、排放"进行量化控制，才能高效率地实现对雨洪的综合管理。具体到城市各地块控制性详细规划中，要合理制定出蓄水水体容量、滞水绿地面积、铺装透水地面面积、各蓄水工程蓄水量等指标。既贯彻上层城市防涝规划和利用雨水模型所得到的数据信息，又科学地构建起"源头减排—排水管网—城市水系"的城市防涝系统，成为具有强制性执行力的控制性详细规划指标体系，保证城市防涝规划整体有效地实施。

10.3 "大、小"排水系统与源头控制

当前我国城市内涝灾害频发，且内涝产生的原因复杂。如何科学、有效地解决城市内涝问题，建立全面、科学的城市综合防治体系，成为政府与专业人员

关注的热点和难点，成为未来相当长一个时期亟待解决的重大问题。北京建筑大学车伍教授、北京工业大学周玉文教授是国内较早全面提出和研究运用国外的"大、小"排水系统与源头控制的理念来应对国内城市内涝问题的[95][96]。目前，从理论上"大、小"排水系统与源头控制3个子系统构建内涝防治体系的理论已被业内所接受，基本达成共识[28]。车伍教授根据分析发达国家的洪涝分类与治理经验，指出城市洪水并不仅指大江大河和城市外域的暴雨洪水，还包括城市流域内产生的局地洪水，而且常常与水涝有密切联系，或者对城市的内涝有直接影响。在城市排水和洪涝防治体系中，"大、小"排水系统起着极为重要的作用。针对与城市排水和内涝防治关系重大的"大、小"排水系统与源头控制的相关问题进行了以下系统分析。

10.3.1 　"大、小"排水系统概念与组成

在发达的英语国家，一般将洪涝统称为"flood"，并没有专门或清晰的"内涝"概念，实际境况下的洪、涝关系和划分则需要看具体情况。例如，以英国（特指英格兰和威尔士地区）为例，通常将发生在城市内部的洪涝灾害统称为地表水洪涝（Surface Water Flooding）。其中，又包括了极大暴雨引发的洪（Pluvial Flooding）、管道系统引起的内涝（Sewer Flooding）、城市小水道的泛洪与水涝（Small Urban Watercourse Flooding）和地下水水位上涨引起的区域积水（Ground Water Flooding）等[97][98]。

为有效解决地表洪涝问题，英国各地方政府联合各相关部门制定地表水管理规划（Surface Water Management Plan），并以流域洪涝管理规划（Catchment Flood Management Plan）和岸线管理规划（Shore Line Management Plan）为基础，为洪涝风险较大的地区制定有效的防治策略[99]。英国环境、食品与农村事务部（Department for Environment，Food and Rural

Affairs，DEFRA）2010年制定了《地表水管理规划的技术指导》（Surface Water Management Plan Technical Guidance），指出洪涝防治措施包括可持续排水系统（SUDS）相关措施、传统管道系统、超标应对措施和非工程性措施。美国交通部联邦公路管理局（DOT）颁布的《城市排水设计手册》（Urban Drainage Design Manual）（2009年）[100]，对城市的"大、小"排水系统给出了明确的概念及它们之间的区别（图10-23）。

所谓大排水系统（major system）则是指由地表通道、地下大型排放设施、地面的安全泛洪区域和调蓄设施等组成，主要为应对超过小排水系统设计标准的超标暴雨或极端天气特大暴雨的一套蓄排系统。通常按100年一遇的暴雨对大排水系统的设计进行校核，高标准地为城市安全设防。

大排水系统通常由"蓄"、"排"两部分组成。其中，"排"主要指具备排水功能的道路、开放沟渠等地表径流通道（surface flood path ways或over land flow），"蓄"则主要指大型调蓄池、深层调蓄隧道、地面多功能调蓄、天然水体等调蓄设施[101]。

传统的管道排水系统称为小排水系统（minor system），一般包括雨水管渠、调节池、排水泵站等传统设施，主要担负重现期为1～10年范围暴雨的安全排放，保证城市和住区的正常运行。大排水系统与小排水系统在措施的本质上并没有多大区别，它们的主要区别在于具体形式、设计标准和针对目标的不同（图10-24）。更重要的是，它们构成一个有机整体并相互衔接、共同作用，综合达到较高的排水防涝标准。

我国的城市管网系统——小排水系统，虽在近30年来取得了较大发展，但与欧美发达国家相比仍存在管网普及率低和设计标准偏低的问题，如美国土木工程师学会（ASCE）雨水系统设计标准中规定，根据不同的用地类型，小排水系统设计重现期为2～10年；纽约州环境保护部制定的排水系统设计建设规范中规定，小排水系统设计重现期为10～15年[102]。我

major system -	This system provides overland relief for stormwater flows exceeding the capacity of the minor system and is composed of pathways that are provided, knowingly or unknowingly, for the runoff to flow to natural or manmade receiving channels such as streams, creeks, or rivers.
minor system -	This system consists of the components of the storm drainage system that are normally designed to carry runoff from the more frequent storm events. These components include: curbs, gutters, ditches, inlets, manholes, pipes and other conduits, open channels, pumps, detention basins, water quality control facilities, etc.

2.6.2 Major vs. Minor Systems

A complete storm drainage system design includes consideration of both major and minor drainage systems. The minor system, sometimes referred to as the "Convenience" system, consists of the components that have been historically considered as part of the "storm drainage system." These components include curbs, gutters, ditches, inlets, access holes, pipes and other conduits, open channels, pumps, detention basins, water quality control facilities, etc. The minor system is normally designed to carry runoff from 10-year frequency storm events.

The major system provides overland relief for stormwater flows exceeding the capacity of the minor system. This usually occurs during more infrequent storm events, such as the 25-, 50-, and 100-year storms. The major system is composed of pathways that are provided - knowingly or unknowingly -for the runoff to flow to natural or manmade receiving channels such as streams, creeks, or rivers.[12]   The designer should determine (at least in a general sense) the flow pathways and related depths and velocities of the major system under less frequent or check storm conditions (typically a 100-year event is used as the check storm).

Historically, storm drainage design efforts have focused on components of the minor system with little attention being paid to the major system. Although the more significant design effort is still focused on the minor system, lack of attention to the supplementary functioning of the major storm drainage system is no longer acceptable.

图10-23　美国《城市排水设计手册》对"大、小"排水系统概念的简介[100]

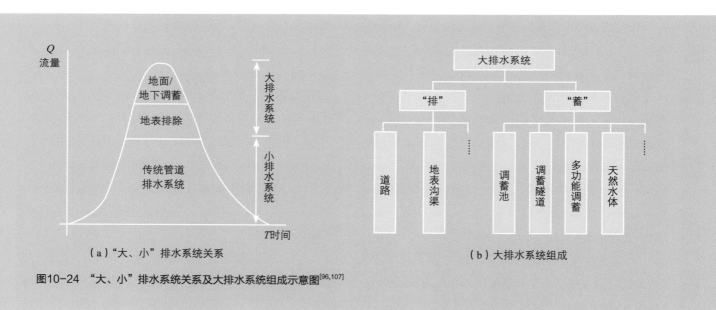

（a）"大、小"排水系统关系　　（b）大排水系统组成

图10-24　"大、小"排水系统关系及大排水系统组成示意图[96,107]

国最新版《室外排水设计规范》（GB50014—2006）（2014年版）中要求特大城市的非中心城区设计重现期为2～3年，中心城区3～5年，中心城区的重要地区5～10年，中心城区地下通道和下沉式广场等30～50年。然而，对于大多数城市中心区的排水管网目前已基本铺设完成，如需要进行管网的提标扩建或改造，

将会面临各种较大的困难和耗资巨大的工程成本，其实际可行性仍需商榷。所以仅靠提高雨水管道设计标准的方式难以彻底、高效地解决城市内涝及其他雨水方面的问题。并且由于城市建成区特别是旧城区对排水管网的维护管理落后，导致部分地区管道的乱接、老化、漏损、淤积等现象严重，在很大程度上也降低了管网的排水能力，也是城市内涝一个不可忽视的原因，而当务之急需要对这些已建成的城市管网进行普查、清淤与维修，建立定期的维护管理制度，做好城市暴雨前的应急准备措施，应是各内涝城市切实进行的首要工作。

前面已举例说明我国传统城市在城市水系方面的历史经验，这些由城市河湖沟渠组成的城市水系在一定程度上可以认为是城市的大排水系统。它们为城市暴雨提供了充足的排蓄空间，是千百年来中国城市营建历程的经验反映，虽然在历史时期没有经过现代科学的量化计算和校验，但其"适应自然、尊重自然，与自然和谐共生"的理念却值得我们学习与借鉴。特别是赣州古城现存的福寿沟排水系统及其相连的城市水塘体系，很好地应对当地突出的洪涝水患，其中蕴含的绿色基础设施和大排水系统的设计理念与元素，可以成为当前城市解决内涝问题的一个较好的经验与实例。

中国大陆城市化建设进程中，虽然没有明确的大排水系统设计，但关于《城市水系规划规范》（GB 50513—2009）已经执行，其中明确提出："城市水系改造应尊重自然、尊重历史，保持现有水系结构的完整性。规划建设新的水体或扩大现有水体的水域面积，应与城市的水资源条件和排涝需求相协调，增加的水域宜优先用于调蓄雨水径流。"并按照3个不同区域划分了城市适宜的水域面积率，对于减轻城市洪涝灾害、减小城市排涝系统压力以及综合控制利用雨水资源方面都有重要意义，需要在城市规划的前期设计和最终实施阶段切实给予执行。

对于高密度开发的已建城区，由于城市地面空间有限，无法改造出满足大排水系统标准要求的水系沟渠和地表通道。修建地下调蓄设施在大排水系统中也具有非常重要的作用，目前北京、上海、沈阳、嘉兴等城市都在规划设计大型调蓄池或讨论建设大型调蓄隧道的可能性。广州市于2015年开工建设的东濠涌深隧是广州市深层隧道系统的试验段，成为全国第一个地下深层隧道项目。工程主要包括新建一条埋深33m、外径6m、长1770m的深层排水隧道，以及东风路、中山三路、玉带濠和沿江路4座入流竖井，项目投资估算约为7.7亿元。根据工程设计规划，东濠涌实施深隧工程建设后，可将河道防涝排涝能力从现状提高到20年一遇的标准，排水标准将从3年一遇提高到10年一遇[103][104]。香港2012年启用了荔枝角雨水排放隧道，全长3.7km，总投资约17亿元，工程浩大。主隧道贯穿荔枝角市区地底，分支隧道延半山而建，截流来自半山区的大量雨水直接跨越排入大海，避免上游山区雨洪进入市区，以减少下游的水涝风险，可抵御50年一遇的暴雨，防洪减涝效果较为明显[105]。大型调蓄隧道具有工程量和耗资巨大、施工与运行难度大等特点，需要慎重考虑其适用条件、目的以及合理的设计规模，科学论证其建设的必要性和可行性[106]。

需要特别指出的是，近年欧美国家广泛重视、应用的LID等源头控制措施也融入小排水系统之中。例如，英国建筑行业研究与咨询协会（CIRIA）2006年出版的《Designing for Exceedance in Urban Drainage-good Practice》中，视英国的可持续城市排水系统（SUDS）和排水管道系统同为城市小排水系统（图10-25）[107]。另外，大排水系统的地表径流通道既可能是经过工程师的特意设计，称为"设计通道"（designed pathways），如沟渠、涵洞，也可能是城市道路或因地形条件而形成的洼地，称为"默认通道"或"非设计通道"（default pathways）。

The formal or designed drainage system (piped or SUDS) is referred to in this guidance as the **minor system** (Figure 2.1). For a piped system, the **conveyance capacity** will normally be greater than the pipe full capacity, since additional conveyance can be generated as flow backs up in manholes causing surcharging. The resulting slope of the hydraulic gradient can be greater than the gradient of the pipes themselves, forcing more flow through the system. A similar effect can occur with SUDS.

Once the conveyance capacity of the minor system is exceeded, surface flooding will occur. The excess flow that appears on the surface is known as the exceedance flow. The rainfall events that result in **exceedance flow** are known as **extreme events**. Exceedance flow will be conveyed on the ground by **surface flood pathways**. These may be roads, paths or depressions in the surface (Figure 2.2). Where they have not been specifically designed as flood pathways, they are known as **default pathways**. Otherwise they are know as **designed pathways**. The system of above ground flood pathways, including both open and culverted watercourses, is known as the **major system**.

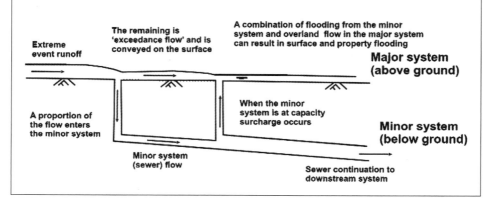

图10-25 英国出版物对"大、小"排水系统及设计通道概念的简介[107]

10.3.2 源头控制的重要意义

诚然，构建科学、完善的"大、小"排水系统对于我国解决城市内涝问题有着至关重要的意义，但也无可否认，城市内涝问题只是城市雨水问题的一部分。城市的建设目标是建立一座生态的、可持续发展的绿色、低碳、健康的城市，一个自然、城市与人融合的有机整体。而由于我国过去几十年的快速城市化以及对城市水环境问题的重视程度不够，出现了城市高密度开发建设挤占了城市的水系空间，破坏了自然的水文条件和城市水循环系统，进而引发城市的暴雨内涝、径流污染、生态恶化等一系列问题。城市原有的水系空间已不复存在，城市道路体系的原有设计导向也不是成为雨水的行泄通道，造成了大排水系统短时间无法重新构建；传统管网——小排水系统的重点仍局限在排放上，进行提标改造的实际工程难度很大，并且"大、小"排水系统并不能综合解决城市的地下水位下降、雨水无法下渗、水质污染和生态破坏问题，也无法从根本上实现城市的良性水文循环。环顾世界，"绿色、循环、低碳、可持续发展"已成为新世纪各国的科技主题。

发达国家从20世纪70年代至今，针对城市的雨洪问题已经进行了相当长时间的研究和探索，不断制定和实施城市雨洪控制的新理念和新技术，如前面介绍的最佳管理措施（BMPs）、低影响开发（LID）、可持续排水系统（SUDS）、低影响城市设计和开发（LIUDD）和绿色雨水基础设施（GI）等，越来越突出和强调雨水的"源头控制"在径流减排及水质污染控制等方面所发挥的重要作用，通过分散的小规模、生态的城市绿地、水体景观系统，综合采用入渗、过滤、蒸发和蓄流等方式减少径流排水量和雨水引起的水质污染，对暴雨产生的径流实施小规模源头控制。积少成多，从量变逐步转化为质变，在城市的各个角落构建良性的水文微循环系统，进而在城市区域层面上建立良性的水循环平衡系统，不仅可以有效缓解城市的暴雨内涝，更能从根本上综合、多目标地解决城市雨洪问题。

10.3.3 "大、小"排水系统 + 源头控制的系统构建

2014年修订的《室外排水规范》提出城市内涝的定义为："强降雨或连续性降雨超过城镇排水能力，导致城市地面产生积水灾害的现象。"同时指出内涝防治系统为"用于防止和应对城镇内涝的工程性措施和非工程性措施以一定方式组合成的总体，包括雨水收集、输送、调蓄、行泄、处理和利用的天然与人工设施以及管理措施等"。"该系统在组成上应包括源头控制设施、雨水管渠设施和综合防治设施"。

正在制定过程中的《城镇内涝防治技术规范（征求意见稿）》指出：城镇内涝防治是一项系统工程，是用于防治内涝灾害的工程性措施和非工程性措施的总和，应涵盖从雨水径流的产生到末端排放的全过程控制，其中包括产流、汇流、调蓄、利用、排放、预警和应急等，而不仅仅包括传统的排水管渠设施，而是包含了源头控制设施、排水管渠设施和综合防治设施，分别与国际上常用的低影响开发设施、小排水系统和大排水系统相对应。

其中，源头控制设施又称为低影响开发设施和分

散式雨水管理设施等，主要通过生物滞留设施、植草沟、绿色屋顶、调蓄设施和可渗透路面等措施来控制降雨期间的水量和水质，减轻排水管渠设施的压力。

排水管渠设施又称为小排水系统（minor drainage system），主要由排水管道和沟渠等组成，其设计应考虑公众日常生活便利，并满足较为频繁的降雨事件的排水要求。

综合防治设施又称为大排水系统（major drainage system），主要用来排除大重现期下的小概率事件的暴雨，当地表径流超出小排水系统的能力时，大排水系统将会启用。这一系统包括：

（1）用于排除超过小排水系统排水能力雨水的排水通道，包括开敞的洪水通道、经过设计预留出来的道路，道路两侧区域（pavement expanses）和其他排水通道。

（2）天然的或者人工构筑的水体（waterway），包括滞水池、蓄水池和其他城镇水体。

（3）一些地表浅层排水管渠设施不能排除雨水的地区所设置的地下大型排水管渠。

可以通过图10-26来简要分析源头控制系统和"大、小"排水系统的关系。首先，"大、小"排水系统应对的暴雨事件降雨量一般仅占城市全年降雨总量的10%左右。但为解决城市洪涝安全问题、实现对一定标准的小概率暴雨实施控制的同时，也将大量的雨

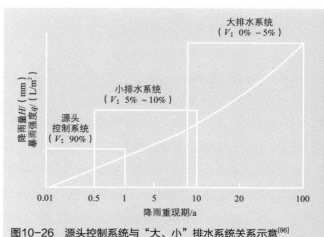

图10-26 源头控制系统与"大、小"排水系统关系示意[96]

水资源排放掉，不仅会给下游造成更大压力，同时也给水环境带去大量污染物，并导致地下水补给的显著下降，城市水环境与生态系统的许多问题即由此而生。而LID等源头控制系统针对的是占全年降雨总量80%～90%的中小降雨事件，主要解决雨水资源利用、总量控制、水质及水循环和生态系统的问题。由于不同地区的降雨条件和设计标准不同，图10-26中的数据仅供分析参考，并不固定反映各地的具体取值。

因此，源头控制系统的建立十分重要，不仅可以综合解决雨水资源利用、径流污染等问题，还会明显影响下游的小排水系统和大排水系统，一定程度上缓解下游排放的压力。例如，美国环境保护署（EPA）在2000年发布的LID应用报告中指出，虽然受不同场地条件、气候条件等因素的影响，LID技术效果有所不同，但通过对其在全美各城市应用的相关资料进行调研发现，总体来说，可减少暴雨径流总量的30%～99%，并延迟暴雨径流峰值5～20min，相当于提高了下游排水系统的排水标准[108]。更为关键的是，在具体项目和实际工程中，科学地构建"源头减排—小排水—大排水"系统，处理好它们之间的协调及耦合关系，通过"渗透、滞蓄、调蓄、净化、利用、排放"，可高效率地实现对雨洪的综合管理，发挥更大的环境和生态效益。

10.4 海绵城市的理念

10.4.1 政策背景

在城镇化的大背景下，城镇化是保持经济持续健康发展的强大引擎，是推动区域协调发展的有力支撑，也是促进社会全面进步的必然要求。然而，快速城镇化的同时，城市发展也面临巨大的环境与资源压力，外延增长式的城市发展模式已难以为继，《国家新型城镇化规划（2014—2020年）》明确提出，我

国的城镇化必须进入以提升质量为主的转型发展新阶段。党的"十八大"报告明确提出："面对资源约束趋紧、环境污染严重、生态系统退化的严峻形势，必须树立尊重自然、顺应自然、保护自然的生态文明理念，把生态文明建设放在突出地位"。当今中国正面临各种各样的水危机：水资源短缺，水质污染，洪水，城市内涝，地下水位下降，水生物栖息地丧失等。这些水问题的综合症带来的水危机是一个系统性、综合性的问题，我们亟需一个更为综合、全面的解决方案。

2013年12月，习近平在中央城镇化工作会议上提出了建设"海绵城市"。2014年4月，在关于保障水安全重要讲话中他再次指出，要根据资源环境承载能力构建科学合理的城镇化布局；尽可能减少对自然的干扰和损害，节约、集约利用土地、水、能源资源；解决城市缺水问题，必须顺应自然，建设自然积存、自然渗透、自然净化的"海绵城市"。

为了贯彻落实习近平的讲话精神，《住房和城乡建设部城市建设司2014年工作要点》中明确提出："督促各地加快雨污分流改造，提高城市排水防涝水平，大力推行低影响开发建设模式，加快研究建设海绵型城市的政策措施。"并于2014年11月发布《住房和城乡建设部关于印发海绵城市建设技术指南——低影响开发雨水系统构建（试行）的通知》（建城函〔2014〕275号），明确了海绵城市的概念、建设路径和基本原则，进一步细化了地方城市开展海绵城市的建设技术方法。

10.4.2 概念内涵

1. 概念——低影响开发雨水系统

顾名思义，海绵城市是指城市能够像海绵一样，在适应环境变化和应对自然灾害等方面具有良好的"弹性"，下雨时吸水、蓄水、渗水、净水，需要时将蓄存的水"释放"并加以利用。而这也恰恰体现现代雨水管理的理念和方法，即城市建设在尊重自然、遵

循生态优先的原则下，通过绿色与灰色基础设施相结合，使城市能够像海绵一样，在确保城市水安全的前提下，最大限度地实现雨水在城市区域的积存、渗透和净化，进而促进城市雨水资源的利用和生态环境保护。

海绵城市概念的核心是城市雨洪利用，打破了传统以"快排"、"末端控制"为单一控制模式，构建了以"源头"、"分散式"、"生态化"、"多目标"为指导思想的新型雨水控制利用系统，实现了对城市雨水从源头到终端的全流程控制和利用，它符合顺应自然、适应自然和与自然和谐共处的原则。与国际上流行的城市雨洪管理理念和方法如低影响开发（LID）、绿色雨水基础设施（GSI）及水敏感性城市设计（WSUD）等非常契合。将水资源可持续利用、良性水循环、内涝防治、水污染防治、生态友好等作为综合目标，在一定程度上，是低影响开发模式（Low Impact Development，LID）转型的体现，使构建低影响开发雨水系统成为海绵城市建设的重要途径。其被官方文件明确提出，更代表着生态雨洪管理思想和技术将从学界走向管理层面，上升到国家战略层面，将在实践中得到更有力的推广。

2. 本质——解决城镇化与资源环境的协调和谐

海绵城市的本质是改变传统城市建设理念，实现与资源环境的协调发展。传统城市利用土地进行高强度开发，人们习惯于战胜自然、超越自然、改造自然的城市建设模式，结果造成严重的城市病和生态危机；而海绵城市遵循的是顺应自然、与自然和谐共处的低影响开发模式。海绵城市实现人与自然、土地利用、水环境、水循环的和谐共处；传统城市开发方式改变了原有的水生态，海绵城市则保护原有的水生态；传统城市的建设模式是粗放式的，海绵城市对周边水生态环境则是低影响的；传统城市建成后，地表径流量大幅增加，海绵城市建成后地表径流量能保持不变。因此，海绵城市建设又被称为低影响设计和低影响开发（Low Impact Design or Development，LID）

（图10-27）[109]。

3. 目标——让城市"弹性适应"环境变化与自然灾害

（1）保护原有水生态系统。通过科学合理划定城市的蓝线、绿线等开发边界和保护区域，最大限度地保护原有河流、湖泊、湿地、坑塘、沟渠、树林、公园草地等生态体系，维持城市开发前的自然水文特征。

（2）恢复被破坏水生态。对传统粗放城市建设模式下已经受到破坏的城市绿地、水体、湿地等，综合运用物理、生物和生态等的技术手段，使其水文循环特征和生态功能逐步得以恢复和修复，并维持一定比例的城市生态空间，促进城市生态多样性提升。

（3）推行低影响开发。在城市开发建设过程中，合理控制开发强度，减少对城市原有水生态环境的破坏。留足生态用地，适当开挖河湖沟渠，增加水域面积。此外，从建筑设计开始，全面采用屋顶绿化、可渗透路面、人工湿地等促进雨水积存净化。据美国波特兰大学"无限绿色屋顶小组"（Green Roofs Unlimited）对占地723英亩（acre，1 acre＝0.004047 km²）的波特兰商业区进行分析，将219英亩的屋顶空间，即1/3商业区修建成绿色屋顶，便可截留60%的降雨，每年将保持约6700万加仑（gal，1 gal≈3.79 L）的雨水，可以减少溢流量的11%～15%。

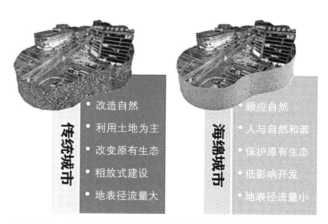

图10-27　传统城市与海绵城市建设模式比较[109]

（4）通过种种低影响措施及其系统组合有效减少地表水径流量，减轻暴雨对城市运行的影响。

4. 转变排水防涝思路

传统的市政模式认为，雨水排得越多、越快、越通畅越好，这种"快排式"（图10-28）的传统模式没有考虑水的循环利用。海绵城市遵循"渗、滞、蓄、净、用、排"的六字方针，把雨水的渗透、滞留、集蓄、净化、循环使用和排水密切结合，统筹考虑内涝防治、径流污染控制、雨水资源化利用和水生态修复等多个目标。经验表明：在正常的气候条件下，典型海绵城市可以截流80%以上的雨水。

5. 开发前后的水文特征基本不变

通过海绵城市的建设，可以实现开发前后径流总量和峰值流量保持不变，在渗透、调节、储存等诸方面的作用下，径流峰值的出现时间也可以基本保持不变。水文特征的稳定可以通过对源头削减、过程控制和末端处理来实现。习近平在2013年的中央城镇化工作会议上明确指出：解决城市缺水问题，必须顺应自然，要优先考虑把有限的雨水留下来，优先考虑更多利用自然力量排水，建设自然积存、自然渗透、自然净化的海绵城市。由此可见，海绵城市建设已经上升到国家战略层面。

总之，建立尊重自然、顺应自然的低影响开发模式，是系统地解决城市水安全、水资源、水环境问题的有效措施。通过"自然积存"，来实现削峰调蓄，控制径流量；通过"自然渗透"，来恢复水生态，修复水的自然循环；通过"自然净化"，来减少污染，实现水质的改善，为水的循环利用奠定坚实的基础。

10.4.3 建设途径

1. 区域水生态系统的保护和修复

（1）识别生态斑块。一般来说，城市周边的生态斑块按地貌特征可分为三类：第一类是森林草甸，第二类是河流湖泊和湿地或者水源的涵养区，第三类是

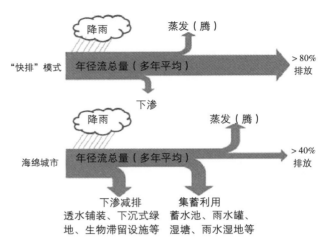

图10-28 海绵城市转变排水防涝思路[109]

农田和原野。各斑块内的结构特征并非一定具有单一类型，大多呈混合交融的状态。按功能来划分可将其分为重要生物栖息地、珍稀动植物保护区、自然遗产及景观资源分布区、地质灾害风险识别区和水资源保护区等。

凡是对地表径流量产生重大影响的自然斑块和自然水系，均可纳入水资源生态斑块，对水文影响最大的斑块需要严加识别和保护。

（2）构建生态廊道。生态廊道起到对各生态斑块进行联系或区别的功能。通过分别对各斑块与廊道进行综合评价与优化，使分散的、破碎的斑块有机地联系在一起，成为更具规模和多样性的生物栖息地与水生态、水资源涵养区，为生物迁移、水资源调节提供必要的通道与网络。这涉及水文条件的保持和水的循环利用，尤其是调峰技术和污染控制技术。

（3）划定全规划区的蓝线与绿线。以深圳光明新区为例，作为国家级生态城示范区，光明新区规划区范围之内严格实施蓝线和绿线控制，保护重要的坑塘、湿地、园林等水生态敏感地区，维持其水的涵养性能。同时，在城乡规划建设过程中，实现宽广的农村原野和紧凑的城市和谐并存，人与自然和谐共处，这是实现可持续发展重要甚至是唯一的手段。

（4）水生态环境的修复。这种修复立足于净化原

有的水体，通过截污、底泥疏浚构建人工湿地、生态砌岸和培育水生物种等技术手段，将劣Ⅴ类水提升到具有一定自净能力的Ⅳ类水水平，或将Ⅳ类水提升到Ⅲ类水水平。

（5）建设人工湿地。湿地是城市之肾，保护自然湿地，因地制宜地建设人工湿地，对于维护城市生态环境具有重要意义。

2. 城市规划区海绵城市设计与改造

海绵城市建设必须要借助良好的城市规划作为分层设计来明确要求（图10-29）。

第一层次是城市总体规划。要强调自然水文条件的保护、自然斑块的利用、紧凑式的开发等方略。还必须因地制宜地确定城市年径流总量控制率等控制目标，明确城市低影响开发的实施策略、原则和重点实施区域，并将有关要求和内容纳入城市水系、排水防涝、绿地系统、道路交通等相关专项或专业规划。

第二层次是专项规划。包括城市水系系统、绿地系统、道路交通等基础设施专项规划。其中，城市水系规划涉及供水、节水、污水（再生利用）、排水（防涝）、蓝线等要素；绿色建筑方面，由于节水占了较大比重，绿色建筑也被称为海绵建筑，并把绿色建筑的实施纳入到海绵城市发展战略之中。城市绿地系统规划应在满足绿地生态、景观、游憩等基本功能的前提下，合理地预留空间，并为丰富生物种类创造条件，对绿地自身及周边硬化区域的雨水径流进行渗透、调蓄、净化，并与城市雨水管渠系统、超标雨水径流排放系统相衔接。道路交通专项规划，要协调道路红线内外用地空间布局与竖向，利用不同等级道路的绿化带、车行道、人行道和停车场建设雨水滞留控制设施，实现道路低影响开发控制目标。

第三层次是控制性详细规划。分解和细化城市总体规划及相关专项规划提出的低影响开发控制目标及要求，提出各地块的低影响开发控制指标，并纳入地块规划设计要点，且作为土地开发建设的规划设计条件，统筹协调、系统设计和建设各类低影响开发设施。通过详细规划可以实现指标控制、布局控制、实施要求、时间控制这几个环节的紧密协同，同时还可以把顶层设计和具体项目的建设运行管理结合在一起（图10-29）。

3. 建筑雨水利用与中水回用

在海绵城市建设中，建筑设计与改造的主要途径是推广普及绿色屋顶、透水停车场、雨水收集利用设施，以及建筑中水的回用（建筑中水回用率一般不低于30%）。

首先，将建筑中的灰色水和黑色水分离，将雨水、洗衣洗浴水和生活杂用水等污染程度较轻的"灰水"经简单处理后回用于冲厕，可实现节水30%，而成本只需要0.8~1元/m³。

其次，通过绿色屋顶、透水地面和雨水储罐收集到的雨水，经过净化既可以作为生活杂用水，也可以作为消防用水和应急用水，可大幅提高建筑用水节约和循环利用率，体现低影响开发的内涵。

综上所述，对于整体海绵建筑设计而言，为同步实现屋顶雨水收集利用和灰色水循环的综合利用，可将整个建筑水系统设计成双管线，抽水马桶供水采用雨水和灰水双水源。

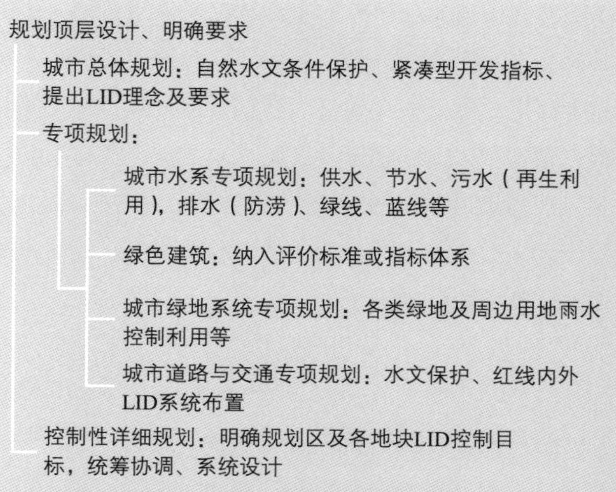

规划顶层设计、明确要求

　城市总体规划：自然水文条件保护、紧凑型开发指标、提出LID理念及要求

　专项规划：

　　城市水系专项规划：供水、节水、污水（再生利用），排水（防涝）、绿线、蓝线等

　　绿色建筑：纳入评价标准或指标体系

　　城市绿地系统专项规划：各类绿地及周边用地雨水控制利用等

　　城市道路与交通专项规划：水文保护、红线内外LID系统布置

　控制性详细规划：明确规划区及各地块LID控制目标，统筹协调、系统设计

图10-29　海绵城市建设城市规划顶层设计[109]

第11章 城市排水防涝的系统规划

我国传统的排水模式注重以排为主，强调雨水尽快排出城外或排入下游水系，主要依靠排水管网和排涝泵站等工程措施来解决城市的防洪排涝问题。随着雨水径流的不断增加，原有的雨水工程设施已无法承担如此巨大的雨水量，不断增加排水设施的规模将对城市造成巨大的经济压力，也增加了管理的难度。同时，这种排水模式也对排入水系下游的区域带来洪涝风险。因此，传统的排水模式逐渐不适应城市高强度开发建设形势下雨水排水的要求，更新与修正相关建设理念，引进更具有前瞻性的设计理念，建立城市防涝综合系统势在必行。通过在宏观上建立城市雨水资源调蓄利用体系，建立"源头减排—汇流控制—末端调蓄"多层次的"内涝控制—雨水径流污染控制—雨水资源化"等多目标的雨水控制系统；在微观上将雨洪调蓄设施与城市公共设施、城市景观设施等相结合，通过改变城市公共设施的布局、景观设施的形式，提高城市基础设施的功能性和多样性，在城市中建立起综合的排涝系统。

11.1 城市排水防涝系统的组成

城市排水防涝系统是一项复杂的系统工程，借鉴发达国家雨洪控制的先进经验，根据应对暴雨重现期大小不同相应地分为城市排水系统即"小排水系统"和城市防涝系统即"大排水系统"。城市排水系统即我国传统的排水工程内容，包括连接所有雨水口、沟渠和地下管线的管网、泵站系统，主要功能是保证低重现期雨水的及时排除。城市防涝系统是指排除或蓄存超过排水管网能力的高重现期暴雨径流的工程设施，主要指地表漫流、水体、地下调蓄设施、深隧等。通过两个系统的结合，快速收集和转输暴雨径流至合适的排放水体，保证城市在发生城市内涝防治工程建设标准以下的暴雨事件时不发生内涝灾害。同时应结合低影响开发理念实现径流源头控制，共同应对不同重现期降雨事件，实现城市的综合雨水管理。《室外排水设计规范》、《城镇内涝防治技术规范（征求意见稿）》中将城镇内涝防治系统分为源头控制设施、排水管渠设施和综合防治设施3部分，与国际上常用的源头控制设施、小排水系统和大排水系统分别相对应，体现了城市排水防涝规划的系统性、层次性和复杂性。

源头控制设施、小排水系统和大排水系统涵盖了从雨水径流的产生到末端排放的全过程控制，包括产流、汇流、调蓄、利用、排放等，3个系统之间并不是孤立的，也没有严格的界限，是一个相对独立又有机衔接的整体，相互补充、相互依存，在共同承担城市排水防涝规划目标的同时，也需兼顾达到削减城市雨水径流污染、节约水资源、保护和改善城市生态环境、使城市开发过程中水文影响最小等多项目标。这与"海绵城市"应统筹建设的低影响开发雨水系统、城市雨水管渠系统及超标雨水径流排放系统3个重要基础体系相一致，实现了城市雨水控制从传统的单一排放目标向径流总量控制、径流峰值控制、径流污染控制、径流雨水资源化等多目标转变。这既是我国建设生态文明和可持续发展城市的需要，也是建设新型城镇化与环境资源保护协调发展的需要（图11-1）。

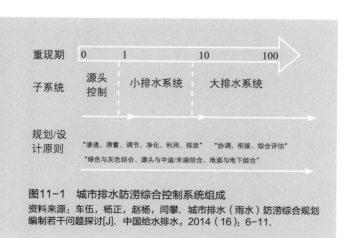

图11-1　城市排水防涝综合控制系统组成
资料来源：车伍，杨正，赵杨，闫攀. 城市排水（雨水）防涝综合规划编制若干问题探讨[J]. 中国给水排水，2014（16）：6-11.

11.2　大排水系统——超标雨水径流排放系统规划

城市内涝防治系统中的大排水系统主要针对城市超常雨情，设计暴雨重现期一般为50～100年一遇，通过地表排水通道或地下排水深隧，传输小暴雨排水系统无法传输的径流。目前，我国在流域层面已经建设了一套防洪工程体系及其设计规范和技术标准，目的是防止客水进入城市；也有一套城市管网排水系统及其相应的标准规范，主要针对城市常见雨情，设计暴雨重现期一般为2～10年一遇，通过常规的雨水管渠系统收集后排放；但应对超过雨水管网排水能力的暴雨径流的大排水系统既没有统一的设计方法，也没有相关的技术标准和规划设计规范，当然也缺乏相应的工程设施和综合手段。

要解决高重现期暴雨内涝问题，解决超出管渠设计标准的雨水出路问题，必须构建大排水系统，一般可通过综合选择自然水体、多功能调蓄水体、行泄通道、调蓄池、深层隧道等自然途径或人工设施构建。其中，城市河湖水系是城市泄洪排涝系统的重要组成部分，具有最有效的排洪蓄洪功能，河道一般是城市内涝防治系统的最后环节，是雨水的最终出路和受纳水体，具有至关重要的作用。

11.2.1 城市水系的规划控制

城市水系在城市中发挥着极其重要的作用，具有作为城市水源、行洪蓄洪、排水调蓄、珍稀水生生物栖息地、生态调节和保育、景观游憩、航运和水产养殖等多种功用。以城市排水防涝为目的的水系规划控制，是指以城市水系为主要规划对象，在尊重自然、尊重历史，保持现有水系结构的完整性，不得减少现状水域面积总量的基础上提高城市的防洪排涝能力，使江河、沟渠的断面和湖泊的形态应保证过水流量和调蓄库容的需要；使城市区内的河道按照当地的内涝防治设计标准统一规划，并与防洪标准相协调。即城市内河具备对该区域内雨水的调蓄、输送和排放的功能。过境河道应具备雨水末端排放和转输过境洪水的功能。同时，应利用城镇湖泊、池塘和湿地等天然或人工水体，作为城镇内涝防治系统中的雨水储存调蓄设施。

11.2.1.1 城市水系的概念与组成

1. 城市水系

1）水系

《中国大百科全书》中，水系又称为河系，它是由干流、支流和流域内的湖泊、沼泽或地下暗河彼此间相互连接组成的一个庞大的系统。地表水与地下水可通过地面与地下途径，由高处流向低处，汇入小沟、小溪，最后汇成大小河流。河流分为干流与支流。由大大小小的河流和湖泊、水库等构成脉络相通的泄水系统，称为河系，又叫做水系或河网。水系由干流及其支流组成，河流的分级方法很多。可以从河流水系的研究分析方法考虑，把最靠近河源的细沟作为一级河流，最接近河口的干流作为最高级别的河流，然而，这在具体划分上又存在不同的做法，图11-2所示便是其中常见的一种。也可以将直接流入海洋的河流称为干流，汇入干流的河流称为一级支流，汇入一级支流的河流称为二级支流，依次类推。水系又称河网、河系。根据干、支流的分布形态，水系的

几何形态（图11-3）可分为[110]：

（1）树枝状水系——干支流呈树枝状，是水系发育中最普遍的一种类型，如珠江的西江下游接纳柳江、郁江、桂江等支流。

（2）扇形水系——河流的干、支流分布形如扇骨状，如海河水系。这种水系汇流时间集中，易造成暴雨洪涝灾害。

（3）羽形水系——干流两侧支流分布较均匀，近似羽毛状排列的水系，如红水河。羽形水系汇流时间长，暴雨过后洪水过程缓慢，如西南纵谷地区，干流粗壮，支流短小且对称分布于两侧。

（4）平行状水系——支流近似平行排列汇入干流的水系，如淮河蚌埠以上的水系。当暴雨中心由上游向下游移动时，极易发生洪涝灾害。

（5）格子状水系——由干、支流沿着两组垂直相交的构造线发育而成，如闽江水系。

（6）梳状水系——支流集中在一侧，另一侧支流少。

（7）放射状水系及向心状水系——前者往往分布在火山口四周，后者往往分部在盆地中。

（8）混合水系——一般大的江河多由以上2或3种水系组成，称为混合水系，如长江、黄河等。

《城市水系规划规范》（GB 50513—2009）、《城市水系规划导则》定义城市水系（urban water system）

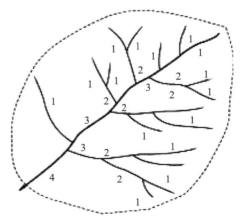

图11-2 河流分级示意图[110]

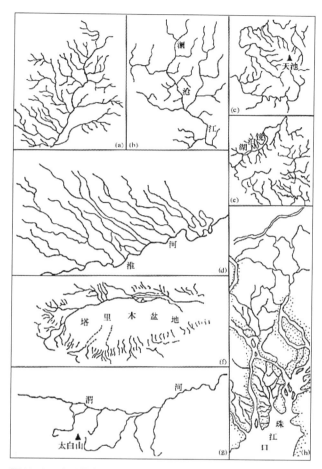

图11-3 水系的类型
（a）树枝状水系；（b）格状水系；（c）放射状水系；（d）平行状水系；（e）环状水系；（f）向心状水系；（g）倒钩状水系；（h）网状水系

是指城市规划区内各种水体所构成的脉络相通的系统的总称。根据水域形态特征，城市水系可分为河流、湖泊、水库、湿地及其他水域：河流包括江、河、沟、渠等；湖泊和水库；湿地主要指有明确区域命名的自然和人工的狭义湿地；城市其他水域主要是指除河流、湖泊、水库、湿地之外的城市洼陷地域，此类型规模较小，往往容易被忽视，但在城市水系中防洪排涝、生态环境、水质净化等方面的作用也非常重要，因此也单独列为一类，如城市内的水坑及其与外部水系相通的居住小区和大型绿地中的人工水域等。江河以"带"为基本形态特征，一般水面宽度在12m以上，具备较大的流域（汇流）范围；沟渠以"线"为基本形态特征；湖泊以"面"为基本形态特征。水系作为城镇自然环境的重要因素，是城镇建设的骨架网络，影响着城镇的职能、用地布局以及发展方向，并且随着我国城镇建设的发展，水系对城镇的建设影响也越发重要，其作用与日俱增。

2）河流

地表水在重力作用下经常或间歇地沿着地面上的线形低凹地流动，这种线形低凹地流动的水流称为河流[111]。河流是接纳地面径流和地下径流的泄水通道，是自然水文循环的路径之一，与人类的各种日常社会活动关系十分密切。

（1）河流的形成与分段。

降落在地面的雨水，除下渗、蒸发损失外，形成的地表水在重力作用下沿着陆地表面上有一定坡度的凹地流动，这种水流称为地面径流。地面径流长期侵蚀地面，冲成沟壑，形成溪流，最后汇成河流。河流流经的谷地称为河谷，河谷底部有水流的部分称为河床或河槽（图11-4）。面向下游，左边的河岸称为左岸，右边的河岸称为右岸。一条河流可分为河源、上游、中游、下游及河口5段。

（2）河流的基本特征。

河流长度：自河源沿主河道至河口的距离称为河流长度，或简称河长，以km表示，可在适当比例尺的地形图上量出。

河流的断面：包括横断面和纵断面两种。横断

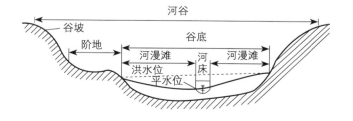

图11-4 河谷横断面示意图[110]

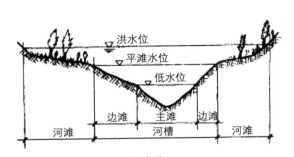

图11-5 河床横断面示意图[110]

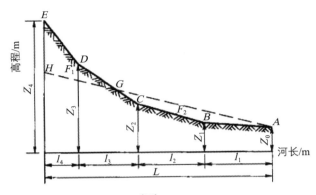

图11-6 河道纵断面示意图[110]

面是指与水流方向相垂直的断面，两边以河岸为界，下面以河底为界，上界是水面。横断面也称过水断面，枯水期水流所占部分为基本河床，或称为主槽。洪水泛滥所及部分为洪水河床，或称滩地（图11-5）。只有主槽而无滩地的断面称为单式断面，既有主槽又有滩地的断面称为复式断面。纵断面是指沿着河流中泓线（河流中沿水流方向各断面最大水深点的连线）的剖面。用测量方法测出中泓线上若干河底地形变化点的高程，以河长为横坐标，可绘出河流纵断面图（图11-6）。它表示河流纵坡与落差的沿程分布，是推算河流水能蕴藏量的主要依据。

河道纵比降：常用小数或千分数表示。常用的比降有水面比降和河底比降。河源与河口处的河底高差称为河底总落差，单位河长的河底落差叫做河道纵比降，又称河段纵比降。当河段纵断面近似于直线时，比降可按下式计算：

$$J = \frac{h_1 - h_0}{l} = \frac{\Delta h}{l} \qquad (11-1)$$

式中　　J——河段的纵比降；

　　h_1、h_0——河段上、下端河底高程（m）；

　　l——河段的长度（m）。

当河段纵断面呈折线时，它的推求方法是将河道干流底部地形变化的转折点进行分段，如图11-6所示，计算河道平均纵比降为

$$\overline{J} = \frac{(Z_0 + Z_1) l_1 + (Z_1 + Z_2) l_2 + \cdots + (Z_{n-1} + Z_n) l_n - 2Z_0 L}{L^2}$$

$$(11-2)$$

式中　　Z_0、Z_1、$\cdots$、Z_n——自出口断面起，沿干流底部各比降转折点的高程（m）；

　　l_1、l_2、$\cdots$、l_n——干流底部各转折点间的距离（m）；

　　L——河道全长（m）；

　　J——河道平均纵比降。

用图解法近似求河道平均纵比降时，可使图11-6中多边形$AGCB$与$GDEH$的面积相等，即$F_1 = F_2$。A、H两点的高差除以L即得河道平均纵比降。

河网密度：流域平均单位面积内的河流总长度，表示一个地区河网的疏密程度，能综合反映一个地区的自然地理条件、水量调蓄能力等。

（3）城市河流。

城市河流作为河流的组成部分，由于受自然和人类活动的双重影响，就其形态而言总体上可以分为三大类：自然河流、人工河流和人工改造河流。

城市人工河流一般主要是为了泄洪、排涝、供水、排水等目的而开挖的营建良性城市水环境的重要举措。人工河流的形态比自然河道简单得多，缺乏自然性和多样性。例如，人工河流纵向一般为顺直或折弯河道形态，很少为弯曲河道形态。河道断

面形式也较为单一，主要为梯形和矩形形式，一般设有滩地。

人工改造河流是在自然河流的基础上进行人为改造的举措，其既有自然河流的特征，又能达到人工河流的相关功能要求。人工改造河流在形态上表现为均一化和不连续化[112]：

一是河流平面走向形态趋于直线化。将自然曲折的河流改造成直线或折线。

二是河流横断面几何规则化。把自然河流的复杂断面形状改造为梯形、矩形及弧形等较规则的几何断面，从而达到输水能力强、占地少、易于计算、便于施工的目的。

三是河床材料的人工硬质化。采用混凝土、砌石等硬质材料修建河道的边坡以及部分河床，如常见的防洪工程中，河流堤防和边坡护岸的迎水面。

四是在自然河流中筑坝拦水，造成水流的不连续性，如对河流进行梯级开发，形成多座串连的水库，使其流速、水深、水温及水流边界条件都发生了重大变化。

3）湖泊

湖泊是指由地面上大小形状不同的洼地积水而成。我国湖泊众多，共有湖泊24800多个，其中面积在1km²以上的天然湖泊就有2800多个。湖泊数量虽然很多，但在地区分布上很不均匀。总的来说，东部季风区，特别是长江中下游地区，分布着中国最大的淡水湖群；西部以青藏高原湖泊较为集中，多为内陆咸水湖。

湖泊是水系的一部分，可以调蓄径流。当河流水位高于湖面或潜水面时，河流水补给湖泊水或地下潜水；当河流水位低于湖面或潜水面时，湖泊水或潜水补给河流。在雨季，湖泊能够降低洪峰流量，蓄积水量；枯水季节能增加河川径流量。我国长江中下游地区的许多湖泊，对长江及其支流的洪水起着天然的调节作用。鄱阳湖汛期可削减洪峰量的20%～30%，从而减轻了长江的洪水威胁[113]。

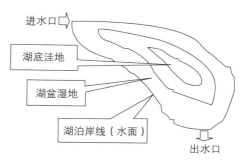

图11-7　人工湖平面形态[114]

人工湖泊（包括水库）是按照一定的目的，在山沟、河流的狭口处以及河道上建坝或堤堰创造蓄水条件而形成的积聚水体。其中，水库修建的目的是为了防洪、蓄水灌溉、供水、发电、养殖等，有时天然湖泊也称为水库（天然水库）。近年来，为了改善城市的自然和人文环境，提升城市品位，人工湖成为城市生态建设的首要选择。与天然湖泊的不同之处在于，人工湖泊的水位和水量不仅取决于上游的天然来水量，也取决于人工的控制和调度。

人工湖泊的平面形态即湖泊形成后的水面及水下平面投影。为了利于水流平顺、不留死水角落的目的，尽量利用流线的发散和收束特点。因此，除了地形条件的约束外，人工湖泊平面形态构造受水的进出口条件影响。对于进出水口简单的湖泊，布置成为梨形是比较理想的（图11-7）；对于进出水口较多的情况，湖泊的平面形态复杂一些，但总的构造原则应该是以流线形的圆、椭圆或接近圆或椭圆的形状为主，既保证水体的整体流向平顺，有利于水体交换，又减少水流之间的干扰顶托，降低入湖营养物质不均匀沉淀的机会。湖泊的立面形态是满足湖泊热力学和生态系统要求的条件。从自然情况来看，所有湖泊不论是什么成因形成，都必须具备湖盆和水体两个最基本不可或缺的条件。湖盆一般又包括湖泊湿地和洼地两部分（图11-8）[114]。

水库是江河防洪体系不可替代的重要组成部分。兴建水库是开发水利资源和水能（水电）资源的重要

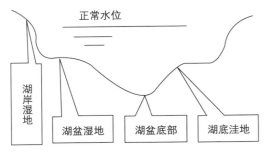

图11-8 人工湖立面形态[114]

手段。根据蓄水容量大小，水库类型还可划分为大型、中型和小型（表11-1）。

水库分级表[137] 表11-1

水库类型	大型		中型	小型		塘坝
	大（一）型	大（二）型		小（一）型	小（二）型	
总库容/(10^8m^3)	>10	10~1	1~0.1	0.1~0.01	0.01~0.001	<0.001

截至2010年，我国已建各类水库8.7万余座，其中大型544座、中型3259座，水库总库容7064亿m³。全国水库防洪保护范围内约有3.1亿人口、132座大中城市、0.32亿hm²农田；水库年供水能力约5000亿m³，其中为城市供水达200多亿m³[115]。

4）湿地

"湿地"泛指暂时或长期覆盖水深不超过2m的低地、土壤充水较多的草甸以及低潮时水深不过6m的沿海地区，包括各种咸水淡水沼泽地、湿草甸、湖泊、河流以及洪泛平原、河口三角洲、泥炭地、湖海滩涂、河边洼地或漫滩、湿草原等。按《国际湿地公约》定义，湿地系指不论其为天然或人工、长久或暂时的沼泽地、湿原、泥炭地或水域地带，带有静止或流动，或为淡水、半咸水或咸水水体者，包括低潮时水深不超过6m的水域；潮湿或浅积水地带发育成水生生物群和水成土壤的地理综合体。

湿地是地球上具有多种独特功能的生态系统，它不仅为人类提供大量食物、原料和水资源，而且在维持生态平衡、保持生物多样性和珍稀物种资源以及涵养水源、蓄洪防旱、降解污染、调节气候、补充地下水、控制土壤侵蚀等方面均起到重要作用。湿地强大的生态净化作用，因而又有"地球之肾"的美名。截至2002年6月，中国已建立湿地自然保护区353处，其中国家级湿地自然保护区46处，面积402万hm²；省级121处，总计保护面积1600万hm²；大约有40%的天然湿地得到保护。

2. 水域

从广义上说地球上水面覆盖的区域称为水域，包括海洋水域和分布于陆地的水域。陆域范围内的水域包括自然和人工形成的水域。水域的范围是水域水面面积最大时对应的范围。而水面面积与特征水位相关。特征水位不同，水域对应的水面面积和水体容积也不同。对于天然河流，可以按照河流的河岸线即河道断面和周边地面转折点之间的范围作为河流的水域范围；对于修建防洪堤的河流，可以按照河流在两岸堤线之间的范围作为河流的水域范围；对于未修建防洪堤的河流，可以将河道两侧发挥行洪作用的滩地的外边线之间作为河流的水域范围[116]。可见，水域类型不同，水域边界界定也不同。

水域类型可以划分为河道型水域、水库型水域以及山塘型水域等几种类型。不同类型水域边界范围如下[117]。

（1）河道水域：图11-9所示为有堤防河道水域边界范围示意图，图11-10所示为平原地区无堤防河道水域边界范围示意图，图11-11、图11-12所示为山丘地区无堤防河道水域边界范围示意图。

（2）水库与山塘：图11-13所示为大中型水库水域边界范围示意图。图11-14所示为小型水库水域边界范围示意图。图11-15所示为山塘水域边界范围示意图。

（3）其他水域：图11-16所示为挖方渠道水域边界范围示意图，填方渠道同图11-9。图11-17所示为

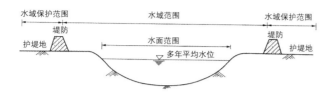

图11-9　有堤防河道水域边界范围示意图

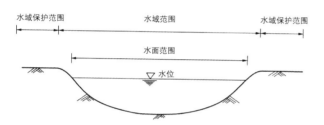

图11-10　平原地区无堤防河道水域边界范围示意图

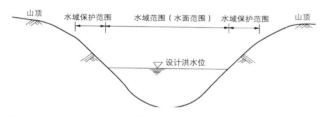

图11-11　山丘地区无堤防河道水域边界范围示意图一

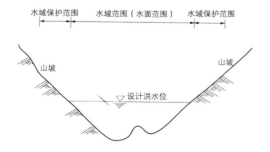

图11-12　山丘地区无堤防河道水域边界范围示意图二

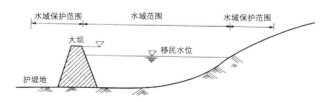

图11-13　大中型水库水域边界范围示意图

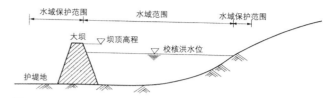

图11-14　小型水库水域边界范围示意图

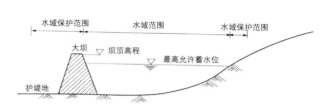

图11-15　山塘水域边界范围示意图

图11-16　挖方渠道水域边界范围示意图

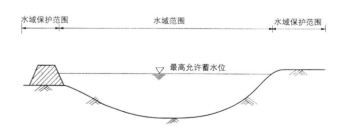

图11-17　湖泊、水塘水域边界范围示意图

湖泊、水塘水域边界范围示意图。

目前，在立法上，水域尚无明确的定义规定。例如,《中华人民共和国河道管理条例》规定的河道实质上还包括湖泊、人工水道、行洪区、蓄洪区、滞洪区等区域。该条例规定了河道保护范围：有堤防的河

道，其管理范围为两岸堤防之间的水域、沙洲、滩地（包括可耕地）、行洪区，两岸堤防及护堤地。无堤防的河道，其管理范围根据历史最高洪水位或者设计洪水位确定。河道的具体管理范围，由县级以上地方人民政府负责划定。《中华人民共和国防洪法》中规定，水行政主管部门对蓄滞洪区、洪泛区内进行建设以及城市建设填堵河道沟汊、储水湖塘洼淀和废除防洪围堤具有管理审批权。《土地利用现状分类》（GB/T 21010—2007）将"水域及水利设施用地"列为第11个一级分类，包括了河流水面、湖泊水面、水库水面、坑塘水面、沿海滩涂、内陆滩涂、沟渠、水工建筑用地、冰川及永久积雪共9个二级分类（表11-2）。

相关文献根据国家部分法律法规等对水域要求出发，可以对水域做出界定：水域是指现状或规划条件下，具有一定规模的承泄地表淡水水体的区域范围总称。该界定有5层含义：①水域是指承泄地表淡水水体的区域，而且其承泄的是地表淡水水体，海洋中的水体区域不属于水域，而是属于海域；河流的河口段既有咸水，也有淡水，应属于本界定范围。②一定规模是指水域具有一定的承泄地表水体的能力，如河道、水库、山塘、湖泊、骨干渠道等。③承泄能力是指水域满足功能要求的承泄能力，表现为承纳和宣泄两个方面，对于调蓄水体表现为承纳能力，对于排除水体表现为宣泄能力。④各类水域，无论天然的还是

水域及水利设施用地分类表 表11-2

土地利用现状分类标准（GB/T 21010—2007）					
一级类		二级类		含义	三大类
类别编码	类别名称	类别编码	类别名称		
11	水域及水利设施用地			指陆地水域，海涂，沟渠、水工建筑物等用地。不包括滞洪区和已垦滩涂中的耕地、园地、林地、居民点、道路等用地	
		111	河流水面	指天然形成或人工开挖河流常水位岸线之间的水面，不包括被堤坝拦截后形成的水库水面	未利用地
		112	湖泊水面	指天然形成的积水区常水位岸线所围成的水面	
		113	水库水面	指人工拦截汇积而成的总库容≥10万m³的水库正常蓄水位岸线所围成的水面	建设用地
		114	坑塘水面	指人工开挖或天然形成的蓄水量＜10万m³的坑塘常水位岸线所围成的水面	农用地
		115	沿海滩涂	指沿海大潮高潮位与低潮位之间的潮浸带。包括海岛的沿海滩涂。不包括已利用的滩涂	建设用地
		116	内陆滩涂	指河流、湖泊常水位至洪水位间的滩地，时令湖、河洪水位以下的滩地，水库、坑塘的正常蓄水位与洪水位间的滩地。包括海岛的内陆滩涂。不包括已利用的滩地	
		117	沟渠	指人工修建，南方宽度≥1.0m、北方宽度≥2.0m，用于引、排、灌的渠道，包括渠槽、渠堤、取土坑、护堤林	农用地
		118	水工建筑用地	指人工修建的闸、坝、堤路林、水电厂房、扬水站等常水位岸线以上的建筑物用地	建设用地
		119	冰川永久积雪	指表层被冰雪常年覆盖的土地	未利用地

人工的均属于本界定范围。⑤规划条件下是指经各级政府批准的规划中承载地表淡水水体的区域范围，如规划水库、蓄滞洪区等[118]。

11.2.1.2　城市水面率的控制

水面率是指单位面积上水域面积的多少，是指区域内水域承泄面积与区域总面积的比值，用百分数来表示。随着城市化以及城郊一体化进程的推进，适度合理的水面率一方面是承泄市政管网排水除涝的需要，另一方面是应考虑其在改善城市水环境、调节小气候、减缓城市热岛效应、改善人居环境、增加生物多样性以及其在城市景观建设中所起到的综合生态环境效应。

1. 城市适宜水面率的内涵

1）适宜性

水面率从表面上看是指区域水面面积占区域总面积的比率，事实上，同一水域其水面面积随水文年份、不同季节、水文气象条件等条件而动态变化，其相应的水面率也是一个动态变化的数值。水面率通俗意义上是一种指标管理工具，是评估在自然力与人类活动双重作用下人类社会和水域自身的协调发展程度，进而通过水域管理工作促进人类与自然的协调发展。

在特定条件下的城市适宜水面面积就是与城市自然条件、水土资源可供量、人口、居民生活习惯和生活水平、社会和经济发展水平等综合因素相适应的城市水面面积。该水面面积的确定不仅要考虑现状水面率，而且更要考虑城市水面历史变化过程，根据水面可恢复性的原则，提出具有超前性、可达性和切合城市实际的适宜水面面积。

2）功能性

（1）适宜的水面面积，在遭遇洪涝灾害时可以存储部分雨水径流，降低河流洪峰流量，减轻河道排泄压力，提高城市的防洪排涝标准。

（2）水体具有较大的纳污能力和净污功能，水体面积的大小直接影响水环境容量的大小；水面还可以

对城市的中水进行再净化，提高中水的利用效率。

（3）城市水体是物质景观与文化景观的集中体，体现了城市深厚的水文化底蕴，充分展现城市水利建设事业的文化内涵。

（4）适宜的水体面积使城市的生态环境得到改善，提高城市生态环境的质量和改善城市生活空间质量，进而促进城市的经济与旅游发展[119]。

3）特征性

（1）历史性。不同历史时期水域的利用开发情况对应当时社会、经济发展水平和人类认识水平，现阶段研究水面率的合理性也要基于现阶段水资源开发利用水平和人类认识水平。

（2）地域性。受气候、地形、水系现状等自然条件和区域发展水平的影响，不同地区其合理水面率不可能相同（表11-3）。在制定城市合理水面率时，应经过充分调查、科学分析和详细论证，因地制宜地

我国部分城市水面面积比例调查表[119]

表11-3

城市	水域比例/%	城市	水域比例/%	城市	水域比例/%
武汉	25.10	丽水	11.8	北京	2.10
无锡	15.00	福州	8.20	成都	1.90
南京	15.00	南平	8.70	长春	1.60
重庆	11.50	泉州	15.60	泰安	0.80
南通	11.50	龙岩	15.10	烟台	0.50
泰州	17.50	广州	7.10	郑州	0.68
盐城	3.80	海口	6.80	洛阳	0.90
扬州	5.20	徐州	6.70	深圳	0.99
连云港	16.35	哈尔滨	6.20	焦作	0.20
淮安	10.00	桂林	6.10	鹤壁	0.07
宿迁	5.00	上海	5.90	新乡	0.15
杭州	11.20	昆明	2.60	安阳	0.31
绍兴	10.00	太原	2.60	濮阳	1.23

提出符合流域、地区自然条件和城市发展水平的合理目标。

（3）动态性。随着城市建设水平的不断提高，对水资源开发利用的规模不断扩大。特别是城市防洪除涝、景观绿化、生态治理等标准不断变化，相应的合理水面率也要不断变化[120]。

2. 影响城市水面率的主要因素

1）可供水量

城市水面的大小需要城市水资源可供量的支撑和保证。我国南方水量丰沛，为构建水面提供了水资源条件；而北方水资源严重短缺的地区，城市水面面积的确定将受到水资源可供量的制约。因此，必须在对城市水资源进行优化配置的基础上，考虑水资源的承载能力，合理确定构建城市水面的可供水量[121]。

2）土地可供量

城市水体尤其是人工新建水体的建设离不开城市土地开发利用条件。我国多数城市的土地资源十分紧张，城市水体面积的多寡直接影响城市其他用地的比例与规模。合理确定城市水面的大小及布局形式，必须与城市的总体土地利用规划相结合。

3）水面水质

随着工业化、城市化的快速发展，城市生活污水和工业废水大量产生并排放到城市水体中，致使城市水污染日趋加重。一些人工水体自身流动性较差，富营养化严重，影响了城市环境和人体健康。城市水环境容量的大小与水资源总量和水体本底值密切相关，水量大、水质清洁的水体其容量大，反之容量就小。同时，水体的更新周期较长，水体如果不能够及时更新，也会影响水面功能的发挥。因此，形成城市水面的水体必须满足一定的水质要求。

4）可调蓄水量

城市内河、湖泊等水体不仅美化环境，还具有防洪排涝的功能。在城市建设中，水面面积的大小直接影响城市的防洪排涝标准。增加城市水面，其功能类似于流域防洪的蓄滞洪区，可以增加可拦蓄水量，有

效减少城区所产生的径流量，使得进入河道的水量减少，减轻河道的行洪压力，也减轻了城市的内涝程度，提高城市防洪排涝体系的安全性；同时，可缩小排水闸、泵站规模，提高其利用效率，既节省了投资费用又提高了经济效益[122]。

5）地下水补给

水面是地下水补给的有效途径之一，通过扩大水面，可以增加对地下水的补给，使地下水达到采补平衡，防止地下漏斗产生，储存后备水源。将城市的河、湖、公园水域的建设与地下水的回补相结合，充分利用汛期洪水、雨季城市排水等，利用多余的地表水补充地下水。

6）区域土地综合价值

合理的水面面积及布局形式可以提高相邻地域的居住适宜度和改善城市生态环境，提高城市品位，促进城市社会、经济的可持续发展。近年来，我国诸多城市非常重视城市适宜水面面积的研究和规划工作，拟通过建设一批人工湖、拓宽河道宽度或恢复自然河道等方式来增加水面和改善生态景观，调节局地小气候，达到提高人体舒适度的效果，带动地区土地综合价值的提高。

3. 城市适宜水面率的规划要求

城市水系的建设与改造是城市建设过程中提升水系综合功能的手段，在建设改造过程中水域面积是重要的控制条件，但城市水面面积率的大小取决于多种因素，它与城市的经济、社会、自然条件及资源可供量等有密切关系。水面面积率大有利于改善城市景观环境、提高人居舒适度、提升城市品位，但面积过大不仅严重占据城市宝贵的土地资源，而且需要大量的水资源，这对水资源短缺城市来说是十分困难的；反之，水面面积率小能有效增大城市的居住率、提高经济效率，但面积太小不仅严重影响城市防洪排涝安全问题，而且严重影响城市的人居环境、景观生态、降低城市品位、影响社会经济的可持续发展。因此，确定城市水面面积率十分重要。

目前，就水面率的规范制定要求有很多争论，虽然都同意水系改造不能减少水面，但也认为有必要适当限制在水资源缺乏城市盲目扩大或开挖大型景观水面的行为，而对于水面较少的城市是否有必要在规划中增加新的水面有不同意见。

住房和城乡建设部2009年制定并实施了《城市水系规划规范》（GB 50513—2009），结合征求意见的反馈情况，以及近年来国家对减轻洪涝灾害的重视程度、减小城市排涝系统压力和降低城市面源污染的生态型雨水排除系统的发展趋势等多方面因素，提出规划建设新的水体或扩大现有水体的水域面积，应与城市的水资源条件和排涝需求相协调，增加的水域宜优先用于调蓄雨水径流。按照不同地区降雨及水资源条件给出了水域面积率的建议值（表11-4）。

城市适宜水域面积率　　　　表11-4

城市区位	水域面积率/%
一区城市	8~12
二区城市	3~8
三区城市	2~5

注：①一区包括湖北、湖南、江西、浙江、福建、广东、广西、海南、上海、江苏、安徽、重庆，二区包括贵州、四川、云南、黑龙江、吉林、辽宁、北京、天津、河北、山西、河南、山东、宁夏、陕西、内蒙古河套以东和甘肃黄河以东地区，三区包括新疆、青海、西藏、内蒙古河套以西和甘肃黄河以西地区。
②山地城市宜适当降低水域面积率指标。

需要说明的是，由于水域面积率是以水资源条件和排涝需求为依据提出的，对于山地城市，其自身排水条件较好，需要在城市规划区内积蓄降雨的要求不高，同时，山地城市建设水面的难度较大，因此，山地城市在采用表11-4中建议数值时，应根据地形条件适当调减；城市分区保持与现行国家标准《室外给水设计规范》（GB 50013—2006）相一致；规划建设新的水体或扩大现有水体的水域面积，应与城市的水资源条件和排涝需求相协调，增加的水域宜优先用于调蓄雨水径流。

水利部2008年颁布的《城市水系规划导则》

（SL431—2008）对于城市适宜水面面积有着不同的规定。运用综合分析的方法，在对全国286座城市调查分析和综合评判的基础上，提出了直辖市和地级市的城市分区与相应的适宜水面面积率，作为城市水面规划的参考依据。

总体上呈现以下规律：在我国水资源丰富的长江以南地区多数城市，水面面积要大些，可达10%以上，这些城市经济水平、公众期望和自然条件可以实现这样的水面比例；在水资源一般的长江与淮河之间的中东部地区多数城市，水面面积可规划在5%~10%；在水资源较为短缺的黄河与淮河之间的中东部地区以及东北地区城市，水面面积建议在1%~5%；在水资源短缺的华北地区城市可设计一些景观水域，水面面积建议在0.1%~1%；而在我国水资源特别短缺的西北干旱地区城市，非汛期可不人为设计水面比例。

城市水面面积率$S_\triangle$应为城市总体规划控制区内常水位下水面面积S_w占城市总体规划控制区面积S_t的比率（$S_\triangle = S_w / S_t$）。

城市适宜水面面积率$S'_\triangle$，应根据当地的自然环境条件、历史水面比例、经济社会状况和生态景观要求等实际情况确定。城市适宜水面面积率可参考本篇附录。附录中未提及的其他城市的适宜水面面积率，可根据当地气候和水资源量等具体情况，参照邻近或相似城市的适宜水面面积率。

城市适宜水面面积率的实现应是动态的过程，近期以保持现有水面面积率为目标，随着经济社会发展和生态环境意识的提高，中期、远期逐步实现所确定的适宜水面比例。

当现状城市水面面积率大于或等于城市适宜水面面积率时，应保持现有水面，不应进行侵占和缩小；当现状城市水面面积率小于适宜水面面积率时，应根据城市具体情况，采取措施补偿和恢复，以满足城市适宜水面面积率要求。

4. 不同防洪排涝标准下的合理水面率计算

确定城市防洪除涝的合理水面率不仅与水域自身的基础条件有关，而且与其相关的水工程的过流能力有关。需根据规划要求的防洪排涝标准，协调区域内部水域、水利工程的防洪排涝能力，达到城市水系防洪排涝的总体优化目标。水域的防洪滞涝能力就是确定防洪除涝合理水面率的依据。基于防洪排涝的合理水面率计算过程如下[123]。

1）水文计算

根据我国现行的《防洪标准》（GB 50201—2014）、《室外排水设计规范》（GB 50014—2006）（2014年版）、《灌溉与排水工程设计规范》（GB 50288—99）等的规定确定防洪标准和除涝标准。根据区域的暴雨、洪水资料分析，并根据相关规范计算设计洪水（设计洪峰流量、设计洪水过程线和设计洪水总量）和设计涝水（设计排涝流量、设计排涝过程线和设计涝水总量）。

2）行洪除涝的合理水面率确定方法结构模型

对于承担行洪除涝的水域，在防洪除涝标准、设计洪水、排涝流量和设计外边界条件确定的情况下，区域内部水域的滞蓄能力和外排能力是排除特定洪涝水量的控制因素。构造水域行洪除涝的合理水面率确定方法结构模型如图11-18所示。

3）水域水力学计算数学模型

对于河网水域的非恒定流问题可以用圣维南（Saint Venant）方程表示。

4）行洪除涝合理水面率的经济模型

（1）增加外排能力的经济模型。

外排能力增加的途径有两个，一是增加抽排能力，二是增加自排能力。增加抽排能力的工程费用包括泵站工程费用、泵站配套工程费用、与泵站能力相配套的水域疏浚拓宽或建设工程费用、疏浚拓宽或建设工程占用土地的费用等，增加自排能力费用包括排水闸工程费用、排水闸配套工程费用、与排水闸能力相配套的水域疏浚拓宽或建设工程费用、疏浚拓宽或建设工程占用土地的费用等。

无论是排水闸，还是排水泵站，其排水能力随外江河或外海的水位变化而变化，一般来说，随外江河或外海的水位呈逐日周期性变化，因此本项目采用闸站每天排泄量作为外排闸站的排涝能力的控制指标，计算其相关费用。

（2）增加内部滞蓄能力的经济模型。

内部滞蓄能力增加的途径就是增加水面率，从而增加水域的容积，增加水域的调蓄能力并减小排涝模数和排涝流量，满足排涝要求。其相应的工程费用包括水域滞蓄能力增加的疏浚拓宽或建设工程费用、疏浚拓宽或建设工程占用土地的费用等。

通过比较外排能力费用和内部滞蓄能力费用，选出更合理的方案。

5）行洪除涝计算的模拟模型

在指定的防洪和除涝标准下，满足某一区域行洪除涝要求的合理水面率相应的工程总费用。通过多方案比较使总费用最小，即为模拟模型的目标函数。

6）行洪除涝合理水面率确定

通过上述分析计算可以获得不同行洪除涝标准下相应的水面面积，其与区域总面积的比值即为相应的合理水面率。

11.2.1.3　城市蓝线的控制

水系作为城市自然环境的重要因素，是城市建设的骨架网络，影响着城市的职能、用地布局以及发展方向，并且随着城市的发展，水系对城市的水源安全、洪涝安全、生态安全等方面的影响与日俱增。客观要求在城市规划整个阶段，要加强有效控制、合理规划、明确保护城市水系的相关细则，划定城市水系的"蓝线"指导城市的总体规划，确保城市发展合理与健康。

为了加强对城市水系的保护与管理，保障城市供水、防洪防涝和通航安全，改善城市人居生态环境，提升城市功能，促进城市健康、协调和可持续发展，根据《中华人民共和国城市规划法》、《中华人民共和国水法》，原建设部于2005年颁布了《城市蓝线管

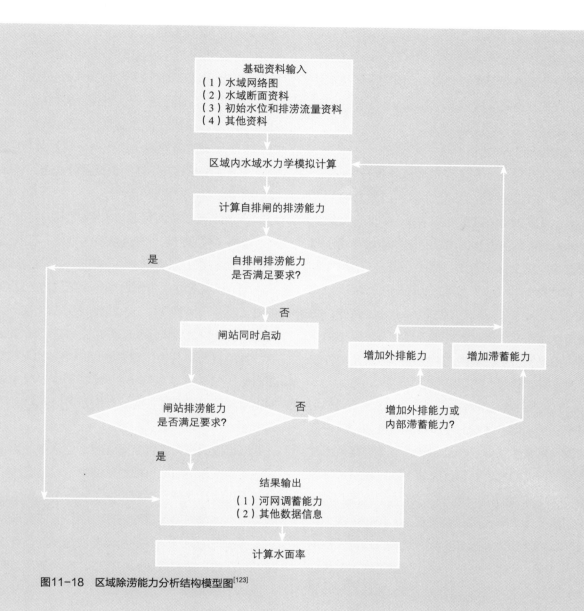

图11-18　区域除涝能力分析结构模型图[123]

理办法》，将城市蓝线定义为城市规划确定的江、河、湖、库、渠和湿地等城市地表水体保护和控制的地域界线，对蓝线的保护和管理提出了具体要求，并以部门规章的形式赋予其在城市空间管制中的重要地位。2013年《城市排水（雨水）防涝综合规划编制大纲》中要求根据城市排水和内涝防治标准，对现有城市内河水系及其水工构筑物在不同排水条件下的水量和水位等进行计算，并划定蓝线。2015年财政部、住房和

城乡建设部、水利部联合发文，海绵城市试点申报工作正式启动，《海绵城市建设技术指南》中也提出了低影响开发雨水系统的构建方式，其中包括科学划定蓝线，以保护河流、湖泊、湿地、坑塘、沟渠等生态敏感区，体现生态优先的基本原则。

一系列与城市蓝线相关的法规及政策颁布以后，在城市规划与管理中对城市水系划定城市蓝线，为城市发展过程中有效保护水系提供了规划依据。然而，

蓝线并不是在水系外围画出的简单的两条平行线或是一个圈，蓝线的划定与水系所在的区位、水系功能、周边的用地性质等因素密切相关，目前缺乏蓝线规划编制办法等技术规范的情况下，对蓝线的解释、研究深度、划定标准仍不尽相同。

1. 城市蓝线控制的目的

城市水体功能的实现不仅需要水体本身的状况，对其周边一定范围的陆域状况也有一定的要求，因此，以水体及其周边一定范围的陆域为整体进行保护控制对水系功能的实现和拓展是必需的。城市蓝线的划定可以从空间上保护河流、水库、湿地、滞洪区、排水渠等地表水体和水源工程，进而对改善水质、安全供水、修复生态、保障防洪排涝和水系完整性，实现对城市水体和岸线资源的科学管理、有效保护和合理利用，重建城市水环境生态系统的平衡以及可持续的城市发展都有着深远的影响与意义。

1）有利于保障城市水生态系统的安全

城市原生水生态的脆弱性和难以修复性，时刻警示我们城市水系生态环境一旦破坏就很难恢复，而且即使恢复，所需的代价也是巨大的。我国城市水环境的危机现状要求我们必须严格遵守《中华人民共和国城市规划法》、《中华人民共和国水法》和《中华人民共和国环境保护法》等诸多法律、规范，进行严格的水质、水环境、水生态保护；必须依据《城市蓝线管理办法》对城市水系进行"蓝线"控制和综合管治来严格约束各种城市建设行为。

城市蓝线的划定，树立了水体周边环境的"绿色缓冲区"，进而可以实现城市水体及周边区域的统一管理。保证了城市水系的连通性和完整性，将为城市下一步的土地整合和更新规划提出生态保护方面的控制要求，为水景和绿化系统的融合提供空间上的可能；同时，将有利于打造开放的滨水岸线，提升水文化，为居民提供亲水空间，促进城市与水的和谐相处，从而走出系统、整合、生态的水系岸线土地利用及景观规划的重要一步。

2）有利于保障城市防洪排涝的安全

城市蓝线规划控制可以保障河流的行洪畅通、调蓄雨洪，确保城市的防洪排涝安全，促进人、水和谐共生。城市水系通过统一的蓝线规划控制，提出科学合理的河道、岸线、滨水地区的控制意见和管理措施，限制损害防洪排涝和其他公众利益的开发活动，保障河道、湖泊具有足够的泄洪蓄洪能力，确保城市居民的生命财产安全。

3）有利于贯彻实施城市水系的保护与管理

依据《城市蓝线管理办法》的规定，蓝线管理工作由国务院建设主管部门专门负责，县级以上地方人民政府建设主管部门负责自身行政区域内的城镇蓝线管理工作。任何单位和个人都要服从城市蓝线管理的义务，并有监督城镇蓝线管理，检举违反城镇蓝线管理行为的权力。各类城镇规划都应当划定城镇蓝线，并由省（自治区、直辖市）、地级市、县（县级市）人民政府在组织编制各类城市规划时一同划定并且一并报批。

城市蓝线作为城市空间管制工具之一，蓝线被纳入规划国土部门用地审批的依据中。城市蓝线一经批准，不得擅自调整。因城市发展和城市布局结构变化等原因，确实需要调整城市蓝线的，应征得规划部门和水务部门的同意，并依法调整城市规划，并相应调整城市蓝线。调整后的城市蓝线，应当随调整后的城市规划一并报批[124][125]。

2. 城市蓝线控制的原则

城市蓝线的划定与编制是一项系统性较强的工作，它不仅要考虑供水、河道行洪、排涝、航运等功能，还应考虑到环境、生态以及人与水的和谐相处，因此，城市蓝线编制的指导思想应为：坚持科学性、合理性、可持续性相统一；坚持以生态为本、追求人与水和谐相处，做到城市水体的"生态、安全、资源、环境"相协调发展；保持城市的水环境特色，与流域、区域、城市的水务发展总体思路一致。因而，城市蓝线的编制不应是任意的、盲目的，而必须遵循如下一些基本原则。

1）生态与可持续发展原则

城市源于自然，也改造了自然，如何让城市与自然和谐相处、互惠共生，是当前城市规划最为关注的课题。城市蓝线是在解决城市水环境问题中的具体落实，规划中要重视保障水系完整性、修复水生态健康、提升水环境质量和消除水安全隐患，变"工程治水"为"生态治水"。在可持续发展理念的指导下，以对环境更低冲击的方式进行规划、建设和管理，特别是在当前城市土地资源极度紧张，城市水系保护规模受到现实发展制约的情况下，全力做到生态保护和集约用地二者的有机平衡。充分考虑现状水系格局，体现出现代社会中人与水的和谐关系，使河流水系更加符合现代生态城市的特色，保护与传承城市的水环境特色。

2）统一性与协调性原则

城市蓝线的编制应充分体现服务社会的基本功能，蓝线规划要与流域规划、城市防洪排涝规划、水系规划相协调，这是城市蓝线编制的主要依据。按照流域、区域、城市的防洪安全、水资源综合利用等要求对河流（湖泊）水体、岸线进行统一规划与整合，以实现城市水环境的科学管理、合理利用和有效保护。水系蓝线的规模和走向满足城市总体规划中对水系在生态、防洪、排水、航运、引水、城市景观等方面的功能要求。城市总体规划应为城市水系提供必要的空间通道条件，协调水系规模、走向与城市总体规划中道路、铁路、电力、居住、商业等城市功能规划布局的相互关系，充分发挥城市水系的综合功能。

3）规范性与可操作性原则

城市蓝线是城乡空间管制的重要工具，是对河流完整性、行洪排涝安全和滨河景观建设在空间上的落实，《城市蓝线管理办法》以国家法规的形式进一步强化了蓝线的法律效用。蓝线规划主要由城建部门牵头编制，是具有法定作用的重要专项规划，城市蓝线的划定要符合法律、法规的规定和国家有关技术标准、规范的要求。其范围及其性质、功能都应界定清晰，实现线界落地，确定坐标；并在确保界线标识的准确性、用地权属的明确性和用地改造的可能性，且与各层次规划协调一致的基础上，有计划地进行实施[126][127]。

3．城市蓝线控制的规划要求

1）不同层级的规划要求

城市蓝线编制的依据是遵循流域水系规划和区域水系规划，流域水系规划是流域内社会、经济发展战略的重要部分，为全流域经济、社会发展所服务；在一定区域的具体化就是区域水系规划，城市水系蓝线控制不但要符合水系流域规划，同时也要符合区域水系规划。而城市蓝线控制主要涉及两个层级的规划，即城市总体规划和控制性详细规划，有些城市如北京、天津等，还包括修建性详细规划。每个层级蓝线划定的要求和成果表达方式都不同，划定城市蓝线应与同层级城市规划的深度一致，如表11-5所示[128]。

不同层次蓝线划定要求　　　表11-5

规划层次	总体需求	蓝线划定内容	出图要求
总体规划	划定河湖水面的保护范围	确定需要保护的主要水体，划定城市蓝线，并明确保护和控制要求	水系及陆域控制线
控制性详细规划	地表水体保护和控制的地域界限	规定蓝线范围内的保护要求和控制指标	蓝线坐标和相应的界址地形图

在总体规划中要求划定河湖水面的保护范围，确定需要保护的主要水体，划定城市蓝线，并确定保护和控制要求。同层级的蓝线规划需要总体规划或者水系规划，规划首先确定水系布局、水系上口宽度、水面率等指引性要求，进而确定各类水系蓝线的划定标准和宽度等。总体规划的图纸比例尺相对较小，蓝线图上可以按照蓝线宽度要求示意。

控制性详细规划中要求划定地表水体保护和控制的地域界限，规定蓝线范围内的保护要求和控制指标，做到"定量、定位、定线"，确定蓝线坐标和相应的界址地形图。控制性详细规划图纸的比例尺一般为1：2000以上，因此控制性详细规划层面的蓝线应在总体规划确定的水系和蓝线基础上深化与局部调整，在图则中明确蓝线范围和地理坐标。

2）相关规划的协调

除城市总体规划以外，与蓝线划定相关性最强的是城市水系规划，水系规划是蓝线规划的基础，水系规划应在总体规划之前或与总体规划同步编制。城市地表饮用水源地的蓝线划定是蓝线的重要内容之一，与饮用水源地相关的规划包括城市水资源规划和城市供水工程专项规划。城市湿地的蓝线划定也是蓝线的重要内容，与湿地相关的规划包括城市绿地系统规划、城市生态环境保护规划等。城市防洪规划确定的蓄滞洪区也应纳入蓝线的研究范围。蓝线规划应与上述各相关规划协调，合理确定地表水源地、湿地、蓄滞洪区的蓝线范围。此外，城市五线协调的基础为城市道路工程专项规划（红线）、城市市政工程专项规划（黄线）、城市绿地系统专项规划（绿线）、历史文化名城保护规划（紫线），蓝线规划应与其他四类专项规划相协调。

3）划定标准的要求

蓝线是根据水系形态、水系功能、水系规模、所处位置等要素，从多功能和多目标角度出发划定的，划定标准确定的过程也是以上因素相互协调的过程。水系形态包括江河、明渠、水库、湖泊、湿地、小型调蓄水面等；水系功能包括防洪排涝、饮用水源、生态保护、景观娱乐等，水系所处位置如建成区内、新建区、郊区、农田等；水系规模包括河流等级、水库等级和湿地类型等，可根据《河道等级划分办法》、《湖泊等级划分办法》、《水库等级划分办法》等相关规定确定。蓝线的划定应综合协调以上各类因素，并结合当地的河道管理规定，画出水域控制线（河口线）和陆域控制线。例如，对于已经达到规划设计防洪防涝标准的河道，其中有堤防的河道，河道水域控制线范围包括两岸堤防之间的水域、沙洲、滩地、行洪区，陆域控制线范围为堤防及护堤地范围；无堤防的河道，水域控制线为设计洪水位范围内的水域、沙洲、滩地，陆域控制线为河道两岸的保护范围。

4）相关法律、法规的要求

与城市蓝线管理相关的法律、法规主要有四大类：第一类为城市规划管理类，包括《中华人民共和国城乡规划法》、《城市规划编制办法》、《城市蓝线管理办法》等；第二类为水利管理类，包括《中华人民共和国水法》、《中华人民共和国防洪法》、《中华人民共和国河道管理条例》、《中华人民共和国航道管理条例》等；第三类为环境保护类，包括《中华人民共和国水污染防治法》、《饮用水水源保护区污染防治管理规定》等；第四类为土地管理类，包括《中华人民共和国土地管理法》、《中华人民共和国水土保持法》等。此外，一些省、市级地方政府分别颁布了本地区的蓝线管理办法、河道管理条例（规定）、水利工程管理条例（规定）、堤防工程建设管理办法等，以保护水系和水利工程设施，以上法律、法规都是蓝线管理协调的重要依据。这些法律、法规当中，与蓝线关系最大的是《中华人民共和国河道管理条例》，其目的是为加强河道管理，保障防洪排涝安全，发挥江河、湖泊的综合效益。该条例中提出了河道管理范围确定的依据，并严格规定了管理要求。蓝线的划定对象主要就是城市内的各类地表水体，因此蓝线必须要与《中华人民共和国河道管理条例》等涉水法律、法规相协调。

4. 城市蓝线控制的规划编制

城市蓝线作为城市江、河、湖、库等地表水防洪排涝、水资源保护与利用、水环境治理与改善、水生态修复与健康的规划用地控制线，在其编制过程中，由于涉及水体保护的法律、法规众多，而法律未界定明确的保护与控制界限，因此经常出现在蓝线管理中所涉及规划、水利、城建、环保、国土等多个政府部门，重复管理、管理范围交叉、职能分工不明确等问题。例如，水利部门与城建部门在水体保护方面就有不同分工，城建部门仅负责管理城市建成区范围内的水体，而水利部门则管理城区以外的水体，以及城区内等级较高的河道。另外，随着城市的发展，建设用地不断扩张，原属于水利部门管理的河道在城市发展过程中可能变为城建部门管理。因此，在划定蓝线时，建议由城市的规划部门主导，会同水利（水务）、城建、环保、国土部门联合编制城市蓝线（图11-19）。

在蓝线划定时，结合水系规划确定的水系平面布局和水系功能，根据水利、城建（市政）部门规划的城市防洪排涝标准计算河道的断面尺寸，划定水域控制线（河口线）。在此基础上，根据水系规模和水系功能，结合当地河道管理规定、水利工程管理条例等地方规定，确定各类水系陆域控制线的划定标准；进而在满足水利部门防洪排涝、环保部门水生态保护要求的基础上，有选择地、因地制宜地进行滨水空间的开发利用。遵循了早期介入、合理定线、多方协调、强制保护和动态更新的原则，对城区范围内的河道、沟渠、水库、湿地、湖泊和坑塘等地表水体划定了蓝线保护范围。

5. 城市蓝线控制的主要要素

城市蓝线是指城市水系的保护范围控制线。其

中，主要河道的蓝线控制范围包括河道水域、沙洲、滩地、堤防、岸线以及河道外侧因河道拓宽、整治、生态景观、绿化等目的而规划预留的河道控制保护范围。作为城市总体规划的一个主要内容，河道蓝线是城市规划的控制要素之一，它是城市"规划"在水系河道平面、立面及相关附属工程上的直接体现；主要由平面控制要素、立面控制要素及相关附属工程（如水闸、泵站等）的控制要素决定，三者结合才构成完整的河道规划控制线。平面上主要表现为河道中心线、两侧河口线及两侧陆域控制线；立面上主要以河道规划断面为控制要素；附属工程是河道建设、日常管理及保护中不可缺少的内容，在河道蓝线划定中必须明确[129][130]。

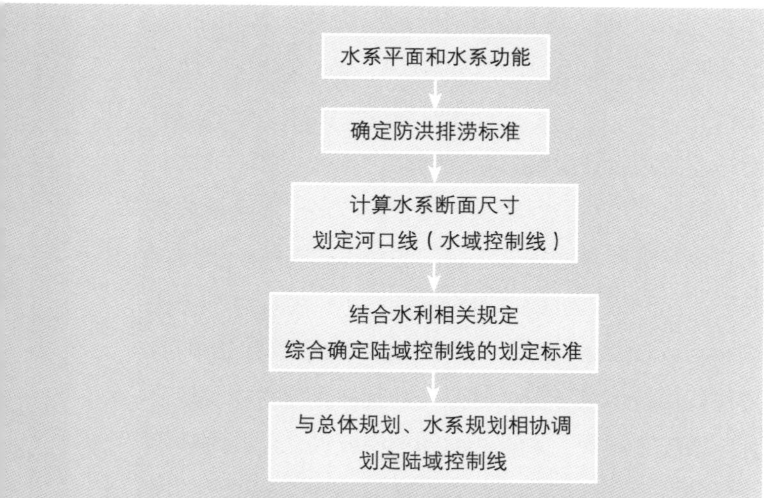

1）河道蓝线的平面控制要素

河道蓝线的平面控制要素主要指5条线（图11-20），即河道中心线、河道两侧河口控制线及河口控制线外侧的河道安全防护控制线。河道中心线对规划实地开河、拓宽河道及有些以此为基准的村、镇、区、县、市、省（自治区、直辖市）的行政边界线尤为重要。河口控制线是河道的河口边线，是根据河道的规模和走向确定的最小河口控制范围。河口控制线外侧的安全防护控制线是考虑了河道的防汛通道、河道堤防安全、河道绿化、河道生态景观及河道岸边建筑物的安全等因素后确定的最小控制范围，一般关于河道中心线对称。

有堤防的河道，蓝线范围包括两岸堤防之间的水域、沙洲、滩地、行洪区及堤防、护堤地；无堤防的

图11-19 蓝线划定标准过程[128]

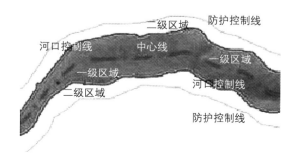

图11-20 河道蓝线的平面控制[130]

河道，包括水域、沙洲、滩地和现有河道两岸保护范围；同时参照河道流域面积进行分类等级划分。已划定为水源保护区的水库，蓝线划定标准为一级水源保护线；未划定为水源保护区的水库，蓝线划定标准根据水库的规模、水库流域汇水范围线进行分类等级划分。滞洪区和湿地（含公园湿地）蓝线划定可在滞洪区和湿地现状岸线的基础上向外延伸划分保护范围。

蓝线宽度的划定首先满足防洪排涝功能，防洪断面设计在蓝线控制范围内。划定合理的蓝线宽度，划定合理的蓝线控制范围，加大管理力度，防止水面面积进一步减少，保持水土，减少人为活动对水体的污染，保证水体的城市生态功能、绿化景观得以体现。

2）河道蓝线的立面控制要素

河流立面控制是蓝线控制（图11-21）的组成要素之一。河流的立面控制主要是指河道断面的控制，它是根据水利规划确定的河道过水能力要求而拟定的最小河道断面，一般概化为梯形断面来进行控制，即由河底高程、河底宽度、河道边坡和河口高程等要素组成。蓝线宽度的划定主要由以下因素来确定。

河道应具有足够的过水断面，能够安全通过设计洪水，而且要和城市规划及现状相适应，兼顾取水、排水、航运、环保、景观等多方面要求，并应与河道的流域规划相衔接。河道断面一般为根据防洪除涝要求而拟定的最小河道断面，有通航要求的河道还应根据航道等级来考虑河道断面，取其中较大的断面作为河道规划控制断面。

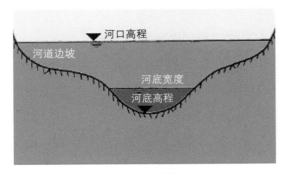

图11-21 河道蓝线的立面控制[130]

对于城市防洪规划中的行洪外河，护岸顶高程应高于城市总体规划确定的城市设防水位；感潮河道还要适当考虑一定的波浪侵袭高度；土堤考虑风雨侵蚀、堤顶磨损和斜坡风浪爬高等因素，另加安全超高值。内河护岸的岸顶高程应高出排涝最高控制水位。

护岸是限定水体空间的物质界面，承受流水的侵蚀和冲刷，控制水土流失。特别是具有防洪排涝功能的外河，其稳定性直接关系到城市安全。护岸还是水体和陆地的景观边界，是水陆生态系统沟通的纽带。

3）河道附属工程控制线

河道附属工程控制线同样是河道蓝线的重要组成要素。河道附属工程主要指规划或已建的水闸、泵站等防洪排涝工程，是河道工程得以正常运转、发挥综合效益的关键性工程，与河道工程一起构成一个整体，在河道蓝线编制工作中也应予以规划控制。

11.2.2 城市河道的汇流计算

11.2.2.1 概述

我国目前城市河道的排涝计算方法主要以水利部门农田排涝的计算方法为主，设计要求较低，且不涉及在排水过程中内河水位的变化过程。而城市排涝的根本要求是排涝调蓄设施保证内河水位不能超过设计内水位，即城市规划最低地面高程减去安全超高[131]。城市防涝规划、泵站的修建等须通过水文分析计算求出河道的设计水位、设计流量和设计流速，以此为防涝规划工程设计提供基本依据。

城市河道中主要集水区位于城市之外而穿越城市的过境河道和集水区位于城内的城市内河的分析计算并不完全一致。过境河道水文特性不受城市防洪工程的影响或者影响较小，其水文分析和水工建筑物的水力设计可按传统方法进行，即水文计算与水力设计分开。而城市内河、人工河道的小流域洪水及其过程不仅受到城市化区域地面产、汇流的影响，而且受到河口水闸、泵站等水工建筑物及其运行方式的影响，与河道各断面的洪水流量、水位与河道的断面尺寸、河口水闸和泵站的规模及其运行方式等相关联，河道、水闸和泵站的水力特性干预了洪涝的形成。因此，城市小流域的水工建筑物水文计算和水力设计密不可分，两者要同步进行，可采用河道汇流水力计算模型进行分析计算。

一般情况下，城区河道集水区基本上人工渠化，其中水工建筑物包括河道、水闸和泵站等，市政建筑物包括地面和市政排水系统。水工建筑物影响雨洪的进程，不宜单个独立进行水力设计，应按整体考虑，要将地面、市政排水系统、河道、水闸和泵站视为一个整体，进行雨洪汇流水力设计。即城市小流域雨洪汇流水力计算需要综合考虑地面产汇流、排水管（沟）道输送、河道洪水演进、水闸和泵站过流限制等诸多因素。

城区河道雨洪汇流设计计算的主要目的是控制洪水，一般以控制河道设计洪水位为目标，确保雨洪不造成淹浸。具体任务是要布置河道和堤防的走向、选择其合理的断面形状和尺寸，确定水闸和泵站的位置与规模尺寸。城区河道雨洪汇流设计计算的主要步骤为：

（1）根据城区地形和市政排水系统布局，划分城区河道集水区。必要时，可以采取工程措施调整市政排水、汇水布局，使得城区排水分区趋于合理化。

（2）水工建筑物布置。主要是城区河道及渠系建筑物、河口水闸和泵站的布置与尺寸拟定。水工建筑物尺寸的拟定可不按传统水力学计算方法计算确定，可按照现状和城市的实际情况，尽量保持河道的自然形态，保留洪水滞纳低洼区。河口水闸和泵站可参考调蓄简化分析法来拟定。

（3）城区河道的雨洪汇流分析。采用"坡面—河道（网）—水闸耦合的雨洪"或"坡面河道（网）—泵站耦合的雨洪"等计算模型，利用水力计算方程进行汇流计算。根据计算结果检验水工建筑物规模和尺寸的合理性；并通过适当调整，使水工建筑物趋于合理，实现优化设计[132]。

11.2.2.2 设计暴雨与产流

1. 城市设计暴雨

城市设计暴雨是推求城市雨洪径流所需的主要资料，是决定防洪治涝工程设计的重要依据。城市设计暴雨计算，是推求各节点处符合频率的成峰暴雨。在计算时，一般不考虑暴雨在空间分布上的不均匀性，以中心点的设计暴雨量代替设计面雨量。目前常用的方法有频率计算法和暴雨公式法。当研究区域有较长雨量资料系列时，可通过频率计算的途径求得设计雨量值；当研究区域面积小，且缺乏长期实测雨量资料时，可采用暴雨公式法推求设计暴雨。在我国，城市设计暴雨的计算主要是通过暴雨公式来进行计算的。暴雨公式法的计算主要分为两步走，先求年最大24h设计暴雨量$X_{24,P}$，再根据暴雨公式推求任意历时t的设计暴雨。

1）年最大24h设计暴雨量

推求年最大24h设计暴雨量的常用方法有两种，可根据当地资料条件而定。

（1）由年最大一日设计雨量间接推求。若排水区中心附近具有足够长的人工观测资料系列，可以求得符合设计标准P的年最大一日设计雨量$X_{(1),P}$。由于人工观测雨量是固定以每日8：00为日分界，因此年最大一日雨量不大于年最大24h雨量，即$X_{(1)} \leqslant X_{24}$。年最大24h雨量与年最大一日雨量倍比值$a \geqslant 1.0$，可按式（11-3）计算年最大24h设计暴雨量$X_{24,P}$。

$$X_{24,P} = aX_{(1),P} \qquad (11-3)$$

式（11-3）中，由各地分析所得a值变化不大，一般都在1.1～1.2，常取$a = 1.1$。

（2）如果当地无资料，可查用最大24h雨量统计参数$\overline{X}_{24}$、C_v等值线图。

我国各省（直辖市、自治区）的水文部门均已绘制了上述暴雨参数的等值线图。根据城市所在的地理位置，可从图上求得当地年最大24h雨量均值$\overline{X}$和变差系数C_v，偏态系数C_s一般取3.5 C_v。根据皮尔逊Ⅲ

型频率曲线K_P表，通过查算可以得出中心点年最大24h设计暴雨量$X_{24,P}$。

$$X_{24,P} = K_P \overline{X}_{24} \tag{11-4}$$

2）设计暴雨的计算

在小流域推求设计暴雨时，可根据各省（自治区、直辖市）《雨洪图集》或《地区水文手册》所提供的各时段（10min，1h，6h，24h）年最大暴雨量的均值、变差系数等值线图C_s/C_v的分区图或规定倍比，计算相应历时设计点雨量，其他设计历时可以用暴雨公式或经验公式进行转换。计算方法如下。

根据24h设计暴雨年按暴雨公式求出设计雨力S_P，其计算公式为

$$S_P = X_{24,P} \times 24^{\eta-1} \tag{11-5}$$

式中　　S_P——设计雨力，即$t=1h$的平均雨强（mm/h）；

$X_{24,P}$——最大24h设计暴雨量（mm）；

η——暴雨衰减指数，反映雨强随历时递减的程度。

则任一短历时的设计暴雨$X_{t,P}$，可通过暴雨公式转换得到，计算公式如下：

$$X_{t,P} = S_P t^{1-\eta} \tag{11-6}$$

2. 产流计算

降雨产生的地面径流和地下径流会先汇入河网，然后通过河网汇流形成流域出水口断面的径流，此汇流过程主要有坡地汇流、河网汇流两种形式。

坡地汇流指降雨形成的径流从它产生的地点沿坡降方向流向河槽的过程，坡地是降雨产流的场所。坡地汇流分为坡面汇流、表层汇流和地下汇流3种形式。其中，坡面汇流指超渗雨水沿着坡面流向河槽的过程，由于坡面径流的流速较快且坡面汇流的路线一般很短，因此坡面汇流的时间相对较短。表层汇流指降雨初期，雨水渗入土壤使表层土壤的包气带含水量达到饱和后，后续下渗的雨水沿由土壤孔隙流向河槽的过程。地下汇流指下渗雨水到达地下水面后，再经由各种途径流向河槽的过程。

河网汇流指降雨产生径流沿流域河网中的各级河槽流向出水口断面的过程。显然，在径流沿河网流向出口断面的过程中，不断会有坡面漫流或者地下水流的汇入。对于汇流面积比较大的流域，由于其河网的汇流时间长，对流域内降雨的调蓄能力大，当降雨和坡面漫流停止后，它产生的径流还会延续较长时间。

城市集水区对产流的影响较大，与自然集水区有较大区别。城市中的道路、河流、街道等将一座城市分隔成不同的子区域，降雨在城市的各子区域产生地表径流，沿坡降的方向流入出水口的过程即为地表汇流过程。城市地表形态复杂，汇流过程会涉及多种下垫面，且汇流过程中也会有雨量损失，这是城市地表汇流区别于流域汇流的主要特点。降雨发生后，城市中只有少量的雨水会顺着坡降的方向直接流入河流等天然水体，大部分雨水都通过铺砌在城市道路两侧的排水管网进入排水系统。

城市下垫面大多为人工建筑，透水性差。由于降雨损失是一个复杂的过程，受众多因素影响，在实际工程计算中，把各种损失要素集中反映为一个系数——径流系数。城市集水区产流计算原理和一般集水区产流计算原理一致，但有关产流参数需要调整。即设计暴雨对应的径流量可采用径流系数法进行推算。由于城市地区径流系数较其他地区大而且比较稳定，所以用径流系数推求城市地区的径流量不失为一种较为简便的方法。

$$V = 0.1 X_{t,P} \Sigma \varphi_i Z_i \tag{11-7}$$

式中　　V——设计暴雨所产生的径流量（$10^4 m^3$）；

$X_{t,P}$——设计暴雨量（mm）；

φ——不同性质用地对应的径流系数；

Z——不同性质用地面积（km^2）。

对于汇水区域内径流量计算也可采用综合径流系数法，即结合各类用地性质，采用加权平均的方法计算出区域综合径流系数。在城市，径流系数主要取决于城市中各分区的不透水面积大小。因此，径流系数则约等于地面不透水建筑物的覆盖率，即房屋、道路等所占不透水面积与总面积之比（表11-6）。城市综

合径流系数建议指标如表11-7所示。

单一地面覆盖情况的径流系数[132]

表11-6

地面覆盖情况	径流系数	备注
屋面、混凝土、沥青路面	0.9	
大块石铺路面和沥青处理的碎石路面	0.6	
级配碎石路面	0.45	
干砌砖石和碎石路面	0.4	
土路面	0.3	
绿地、公园	0.15	

城市综合径流系数[132]　表11-7

区域	不透水建筑物的覆盖率/%	径流系数	备注
中心城区	>70	0.6~0.8	
较密的居住区	50~70	0.5~0.7	
较稀的居住区	30~50	0.4~0.6	
很稀的居住区	<30	0.3~0.5	

11.2.2.3　河道汇流计算

为了合理地构建城市防洪排涝安全保障体系，指导城市防洪排涝工作，必须进行科学的城市防洪排涝计算。城市河道的防洪排涝计算主要是通过对河流水情的分析研究，提供河流未来长时期内的水文规律。通过水文分析计算求出设计水位、设计流量和设计流速，以此为规划设计提供基本依据。城市河道的汇流计算是城市河道防洪排涝计算的核心内容。目前对城市河道汇流的计算方法主要有水文学方法、水力学方法和系统学方法3类，研究成果众多，方法不一。

1. 小流域推理公式

推理公式，英、美称为"合理化方法"（rational method），苏联称为"稳定形势公式"。推理公式法是根据降雨资料推求洪峰流量的最早方法之一，至今已有130多年。

1）推理公式的基本形式

推理公式可通过线性汇流推导，假定流域上降雨与损失均匀，即降雨强度不随时间和空间变化的条件下，根据流域线性汇流原理推导出来的流域出口断面处设计洪峰流量的计算公式[133]。

假定流域产流强度 γ 在时间上、空间上都均匀，经过线性汇流推导，可得出所形成洪峰流量的计算公式

$$Q_{mP}=0.278\gamma F=0.278(a-\mu)F \qquad （11-8）$$

式中　Q_{mP}——频率为P的洪峰流量（m^3/s）；

　　　γ——流域产流强度（mm/h）；

　　　a——平均降雨强度（mm/h）；

　　　μ——损失强度（mm/h）；

　　　F——流域面积（km^2）；

　　　0.278——单位换算系数。

在产流强度时空均匀情况下，流域汇流过程如图11-22所示。

从图11-22中可知，当产流历时$t_c>\tau$（流域汇流时间）时，会形成稳定洪峰段，其洪峰流量Q_{mP}由式（11-8）给出。Q_{mP}仅与流域面积和产流强度有关。但是这些结论与人们的直觉似乎有抵触，因为在实测的洪水过程中，几乎不可能出现这种稳定的洪峰段，而且洪峰不仅与流域面积和产流强度有关，还与流域其他地理特征如坡度、河长有关。这就引起人们对此公式的合理性产生疑问。造成上述矛盾的根本原因是实际产流强度是不断变化的，不太可能达到以上假定

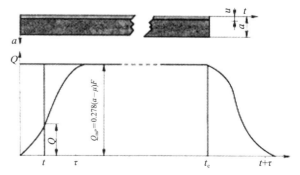

图11-22　均匀产流条件下流域汇流过程示意图[133]

条件。

当$t_c>\tau$时，称为全面汇流情况，此时，可以直接用式（11-8）推求洪峰流量；当$t_c<\tau$时，称为部分汇流情况，其洪峰流量只是由部分流域面积的降雨形成，此时不能正常使用推理公式，否则所求洪峰流量将偏大。

实际上，产流强度是随时间、空间变化的，从严格意义上说，是不能用推理公式作汇流计算的。但对于小流域设计洪水计算，推理公式计算简单，且有一定的精度，因此它是目前最常用的一种小流域汇流计算方法。

对于实际暴雨过程，Q_{mP}的计算方法如下。假定所求设计暴雨过程如图11-23所示，产流计算采用损失参数μ法。

对于全面汇流情况

$$Q_{mP}=0.278(a-\mu)F=0.278\left(\frac{h_\tau}{\tau}\right)F \quad （11-9）$$

对于部分汇流情况，因为不能正常使用推理公式，所以陈家琦等在作一定假定后，得

$$Q_{mP}=0.278\left(\frac{h_R}{\tau}\right)F \quad （11-10）$$

式中　h_τ——连续τ时段内最大产流量；
　　　H_R——产流历时内的产流量。

2）中国水利水电科学研究院推理公式法

1958年，中国水利水电科学研究院的陈家琦等提出了洪峰流量计算公式，该公式是我国水利水电工程设计洪水规范中推荐使用的小流域设计洪水计算方法。

（1）设计暴雨过程。

假定一条各时段同频率的设计暴雨过程，如图11-24所示。

这样构造的设计暴雨过程有以下4个性质。

①相对$x=x_0$而言，暴雨过程线是对称的。

②当$x\to x_0$，瞬时雨强$i(x_0)$为无穷大。

③图11-24中阴影部分面积A恰好等于时段长为t的设计暴雨量$x_{t,P}$，用暴雨公式计算

$$A=x_{t,P}=S_P t^{1-n} \quad （11-11）$$

④$i(x)$难以用显式表示。

（2）产流历时t_c与产流量h_R计算。

中国水利水电科学研究院推理公式是通过瞬时雨强—历时来求得产流历时t_c和产流量h_R。由流域的损失参数μ在该历时曲线上，查得瞬时雨强$i(t)$，等于损失强度μ的点，相应的历时即为产流历时t_c，满足下列条件：

$$i(t)=\frac{\mathrm{d}x_{t,P}}{\mathrm{d}t}=\frac{\mathrm{d}(S_P t^{1-n})}{\mathrm{d}t}=(1-n)S_P t^{-n}=\mu$$

$$（11-12）$$

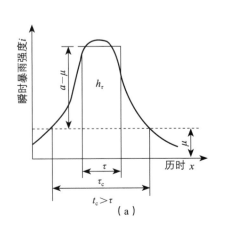

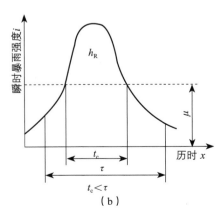

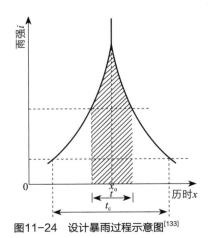

图11-23　$t_c\geqslant\tau$、$t_c<\tau$时参与形成洪峰流量的径流深图
（a）全面汇流情况；（b）部分汇流情况

图11-24　设计暴雨过程示意图[133]

$i(t)=\mu$，所对应的 t 即为 t_c，则

$$t_c = \left[\frac{(1-n)S_P}{\mu}\right]^{\frac{1}{n}} \quad (11-13)$$

产流历时 t_c 内的产流量 h_R 为

$$\begin{aligned}
h_R &= x_{t_c,P} - \mu t_c = S_P t_c^{1-n} - \mu t_c \\
&= S_P t_c^{1-n} - (1-n)S_P t_c^{-n} t_c \\
&= nS_P t_c^{1-n} \quad (11-14)
\end{aligned}$$

（3）汇流时间 τ 的计算。

用推理公式推求设计洪峰流量，产流时间 t_c、汇流时间 τ 都是必不可少的。τ 采用以下经验公式：

$$\tau = 0.278\frac{L}{V_\tau} \quad (11-15)$$

式中　L——流域最远点的流程长度（km）；

　　　V_τ——流域平均汇流速度（m/s）。

V_τ 又可近似地用下列经验公式来表示，即

$$V_\tau = mI^\sigma Q_m^\lambda \quad (11-16)$$

式中　m——汇流参数；

　　　I——沿最远流程的平均纵比降（以小数表示）；

　　　Q_m——洪峰流量（m³/s）；

σ、λ——反映流域沿流程水力特性的指数，一般采用 $\sigma = \frac{1}{3}$，$\lambda = \frac{1}{4}$。

将式（11-16）代入式（11-15），即得流域汇流时间的计算公式：

$$\tau = 0.278\frac{L}{mI^{1/3}Q_m^{1/4}} \quad (11-17)$$

（4）设计洪峰流量 Q_{mP} 推求。

根据流域汇流时间 τ 的长短，产流计算分为两种情况。

① $t_c \geq \tau$ 的情况。

$$\begin{aligned}
Q_{mP} &= 0.278\left(\frac{h_\tau}{\tau}\right)F = 0.278\left(\frac{x_{\tau,P}-\mu\tau}{\tau}\right)F \\
&= 0.278(a_{\tau,P}-\mu)F \quad (11-18)
\end{aligned}$$

② $t_c < \tau$ 的情况。

$$h_R = nS_P t_c^{1-n}$$

$$Q_{mP} = 0.278\left(\frac{h_R}{\tau}\right)F = 0.278\left(\frac{nS_P t_c^{1-n}}{\tau}\right)F \quad (11-19)$$

经过整理，可得中国水利水电科学院推理公式：

$$\begin{cases} Q_{mP} = 0.278\left(\dfrac{S_P}{\tau^n}-\mu\right)F \\ \tau = 0.278\dfrac{L}{mI^{1/3}Q_m^{1/4}} \end{cases} \quad (t_c \geq \tau) \quad (11-20)$$

$$\begin{cases} Q_{mP} = 0.278\left(\dfrac{nS_P t_c^{1-n}}{\tau}\right)F \\ \tau = 0.278\dfrac{L}{mI^{1/3}Q_m^{1/4}} \end{cases} \quad (t_c < \tau)$$

$$(11-21)$$

对于以上方程组，只要知道 7 个参数，即 F、L、I、n、S_P、μ、m，便可求出 Q_{mP}。求解方法有图解法、试算法等。该公式适用的流域范围为：多雨地区，视地形条件一般为 $300 \sim 500\text{km}^2$ 以下；干旱地区则要求地形条件为 $100 \sim 200\text{km}^2$ 以下；该公式不能用于溶岩、泥石流及各种人为措施影响严重的地区。

2. 地区经验公式

地区经验公式是根据本地区实测洪水资料或调查的相关洪水资料进行综合归纳，直接建立洪峰流量与影响因素之间的经验相关关系，用数学方程或图示表示洪水特征值的方法。经验公式方法简单，应用方便，如果公式能考虑到影响洪峰流量的主要因素，且建立公式时所依据的资料有较好的可靠性与代表性，则计算成果可以有很好的精度。按建立公式时考虑的因素，经验公式可分为单因素公式与多因素公式。

1）单因素经验公式

以流域面积为参数的单因素经验公式是经验公式中最为简单的一种形式。把流域面积看做是影响洪峰流量的主要影响因素，其他因素可用一些综合参数表达，公式的形式为

$$Q_{mP} = CF^n \quad (11-22)$$

式中　Q_{mP}——频率为 P 的设计洪峰流量（m³/s）；

　　　C、n——经验系数和经验指数，可参见表11-8；

　　　F——流域面积（km²）。

参数C、n的经验值　　　表11-8

区域	项目	频率P/%					适用范围/km²
		0.5	1.0	2.0	5.0	10.0	
山地	C	28.6	22.0	17.0	10.7	6.58	3~2000
	n	0.601	0.621	0.635	0.672	0.707	
平原沟壑	C	70.1	49.9	32.5	13.5	3.2	5~200
	n	0.244	0.258	0.281	0.344	0.506	

资料来源：任庆新、刘艳华主编，黄虎、王勇、赵红来等副主编. 桥涵水文[M].北京：中国水利水电出版社，2014.

2）多因素经验公式

多因素经验公式是以流域特征与设计暴雨等主要影响因素为参数建立的经验公式。它认为洪峰流量主要受流域面积、流域形状与设计暴雨等因素的影响，而其他因素可用一些综合参数表达，公式的形式为

$$Q_{mP} = CH_{24P}F^n \qquad (11-23)$$

$$Q_{mP} = Ch_{24P}^2 K^m F^n \qquad (11-24)$$

式中　　H_{24P}、h_{24P}——最大24h设计暴雨量与净雨量（mm）；

　　　　C、a、m、n——经验参数和经验指数；

　　　　K——流域形状系数。

经验公式不着眼于流域的产、汇流原理，只进行该地区资料的统计归纳，因此地区性很强，两个流域洪峰流量公式的基本形式相同，它们的参数和系数会相差很大。所以，外延时一定要谨慎。很多省（自治区、直辖市）的《水文手册》（图集）上都载有经验公式，使用时一定要注意公式的适用范围[134]。

3. 明渠恒定均匀流的水力计算

人工渠道、天然河道以及未充满水流的管道等统称为明渠。明渠恒定流是指渠道空间点上各水力要素不随时间变化的流动，即不随时间而变的等速直线流动。过水断面的形状、尺寸及水深沿程不变，各过水断面的流速分布、断面平均流速及流量沿程不变；否则称为明渠非恒定流。

明渠均匀流理论，除了应用于明渠过流能力的分析和明渠纵、横断面设计外，也是分析明渠非均匀流的重要基础。它涉及在天然河道上建坝、引水明渠、通航河漕、灌溉渠道等工程设施。渠道的过水断面面积随着水深而变，所以明渠流动的水面线或水深的确定，对于确定水库回水范围、渠道断面设计、堤防高度、河渠的冲淤及河道中洪水的涨落位置的确定都有着重要意义[135]。

基本公式：明渠均匀流水力计算采用谢才公式$v = C\sqrt{RJ}$的形式，已知明渠均匀流水力坡度等于渠道底坡，既$J=i$，所以谢才公式可写为

$$v = C\sqrt{Ri} \qquad (11-25)$$

将式（11-25）乘以过水断面面积，即得流量

$$Q_h = C\omega\sqrt{Ri} \qquad (11-26)$$

式中　　v——流速（m/s）；

　　　　C——流速系数（谢才系数）（m⁰·⁵/s）；

　　　　R——水力半径（m）；

　　　　i——河道底坡；

　　　　Q_h——流量（m³/s）；

　　　　ω——过水断面面积（m²）。

以上是均匀流的基本公式，其中谢才系数C常用曼宁公式计算，即

$$C = \frac{1}{n}R^{\frac{1}{6}} \qquad (11-27)$$

式中　　R——水力半径（m）；

　　　　n——糙率。

谢才系数C是反映断面形状、尺寸和边壁粗糙程度的一个综合系数。从计算公式可以看出，糙率n对C的影响远比R的影响大得多。因此，正确地选择糙率n对渠道的水力计算将有重要意义。根据大量观测资料的分析，对各种土质或不同衬砌材料的渠道已经确定了糙率n的范围，如表11-9所示。

4. 明渠非恒定流的水力计算

明渠水流中，过水断面上的水力要素如流量、流速及水位等随时间不断变化的流动称为明渠非恒定流。例如，河流中因降雨形成的洪水过程，水库、湖

人工渠道的糙率n值[135] 表11-9

渠道衬砌材料	n值
（1）土渠	
夯实光滑的土面	0.017～0.020
砾石（直径20～60mm）渠面	0.025～0.030
散布粗石块的土渠面	0.033～0.04
野草丛生的砂壤土或砾石渠面	0.04～0.05
（2）石渠	
光滑而均匀	0.025～0.035
中等粗糙的凿岩渠	0.033～0.040
细致开爆的凿岩渠	0.04～0.05
粗劣的极不规划的凿岩渠	0.05～0.065
（3）圬工渠	
整齐勾缝的浆砌方石渠	0.013～0.017
浆砌块石渠	0.017～0.023
粗糙的浆砌碎石渠	0.020～0.025
干砌块石渠	0.025～0.035
（4）混凝土渠	
水泥浆抹光，钢模混凝土	0.01～0.011
表面较光滑的刮平混凝土	0.0155～0.0165
喷浆粗劣的混凝土衬砌	0.018～0.023
喷浆表面不整齐的混凝土	0.020～0.025

泊因堤坝溃决引起的灾害性洪水过程和水库、湖泊内水体的突然泄放过程，渠道中因闸门调节而造成的上、下游水位波动过程，以及入海口附近的潮汐现象等都是非恒定流动的典型例子。

研究明渠中非恒定流的运动规律及其计算方法具有重要的实际意义。例如，洪水演进计算是洪水预报、水库合理调度、堤防设计、蓄水分洪等的科学依据，溃坝洪水的计算结果是预估溃坝灾害、制定防洪规划的基本资料，水电站、泵站等水工建筑物上、下游水位波动计算结果是上、下游动力渠道设计的基础，感潮河段的潮汐水流计算结果则是河口整治、三角洲开发等规划研究的重要资料[132]。

明渠非恒定流的基本特征是过水断面上的水力要素，如流速、流量、水位或水深、过水断面面积等，都是时间和空间的函数。对于一元明渠非恒定流，其运动规律可表示为

$$\begin{cases} v = v(s, t) \\ Q = Q(s, t) \\ z = z(s, t) \text{ 或 } h = h(s, t) \\ A = A(s, t) \end{cases} \quad (11-28)$$

式中　v、Q、z、h、A——分别为过水断面上的平均流速、流量、水位、水深和过水断面面积；

s、t——分别为流程和时间。

明渠非恒定渐变流的基本方程——圣维南方程组是表征明渠非恒定渐变流断面水力要素随时间和空间变化的函数关系式，它由非恒定流连续方程和运动方程所组成。实际明渠非恒定渐变流的流场可以是一维、二维或三维的，一维非恒定流方程仅考虑断面平均水力要素随时间和流程的变化关系。

$$\frac{\partial A}{\partial t} + \frac{\partial Q}{\partial s} = -q \quad (11-29)$$

$$\frac{\partial Z}{\partial s} + \frac{1}{g}\frac{\partial u}{\partial t} + \frac{u}{g}\frac{\partial u}{\partial s} + \frac{u^2}{C^2 R} = 0 \quad (11-30)$$

$$Q = Au$$

$$\frac{\partial z}{\partial s} = \frac{\partial h}{\partial s} - i$$

式中　Q、A、C、R、u——分别为河道流量、过水面积、谢才系数、水力半径和流速；

z——水位；

h——水深；

s——河道顺流方向的长度坐标；

g——重力加速度；

q——沿程单位长度注入的流量。

二维非恒定流控制方程包括连续方程和动量守恒方程。连续方程为

$$\frac{\partial z}{\partial t} + \frac{\partial hu}{\partial x} + \frac{\partial hv}{\partial y} = 0 \qquad (11\text{-}31)$$

动量守恒方程为

$$\frac{\partial u}{\partial t} + u\frac{\partial u}{\partial x} + v\frac{\partial u}{\partial y} = -g\frac{\partial z}{\partial x} + \frac{\partial}{\partial y}\left(\mu\frac{\partial u}{\partial y}\right) - gn^2 u\frac{\sqrt{u^2+v^2}}{h^{\frac{4}{3}}} + fv$$

$$(11\text{-}32)$$

$$\frac{\partial v}{\partial t} + u\frac{\partial v}{\partial x} + v\frac{\partial v}{\partial y} = -g\frac{\partial z}{\partial y} + \frac{\partial}{\partial x}\left(\mu\frac{\partial v}{\partial x}\right) - gn^2 v\frac{\sqrt{u^2+v^2}}{h^{\frac{4}{3}}} - fu$$

$$(11\text{-}33)$$

式中　　x、y——二维直角坐标；

$\qquad u$——x方向的流速；

$\qquad v$——y方向的流速；

$\qquad \mu$——水体有效黏滞系数；

$\qquad n$——河床糙率；

$\qquad f$——柯氏力系数。

无论是一维非恒定流方程，还是二维非恒定流方程，都无法采用解析法求解工程问题，工程上一般采用数值方法求解。河道汇流与调蓄分析常采用一维模型，圣维南方程组的数值解法主要有特征线法和有限差分法。特征线法是在 x-t 平面上，通过两相交的特征线来确定交点解的数值，这是数学上常采用的方法。有限差分方法是通过差分格式，变微分方程为代

数方程，利用高速计算机进行代数求解，近来在工程上的应用日益广泛。

11.2.2.4　边界条件

防洪治涝工程的任务简单来说是挡外洪、排内涝，其工程体系包括堤防、水闸和泵站等建筑物，其中水闸有双重任务，既有挡外洪的任务，又有排内涝的任务，即堤防和水闸起挡外洪的作用，水闸（自排）和泵站（提排）起排内涝的作用。

1. 水闸

当内河向外江排洪时，即自排工况，需要考虑水闸的影响。作为边界条件，主要考虑水闸的过流能力，其计算公式可参考有关的水力学计算手册。

水闸最常用的闸槛形式是平底板、宽顶堰，如图11-25所示。主要计算公式如下。

1）堰流

$$Q = \sigma\varepsilon m B_0\sqrt{2g}\,H_0^{3/2} \qquad (11\text{-}34)$$

单孔闸

$$\varepsilon = 1 - 0.171\left(1 - \frac{b_0}{b_s}\right)\sqrt[4]{\frac{b_0}{b_s}} \qquad (11\text{-}35)$$

多孔闸，闸墩墩头为圆弧形时

$$\varepsilon = \frac{\varepsilon_z(n-1) + \varepsilon_h}{n} \qquad (11\text{-}36)$$

$$\varepsilon_z = 1 - 0.171\left(1 - \frac{b_0}{b_s + d_z}\right)\sqrt[4]{\frac{b_0}{b_s + d_z}}$$

$$(11\text{-}37)$$

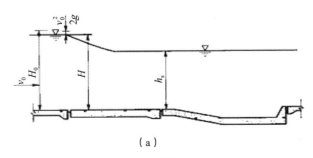

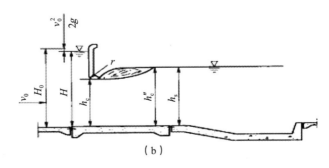

（a）　　　　　　　　　　　（b）

图11-25　闸孔尺寸计算示意图[132]

（a）堰流计算示意图；（b）孔流计算示意图

$$\varepsilon_b = 1 - 0.171\left[1 - \frac{b_0}{b_0 + \frac{d_z}{2} + b_b}\right]\sqrt[4]{\frac{b_0}{b_0 + \frac{d_z}{2} + b_b}}$$

$$(11-38)$$

$$\sigma = 2.31\frac{h_s}{H_0}\left(1 - \frac{h_s}{H_0}\right)^{0.4}$$

$$B_0 = nb_0 \qquad (11-39)$$

式中　　B_0——闸孔总净宽（m）；

　　　　Q——过闸流量（m³/s）；

　　　　H_0——计入行近流速水头的堰上水深（m）；

　　　　ε——堰流侧收缩系数，单孔闸按式（11-35）
　　　　　　计算，多孔闸按式（11-36）计算；

　　　　m——堰流流量系数，可采用0.385；

　　　　b_0——水闸每孔净宽（m）；

　　　　b_s——上游河道一半水深处的宽度（m）；

　　　　ε_z——中闸孔侧收缩系数，可按式（11-37）
　　　　　　计算；

　　　　ε_b——边闸孔侧收缩系数，可按式（11-38）
　　　　　　计算；

　　　　σ——堰流淹没系数，可按式（11-39）
　　　　　　计算；

　　　　g——重力加速度，可采用9.81m/s²；

　　　　n——闸孔数；

　　　　d_z——中闸墩厚度（m）；

　　　　b_b——边闸墩顺水流向边缘至上游河道水边
　　　　　　线之间的距离（m）；

　　　　h_s——由堰顶算起的下游水深（m）。

当堰顶处于高淹没度（$h_s/H_0 \geq 0.9$）时的计算式为

$$Q = B_0\mu_0 h_s\sqrt{2g(H_0 - h_s)} \qquad (11-40)$$

$$\mu_0 = 0.887 + \left(\frac{h_s}{H_0} - 0.65\right)^2 \qquad (11-41)$$

式中　　μ_0——淹没堰流的综合流量系数。

2）闸孔出流

当为孔流时（闸门开启度或胸墙下孔口高度h，与堰上水头H的比值$h/H \leq 0.65$），计算示意图如图11-25所示。

$$Q = \sigma'\mu h_e B_0\sqrt{2gH_0} \qquad (11-42)$$

$$\mu = \varphi\varepsilon'\sqrt{1 - \frac{\varepsilon' h_e}{H}} \qquad (11-43)$$

$$\varepsilon' = \frac{1}{1 + \sqrt{\lambda\left[1 - \left(\frac{h_e}{H}\right)^2\right]}} \qquad (11-44)$$

$$\lambda = \frac{0.4}{2.718^{16\frac{r}{h_e}}} \qquad (11-45)$$

式中　　h_e——孔口高度（m）；

　　　　μ——孔流流量系数；

　　　　H——闸前水头（m）；

　　　　φ——孔流流速系数，可采用0.95～1.0；

　　　　ε'——孔流垂直收缩系数；

　　　　λ——计算系数，可由式（3-45）计算求
　　　　　　得，该公式适用于$0 < r/h_e < 0.25$范围，
　　　　　　r为胸墙底圆弧半径（m）；

　　　　σ'——孔流淹没系数，可由表11-10查得，
　　　　　　表中h''_e为跃后水深（m）。

2. 水泵

当外江水位高于内河水位时，为防止外江水流倒灌内河，必须关闭水闸挡洪，同时开启水泵提排内河雨水。水泵排水能力取决于水泵的特性和管道的水力学特性。水泵的特性是由水泵水力试验得到，通常绘制成特性曲线，如图11-26所示。图中水泵特性曲线包括Q-H（流量—扬程）、Q-P（流量—功

σ'值表																表11-10
$\frac{h_s - h''_e}{H - h''_e}$	≤0	0.1	0.2	0.3	0.4	0.5	0.6	0.7	0.8	0.9	0.92	0.94	0.96	0.98	0.99	0.995
σ'	1.00	0.86	0.78	0.71	0.66	0.59	0.52	0.45	0.36	0.23	0.19	0.16	0.12	0.07	0.04	0.02

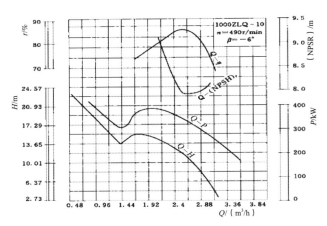

图11-26　1000ZLQ-10型轴流泵性能曲线[132]

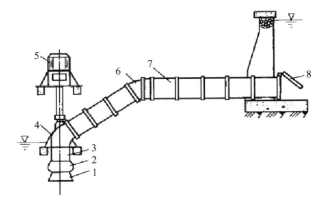

图11-27　水泵抽水装置[132]
1—喇叭管；2—叶轮；3—导叶体；4—出水弯管；
5—电动机；6—45° 弯头；7—出水管；8—拍门

率）、Q-（NPSH）$_r$（流量—汽蚀余量）和 Q-η（流量—效率）等特性关系，其中 Q-H（流量—扬程）决定水泵的流量与扬程的关系，是分析水泵工作流量的基本特性。为了便于解释分析，通常取其工作段来研究（工作区应避开凹凸变化部分），工作段曲线可以利用经验公式来描述。在工作段两端读取两点数据（Q_1，H_1）和（Q_2，H_2），一般采用的经验公式为

$$H = H_x - S_x Q^2 \qquad （11-46）$$

式中　H——水泵扬程（m）；

　　　Q——水泵流量（m³/ s）；

　　　H_x、S_x——分别为待定常数。

将以上读取的两点数据代入式（11-46）

$$H_1 = H_x - S_x Q_1^2$$

$$H_1 = H_x - S_x Q_2^2$$

解得

$$S_x = \frac{H_1 - H_2}{Q_2^2 - Q_1^2} \qquad （11-47）$$

$$H_x = H_1 + S_x Q_1^2 \qquad （11-48）$$

所以

$$H = H_1 + \frac{H_1 - H_2}{Q_2^2 - Q_1^2}(Q_1^2 - Q_2^2) \qquad （11-49）$$

式（11-49）反映水泵流量—扬程的工作性能，

要确定水泵工作流量，还需要考虑抽水装置管路的水力特性。水泵抽水装置如图11-27所示。抽水装置的管道包括进水口、叶轮、弯管、出水管、出水口和拍门等部件。水流通过管道时会产生水头损失。那么，抽水装置所需要的扬程为

$$H = H_{ST} + h_{损} \qquad （11-50）$$

$$H_{ST} = z_{出} - z_{进} \qquad （11-51）$$

$$h_{损} = h_j - h_y \qquad （11-52）$$

式中　H——抽水装置所需的扬程（m）；

　　　H_{ST}——净扬程（m）；

　　　$z_{出}$——出水池水位（m）；

　　　$z_{进}$——进水池水位（m）；

　　　$h_{损}$——管路水头损失（m）；

　　　h_j——局部水头损失（m）；

　　　h_y——沿程水头损失（m）。

$$h_j = \sum \frac{\xi_i}{2gA_i^2} Q^2 \qquad （11-53）$$

$$h_y = \sum \frac{L_i}{C_i^2 R_i A_i^2} Q^2 \qquad （11-54）$$

$$A_i = \frac{\pi D_i^2}{4} \qquad （11-55）$$

$$R_i = \frac{D_i}{4} \quad (11-56)$$

$$C_i = \frac{R_i^{1/6}}{n} \quad (11-57)$$

式中 ξ_i——各部分局部水头损失系数，可查水力
学计算手册；

A_i——各管段过水断面面积（m^2）；

D_i——各管段直径（m）；

L_i——各管段的长度（m）；

n——各管段的糙率；

R_i——各管段的水力半径（m）；

C_i——各管段的谢才系数。

管路特性方程为

$$H = H_{ST} + \left(\sum \frac{L_i}{C_i^2 R_i A_i^2} + \sum \frac{\xi_i}{2g A_i^2} \right) Q^2 \quad (11-58)$$

或

$$H = z_{上} - z_{下} + \left(\sum \frac{L_i}{C_i^2 R_i A_i^2} + \sum \frac{\xi_i}{2g A_i^2} \right) Q^2 \quad (11-59)$$

由式（11-49）和式（11-59）联立求解可以确定水泵的流量和扬程。

城市排涝工程多采用轴流泵和混流泵，一般城市河道内外江水位差变化不大，水泵的工作流量变化也不大，为简便起见，有时可以按水泵设计流量计算。

3. 上游边界条件

上游边界条件是基于已知的上游来水流量过程，上游边界断面应尽量选择在波动回水区之外，并以流量过程作为控制基本条件。上游边界条件主要控制断面流速、水深两个水力要素，因而仅仅有流量过程是不够的，还必须增加水动力控制条件。根据明渠的水力特点，上游边界水动力控制条件可以按恒定非均匀渐变流的基本微分方程来计算。根据水力学，恒定非均匀渐变流的基本微分方程为

$$i - \frac{Q^2}{C^2 A^2 R} = \frac{dh}{ds} + (\alpha + \xi) \frac{d}{ds} \left(\frac{Q^2}{2g A^2} \right) \quad (11-60)$$

$$C = \frac{R^{\frac{1}{6}}}{n}$$

式中 i——河道纵坡降；

Q——流量（m^3/s）；

A——过水面积（m^2）；

R——水力半径，（m）；

C——谢才系数；

h——水深（m）；

α——流速系数；

ξ——局部水头损失系数。

一般河道的断面沿程变化较小，因此流速沿程变化也较小。则式（11-60）中的 $(\alpha + \xi) \frac{d}{ds} \left(\frac{Q^2}{2g A^2} \right)$ 可以忽略，因此式（11-60）可简化为

$$i - \frac{Q^2}{C^2 A^2 R} = \frac{dh}{ds} \quad (11-61)$$

或

$$Q = CA \sqrt{\left(i - \frac{dh}{ds} \right) R} \quad (11-62)$$

设上游来水过程为 $Q(t)$，则

$$Q = Q(t) \quad (11-63)$$

因此，式（11-56）和式（11-57）即为上游端边界条件。

11.2.3 城市河道的防涝系统规划

11.2.3.1 概述

城市的洪、涝水患均是由于地表径流过多造成的灾害，但两者之间又有一定区别。城市洪水一般来源于城市保护区范围之外：江河洪水来源于城市上游；海潮自然灾害来源于潮汐影响；爆发山洪和泥石流的山坡可能位于市区，但对于山坡下的建筑物来说还是

在保护范围之外。与洪水不同，涝水主要是城市自身区域范围内的降水过量来不及排泄而造成的地面积水。

城市河道一般是城市雨水径流的最终受纳水体，是城市内涝防治系统的末端重要环节。一般根据城市河道主要防洪排涝的功能分为境内河道（内河）和过境河道（外河）。内河的主要功能是汇集、接纳和储存城市区域的雨水，并将其排放至城市过境河流中；城市过境河流主要承担转输上游来水和接纳、外排境内雨水的双重功能。但对于具体地区，二者又存在相互关联。例如，城市有的内河除接受市政管网的排水外，还承担排泄山洪的任务；或者市区各内河相互连通，无节制闸等设施，洪与涝实为一体；或者外河发生洪水灾害，水位增高，增加市区内排涝的难度，洪水引起并加重了内涝灾害等。相对而言，城市河道的排涝主要是依靠内河、排涝沟渠、泵站和闸坝等水利设施，解决城市小流域面积上、较长历时暴雨产生的涝水排放问题，即把城市内水及过境客水排入行洪干河。

城市河道的防涝系统规划与城市防洪规划密切相关，一直以来作为城市的治涝工程主要囊括了排涝河道、排涝水闸、排涝泵站等城市雨水管网系统之外的排除城市涝水的水利工程，是城市基础设施的重要组成部分，也成为城市防洪工程体系的有机组成部分。

排涝河道，向上接纳市政排水管网的排水，向下及时将涝水排出，起到一个传输、调蓄涝水的作用，其传输、调蓄作用将受到河道本身的容蓄能力大小及下游承泄区水位变动的影响。市政排水管网和河道排涝在排水设计及技术运用上不同，在设计暴雨和暴雨参数推求时选样方法有很大差异，目前尚未建立两种方法所得到的设计值与重现期之间固定的定量关系。市政排水关注的主要是地面雨水的排除速度，即各级排水管道的尺寸主要取决于1h甚至更短的短历时暴雨强度；而河道排涝问题，除了涝水排除时间外，更关注河道最高水位，与短历时暴雨强度有一定关系，但

由于河、湖等水体的调蓄能力主要还与一定历时内的雨水量有关（一般为3～6h），以此来确定河道及其排涝建筑物的规模。所以管网排水设计和河道排涝设计之间存在协调与匹配的问题。从建设全局看，既无必要使河道的排涝能力大大超过市政管网的排水能力，使河道及其河口排涝建筑物的规模过大，也不应由于河道及其河口排涝建筑物规模过小而达不到及时排除城市排水管网按设计标准排出的雨水，从而使部分雨水径流暂存河道并壅高河道水位，反过来又影响管网正常排水。当河道容蓄能力较小时，河道设计就应尽可能与上游市政排水管网的排水标准相协调，做到能及时排除市政管网下排的雨水，以保证市政管网下口通畅，维持其排水能力，此时河道设计标准中应使短历时（如1h或更短历时）设计暴雨的标准与市政管网的排水标准相当，或考虑到遇超标准短历时暴雨市政管网产生压力流时也能及时排水，也可采用略高于市政管网的标准。在河道有一定的容蓄能力、下游承泄区水位变动较大且有对河道顶托作用的条件下，河道排水能力可小于市政管网最大排水量，但应满足排除一定标准某种历时（如24h）暴雨所形成涝水的要求，并使河道最高水位控制在一定的标高以下，以保证城市经济、社会、环境、交通等正常运行，而这种历时的长短主要取决于河道调蓄能力、城市环境容许等因素。

因此，城市河道的防涝系统规划必须在城市总体规划、城市防洪规划、城市排水防涝规划的基础上，服从区域综合规划，特别要服从流域（区域）治涝规划，成为江河流域规划的重要组成部分。

城市河道的防涝系统规划根据城市经济、社会的状况和发展规划，经过论证确定治涝分区和设计标准，确定城市的排涝河道（渠）水系、调蓄区、排涝站和总体布局方案，确定河道的排涝工程体系设计和整治方案，确定河道（渠）水系的主要尺寸、调蓄区面积、排水闸规模、排涝泵站的设计流量、设计扬程和装机容量等。

11.2.3.2 规划原则

1. 保证规划水面率

防御洪涝灾害这一基本功能是城市其他各种功能的重要基础。一般情况下，城市的水面率越大，城市滞洪能力越强，排涝强度相应减小。在满足城市社会、经济发展的条件下，尽可能地增加水面率，则应对的城市排涝能力就得到了增强。因此，在城市排水河道规划时，在保证现状水面率不减少的基础上，增加城市水面率。对现有的河道需要尽量保存并进行拓宽加深，而对于排洪能力明显小于上、下游的窄河段，则应采取拓宽堤距或清除障碍的措施将河道拓宽至正常宽度[136]。

2. 保证河道水系畅通

城市河道水系畅通，城区的整体防洪排涝才有保障，排涝时流量调度才能够得以实现。为了保证畅通，可以将城区内的重要河道连接起来，特别是同级别的河流，实现一个水利片区有多个排涝出口。水系除了要通，畅也很重要，对于现状河流，可采取措施，改变水力条件，让排涝更顺畅；并且使原来河槽中的死水尽可能成为连通水系中流动的活水，流水不腐，在某种程度上解决河道污染问题。因此，规划中除了开挖新的河道外，还可通过建设管涵使河道进行沟通，使之成为重要的联系河道。

3. 保证河道最小控制宽度

城市河道需要有一定的宽度。起调蓄作用的河道，只有有一定的宽度才会有一定调蓄容积来调蓄雨洪。起引（排）水作用的河道，只有有一定的宽度才会有一定调蓄容积来调蓄雨洪，否则排涝能力不足，引起涝灾。因此，必须要有河道最小宽度的要求，并可通过计算验证。有条件拓宽的河道尽量拓宽，不能小于最小控制宽度。

4. 坚持水利、生态与景观功能融合的河道综合整治

城市河道防洪涝常见的工程措施是将河道拓宽，清淤整治，裁弯取直，修筑堤防。有效地减少河道糙率，增加河道泄洪能力，减少水流对凹岸的冲刷，降低堤防长度。然而这样却破坏了河道水生物的生态栖息地，影响流域的生态系统；无法满足市民休闲、游憩、亲水的需求，损害河道的休憩景观价值。城市河道的整治工程必须结合生态、景观建设，将河道的生态系统修复建设、景观休憩建设与水利工程建设有机结合，统筹发展，促进城市水生态环境的和谐循环。

5. 因地制宜、经济适用

城市河道排涝的工程规划与建设会受到诸多因素的干扰，如地形条件、排涝体系的现状、调蓄区的布局现状等，许多因素的现状是难以改变的，会涉及众多的社会、经济、民事问题，如征地、拆迁、移民等，给建设管理带来极大困难。地形地质条件、水文条件也是规划必须面对的问题，要充分利用有利条件，克服不利因素，因地制宜，以达到最佳目标。而进行城市河道排涝的工程规划、设计与建设过程中始终坚持经济适用的原则，在不降低治涝标准的前提下，减少排蓄工程的投资和运行费用，实现总费用最低、高效的目标，如排涝工程建设首先以自排为主，提排为辅。提排工程投资大、运行费用高，在规划时应尽量减少提排工程量。首先是在地形条件许可的情况下，通过简单的自排工程最大限度地满足排涝要求，以减小提排工程量。其次是高区高排、低区底排。按照扬程的经济性分区原则，避免扬程过度提升带来的浪费。

11.2.3.3 规划标准

水利建设中的传统排涝主要指排除农田的积水。而对于城市排涝，各界观点不一。有的认为城市排涝即是城市排雨，也有的认为城市排涝只不过是农田水利排涝在城市中的应用。首先，与城市防洪不同，城市排涝所排的是流域之内的雨水，而城市防洪则是针对流域之外的客水涌入，主要是防河洪、山洪（包括泥石流）和海洪。其次，与城市排水不同，城市排涝针对的是较大汇流面积上较长历时暴雨，而城市排雨则是解决较小汇流面积上短历时暴雨产生的排水问题。

再次，与农田水利排涝不同，城市排涝不允许有淹没，要求涝水不漫溢。基于上述理解，城市排涝规划的任务应为：排除城区大面积的地面径流以及市政雨水管网所汇集的雨水，它主要是通过采取系统的规划措施，利用内河、排水沟渠和排涝泵站、水闸建设将积水排除，以确保城市在发生标准内降雨时城市不产生涝水。

随着社会、经济的发展，以及生产力的提高，社会财富和人口不断向城市集中。城市一旦发生洪灾，将给人民生命财产带来巨大损失，其损失将远远超过非城市地区，所以城市排涝安全更显重要。保障城市防洪排涝安全是江河防洪的重点，城市防洪排涝工程设施是城市基础设施的重要组成部分。因此，随着城市的发展及城市地位和作用的提升，正确确定城市排涝设计标准，对于防止城市发生洪涝灾害和确保人民生命财产安全具有十分重要的作用。

城市排涝是城市建设发展的一项重要工作，是水利部门与城建部门跨部门合作与协作的一门边缘学科，也是城市水文学一个重要的组成部分。但是目前我国尚未有一个统一的城市排涝规范，行业标准与学科侧重点不同，因此引起争议和探讨的问题也比较多。国内外城市排涝的经验证明，制定并出台城市排涝规划设计标准是一项非常重要的政策性和技术性工作。

确定城市排涝标准，一直是城市排涝规划工作的重点和难点。特别是随着城市频繁遭受暴雨袭击，道路、地面积水及其引发的许多意想不到的城市问题，已成为困扰城市建设的一大难题。在这种情况下，许多城市都将提高河道排涝标准作为解决城市积水的重要措施，北京、上海、天津、广州等城市的河道排涝标准都已提高到20年一遇，甚至有专家提出，城市防洪标准与排涝标准应趋于一致。当然，是否有必要使排涝标准与防洪标准一致尚需研究，但是可以肯定，加强对排涝标准的重视力度、适当提高排涝标准是现代城市发展的必然要求。

城市排涝设计标准是确定城市河道排涝流量及排水沟道、滞涝设施、排水闸站等排涝（除涝）工程形

式、规模、等级和位置的重要依据。城市防洪设计标准在现行国家标准《防洪标准》（GB 50201—2014）、《城市防洪工程设计规范》（GB/T 50805—2012）中有具体规定，2013年《国务院办公厅关于做好城市排水防洪设施建设工作的通知》、《城市排水（雨水）防涝综合规划编制大纲》以及《室外排水设计规范》（GB 50014—2006）（2014年）中提出不同城市内涝防治标准。但水利部门、城建部门对城市排涝设计标准的理解和相关的计算方法尚未统一。

1. 水利部门采用的排涝标准

《城市防洪工程设计规范》（GB/T 50805—2012）中提出的排涝标准为：特别重要的城市市区，采用不小于20年一遇24h设计暴雨1天排完的标准，重要的城市市区、比较重要的城市采用不小于10年一遇24h设计暴雨1天排完的标准，一般重要的城市采用不小于5年一遇24h设计暴雨1天排完的标准。

城市郊区农田的排涝标准，应根据《农田排水工程技术规范》（SL 4—2013）中规定的如下排涝标准确定：设计暴雨重现期宜采用5~10年，经济发达地区和高附加值作物种植区可采用10~20年。设计暴雨的历时和排出时间，应根据治理区的暴雨特征、汇流条件、河网湖泊调蓄能力、农作物的耐淹水深和耐淹历时及对农作物减产率的相关分析等条件确定。旱作区可采用1~3天暴雨1~3天排除，稻作区可采用1~3天暴雨3~5天排至耐淹水深。

2. 城建部门采用的排涝标准

在城市排涝设计方面，城建部门采用《室外排水设计规范》（GB 50014—2006）（2014年版）中规定的标准，内涝防治设计重现期，应根据城镇类型、积水影响程度和内河水位变化等因素，经技术经济比较后确定，按表11-11的规定取值，并应符合下列规定：

（1）经济条件较好，且人口密集、内涝易发的城市，宜采用规定的上限。

（2）目前不具备条件的地区可分期达到标准。

（3）当地面积水不满足表11-11的要求时，应采

内涝防治设计重现期　　表11-11

城镇类型	重现期/年	地面积水设计标准
特大城市	50～100	（1）居民住宅和工商业建筑物的底层不进水；（2）道路中一条车道的积水深度不超过15cm
大城市	30～50	
中等城市和小城市	20～30	

注：①按表中所列重现期设计暴雨强度公式时，均采用年最大值法。
　　②特大城市指市区人口在500万以上的城市，大城市指市区人口在100万～500万的城市，中等城市和小城市指市区人口在100万以下的城市。

取渗透、调蓄、设置雨洪行泄通道和内河整治等措施。

（4）对超过内涝设计重现期的暴雨，应采取综合控制措施。

此标准对我国城市的防涝标准给予了明确的规定，同时对城市雨水管渠设计重现期进行了规定，根据汇水地区性质、城镇类型、地形特点和气候特征等因素，经技术经济比较后按表11-12的规定取值，并应符合下列规定。

雨水管渠设计重现期（单位：年）

表11-12

城镇类型＼城区类型	中心城区	非中心城区	中心城区的重要地区	中心城区地下通道和下沉式广场等
特大城市	3～5	2～3	5～10	30～50
大城市	2～5	2～3	5～10	20～30
中等城市和小城市	2～3	2～3	3～5	10～20

注：①按表中所列重现期设计暴雨强度公式时，均采用年最大值法。
　　②雨水管渠应按重力流、满管流计算。
　　③特大城市指市区人口在500万以上的城市，大城市指市区人口在100万～500万的城市，中等城市和小城市指市区人口在100万以下的城市。

（1）经济条件较好，且人口密集、内涝易发的城镇，宜采用规定的上限。

（2）新建地区应按本规定执行，既有地区应结合地区改建、道路建设等更新排水系统，并按本规定

执行。

（3）同一排水系统可采用不同的设计重现期。

而该规范对暴雨强度公式的编制方法也有了新的规定，对于具有20年以上自记雨量记录的地区，有条件的地区可用30年以上的雨量系列，暴雨样本选样方法可采用最大值法。计算降雨历时采用5min、10min、15min、20min、30min、45min、60min、90min、120min共9个历时，汇水面积较大或需要校核暴雨积水历时的地区计算降雨历时可增加150min和180min，共11个历时。计算降雨重现期宜按2年、3年、5年、10年、20年统计。当有需要或资料条件较好时（资料年数≥30年、子样点的排列比较规律），可增加30年、50年、100年统计，重点可采用2～20年统计。

3. 排涝设计标准的确定方法

在城市河道治理工作中经常困扰设计人员的一个问题是，传统的河道流量计算选用市政排雨公式还是水利的洪峰流量公式。经实践验证，对于同一重现期，用市政排雨计算的结果往往大于水利计算的结果，而且差距较大。据研究，用城市暴雨1～2年重现期计算的流量等同于水利8～30年的重现期计算的流量。究其原因，在于城市排涝和城市排水分属水利和市政两个部门，其行业标准和学科侧重不同：一是重现期含义不同，市政部门的排雨标准一般较低；二是水利部门和市政部门推求设计流量所采用的方法不同。

城市河道排涝由自排和抽排两部分构成。自排就是堤防外江不涨水或水位低于防洪排涝闸关闸水位时，堤防保护区内设计标准下的暴雨洪水能及时通过防洪排涝闸自流排出堤防外；抽排则是堤防外江涨水防洪排涝闸关闸后，堤防保护区内设计标准下的暴雨洪水能及时通过排涝泵站抽排出堤防外。不管是自排还是抽排，排涝流量均与设计暴雨的标准、排涝区内是否有调蓄区有很大关系，设计暴雨的标准越高，排涝区的汇流量就越大，反之汇流量就越小；同一设计暴雨的标准，如果没有排涝调蓄区，排涝区内表面硬

化越多，排涝流量就越大，反之排涝流量就越小。

1）自排标准的确定

对于自排标准，虽然城市排涝各区域支流的地形及出口高程不一样，但是自排主要在堤防与支流出口处设闸，其孔口尺寸的大小对工程量及投资影响不大，因此一般自排标准取不低于堤防标准的年最大24h设计暴雨量，根据排涝区不允许淹没的范围、调蓄区容积及排涝区内表面硬化情况，计算确定自排流量。

2）抽排标准的确定

对于抽排标准，标准定得越高，抽排流量就越大，相应地装机容量就越大，投资就越大。《泵站设计规范》（GB/T 50265—2010）规定：取排水区建站后重现期10～20年一遇的内涝洪水位，但因为抽排区域支流的地形及出口高程不一样，所选取的抽排标准也不一样。因此，可因地制宜、科学地选取抽排标准。

选择抽排标准时，应根据各排水区支流的地形、出水口高程和关闸后外江涨水到退水开闸此过程，即按雨洪同期遭遇的排频标准计算选取。但对于城市，由于支流较多，排水区划分太多，这样做工作量较大。一般取某一排水区支流的排水口关闸水位，关闸后外江涨水到退水开闸此过程统一计算雨洪同期遭遇不同频率、不同时间组合的设计暴雨量，再根据这一设计暴雨量和各排涝区不允许淹没的范围、调蓄容积及排涝区内表面硬化情况，计算确定各排涝区抽排流量。这样做，对于排水口高程及关闸水位较高的排涝区，计算确定的抽排流量可能偏大，泵站排涝可能偏于安全；对于排水口高程及关闸水位较低的排涝区，计算确定的抽排流量可能偏小，泵站排涝可能偏于不安全，但相对于规范而言还是比较科学的。

11.2.3.4 排涝水文分析

城市水文学是研究发生在大中型城市环境内部和外部，受到城市化影响的水文过程，为城市建设和改善城市居民生活环境质量提供水文依据的学科，又称都市水文学，是水文学的一个分支。其主要内容包括城市化的水文效应、城市化对水文过程的影响、城市水文气象的观测试验、城市供水与排水、城市水环境、城市的防洪除涝、城市水资源、城市水文模型和水文预测以及城市水利工程经济等。

城市水文学研究的基本问题是城市水文气象、城市暴雨径流及防止洪灾、排除涝水，城市水资源及供需平衡，以及城市水质评价及水污染控制。城市水文学是一门综合性很强的边缘学科，对城市发展规划、城市建设、环境保护、市政管理以及工商企业的发展和居民生活都具有重大意义。

城市治涝水文分析是城市水文学中对防洪除涝的分析和计算，通过对城市治涝水文分析，确定城市治涝的设计参数和规划。城市治涝水文分析的基本任务是对所研究的水文变量或过程，做出尽可能正确的概率描述，从而对未来的水文情势做出概率性预估，以便在此基础上做出最优的治涝规划设计和决策。根据我国的实践经验，城市治涝水文分析着重解决和确定的问题为：治涝设计暴雨的确定、治涝设计洪水的确定、内外河水位遭遇分析、治涝设计水位的确定。

1. 设计暴雨的确定

由于城区排涝的河道控制的集水面积比较小，一般没有实测水文资料，设计洪水需要根据暴雨统计参数，通过水文或水力学计算方法推求。设计暴雨由雨量站实测暴雨系列资料和当地现行的《暴雨参数等值线图》或有关图册查得，也可参照附近有关工程的设计资料，通过对比分析各方面的成果，采用偏于安全、比较合理的数值。

1）暴雨资料的分析

（1）暴雨资料的收集和选样。

设计暴雨资料尽量比较全面地收集排涝工程所在地和附近地区的雨量站实测资料、附近已建排涝工程的设计暴雨资料和当地现行的《暴雨参数等值线图》或有关图；同时要收集水文、气象部门刊印的《水文年鉴》、气象月报收集，也可在主管部门的网站查阅；也可收集特大暴雨图集和特大暴雨的调查资料。

城市暴雨资料的选样与统计方法，对暴雨公式的精度有相当大的影响。根据《室外排水设计规范》（GB 50014—2011）（2014年版）的规定，具有20年以上自动雨量记录的地区，排水系统设计应采用年最大值法选样；具有10年以上自动雨量记录的地区，排水系统设计应采用多个样法选样。并且雨水管渠设计重现期和城市内涝防治设计重现期的计算均应采用年最大值法选样。年最大值法选样简单，资料易得，但会遗漏一些数值较大的暴雨，造成小重现期部分明显偏小。使用时需通过修正，同时频率分布模型也要做相应改变。

（2）暴雨资料的整理和插补延长。

在暴雨资料收集和选样后，为使其更加符合实际，应对工程所在地和附近地区的雨量站实测资料进行分析整理，选择附近有较长实测资料的雨量站作为参证站，并对参证站实测资料的可靠性、一致性和代表性进行分析。要求参证站实测资料来源必须具有可靠性，分析的有关数据具有准确性；要求设计站与参证站同处在一个气象地区，要分析两站降水径流产生机制是否具有一致性；要分析参证站在空间区域和时序的代表性，要求参证站的气候和下垫面条件与设计站具有一致性，两站实测资料的时间变化规律一致。

通过对设计站与参证站同期暴雨资料进行相关分析，建立两站之间的相关关系。利用相关关系，根据参证站比较长的实测系列资料，将设计站的暴雨资料插补延长。如果实测暴雨系列较短或实测期内有缺测年份，可用下列方法进行暴雨资料的插补延长：①邻站与本站距离较近，地形差别不大时，可直接移用邻站资料；②本站邻近地区测站较多时，大水年份可绘制同次暴雨等值线图进行插补，一般年份可采用邻近各站的平均值；③本流域暴雨与洪水的相关关系较好时，可利用洪水资料插补延长面平均暴雨资料。

2）设计暴雨选用与合理性分析

由各种途径取得的暴雨资料和统计参数，必须通过合理性分析来决定资料的取舍。如果两组或多组的数据比较接近，反映的规律基本相同，相互取得验证，这说明该两组或多组的数据是比较可靠、合理的，可以从得到验证的两组或多组数据中选取偏于安全的一组数据来确定设计暴雨参数。

设计暴雨成果的合理性分析可以从以下几方面进行：①对于本流域，将各历时雨量理论频率曲线绘在一张图上时，曲线在实用范围内不相交，暴雨的均值随历时的增加而增加，当历时较短时变差系数C_v值较小，随历时的增加C_v值增大，当历时增加到一定程度时C_v值出现最大值，然后随着历时的继续增加C_v值又逐渐减小；②结合气候、地形条件将本流域的分析成果与邻近地区的统计参数进行比较；③各种历时的设计暴雨量应与邻近地区的特大暴雨实测记录相比较，检查设计值是否安全可靠。

2. 排涝设计洪水的确定

利用水文站实测资料或利用设计暴雨推算河道在自然状态下的设计洪水，为排涝规划提供依据。但是，城市小流域的排涝工程会改变河道的洪水过程。排涝工程实施后，工程的设计洪水与自然状态下的同频率洪水有很大区别。因此，城市排（洪）涝体系的设计洪水，要结合排（洪）涝工程，采用"河道—水闸或河道—泵站耦合"的非恒定流汇流计算确定。为此，必须取得规划区内设计暴雨过程和产流参数。与传统水文计算不同，不仅需要取得暴雨均值、变差系数和偏差系数，还要确定设计暴雨雨型。根据现有的水文计算方法（程序），可以推得以小时计的24h设计暴雨过程。

3. 内外江水位遭遇分析

城区内的排涝工况如何，主要取决于江河中洪水位及其变化过程。当外江河的洪水位比较低，并且低于城区内排涝沟渠的设计水位时，城区内的积水可以通过排洪（涝）沟渠自排；当外江河的洪水位比较高，并且高于城区内排涝沟渠的设计水位时，城区内的积水则要通过泵站进行提排。因此，城区外江河水位的相对高差，对城区的排涝工况有重要的影响。由此可见，城区外江河水位的遭遇分析，是进行城市排涝规划的重要内容。

城区内外江河水位的遭遇分析，应依据江河的水位观测资料通过统计分析，计算城区各频率洪水与外江河水位的遭遇情况，从而确定城区内外水位的设计组合，为编制城市排涝规划提供依据。对于有感潮的河道，还要考虑到潮水位的顶托影响。

4. 排涝设计水位的确定

排涝泵站排涝设计水位是计算泵站设计扬程的依据，泵站在设计扬程下排水流量必须要满足设计要求，也可以说泵站在设计内外水位工况下，其除涝能力要达到设计标准。泵站除涝标准是用设计频率暴雨量来表示的。当外河水位与圩内暴雨有密切相关性时，不同标准的设计频率暴雨会遭遇不同的外水位。显然，泵站要满足不同设计除涝标准的暴雨，其设计外水位也是不同的，设计外水位和除涝标准应当是相关联的。

水闸是调节水位、控制流量的水工建筑物，具有挡水和泄水的双重功能，在防洪排涝等方面应用十分广泛。排涝设计水位是确定排涝水闸规模的重要参数，确定治涝设计水位也是水闸设计工作中的重要部分。

根据对城区内外江河水位的遭遇分析成果，可以确定各种排涝工程的城区内外江河水位的组合，以此确定在自排工况下城区内外江河的治涝设计水位，以及在提排工况下的特征水位和特征扬程，为排涝渠系、水闸和泵站的规划设计提供依据[132]~[137]。

11.2.3.5 排涝分区与排涝模式

1. 排涝分区的原则

排涝分区的划分应遵守经济性和因地制宜的原则，根据城市用地的地形、竖向条件、水系布局、蓄滞区规划等实际情况，按照"高水高排、低水低排、内外水分开、主客水分开、就近排水，有条件时以自排为主、抽排为辅"的原则，适当照顾行政区划、道路交通区划、合理拟定排涝分区。同时应特别重视以

下两个方面[138]。

1）尊重城区排蓄系统的现状

城市排涝的历史经验证明，城区排涝区现有的排蓄体系与周围环境经过长时间的共存，逐渐趋于相对稳定，维持自然的排蓄体系，有利于水生态和水环境的保护，同时也可以避免因拆迁、移民、征地和赔偿带来的民事纠纷问题出现。排蓄系统的改造应当尽量不削弱河网、蓄水区的调蓄能力，不改变水陆过渡带的现状，这样可以更好地保护水生态。

2）确保排洪渠体系排水能力

治理城市内涝是一项极其复杂的系统工程，是一项投资巨大的基础设施工程，需要根据具体情况逐步推进。在进行排涝分区的过程中，关键要确保排洪渠体系排水能力，并且要注意以下事项。

（1）如果进行排涝区的整合和兼并，势必会造成排涝（洪）渠道的延长，由于水网圩区地势比较平缓，因而会减小排涝（洪）渠道的纵坡，降低渠道的排涝（洪）能力。

（2）如果减小排涝（洪）渠道的纵坡，除了需要增加渠道的过水断面面积外，还会造成流速降低，很容易出现泥沙淤积，会导致排涝（洪）渠道体系排水不畅，从而影响排涝体系的正常运行。

2. 排涝分区的排涝模式

排涝分区主要是依据市区内河涌水系分布、堤围现状、人工湖等滞洪区进行划分，再按市区地形特征、水体洪潮水位等因素将排涝分区大致归纳为3类排涝模式。

（1）强排水模式。

强排水模式适用于地面高程低于河涌水面线的地区，它分为两种情况：一种是一级排水模式，雨水经管道收集后，集中由泵站提升后排入外围河网；另一种是二级排水模式，雨水经管道收集后，集中由泵站提升后排入区内河网，再经泵站排入外围水体。

（2）缓冲式排水模式。

缓冲式排水模式适用于地面高程高于河涌水面线

的地区，分为两种情况：一种是圩区排水模式，主要
应用于地面高程虽然高于区内河涌水面线，但低于外
围水体水面线的区域，区内雨水就近排入圩内河道，
通过圩内河网的调节，再由泵站排入圩外水体；另一
种是自流排水模式，地形较高区域的雨水自流排入外
围水体。由于管网投资少，运行费用低，后者也是应
用最多的排涝模式，但它对地面高程有较高要求。

（3）区域排涝模式。

区域排涝模式适用于片区内河涌水系丰富，可用
于雨水调蓄的河道容积大。它分为两种情况：一种是
一级排涝模式，暴雨前预降区内河网水位，暴雨期间
区内河网用于调蓄；另一种是两级排涝模式，适用于
有低洼圩区的片区，暴雨前预降河网水位，暴雨期间
河网用于调蓄，再经泵站抽排至外围水体。

规划部门要综合考虑现状地形条件、水利条件、
相关设施资金投入等因素，合理选取各排涝分区的排
涝模式。

11.2.3.6　排涝工程的规划布局

1. 规划布局的原则

1）分片排涝，等高截流

高水高排、低水低排、分片排涝、等高截流是区
域除涝排水系统规划的一项重要原则（图11-28），目
的在于达到区域内"高地的水从高处排出，不向低处
汇集，以减轻低地排涝负担"的"分片排涝，等高截
流"排涝功效[139]。

2）力争自排，辅以抽排

汛期，外河（江）水位一般高于城区内地面的高
程，城区自排机会少，加上城区内部的蓄涝河湖有
限，因此单靠自流外排与内湖滞涝一般仍不能免除涝
灾威胁，需要辅以抽排。但是，为了尽量减少抽排设
备和抽排费用，在规划和管理时，必须采取一切措施
尽量利用和创造自流排水的条件。

3）以排为主，灌排兼顾

为了达到控制地下水位的目的，灌溉渠和排水沟
尽可能建立两套系统，做到"灌排分开"。而对于排

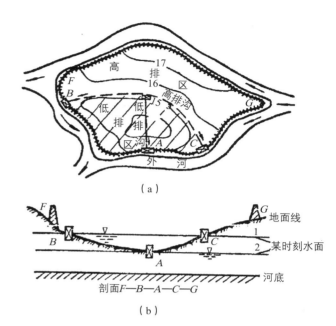

（a）

（b）

图11-28　圩区高低分排示意图[139]

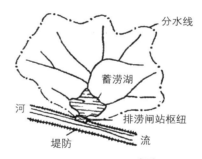

图11-29　留湖蓄涝示意图[139]

涝站的布置，则尽可能地做到灌排结合，以节省工程
费用和发挥工程最大效益。

4）留湖蓄涝，排蓄结合

平原湖区在外江水位高于城区地面高程时，排涝
系统及排水闸不能自流外排，此时应充分利用城区原
有的湖泊洼地滞蓄关闸期间的全部暴雨涝水或部分涝
水（图11-29），以降低抽排流量，这是城区行之有效
的重要除涝排水措施。

2. 骨干排涝系统的规划布局

1）单一湖泊调蓄系统

单一湖泊调蓄系统主要蓄水设施是湖泊（河网），
系统内低洼区可建有内排站抽水入湖，由集中的外排

站抽排涝水出江（容泄区），与邻近地区没有水量交换，这种系统常用于面积不大的平原湖泊或平原、丘陵相间地区存在独立封闭湖泊的情况下。湖泊周围地表的降雨径流除少部分渗透蒸发外其余全部汇于湖中，再由外排泵站抽排出江（容泄区），其系统如图11-30所示。

该模式调蓄系统的基本特点为：①简单、直接，多余的地表径流直接入湖，由湖泊承担滞蓄；②装机集中，外排站可集中装于一处，管理运行方便，集中调度；③不利于抢排，由于蓄水设施少，滞蓄过于集中，抽排装机容量相对增加，没有充分考虑利用外水位低时自流抢排。

2）湖泊干沟联合调蓄系统

湖泊干沟联合调蓄系统蓄水设施是湖泊和干沟，湖泊、干沟间有相互联系，是一种最简单的分级调蓄系统。先由系统内的内排站将低洼地区的涝水抽入湖泊、干沟内，再由外排站抽排出江（容泄区）。蓄水设施间有水量交换。这种系统常用于地形较复杂、面积又较大的圩区。其系统概化图如图11-31所示。

该调蓄系统的基本特点为：①排水干沟参与涝水调度，高排区涝水可排泄入湖，也可入沟；低排区涝水同样可抽排入湖、入沟，再由集中的外排站抽排出江。②提高了抽排能力，主排沟内水位较高，能充分发挥外排站的抽排能力，调度较灵活。③分级排水分明。外排站在抽排低排区的涝水为主时，多余的装机容量用来抽排湖水，而内排站可以尽可能将低排区涝水抽排入干沟或部分入湖泊，以减轻内涝。显然，这种系统在干沟很短时，便成为独立湖泊调蓄系统。

3）多级联合调蓄系统

多级联合调蓄系统是一种由以上两种系统"串联"而成的多级复杂联合调蓄系统。"下级"承受"上级"来水，两者间有水量交换，它产生于地形复杂、面积较大的湖区。其系统概化图如图11-32所示。

该调蓄系统的基本特点为：①蓄、排设施多，系统内有较多的湖泊、干沟，内、外排站等组成一个大的调蓄系统，联合调蓄排涝。②可划分为几个独立的D1和D2系统，由于区内可划分为若干相对独立排涝片区，各片区之间相互连接，高位片区涝水可部分流入低位片区，有水量交换；但上下级、内外站各司其职，各尽其能，统一调度，管理难度增加。③高水低排，水头损失较大，下级要接收上一级的涝水，要求主干沟水位要保持在能接收上级排水的蓄涝水位，主排干沟水位较低，一部分水头会损失掉，在能源上有一定的浪费。显然，当任何一级不起调蓄作用时，便自然成为单一湖泊调蓄或湖泊干沟联合调蓄系统。

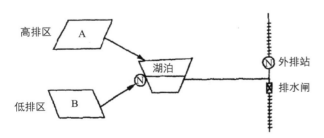

图11-30 单一湖泊调蓄系统概化图（D_1）[139]

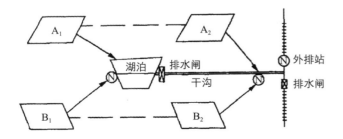

图11-31 湖泊干沟联合调蓄系统概化图（D_2）[139]

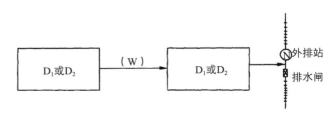

图11-32 多级联合调蓄系统概化图（D_3）[139]

4）多区联合调蓄系统

多区联合调蓄系统是一种由单一湖泊调蓄系统或湖泊干沟联合调蓄系统两种形式"并联"的多片的复杂联合调蓄系统。各区间有水量交换，又可独立外排，也产生于地形复杂、面积大的湖区。其系统概化图如图11-33所示。

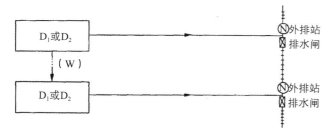

图11-33　多区联合调蓄系统概化图[139]

该调蓄系统的基本特点为：①蓄、排设施多，系统内湖泊、河网、干沟、内外排站齐全，组成一个大系统，联合调蓄排涝；②调度灵活，系统内可分若干分区，各分区既可单独外排，又可"并联"外排，由于水量可以交换，调蓄设施可以充分发挥作用，且能互为补充，调剂容量，可实现合理调度；③除涝排水网络较复杂，因蓄排设施多，各区联合后水量交换相对复杂，运行管理要求技术较高；④单一湖泊调蓄系统、湖泊干沟联合调蓄系统两种基本系统的一些优势（如排水界限分明，涝水调度使用渠道联系多、灵活，适用性强等）可以集中体现出来。很显然，当任何一区不起调蓄作用时，便成为单一湖泊调蓄系统或湖泊干沟联合调蓄系统。

3. 排涝泵站的布置

在高速的城市化进程中，河道两岸面积不断被侵占，土地硬底化后洪水汇流均以管道形式汇入河道，使河道防洪排涝的压力剧增。现实情况下，如果通过增加河道宽度以增加过流面积，达到增强河涌过流能力的措施，实施难度大，且工程成本高。以往的经验，建设一定数量的排涝泵站，对城区的排涝会起到立竿见影的效果。排涝泵站的实施是河道防洪、排涝工程整治的重要组成部分，对城市防洪排涝能力的补充和提升十分重要。

1）排涝泵站的站点布置

城市各个排涝分区根据区内特点布置站点时，一般情况需要考虑以下两个因素。

①汇流网线尽量最短。排涝泵站站点的布置应考虑排洪渠网的分布，要选择使排洪渠线最短的地点设置泵站，这样不仅可以确保排水顺畅，而且还可使排洪渠的工程量最小。

②泵站布点数量尽量少。为了便于管理，应尽量少设置泵站，可以发挥集中管理的优势，但也要适度控制泵站规模，避免在供电、运行管理等方面带来不便。

（1）集中建站与分散建站

①集中与分散建站的适宜条件。

a. 集中建站的适宜条件为：排水面积大，但地势单向倾斜，调蓄容积较大，排水出口较远且单一的排水区，适宜集中建站；排水面积小，地势比较平坦的排水区，也适宜集中建站。

b. 分散建站的适宜条件为：水网密集的地区，地势高低不平、起伏比较大，排水出口分散的排水区，宜分散建站。

②集中与分散建站的优缺点。

a. 集中建站的优点是，单位装机容量的投资比较小，输电线路较短，便于集中管理，也节省管理费用；集中建站的缺点是，排水渠道系统的工程数量比较大，渠道线路较长，纵坡相对较小，渠道中水的流速较小，容易产生淤塞，造成排水不畅。

b. 分散建站的优点是，工期比较短，收效比较快，渠道线路短，纵坡相对较大，渠道中水的流速较大，不易产生淤塞，排水比较通畅；分散建站的缺点是，管理不便，单位装机容量的投资大，输电线路较长。

（2）泵站分级排水方式。

①一级排水。

一级排水是城市排水泵站的基本方式，可分为一圩一站和一圩多站的一级排水方式，如图11-34和图11-35所示。一级排水可以将涝水直接排入承泄区，根据地形的实际情况，按集中建站与分散建站的适宜条件，可以采用一圩一站或一圩多站的布置方式。

②二级排水。

当排水区比较低洼且远离承泄区时，如果涝水无法直接排入承泄区，则需要设置二级排水。低洼地区的涝水，先由一级泵站排入调蓄区，再由二级泵站直接排入承泄区。如图11-36所示，内排区的涝水通过一级泵站排入湖泊，通过排洪渠将水引至二级泵站，再排入承泄区。

2）站址选择与总体布置

（1）排涝泵站站址的选择。

泵站的站址应根据排涝城区治理或城市建设的总体规划、泵站规模、运行特点和综合利用要求，考虑地形、地质、水源或承泄区、电源、枢纽布置、对外交通、占地、拆迁、施工、管理等因素以及扩建的可能性，经技术经济比较选定。排涝泵站在选择站址时，应重点考虑以下几个方面。

①在一般情况下，排涝泵站站址应选择在排水区地势低洼、能汇集排水区涝水，且靠近承泄区的地点；排涝泵站出水口不宜设在迎溜、岸崩或淤积严重的河段。

②泵站站址宜选择在岩土坚实、抗渗性能良好的天然地基上，不应设在大的和活动性的断裂构造带以及其他不良地质地段。选择站址时，如遇淤泥、流沙、湿陷性黄土、膨胀土等地基，应慎重研究确定基础类型和地基处理措施。

③要协调好与排洪渠和容泄区的布局关系。排涝泵站与排涝渠系密切相关，为了保证排涝顺畅，排涝泵站应尽量布置在排涝区的中心位置，并靠近最低洼地区。同时，也要靠近容泄区布置，以便减少排水设施的工程量，协调好与排洪渠和容泄区的布局关系是排涝泵站选址的重要因素。

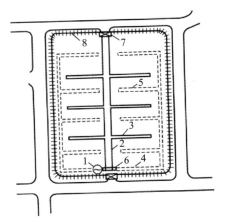

图11-34 一圩一站布置方式[139]
（一圩一站，集中一级排水）
1-泵站；2-排水干沟；3-排水支沟；4-灌溉干渠；
5-灌溉支渠；6-倒虹吸；7-节制闸；8-圩堤

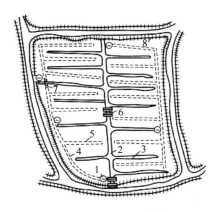

图11-35 一圩多站布置方式[139]
（一圩多站，分区一级排水）
1-泵站；2-排水干沟；3-排水支沟；4-灌溉干渠；
5-灌溉支渠；6-套闸；7-倒虹吸；8-圩堤

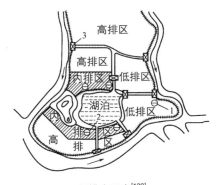

图11-36 二级排水示意[139]
1-外排站；2-内排站；3-排水闸

④要协调好与排水闸的布局关系。当外江河的水位降低时，排涝区的雨水可通过水闸自排到承泄区。因此，水闸是排涝泵站的一个组成部分，为了便于排水设施的管理，泵站与水闸应尽量靠近布置，如果布置受到地形制约，也应尽量协调好两者的关系。

（2）排涝泵站的总体布置。

根据现行国家标准《泵站设计规范》（GB 50265—2010）中的规定：泵站的总体布置应根据站址的地形、地质、水流、泥沙、供电、环境等条件，结合整个水利枢纽或供水系统布局，综合利用要求、机组形式等，做到布置合理，有利于施工，运行安全，管理方便，少占耕地，美观协调。泵站的总体布置应包括泵房，进、出水建筑物，专用变电站，其他枢纽建筑物和工程管理用房、职工住房，内外交通、通信以及其他维护管理设施的布置。

在进行排涝泵站布置时，主要是对自排建筑物（水闸）和提排建筑物（泵站）的布置，也就是水闸和泵站的相对布置关系是排涝泵站布置的主要内容。由于水闸和泵站共用排水系统，因此两者应尽量靠近布置，要确保自排和提排时水流顺畅，避免增加排水渠系的工程量。根据城市排涝工程的实践，水闸和泵站的总体布置方式可分为分建式和合建式两种。排涝

泵站的总体布置方式如图11-37、图11-38所示。

①分建式和合建式泵站的布置方式。

分建式布置方式，水闸与泵站相互干扰比较小，便于施工布置和施工导流，但会增加引水渠的工程量。正向进水、正向出水的分建式布置形式，如图11-37（a）所示，适用于机组台数少的泵站；侧向进水、侧向出水的分建式布置形式，如图11-37（b）所示，适用于机组台数多的泵站。合建式布置形式如图11-37（c）所示，这种布置形式便于管理，可以减少工程量，但组成结构复杂，施工布置和导流不便。

②灌排结合泵站的布置方式。

根据现行国家标准《泵站设计规范》中的规定：灌排结合泵站站址，应根据有利于外水内引和内水外排，灌溉水源水质不被污染和不致引起或加重土壤盐渍化，并兼顾灌排渠系的合理布置等要求，经综合比较选定。

灌排结合泵站的布置方式，是指灌排渠系共同用一套渠系或灌排渠系相邻，可以共用泵站，如图11-38～图11-40所示，这种布置方式可以提高泵站的利用率。排灌工作时间可根据实际情况相互错开，平时可以灌溉，暴雨后可以排涝。灌排结合泵站的布置方式，主要利用水闸来控制流向和灌排工况。在

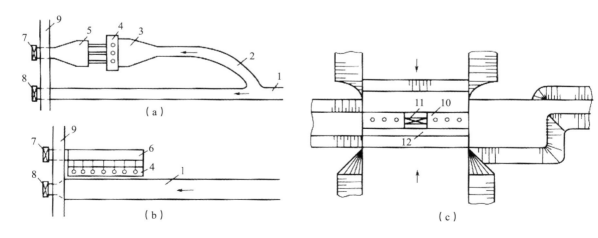

图11-37　泵站与水闸分建式和合建式布置图
（a）泵站与水闸分建式布置图正向进水、正向出水；（b）泵站与水闸分建式布置图侧向进水、侧向出水；（c）泵站与水闸合建式布置图
1-排水干沟；2-引渠；3-前池；4、10-泵房；5-出水池；6-压力水箱；7-防洪闸；8-自流排水闸；9-河堤；11-排水闸；12-交通桥

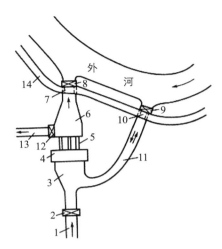

图11-38 泵站与水闸分建的灌排结合布置方式[132]

1-排水干沟；2-排水闸；3-前池；4-泵房；5-压力水管；6-出水池；7-排水涵洞；8-防洪闸；9-进水闸；10-引水涵洞；11-引水渠；12-灌溉闸；13-灌溉干渠；14-防洪渠

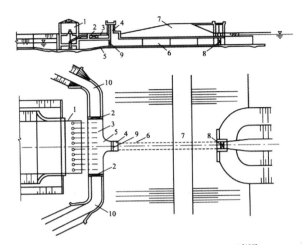

图11-39 底洞和穿堤涵洞合建的灌排结合布置方式[132]

1-泵房；2-灌溉闸；3-压力水箱；4-竖井；5-底洞；6-穿堤涵洞；7-大堤；8-防洪闸；9-排灌共用闸；10-灌溉渠

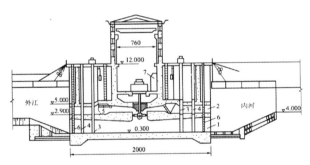

图11-40 双向流道灌排结合的布置方式（尺寸单位：cm；高程单位：m）[132]

1-进水流道；2-出水流道；3-主闸门；4-检修闸门；5-拍门；6-拦污栅；7-开关柜

引渠上设闸控制流向，如图11-38所示，这种布置方式所需引渠较长，增加引渠工程量；在泵站进出水流道上设闸控制流向，如图11-39和图11-40所示，这种布置方式可减少引渠工程量，但组成结构比较复杂。

11.2.4 城市河道的整治规划

城市河道治理从广义上说是为了满足人类对社会进步、经济发展、城市建设、生存环境提升中的某些要求而对城市河道进行修复、改造和治理，是融现代水利工程学、环境科学、生物科学、生态学、城市规划学、园林学、美学等多学科为一体的复杂的系统工程。城市河道整治要按照河道演变规律，采取各种治理措施改善河道边界条件和水流流态以适应城市防洪、航运、供水、发电、排水防涝及河岸洲滩的合理利用和改善生态环境等各项需要[140]。

11.2.4.1 传统河道整治规划

我国劳动人民在治河的长期实践中，在采取各种工程措施进行河道整治方面积累了丰富的经验，普遍应用于护堤保滩、控制洪水、稳定河势，保护堤岸安全和滩地稳定等方面。其主要措施归纳起来可分为两大类：一类是在河道上修筑整治建筑物，另一类是疏浚或爆破。例如，沿江河两岸修筑堤防，阻挡洪水泛滥；采用护岸工程防止河岸崩塌；采用控导工程调整河势；采用挖泥（人工和机械，陆上和水下）、爆破等手段，开辟新河道（开挖人工运河）、整治旧河道（浚深）及人工裁弯取直等。随着近代力学、河流动力学、河道泥沙工程学的发展，河工模型试验的发展及工程材料的改进，河道整治发展到一个新的阶段[141]。

1．整治的主要内容

（1）拟定防洪设计流量及水位。应按照国家及行业的有关规范进行确定。在一般情况下，整治洪水河槽的设计流量，需根据保护地区的重要性，选取相当于其防洪标准的洪水流量，其相应的水位即为设计水位；整治中水河槽的设计流量可采用造床流量或平滩流量，其相应的水位即为设计水位；整治枯水河槽的设计水位可根据通航等级或其他整治要求，采用不同保证率的最低水位，其相应的流量即设计流量。河道防洪整治主要是控制和稳定中水河槽。其设计流量（造床流量）也称整治流量，相应的水位称为整治水位，它们是拟定治导线和设计整治工程建筑物的依据。

（2）拟定河道整治的治导线。河道整治后在设计流量下的平面轮廓线，称为河道的治导线（图11-41）。平原河道整治线分为洪水河槽的治导线、中水河槽的治导线和枯水河槽的整治线，其中对河势起着控制作用的是中水河槽的治导线。洪水河槽的治导线即两岸堤防的平面轮廓线。堤线与主河槽岸线之间需根据宣泄设计洪水和防止堤岸冲刷的需要留足滩地宽度。枯水整治线主要限于控制枯水河床发展，使其有利于航运和灌溉引水。

（3）拟定河道整治工程措施。在工程布置上，根据河道的河势特点，采取有效的工程措施。形成控制性节点，稳定有利的河势，在河势得到基本控制的基础上，再对局部河段进行整治。建筑物的位置及修筑的顺序，需要结合河势现状及发展趋势确定。以防洪

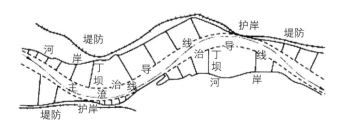

图11-41　河道整治线示意图
资料来源：熊治平. 江河防洪概论[M]. 北京：中国水利水电出版社，2013.

为目的的河道整治，要保证有足够的行洪断面，避免过分弯曲和狭窄的河段出现，以免影响宣泄洪水，通过整治建筑物保持主河槽相对稳定。

2．整治的主要措施

河道工程是重要的民生工程，直接关系到人民群众在洪涝灾害中的生命财产安全。要对堤防、河岸和河床等稳定性存在不利影响的具体情况采取工程措施进行整治。整治河道的工程措施主要有：①护岸工程，通过丁坝、顺坝、护岸、潜坝、鱼嘴、矶头、平顺护岸等工程，以控制河道主流、稳定河势，防止堤防和岸滩冲刷，达到安全泄洪的目的；②裁弯工程及堵汊工程，对过分弯曲河段进行裁弯取直、堵塞汊道等，扩大河道的泄洪能力，使水流集中下泄；③疏浚工程，利用挖泥船等工具，以及爆破、清除浅滩、暗礁等措施，以改善河流的流态，保持足够的行洪能力[142]。

1）护岸工程控制调整河势

护岸工程是指为防止河流侧向侵蚀及因河道局部冲刷而造成塌岸等灾害，使主流线偏离被冲刷地段的保护工程设施。通常堤防护岸工程包括水上护坡和水下护脚两部分。水上护坡工程是堤防或河岸坡面的防护工程，它与护脚工程是一个完整的防护体系。水下护脚工程位于水下，经常受水流的冲击和淘刷，需要适应水下岸坡和河床的变化，所以需采用具有柔性结构的防护形式。

利用护岸工程控制调整河势，一般在凹岸处修建河道整治的建筑物，以稳定滩岸、改善不利河弯，固定河水的流路。对于分汊河道，一般在上游控制点、汊道入口处及江心洲的首部修建河道整治的建筑物，以稳定主、支汊。

2）裁弯取直

河流过度弯曲时，对宣泄洪水不利，河湾发展所造成的严重塌岸对沿河城镇和农田也是极大威胁。当河环起点和终点距离很近洪水漫滩时，由于水流趋向的比降为最大的流线，在一定条件下会在河漫滩上

开辟出新的流路，沟通畸湾河环的两个端点，这种现象称为河流的自然裁弯。自然裁弯往往因大洪水所致，裁弯点由洪水控制，常会带来一定的洪水灾害现象[143]。

为避免这种自然裁弯的危害，可以结合河道水沙运动特点，人为地裁直河道，缩短洪水流路，增加河道的泄洪能力。这种河道治理方式称为人工裁弯取直（图11-42）。一般认为河道实施"裁弯取直"可有效降低裁弯段上游洪水位并提高上游的防洪能力，裁弯后上游的河道比降加大，河道中的洪水位有所降低，河床也会有所冲刷加深。

裁弯取直工程实际上就是在过于弯曲的河段开辟一条顺直的新河道，代替原来流水不畅的河道，以增加河道的泄量，降低河道水位的工程。裁弯取直始于19世纪末期，当时一些裁弯取直工程曾把新河设计成直线，且按过水流量需要的断面全部开挖，同时为促使弯曲老河段淤死，在老河段上修筑拦水坝，一旦新河开通，让河水从新河中流过。但是这种做法结果造成取直后河滩岸的变化迅速，不仅对航行不利，而且维持新河稳定所需费用较大。

20世纪初期，在总结河道裁弯取直的经验和教训后，改变了以上做法，对于新河线路的设计，按照上下河势呈微弯的河线，先开挖小断面引河，借助水流冲至设计断面，取得较好的效果，得到广泛应用。

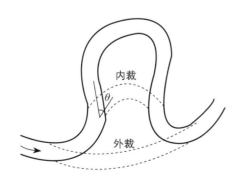

图11-42 裁弯取直方式
资料来源：中国市政工程东北设计研究院. 给水排水设计手册7城镇防洪（第2版）[M]. 北京：中国建筑工业出版社，2000.

3）适当拓宽较窄河道

适当拓宽较窄河道的工程措施，主要适用于河道过窄或有少数突出山嘴的卡口河段。通过退堤、劈山等手段来拓宽河道，以便扩大行洪的断面，使其与上、下游河段的过水能力相适应。拓宽河道的办法有：两岸退堤再建堤防，一岸退堤再建堤防，切削河道中的滩地，对河流进行改道，山区可采取劈山拓宽。

当卡口河段无法采取以上办法，或者采取拓宽办法不经济时，可以进行局部改道。河道拓宽后的堤防间距，要与上、下游大部分河段的宽度相适应。

4）对河道进行疏浚

多年来，由于暴雨、洪水和建设开发活动造成的水土流失，以及大量的生产、生活垃圾弃置河道，使我国很多河道淤积日趋严重。河道调蓄容量日趋减少，行洪排涝不畅，水环境恶化，严重影响社会、经济的可持续发展和人民的生产、生活。大力开展河道疏浚和综合整治是提高水利工程整体抗灾能力的重要基础，是改善水环境的重要途径，是水利现代化建设的重要形象工程。

11.2.4.2 现代河道整治规划

1. 整治理念的发展

传统的水利工程以对水流的控制为目标，满足行洪、排涝、供水、航运等需求。为了控制水流，或者改变水生态系统，或者把水从生态系统中分割出来，直接或间接造成水体自身修复能力降低，水环境污染加重，水资源有效利用率降低，水供需矛盾加剧等一系列水生态环境失衡问题。

面对传统河流整治对生态系统的这些负面影响，自20世纪70年代起，欧美及日本等一些高度城市化的经济发达国家与地区，认识到河流治理不但要符合工程设计原理，也要符合自然学、生态学原理。把河流湖泊当作生态系统的一个重要组成部分，以"保护、创造生物良好的生存环境与自然景观"为前提，建设具有一定防洪标准的河流水利工程，逐步进行生态修复，恢复城市河道的自然生态。

目前，世界上一些发达国家都在进行河流回归自然的改造[144]。瑞士、德国等国家于20世纪80年代末提出了"亲近自然河流"概念和"自然型护岸"技术。英国采用了"近自然"河道设计技术。荷兰强调河流生态修复与防洪的结合，提出了"给河流以空间"的理念。日本在20世纪90年代就开展了"创造多自然河川计划"。逐渐将河流进行回归自然式的改造，建设生态河流已成为国际大趋势[145][146]。

我国的河道治理相应于经济、社会发展水平和人类生活需要的不同，在不同时期有不同的要求和治理方式。根据人与自然的关系，可将我国的河道治理大致分为4个阶段（表11-13）[147]。

我国河道治理的4个阶段[147]　表11-13

阶段	时间	名称	主要做法
第一阶段	新中国国成立前	依附自然被动防御阶段	在适应自然水文条件下进行，于自然环境中达到平衡，以城市防洪为主，流域防洪效果不显著
第二阶段	20世纪50～70年代	发展生产与河争地的阶段	配合经济的增长，完成大量提水灌溉、河道治理和堤防工程；忽视了河流长期形成的自然形态，多采用裁弯取直、消除滩地、缩窄河道等做法
第三阶段	20世纪70～80年代	防洪排污经济治河阶段	为保护城乡重要设施和资源，按法定防洪标准达标治理；结合排污、治污治理河道成为重要内容；资金有限，建造硬质河道，加大过流能力
第四阶段	自20世纪90年代末期至今	修景与生态和谐治理阶段	经济改善，追求可持续性发展原则，满足行洪排涝、社会功能与生态功能建设需求，"和谐、造景、生态、可续"成为趋势

与传统河道治理相比较（表11-14），现代河道治理不仅仅局限于行洪排涝的基本功能，为了治河而治河，而是通过流域的综合整治与管理，使水系的资源功能、环境功能、生态功能都得到充分发挥，使全流域的安全性、舒适性（包括对生物而言的舒适性）都不断改善，并支持流域实现可持续发展。

现代河道治理与传统河道治理的区别[147]

表11-14

项目	传统河道治理	现代河道治理
治理范围	以河道及其建筑为主	包括河道在内的全流域综合治理
治水原则	强调改造自然、行洪排涝，兴利除害	重视人与自然和谐共处、保护生态环境
水功能开发	资源功能	资源、环境、生物多样性
河道治理	断面规化、渠道化、河岸河底硬质化	断面多样化、自然化、生态化
堤防建设	忽视水陆连续性，造成河道断流	采取湿地保护措施，保护水陆连续性
水资源利用	侧重于经济用水，造成河道断流	同时兼顾经济、环境、生态用水
治理后影响	流域生态环境恶化，可持续发展条件脆弱	流域生态、环境不断改善，可持续发展

2. 整治的目标与原则

随着社会、经济的发展和人民生活水平的日益提高，人们对人居环境的要求也越来越高。在河流环境面临的巨大压力和可持续发展要求的背景下，河流除了承担防洪排涝、供水排水、航运功能以外，在保持生态平衡、调节区域微气候、塑造城市景观、营造宜人的滨水空间、传承历史文化等方面发挥重要作用。因此，对河流进行综合整治要不断实践"以人为本"、"人水和谐"的治水理念，围绕"水清、流畅、岸绿、景美"的总目标。运用景观生态学原理、恢复生态学原理、生态工程学原理，采用近自然治理方法、生态工程手段进行城市河流的生态修复建设，保护河流生物多样性，增加景观异质性，尽可能划出一些空间，设置文化、健身、娱乐和观景场所，使人与水进行亲切交流，建设水清、岸绿、突出河流自然属性的城市河流，展示城市河流水环境的自然化、生态化、人文化和景观化。

现代河道治理规划建设最根本的原则是以人为本，减轻或避免水灾对人类及其生产、活动造成的损失，在满足这一基本安全要求的前提下，促使河流景观与人类、生物和周围环境的和谐，维护人类与河流自然生态环境的协同性，满足以下规划原则。

1）安全性原则

河道整治的首要原则必须考虑河道安全，河道的安全性是保障其生态系统健康和正常功能的基本前提。河道的安全主要包括河道物理结构上的稳定，对洪涝灾害的正常回应以及提供水源、容纳污染和维持生态等的安全。

物理结构稳定原则：城市河道应满足岸坡稳定的要求，避免由于岸坡面受到逐步冲刷、表层土滑动破坏以及深层滑动引起的不稳定。对影响岸坡稳定性的水力参数和土工技术参数进行研究，实现对护岸的稳定性设计。

防洪排涝安全原则：河道系统具有调节洪涝灾害的功能，在洪涝季节可以纳洪、行洪、排涝和输沙，调节水文过程，从而减缓水的流速，削减洪峰，缓解洪水向陆地的袭击。任何河道整治措施都应以不影响防洪排涝功能为原则。

水量水质安全原则：河道是淡水储存和保持的重要场所，是人类生存和发展所需的饮用、工业、农业等用水的主要来源。同时，河道内也存在生态用水的需求，维持一定的水量以保证生态系统平衡。应保障河道能够满足用水所需基本流量和水质要求，并具备水体自净和纳污能力。

2）自然性原则

天然河流蜿蜒曲折的河道、深潭、浅滩相间的河床以及植被茂密的河岸是天然河流景观最具特色的形态。在河道整治中，在满足防洪排涝安全的基础上，应充分利用自然要素，突出河流的自然特性，充分保护河流的自然景观，尽量保留河流中接近自然状态的部分，进而营造出人与自然和谐的河流空间。

3）生态性原则

生态性原则是指河道综合治理规划应满足生物的生存需要，适宜生物繁衍生息，保证河道生态的健康发展。河道综合治理规划设计应建立在生态基础之上，在了解自然水系状况、气候变化、水生物种类、水生态自净化能力等后，提出维护河流生态再生能力、物种多样性、功能持续性的方案。尽量保留原有的生物群落及其栖息地，促进自然循环，实现河道生态系统可持续发展。

4）亲水性原则

亲水，顾名思义就是使人能够近距离接近、感受水体。到水边去并与水亲近是人的天性。通过沿河修建亲水设施形成舒适、亲和的水边空间，供人们直接欣赏水景、接近水面，满足人们在水边休闲、娱乐和健身等活动的需求。河流生态型亲水环境的营建，应保证上游河流水流清澈、水质无污染、常年无断流和生物链系统多样化，多层次形式景观和生态系统并存。在进行城市生态景观河道治理的过程中，应将亲水设计的原则贯穿于河流景观设计的每一环节。

5）地域文化性原则

一方水土养育一方人，不同的地域形成了不同的自然环境，也造就了不同的民风、民俗。城市河道设计时应挖掘地域文化，充分利用当地历史文化特色，景观元素具有地方特色，要注重保留河道两岸的文物建筑和挖掘有形无形的水文化典故。把握地域环境的特点，传承营建具有地域特色的河道文化。

6）景观性原则

从河流的视觉景观形象出发，任何河道综合治理规划都应考虑其视觉景观上的审美要求，在河流空间中形成有一定观赏价值的景观物。同时，整个河流景观空间的构成也要满足人的整体视觉观赏需要，从而形成一个赏心悦目的景观环境。

7）综合利用性原则

现代河道综合治理规划与传统的河道整治不同，其开发利用不仅包括防洪排涝、航运、灌溉、供水等，而且还要包括开发利用河流沿线的文化、旅游、土地等资源。充分挖掘河道的文化、旅游内涵，统筹运作河道两岸保护区新增和增值的土地。

8）公众参与原则

现代河道综合治理规划必须符合河道两岸群众的利益，为群众创造良好的生活和工作环境。因此，应充分征求沿线居民的意见，公布河道综合治理规划，听取居民对水生态、水功能、水景观、水文化的态度和需求。

3. 整治的主要内容

1）满足城市河流的防洪排涝功能

城市河流的基本安全要求是防洪排涝。为了减少城市洪涝灾害的经济损失，一直以来，城市河流整治措施多是运用混凝土、砖石护衬，使得原有的自然河堤或土坝变成了钢筋混凝土或浆砌块石护岸。河道断面形式单一、不透水性导致河流缺乏自然生气，破坏了河流生态功能，丧失了观赏性和游览性。由此应针对城市河流常年水位、洪水水位等不同水位、流量规划设计既能满足一定防洪排涝标准，又能满足景观、生态要求的复合式断面形式，实现工程基础效益、生态效益、景观效益。目前，一般所采用的河道断面形式分为矩形、梯形、复式、双层、阶梯式等。

2）恢复城市河流的生态功能

城市河道生态修复的目标是通过建设生态型河道来恢复河道的健康生命，平衡人类社会的需求与生态系统的可持续性。减少对生态系统的胁迫，充分考虑生态系统健康的需求，促进河道生态系统的稳定性和良性循环，实现人水和谐相处。城市河流生态修复和恢复以生态系统原理为指导，按照河流自身结构特点及健康运转需求，对包括河流在内的生态系统的原有结构和功能进行修复和保护，维持和增加生态系统的自我修复能力，最大限度地利用生态系统自身的功能来创造自然、协调的人类生存环境。

修复城市河流的生态功能，首先要有效治理城市河流的污染问题。污染治理达到一定程度时，采用生态技术修复河流生态系统。恢复河流的天然形状，恢复或重现自然型河流即"多自然型河流"建设。利用城市自身的水文循环过程来修复生态系统，利用水流特性及生长在其中的生物来改变水环境，进而对城市生态系统起到调控作用。

3）规划设计丰富的滨河景观环境

城市河流生态修复的最终目的是为了改善河流生态系统，进而形成优美的河道景观。或者在改善河流生态系统时，景观建设也穿插其中，既改善了生态系统，又形成优美的环境景观。城市河流河岸带是河流水体与河岸带周边区域之间的过渡带，景观与空间具有过渡性。城市河流河岸带景观规划设计要着重考虑人类游憩行为的需要、景观形态丰富、环境生态的可持续发展，为人们提供良好的居住生存空间和休闲、娱乐的场所，拉近人水关系距离，达到对城市河流的可观、可赏、可游，享受河道水环境带给的愉悦之感。同时，还要注意河岸带景观整体性的协调、景观的异质性、生态功能、艺术和环境融合美、景观的结构优化和人与自然的和谐相处。

4）挖掘城市河流的游憩功能、人文价值功能和旅游功能

城市河流不仅包容了丰富的自然景观，而且蕴涵着城市滨水区的物质景观和人文景观。城市河流景观规划时，将自然山水的景观元素与城市历史发展的内涵相融合。保护和挖掘城市水系历史文化遗产的意义，延续传统文脉，有形或无形地表现城市个性与特征。使城市水系既是城市的公共空间，又是城市的形象节点和旅游观光的重要场所，也成为城市发展的历史缩影，具有生命力的文化传承载体。

5）政府应协调多部门的合作和鼓励公众积极参与

城市河流综合治理牵涉的学科、专业有生态学、景观设计原理、景观生态学、恢复生态学、水利学、水资源学、城市规划原理、城市设计、园林植物学、社会学、经济学、美学、心理学、可持续发展理论等，牵涉的部门有水利、城市规划、环保、园林、环境卫生等，各专业、各部门在规范制定、知识技术背景和治理职能上存在差异。由此城市河流综合治理需要多学科的技术支撑和多部门的密切协作，使治理理

念、观点、技术措施相互交汇和融合，以确保城市河流综合治理方案的全面性、科学性、统一性、协调性。居民是城市河流综合治理成果的直接受益者和参与者。只有公众参与到城市河流综合治理建设的规划和管理中，才能真正创造出具有地方特色、满足当地市民使用需求的城市水域空间环境，才能保障城市河流治理的日常使用和服务管理措施的实施，使城市河流治理具有可操作性和可持续性。

4. 整治的规划措施

1）河道规划层面

改变以往相对偏重于强调水利工程所导致的大多数城市河道硬化、渠化以及河道线形裁弯取直等规划措施，在河道规划层面确立生态、景观、水利工程综合整治的理念。在不排斥大坝、电站、水闸等水利工程的基础上，融入生态与景观，将三者统筹起来考虑[148]。

（1）河道与周边城市用地的调控。

在用地规划上在河道两侧留出足够距离的绿地保护带，成为河道与城市道路、建筑等之间的缓冲区。足够宽度的绿带，包括河漫滩、泛洪区、物种栖息地、景观休闲用地等，在此控制带内严禁修建任何永久性的大体量建筑。借以形成一个良好的滨河景观带，建立相对完整的滨河生态系统。以生态功能为主的滨水区，应预留与其他生态用地之间的生态连通廊道，生态连通廊道的宽度不应小于60m。

河道两侧用地的调控是生态、景观与水利工程融合的规划设计时必须考虑的一个前提条件。只有足够的带状绿地，才能在满足防洪排涝的基础上，兼顾生态系统的完善及景观品位的提升。

（2）完整的河流绿色廊道系统。

在有限的城市土地上，创建以河道为依托的良好连通的绿色生态廊道，高效地保障自然和生物过程的完整性与连续性，与郊野绿化生态基质连通，是保障城市生态安全的有效途径，是现代城市河道整治规划必须统筹的一个关键问题。

加强城市河流间、内外河间的沟通，把河流看作

是一个连续的整体网络系统。纵向上，尽可能保持河流上、中、下游的连续性，成为生态系统物质循环的主要通道；横向上，河流与横向区域联系成为小尺度的生态系统，充分考虑河流与河岸区域的流通性，即河流与河漫滩、湿地、静水、河汊等；竖向上，由于地下水对河流水文要素及化学成分的影响，以及河床底质中的有机物与河流的相互作用，因此充分考虑河床底部衬砌的透水性，尽可能保持地表水与地下水之间的联系。

（3）河道的功能区划。

城市河道的功能区划参照城市《水功能区管理办法》进行二级划分。水功能区，是指为满足水资源合理开发和有效保护的需求，根据水资源的自然条件、功能要求、开发利用现状，按照流域综合规划、水资源保护规划和经济、社会发展要求，在相应水域按其主导功能划定并执行相应质量标准的特定区域。

水功能区分为水功能一级区和水功能二级区。一级区分为保护区、缓冲区、开发利用区和保留区4类。二级区在一级区划定的开发利用区中进行划分，分为饮用水源区、工业用水区、农业用水区、渔业用水区、景观娱乐用水区、过渡区和排污控制区7类。

（4）岸线的分配和利用。

岸线指水体与陆地交接地带的总称。有季节性涨落变化或者潮汐现象的水体，其岸线一般是指最高水位线与常水位线之间的范围。岸线按照功能分为生态性、生产性、生活性3种岸线类型。

生态性岸线指为保护城市生态环境而保留的自然岸线；在"优先保护、能保尽保"的原则下，将具有原生态特征和功能的水域所对应的岸线优先划定为生态性岸线，其他水体岸线在满足城市合理的生产和生活需要前提下，应尽可能划定为生态性岸线。生态性岸线的区域必须有相应的保护措施，除保障安全或取水需要的设施外，严禁在生态性岸线区域设置与水体保护无关的建设项目。

生产性岸线指工程设施和工业生产使用的岸线；

在"深水深用、浅水浅用"的原则下，确保深水岸线资源得到有效利用。提高岸线使用效率，缩短生产性岸线的长度；在满足生产需要的前提下，应充分考虑相关工程设施的生态性和观赏性。

生活性岸线指提供城市游憩、居住、商业、文化等日常活动的岸线。生活性岸线多布局在城市中心区内，与城市居住、公共设施等用地相结合。它是与城市市民生活最为接近的岸线，应确保市民尽可能亲近水体，共同享受滨水空间的良好环境。

（5）滨水区规划布局。

滨水区规划布局应有利于城市生态环境的改善，以生态功能为主的滨水区，应预留与其他生态用地之间的生态连通廊道，生态连通廊道的宽度不应小于60m。

滨水区规划布局应有利于水环境保护，滨水工业用地应结合生产性岸线集中布局。滨水区规划布局应有利于水体岸线共享。滨水绿化控制线范围内宜布置为公共绿地、设置游憩道路；滨水建筑控制范围内鼓励布局文化娱乐、商业服务、体育活动、会展博览等公共服务设施和活动场地。

滨水区规划布局应保持一定的空间开敞度。因地制宜地控制垂直通往岸线的交通、绿化或视线通廊，通廊的宽度宜大于20m。建筑物的布局宜保持通透、开敞的空间景观特征。

滨水区规划布局应有利于滨水空间景观的塑造，分析水体自然特征、天际轮廓线、观水视线以及建筑布局对滨水景观的影响；对面向水体的城市设计应提出明确的控制要求。

2）河道设计层面

（1）河道的平面设计。

在设计层面上，必须认识到河流的治理不仅要符合工程设计原理，也要符合自然生态及景观原理。即堤、坝、泵站等水利工程在设计上必须考虑生态、景观等因素。天然的河道通过河岸的冲刷、侵蚀，形成了具有多样性形态的河道浅滩、深潭和河漫滩等，有利于消能，提高水质和河道生物链的完善，也有利于

减少洪灾发生的频率以及造成的伤害。由此河道整治的平面形态设计应遵循"宜宽则宽，宜弯则弯，尽量使河道保持自然的形态"的原则：通过保留、延续河道的蜿蜒性使河道断面收缩有致，护岸非平行等宽；尽量设置具有蓄水功能的湖、池、潭、塘，在发挥分洪蓄涝功能的同时，兼具景观和生态效益；构建基于城市生态系统的城市河网规划，有利于整体生态效益的发挥。

（2）河道的断面（多样化）设计。

传统河流整治主要采用混凝土结构，渠化河道，断面单一，护岸大多为直立式。混凝土护岸的不透水性分隔了城市生态系统，阻止了地表径流的入渗，河道失去了其生态价值与意义。生态护岸的建设作为河道断面设计的新理念，把河流当作整体生态系统，根据不同的水文、环境、功能实况进行多样化的河道断面设计，实现工程基础效益和生态效益，打造一个具有防洪功能的综合生态系统。此外，河道设计断面在满足防洪、防冻、防渗、供水要求的同时，也要考虑通航的需求。

矩形断面：河道矩形断面设计，常水位以下一般采用干砌石砌筑为矩形，超过常水位部分采取碎石堆成斜坡，同时有利于保护堤防和改善生态环境。部分水流速度过快的河道段，可考虑增设重力式挡墙，减少冲刷。

梯形断面：梯形断面是常见的断面形式，具有施工简单、占地面积小等优点。梯形断面可采用上部和下部不同的坡度形式，下部分较陡，注重防洪，上部分适当放缓以满足生态及景观的要求，局部设置人行台阶、种植花草树木，实现河道断面的景观化。因此，梯形断面可根据不同的地形、地势，考虑挡土墙与河岸景观相结合，采用不同形式、材料、造型等的护岸，掩盖堤防特征，同时，采用合适的护岸材料，营造安全舒适的亲水景观型河道。

复式断面：能比较好地解决河流景观和排洪的矛盾，枯水季节，河水只流经河流主槽，常水位以下河

道可采用矩形或者梯形断面，在常水位以上则应设置缓坡或者二级护岸，采用原泥土、鹅卵石驳岸等方法保持河岸原始风貌。主河槽两岸的滩地在洪水期间行洪，平时则成为城市中理想的开敞空间，具有很好的亲水性和临水性，适合居民自由休闲、游憩，从而解决了常水位期人们对河道亲水性的要求和洪水期河道泄洪的要求。

双层断面：双层断面通常上层是一条明河，浅水位控制，水质良好，具有安全可靠的优点，以及休闲、观光、亲水性等功能，可养殖各种各样的鱼类，在河边建亲水平台、喷泉、水亭等休闲设施；下面一层为暗河，主要具有泄洪、排洪功能。

（3）生态型护坡和护岸技术。

生态护坡是指采用植物与其他材料结合，或者只采取植物措施的方式，增强坡面的稳定性和抗蚀性，同时保证坡面的安全性和耐久性，使其接近自然，以便充分发挥流域生态系统的环境效应和生物效应。根据护岸的人工设施营建状况分为非结构性河岸和结构性河岸中的柔性护岸两类（表11-15）。

非结构性河岸：根据人为干扰因素的强弱，又可分为两种，一是自然缓坡式护岸，这种护岸不需要过多的人工处理，按土壤的自然安息角进行放坡，并按每层厚250～300mm逐层夯实，面层种植植被或铺设细砂、卵石，形成草坡、沙滩或卵石滩；二是生物工程护岸，将生物工程技术应用到护岸中，固土护坡，保护水资源。生物工程技术主要致力于在护岸植被形成以前，对护岸进行人工防冲蚀和加固处理，可运用稻草、黄麻、椰壳纤维等自然界原生物质制作垫子、纤维织物等，通过覆盖或层层堆叠等形式来阻止土壤流失和边坡侵蚀，并在岸坡上种植植被和树木，如种植柳树、水杨、白杨、榛树以及芦苇、菖蒲等具有喜水特性的植物。当这些原生纤维材料缓慢降解，并最终回归自然时，岸坡的植被已形成发达的根系而保护护岸。

结构性河岸中的柔性护岸：是按照力学原则，运用木材、石材、金属、土工织物及水泥、混凝土等材料，结合植物种植形成的护岸，包括混凝土护岸、干砌块石护岸、木桩护岸、金属笼、土工织物垄护岸等。这种护岸融工程技术与生态绿化为一体，一方面石材、混凝土等材料的硬度大，能抵抗较强的水流冲蚀，保证护岸的安全稳定；另一方面护岸材料之间具有许多的空隙和缝隙，有利于植物的根系生长。柔性护岸适用于各种坡度的岸坡，但高度不宜太大，一般

两类河岸的自身特点和适用范围 表11-15

项目 分类	护岸性质	使用材料及做法（安全性）	景观效果	生态效果	游憩功能（适用性）	经济性	适用范围
非结构性河岸	自然河岸	运用泥土、植物及原生纤维物质等形成自然草坡、沙滩、卵石滩等	软质景观层次性好，季相特征明显	对生态干扰最小，是仿自然形的河岸	适宜静态个体游憩和自然研究性游憩	工程量小，取材本土化，经济性好	坡度较缓，一般要求坡度在土壤安息角内，且水流平缓
	生态工程河岸						
结构性河岸	柔性河岸	格垄（木、金属、混凝土预制构件）、金属网垄、预制混凝土构件等	软硬景观相结合，质感、层次丰富	对生态系统干扰小，允许生态流的交换	适宜静态和动态、个体和群体游憩	有一定工程量，但施工方便，周期短	适用于各种坡度，水流平缓或中等，一般护岸高度不超过3m
	刚性河岸	浆砌块石、卵石和现浇混凝土及钢筋混凝土等	硬质景观效果差，绿化覆盖有助于改善形象	隔断了水、陆之间生态流的交换、生态性差	适宜静态和动态游憩（陡直护岸会影响亲水可达性）	工程量大，人力、物力投入大且工程周期长，投资较大	水流急、岸坡高陡（3～5m以上）且土质差的水岸

资料来源：江红梅. 城市河流综合治理与生态建设理论及方法探索[D]. 咸阳：西北农林科技大学，2006.

低于3m，当高度超过3m时，应采用台阶式。

非结构性护岸和结构性护岸两类河岸的自身特点和适用范围如表11-5所示。

11.2.5　道路排水系统

11.2.5.1　概述

城市道路是城市不可或缺的部分，在城市中主要起到交通通行的作用。同时它也是城市排水的重要组成部分，汛期时可以利用道路排放雨水。当发生超过管网设计标准的降雨时，常常把道路作为超标雨水径流行泄通道，根据道路的坡度、宽度、地块的竖向设计合理组织超标雨水径流排放。超标雨水径流行泄通道应根据内涝防治设计标准及排水的需要进行规划设计，设计中特别要注意城市安全，雨水的流速和水深要保证行人和行车的安全，必要时应设置标识标记。当降雨达到一定量级时，应及时启动应急预案，对有内涝风险的道路进行封闭管理，禁止行人和车辆通行。

为了应对城市内涝，国家明确提出了建设城市排水防涝工程体系，并对与之关联的城市道路系统提出了一些新的要求。2014年10月住建部发布《海绵城市建设技术指南》（试行），提出建立行泄通道以抵御超标暴雨；《室外排水设计规范》（GB 50014—2006，2014年版）强调了排水工程设计应与城市防洪、道路交通等专项规划和设计相协调；一些城市的排水规划也都相继提出利用道路作为行泄通道的要求。由此可见，利用城市道路系统应对超标暴雨是城市内涝防治系统不可忽视的重要部分。[149]

11.2.5.2　道路排水现状及雨洪控制

地面道路排水系统主要是通过道路的竖向、平面和断面设计有组织地排放地表径流，作为应对超标暴雨的临时行泄通道，来提高城市的防涝能力。然而，目前我国道路规划及排水规划设计在此方面还有不少问题，制约了地面道路排水系统的构建，存在的问题如下：①城市道路系统规划缺乏暴雨径流行泄的考虑；②道路与周边场地竖向关系不合理；③排水相关规范编制缺乏更明确的技术要求;道路断面形式与坡度不利于暴雨径流的安全行泄，或达不到内涝防治标准所要求的行泄能力；④相关部门之间缺乏密切配合，相关专业缺乏合理衔接等；⑤径流量大、污染严重、雨水资源流失等[150]

针对道路排水存在的一系列问题，关于道路排水雨洪控制的新思路也相继被一些专家学者提出[151][152]。

1. 理念层面

转变仅依靠灰色基础设施、以"排"为主的传统道路排水思路，将绿色道路、LID/GSI理念融合到道路排水设计中。与传统城市道路排水系统不同，这种新型体系由林荫街道、湿地、公园、林地、自然植被等组成，能够有效地削减雨洪峰流量，提高相关区域综合排水能力，并减少道路径流污染[153]。这是一个跨学科、跨专业的问题，需要不同部门和单位的密切配合，实现不同学科间的渗透与融合。

2. 技术层面

1）不同类型道路雨洪控制利用设计

针对立交、快速路、干道（主干路、次干路）和支路等不同类型的城市道路应采用不同的雨洪控制利用系统合理化设计。可应用于道路设计中的低影响开发措施主要有：改变慢车道和人行道的做法，采用透水路面，降低道路径流系数，充分利用绿化带，改造雨水口与地表汇流形式，优先设计下凹绿地、生物滞流设施、植草沟及其他辅助设施，结合传统雨水的排蓄设施，对雨水进行控制利用，如图11-43所示。

道路用地还需区分干路和支路的不同级别车流量来考虑雨洪。干路的路面径流水质差，利用价值低，适宜通过竖向设计将径流引入周边绿化带截污下渗，溢流雨水则排入市政管网和下游河道。规划强调以控制径流量为主，结合城市排水、道路景观及场地特征，综合考虑污染控制和峰值流量调节。而支路车流量少，污染低，主要目标是分流，尽力就地解决区域内的雨洪径流，避免把泄洪压力持续传递到干路。与

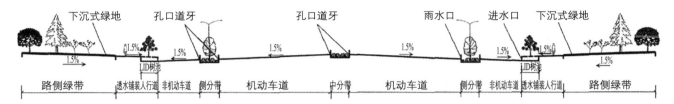

图11-43　低影响开发道路横断面
资料来源：周延伟.海绵城市理论在道路绿化景观设计中的应用[J].河北林业科技，2015，6（12）：59-64.

常规排水系统规划强调快速汇流排放有较大差异，支路一般可设置市政设施的空间有限，应结合市政排水管道使用集约式的渗透管渠、渗透井等管道措施实现对径流的控制和利用。例如，周围绿化空间较大的立交，可设置大型雨水塘、湿地、多功能调蓄等，避免道路径流直接进入河道，提高防涝能力的同时减少外排污染物负荷。快速路及干道的路面雨水径流水质较差，宜通过道路坡度和周边绿地竖向的合理设计，将路面雨水径流汇入道路的绿化带及红线外绿地进行截污、下渗，溢流雨水经过雨水管渠或直接排入附近河道。支路、住宅区等道路径流污染相对较低，应利用周边绿化带，采用低势绿地、雨水花园等分散式措施，人行道应全部采用透水铺装，实现对径流的控制和利用。在具体设计过程中，应结合实际的场地条件，注意平面、竖向以及不同措施之间的衔接关系。

2）道路雨洪控制利用措施设计标准

（1）雨洪控制利用措施的选用。

雨洪控制利用措施的选用必须依据项目的实际情况和设计要求来设定控制目标及其设计标准，并通过方案比较来确定设计措施的类型、规模等，以实现设施的高效率和综合效益的优化。

综合考虑雨水收集利用的道路，路面结构设计应满足透水性的要求，并应符合现行行业标准《透水砖路面技术规程》CJJ/T 188、《透水沥青路面技术规程》CJJ/T 190和《透水水泥混凝土路面技术规程》CJJ/T 135的有关规定。

（2）城市道路竖向设计与防涝。

合理的城市道路竖向规划能够从源头上降低城市发生内涝问题的可能性，道路竖向规划应与排水系统相协调，制定有针对性的城市竖向控制标准。道路及其排水规划也必须考虑为新型的雨洪控制利用措施提供条件和可能；要结合道路红线内外绿地、开放空间的平面和竖向关系进行合理规划，实施各种绿色雨洪控制利用措施，在不影响道路交通组织、人车活动等作用的前提下，减少道路及周边用地产生的雨水径流对自然水文环境和生态环境的影响。[184]

城市用地应结合地形、地质、水文条件及年均降雨量等因素合理选择地面排水方式，并与用地防洪、排涝规划相协调。《城市用地竖向规划规范》（CJJ83—99）中对城市用地地面排水做如下规定：地面排水坡度不宜小于坡度小于2‰，坡度小于2‰时宜采用多坡向或特殊措施排水。

在降雨量大、洪涝多发地区，为减少排放至排水管网及江、河、湖、海的雨水量，竖向设计可考虑雨水就地收集与利用，以利于排洪调蓄。道路标高应高于两侧绿地的设计标高，有利于路面雨水顺畅排至生态绿地，减免路面严重积水现象的发生。

3）道路雨洪控制措施的维护

由于绿色道路雨洪控制利用的措施大部分为自然措施，通过植物和土壤的作用来达到控制径流量和径流水质的目的，因此绝大部分措施需要进行常规的维护。

3.政策层面

目前城市雨洪控制利用总体的法规与政策体系尚不健全，应尽快通过系统研究，建立、健全相关政策与法规，将城市雨洪控制利用纳入我国城市建设与道路建设规划，要求所有新建道路均应合理考虑雨洪控制利用的设计和设施建设，对改建或扩建道路，若空间和竖向条件好，易于改造，应因地制宜地采用合适的雨洪控制利用措施。

11.2.5.3　道路排水注意事项

道路排水系统设计，是一个综合协调设计的过程，需要多方面配合实施，方能满足包括防涝在内的多方使用要求。针对具体实施措施，需要注意以下事项：

（1）根据有关部门出台的具体要求，在城市道路开发设施进水口应当有明显的下凹，从而最大限度地提高设施进水机率，对进水口的开口宽度、设置间距等也应根据道路竖向坡度进行相应的调整，在进水口处还应该设置防冲刷设施。

（2）道路低影响开发设施的建设应考虑有效的溢流排放系统，并且要与城市中的下水系统进行连接，从而形成一个完整的水循环系统。

（3）城市市政道路设施还应采取具体的防渗漏的措施，以防止雨水下渗对道路路面以及路基造成损坏的情况发生。

（4）在城市易涝的道路、下沉式立交桥区等区域的低影响开雨水调蓄设施，要配有有关的警示标志与建立必要的预警系统，避免积水路面对公共安全造成危害。

（5）城市道路低影响开发设施的建设与竣工验收，都应当收到相关单位的重视与监督，从而确保所建设的满足相关要求。

（6）在日常的使用过程中，应实施实时的进行修补作业，从根本上避免面层破损的出现，防止对交通造成损害。[154]

11.2.6　深层隧道排水系统

11.2.6.1　概述

随着城市建设规模的快速扩大，城市已建成区、老城区的发展已趋于稳定，地上建筑的密度和浅层的地下空间已趋于饱和。在一些城市中心城区和老城区，由于极端降雨事件导致的严重洪涝和溢流污染问题，使得原有的排水系统承受着越来越大的压力。现实中，如果通过对原有城市浅层管网系统的全面升级改造来提高防洪排涝标准和减少暴雨引起的受纳水体污染问题，许多雨洪控制措施都将受到空间条件、居民拆迁、日常交通、地下其他管线设施等因素的制约，相对短时期内实现全面、大幅度地提高排洪防涝和污染控制标准困难重重。

深层隧道排水系统（简称深隧）作为城市内涝防治系统中"大排水系统"的一种工程措施主要是相对于浅层排水管网系统而言，一般指埋设在地面以下超过20m深度的大型、特大型排水隧道，具有雨水调蓄、排水调蓄和控制溢流污染的功能。[155]当流域遭遇暴雨强度过大、浅层排水系统的负荷能力不足时，可通过深隧系统将部分降雨产生的雨水暂时储存起来，等暴雨过后再通过提升泵站排除或者输送到污水厂进行处理。[156]隧道可迅速、灵活、高效地缓解城市局部洪涝及溢流污染问题，由于深隧多建于深层地下，避免了城市地面或浅层地下空间各种因素的影响，以及和其他基础设施的相互冲突，并且成熟、高效的现代化地下盾构等施工技术也为深层隧道的应用提供了有力的支撑。[106]

11.2.6.2　功能类型与国外案例

1. 功能类型

深层排水隧道作为一种有效的雨洪控制工程手段，其庞大的工程量、巨额的投资及良好的效果引起了城市规划者和社会各界的广泛关注，我国部分城市已经开展了相关的讨论、调研或初步规划实施。深层排水隧道在发达国家已有很多成功的应用案例（表11-16），都经过了缜密的研究、慎重的决策和因地制宜的规划设计。依据建设条件、使用功能和运行方式等的不同，深层排水隧道有着不同的类型，其在技术路线、设计方法、规模、衔接关系及上下游出路等方面各不相同。根据使用功能和控制目的，可分为洪涝控制、污染控制和多功能三种。

国外隧道排水工程实例[155] 表11-16

序号	地点	排水隧道工程名称	主要规模	主要功能或运行方式
1	英国伦敦	泰晤士河深隧道工程	总长35km，直径7.2～9m，埋深35～75m，总投资36亿英镑	控制合流制溢流污染，建成后泰晤士河溢流次数由60次/年减少为4次/年
2	日本东京	江户川深隧工程	总长6.3km，直径10m，埋深60～100m，调蓄量约67万m³，最大排洪流量达200m³/s	提高上游连接河道的排洪能力，解决东京洪水问题，普通降雨不启动隧道排洪系统，每年仅运行4～6次。
3	法国巴黎	城市排水系统	排水系统总长2400km，总管直径5.5～6.0m，主干管5～5.5m；支管1.5～2.0m；埋深5～50m	提高城市排水标准
4	墨西哥城	东部深层排水隧道工程	总长63km，直径7m，埋深200m；24条进水道埋深150～200m，排水能力150m³/s	与1975年建成的深层隧道排水系统（中央隧道）互为备用，提高雨季过流能力，及时将区域内雨洪及污水收集排出城
5	新加坡	深隧道阴沟系统（DTSS）	一期工程总长48km，埋深10～55m，包括一座80万m³/d的污水厂，总投资36亿新币	用于收集、输送、处理城市污水，完全的污水隧道
6	中国香港	荔枝角雨水排放隧道工程	长2.5km、直径4.9m的分支隧道，长1.2km、直径4.9m的倒虹吸隧道。埋深40m，投资17亿港币	雨水隧道，分流高地雨水，减少上游高地雨水流入市区排水系统，减小深水埗、长沙湾、荔枝角等地势较低处的水浸风险。
7	美国芝加哥	隧道水库工程规划（TARP）	一期工程包括总长176km，直径为2.5～10m的圆形隧道，埋深45.7～106.7m，调蓄容积0.87亿m³。二期工程包括3个水库，增加调蓄容积6.6亿m³	截流贮存合流管的溢流污水，减轻芝加哥地区的水浸和污染，保护密西根湖

1）以洪涝控制为目的

根据场地、径流排放及运行条件，具体又可分为防涝隧道和排洪隧道，前者主要收集、调蓄超过现有排水管道或泵站排水能力的雨水径流，后者主要截流、接纳上游洪水或超过河道输送能力的洪水并排放，下游出路一般为河流或其他受纳水体。这种隧道通常沿积水区域主干街道布置，集中解决积水区域的水涝，典型的如大阪防涝隧道[157]；或沿主径流垂直方向布置，通过截流上游山洪或河道洪水，从而降低下游区域洪涝风险，典型的如香港港岛西雨水排放隧道和东京外围排放隧道[158][159]。在一些城市，由于城市扩张导致峰值径流流量增大或挤占城市河道、河道断面受限及竖向条件等因素影响，内涝的产生还常与河道排洪能力不足及下游洪水位顶托密切相关，在这种情况下隧道多平行于河道设置，或位于河道的正下方，以解决河道排水能力不足且难以扩大的问题，典型的如沃勒河排洪隧道[160]，国内城市广州正在建设的东濠涌隧道建在河道下面，主要针对这种情况。[106]

2）以污染控制为目的

通常称为存储隧道（Storage Tunnel）或CSO存储隧道（CSO Storage Tunnel），多应用于老城区合流制区域，部分延伸到新城区，其主要作用是收集超过截流管道截流能力而产生的合流制溢流污水，少数情况下兼顾收集分流制雨水径流，如南波士顿CSO存储隧道[161]，在隧道末端就地处理或输送至污水厂处理后外排。这类隧道一般都沿溢流口设置，平行于截流干管、河流或海岸线，可有效地将多个溢流口串联起来，典型的如悉尼存储隧道，其作用类似于一个较大的截流管道和调蓄池。由于这种隧道多位于排水系统下游，仅用来储存和处理超过截流管能力的合流制溢流污水，因而通常很难或不能解决上游汇水区域的积水问题。

3）多功能隧道

多功能隧道，即通过合理的设计和调整运行方式，可以实现洪涝控制、污染控制、交通等多种功能的兼顾。例如在合流制排水系统中，除了要控制合流制溢流污染外，还要兼顾内涝防治，因此不仅在隧道的位置、规模方面要综合考虑，还须将现有管道系统、溢流口、积水区域与隧道进行合理的衔接，最大限度地缓解内涝和污染，典型的如芝加哥"深隧"；吉隆坡的"精明隧道"则将高速公路隧道与排洪隧道进行组合设计，实现洪涝控制与交通功能的结合。[162]

2. 典型案例

1）日本东京"首都圈外围排水工程"

日本是温带海洋性气候国家，降水量相当于世界平均降水量的近两倍。东京地区降水丰富，还经常遭遇台风带来的强降雨。据统计，1996～2005年间，平均每年超过50mm的降雨达到288次，超过100mm的降雨达到4.7次。东京河流较多，但上游多在周边各县。因此，上游强降雨很可能会造成东京受灾。为此，日本中央政府、东京和首都圈各县之间建立了合作和联动机制，以流域为对象综合解决洪涝问题。针对东京的防洪，建立了一批跨行政区域的工程，其中典型案例就是修建了有"地下宫殿"之称的"首都圈外围排水工程"（图11-44）。

首都圈外围排水工程开工于1992年，2002年开始部分投入使用，2006年完工，是世界上最大的地下排水工程之一，总投资2400亿日元。该排水系统由内径10m左右的下水道将5条深约70m、内径约30m的大型竖井连接起来，前4个竖井里导入的洪水通过下水道流入最后一个竖井，集中到由59根高18m、重500t的大柱子撑起的长177m、宽78m的巨大蓄水池—"调压水槽"，最后通过4台大功率的抽水泵，排入日本一级大河流江户川，最终汇入东京湾，全长6.3km。4台抽水泵是由航空发动机改装而来的高速排水装置，单台功率达14000马力。同时开动时，可以200m³/s的速度向江户川排出洪水。

在强降雨时，城市内部的下水道系统将雨水排入附近中小河流，中小河流水位上涨后溢出的洪水则进入"首都圈外围排水工程"的巨大立坑和管道，最终流入江户川。整个工程一方面具有庞大的蓄洪容积（整个系统总蓄洪量可达67万m³），另一方面又有很强的泄洪能力，因此投入使用后发挥巨大作用。在建成后的当年，该工程所在流域在雨季"浸水"的房屋数

（a）

（b）

图11-44　日本东京"首都圈外围排水工程"[156]

量即从最严重时的41544家减至245家，浸水面积从最严重时的27840hm²减至65hm²。对于东京都东部及外围地区的防洪发挥了重要作用。

图11-45 英国伦敦"泰晤士隧道"[156]

（a）

（b）

图11-46 法国巴黎地下排水系统[156]

2）英国伦敦"泰晤士隧道"

英国是大西洋中的一个岛国，属温带海洋性气候，全年降雨丰沛，受城市内涝等地表水泛滥影响较大。首都伦敦的排水系统建于19世纪中期的维多利亚时代，距今超过150年历史。城市的不断发展扩张使得当时运行良好的维多利亚下水道的排水容量倍受压力。20世纪以来，城市排水系统不断进行关键性的升级，曾经的维多利亚下水道现在只占整个伦敦管渠的1%不到（图11-45）。2007年伦敦政府通过对"雨污分流"、"可持续性城市排水系统"和"泰晤士隧道"三种方案的论证，最终确定投入17亿英镑实施"泰晤士隧道"方案，即在泰晤士河下方建设一条长35km、直径7.2～9m、最深处达75m的"深层排水隧道"。隧道将连接34条位于"污染最严重"地带的下水道，溢流次数将由原来的60次/年减少到4次/年，有效地阻止未经处理的污水在降雨时流入泰晤士河，从而提高泰晤士河流域的水环境。

3）法国巴黎地下排水系统

法国巴黎海拔较低，属温和的海洋性气候，年平均降雨量为619mm。巴黎很少发生城市内涝灾害，最重要的原因就是巴黎拥有规模巨大、功能完善的下水道排水系统。早在1851年，法国人欧仁·贝尔格朗就利用巴黎东南高、西北低的地势特点，设计了将污水排到郊外阿谢尔野地的方案，并提出了下水道系统建设、维护以及发展的一整套技术方案。至1878年，巴黎已拥有地下水道约600km。1935年到1947年，巴黎又开展了污水净化改造工程，其中主要修建了4条直径为4m、总长为34km的排水渠，废水通过沟渠到达净化厂进行处理。1991年，为解决因老化导致的管道侵蚀、污染等问题，降低塌陷风险，巴黎开始了第一期500km的管道更新修复计划。目前，巴黎的下水道系统管道总长度达到了2400km（图11-46），这个长度大约相当于巴黎地铁长度的10倍，下水道井盖多达2.6万个（其中1.8万个可以进入），有6000多个地下蓄水池，由1300多名专业维护工负责清理维护。巴黎下水道系统位于地面以下5～50m不等，多采用石头或砖混结构。其管道通畅，纵横交错，密如蛛网。按沟道大小，可分为小下水道、中下水道和排水渠。其中，排水渠最为宽敞，中间是宽约3m的水道，两旁是宽约1m的检修通道，顶部排列着饮用水、非饮用水和通讯管线。在小下水道中，还建有一些蓄水池，用于增加冲刷效应，以避免下水道堵塞。整个排水系统犹如一座地下大水库。[163][164]

4）美国芝加哥"深隧"和大型调蓄池

美国芝加哥属于湿润的大陆性气候，四季分明，年平均降雨量为910mm，大部分降雨以夏季暴雨形式发生。城区长期遭受排水问题的困扰，内涝灾害严重，合流制溢流也造成密歇根湖水体的污染。为此，芝加哥市在城市河道下方及地表分别修建深层隧道和大型调蓄设施。因投资预算巨大，项目分为一、二期两个阶段施工。第一期项目从1975年开始投入建设，2006年底完工并投入使用（图11-47）。一期项目主要完成四条主隧道以及配套设施的施工，通过合理设计竖井的尺寸，使得隧道一旦注满，额外流量将绕过隧道直接排放，以此收集合流制溢流的初期冲刷雨水，输送至污水厂进行深度处理。截止到项目完工，隧道系统可存储、处理约$870\times10^4m^3$的溢流雨污水。因隧道容积有限，为了提供更大的调蓄空间，开展了二期项目——修建大型调蓄池、支路隧道及配套设施，主

要目的是减少城区内涝灾害，同时兼顾雨水污染控制，"深隧"将拦截的雨污水转移至地表调蓄池，河道洪水减退后输送至污水处理厂[165][166]。

11.2.6.3　优劣性和可行性

深层隧道排水系统作为集中型传统灰色基础设施的典型代表，一般具有实施后见效快、控制效果显著等特点，适宜在较大范围内存在严重洪涝或雨水污染问题时采用，并且通过科学的设计和运行可兼顾洪涝控制、污染控制及其他功能，如交通、景观补水等；另外，地下盾构施工对地面、地下轨道交通及浅层管线的影响相对较小，现状设施拆迁和施工期间占地较少，一般可以避免昂贵土地收购以及同其他基础设施建设之间的冲突，相对于其他分散型雨洪控制措施，隧道便于进行集中操作、维护和管理。

由于城市已建成区、老城区的道路地下浅层管线十分复杂，传统的增加管道、扩建管道和建设调蓄池等措施在一些条件下难以实施或成本太高，而位于深层地下的隧道工程为排水系统的升级改造提供了一种可行的选择，通过高额的资金投入和大规模建设可以有效地解决城市一些区域的洪涝和雨水污染问题，实现控制目标和要求，这也是现代大城市发展基础设施建设的需求和体现。但隧道方案也有其明显的局限性。

大型隧道设计施工周期较长、工程量大，配套设施的建设难度大，管理、运行和维护复杂，需要较高的初始投资、运行费用以及持续的维护成本。特别是大型地下深层隧道的高昂建设运营费用是许多中小城市无法承受的，一般很难在一个城市内大范围采用；另外，单一的灰色控制措施并不一定能彻底、高效地解决整个城市的所有雨洪问题，并存在破坏城市水循环和水生态的风险。一些城市修建隧道后，虽然显著减少了溢流进入水体的污染物，但水质状况依然不容乐观，仍需要再寻求其他高效的措施。此外，地下深层隧道的实施还涉及相关政策法规、投资收益、公众的理解和支持，以及对前期规划设计的模型模拟技术

图11-47　芝加哥"深隧"系统[156]

要求较高，这些都可能成为一些城市采用隧道的制约因素。

深层隧道排水系统的规划设计实施是一个非常复杂的系统决策过程，我国城市目前对深层隧道排水系统的研究还相对较少，缺少规划设计和建设运行的实践经验；国家法律法规的约束、政策资金的支持和规范导则的指导都相对不完善；科学的模型模拟支持条件也较弱，当前只有个别发达城市开始开展基于模型的大尺度排水系统规划；各相关部门配合、协调和公众咨询、筹资渠道、宣传等机制也不完善。因此我国城市对隧道方案必须本着因地制宜、慎重决策、多方案比较的规划方针，针对各地城市存在的洪涝、污染等实际问题，结合当地的排水系统状况、经济状况、城市发展程度、水文地质特性、水环境等条件，经过科学研究、系统分析、模型模拟、方案比选以及慎重的决策来平衡机遇和风险，在最初的规划设计阶段即要考虑操作和维护等后续问题，以确保深层隧道排水系统的规划实施方案能够达到预期控制标准和要求。[167]

11.3　城市排水管网系统规划

城市排水系统是指排水的收集、输送、处理、再生和处置污水与雨水的设施以一定方式组合成的总体。城市雨水管网系统的任务是及时可靠地汇集排除暴雨极端天气形成的地面径流，避免城市受淹，保障城市人民生命财产安全和生产、生活正常运行。作为市政工程中一项非常重要的隐蔽性基础设施，其发挥功能的优劣直接影响到城市自身功能的正常发挥。我国地域宽广，气候差异很大，不同地区的城市雨水管网系统的设计规模和投资具有很大差异性，必须根据当地的降雨特点和规律，经济合理地设计雨水排水系统，使之具有合理的和最佳的排水能力。最大限度地及时排除暴雨，避免洪涝灾害，又不使建设规模超过实际需求，提高工程投资效益，具有非常重要的意义和价值。

11.3.1　城市排水系统的体制与组成

城市的排水系统就是用来收集、输送、处理、利用和排放城市污水及降水的城市基础设施。其主要任务为：选择城市污水和降水的出路，收集并输送城市污水和降水至适当地点，合理处理后排放或再利用，保护城市水环境免遭污染，保持城市良好的水循环。

11.3.1.1　城市排水系统的体制及选择

1. 城市排水的分类[168]

城市排水按照来源和性质分为生活污水、工业污水和降水径流3类。其中，城市污水是指排入城市排水管道的生活污水和工业废水的总和。

1）生活污水

生活污水是指人们在日常生活中所使用过的水，主要包括从住宅、机关、学校、商店及其他公共建筑物和工厂的生活间，如厕所、浴室、厨房、洗衣房、涮洗室等排出的水。其中，从厕所来的污水称为粪便污水。生活污水中含有较多有机杂质，如蛋白质、动物脂肪、碳水化合物、尿素和氨、氮等，还含有肥皂和洗涤剂等，以及常在粪便中出现的病原微生物，如寄生虫卵和肠系传染病菌等。这类废水须经过处理后才能排入水体、灌溉农田或再利用。

2）工业废水

工业废水是指工业生产中所产生或使用过的水，来自车间或矿场等地。其水质随着工业性质、工业过程以及生产管理水平的不同而有很大差异。根据它的污染程度的不同，又分为生产废水和生产污水两种。

生产废水是指使用过程中受到轻度污染或仅水温稍有增高的水，如机器冷却水，通常经某些处理后即可在生产中重复使用，或直接排入水体。

生产污水是指使用过程中受到较严重污染的水，

须经处理后方可再利用或排放。这类水多半具有较大危害性。不同工业废水所含污染物质也不同。有的主要是无机物，如冶金、建材废水等；有的含有较多的有机物，如食品、炼油、石油化工废水等；有的含有较多无机物和有机物，如焦化、化学工业中的氮肥厂废水等。另外，不少工业废水含有的物质是工业原料，具有回收利用价值。此外，废水性质随工厂类型及生产工艺的不同而异。

工业废水也可按所含污染物的主要成分分类，如酸性废水、碱性废水、含氰废水、含铬废水、含汞废水、含酚废水、含醛废水、含油废水、含有机磷废水和放射性废水等。

3）降水

降水是指在地面上径流的雨水和冰雪融化水。降水一般比较清洁，但初期雨水由于溶解了空气中的大量酸性气体、汽车尾气、工厂废气等污染性气体，降落地面后，又由于冲刷屋面、沥青混凝土道路等，使得前期雨水中含有大量的污染物质，污染程度较高，甚至超出普通城市污水的污染程度。经雨水管直排入河道，对水环境造成了一定程度的污染。雨水径流排除的特点为：时间集中、量大，特别是暴雨会造成灾害，需及时排除，否则会形成内涝，会对人们生产和日常生活造成影响。另外，冲洗街道水、消防用后水，因性质与雨水相似，也并入雨水范畴。

2. 城市排水体制

城市排水体制，也称为城市排水制度，是指在城市区域内对生活污水、工业废水和降雨径流所采取的排除方式。不同的城市排水体制，排水系统的设计、施工、运行、维护和管理迥然不同，排水体制的选择是城市排水系统规划所需要解决的首要问题。根据城市污水（包括生活污水和生产废水）与降雨径流是否使用同一输运管道系统，传统的城市排水体制分为合流制和分流制两种基本类型。

1）合流制排水体制

合流制排水体制是指使用同一个管道系统对城市污水与降雨径流进行收集和排除的方式。按照对降雨径流和污水收集程度的不同，合流制排水系统又可分为直排式合流制、截流式合流制和完全处理式合流制3种类型。

（1）直排式合流制。

直排式合流制起源于19世纪的欧洲，是最早出现的合流制排水系统，将生活污水、工业废水和雨水混合在同一个管渠内，管渠系统的布置就近坡向水体，分若干个排水口，混合的污水不经处理和利用直接就近排入水体（图11-48）。这种排水系统对水体污染严重，但管渠造价低，又不建污水处理厂，所以投资小，在早期城市建设中曾大规模使用。国内外老城区的合流制排水系统大都属于此类。因其所造成的污染危害很大，目前一般不宜采用。

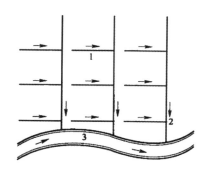

图11-48　直排式合流制排水系统
1-合流支管；2-合流干管；3-河流

（2）截流式合流制。

在早期直排式合流制排水系统的基础上，临河岸建造一条截流干管，通往污水处理厂，并在截流干管处设溢流井（图11-49）。晴天和初期降雨时，所有污水都排送至污水处理厂，经处理后排入水体。随着雨量和降雨径流的增加，当混合污水流量超过截流干管的输水能力后，将有部分混合污水经溢流井溢流直接排入水体。

这种排水系统比直排式有较大改进，较好地控制了污染较重的初期雨水地表径流所带来的污染负荷，但在降雨中后期，超过截流干管输水能力而直接排入

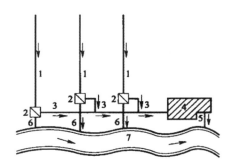

图11-49 截流式合流制排水系统
1-合流干管；2-溢流井；3-截流主干管；4-污水
处理厂；5-出水口；6-溢流干管；7-河流

水体的部分混合污水会周期性地给水体带来污染，甚至引发水污染事故，成为受纳水体的污染源使其遭受污染。同时，由于雨季进入污水处理厂的污水中混有大量雨水，其水质和水量均会出现明显波动，从而对污水处理厂各处理单元的运行带来较大冲击，将可能影响到污水处理厂的稳定运行，对污水处理厂的自动化、智能化控制水平提出了更高要求。

（3）完全式合流制。

完全处理式合流制是对直排式合流制系统的根本改造，它将生活污水、工业废水和降雨径流全部送到污水处理厂处理后再排入受纳水体中。这种排水系统通常应用在降雨量较小且对水体水质要求较高的地区。显然，这种体制的卫生条件较好，对保护城市水环境非常有利，在街道下管道综合也比较方便。但是，从投资建设的角度来看，为了保证雨季排水系统的正常运行，需要铺设大管径的截流管，建设大规模的污水处理厂和大流量的泵站，从而导致投资和运行维护成本大幅度增加，而相对于一年中相当长的无降雨期，管道的使用效率大打折扣。

2）分流制排水体制

将生活污水、工业废水、雨水采用两套或两套以上相互独立的管渠系统排放的排水系统，称为分流制排水系统。其中，汇集输送生活污水和工业废水的排水系统称为污水排水系统，排除雨水的排水系统称为雨水排水系统，只排除工业废水的排水系统称为工

业废水排水系统。根据雨水排除方式的不同，又分为完全分流制、不完全分流制和截流式分流制3种排水体制。

（1）完全分流制。

完全分流制排水系统分设污水排水系统和雨水排水系统两个管渠系统（图11-50），前者汇集生活污水、工业废水，送至处理厂，经处理后排放或利用；后者汇集雨水和部分工业废水（较洁净），就近排入水体。该体制卫生条件较好，其投资较大；可避免将城市污水直接排入城市受纳水体，并且在理论上可以将所收集到的污水处理到任何所期望的水平，在较大程度上保证了城市周边水体的环境质量和卫生条件。因此，世界上许多城市倾向于采用这种完全分流制的排水体制，特别是在新城区的建设中往往成为首选排水方式和老城区排水系统改造的比选方案之一。然而，近年来国内外众多研究发现，城市降雨径流中污染物浓度水平并不低，特别是初期降雨径流中的污染物浓度通常很高，有时甚至高于生活污水中的相关污染物浓度，城市初期降雨径流所引起面源污染已成为影响城市周边水体水质的重要因素。

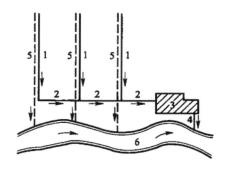

图11-50 完全分流制排水系统
1-污水干管；2-污水主干管；3-污水处理厂；4-出水口；5-雨水干管；6-河流

（2）不完全分流制。

不完全分流制排水体制是指只建有污水管网，而没有雨水管网。城市污水由污水管网收集并送至污水处理厂，经处理后排入受纳水体；降雨径流沿天然地

面、街道边沟、水渠等明渠系统排入受纳水体（图11-51）。显然，该种体制投资小，主要用于有合适的地形、有比较健全的明渠水系的地方，以便顺利排泄雨水。对于新建城市或建设初期，为了节省投资或急于排出污水，先采用明渠排雨水，待有条件后，再增设雨水管渠系统，变成完全分流制系统。对于地势平坦、多雨易造成积水的地区，不宜采用不完全分流制排水系统，并且由于没有完整的雨水管网，在雨季容易造成径流污染和洪涝灾害。

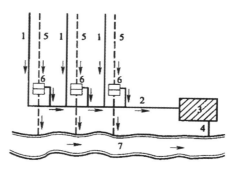

图11-52 截流式分流制排水系统
1-污水干管；2-污水主干管；3-污水处理厂；
4-出水口；5-雨水干管；6-跳跃井；7-河流

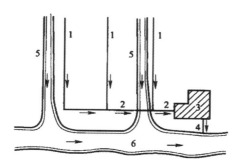

图11-51 不完全分流制排水系统
1-污水干管；2-污水主干管；3-污水处理厂；
4-出水口；5-雨水干管；6-河流

（3）截流式分流制。

截流式分流制排水体制是在完全分流制的基础上，通过在雨水管网末端设置截流井系统将初期雨水地表径流污染和误接入雨水管的污水进行截流，并输送至污水处理厂处理后排放，而中后期污染程度较轻的降雨径流则通过截流系统的溢流管直接排入水体（图11-52）。截流式分流制可较好地保护受纳水体不受污染，且由于仅接纳初期雨水，截流管管径也小于截流式合流制管道管径，与截流式合流制相比也减少了污水处理厂的运行管理费用，是一种相对经济且环保质量较高的排水体制。

3. 排水体制的选择

城市排水体制的选择不仅关系到整个排水系统的可行性和城市水环境保护目标的实现，而且也影响到排水系统的投资规模和运营、管理、维护的成本。一

般应根据城市的总体规划、环境保护要求、污水利用处理要求、原有排水设施、水环境容量、地形、气候和受纳水体等多方面条件，从城市发展的全局出发，综合考虑各排水体制自身的优劣利弊因素，通过对多方案的技术经济比较来确定。

1）环境保护方面

截流式合流制对初期雨水有截污作用，通常可以减少入河污染负荷总量，但由于只能在截流倍数内对降雨径流进行控制，一旦降雨排水量超过系统的截流能力，大量混合的雨、污水和管网中的沉积物直接排入受纳水体，造成水体较为严重的周期性污染。因此，仍须进一步采取提高截流污水的水量即截流倍数，增设溢流污水的处理设施等方法来减少水体的污染。例如，在合流管的末端增设预沉截流池，将截流井改造为预沉池出水堰，并在截流井的溢流堰一侧增设溢流污水沉淀池。

完全分流制避免了混合污水溢流的现象，但由于雨季将降雨径流全部直接排入受纳水体，对初期降雨径流的面源污染没有采取控制措施，同样给受纳水体带来较强的污染冲击，严重影响水体的水质和生态系统。与完全分流制相比，截流式分流制增加了将初期降雨径流引入排水管道的雨水截流井系统，克服了传统分流制排水系统雨污分流不彻底、初期雨水污染等不足，更好地保护了城市地表水环境。在截流式分流制中，解决实际降雨过程中的降雨径流分质收集和处

理问题，截流倍数的选择，以及雨水截流井的设计、建设和运行，是截流式分流制系统的关键。

2）工程投资方面

由于合流制排水系统只需一套管网系统，大幅度减少了管网的总长度。其管网总长度要比分流制减少30%~40%，而断面尺寸和分流制雨水管网也基本相同，因此合流制排水管网的造价一般要比分流制低20%~40%。虽然合流制泵站和污水处理厂的造价通常比分流制高，但由于管网造价在排水系统总造价中占70%~80%，所以分流制的总造价一般比合流制要高。从节省初期投资角度考虑，如果初期只建污水排除系统而缓建雨水排除系统，则不仅初期建设投资小，而且施工期短，发挥效益快；随着城市的发展，可再逐步建造雨水管网。因此，分流制排水系统有利于进行分期建设。

3）建设施工方面

合流制排水系统只有一套管网，占用地下空间较小，与其他地下管线交叉少，便于施工。如果用于对直排合流制的老城区管网改造，无须大规模重建，只须选择适当的位置铺设截流管并沿途设置溢流井，工程量相对较小。与合流制相比，分流制需要修建两套管网系统，占用的地下空间较大，管道平面铺设和竖向交叉的处理较为困难，特别是街道狭窄地区，施工的难度更大。另外，两套管网增大了系统的复杂性，难以避免发生管道错接现象，导致在实际运行中雨水管可能接纳城市污水，而污水管也可能接纳雨水。

4）维护管理方面

在维护管理上，合流制旱季时污水在管道中是非满流，雨季时才接近或达到满流，因而旱季合流制管道内流速较低，易产生沉淀，而沉淀物在暴雨时易被雨水冲走，这样，合流制管道的维护管理费可以降低。但旱季和雨季时进入污水处理厂的水质、水量变化很大，不利于污水泵站和污水处理厂的稳定运行，造成管理维护复杂，运行费用增加，对于抗冲击负荷能力差的污水处理厂还可能导致出水水质不达标。而

分流制污水管道的污水流量和强度变化较小，只要设计合理，管道内的流速超过不淤流速，管道一般不易出现淤积现象。同时，进入污水处理厂的水量、水质变化较小，有利于污水处理厂处理和运行管理。对于降雨径流，分流制排水系统可以根据需要设置雨水泵站，并且仅在雨季需要时启用。

可以看出，各种排水体制都有其优劣利弊，也无法一概而论判断孰优孰劣，必须充分考虑各城市自身的环境容量、发展历史、经济背景等实际条件，因地制宜是做出科学决策的首要条件。2014年最新修订的《室外排水设计规范》（GB 50014—2006）要求，排水体制（分流制或合流制）的选择应符合下列规定。

①根据城镇的总体规划，结合当地的地形特点、水文条件、水体状况、气候特征、原有排水设施、污水处理程度和处理后出水利用等综合考虑后确定。

②同一城镇的不同地区可采用不同的排水体制。

③除降雨量小（降雨量小一般指年均降雨量300mm以下的地区）的干旱地区外，新建地区的排水系统应采用分流制。

④现有合流制排水系统，应按城镇排水规划的要求实施雨污分流改造。

⑤暂时不具备雨污分流条件的地区，应采取截流、调蓄和处理相结合的措施，提高截流倍数，加强降雨初期的污染防治。

同时，随着城市建设可持续发展排水系统、绿色基础设施、海绵城市等雨水控制新理念的提出，传统的市政排水理念下的雨水"快排"模式逐渐被将雨水"渗透、滞留、集蓄、净化、循环使用、排放"的可持续发展模式所替代，需要在城市规划的各个层面将城市雨水的排除与雨水的生态循环有机结合起来，与雨水的污染控制结合起来，与保护城市生态安全结合起来，与城市经济效益结合起来，因地制宜地选择适合当地发展的可持续的排水体制，建设健康水循环的城市。

11.3.1.2 城市排水系统的组成

城市排水系统是指排水的收集、输送、处理和利用，以及排放等设施以一定方式组合成的总体，通常由排水管道（管网）、污水处理系统（污水处理厂）和出水口组成，依据排除对象不同分为城市污水排水系统、工业废水排水系统和雨水排水系统。其基本功能关系如图11-53所示。

1）城市污水排水系统的主要组成

城市污水包括排入城镇污水管道的生活污水和工业废水。将工业废水排入城市生活污水排水系统，就组成城市污水排水系统。城市生活污水排水系统由室内污水管道系统和设备、室外污水管道系统和附属构筑物、污水提升泵站及压力管道、污水厂、出水口及事故排出口等组成。

2）工业废水排水系统的主要组成

工业废水排水系统由车间内部的管道系统和设备、厂区管道系统及附属构筑物、必要的污水处理系统、污水泵站及压力管道、废水处理站或接入城市排水系统的管网组成。工业废水的水质十分复杂，应根据水质、处理和回收利用等条件分质收集、处理和排放，并应注意水质对管材的影响。

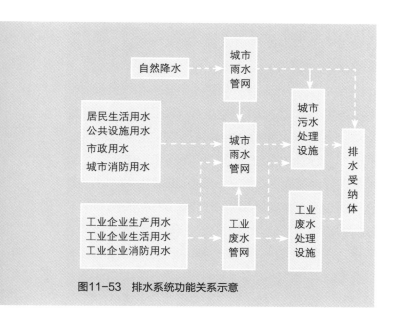

图11-53 排水系统功能关系示意

3）雨水排水系统的主要组成

排除降雨径流和融雪径流的管渠系统称为雨水排水系统。城市的降雨径流主要来自屋面和地面，屋面上的降雨径流通过天沟和竖管流至地面，然后随地面上的降雨径流一起排除，地面上的降雨径流通过雨水口流至庭院下的雨水管道或街道下面的管道。当降雨径流自流排放有困难时，须设置雨水泵站排水。雨水排水系统主要包括：

（1）房屋雨水管道系统和设备。收集房屋、工厂车间或大型建筑的屋面雨水，包括天沟、竖管及房屋周围的雨水管沟。

（2）街坊或厂区雨水管渠系统。

（3）道路雨水管渠系统。包括雨水口、检查井、跌水井及支管、干管等。若设计区域傍山建造，需在建设区周围设截洪沟渠（管）。

（4）雨水泵站及压力管。雨水一般就近排入水体。若自流排放有困难，须设雨水泵排水。

（5）出水口（渠）。

11.3.2 城市雨水管网系统规划

城市雨水管网系统是由雨水口、雨水管渠、检查井、出水口等构筑物组成的一整套工程设施。城市雨水管网系统规划的主要内容有：确定或选用当地暴雨强度公式；确定排水流域与排水方式，进行雨水管渠的定线，确定雨水泵房、雨水调节池、雨水排放口的位置；确定设计流量计算方法及有关参数；进行雨水管渠的水力计算，确定管渠尺寸、坡度、标高及埋深。

11.3.2.1 雨水管网系统的布置原则

城市雨水管网系统布置主要目的是尽可能利用地形的自然坡度以最短的距离依靠重力排入附近的池塘、河流、湖泊等水体中，避免城市内涝，在不影响居民生产和生活的同时，达到经济合理的要求。雨水管网的布置通常需要考虑以下原则。

1）利用地形，就近排水

规划雨水管线时，首先应按地形划分排水区域，再进行管线布置。根据河道水位和地面标高，划分自排区和强排区。自排区利用重力流将雨水排入河道，强排区需设雨水泵站提升排入河道。根据分散和直接的原则，一般采用正交式布置，使雨水管渠尽量以最短的距离依靠重力排入附近的池塘、河流、湖泊等水体中，只有当水体位置较远且地形较平坦的情况下，才需要设置雨水泵站。一般情况下，当地形平坦时，雨水干管宜布置在排水流域的中间，尽可能扩大重力流排水的范围；当地形坡度较大时，雨水干管宜布置在地形较低处或溪谷线上。

2）重视城市竖向规划

合理有效地组织地面排水形式是城市竖向规划的一项重要内容，更是防止城市发生暴雨涝灾的重要手段之一。充分利用城市用地竖向规划，在每个排水区域内，对自然地形进行利用、改造，确定坡度、控制高程和平衡土石方等规划设计，形成雨水收集、传输、汇集的地表设计通道，引导地表径流流入雨水管渠或受纳水体，避免形成局部场地的积水，并保证雨水管道埋设所需的最小覆土厚度和最不利点的要求。

3）尽量避免设置雨水泵站

由于雨水泵站的投资大、能耗高，在一年中的运转时间较短，利用率较低，因此在规划雨水管线时，应尽可能利用地形，使降雨径流不是依赖泵站而是以重力流排入水体。在某些地势低洼或受潮汐影响的城市，在必须设置的情况下，也应把经过泵站排出的雨水径流量减少到最小。

4）结合街区与道路规划

通常应根据建筑物的分布、道路的布置以及街坊或小区内部的地形、出水口的位置等因素来确定街区内部地表径流排放路径。道路、广场、绿地是街区内地表径流的集中区域，街区内的地表径流可沿街、巷两侧的边沟排除。道路边沟最好低于相邻街区的地面标高。尽量利用道路及两侧边沟作为地表径流的传输路径。

雨水管渠通常平行于街道铺设，但是干管（渠）不宜铺设在交通量大的干道下，以免积水时影响交通。雨水干管（渠）应设在排水区的低位道路下。干管（渠）在道路横断面的位置最好位于人行道、草地或慢车道下，以便检修。当路宽大于40m时，应考虑在道路两侧分别设置雨水管道。雨水干管的平面和竖向布置应考虑与其他地下管线和构筑物在相交处相互协调，以满足其最小净距的要求。

5）合理利用调蓄水体

在布置雨水排水管网时，应充分利用城市下垫面的洼地和池塘，或有计划地开挖一些池塘，以降低管道设计流量、调节洪峰、减少泵站的数量，以达到储存径流、节约投资的目的，并能解决暴雨时超出雨水管网设计标准，短时间内无法排除的雨水径流量问题，避免内涝风险。调蓄水体的布置应与城市总体规划相协调，与水系、绿地、景观、消防等规划结合起来，起到生态、游览、娱乐、消防的综合作用。

6）合理布置雨水口

在街道两侧设置雨水口，是为了使街道边沟的雨水通畅地排入雨水管渠，而不致漫过路面。街道两旁雨水口的间距主要取决于街道纵坡、路面积水情况以及雨水口的进水量，一般为25～50m。雨水口宜设污物截留设施。一般在街道交叉路口的汇水点、低洼处设置雨水口[168]。

11.3.2.2　城市雨水汇水区

城市雨水汇水区指汇集雨水和地面水的管渠系统所服务的区域。汇水面积是指雨水管渠汇集雨水的面积[168]。城市雨水管网系统就相当于城市内人为设计的输水河道，而城市雨水流域也就可以看作是缩小版的城市雨水汇集"小流域"。城市汇水区域的划分直接影响排水管线的平面布局，以及雨水管网设计流量值的确定。高效的雨水汇水区的划分将是雨水管网设计水平的保证，并成为管网投资预算的决定性因素[169]。

城市雨水汇水区的划分应遵循"自大向小，逐步递进"的原则，一般分为3个渐进的层次，即城市雨水流域汇水区、城市雨水出水口汇水区和城市雨水管段汇水区（图11-54）。这三级汇水区存在包含和逐步递进的关系，每个雨水流域汇水区可以划分为若干个雨水出水口汇水区，每个出水口汇水区又可划分为若干个雨水管段汇水区[160]。

城市雨水流域汇水区是按地形的实际分水线划分的排水流域，按照地形变化的特征，以河道、分水线、汇流网络、行政区界等为参考所划分的第一级汇水区域。通常情况下，城市雨水流域汇水区面积比较大，每个汇水区内的雨水一般都将流入城市内部或周边的某段河流、湖泊等水体。城市流域汇水区从总体上将整座城市划分为若干排水流域，反映宏观雨水的总体流向，与城市流域的地形分割也基本吻合。可以在此基础上进一步合理布置排水泵站、出水口等雨水设施，成为其他两个层次汇水区划分的基础，更保证了城市整体宏观雨水排放系统的安全性和可行性。

城市雨水出水口汇水区仍然依据地形要素，在上层次流域汇水区内，根据设置的出水口位置及区域排水边界，对雨水汇水区进行的第二层次汇水区域划分。由于在雨水管网系统中，雨水由起点雨水篦流入雨水管网，最终由出水口排出，城市雨水出水口汇水区也可定义为：以出水口为最终节点，由雨水管网和管点设备所形成的相对独立的雨水管网系统所决定的汇水区。各汇水区内雨水管网系统自成相对独立的连通系统。每个或几个出水口将承担一定区域内雨水的排放。雨水出水口汇水区划分的目标是将雨水流域汇水区按照雨水管网系统的分布再分割成若干个下一级子汇水区。其是雨水汇水区三级划分体系中承上启下的关键环节，也是城市雨水管网规划设计的核心内容。

城市雨水管段汇水区是每段管段所服务的汇水区范围，是根据地形和城市各街区内部建筑组成划分的第三级汇水区域，构成了城市排水的微观区域单元。可以按照每段雨水管段的管径、坡度不发生大的变化，没有其他管段接入作为划分界面。

除了受城市布局和雨水管网分布的影响之外，地形是决定汇水区划分的关键因素。通常情况下，在新城区总体规划时首先要划分排水流域，即城市雨水流域汇水区，以便于合理布置泵站、出水口。因此，城市雨水流域汇水区的划分是其他两类汇水区划分的基础和关键。

1）影响城市雨水汇水区的因素

城市的雨水管网系统的布局大致上决定了城市雨

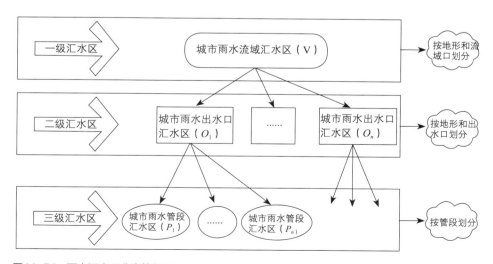

图11-54　雨水汇水区分类等级图

水汇水区的分布。雨水管网系统有如下特点。

（1）充分利用地形，就近排入水体。雨水管渠应尽量利用自然地形坡度以最短的距离靠重力流排入附近的池塘、河流、湖泊等水体中，如图11-55所示。

当河流的水位变化很大，管道出口离常水位较远时，出水口的构造比较复杂，造价较高，宜采用集中出水口式的管道布置形式，如图11-56所示。当地形平坦，且地面平均标高低于河流常年的洪水位标高时，须将管道出口适当集中，在出水口前设雨水泵站，暴雨期间雨水经抽升后排入水体。

（2）根据城市规划布置雨水管道。通常，应根据建筑物的分布、道路布置及街区内部的地形等布置雨水管道，使街区内绝大部分雨水以最短距离排入街道低侧的雨水管道。雨水管道应平行于道路布设，且

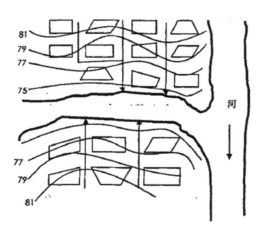

图11-55 分散出水口式雨水管布置

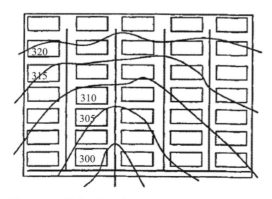

图11-56 集中出水口式雨水管布置

宜布置在人行道或草地下，而不宜布置在快车道下，以免积水时影响交通或维修管道时破坏路面，当道路宽度大于40m时，可考虑在道路两侧分别设置雨水管道。

（3）合理布置雨水口，以保证路面雨水排除通畅。雨水口布置应根据地形及汇水面积确定，一般在道路交叉口的汇水点、低洼地段均应设置雨水口，以便及时收集地面径流，避免因排水不畅形成积水和雨水漫过路口而影响行人安全。

（4）雨水管道采用明渠或暗管应结合具体条件确定。在城市市区或工厂内，由于建筑密度较高，交通量较大，雨水管道一般应采用暗管；在地形平坦地区，埋设深度或出水口深度受限制地区，可采用盖板渠排除雨水。

（5）设置排洪沟排除设计地区以外的雨洪径流。许多工程或居住区傍山建设，雨季时设计地区外大量雨洪径流直接威胁工厂和居住区的安全。因此，对于靠近山麓建设的工厂和居住区，除在厂区和居住区设雨水道外，尚应考虑在设计地区周围或设计区之外设置排洪沟，以拦截从分水岭以内排泄下来的雨洪，引入附近水体，保证工厂和居住区的安全。

从以上雨水管网的特点可以看出，地形和城市布局是决定城市雨水管网平面分布的两个重要因素，城市雨水汇水区的分布也就相应取决于地形、城市布局和雨水管网的分布。在雨水汇水区的建立过程中，必须考虑到地形、城市布局和雨水管网分布情况等因素。

2）传统方法建立城市雨水汇水区

在计算机技术没有得到充分发展之前，雨水汇水区都是采用传统方式人工划分。其划分的主要原则为：自大向小，逐步递进。根据这个原则，可将汇水区域划分为4个层次。

（1）以河道为分水岭划分第一层次的汇水区域。

（2）在第一层次汇水区域的基础上，以主干道为主线划分第二层次的汇水区域。

（3）依据地形并结合出水口及区域排水边界进行

划分，形状尽可能规则，面积不宜过大。

（4）根据地形和建筑群实际汇水边界进行校核，并与毗邻系统统筹考虑，做到均匀合理。

按照以上汇水区划分的原则，建立城市雨水汇水区的传统方法为：工作人员依据对城市地形和道路布局的认识与了解，结合雨水管网竣工图，在CAD图或地图上人工勾画出城市的雨水汇水区，对于相邻汇水区之间绿地及建筑物区的划分，采用划分多边形等角线的方法，将研究区域分配到其周围道路上的雨水管道。由于工作人员对城市地形的认识有限，只能做到大体上的判断，而这种判断又存在较大误差，不能准确判断雨水的汇流方向，因此按照传统的方法建立雨水汇水区，缺少科学的划分原则，没有进行科学的定量计算。同时，不同的工作人员对城市地形和道路布局的认识也不一样，这样导致不同的工作人员划分出不一致的结果，带有浓厚的人为因素，具有极大的不确定性，精度也比较差。在GIS（地理信息系统）技术引入城市排水管网规划之后，由于国内外对雨水汇水区自动划分的研究较少，对建立城市雨水汇水区的方法还停滞于传统方法上。

3）GIS支持下自动划分城市雨水汇水区

传统城市雨水流域汇水区主要通过收集各种水系资料数据，采用目测方法进行划分。此方法效率较低，而且划分后的结果往往和实际情况有出入。因此，利用新的技术手段改造传统的流域汇水区划分方法势在必行。流域汇水区的划分和城市地形密切相关，因此采用流域地形自动分割方法，结合基于GIS的城市雨水管网达标系统实现城市雨水流域汇水区的自动划分。

GIS技术广泛应用于城市排水管网规划以后，建立雨水汇水区的方法中就介入了较多的GIS元素：城市地形具体表现为城市的DEM数据、管网和道路布局，具体表现为地图中相应的图层，GIS技术也使得城市雨水汇水区自动建立的实现成为可能，建立城市排水规划地理信息系统不仅能够提供给工作人员手

工划分的工具，而且还能够从城市地形、雨水管网布局、城市布局出发，自动划分雨水汇水区，这种划分方法比传统方法更加合理，能够提高管网规划工作的效率和精度。

南京师范大学地理信息科学江苏省重点实验室以地理信息系统为基础，针对排水设施管理现状，基于高效优化设计排水管网的目的，提出了地理信息系统支持下的城市雨水汇水区自动划分模型，并应用到实际排水工程中。该模型结合城市雨水管网系统的设计，将雨水汇水区划分为3个渐进的层次：城市雨水流域汇水区、城市雨水出水口汇水区、城市雨水管段汇水区。这三级汇水区存在包含和逐步递进的关系，每个雨水流域汇水区可以划分为若干个雨水出水口汇水区，每个雨水出水口汇水区又可划分为若干个雨水管段汇水区。

（1）雨水流域汇水区：指在城市总体规划或工厂总体布置时，按地形的实际分水线及城市主要街道划分的排水流域。

（2）雨水出水口汇水区：指在提取雨水管网系统的基础上，依据地形并结合出水口及区域排水边界，对雨水汇水区的第二层次汇水区域划分，各汇水区内雨水管网系统自成相对独立的连通系统。每个或几个出水口将承担一定区域内雨水的排放。雨水出水口汇水区划分的目标是将雨水流域汇水区按照雨水管网系统的分布再分割成若干个下级子汇水区。

（3）雨水管段汇水区：划分每段管段所服务的汇水区范围，是根据地形和建筑群划分的第三级汇水区域，管段是指管径、坡度不发生变化，并且没有其他管段接入的一段连续管线。

该模型研究了基于动态分段技术的雨水管网网络数据模型，建立了雨水管网数据结构，合理地组织和管理了雨水管网空间数据及属性数据，为雨水汇水区自动划分提供了有力的数据模型支持。应用该模型对城市雨水汇水区进行自动划分，能大大减少从业人员手工划分雨水汇水区的时间，节约成本。

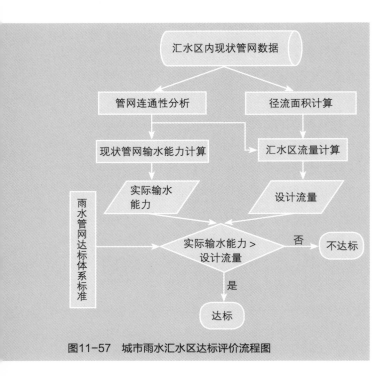

图11-57 城市雨水汇水区达标评价流程图

4）城市雨水汇水区的评价方法

城市雨水汇水区管网达标的评价结果能够直观反映雨水汇水区划分的合理性和汇水区内雨水管网的达标性能。对城市雨水汇水区进行管网达标评价，涉及城市雨水管网达标评价体系的建立、城市雨水管网连通性分析、径流面积计算等过程，其流程图如图11-57、图11-58所示。

城市雨水汇水区管网达标评价过程如下。

（1）针对汇水区内现状管网数据进行雨水管网连通性分析，包含连通一个出水口或检查井的所有管线和检查井。

（2）根据相关水力计算公式，结合雨水管网连通性分析过程中的相关计算结果，计算出管段的实际输水能力。

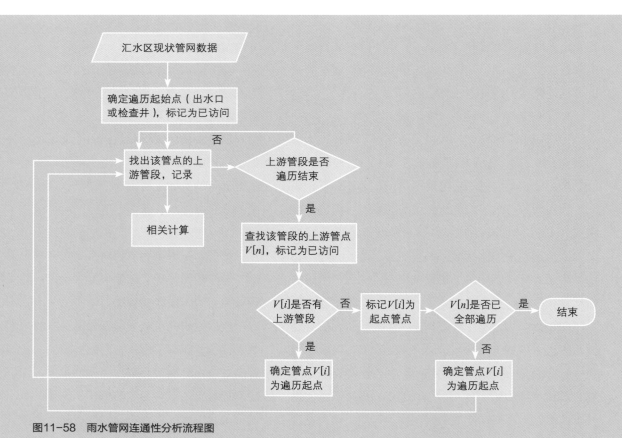

图11-58 雨水管网连通性分析流程图

（3）径流面积计算。

雨水管段的汇水面积分配能确定各管段的本段汇水面积、平均径流系数及地面集水时间。在雨水管网系统中，每段管段不是孤立存在的，其上游管段的输水能力直接影响到本段的设计流量，上游管段的雨水最终流入下游管段，每段管段所承担的汇水面积（F）是本段汇水面积（F_0）与上游管段汇水面积（F_i）之和，即径流面积，如下式所示：

$$F = F_0 + \sum_{i=1}^{n} F_i \ [i \in (1, \cdots, n)]$$

可把雨水管网分解为树状结构，利用递归计算可快速计算出各管段的径流面积。每段管段的径流面积确定直接影响到各管段的设计流量。

（4）结合雨水管网连通性分析过程中相关计算结果，根据汇水区暴雨强度计算公式，计算出本汇水区的雨水管网设计流量。

（5）参考城市雨水管网达标评价体系标准，比较管网实际输水能力与管网设计流量，判断汇水区是否达标。

11.3.2.3　基于模型的动态规划方法

计算机技术的发展推动了复杂数学模型软件的开发和应用。在城市排水管理中，数学模型已成为不可或缺的技术手段，并呈现出巨大的网络计算与系统分析优势。推动相关数学模型在排水管网规划和设计过程中的应用，是缩小我国排水行业规划设计领域与发达国家差距的必要技术环节。

1）现有规划方法的缺陷

我国现有排水系统规划的基本方法是建立在水文水力学理论和以工程经验为基础的推理公式基础上的，推理公式在城市排水管网的规划和设计中得到了广泛应用。但是，由于城市排水系统是一个结构复杂、关联性强的网络系统，生活污水的排放和降雨径流的产生都存在很大的随机性和不确定性，现行的规划计算方法由于过于简化，很难全面预测和评估排水系统在不同排水状况下的水力特征，严重影响了排水

管网建成后的运行效率和可靠性。具体而言，其主要问题包括5个方面。

（1）在我国的现行规范中，不论汇水区面积多大，都是利用最大设计暴雨采用推理法进行雨水管渠的计算，不考虑排水系统在不同类型降雨下的排水特征，也不考虑降雨的空间变化。对于汇水面积较小的排水系统，洪灾表现为对降雨的线性响应，降雨量直接决定了洪峰和最大水位，用现行的规划和设计方法可较为可靠地进行计算；但对汇水面积较大的复杂排水系统，暴雨频率仅是影响排水特征的因素之一，降雨空间分布、地表特征、径流路径、系统内的调蓄容量、各控制性构筑物的运行状态等多种因素同时影响排水管网的水力状况。在此情况下，现行规划和设计方法由于对复杂排水系统的描述过于简单，从而导致计算精度不高，往往带来系统运行的安全隐患。

（2）本质上，推理法是采用均匀雨型进行计算，即在整个降雨历时内采用同一个降雨强度。近些年来，设计雨型包括均匀雨型、三角形雨型、芝加哥雨型、Huff雨型等在内的多种更符合实际降雨过程的雨型模式纷纷出现。通过对比分析发现，由均匀雨型计算得到的洪峰流量最小，可比其他雨型得到的洪峰流量小20%以上。因此，在多数情况下，对一定重现期的暴雨，用推理法计算的管渠设计流量比实际暴雨产生的洪峰流量要小很多。

（3）由于推理公式法在理论上对城市地表的产、汇流过程作了过于简单的假设，其径流系数无法准确反映城市地表所发生的入渗、蒸发和汇流等实际情况，从而给产、汇流的过程计算带来较大偏差。

（4）推理公式法通常只能计算洪峰流量，无法反映完整的径流过程，对雨水调节池设计、雨洪利用工程设计、合流制排水管道溢流量的计算等均无法提供详细的定量分析依据。

（5）在排水管道尺寸的计算中，遇到特殊地形情况时，一般只是凭经验对管段的管径和坡度等进行适当调整，以求达到经济合理的目的，但其合理程度受

到规划设计人员的经验和主观判断的限制；另外，由于大多数规划设计人员通常采用反复查阅图表的方法计算管网的设计参数，工作效率明显偏低，因而也不利于规划和设计方案的筛选与优化。

近年来，我国多数城市（如广州、深圳、北京等）都相继发生了严重的内涝灾害，这些事件都对我国现行排水管网规划设计方法缺陷提出了警示。

2）排水系统动态规划方法的发展

自20世纪60年代以来，随着水文模型的深入研究与开发，各国研究者在总结经验和数理分析的基础上，逐步发展和建立了描述各种排水工程系统或过程的数学模型，有关各类排水系统的优化研究也引起了广泛关注，排水工程由此进入了以定量与半定量为标志的"合理规划设计和科学管理"的阶段。

近10年来，随着人们对推理公式法局限性认识的加深，以及计算机技术和计算能力的快速提高，发达国家高度重视各种综合排水管网模型软件的开发和应用，努力为排水系统的规划、设计和管理提供全面、系统、可靠的分析平台和计算工具。例如，多个国家在其管理程序中明确要求，在区域土地开发、排水系统建设项目的立项过程中，均需通过排水管网模型对建设项目进行评估。欧盟的"室外排水与管渠系统"标准EN752采用了"设计暴雨频率"和"设计洪灾频率"两个指标，其中洪灾频率为管渠实际运行时出现洪灾的统计频次。该标准规定小型系统仍可采用设计暴雨频率进行计算，大型系统则推荐采用计算机模型对管渠水力状况进行直接评价，以保证达到规定的洪灾频率。德国的"排水系统水力设计与模拟"标准ATV-A118定义了"超载频率"作为额外水力指标，其中"超载"是指在重力流管渠中，雨、污水处于压力流但尚未溢出地面造成洪灾的水力状况，该指标的引入可以更加准确地描述管渠模拟的水力状况。近年来，我国也开始了计算机模型在排水系统规划、设计领域的探索与研究。

3）基于模型的排水管网规划方法

利用排水管网模型开展排水管网的规划是一个多次叠加的复杂计算过程，其步骤如图11-59所示。首先根据城市规划的相关GIS基础地形图、CAD地形图和土地利用规划图等空间数据进行排水管道的定线；然后对排水量进行估算和分配，或对降雨径流进行空间分配，基于推理公式法进行排水管道规划模式下的水力计算，初步确定排水管网各管段和节点的设计参数，并对相应的规划方案进行调整；在规划方案完成后，可根据城市规划信息构建规划情景下的排水管网模型，通过选择模型的各类参数数值，实现对规划方案更为准确和可靠的描述；最后，利用模型对不同规划情景下的管道充满度、水位、流速等进行模拟，以

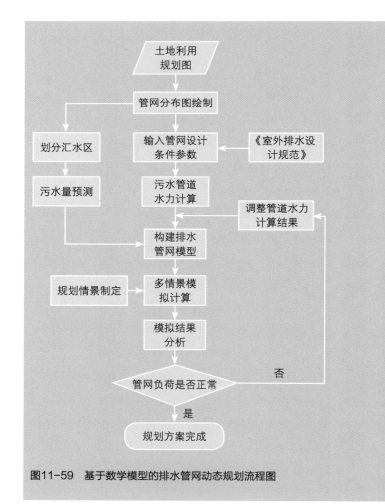

图11-59 基于数学模型的排水管网动态规划流程图

此分析整个规划管网系统的运行状况，并根据计算的管网负荷状态对规划方案进行调整和优化，再调整模型对规划方案进行模拟计算与评估，直到规划方案满足多个规划情景下管网正常运行的技术要求。

在传统规划计算基础上增加排水管网模型动态模拟分析与优化环节，可以更加全面地考虑城市规划中的各类信息及其变化，对排水管网的平面布置、管径、坡度等关键设计参数进行评估与优化，比较各种不同情景下规划方案中管网负荷状态的变化规律，发现规划方案中的薄弱环节和不足，并进行改进优化与再评估，同时也为规划方案实施后的排水管网数字化管理提供管网模型基础，增强规划方案的时效性和延续性。

11.3.3　城市雨水管渠计算

11.3.3.1　雨水管渠设计流量的计算

计算管渠的设计流量是确定雨水管渠断面尺寸和坡度的先决条件，它与城区的暴雨强度、地表情况和汇水面积等因素有关。

1）暴雨强度

降雨量是从大气降落到地面的雨、雪、雹以及由水汽凝结成的露、霜等的总水量。暴雨强度指连续降雨时段内的平均降雨量，可表示如下：

$$i = \frac{h_t}{T} \qquad (11-64)$$

式中　i——单位时间内的平均降雨量（mm/mim）；

　　　T——降雨历时（min）；

　　　h_t——降雨历时T时间内的降雨量（mm）。

工程上，暴雨强度也可用单位时间单位面积上的降雨体积q表示，其与单位时间内的平均降雨量i之间的关系如下：

$$q = 166.7i \qquad (11-65)$$

式中　q——设计暴雨强度[L/（s·hm²）]。

目前，我国各地已积累了完整的自动雨量记录资

料，可采用解析法、图解与计算结合法或图解法等方法计算暴雨强度。公式编制方法及我国若干城市的暴雨强度公式见《室外排水设计规范》和《给水排水设计手册》（第5册），一般采用如下公式：

$$q = \frac{167A_1(1 + c\lg P)}{(T + b)^n} \qquad (11-66)$$

式中　P——设计降雨重现期（年）；

　　　A_1——参数，反映重现期为1年的设计降雨的雨力；

　　　c——雨力变动参数，反映设计降雨各历时不同重现期的强度变化程度的参数之一；

　　　T——降雨历时（min）；

　　　b——参数；

　　　n_1——指数。

其中，b、n_1两个参数共同反映同重现期的设计降雨随着降雨历时的延长其强度递减变化的情况。暴雨强度公式的编制方法可参见《室外排水设计规范》。

2）降雨历时

降雨历时指降雨过程中的任意连续时段。雨水管渠的降雨历时由两部分组成：地面集水时间t_1（降雨从相应汇水面积的最远点地面径流到雨水管渠入口的时间，简称集水时间）和降雨径流在上游管渠内的流行时间t_2，即

$$T = t_1 + t_2 \qquad (11-67)$$

式中　t_1——地面集水时间（min），应根据汇水距离、地形坡度和地面种类计算确定，一般采用5~15min；

　　　t_2——管渠内雨水的流行时间（min）。

其中，管渠内雨水在上游管段内的流行时间t_2可由下式计算：

$$t_2 = \sum \frac{L_u}{v60} \qquad (11-68)$$

式中　L_u——上游各管段的长度（m）；

v——上游各管段的设计流速（m/s）；

60——换算系数。

实际应用中对地面集水时间进行准确计算比较困难，因此，我国目前采用的地面集水时间多为经验数据。在地面平坦、地面种类接近、降雨强度相差不大的情况下，地面积水距离是决定集水时间长短的主要因素；地面集水距离的合理范围为50～150m，采用的集水时间为5～15min。其中，在建筑密度大、地势较陡，或者设有雨水暗管的地区，为了增加排水的安全性，地面集水时间宜取较小值（5～8min）；相反，建筑密度小、汇水面积大、地势平坦、地面硬化较少的地区，地面集水时间宜取较大值（10～15min）[171]。

3）重现期

如前所述，降雨重现期是指在一定长的统计期间内，大于或等于某暴雨强度的降雨出现一次的平均间隔时间，一般以年为单位。如果按重现期为10年的降雨强度确定雨水管渠，则雨水管渠平均需10年满流或溢流一次；按重现期为1年的降雨强度进行计算，则平均每年满流或溢流一次。

由于城市积水在不同的地区所造成的损害是不同的，雨水管渠的设计重现期应根据汇水地区的性质、城镇类型、地形特点和气候特征等因素经技术经济比较后确定。不同城市的不同区域须根据其涝水风险来选定设计重现期，进行城市雨水管渠设计时，可根据《室外排水设计规范》按照表11-17进行取值。

表11-17中所列设计重现期均为年最大值法；雨水管渠均应按重力流、满管流计算；特大城市指市区人口在500万以上的城市，大城市指市区人口在100万～500万的城市，中等城市和小城市指市区人口在100万以下的城市。

而针对城市中最容易形成涝水的立体交叉道路区域，雨水管渠的设计重现期不应小于10年；当位于中心城区的重要地区时，设计重现期应取20～30年。同一立体交叉道路的不同部位可采用不同的重现期。

4）径流系数

降落在地面上的雨水并不是全部进入雨水管渠，一部分入渗土壤，一部分沿着地面流入管渠，流入雨水管渠的部分称为地表径流。径流系数ψ是指在一定汇水面积内的地表径流量与降雨量的比值。径流系数的影响因素众多，其数值因汇水区的地面性质、地表植被、地面铺砌等情况的不同而异。地面坡度越陡，雨水流动越快，径流系数越大。影响径流系数的主要因素是地面覆盖种类的透水性。同时，径流系数也受降雨历时的影响，降雨历时越长，地面下的土壤湿度越大，渗入地下的水量越小，径流系数就越大。此外，径流系数还受降雨强度的影响，暴雨过程径流系数较大，而小雨过程径流系数较小。

目前，径流系数还不能通过精确的计算来确定，在雨水管渠设计中，径流系数可按《室外排水设计规范》中的规定取值，如表11-18所示。

雨水管渠设计重现期（单位：年）

表11-17

城镇类型＼城区类型	中心城区	非中心城区	中心城区的重要地区	中心城区地下通道和下沉式广场等
特大城市	3～5	2～3	5～10	30～50
大城市	2～5	2～3	5～10	20～30
中等城市和小城市	2～3	2～3	3～5	10～20

城市地表径流系数的经验值 表11-18

地面种类	径流系数
各种屋面、混凝土和沥青路面	0.85～0.95
大块石铺砌路面和沥青表面处理的碎石路面	0.55～0.65
级配碎石路面	0.40～0.50
干砌石和碎石路面	0.35～0.40
非铺砌土路面	0.25～0.35
公园或绿地	0.10～0.20

汇水区域通常都不是单一的地面类型，其综合径流系数 ψ 应按各类地面面积用加权平均法计算。

$$\psi = \frac{\sum F_i \cdot \psi_i}{F} \quad （11-69）$$

式中　F_i——汇水面积上各类地面的面积（hm^2）；

ψ_i——相应于各类地面的径流系数；

F——全部汇水面积（hm^2）。

在做初步规划设计时，为简化计算，也可参照表 11-19 取值。

综合径流系数　　　　　表11-19

区域情况	径流系数 ψ
城镇建筑密集区	0.60~0.70
城镇建筑较密集区	0.45~0.60
城镇建筑稀疏区	0.20~0.45

5）雨水管渠设计流量的计算

在确定暴雨强度及径流系数后，如果已知管段所承担的汇水区面积，即可计算管段的设计流量，采用以下推理公式：

$$Q = \Psi \cdot q \cdot F \quad （11-70）$$

式中　Ψ——径流系数，其数值小于1；

q——设计暴雨强度[$L/(s \cdot hm^2)$]；

F——管段的设计汇水面积（hm^2）。

从前面的讨论可以看出，降雨历时、重现期和径流系数的确定都具有一定的经验性，因此式（11-70）并不是一个严格的理论公式，而是一个基于经验的恒定均匀流推理公式。推理公式基于以下假设：在整个汇水面积上的降雨均匀分布，降雨强度在选定的降雨时段内均匀不变，汇水面积随集流时间增长的速度为常数。因此，此推理公式仅适用于较小规模的排水系统计算，用于较大规模排水系统计算式时会有较大误差。

11.3.3.2　雨水管渠的水力计算

1. 雨水管渠按满流计算

当雨水管道为钢筋混凝土圆管（满流）时，其水流有效断面面积 A 及水力半径 R 的计算公式分别如下：

$$A = \frac{\pi}{4}D^2 \quad （11-71）$$

$$R = \frac{D}{4} \quad （11-72）$$

2. 排水明渠水力计算

排水明渠是按照均匀流计算，流速计算公式为

$$v = C\sqrt{Ri}$$

$$C = \frac{1}{n}R^{1/6} \quad 或 \quad C = \frac{1}{n}R^y \quad （11-73）$$

式中　v——平均流速（m/s）；

R——水力半径（m）；

i——渠底纵坡；

C——流速系数，可查表；

n——粗糙系数，可查表；

y——指数，可按下式计算。

$$y = 2.5\sqrt{n} - 0.13 - 0.75\sqrt{R}(\sqrt{n} - 0.1)$$

y 值可按以下情况取值：

当 $R < 1.0m$ 时，$y \approx 1.5\sqrt{n}$；当 $R > 1.0m$ 时，$y \approx 1.3\sqrt{n}$。

3. 排水暗渠水力计算

当雨水管道为矩形断面暗沟（满流）时，其湿周 ρ 按式（11-74）计算，水流有效断面面积 A 及水力半径 R 的计算公式分别与式（11-71）和（11-72）相同。

$$\rho = 2W + 2h \quad （11-74）$$

式中　ρ——湿周（m）；

W——暗沟断面宽度（m）；

H——暗沟断面高度（m）。

11.3.3.3　雨水管渠水力计算的设计数据

雨水管渠一般采用圆形断面，但当直径大于2m时，也可采用矩形、半椭圆形或者马蹄形，明渠一般采用矩形或梯形。为了避免管渠内雨水流速过快对管渠造成冲刷，或流速过小引起淤积，需要对雨水管渠计算中的相关参数做一定的要求。

1）设计充满度

设计充满度是指排水管渠内水位高度 h 与管道直

径*D*的比值。

雨水的性质和污水不同，主要含有的是泥沙等无机物，降雨的径流量很大而且降雨历时不长，因此雨水管渠设计充满度按满流考虑，即充满度$h/D=1$。明渠设计时，其超高不应小于0.20m，而街道边沟的超高不应小于0.03m。

2）设计流速

为了避免管渠被沉淀物堵塞，应保证管道内的水流具有一定的速度。《室外排水设计规范》中规定，雨水管道（满流时）的最小设计流速为0.75m/s。由于明渠内发生沉淀后较易清除，其最小设计流速通常取0.4m/s。同时，为了减少管壁或渠壁的冲刷损坏，对雨水管渠的最大流速也有一定要求。

当雨水管道采用金属管道时，管道最大设计流速为10m/s，非金属管道为5m/s。非金属管道的最大设计流速可以经过试验验证后适当提高。

当雨水管渠采用明渠时，分两种情况确定最大设计流速。

（1）水流深度*h*为0.4～1.0m时，可按表11-20取值。

水流深度为0.4～1.0m时最大设计流速（单位：m/s）

表11-20

明渠类型	最大设计流速
粗砂或低塑性粉质黏土	0.8
粉质黏土	1.0
黏土	1.2
草皮护面	1.6
干砌块石	2.0
浆砌块石或浆砌砖	3.0
石灰岩和中砂岩	4.0
混凝土	4.0

（2）水流深度*h*在0.4～1.0m范围之外时，最大流速需乘以对应系数，具体系数如下：$h<0.4$m，系数为0.85；$1.0<h<2.0$m，系数为1.25；$h\geq2.0$m，系数

为1.40。

（3）最小坡度和最小管径

为了保证管渠内不发生淤积，雨水管渠的最小坡度应按照设计充满度下的不淤流速计算确定。为了保证管道养护上的便利，防止管道发生阻塞，雨水管道的管径也应满足一定要求。《室外排水设计规范》对雨水管道的最小坡度和最小管径都有明确规定，如表11-21所示。

雨水管道的最小坡度和

最小管径　　　　表11-21

管道类型	最小管径/mm	最小设计坡度
塑料雨水管	300	0.002
其他雨水管	300	0.003
雨水口连接管	200	0.01

雨水管道在坡度变陡时，其管径可以根据水力计算确定由大变小，但不得超过两级，并不得小于相应条件下的最小管径。

11.3.3.4 立体交叉道路排水

立交道路排水主要解决降雨在汇水面积内形成的地面径流和必须排除的地下水。雨水设计流量的计算公式和一般的雨水管渠计算相同，但是设计时需要遵循一定的设计原则。

（1）要尽量缩小汇水面积，减小设计流量。

在进行汇水面积计算时，无论立交是何种类型，如果条件允许，应尽量将属于立交范围的一部分面积划分到附近另外的排水系统；或采取"高水高排，低水低排"的原则，将地面较高处的雨水接入较高的排水系统，地面低处的雨水接入较低的排水系统，尽量保证自流排水，不能自流排放时须设置排水泵站提升；并应设置有效防止地面高的雨水进入低水系统的拦截措施。这样就可以有效避免立交道路最低点瞬间汇集较多的雨水量，从一定程度上保证了立交排水系统的通畅。

（2）要注意地下水的排除。

当立交工程最低点低于地下水位时，为保证路基经常处于干燥状态，使其具有足够的强度和稳定性，需要采取必要的措施排除地下水。通常可以埋设渗渠或花管，以吸收、汇集地下水，使其自流入附近排水干管或河湖。若高程不允许自流排出时，则应设强排水泵提升。

（3）排水设计标准应高于一般道路。

由于立交道路在交通上的特殊性，为保证交通不受影响，畅通无阻，排水设计标准应高于一般道路。立交道路雨水管渠设计重现期不应小于10年，位于中心城区的重要地区，设计重现期应为20~30年，同一立交道路的不同部位可以采用不同的重现期。

地面积水时间应根据道路坡长、坡度和路面粗糙度等计算确定，宜为2~10min。径流系数根据地面重力分别计算，一般取0.8~1.0。

（4）雨水口布置的位置要便于拦截径流。

立交的雨水口一般沿坡道两侧对称布置，越接近最低点，雨水口布置越密集，并往往从单篦增加到8篦或10篦。面积较大的立交，除坡道外，在引道、匝道、绿地中都应在适当距离和位置设置一些雨水口。位于最高点的跨线桥，为不使雨水径流距离过长，通常由泄水孔将雨水排入立管，再引入下层的雨水口或检查井中。

（5）管道布置及断面选择。

立交排水管道的布置应与其他市政管道一起综合考虑，并应避开立交桥基础。若无法避开时，应从结构上加固，或加设柔性接口，或改用铸铁管材等，以解决承载力或不均匀下沉的问题。此外，立交工程的交通量大，排水管道的维护管理较困难。一般可将管道断面适当加大，起点断面最小管径不小于400mm，以下各段的管道断面均应加大一级。

（6）立体交叉道路排水应设置独立的排水系统，其出水口必须可靠，尽量不利用其他排水管渠排出。

（7）对于立交地道工程，当最低点位于地下水位以下时，应采取排水或降低地下水位的措施，宜设置独立的排水系统并保证系统出水口的畅通，排水泵站不能停电。

11.3.3.5　合流制排水管渠计算

在截流式合流制排水管渠中，第一个溢流井上游合流管段的设计流量可计算为

$$Q=(Q_s + Q_g) + Q_y = Q_h + Q_y \qquad (11-75)$$

式中　　Q——第一个溢流井上游合流管段的设计流量（L/s）；

Q_s——设计综合生活污水流量（L/s）；

Q_g——设计工业废水流量（L/s）；

Q_y——设计雨水流量（L/s）；

Q_h——溢流井以上的旱季污水量（L/s），即生活污水量和工业废水量之和。

生活污水量的总变化系数可采用1，工业废水量宜采用最大生产班内的平均流量，这两部分流量均可根据城市和工厂的实际情况统计得到，短时间内工厂区淋浴水的高峰流量不到设计流量的30%时，可不予计入。雨水设计流量的计算前面已做了介绍，此处不再赘述。但需要指出的是，由于合流制管道中混合雨污水的水质较差，从检查井溢出街道时所造成的危害和损失将显著增大，对城市环境卫生的影响也更大。因此，为防止和减少溢流的负面影响，应从严控制合流管渠的设计重现期和允许的积水程度。合流制管渠的雨水设计重现期一般应比同一情况下雨水管渠的设计重现期适当提高。截流式合流制排水系统在截流干管上设置溢流井后，溢流井以下管渠的设计流量可计算为

$$Q'=(n_0 + 1)Q_h + Q_y' + Q_h' \qquad (11-76)$$

式中　　Q'——溢流井以下管渠的设计流量（L/s）；

n_0——截流倍数，即溢流时所截留的雨水量与旱季污水量之比，当上游来的混合雨、污水量超过$(n_0+1)Q_h$时，超过部分将从溢流井排入水体；

Q_y'——溢流井以下汇水面积内的设计雨水流量（L/s）；

Q_h'——溢流井以下的旱季污水量（L/s）。

截流倍数的确定将直接影响排水工程的规模和环境效益。若截流倍数偏小，混合初期降雨径流的污水将直接排入水体而造成污染；若截流倍数过大，则截流干管和污水处理厂的规模就要加大，基建投资和运行成本也会相应增加，同时，较大的截流倍数也会造成雨季污水处理厂的进水负荷变化较大，从而增大污水处理厂的运行难度。因此，截流倍数n_0应根据旱季污水的水质、水量情况、水体条件、卫生方面的要求以及降雨情况等综合考虑确定。我国一般采用的截流倍数n_0为1～5。在实际工作中，n_0值可根据不同排放条件按表11-22选用。

不同排放条件下的n_0值　　表11-22

排放条件	n_0值
在居住区内排入大河流	1～2
在居住区内排入小河流	3～5
在区域泵站和总泵站前及排水总管端根据居民区内水体大小	0.5～2
在处理构筑物前根据处理方法与构筑物的组成	0.5～1
工厂区	1～3

当管段的设计流量确定之后，即可进行水力计算。溢流井上游合流管渠的计算与雨水管渠的计算方法基本相同，但它的设计流量包括雨水、生活污水和工业废水量。在截流干管和溢流井的计算中，首先需要决定所采用的截流倍数n_0，根据n_0值按式（11-76）算出截流干管的设计流量和通过溢流井泄入水体的流量，可作为截流干管与溢流井计算的依据。截流干管的水力计算方法同雨水管渠。

旱季时，合流管渠中的流速应能满足管渠最小流速的要求。对于合流管渠，一般不应小于0.2～0.5m/s；雨季时，合流管渠在满流时为0.75m/s。合流制管渠最小设计管径为300mm，塑料管的最小坡度为0.002，其他管为0.003[172]。

11.3.3.6 合流制排水管网系统的规划方法

目前，我国大多数城市的老城区采用的是截流式合流制排水系统，雨天时，合流制管渠流量过载后，超过过载流量的混合污水经溢流井直接排入附近水体，给城市卫生和人民生活带来了严重危害。但是将原有管网系统改为分流制，要受城区改造条件和投资规模等限制，因此在实际工作中，通常是沿河设置截流干管，采用截流式合流制排水管网系统。

1）截流式合流制排水管网系统的布置原则

截流式合流制排水管网系统除应满足对管渠、泵站、污水处理厂、出水口等布置的一般要求外，根据其特点，需考虑下列因素。

（1）合流制管渠的布置应使其服务区域内的生活污水、工业废水和雨水都能合理地排入管渠，并尽可能以最短距离坡向截流干管。

（2）暴雨时，超过一定数量的混合污水能顺利地通过溢流井并泄入附近水体，以尽量减少截流干管的断面尺寸，缩短排放渠道的长度。

（3）溢流井的数目不宜过多，位置应选择恰当，以免增加溢流井和排放渠道的造价，同时减少对水体的污染。

2）截流式合流制排水管渠的计算

（1）完全合流制排水管网设计流量。

完全合流制排水管网系统应按下式计算管道的设计水量：

$$Q_z = Q_s + Q_g + Q_y = Q_h + Q_y \quad （11-77）$$

式中　Q_z——完全合流制管网的设计流量（L/s）；

Q_s——设计生活污水量（L/s）；

Q_g——设计工业废水量（L/s）；

Q_y——设计雨水量（L/s）；

Q_h——为生活污水量Q_s和工业废水量Q_g之和（L/s），不包括检查井、管道接口和管道裂隙等处渗入地下水和雨水，相当于在无降雨日的城市污水量，所以Q_h也称为旱流污水量。

截流式合流制排水管网中的溢流井上游管渠部分实际上也相当于完全合流制排水管网，其设计流量计算方法与上述方法完全相同。

（2）截流式合流制排水管网设计水量。

当采用截流式合流制排水体制时，当溢流井上游合流污水的流量超过一定数值以后，就有部分合流污水经溢流井直接排入受纳水体。当溢流井内的水流刚达到溢流状态时，合流管和截流管中的雨水量与旱流污水量的比值称为截流倍数。截流倍数应根据旱流污水的水质和水量及其总变化系数、水体卫生要求、水文、气象条件等因素计算确定。显然，截流倍数的取值也决定了其下游管渠的大小和污水处理厂的设计负荷。

溢流井下游截流管道的设计水量可按下式计算：

$$Q_j = (n_0 + 1)Q_h + Q_h' + Q_y' \qquad (11-78)$$

式中　Q_j——截流合流排水制溢流井下游截流管道的总设计流量（L/s）；

n_0——设计截流倍数；

Q_h——从溢流井截流的上游日平均旱流污水量（L/s）；

Q_h'——溢流井下游纳入的旱流污水量（L/s）；

Q_y'——溢流井下游纳入的设计雨水量（L/s）。

截流干管和溢流井的设计与计算，要合理地确定所采用的截流倍数 n_0 值。从环境保护的要求出发，为使水体少受污染，应采用较大的截流倍数。但从经济上考虑，截流倍数过大，将会增加截流干管、提升泵站以及污水厂的设计规模和造价，同时造成进入污水厂的污水水质和水量在晴天和雨天的差别过大，造成很大的运行管理困难。调查研究表明，降雨初期的雨污混合水中BOD和SS的浓度比晴天污水中的浓度明显增高，当截流雨水量达到最大小时污水量的2～3倍时（若小时流量变化系数为1.3～1.5，相当于平均小时污水量的2.6～4.5倍），从溢流井中溢流出来的混合污水中的污染物浓度将急剧减小，当截流雨水量超过最大小时污水量的2～3倍时，溢流混合污水中污染物浓度的减小量就不再显著。因此，可以认为截流倍数 n_0 的值采用2.6～4.5是比较经济合理的。

《室外排水设计规范》规定截流倍数 n_0 的值按排放条件的不同采用2～5，同一排水系统可采用不同的截流倍数。我国多数城市一般采用截流倍数 $n_0 = 3$。美国、日本及西欧各国多采用截流倍数 $n_0 = 3～5$。

一条截流管渠上可能设置了多个溢流井与多根合流管道连接，因此设计截流管道时要按各溢流井接入点分段计算，使各段的管径和坡度与该段截流管的水量相适应。

根据合流排水体制的工作特点可知，在无雨时，不论是合流管道还是截流管道，其输送的水量都是旱流污水量。所以在无雨时，合流管道或截流管道中的流量变化必定就是旱流流量的变化。这个变化范围对管道的工程设计意义不大，因为在一般情形下，合流管道或截流管道中的雨水量必定大大超出旱流流量的变化幅度，使设计雨水量的影响总会覆盖旱流流量的变化，因而在确定合流管道或截流管道管径时，一般忽略旱流流量变化的影响。

在降雨时，完全合流制管道或截流式合流制管道可以达到的最大流量即为式（11-77）或式（11-78）的计算值，一般为管道满流时所能输送的水量。

3）合流制排水管网的水力计算要点。

合流制排水管网一般按满管流设计。水力计算的设计数据包括设计流速、最小坡度和最小管径等，和雨水管渠的设计基本相同。合流制排水管网水力计算内容包括：①溢流井上游合流管渠的计算；②截流干管和溢流井的计算；③晴天旱流情况校核。

溢流井上游合流管网的计算与雨水管渠的计算基本相同，只是它的设计流量要包括雨水、生活污水和工业废水。合流管渠的雨水设计重现期一般应比分流制雨水管渠的设计重现期提高10%～25%，因为虽然合流管渠中混合废水从检查井溢出的可能性不大，但合流管渠一旦溢出，混合污水比雨水管渠溢出的雨水所造成的污染要严重得多，为了防止出现这种可能情况，合流管渠的设计重现期和允许的积水程度一般都需更加安全。

溢流井是截流干管上最重要的构筑物。最简单的溢流井是在井中设置截流槽，槽顶与截流干管管顶相平，如图11-60所示。也可采用溢流堰式或跳越堰式的溢流井，其构造分别如图11-61、图11-62所示。

关于晴天旱流流量校核，应使旱流时流速能满足污水管渠最小流速要求；当不能满足这一要求时，可修改设计管段的管径和坡度。应当指出的是，由于合流管渠中旱流流量相对较小，特别是在上游管段，旱流校核时往往不易满足最小流速的要求，此时可在管渠底设置缩小断面的流槽以保证旱流时的流速，或者加强养护管理，利用雨天流量冲洗管渠，以防淤塞。

11.3.4 雨水管渠附属构筑物（泵站、调蓄池、检查井）

城市雨水排放系统，除了管渠以外，还包括设置的某些构筑物，主要包括雨水口、连接暗井、溢流井、跌水井、水封井、倒虹吸管、防潮门、泵站等[168]。

11.3.4.1 排涝泵站

泵站是城市排水系统上比较常见的构筑物，因雨水的径流量较大，一般应尽量不设或少设雨水泵站，但当雨水管渠出口处的水位较洪水位低，或受海潮的影响不能自流排泄时，需设置排涝泵站[170]。城市的排涝泵站多设置于排涝河道或排水管渠的下游出口处。

1. 排涝泵站的分类[174]

（1）按性质不同，可分为雨水泵站、立交排水泵站和合流泵站三类。

（2）按高程布置形式和操作方式不同，可分为半地下式、全地下式泵站。

（3）按使用情况不同，可分为临时性泵站和永久性泵站。

（4）按排水设备类型不同，可分为轴（混）流泵站和潜水泵站。

（5）按泵房的平面形状不同，可分为圆形泵站和矩形泵站。

（6）按集水池与机器间的组合情况，可分为合建

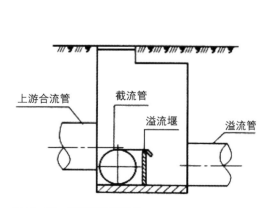

图11-60 截流槽式溢流井

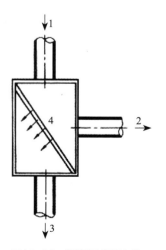

图11-61 溢流堰式溢流井
1-合流干沟；2-截流干沟；
3-溢流沟道；4-溢流堰

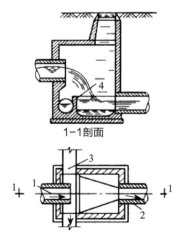

图11-62 跳越堰式溢流井
1-雨水入流干沟；2-雨水出流干沟；
3-初期雨水截流干沟；4-隔墙

式泵站和分建式泵站。

2. 泵站等级

排涝泵站等别应根据装机流量与装机功率等别按表11-23确定。

排涝泵站指标　　　　表11-23

泵站等别	泵站规模	分等指标	
		装机流量/（m³/s）	装机功率/（10⁴kW）
I	大1型	≥200	≥30
II	大2型	200～50	30～10
III	中型	50～10	10～1
IV	小1型	10～2	1～0.1
V	小2型	<2	<0.1

3. 泵站规模

（1）城市排涝泵站设计规模应根据城市防洪标准、近远期规划、排涝方式、设计暴雨强度、排涝面积及有效调蓄容积等因素综合分析计算后确定。

（2）泵站的近期设计流量按上游排水管道系统末端的最大设计流量计算，并考虑远期增加流量的可能，远期设计流量应根据城镇排水规划计算确定。

（3）泵站的建设规模在满足近期的前提下，要考虑远期发展，征地应按远期完成，土建工程根据远期规模考虑采取一次性建成或分期建设，泵站设备应按近期安装，并考虑远期更换水泵或增加水泵。

4. 选址要求

（1）泵站站址选择应根据城市排涝总体规划，考虑地形、地质、排水区域、水文、电源、道路交通、堤防、征地 、拆迁、施工、环境、管理、安全等因素，经技术经济综合比较后确定。

（2）排涝泵站站址应选择在排水区地势低洼、能汇集排水区涝水且靠近承泄区的地点，排涝泵站出水口不宜设在迎溜、岸崩或淤积严重的河段。

（3）IV级以上泵站站址选择应进行专门的地质灾

害评价。

（4）立交排水泵站站址选择应与道路、桥梁规划设计统一考虑。

5. 泵站总体布置

（1）泵站的总体布置应根据站址的地形、地质、水流、泥沙、供电、环境等条件，结合整个水利枢纽或供水系统布局，综合利用要求、机组形式等，做到布置合理，有利于施工，运行安全，管理方便，少占耕地，节省投资和美观协调。

（2）泵站的总体布置应包括调节池（湖）、泵房，进、出水建筑物，专用变电所，其他辅助生产建筑物和工程管理用房、职工住房，内外交通、通信以及其他维护管理设施的布置。

（3）站区布置应满足劳动安全与工业卫生、消防、水土保持和环境绿化等要求，泵房周围和职工生活区宜列为绿化重点地段。

（4）泵站室外专用变电站应靠近辅助机房布置，宜与安装检修间同一高程，并应满足变电设备的安装检修、运输通道、进线出线、防火防爆等要求。

（5）当泵站进水引渠或出水干渠与铁路、公路干道交叉时，泵站进、出水池与铁路桥、公路桥之间的距离不宜小于100m。

（6）泵站应有围墙，调节池（湖）及进出水池应设置防护和警示标志，并有救生圈等救护器具。

6. 泵站布置形式

（1）泵站布置形式应根据泵房性质、建设规模、选用的泵型与台数、进出水管渠的深度与方向、出水衔接条件、施工方法，以及地形、水文地质、工程地质条件综合确定。

（2）在具有部分自排条件的地点建排水泵站，泵站宜与排水闸合建；当建站地点已建有排水闸时，排涝泵站宜与排水闸分建。排涝泵站宜采用正向进水和正向出水的方式。

（3）在受地形限制或规划条件限制，修建地面泵站不经济或不许可的条件下，可布置全地下式泵站，全地下式泵站应根据地质条件合理布置泵房、辅助机房及交通、防火、通风、排水等设施。

（4）泵站进水侧应有拦污设备和检修闸门，出水侧应设置拍门。

（5）泵站出水口位置选择应避让水中的桥梁、堤坝等构筑物，出水口和护坡结构不得影响航道，水流不允许冲刷河道和影响航运，出口流速宜小于0.5m/s，并取得航运、水利等部门的同意。出水口处应有警示和安全措施。

7. 泵站特征水位

1）排涝泵站进水池水位

（1）最高水位：取排水区建站后重现期10～20年一遇的内涝水位。排水区有防洪要求的，应满足防洪要求。

（2）设计水位：通常，选取由排水区设计排涝水位推算到站前的水位；对有集中调蓄区或与内排站联合运行的泵站，选取由调蓄区设计水位或内排站出水池设计水位推算到站前的水位。

（3）最高运行水位：通常按排水区允许最高涝水位的要求推算到站前的水位；对有集中调蓄区或与内排站联合运行的泵站，选取由调蓄区最高调蓄水位或内排站出水池的最高运行水位推算到站前的水位。

（4）最低运行水位：选取按降低地下水埋深或调蓄区允许最低水位的要求推算到站前的水位。

（5）平均水位：取与设计水位相同的水位。

2）排涝泵站出水池水位

（1）防洪水位：按当地的防洪标准分析确定。

（2）设计水位：取承泄区重现期5～10年一遇洪水3～5天的平均水位。当承泄区为感潮河段时，取重现期5～10年一遇洪水3～5天的平均潮水位。对特别重要的排水泵站，可适当提高排涝标准。

（3）最高运行水位：当承泄区水位变化幅度较小，水泵在设计洪水位能正常运行时，取设计洪水位。当承泄区水位变化幅度较大时，取重现期10～20年一遇洪水3～5天的平均水位。当承泄区为感潮河段时，取重现期10～20年一遇洪水3～5天的平均潮水位。对特别重要的排水泵站，可适当提高排涝标准。

（4）最低运行水位：取承泄区历年排水期最低水位或最低潮水位的平均值。

（5）平均水位：取承泄区排水期多年日平均水位或多年日平均潮水位。

3）特征扬程

（1）设计扬程：应按泵站进、出水池设计水位差，并计入水力损失确定。在设计扬程下，应满足泵站设计流量要求。

（2）最高扬程：应按泵站出水池最高运行水位与进水池最低运行水位之差，并计入水力损失确定。

（3）最低扬程：应按泵站进水池最高运行水位与出水池最低运行水位之差，并计入水力损失确定。

8. 泵站调节池（湖）

（1）在城市总体规划的指导下，泵站宜设有调节池（湖），以便调节雨水量，调节池（湖）的容积应根据排水区域、规划条件、地形、环境等因素经技术经济比较后确定[173]。

（2）天然的湖、塘也可作为排涝泵站的调节设施，但须采取防堵塞、淤积措施。

9. 泵房布置

（1）泵房布置应根据泵站的总体布置要求和站址地质条件，机电设备型号和参数，进、出水流道（或管道），电源进线方向，对外交通以及有利于泵房施工、机组安装与检修和工程管理等因素，经技术经济比较后确定。

（2）泵房形式通常可分为干式泵房和湿式泵房，宜优先采用湿式泵房。

（3）泵房设备可选立式轴流泵、潜水轴流泵、潜水泵等，但宜优先选择潜水泵，以减少土建尺寸、降低工程造价。

（4）主泵房长度应根据主机组台数、布置形式、机组间距，以及边机组段长度和安装检修间的布置等因素确定，并应满足机组吊运和泵房内部交通的要求。

（5）主泵房宽度应根据主机组及辅助设备、电气设备布置要求，进、出水流道（或管道）的尺寸，工作通道宽度，进、出水侧必需的设备吊运要求等因素综合确定。

（6）主泵房各层高度应根据主机组及辅助设备、电气设备的布置，机组的安装、运行、检修，设备吊运以及泵房内通风、采暖和采光要求等因素综合确定。

（7）主泵房水泵层底板高程应根据水泵安装高程和进水流道（含吸水室）布置或管道安装要求等因素确定。水泵安装高程应根据工艺要求，结合泵房处的地形、地质条件等综合确定。主泵房电动机房楼板高程应根据水泵安装高程和泵轴、电动机轴的长度等因素确定。

（8）安装在主泵房机组周围的辅助设备、电气设备及管道、电缆道，其布置应避免交叉干扰。

（9）泵房应有设备安装、检修所需的各种孔洞及运输通道，并有相应的安全和防火措施。

（10）地震动峰值加速度大于或等于0.10g的地区，主要建筑物应进行抗震设计。地震动峰值加速度为0.05g的地区，便于运输和安装。设备噪声应符合国家有关环境保护的规定。

10. 泵房进出水建筑物[173][174]

1）前池及进水池

（1）泵站前池布置应满足水流通畅、流速均匀、池内不得产生涡流的要求，宜采用正向进水方式。正向进水的前池，扩散角不应大于40°，底坡不宜陡于1∶4。

（2）进水池设计应使池内流态良好，满足水泵进水要求，且便于清淤和管理维护。侧向进水的前池，宜设分水导流设施，并应通过水工模型试验验证。

（3）泵站进水池的布置形式应根据地基、流态、含沙量、泵型及机组台数等因素，经技术经济比较后

确定，可选用开敞式、半隔墩式、全隔墩式矩形池或圆形池。

（4）进水池的水下容积可按共用该进水池的水泵30～50倍的设计流量确定。

（5）进水池应有格栅，格栅及平台可露天设置，也可设在室内，也可以同进水闸门井合建，还可以与进水池合建。

（6）格栅宜采用机械清污装置，大中型泵站由于格栅数量多、宽度大，可采用带有轨道的移动式格栅清污机，格栅间距宜在50～100mm。全地下式泵站宜采用粉碎性格栅，但数量不应小于2台。

2）出水池

（1）出水池分为封闭式和敞开式两种，敞开式高出地面，池顶可做成全敞开式或半敞开式。出水池的布置应满足水泵出水的工艺要求。

（2）出水池内水流应顺畅、稳定，水力损失小。

（3）出水池底宽若大于渠道底宽，应设渐变段连接，渐变段的收缩角不宜大于40°。

（4）出水池池中流速不应超过2.0m/s，且不允许出现水跃。

11. 地下式立交泵房专门要求

（1）下穿式立交泵站设计标准应高于一般的排涝泵站，应结合当地暴雨强度、汇水面积大小及地区交通量而定。

（2）当地下水高于立交地面时，地下水的降低应一并考虑，需设盲沟收集地下水，通过立交泵站排水，雨水和地下水集水池与所选用的水泵可分开设置，也可以合用一套。

（3）泵站应建于距立交桥最低点尽可能近的地点，使雨水和地下水以最短的时间排入泵站，提高排水安全程度。

（4）立交排水必须采用雨、污分流制，以防影响立交范围内的环境卫生。

（5）在有条件的地区应设溢流井，溢流口高程应不使出口发生雨水倒灌，并不高于慢车道地面，以便

在断电或水泵发生事故时，尚能保证车辆在慢车道上通行。

（6）水泵应采用自灌式，不应采用干式，雨水工作泵一般为2或3台，并应有1台备用泵；地下水工作泵为1台，备用1台。

12. 泵站电气要求

（1）泵站的供电系统设计应以泵站所在地区电力系统现状及发展规划为依据，经技术经济论证，合理确定供电点、供电系统接线方案、供电容量、供电电压、供电回路数及无功补偿方式等。

（2）泵站宜采用专用直配输电线路供电。根据泵站工程的规模和重要性，合理确定负荷等级。

（3）对泵站的专用变电站，宜采用泵站、变电站合一的供电管理方式。

（4）泵站供电系统应考虑生活用电，并与泵站用电分开设置。

（5）立交泵站应备双电源，在无双电源的条件下，可采用柴油发电机作为自备电源，发电机的容量可稍小于泵站最大容量。

（6）电气主接线设计应根据供电系统设计要求以及泵站规模、运行方式、重要性等因素合理确定，做到接线简单可靠、操作检修方便、节约投资。当泵站分期建设时，应便于过渡。

（7）泵站电气设备选择应符合下列规定：可靠性高，寿命长；功能合理，经济适用；小型、轻型化，占地少；维护检修方便，确保运行维护人员的人身安全，便于运输和安装；对风沙、冰雪、地震等自然灾害，应有防护措施。

（8）泵站主变压器的容量应根据泵站的总计算负荷以及机组启动、运行方式进行确定，宜选用相同型号和容量的变压器。

13. 泵站监控要求

（1）泵站的自动化程度及远动化范围应根据该地区区域规划和供电系统的要求，以及泵站运行管理具体情况确定。

（2）大中型泵站应按"无人值守（少人值守）"的控制模式采用计算机监控系统控制。地下式泵站应按"无人值守"的控制模式采用计算机监控系统控制。

（3）泵站主机组及辅助设备按自动控制设计时，应以一个命令脉冲使所有机组按规定的顺序开机或停机，同时发出信号指示。

（4）泵站设置的信号系统应能发出区别故障和事故的音响和信号，有条件的情况下优先由计算机完成。

（5）雨水泵和地下水泵均应设置可靠的水位自控开停车系统。

（6）格栅清污机应设置过载保护装置和自动运行装置。

（7）全地下式泵站应有远程监控系统。

（8）泵站进、出水池应设置水位传感器。根据泵站管理的要求可加装水位报警装置。来水污物较多的泵站还应对拦污栅前后的水位落差进行监测。

14. 泵站通信

（1）泵站应设置包括水、电的生产调度通信和行政通信的专用通信设施。泵站的通信方式应根据泵站规模、地方供电系统要求、生产管理体制、生活区位置等因素规划设计。

（2）泵站宜采用有线、无线、电力载波等通信方式。

（3）泵站生产调度通信和行政通信可根据具体情况合并或分开设置。

（4）通信设备的容量应根据泵站规模及自动化和远动化的程度等因素确定。

（5）通信装置必须有可靠的供电电源。

11.3.4.2 检查井

在管道方向和坡度改变、断面交汇接口处变更，以及每隔一定距离处，均需设置检查井，以便于对管渠进行检查和清通。相邻两个检查井之间的管渠一般呈直线布置，当采用塑料排水管时，可在管道所允许的曲率范围内将排水管敷设成一定的弧度。

检查井一般由井盖、井身、井底等组成，井盖一般具有防盗功能，井身中有爬梯，便于养护和检修，井底一般设有流槽。根据我国《室外排水设计规范》中的相关规定，污水检查井的流槽顶可与0.85倍大管管径处相平，雨水（合流）检查井的流槽顶可与0.5倍大管管径处相平，流槽顶部的宽度应满足检修要求。

1）跌水井

按照我国《室外排水设计规范》的要求，当检查井中跌水水头（上、下游管渠的管内底高程差）在1.0~2.0m时，宜设跌水井；当跌水水头大于2.0m时，应设跌水井。跌水井中应有减速防冲及消能设施。目前常用的跌水井有两种形式，即竖管式和溢流堰式，前者适用于管径小于或等于DN400的管道。当检查井中上、下游管渠跌落差小于1m时，一般只把检查井底部做成斜坡，不做跌水。另外，在管道转弯处不宜设跌水井。

2）溢流井

在截流式合流制排水系统中，为了避免旱季的城市污水和降雨初期的雨污混合水对水体造成污染，通常在合流制管渠的下游设置截流管，并在截流管上设置溢流井，将超过截流管输水能力的雨污混合水排入水体。溢流井通常采用槽式、堰式或槽堰结合式。

3）雨水口

庭院地面及街道路面上的降雨径流，从雨水口经过连接管流入排水管道。雨水口一般设在道路两侧和广场等地。雨水口的形式、数量和布置通常按汇水面积所产生的流量、雨水口的泄水能力及道路形式确定。街道上的雨水口间距一般为30~80m，在低洼地应适当增加雨水口的数量。雨水口由进水箅、井筒和连接管3部分组成。

4）出水口

排水管渠出水口的位置、形式和出口流速是根据受纳水体的水质要求、水体流量、水位变化幅度、水流方向、波浪状况、稀释自净能力、地形变迁和气候特征等因素所确定的。此外，一般还需经过当地卫生主管部门和航运管理部门的同意。出水口一般设在岸边，为了避免污水沿岸边流泻影响市容和公共卫生，污水管网的出水口一般都淹没在水体中；为了便于雨季快速排水，雨水管网的出水口一般在常水位之上；在受潮汐影响的地区，排水管渠的出水口可设置防潮闸门，以防止潮水倒灌。

5）倒虹管

城市污水管道应尽量避免穿越障碍物，如河道、铁路及地下构筑物；当必须穿越且不能按照原有坡度埋设时，应采用倒虹管。倒虹管一般由进水井、下行管、水平管、上行管和出水井组成。但由于其造价高且维护困难，城市排水管渠通常应尽量少设置倒虹管。

6）水封井

排水管网中的水封井是为了避免在工业废水的收集和排放中产生气体引起爆炸或火灾而设置的。水封井位置通常设在产生上述废水的排出口处及其干管上适当间距处。水封深度一般不小于0.25m，井上宜设通风设施，井底应设沉泥槽。水封井以及同一管道系统中的其他检查井，均不应设在车行道和行人众多的地段，并应适当远离产生明火的场地。

11.3.5　城市旧合流制排水管渠系统的改造

目前，我国众多城市已经兴建或正着手筹建集中污水处理厂及配套管网收集系统。这些城市，除开发区及一些新建区采用雨、污分流排水体制外，其余地区大都采用旧合流制排水管渠系统，通过直排式合流管渠，直接将雨水和生活污水就近排入城市水体。污水直排造成水体严重污染，并由此影响城市居民的生存环境，因此，要兴建城市污水治理工程，必须对老城区旧合流制排水管渠系统进行改造。

我国大多数城市的旧有排水管渠系统的设计基本沿用苏联规范，而由于两国在气候、生活习惯等方面的差异，使得设计过水断面普遍偏小，雨季时街面溢水、积水现象严重；在管渠材料及施工技术方面，由于受到城市发展水平的制约，也存在众多缺陷，如管材质量差、管道坡度控制不严格、接口不密实、渗水严重等；另外，由于缺少城市统一规划，排水管渠的布置杂乱无章。以上诸多因素给城市旧合流制排水管渠系统的改造增加了一定难度。

11.3.5.1 改造的原则与措施

1. 旧合流制排水管渠系统改造的原则

旧合流制排水管渠系统的改造是一项非常复杂的工程。改造措施应根据城市的具体情况，因地制宜，综合考虑污水水质、水量、水文、气象条件、资金条件、现场施工条件等因素，结合城市排水规划，在确保水体尽可能减少污染的同时，充分利用原有管渠，实现保护环境和节约投资的双重目标。

2. 旧合流制排水管渠系统改造的措施

现阶段，我国对旧合流制排水管渠系统改造的方式主要有4种[168]，分述如下。

1）改旧合流制为分流制

将旧合流制改为分流制，是一种彻底的改造方法，由于实施雨、污分流，可以将污水全部引至污水处理厂进行处理，从根本上杜绝了污水直接排放对水体的污染。同时，由于雨水不进入污水处理厂，处理水的水质、水量可维持较小的变化范围，保证出水水质相对稳定，容易做到达标外排。

要实施分流制，对现状条件的要求较高，不论是住宅区还是工业企业，其内部的管道系统必须健全，要求有独立的污水管道系统和雨水管道系统，便于接入相应的城市污水、雨水管网；同时，要求城市街道的横断面有足够的位置，允许敷设新增管道。

但由于一些老城区建成年代久远，地下管线基本成型，地面建筑拥挤，路面狭窄，如若将合流制改为分流制，存在投资大、施工困难等诸多现实问题，很难在短期内做到。

2）保留部分合流管，实行截流式合流制

如果水体环境有足够的自净能力，大部分城市采取截流式合流制排水体系，保留老城区部分合流管，沿城区周围水体敷设截流干管，对合流污水实施截流，并视城市的发展状况逐步完善管网，改为分流制。这种过渡方式，由于工程量相对较小、节约投资、易于施工、见效快，已得到广泛应用，并取得良好效果。

3）在截流式合流制的基础上设置合流污水调蓄构筑物

有些城市，周围水体稀疏，环境容量有限，自净能力较差，不允许合流污水直接排入，这种情况下，可在截流干管适当位置设置合流污水调蓄构筑物，将超过截流干管传输能力及污水处理厂处理能力的合流污水引入调蓄构筑物暂时储存，待暴雨过后再通过污水泵提升至截流干管，最终进入污水处理厂进行处理，基本上保证水体不受或少受污染。

需要指出的是，这种调蓄构筑物往往占地面积很大，并且雨水量不是一个定值，合理确定合流污水调蓄构筑物容积有较大难度；另外，调蓄合流污水量最终要通过污水泵提升至截流干管（极少数有高差利用的城市除外），造成日常运行、维护、管理的不便，同时也增加了污水处理厂的负荷及运行费用，所以不提倡采用，只有在充分论证无实施分流制的可能性后才予以考虑。

4）在截流式合流制的基础上对溢流混合污水进行处理

同上一种情况类似，如果城市周围水体自净能力有限，水体环境相对脆弱，采用截流式合流制排水管渠系统，在溢流合流污水排入水体前必须进行处理，针对合流污水水量大、浓度低的特点，可采用一级处理，选择筛滤、混凝沉淀、投氯消毒的处理工艺，合流污水经处理后，污染物浓度可显著降低，从而大大减轻对水体的污染。

同样，该措施由于考虑雨水的处理，与前一种情况存在类似的不足：日常运行费用高且分散处理设施远离城市集中污水处理厂，在运行、维护、管理上均存在诸多不便。

根据我国城市水污染控制技术政策要求，应加强城市市政排水管网的改造、调整和建设，做到雨、污分流，为城市污水集中处理创造条件。因此，对于城市旧合流制排水管渠系统的改造措施，应优先考虑分流制，在实施难度较大的情况下，可考虑采用截流式合流制排水管渠系统。

第三、第四种情况，是在截流式合流制的基础上加以改进，针对环境有较高要求而提出的，具有一定的特殊性。事实上，我国大部分城市，其旧城区建设一般处在合流制盛行的年代，被打上深深的时代烙印，很难在短期内改变现状。因此，现阶段我国对老城区旧合流制的改造中，截流式合流制排水体系是最常用的方式。

11.3.5.2 截流式合流制排水体系

1. 截流倍数选择

截流倍数n_0是截流式合流制排水体系规划设计中最重要的参数，也是最终工程实施重要的依据，如选择偏小，将会允许过多的污水进入水体，造成污染；选择过大，截流干管和污水处理厂的规模就要加大，增加基建投资和运行费用。规范规定截流倍数一般采用$n_0 = 2 \sim 5$，但真正合理选用并不容易，有资料表明，当截流倍数选择1和2时，其工程投资及运转费相差近1倍。因此，合理选择截流倍数意义重大。

目前对截流倍数n_0的认识还不够深入，国内大多数工程在选择截流倍数时，仅基于对溢流水量和溢流次数的考虑，并未对溢流过程及水体水质变化做相应的分析，对水体水质的影响仍停留于定性的和概念性的描述，很难保证水体不受污染。从理论上分析，选择截流倍数时，应结合当地的暴雨强度和设计重现期，计算出合流管中混合污水的水量、水质，再根据预定截流倍数所得截流水量推算溢流水量，然后采用环境影响评价中河流水质模型对水体水质做预测，依据预测结果判断n_0取值的合理性，如不能满足水体水质要求则重新试算。

2. 溢流井设计

溢流井是截流式合流制排水体系中的关键构筑物，整个排水系统将通过其实现截流旱季污水及初期雨水，并保证超出截流水量的合流污水顺利排入水体。《给水排水设计手册》及有关资料介绍的溢流井形式主要有3种，即截流槽式、溢流堰式和跳越堰式。这3种形式的溢流井在使用中都受限制，必须满足溢流排水管管内底标高（或溢流堰堰顶标高）高于排入水体的水位标高，否则需在排出口设置闸板或防潮门，以防水体中的水倒灌入管网，造成泵站淹没。换句话说，如果水体洪水位标高高于溢流堰堰顶标高，溢流井将不能工作。

目前大多数城市，由于受原合流管限制，最终截流管管内底标高一般低于城市水体洪水位标高，这给溢流井的设计带来一定难度。对于这种情况，通常有3种解决方法：①设置闸板，在水体处于洪水位时溢流井将停止工作，显然不尽合理；②用水位传感器代替溢流堰，通过水泵将溢流水量抽至城市水体，由于溢流井较分散，在运行、维修、管理方面存在诸多不便，同时还增加了设备投资和运行费用；③将溢流堰设于水体洪水位以上，通过抬高管网水位排除溢流水量，由于堰口固定，即使在河水水位较低时，溢流水量也必须抬高至洪水位才能排出，造成只要是雨季，合流管就长期处于压力流状态。

3. 截流量控制

准确控制截流量十分重要，直接影响污水处理厂提升泵房的规模及设备选型，如果溢流井设计不合理，实际截流量有可能大于设计流量，将导致泵房超负荷运行，甚至淹没泵房。

大多数工程截流量控制是通过溢流堰来实现的，根据溢流水量对溢流堰进行设计，但这种方式的准确性有待探讨。《合流制系统污水截流井设计规程》（CECS91：97）中提供了溢流量的计算公式：

$$Q_y = Q_c - Q \qquad (11-79)$$

$$Q = Q_h(n_0 + 1) \qquad (11-80)$$

式中 Q_y——溢流水量；

Q_c——合流水量；

Q——截流水量；

Q_h——旱季污水量；

n_0——截流倍数。

从式（11-79）、式（11-80）中可以看出，截流水量Q是依据旱季污水量Q_h和截流倍数n_0计算而得，不受雨水量的影响，其值可视为定值；而合流水量Q_c和溢流水量Q_y则受雨水量的影响较大，在实际工程中很难对其准确控制。若依据Q_y值来控制最终截流水量Q，将导致实际截流水量与设计截流水量之间的误差较大。科学的做法是根据截流水量Q值确定截流喉管管径及坡度，同时在确定截流喉管管径时必须进行流量校核，保证旱季和雨季流量均能顺利通过的情况下截流水量不致过大。通常，截流管设计是按非压力流考虑的，但暴雨时，其上游管段应处于暂时压力流状态，溢流井中存在一定水头，使截流管中流速和流量增大，所以设计中不应忽略实际存在的水头。

4. 雨水口防臭

截流式合流制排水管渠系统仍然属于合流制，由于污水、雨水共用一个管道系统，在旱季，不可避免地会有臭气通过雨水口溢至街面，影响地区内大气环境质量。为消除这种危害，在实施截流式合流制排水体系时，除敷设截流干管外，还应对街道雨水口进行改造，采用防臭雨水口或其他措施，使其具有防臭功能。

11.3.5.3 对污水处理厂规模及水质的影响

采用截流式合流制排水系统，在雨季进入污水处理厂的污水由于混有大量雨水，使原水水质、水量波动较大，会对污水处理厂各处理单元尤其是二级生化处理部分产生较大冲击，所以在确定污水处理厂规模时，应用雨季水量进行校核。

实施截流式合流制排水体系是一项复杂的工程，往往历时较长，有可能与城市污水处理厂的建设在时间上不一致，一般要滞后于污水处理厂的建成，这就可能导致城市污水处理厂建成后一段时期内，其处理水量达不到设计规模，而在截流管道完成后，往往因截流倍数或截流措施选用不当造成污水处理厂处理能力不足。这一点在设计中应引起足够重视，尽量保证两者在建设上同步。

同时，由于水量剧烈变化，会引起二级生化处理部分微生物大量流失，导致出水水质恶化，这就要求选择的污水处理厂处理工艺具有较强的抗冲击负荷能力。

11.4 源头控制规划

雨水是城市水循环系统中的重要环节，对城市水资源的调节、补充、生态环境的改善起着关键作用。近年来，随着我国城市化和建筑产业的不断发展，城市不透水下垫面面积不断增加，降雨所带来的城市内涝和水污染问题越来越明显[175]。

城市内涝及相应的雨水污染问题，不仅仅是单一的排水不畅和管线设计不合理所导致，而是城市开发过程中忽视了生态，使其失去了原本拥有的弹性。传统的排水方式往往是利用管渠等进行排泄，多个洪峰叠加就很容易形成内涝，同时伴随初期雨水的污染问题。这种末端控制的设计理念，往往会造成逢雨必涝，使排水设施形同虚设。为了更好地缓解和解决降雨带来的不良影响，通过分散、小规模的源头控制措施来达到对暴雨所产生的径流和污染的控制。

城市的每一寸土地都具备一定的雨洪调蓄、水源涵养、雨污净化等功能，但是各种生态过程在地域上分布是不均衡的，因此，通过合理规划城市雨涝调蓄、水源保护和涵养、地下水回补、雨污净化、栖息地修复、土壤净化等重要的水生态过程中关键性的区域、位置和空间，以共同构成水生态基础设施。源头控制规划，就是要在城市规划建设中，充分考虑水的资源性及生态学原理，将自然途径与人工措施相结合，在确保城市排水防涝安全的前提下，最大限度地实现雨水在城市区域的积存、渗透和净化，促进雨水资源的利用和生态环境保护。

11.4.1　源头控制的概念及要求

所谓源头控制设施，又称为低影响开发设施和分散式雨水管理设施等，主要通过生物滞留设施、植草沟、绿色屋顶、调蓄设施和可渗透路面等措施来控制降雨期间的水量和水质，减轻排水管渠设施的压力。

源头控制设施应包含降雨初期的污染防治、雨水利用和雨水径流峰值流量削减三部分，并应符合下列规定。

（1）降雨初期的污染防治标准应为4～8mm。

（2）雨水利用标准应根据降雨特征、用水需求和经济效益等确定。

（3）雨水径流峰值流量削减标准应满足当地内涝防治设计重现期的要求。雨水径流峰值流量削减设施的上游设计流量应按规划的内涝防治设计重现期计算，下游设计流量应按下游排水系统在当地内涝防治设计重现期下的排水能力确定。

（4）应按当地内涝防治设计重现期标准对建设工程排入城镇排水设施的径流量进行校核，不得大于建设前的径流量，并应满足地面积水设计标准。

11.4.2　源头控制目标

在实施城市雨洪控制利用系统和设计设施时，源头控制设施的选用往往需要按照因地制宜和经济高效的原则，综合考虑工程所在地区的环境条件，并根据不同的控制目标有所侧重。

径流削减、污染控制及雨水利用是城市雨洪控制利用的核心，也是源头控制的目标；从大量的应用经验看，一般在微观尺度或小汇水面上应用时，可能主要针对一个目标或兼顾其他目标，如利用建筑屋面雨水或削减、净化场地径流等。而在宏观尺度（或区域性）应用时，还需要考虑多目标并进行综合设计。例如，大型住宅区、开发区、城区或流域的雨洪控制利用，一般都需要采取各种措施来实现上述多种目标[176]。

11.4.2.1　不同控制目标下的具体措施

1. 径流控制

径流控制措施包括对径流总量、径流峰值流量削减两方面。一般是对开发后较小重现期的降雨事件的地表径流进行储蓄并就地下渗消纳，典型的有各种蓄渗、滞留设施，也归类为雨水的间接利用[177]。其功能主要是使雨水下渗以补充地下水，改善水循环，并减轻下游排水设施的负担。该类设施的主要应用形式有透水铺装、绿色屋顶、下沉式绿地、生物滞留措施、渗透塘、渗井、湿塘、雨水湿地、蓄水池、雨水罐、干式植草沟、调节塘、调节池[178]。

径流控制设施一般分散设置于小规模场地。同时还可以通过沉淀、过滤及植被和土壤的吸收、降解等对雨水水质进行控制。

以减少径流为目标的设施多适用于分散式、小规模的源头控制，通过模拟自然界水循环的状态，发挥自然调蓄的功能，使场地开发后的雨水排放量和下渗量尽可能接近开发前的自然状态，尽量与自然景观相结合，在减小对环境影响的同时，也可节省建设投资。这类设施一般不专门占用大片的土地资源，但对于短时强度较大或间隔时间较短的连续暴雨事件，由于其调蓄峰流量能力较小，设计时要注意防止过度积水带来的问题。

1）透水铺装

（1）概念与构造。

透水铺装按照面层材料不同可分为透水砖铺装、透水水泥混凝土铺装和透水沥青混凝土铺装，嵌草砖、园林铺装中的鹅卵石、碎石铺装等也属于渗透铺装。

透水铺装结构应符合国家相关规范要求，其典型

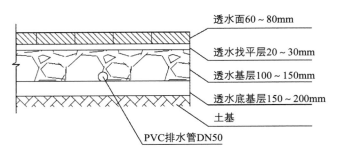

图11-63 透水砖铺装典型结构示意图

图11-64 街道透水铺装示意图
（资料来源：http://www.planners.com.cn/share_show.asp?share_id=377&pageno=1）

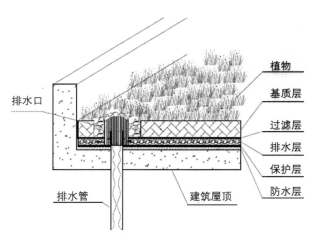

图11-65 绿色屋顶典型构造示意图

构造如图11-63所示。

（2）适用性。

透水砖铺装和透水水泥混凝土铺装主要适用于广场、停车场、人行道以及车流量和荷载较小的道路，如建筑与小区道路、市政道路的非机动车道等，透水沥青混凝土路面还可用于机动车道，如图11-64所示。

透水铺装应用于以下区域时，还应采取必要的措施防止次生灾害或地下水污染发生：①可能造成陡坡坍塌、滑坡灾害的区域，湿陷性黄土、膨胀土和高含盐土等特殊土壤地质区域。②使用频率较高的商业停车场、汽车回收及维修点、加油站及码头等径流污染严重的区域。

（3）优缺点。

透水铺装适用区域广、施工方便，可补充地下水并具有一定的峰值流量削减和雨水净化作用，但易堵塞，寒冷地区有被冻融破坏的风险。

2）绿色屋顶

（1）概念与构造。

绿色屋顶也称种植屋面、屋顶绿化等，根据种植基质深度和景观复杂程度，绿色屋顶又分为简单式和花园式，基质深度根据植物需求及屋顶荷载确定，简单式绿色屋顶的基质深度一般不大于150mm，花园式绿色屋顶在种植乔木时基质深度可超过600mm，绿色屋顶的设计可参考《种植屋面工程技术规程》（JGJ155—2013）。绿色屋顶的典型构造如图11-65所示，绿色屋顶实景图如图11-66所示，绿色屋顶构想图如图11-67所示。

（2）适用性。

绿色屋顶适用于符合屋顶荷载、防水等条件的平屋顶建筑和坡度≤15°的坡屋顶建筑。

（3）优缺点。

绿色屋顶可有效减少屋面径流总量和径流污染负荷，具有节能减排的作用，但对屋顶荷载、防水、坡度、空间条件等有严格要求。

图11-66　绿色屋顶实景图
（资料来源：http://www.lvhua.com/chinese/landscape/LA00000033250_1.html）

图11-67　绿色屋顶构想图
（资料来源：http://news.zhulong.com/read/detail208985_8.html）

3）下沉式绿地

（1）概念与构造。

下沉式绿地具有狭义和广义之分，狭义的下沉式绿地指低于周边铺砌地面或道路在200mm以内的绿地；广义的下沉式绿地泛指具有一定的调蓄容积（在以径流总量控制为目标进行目标分解或设计计算时，不包括调节容积），且可用于调蓄和净化径流雨水的绿地，包括生物滞留设施、渗透塘、湿塘、雨水湿地、调节塘等。

狭义的下沉式绿地应满足以下要求：①下沉式绿地的下凹深度应根据植物耐淹性能和土壤渗透性能确定，一般为100～200mm。②下沉式绿地内一般应设置溢流口（如雨水口），保证暴雨时径流的溢流排放，溢流口顶部标高一般应高于绿地50～100mm。

狭义的下沉式绿地典型构造图如图11-68所示，

下凹式绿地如图11-69所示，下凹式绿地排水与灌渠连接示意图如图11-70所示。

（2）适用性。

下沉式绿地可广泛应用于城市建筑与小区、道路、绿地和广场内。对于径流污染严重、设施底部渗透面距离季节性最高地下水位或岩石层小于1m及距离建筑物基础小于3m（水平距离）的区域，应采取必要的措施防止次生灾害发生。

（3）优缺点。

狭义的下沉式绿地适用区域广，其建设费用和维护费用均较低，但大面积应用时，易受地形等条件的影响，实际调蓄容积较小。

4）生物滞留设施

（1）概念与构造。

生物滞留设施指在地势较低的区域，通过植物、

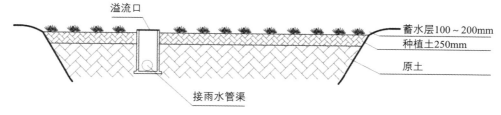

图11-68　狭义的下沉式绿地典型构造示意图

图11-69 下凹式绿地

（资料来源：http://news.zhulong.com/read/detail208985_2.html）

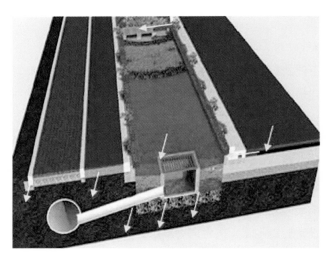

图11-70 下凹式绿地排水与灌渠连接示意图

（资料来源：http://www.tnhmcsjs.com/news/15.html）

土壤和微生物系统蓄渗、净化径流雨水的设施。生物滞留设施分为简易型生物滞留设施和复杂型生物滞留设施，按应用位置不同又称作雨水花园、生物滞留带、高位花坛、生态树池等。

生物滞留设施应满足以下要求。

①对于污染严重的汇水区应选用植草沟、植被缓冲带或沉淀池等对径流雨水进行预处理，去除大颗粒的污染物并减缓流速；应采取弃流、排盐等措施防止融雪剂或石油类等高浓度污染物侵害植物。

②屋面径流雨水可由雨落管接入生物滞留设施，道路径流雨水可通过路缘石豁口进入，路缘石豁口尺

寸和数量应根据道路纵坡等经计算确定。

③生物滞留设施应用于道路绿化带时，若道路纵坡大于1%，应设置挡水堰/台坎，以减缓流速并增加雨水渗透量；设施靠近路基部分应进行防渗处理，防止对道路路基稳定性造成影响。

④生物滞留设施内应设置溢流设施，可采用溢流竖管、盖篦溢流井或雨水口等，溢流设施顶一般应低于汇水面100mm。

⑤生物滞留设施宜分散布置且规模不宜过大，生物滞留设施面积与汇水面面积之比一般为5%～10%。

⑥复杂型生物滞留设施结构层外侧及底部应设置透水土工布，防止周围原土侵入。如经评估认为下渗会对周围建（构）筑物造成塌陷风险，或者拟将底部出水进行集蓄回用时，可在生物滞留设施底部和周边设置防渗膜。

⑦生物滞留设施的蓄水层深度应根据植物耐淹性能和土壤渗透性能来确定，一般为200～300mm，并应设100mm的超高；换土层介质类型及深度应满足出水水质要求，还应符合植物种植及园林绿化养护管理技术要求；为防止换土层介质流失，换土层底部一般设置透水土工布隔离层，也可采用厚度不小于100mm的砂层（细砂和粗砂）代替；砾石层起到排水作用，厚度一般为250～300mm，可在其底部埋置管径为100～150mm的穿孔排水管，砾石应洗净且粒径不小于穿孔管的开孔孔径；为提高生物滞留设施的调蓄作用，在穿孔管底部可增设一定厚度的砾石调蓄层。

简易型和复杂型生物滞留设施典型构造如图11-71、图11-72所示。

（2）适用性。

生物滞留设施主要适用于建筑与小区内建筑、道路及停车场的周边绿地，以及城市道路绿化带等城市绿地内，如图11-73～图11-76所示。

对于径流污染严重、设施底部渗透面距离季节性最高地下水位或岩石层小于1m及距离建筑物基础小

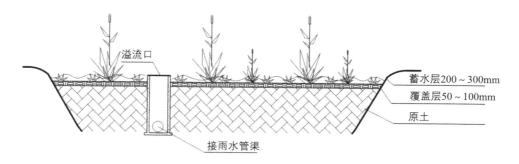

图11-71　简易型生物滞留设施典型构造示意图

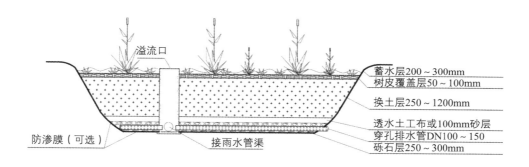

图11-72　复杂型生物滞留设施典型构造示意图

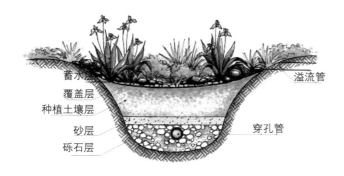

图11-73　生态滞留区示意图
（资料来源：http://www.tnhmcsjs.com/news/15.html）

图11-74　生态滞留区实景图
（资料来源：http://news.zhulong.com/read/detail208985_2.html）

图11-75 街边生态滞留区

（资料来源：http://news.zhulong.com/read/detail208985_3.html）

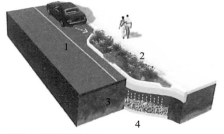

路段中雨洪路缘扩展

1. 雨水从路面流入路缘扩展
2. 增加街景的同时，植物过滤并蒸发雨水
3. 雨水通过土壤渗透至地下
4. 石头或是其他存储媒介可以提供额外的雨水存储空间

街角处雨洪路缘扩展

1. 增加街景的同时，植物过滤并蒸发雨水
2. 雨水从路面流入路缘扩展
3. 雨水通过土壤渗透至地下
4. 石头或是其他存储媒介可以提供额外的雨水
存储空间

图11-76 街边生态滞留区—路缘扩展示意图

（资料来源：[荷]弗里克·卢斯，[荷]玛蒂娜·维恩·维莱特编，潘潇潇译.绿道与雨洪管理[M]. 广西：广西师范大学出版社，2016：12）

于3m（水平距离）的区域，可采用底部防渗的复杂型生物滞留设施。

（3）优缺点。

生物滞留设施形式多样、适用区域广、易与景观

结合，径流控制效果好，建设费用与维护费用较低；但地下水位与岩石层较高、土壤渗透性能差、地形较陡的地区，应采取必要的换土、防渗、设置阶梯等措施避免次生灾害发生，将增加建设费用。

5）渗透塘

渗透塘是一种用于雨水下渗补充地下水的洼地，具有一定的净化雨水和削减峰值流量的作用（图11-77）。

图11-77 渗透塘实景图

（资料来源：http://www.cepdu.com/a-29225-1.html）

渗透塘适用于汇水面积较大（大于1hm²）且具有一定空间条件的区域，但应用于径流污染严重、设施底部渗透面距离季节性最高地下水位或岩石层小于1m及距离建筑物基础小于3m（水平距离）的区域时，应采取必要的措施防止发生次生灾害。

渗透塘可有效补充地下水、削减峰值流量，建设费用较低，但对场地条件要求较严格，对后期维护管理要求较高。

6）渗井

（1）概念与构造。

渗井指通过井壁和井底进行雨水下渗的设施，为增大渗透效果，可在渗井周围设置水平渗排管，并在渗排管周围铺设砾（碎）石。

渗井应满足下列要求：

①雨水通过渗井下渗前应通过植草沟、植被缓冲带等设施对雨水进行预处理。

②渗井出水管的内底高程应高于进水管管内顶高

程，但不应高于上游相邻井的出水管管内底高程。

渗井调蓄容积不足时，也可在渗井周围连接水平渗排管，形成辐射渗井。辐射渗井的典型构造图如图 11-78 所示。

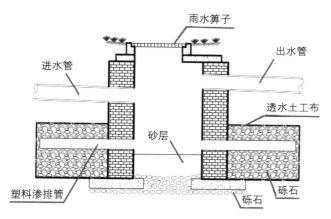

图 11-78　辐射渗井构造示意图

（2）适用性。

渗井主要适用于建筑与小区内建筑、道路及停车场的周边绿地内。渗井应用于径流污染严重、设施底部距离季节性最高地下水位或岩石层小于 1m 及距离建筑物基础小于 3m（水平距离）的区域时，应采取必要的措施防止发生次生灾害。

（3）优缺点。

渗井占地面积小，建设和维护费用较低，但其水质和水量控制作用有限。

7）湿塘

（1）概念与构造

湿塘指具有雨水调蓄和净化功能的景观水体，雨水同时作为其主要的补水水源。湿塘有时可结合绿地、开放空间等场地条件设计为多功能调蓄水体，即平时发挥正常的景观及休闲、娱乐功能，暴雨出现时发挥调蓄功能，实现土地资源的多功能利用。

湿塘一般由进水口、前置塘、主塘、溢流出水口、护坡及驳岸、维护通道等构成。湿塘应满足以下要求。

①进水口和溢流出水口应设置碎石、消能坎等消能设施，防止水流冲刷和侵蚀。

②前置塘为湿塘的预处理设施，起到沉淀径流中大颗粒污染物的作用；池底一般为混凝土或块石结构，便于清淤；前置塘应设置清淤通道及防护设施，驳岸形式宜为生态软驳岸，边坡坡度（垂直：水平）一般为 1：2～1：8；前置塘沉泥区容积应根据清淤周期和所汇入径流雨水的 SS 污染物负荷确定。

③主塘一般包括常水位以下的永久容积和储存容积，永久容积水深一般为 0.8～2.5m；储存容积一般根据所在区域相关规划提出的"单位面积控制容积"确定；具有峰值流量削减功能的湿塘还包括调节容积，调节容积应在 24～48h 内排空；主塘与前置塘间宜设置水生植物种植区（雨水湿地），主塘驳岸宜为生态软驳岸，边坡坡度（垂直：水平）不宜大于 1：6。

④溢流出水口包括溢流竖管和溢洪道，排水能力应根据下游雨水管渠或超标雨水径流排放系统的排水能力确定。

⑤湿塘应设置护栏、警示牌等安全防护与警示措施。湿塘的典型构造图如图 11-79 所示。

（2）适用性。

湿塘适用于建筑与小区、城市绿地、广场等具有空间条件的场地。

（3）优缺点。

湿塘可有效削减较大区域的径流总量、径流污染和峰值流量，是城市内涝防治系统的重要组成部分；但对场地条件要求较严格，建设和维护费用高。

8）雨水湿地

（1）概念与构造。

雨水湿地利用物理、水生植物及微生物等作用净化雨水，是一种高效的径流污染控制设施，雨水湿地分为雨水表流湿地和雨水潜流湿地，一般设计成防渗型以便维持雨水湿地植物所需的水量，雨水湿地常与湿塘合建并设计一定的调蓄容积。

雨水湿地与湿塘的构造相似，一般由进水口、前

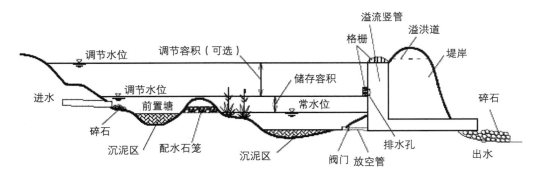

图11-79 湿塘典型构造示意图

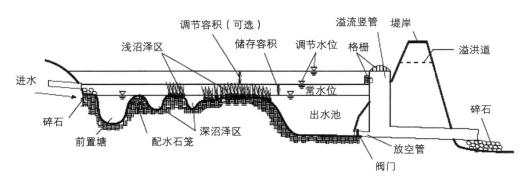

图11-80 雨水湿地典型构造示意图

置塘、沼泽区、出水池、溢流出水口、护坡及驳岸、维护通道等构成。

雨水湿地应满足以下要求：

①进水口和溢流出水口应设置碎石、消能坎等消能设施，防止水流冲刷和侵蚀。

②雨水湿地应设置前置塘对径流雨水进行预处理。

③沼泽区包括浅沼泽区和深沼泽区，是雨水湿地主要的净化区，其中浅沼泽区水深范围一般为0～0.3m，深沼泽区水深范围一般为0.3～0.5m，根据水深不同种植不同类型的水生植物。

④雨水湿地的调节容积应在24h内排空。

⑤出水池主要起防止沉淀物再悬浮和降低温度的作用，水深一般为0.8～1.2m，出水池容积约为总容积（不含调节容积）的10%。

雨水湿地典型构造图如图11-80所示，雨水湿地生态绿道实景图如图11-81所示。

（2）适用性。

雨水湿地适用于具有一定空间条件的建筑与小区、城市道路、城市绿地、滨水带等区域。

（3）优缺点。

雨水湿地可有效削减污染物，并具有一定的径流总量和峰值流量控制效果，但建设及维护费用较高。

9）蓄水池

蓄水池指具有雨水储存功能的集蓄利用设施，同

图11-81 雨水湿地生态绿道实景图
（资料来源：http://www.turenscape.com/msg.php/1316.html）

时也具有削减峰值流量的作用，主要包括钢筋混凝土蓄水池，砖、石砌筑蓄水池及塑料蓄水模块拼装式蓄水池，用地紧张的城市大多采用地下封闭式蓄水池（图11-82）。

蓄水池适用于有雨水回用需求的建筑与小区、城市绿地等，根据雨水回用用途（绿化、道路喷洒及冲厕等）不同需配建相应的雨水净化设施；不适用于无雨水回用需求和径流污染严重的地区。

蓄水池具有节省占地、雨水管渠易接入、避免阳光直射、防止蚊蝇滋生、储存水量大等优点，雨水可回用于绿化灌溉、冲洗路面和车辆等，但建设费用高，后期需重视维护管理。

10）调节塘

（1）概念与构造。

调节塘也称干塘，以削减峰值流量功能为主，一般由进水口、调节区、出口设施、护坡及堤岸构成，也可通过合理设计使其具有渗透功能，起到一定的补充地下水和净化雨水的作用。

调节塘应满足以下要求：

①进水口应设置碎石、消能坎等消能设施，防止水流冲刷和侵蚀。

②应设置前置塘对径流雨水进行预处理。

③调节区深度一般为0.6~3m，塘中可以种植水生植物以减小流速、增强雨水净化效果。塘底设计成可渗透时，塘底部渗透面距离季节性最高地下水位或岩石层不应小于1m，距离建筑物基础不应小于3m

图11-82　地下雨水蓄水箱示意图

（资料来源：http://blog.zhulong.com/u6927905/blogdetail7056200.html）

（水平距离）。

④调节塘出水设施一般设计成多级出水口形式，以控制调节塘水位，增加雨水水力停留时间（一般不大于24h），控制外排流量。

⑤调节塘应设置护栏、警示牌等安全防护与警示措施。调节塘典型构造图如图11-83所示，调节塘实景图如图11-84所示。

（2）适用性。

调节塘适用于建筑与小区、城市绿地等具有一定空间条件的区域。

（3）优缺点。

调节塘可有效削减峰值流量，建设及维护费用较低，但其功能较为单一，宜利用下沉式公园及广场等

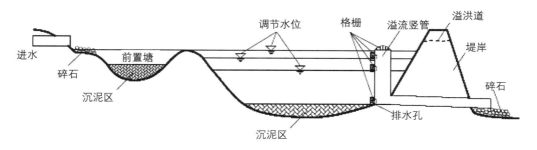

图11-83　调节塘典型构造示意图

图11-84 调节塘实景图
（资料来源：http://www.planners.com.cn/share_show.asp?share_id=365&pageno=1）

图11-85 雨水桶示意图
（资料来源：http://news.zhulong.com/read/detail208985_10.html）

与湿塘、雨水湿地合建，构建多功能调蓄水体。

11）调节池

调节池为调节设施的一种，主要用于削减雨水管渠峰值流量，一般常用溢流堰式或底部流槽式，可以是地上敞口式调节池或地下封闭式调节池，其典型构造可参见《给水排水设计手册》（第5册）。

调节池适用于城市雨水管渠系统中，可有效削减管渠峰值流量，但其功能单一，建设及维护费用较高，宜利用下沉式公园及广场等与湿塘、雨水湿地合建，构建多功能调蓄水体。

12）雨水罐

（1）概念与构造。

雨水罐也称雨水桶，为地上或地下封闭式的简易雨水集蓄利用设施，可用塑料、玻璃钢或金属等材料制成。雨水桶示意图如图11-85所示。

（2）适用性。

雨水罐适用于单体建筑屋面雨水的收集利用。

（3）优缺点

雨水罐多为成型产品，施工安装方便，便于维护，但其储存容积较小，雨水净化能力有限。

13）植草沟

（1）概念与构造。

植草沟指种有植被的地表沟渠，可收集、输送和排放径流雨水，并具有一定的雨水净化作用，可用于衔接其他各单项设施、城市雨水管渠系统和超标雨水径流排放系统。除转输型植草沟外，还包括渗透型的干式植草沟及常有水的湿式植草沟，可分别提高径流总量和径流污染控制效果。

植草沟应满足以下要求：

①浅沟断面形式宜采用倒抛物线形、三角形或梯形。

②植草沟的边坡坡度（垂直：水平）不宜大于1：3，纵坡不应大于4%。纵坡较大时宜设置为阶梯型植草沟或在中途设置消能台坎。

③植草沟最大流速应小于0.8m/s，曼宁系数宜为0.2~0.3。

④转输型植草沟内植被高度宜控制在100~200mm。

转输型三角形断面植草沟的典型构造图如图11-86所示，植草沟实景图如图11-87所示。

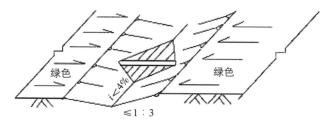

图11-86 植草沟典型构造示意图

图11-87 植草沟实景图

（来源网络http：//www.360doc.com/content/16/0529/20/202378_563340113.shtml, http：//www.haokoo.com/else/2911763.html）

（2）适用性。

植草沟适用于建筑与小区内道路，广场、停车场等不透水面的周边，城市道路及城市绿地等区域，也可作为生物滞留设施、湿塘等低影响开发设施的预处理设施。植草沟还可与雨水管渠联合应用，场地竖向允许且不影响安全的情况下也可代替雨水管渠。

（3）优缺点。

植草沟具有建设及维护费用低，易与景观结合的优点，但已建城区及开发强度较大的新建城区等区域易受场地条件制约。

2. 污染控制

污水防治措施主要有复杂型生物滞留措施，雨水湿地、湿式植草沟、植被缓冲带、初期雨水弃流措施，人工土壤渗滤等。其中，一些设施（如雨水湿地、生物滞留措施等与径流控制措施并无原则上的区别且功能兼顾，但在具体应用时，其主要目的和水质条件、设计控制参数等有所不同）通过沉淀、土壤渗滤、植物吸收及微生物分解等达到良好的除污效果，同时还可以通过滞留、渗透等方式对径流进行削减。设计合理的这类设施不仅具有以上功能，还有利于植物的生长，具有很好的景观和生态效果。基本上可以归纳为以下两点[179]。

（1）一是土壤渗滤净化：大部分雨水在收集的同时进行土壤渗滤净化，并通过穿孔管将收集的雨水排入次级净化池或储存在渗滤池中；来不及通过土壤渗滤的表层水经过水生植物初步过滤后排入初级净化池中。

（2）人工湿地净化：分为两个处理过程，一是初级净化池，净化未经土壤渗滤的雨水；二是次级净化池，进一步净化初级净化池排出的雨水，以及经土壤渗滤排出的雨水。经两次净化的雨水排入下游清水池中，或用水泵直接提升到山地储水池中。初级净化池与次级净化池之间、次级净化池与清水池之间用水泵进行循环。

1）植被缓冲带

植被缓冲带为坡度较缓的植被区，经植被拦截及土壤下渗作用减缓地表径流流速，并去除径流中的部分污染物，植被缓冲带坡度一般为2%～6%，宽度不宜小于2m。植被缓冲带典型构造图如图11-88所示。

植被缓冲带适用于道路等不透水面周边，可作为生物滞留设施等低影响开发设施的预处理设施，也可作为城市水系的滨水绿化带，但坡度较大（大于6%）时其雨水净化效果较差。但是，植被缓冲带建设与维护费用低，但对场地空间大小、坡度等条件要求较高，且径流控制效果有限。

2）生态植被带

水系周边的植被带对水体的保护起着不可或缺的作用。一方面，它构成了水生态系统中生物环境的天然屏障；另一方面，水陆植被交错带是生物多样性和生境多样性的重点地带，构建较为完整的植被带能有效削减地表径流带来的面源污染。

自然水体的三道生态防线主要包括林带、草带、湿地植物带（图11-89）。其对雨水的调蓄、渗透和过滤都起到积极的作用[180]。

（1）林带。

林带主要由高大乔木树种和矮丛灌木及草本植物群组成，这样的林地内地被层枯落物较多，腐殖质含量较高，土壤的理化性质较为稳定，土壤肥力相对较高。降雨通过乔木层时，水分经乔木树种的枝叶进行林冠截留，削减大部分降水，未被截留的雨水通过林隙到达灌木层。此时雨水通过矮丛灌木和草本植物群

时，一部分降雨被植物叶片吸收截留，一部分被灌木丛下的枯落物层吸附，蓄水的同时也去除地表径流中的大型固体颗粒物。

（2）草带。

草沟和草坡组成了植草带。草沟主要起拦蓄作用，雨水流经草沟时，在草沟凹形构造及沟内植物的共同作用下减缓了流速，这个过程不仅对雨水径流中的悬浮颗粒污染物和部分溶解态污染物进行有效去除，同时也促进径流垃圾的过滤。

草坡的作用与草沟类似，也是通过大面积的坡体植被对雨水及污染物进行过滤沉淀，减缓雨水流速，防止水土流失。草坡的设计类似于植物护坡，其布设应当充分考虑当地的气候和场地地形特征，尤其是降

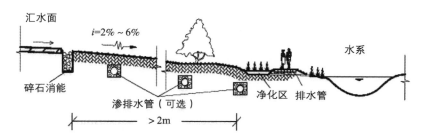

图11-88 植被缓冲带典型构造示意图

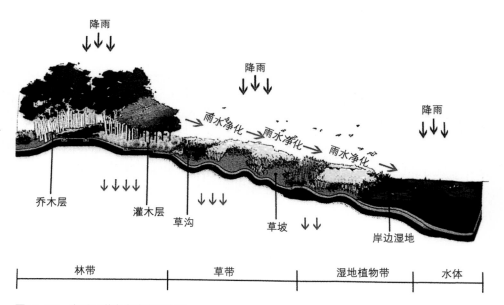

图11-89 水系三道生态防线示意图

雨量和坡度，坡度过大或降水量大时，要综合考虑通过地形改造和植物配置来加强水土保持，以防坡面侵蚀。

（3）湿地植物带。

水陆交错带本是极具生态价值的区域，但近年来河床及河岸的硬质化破坏了生物多样性和生态系统连通性与稳定性；同时，也使大量的面源污染随雨水径流进入水体。岸边湿地植物的茎和叶可以减缓水流速度，促进泥沙等颗粒物沉积，根系和地下茎的生长可增加沉积物的稳定性。湿地系统丰富的分解者——微生物，也对污染物的分解起到决定性作用。雨水径流经林灌、草坡、草沟过滤后，再经过岸边湿地的深层过滤，水质得到优化和提升。因此，岸边湿地带的恢复是保护水体的一项重要措施。

图11-89～图11-91是生态植被带的几种基本布置情况。

3）初期雨水弃流设施

（1）概念与构造。

初期雨水弃流指通过一定方法或装置将存在初期冲刷效应、污染物浓度较高的降雨初期径流予以弃除，以降低雨水的后续处理难度。弃流雨水应进行处理，如排入市政污水管网（或雨污合流管网），由污水处理厂进行集中处理等。常见的初期弃流方法包括容积法弃流、小管弃流（水流切换法）等，弃流形式包括自控弃流、渗透弃流、弃流池、雨落管弃流等。初期雨水弃流设施典型构造如图11-92所示。

（2）适用性。

初期雨水弃流设施是其他低影响开发设施的重要预处理设施，主要适用于屋面雨水的雨落管、径流雨水的集中入口等低影响开发设施的前端。

（3）优缺点。

初期雨水弃流设施占地面积小，建设费用低，可

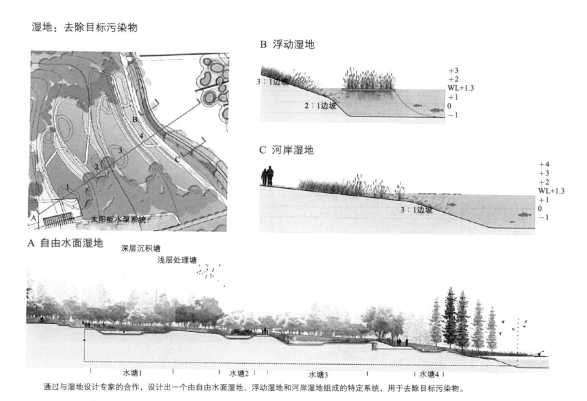

图11-90　河岸湿地污染物去除示意图

（资料来源：戴滢滢. 海绵城市——景观设计中的雨洪管理[M]. 南京：江苏凤凰科学技术出版社，2016：150）

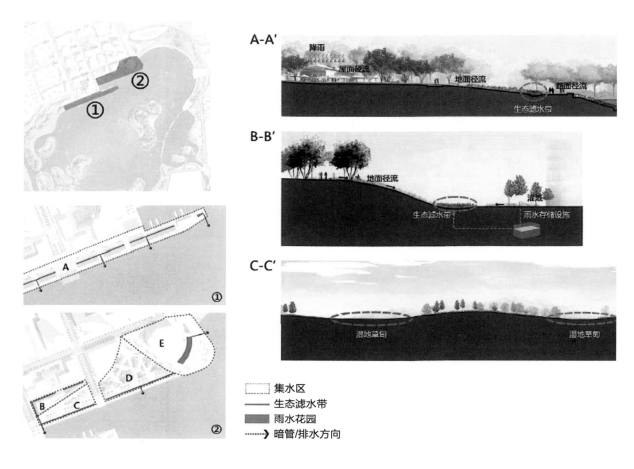

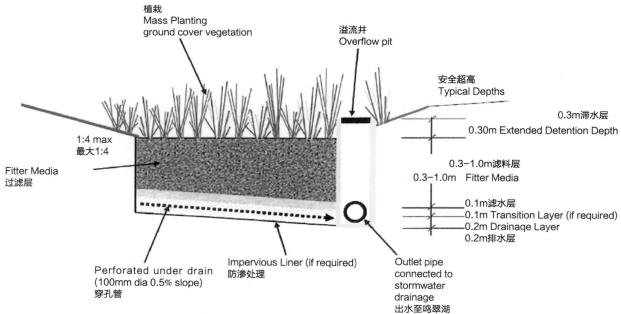

图11-91　生态滤水带与雨水花园典型剖面图

（资料来源：戴滢滢. 海绵城市——景观设计中的雨洪管理[M]. 南京：江苏凤凰科学技术出版社，2016：51）

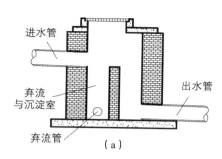
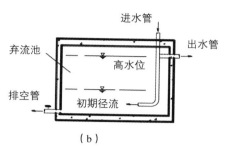

图11-92　初期雨水弃流设施示意图
（a）小管弃流井；（b）容积法弃流装置

降低雨水储存及雨水净化设施的维护管理费用，但径流污染物弃流量一般不易控制。

复杂型生物滞留措施、雨水湿地、湿式植草沟、人工土壤渗滤前面已有介绍，在此不再详述。

3. 雨水利用

雨水利用措施主要有湿塘、雨水湿地、蓄水池、雨水罐、人工土壤渗滤等。收集储存的雨水常用于绿化、浇洒道路、景观、冲厕等。显然，这些设施也具有削减径流和降低污染物排放量的功能。

1）人工土壤渗滤

（1）概念与构造。

人工土壤渗滤主要作为蓄水池等雨水储存设施的配套雨水设施，以达到回用水水质指标。人工土壤渗滤设施的典型构造可参照复杂型生物滞留设施。

（2）适用性。

人工土壤渗滤适用于有一定场地空间的建筑与小区及城市绿地。

（3）优缺点。

人工土壤渗滤雨水净化效果好，易与景观结合，但建设费用较高。结合景观，常用的做法有绿地渗透渠和渗透沟。

绿地渗透渠基本形式如下[179]。

①利用现状截洪沟进行改造，变成集、蓄、滤3个功能兼备的生态型水渠。

②在山坳处设置引水渠，将山上雨水引入人工湿地过滤净化。

③结合现状地形设计渗透型集水渠，渗滤沟＋穿孔管＋储存池或渗滤池。

道路渗透沟基本形式如下。

推荐使用透水铺装来取代传统的不透水材料。透水砖的下方应配备细沙、砾石等透水结构，也可适当铺设蓄水模块或排水管道，以利于雨水下渗。

在某些地方因景观和功能要求（主要道路和广场等）未能使用透水砖的，因道路广场的标高大于绿地，道路广场上的雨水可以通过渗滤沟汇聚到周边绿地内，再渗透到地下。

根据具体位置及路幅宽度不同，渗滤沟有以下几种形式。

①主园路渗滤沟：路幅宽6m，行人较多，雨水稍有污染，结合绿地过滤设计渗滤沟。

②硬质广场路面：结合地面找坡及铺装设计，广场中每隔20m左右设置渗滤沟。

③3m宽园路：渗水砖路面＋渗滤沟＋穿孔集水管。

④山体渗滤沟：内侧做渗滤沟，隔一定距离结合地形设置渗滤池或储水池。

⑤木栈道：栈道下方设置低洼绿地。

⑥停车场：设计多孔沥青车道结合植草砖停车区，尽可能让雨水下渗，此处雨水污染较大，结合弃流及土壤渗滤设置穿孔管集水。

湿塘、雨水湿地、蓄水池、雨水罐前面已有介绍，在此不再详述。

2）人工湖

结合景观水景要求设计人工湖，包括初级净化池、次级净化池、清水池。雨水利用时主要从清水池用泵抽取，供附近的冲厕用水以及补充山地绿化灌溉用水；少量溢出的雨水排入市政雨水管。湖水的常水位标高比溢流口低10cm，而驳岸的标高则根据常水位来设计，这样处理可以使降雨蓄积量增加，保证至少单次降雨量在50mm以下时不会产生溢流，既保持了平时湖水充盈的亲水效果，又为雨季蓄水打下了基础。在人工湖设计有若干水生植物种植池，这些种植池在丰富湖区景观的同时，也承担着沉积雨水带来的泥沙的作用。为保证湖水清洁，防止水质恶化，中水处理系统对湖水进行循环处理，同时为公园中其他绿地喷灌系统提供水源，使得雨水能得到充分利用。人工湖的设计，也一定程度上减少了雨水的面源污染。

雨水利用的整体思路就是将雨水资源化，简单收集处理后回用于绿化等方面，减少自来水需求，如图11-93所示。

图11-93 屋面雨水收集示意图
（资料来源：http://www.hizh.cn/zhuanti/216533.jhtml）

11.4.2.2 源头控制技术应用总结

运用源头控制的各个措施可不同程度地起到集蓄利用、削减峰值流量及净化雨水等功能，以实现径流总量、径流峰值和径流污染等多个控制目标，因此应

根据城市总体规划、专项规划及详细规划明确的控制目标，结合汇水区特征和设施的主要功能、经济性、适用性、景观效果等因素灵活选用源头控制设施及其组合系统，根据主要功能按相应的方法进行设施规模计算，并对单项设施及其组合系统的设施选型和规模进行优化，其比选如表11-24所示[178]。

以上所列子系统密切相关，实际应用通常都通过综合性的技术与管理措施组合实现多种目标和功能，而且还涉及水环境与生态系统保护与修复、土地的多功能利用和城市景观等方面。

为了能更好地达到源头控制的目的，城市建设时还需要努力构建多层次开放空间，形成生态本底；建设多级雨水收集利用系统；提升水资源的综合利用效率，可以将建筑和小区的雨水尽量收集、市政道路确保绿地集水功能，同时将景观绿地与自然地形相结合，以更好地建设中央雨洪系统形成调蓄枢纽，使其兼具"雨水廊道、行洪廊道、慢行廊道"的功能，最大限度地实现雨水的存储和回用[181]。

城市雨洪控制利用是综合各子系统，应用各种自然或人工工程、非工程措施，将城市雨洪作为一种资源加以综合利用，实现节水、水资源涵养与保护、控制城市洪涝和水土流失、减小城市排水和处理系统的负荷、减轻水污染、改善城市水环境和生态环境、多功能发挥土地资源综合效益等目标，实现良性水循环（图11-94）。

在城市规划建设方面，详细规划（控制性详细规划、修建性详细规划）应落实城市总体规划及相关专项（专业）规划确定的低影响开发控制目标与指标，因地制宜，落实涉及雨水渗、滞、蓄、净、用、排等用途的低影响开发设施用地；并结合用地功能和布局，分解和明确各地块单位面积控制容积、下沉式绿地率及其下沉深度、透水铺装率、绿色屋顶率等低影响开发主要控制指标，指导下层级规划设计或地块出让与开发。

有条件的城市（新区）可编制基于低影响开发理

低影响开发设施比选一览表

表11-24

单项设施	功能					控制目标			处置方式		经济性		污染物去除率（以SS计）/%	景观效果
	集蓄利用雨水	补充地下水	削减峰值流量	净化雨水	转输	径流总量	径流峰值	径流污染	分散	相对集中	建造费用	维护费用		
透水砖铺装	○	●	◎	◎	○	●	◎	◎	√	—	低	低	80-90	—
透水水泥混凝土	○	○	◎	◎	○	◎	◎	◎	√	—	高	中	80-90	—
透水沥青混凝土	○	○	◎	◎	○	◎	◎	◎	√	—	高	中	80-90	—
绿色屋顶	○	○	◎	◎	○	●	◎	◎	√	—	高	中	70-80	好
下沉式绿地	○	●	◎	◎	○	●	◎	◎	√	—	低	低	—	一般
简易型生物滞留设施	○	●	◎	◎	○	●	◎	◎	√	—	低	低	—	好
复杂型生物滞留设施	○	●	◎	●	○	●	◎	●	√	—	中	低	70-95	好
渗透塘	○	●	◎	◎	○	●	●	◎	—	√	中	中	70-80	一般
渗井	○	●	◎	◎	○	●	●	◎	√	—	低	低	—	—
湿塘	●	○	●	◎	○	●	●	◎	—	√	高	中	50-80	好
雨水湿地	●	○	●	●	○	●	●	●	√	√	高	中	50-80	好
蓄水池	●	○	◎	◎	○	●	◎	◎	—	√	高	中	80-90	—
雨水罐	●	○	◎	◎	○	●	◎	○	√	—	低	低	80-90	—
调节塘	○	○	●	○	○	○	●	○	—	√	高	中	—	一般
调节池	○	○	●	○	○	○	●	○	—	√	高	中	—	—
转输型植草沟	○	○	◎	◎	●	◎	○	◎	√	—	低	低	35-90	一般
干式植草沟	○	○	◎	◎	●	◎	○	◎	√	—	低	低	35-90	好
湿式植草沟	○	○	◎	◎	●	◎	○	◎	√	—	中	低	—	好
渗管/渠	○	○	◎	○	●	◎	○	◎	√	—	中	中	35-70	—
植被缓冲带	○	○	○	●	—	○	○	●	√	—	低	低	50-95	一般
初期雨水弃流设施	◎	○	○	●	—	○	○	●	√	—	低	中	40-60	—
人工土壤渗滤	●	○	◎	●	○	◎	○	◎	—	√	高	中	75-95	好

注：①●表示强，◎表示较强，○表示弱或很小。
②SS去除率数据来自美国流域保护中心（Center For Watershed Protection，CWP）的研究数据。

总平面图

01 生物滞留池
02 生态草沟
03 前置塘
04 雨水花园
05 景观平台

设计说明

本区域是海绵城市【蓄】科普示范点之一；

①生物滞留池——对雨水进行截流过滤，其形态为下沉绿地，平时兼做紧急疏散空间；

②前置塘——沉泥区，雨水经过该区域时泥沙沉淀，然后进入雨水湿地；

③雨水花园——超过调蓄水位时，雨水经过溢流管排入水库。

图11-94 雨洪管理示范图

（资料来源：戴滢滢. 海绵城市——景观设计中的雨洪管理[M]. 南京：江苏凤凰科学技术出版社，2016：180）

念的雨水控制与利用专项规划，兼顾径流总量控制、径流峰值控制、径流污染控制、雨水资源化利用等不同的控制目标，构建从源头到末端的全过程控制雨水系统；利用数字化模型分析等方法分解低影响开发控制指标，细化低影响开发规划设计要点，供各级城市规划及相关专业规划编制时参考；落实低影响开发雨水系统建设内容、建设时序、资金安排与保障措施。也可结合城市总体规划要求，积极探索将低影响开发雨水系统作为城市水系统规划的重要组成部分。

第12章 城市排水（雨水）防涝综合规划

受全球气候变化影响，近年暴雨等极端天气对社会管理、城市运行和人民群众生产生活造成了巨大影响，加之部分城市排水防涝等基础设施建设滞后、调蓄雨洪和应急管理能力不足，出现了严重的暴雨内涝灾害。诚然，城市排水工程设施的不完善是造成城市内涝的原因之一，但我们应该认识到人类活动对自然条件的改变也有着不可推卸的责任。快速城市化破坏了自然原有的生态平衡，而城市的盲目扩张则大幅削弱了城市对雨水的自我调节功能。强降雨的频繁发生、城市高强度的开发建设以及城市地面条件的改变等在城市的现实发展进程中是不可避免的，除了呼吁人们通过植树造林、保护环境、提倡低碳生活等方式来改善自然环境外，作为规划城市建设蓝图的城市规划师、给排水工程师，能够通过什么方式来缓解它们对城市内涝带来的影响呢？我们有必要科学、务实、创新地进行城市规划和工程设计工作，在城市中建立防涝综合系统，从技术、管理等方面来科学地收集、排放、利用雨水，从而减少城市内涝灾害的发生。

12.1 政策背景

为保障人民群众的生命财产安全，提高城市防灾减灾能力和安全保障水平，加强城市排水防涝设施建设，2010～2015年，中共中央、国务院（办公厅）、水利部、住房和城乡建设部、发展改革委和环境保护部等单位先后针对城市内涝、城市排水防涝、气候变化和低影响开发雨水系统构建等开展研究和制定相关政策（表12-1）。2013年3月《国务院办公厅关于做好城市排水防涝设施建设工作的通知》（国办发［2013］23号）要求，2014年底前，要在摸清现状的基础上，编制完成城市排水防涝设施建设规划；力争用5年时间完成排水管网的雨污分流改造；用10年左右的时间建成较为完善的城市排水防涝工程体系。2013年9月《国务院关于加强城市基础设施建设的意见》（国发［2013］36号）提出，加快城市基础设施转型升级，全面提升城市基础设施水平，用10年左右时间建成较完善的城市排水防涝、防洪工程体系。

2013年6月发布了《城市排水（雨水）防涝综合规划编制大纲》，提高了传统的市政排水标准，融入了统筹考虑内涝、初期雨水污染、雨水资源利用和源头削减、过程控制、末端处理全系统控制的新雨水综合管理理念。住房和城乡建设部同时进行了有关技术规范标准修编，批准《城市防洪工程设计规范》（GB/T 50805—2012）为国家标准，自2012年12月1日起实施；批准《室外排水设计规范》（GB

50014—2006）（2014年修订版）自2014年2月10日起实施。最关键和有效的是国务院2013年10月颁布《城镇排水与污水处理条例》，把国家和政府近几年相继出台的政策、规定和意见上升为法律，将城镇排水与污水处理及其内涝防治事业纳入了法制轨道。从制度层面防治城市内涝灾害，解决城市暴雨内涝频发的问题，是《城镇排水与污水处理条例》的最主要立法目的[182]。

国家及相关部委关于城市内涝方面的政策　　　　　　　　　表12-1

时间	发文单位	政策名称	与城市内涝相关的主要内容
2010年12月	中共中央、国务院	关于加快水利改革发展的决定（中发［2011］1号）	从根本上扭转水利建设明显滞后的局面。到2010年，基本建成防洪抗旱减灾体系，重点城市防洪能力明显提高
2011年11月	国务院办公厅	关于印发国家综合防灾减灾规划（2011—2015年）的通知（国办发［2011］55号）	大力推进大中城市、城市群、人口密集区、经济集中区和经济发展带防灾减灾能力建设，有效利用学校、公园、体育场等现有场所，建设或改造城乡应急避难场所，建立城市综合防灾减灾新模式
2012年1月	国务院	关于实行最严格水资源管理制度的意见（国发［2012］3号）	鼓励并积极发展雨水开发利用；对城乡供水、水资源综合利用、水环境治理和防洪排涝等实行统筹规划、协调实施，促进水资源优化配置；建设水工程，必须符合流域综合规划和防洪规划
2013年4月	国务院办公厅	关于做好城市排水防涝设施建设工作的通知（国办发［2013］23号）	2014年底前，要在摸清现状基础上，编制完成城市排水防涝设施建设规划，力争用5年时间完成排水管网的雨污分流改造，用10年左右的时间建成较为完善的城市排水防涝工程体系
2013年6月	住房和城乡建设部	关于印发城市排水（雨水）防涝综合规划编制大纲的通知（建城［2013］98号）	提出规划编制技术大纲、要求地方提交城市排水防涝设施雨水管渠、雨水泵站、雨水调蓄设施、内河水系综合整治和低影响开发相关建设任务汇总表
2013年9月	国务院	关于加强城市基础设施建设的意见（国发［2013］36号）	要求编制城市排水防涝设施、在推进绿色建筑时同期实施建筑物雨水分级收集、重申（国办发［2013］23号）的城市排水防涝、防洪工程体系建设的时间要求
2014年2月	住房和城乡建设部	住房和城乡建设部城市建设司2014年工作要点	提出建设海绵型城市的新概念，将编制《全国城市排水防涝设施建设规划》。下沉式绿地、城市湿地公园的建设方向
2014年6月	国务院办公厅	关于加强城市地下管线建设管理的指导意见（国办发［2014］27号）	推进雨污分流管网改造和建设，暂不具备改造条件的，要建设截流干管，适当加大截流倍数
2014年8月	住房和城乡建设部、国家发展改革委	关于进一步加强城市节水工作的通知（建城［2014］114号）	新建城区硬化地面中，可渗透地面面积比例不应低于40%；并加快对使用年限超过50年和材质落后供水管网的更新改造
2014年9月	国务院（发展改革委员会编制）	国家应对气候变化规划（2014—2020年）	重点城市城区及其他重点地区防洪除涝抗旱能力显著增强
2014年11月	住房和城乡建设部	关于印发海绵城市建设技术指南——低影响开发雨水系统构建（试行）的通知（建城函［2014］275号）	明确了海绵城市的概念、建设路径和基本原则，进一步细化了地方城市开展海绵城市的建设技术方法
2014年12月	财政部、住房和城乡建设部、水利部	关于开展中央财政支持海绵城市建设试点工作的通知（财建［2014］838号）	根据习近平总书记关于"加强海绵城市建设"的讲话精神和近期中央经济工作会议要求，开展试点，一定三年，补助数额按城市规模分档确定。对采用PPP模式达到一定比例的，将按上述补助基数奖励10%
2015年1月	财政部、住房和城乡建设部、水利部	关于组织申报2015年海绵城市建设试点城市的通知（财办建［2015］4号）	明确了试点流程（有积极性的省份先推荐1座城市）、评审内容和实施方案编制要求
2015年10月	国务院办公厅	国务院办公厅关于推进海绵城市建设的指导意见（国办发［2015］75号）	为加快推进海绵城市建设，修复城市水生态、涵养水资源，增强城市防涝能力，扩大公共产品有效投资，提高新型城镇化质量，促进人与自然和谐发展

资料来源：徐振强.实施中国特色海绵城市的政策沿革与地方实践[J].上海城市管理，2015：49-54.

12.2 规划原则

12.2.1 突出重点、统筹兼顾原则

规划以解决城市排水防涝问题为重点，兼顾城市初期雨水的面源污染治理。同时各项措施的制定要以保障城市水安全、保护水环境、恢复水生态、营造水文化，提升城市人居环境，建立城市健康水循环系统为目标。在全盘考虑整个排水防涝系统规划基础上，重点关注影响居民生活、威胁公共安全的严重内涝积水区域（如下穿通道、低洼易涝点等），坚持整体规划、分期建设，做到主次分明、先后有序，率先解决矛盾突出地点，兼顾雨水污染治理，消除不良影响。

12.2.2 尊重自然、生态优先原则

转变传统的以"排"为主的单一排水思路，构建以"蓄"、"滞"、"渗"、"净"、"用"、"排"等多种措施组合的城市排水防涝理念。

重视保护和利用城市的河流、湖泊、湿地、坑塘、沟渠等自然水系调蓄雨水。优先利用天然水系，结合城市水生态系统，合理规划人工水体，共同营建城市生态河道水系系统，成为城市防涝体系的首要保障措施；并不断提高城市水生态系统的自然修复能力，维护城市良好的生态水体功能。

积极推行低影响开发建设模式，有效控制雨水径流量和初期雨水面源污染，有效利用雨水资源。通过城市的自然绿化系统实现雨水的自然积存、自然渗透、自然净化和可持续水循环。采用绿色和灰色基础设施建设相结合的方式，一方面提高区域防洪防涝能力，另一方面大大改善区域生态环境。

12.2.3 系统性与协调性原则

城市排水防涝系统规划全面考虑从源头、路径、

末端的全过程雨水控制和管理，理顺各个雨水排蓄环节之间的衔接关系，有机统一源头控制系统、排水管道系统、受纳水体之间的衔接关系，保障排水通畅；在城市规划体系中，做到城市总体规划的修编与城市排水防涝的规划同步，并在城市总体规划的指导下，做好与城市竖向规划、城市用地规划、城市道路规划、城市排水系统规划、城市水系规划、城市绿地系统规划、城市雨水利用工程规划、城市防洪规划、城市生态环境保护规划、城市综合防灾规划等相关专项规划的衔接。

12.2.4 先进性与适宜性原则

强调理念和技术的重要性，学习借鉴国内外的有益经验，切实围绕整体思路要求，根据规划区内的地形条件、用地性质、开发强度等状况，以现代规划理念为先导、先进技术手段为支撑，建立了涵盖源头控制、管网优化和综合防治的内涝防治体系，因地制宜地采取蓄、渗、滞、排等多种措施，借助经过鉴定的、行之有效的新技术、新工艺、新材料、新设备，进行多方案比较，并通过全面论证，制定出符合各地不同自然地理条件、水文地质特点、水资源禀赋状况、降雨规律、水环境保护与内涝防治标准等要求的具有科学性、权威性的城市排水防涝综合规划。

12.2.5 科学管理与有效防范原则

城市内涝防治是一项系统工程，涵盖了包括产流、汇流、调蓄、利用、排放、预警和应急等工程性和非工程性相结合的综合控制措施。统筹考虑从源头到末端的整个过程雨水控制与管理，既要使工程措施保证规划的实现，又要引导城市建设理念的转变、应急管理的加强。科学建立内涝防治设施的运行监控体系、排水设施维护管理机制，建立内涝应急管理机制，建立健全相应的法律法规等。

12.3 规划的目标与标准

12.3.1 规划目标

规划整体目标可结合城市性质、规模和实际情况确定，把保障城市安全运行和维护人民群众生命安全放在首位。将雨水的简单排除转向对自然水环境和生态系统的全面管理，采取"蓄、滞、渗、净、用、排"相结合的综合雨水控制措施，构建完善、高效、可持续的城市排水防涝系统，协调城市防洪规划，加强初期雨水治理，保障城市排水防涝安全，促进经济、社会、环境持续健康发展。

通过制定和实施工程性和非工程性措施，从雨水径流的产生到末端排放的全过程构建源头控制、排水管渠和综合防治控制的内涝防治系统。全面提升暴雨内涝灾害的防御能力，根据受纳水体的环境容量明确城市初期雨水径流的污染控制。目标达到实现特大城市中心城区能有效应对不低于50年一遇的暴雨，大城市中心城区能有效应对不低于30年一遇的暴雨，中、小城市中心城区能有效应对不低于20年一遇的暴雨。在摸清现状基础上，编制完成城市排水防涝设施建设规划；力争用5年时间完成排水管网的雨污分流改造；用10年左右的时间建成较为完善的城市排水防涝工程体系。同时《城市排水（雨水）防涝综合规划编制大纲》也提出了内涝防治具体微观的规划控制目标：

（1）发生城市雨水管网设计标准以内的降雨时，地面不应有明显积水。

（2）发生城市内涝防治标准以内的降雨时，城市不能出现内涝灾害。

（3）发生超过城市内涝防治标准的降雨时，城市运转基本正常，不得造成重大财产损失和人员伤亡。

（4）城市排水防涝设施的改造方案，要结合老旧小区改造、道路大修、架空线入地等项目同步实施，并对敏感地区如幼儿园、学校、医院等提出明确要求，确保在城市内涝防治标准以内不受淹。

鉴于我国目前没有专门针对内涝防治的设计标准体系，各地可根据当地实际情况，从积水深度、范围和积水时间3个方面，对内涝灾害的定义和量化标准进行更为细致微观的明确规定。

12.3.2 规划标准

根据城市排水（雨水）防涝规划的目标和城市内涝防治系统的源头控制设施、排水管渠设施和综合防治设施的三部分组成，国内的相关规范与技术标准在借鉴欧美国家排水系统、防涝系统设计标准的基础上对我国城市排水防涝的整体和各个组成体系都做了规划设计的标准制定，并与城市防洪标准相衔接。

12.3.2.1 城市内涝防治标准

城市内涝防治的主要目的是将降雨期间的地面积水控制在可接受的范围。鉴于我国还没有专门针对内涝防治的设计标准，《室外排水设计规范》（GB 50014—2006）（2014年修订版）增加了内涝防治设计重现期和积水深度标准，新增加的内涝设计重现期如表12-2所示，用以规范和指导内涝防治设施的设计。

内涝防治设计重现期（单位：年） 表12-2

城市类型	重现期	地面积水设计标准
特大城市	50～100	（1）居民住宅和工商业建筑物的底层不进水； （2）道路中一条车道的积水深度不超过15cm
大城市	30～50	
中等城市和小城市	20～30	

注：按表中所列重现期设计暴雨强度公式时，均采用年最大值法；特大城市指市区人口在500万以上的城市，大城市指市区人口在100万～500万的城市，中等城市和小城市指市区人口在100万以下的城市。

内涝防治设计重现期，应根据城市类型、积水影响程度和内河水位变化等因素，经技术经济比较后确定，按表12-2的规定取值，并应符合下列规定。

（1）经济条件较好，且人口密集、内涝易发的城市，宜采用规定的上限。

（2）目前不具备条件的地区可分期达到标准。

（3）当地面积水不满足表12-2所示要求时，应采取渗透、调蓄、设置雨洪行泄通道和内河整治等措施。

（4）对超过内涝设计重现期的暴雨，应采取综合控制措施。

根据内涝防治设计重现期校核地面积水排除能力时，应根据当地历史数据合理确定用于校核的降雨历时及该时段内的降雨量分布情况，有条件的地区宜采用数学模型计算。如校核结果不符合要求，应调整设计，包括放大管径、增设渗透设施、建设调蓄段或调蓄池等。执行表12-2所示标准时，雨水管渠按压力流计算，即雨水管渠应处于超载状态。

12.3.2.2 城市雨水管渠的设计标准

雨水管渠设计重现期，应根据汇水地区性质、城市类型、地形特点和气候特征等因素，经技术经济比较后按表12-3的规定取值，并应符合下列规定。

雨水管渠设计重现期（单位：年）　　　　　　表12-3

城市类型 ＼ 城区类型	中心城区	非中心城区	中心城区的重要地区	中心城区地下通道和下沉式广场等
特大城市	3～5	2～3	5～10	30～50
大城市	2～5	2～3	5～10	20～30
中等城市和小城市	2～3	2～3	3～5	10～20

注：①按表中所列重现期设计暴雨强度公式时，均采用年最大值法。②雨水管渠应按重力流、满管流计算。③特大城市指市区人口在500万以上的城市，大城市指市区人口在100万～500万的城市，中等城市和小城市指市区人口在100万以下的城市。

（1）经济条件较好，且人口密集、内涝易发的城市，宜采用规定的上限。

（2）新建地区应按本规定执行，既有地区应结合地区改建、道路建设等更新排水系统，并按本规定执行。

（3）同一排水系统可采用不同的设计重现期。

雨水管渠排出口标高应与河道水位相衔接，并符合下列规定。

（1）雨水管渠出水口底高程宜高于受纳水体的常水位，条件许可时宜高于设计防洪（潮）水位。

（2）当雨水管渠出水口存在受水体水位顶托的可能时，应根据地区重要性和积水影响，设置潮门、拍门或雨水泵站等设施。

12.3.2.3 城市雨水径流的控制标准

城市用地的开发应体现低影响开发的理念，在城市开发用地内进行源头控制。根据低影响开发的要求，结合城市地形地貌、气象水文、社会经济发展情况，合理确定城市雨水径流量控制、源头削减的标准以及城市初期雨水污染治理的标准。

1）径流系数控制标准

城市开发建设过程中应最大限度减少对城市原有水系统和水环境的影响，而不应由市政设施的不断扩建与之适应，并以径流量作为地区开发改建的控制指标，即整体改建地区应采取措施确保改建后的径流量不超过原有径流量。新建地区综合径流系数的确定应以不对水生态造成严重影响为原则，新建地区的硬化地面中，透水性地面的比例不应小于40%；旧城改造后的综合径流系数不能超过改造前，不能增加既有排水防涝设施的额外负担。可采取的雨水径流综合措施包括建设下凹式绿地，设置植草沟、渗透池等，人行道、停车场、广场和小区道路等可采取渗透性路面，促进雨水下渗，既达到雨水资源综合利用的目的，又不增加径流量。严格执行规范规定控制的综合径流系数，综合径流系数高于0.7的地区应采取渗透、调蓄等措施。径流系数可按表12-4的规定取值；汇水面积的综合径流系数应按地面种类加权平均计算，可按表12-5的规定取值，并应核实地面种类的组成和比例。

径流系数　　　　　　　　　表12-4

地面种类	ψ
各种屋面、混凝土或沥青路面	0.85～0.95
大块石铺砌路面或沥青表面各种的碎石路面	0.55～0.65
级配碎石路面	0.40～0.50
干砌砖石或碎石路面	0.35～0.40
非铺砌土路面	0.25～0.35
公园或绿地	0.10～0.20

综合径流系数　　　　　　　表12-5

区域情况	ψ
城市建筑密集区	0.60～0.70
城市建筑较密集区	0.45～0.60
城市建筑稀疏区	0.20～0.45

2）初期雨水径流污染控制标准

初期雨水由于径流对地面的冲刷作用，将地面（包括屋面）上积聚的各种污染物随径流雨水一起排入下水道，最终排入各类水体，而引起水体污染。

初期雨水在整个产流过程中污染物含量最高，但由于降雨冲刷过程的复杂性和随机性，初期雨水中污染物的含量受到汇流面积、降雨强度、不透水区面积、地面污染程度以及距上一次降雨时间等因素的影响，合理统一的控制时间和控制量较难界定。国外目前常采用基于"初期冲刷效应"的半英尺（约12mm）原则，认为90%以上的径流污染物是包含在初期半英尺（12mm）的降雨量中。但这种"半英尺原则"在不透水面积占总面积比例比较低的场地中使用效果比

较理想，而在不透水面积比例较高的地方处理效率将会下降。目前国内的《建筑与小区雨水利用工程技术规范》（GB 50400-2006）规定：初期雨水弃流量应按照建设用地实测收集雨水的污染物浓度变化曲线确定。无资料时，可采用2～3mm径流厚度作为屋面初期雨水弃流厚度，5～7mm作为地面初期雨水弃流厚度。各地区具体标准根据城市初期雨水的污染变化规律和分布情况，分析初期雨水对城市水环境污染的贡献率；按照城市水环境污染物总量控制的要求，确定初期雨水截流总量；通过方案比选确定初期雨水截流和处理设施规模与布局。

12.3.2.4　城市排涝河道的设计标准

"城市内涝"主要是由于城市自身降雨造成，而"城市洪涝"主要是由于山水、海（潮）水、客水等造成。城市排涝河道主要承担城市排涝功能，由内河、排涝沟渠、泵站和闸坝等水利设施组成，解决城市内部及其周边较大汇流面积上较长历时暴雨产生的涝水排放问题。城市防洪河道主要承担流域上游地区及城市外围产生的"客水"。城市内河主要是不承担流域性防洪功能的河流，是"小排水系统"的受纳水体、"大排水系统"的重要组成部分。城市区域内承担流域防洪功能的受纳水体（即外河），也是内河的最终排放体。所谓的"外洪内涝"，二者的区分牵涉到城市防洪规划和排水防涝规划的交界面划分、设施和功能确定。

我国城市的"防涝"一般由城建部门负责，"防洪"一般由水利部门负责，虽然涉及不同管理部门和标准体系，二者也有所区别，但防涝与防洪联系又十分紧密。城建部门负责将城区的雨水收集到雨水管网并排放至内河、湖泊，或者直接排入行洪河道；水利部门则负责将内河的涝水排入行洪河道，同时保证行洪河道的洪水水位不会影响内河的涝水排放，对城市防涝安全造成影响。

目前关于城市河道的设计标准主要参照《城市防洪工程设计规范》（GB/T 50805—2012）的城市防洪工程设计标准（表12-6）。

城市防洪工程设计标准（单位：年）　　　表12-6

城市防洪工程等别	设计标准			
	洪水	涝水	海潮	山洪
I	≥200	≥20	≥200	≥50
II	≥100且<200	≥10且<20	≥100且<200	≥30且<50
III	≥50<100	≥10且<20	≥50且<100	≥20且<30
IV	≥20且<50	≥5且<10	≥20且<50	≥10且<20

注：①根据受灾后的影响、造成的经济损失、抢险难易程度以及资金筹措条件等因素合理规定。
②洪水、山洪的设计标准指洪水、山洪的重现期。
③涝水的设计标准指相应暴雨的重现期。
④海潮的设计标准指高潮位的重现期。

但由于城市防涝标准和水利排涝标准不同，以往所说的排涝标准主要是水利上针对农作物耐淹程度而定的，而城市不允许长时间积水，道路积水会影响城市正常运行，故水利的排涝标准已不适用于城市的防涝。相对于城市防洪河道（外河），城市内河的雨水收纳能力、特征水位等设计标准直接影响到"小排水系统"积水的成因、建设标准，需要与城市管网系统规划设计统筹考虑。例如，某城市排水系统，通过对其内河的综合治理加大了过流能力、降低了水位，原先因其水位顶托造成的管网排水系统，水力坡降过小、管网排水能力不足、城市积水等达不到排水标准的问题得以解决，大大减少了工程投资，避免了部分城市建成区排水管网的改造。

同时，鉴于城市河道排涝与防洪的紧密联系，需要对作为城市防涝系统的排涝河道与城市防洪河道进行有效衔接。确保防洪规划确定的不同重现期下对应的河道水位不会对内涝防治系统产生影响，进而完善城市防涝系统的地块高程、雨水管渠标高及排涝河道水位规划。另外，内涝防治系统设计重现期对应为降雨重现期，防洪标准提及的重现期为洪水、潮水重现期，在进行防涝系统规划设计时，涝水与洪水、潮水的遭遇情况会对规划计算结果产生较大影响，需进行涝、洪、潮遭遇情况分析。此外，城市内涝防治系统排入流域性防洪河道的外排径流量应由流域防洪规划

统一协调控制。若流域沿线城市未经统一协调，均增加外排径流量，可能会抬高流域上、下游河道水位，从而对上、下游城市内涝防治产生不利影响，可能削弱下游城市的防洪排涝能力，甚至出现新的易涝城市，因此必须进行统筹协调。

12.3.3　标准体系

国外发达国家城市雨水标准体系一般包含两个层面的标准。例如，欧盟标准体系中明确规定了管道排水标准和涝灾控制标准，美国和澳大利亚标准体系明确规定了小暴雨和大暴雨排水系统控制标准。我国的香港特别行政区也有大、小排水系统之分，但防洪、排涝和管道的标准是统一的（表12-7）。

香港排水系统设计重现期标准　　表12-7

排水系统类别	重遇期（年）N年一遇
市区排水干渠系统	200
市区排水支渠系统	50
主要乡郊集水区防洪渠	50
乡村排水系统	10
密集使用农地	2~5

为了适应和满足当前国内城市排水防涝领域的新

要求，国家最新的《室外排水设计规范》已明确了管道小排水系统以及防涝大排水系统标准，同时《海绵城市建设技术指南》中又提出了径流总量控制率的建议性标准。由于城市排水防涝综合规划的标准体系涵盖"源头控制体系"、"排水管网体系"和"内涝防治体系"的规划与设计标准，并与城市总体规划及相关专项用地规划、竖向规划、道路规划、水系规划、防洪规划、排水规划、绿地规划等相衔接，其标准体系

的建立和完善是一个复杂的、长期的过程，国家相关的规范标准体系尚未形成（表12-8）。仍需要根据我国城镇排水和内涝防治的目标，借鉴发达国家和地区的先进经验，以低影响开发为基本发展理念，以排水系统源头控制、过程控制、末端控制为技术核心，以全面提升我国排水和内涝防治能力，工程性和非工程性措施相结合为基本策略，建立适应我国国情的城市排水与内涝防治标准和规范体系。

我国现行城市排水系统和内涝防治标准体系表　　　　　　　　表12-8

体系	标准名称
源头控制体系	海绵城市建设技术指南——低影响开发雨水系统构建（试行）（住房和城乡建设部）
	建筑与小区雨水利用工程技术规范（GB 50400—2006）
	绿色建筑评价标准（GB/T 50378—2014）
排水管渠系统	城市排水工程规划规范（GB 50318—2000）
	城镇给水排水技术规范（GB 50788—2012）
	室外排水设计规范（GB 50014—2006）（2014年版）
	建筑给水排水设计规范（GB 50015—2003）（2009年版）
内涝防治体系	城市排水（雨水）防涝综合规划编制大纲（住房和城乡建设部）
	室外排水设计规范（GB 50014—2006）（2014年版）
	城市排水防涝设施普查数据采集与管理技术导则（试行）
	城镇内涝防治技术规范（在编）
	城镇雨水调蓄工程技术规范（在编）
	城市防洪工程设计规范（GB/T 50805—2012）
	河道整治设计规范（GB 50707—2011）
	城市蓝线管理办法
规划衔接体系	中华人民共和国城乡规划法
	中华人民共和国水法
	中华人民共和国水污染防治法
	防洪标准（GB 50201—2014）
	城市用地分类与规划建设用地标准（GB 50137—2011）
	城市用地竖向规划规范（CJJ 83—99）
	城市道路工程设计规范（CJJ 37—2012）
	城市水系规划规范（GB 50513—2009）
	城市水系规划导则（SL 431—2008）
	城市绿地设计规范（GB 50420—2007）
	城市居住区规划设计规范（GB 50180—93）（2002年版）
	城市工程管线综合规划规范（GB 50289—98）

12.4　规划的主要策略

12.4.1　顶层设计，规划衔接

对城市排水和洪涝防治，前期风险评估主要是根据城市开发前的各种自然条件、未来的土地利用、基础设施、排水系统等各种条件及其他各方面因素，对洪涝风险发生的概率、情景、危害和损失程度等进行全面分析和评估，在此基础上，做出相应防治决策和控制措施，从而使城市的土地利用、城市规划、排水防涝系统的规划设计都应建立在开发前的风险评估的基础上。

英国政府2010年修订全国性规划政策《规划政策声明：开发与洪涝风险》，开始将洪涝风险评估纳入到区域的规划体制中，对开发区域进行洪涝风险分区（①低频率、②中频率、③a高频率、③b功能性泛洪区），系统分析不同类型的洪涝风险，以及不同级别的规划需要配备怎样的风险评估内容，对洪涝风险严重地区的开发进行限制与管理，同时对区域的开发形式、布局、土地利用进行指导，通过综合的控制措施来减少区域的洪涝风险。除此之外，还包括建立相应预警机制与应急策略，缓解洪涝灾害带来的威胁和损害（图12-1）[183]。

显然，在城市洪涝综合防控体系中，"顶层设计"至关重要，即在控制措施之上，风险评估、预防和开发模式这三个极重要的层次。在城市开发前通过洪涝风险评估，结合城市土地利用规划、城市及景观规划、雨洪控制利用专项规划[184]等应对城市洪涝及其他雨水问题，要远比在城市基础设施建成后的改造、弥补经济高效得多。

现有的法定规划体系中，虽然都有排水规划的专项内容，但存在不同的问题。城市总体规划中的排水专业规划，虽然覆盖面大，但受时间进度、资料条件等限制，不可能做得很细，管线、蓝线、绿线等都难定位；详细规划中的排水专业规划，虽然比较细致，有一定的深度，但系统性较差。排水规划更多地侧重于管道、泵站等排水设施的布置，其计算也是为了核

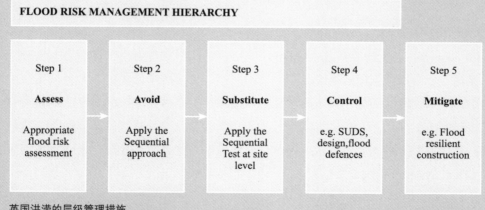

FLOOD RISK MANAGEMENT HIERARCHY

Step 1	Step 2	Step 3	Step 4	Step 5
Assess	**Avoid**	**Substitute**	**Control**	**Mitigate**
Appropriate flood risk assessment	Apply the Sequential approach	Apply the Sequential Test at site level	e.g. SUDS, design, flood defences	e.g. Flood resilient construction

英国洪涝的层级管理措施
第1步→评估→洪涝风险评估
第2步→预防→选择洪涝风险小的区域开发
第3步→替代→选择洪涝风险小的开发模式
第4步→控制→洪涝综合控制措施
第5步→预防→预警机制的建立、措施的维护管理等

图12-1　英国洪涝的层级管理措施[183]

定设施规模，而对大、小排水系统的衔接、管道和河道的衔接考虑不足，缺乏系统的规划。

城市的各专项规划和排水规划的衔接方面，现有的城市用地分类对土地和地表径流的关系考虑不足，城市用地布局较少考虑雨水排水的出路问题。城市竖向设计和道路竖向设计也很少结合雨水的综合利用和排放。例如，城市中的绿地是难得的透水地面，但很多城市绿地都比道路标高要高，无法接纳附近的雨水。

城市内涝防治是一项系统工程，不可能孤立地只靠"工程配合"来解决，关键要和各城市专项规划相结合。城市防涝工程不再是配合，仅靠管道、泵站等工程措施来解决，而要在总体规划阶段合理确定排水系统的布局，优先解决城市雨水的去向和主要通道；只有多城市规划专项的协调联动，才能使排水防涝规划能够顺应原有的自然水体，适应原有的自然蓄水和排水条件，符合千百年来自然界水循环的机理。因此，城市规划是内涝防治的顶层设计，排水规划是内涝防治的关键环节。

12.4.2 构建城市大排水系统

国外发达国家城市排水一般都有两套系统，即小排水系统（Minor System）和大排水系统（Major System）。小排水系统主要由雨水管渠系统组成；大排水系统主要针对城市超常雨情，传输小暴雨排水系统无法传输的高重现期暴雨径流。该系统也可以称为城市内涝治体系。也有的国家将大、小排水系统称为"双排水系统"（Dual System）（图12-2）。

而我国目前仅有小排水系统，即排水管道系统，在已有的规划体系中，没有明确的大排水系统的概念及组成。虽然已建设了相对完善的城市防洪工程体系和城市管网排水系统及相应的标准规范，但对于超过雨水管网排水能力的暴雨径流，既没有统一的规划设计方法，也没有相关的技术标准和规划设计规范，成为城市内涝防范体系中的软肋。

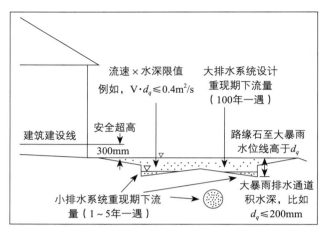

图12-2 大、小排水系统的构成[14]

要解决高重现期暴雨的城市内涝问题，解决超管渠设计标准的雨水出路问题，必须构建大排水系统。该体系的构建主要针对超常暴雨情景，应能抵御高于管网系统设计标准、低于防洪系统设计标准的暴雨径流形成的内涝。由此，目前排水防涝规划的一项核心内容就是在顶层设计中增加大排水系统的规划、设计和建设，从而形成完善的内涝防治体系。

12.4.3 雨洪管理，源头控制

发达国家经过几十年的理论研究和实践经验，已经逐步形成了系统的、有地域特色的城市暴雨管理体系。虽然各体系的名称、侧重点有所不同，但基本内涵和发展趋势殊途同归[52]，其核心理念可归结为暴雨管理源头控制、城市雨水回用、雨水多功能调蓄等。

为综合解决雨水问题，我国应该学习国际上先进的理念和技术，建立符合我国国情的城市雨水系统规划设计理论和方法体系。规划要结合我国城镇化的特色，强化绿色、低冲击开发和可持续发展等理念，推广低影响开发、可持续排水系统、水敏感设计等规划技术，通过蓄、渗、滞、净、用、排等手段，使土地开发时能最大限度地保持原有的自然水文特征和自然系统，充分利用大自然本身对雨水的渗透、蒸发和储存功能，促进雨水下渗。采用源头消减、过程控制、末端处理的方法，从源头开始全程控制地表径流，降低雨水径流量和峰流量，减少对下游受纳水体的冲击，保护利用自然水系，达到防治内涝灾害、控制面源污染、提高雨水利用程度的目的。

2014年住房和城乡建设部发布了《住房和城乡建设部关于印发海绵城市建设技术指南——低影响开发雨水系统构建（试行）的通知》，明确了海绵城市的概念、建设路径和基本原则，进一步细化了地方城市开展海绵城市的建设技术方法，与国际上流行的城市雨洪管理理念和方法如低影响开发（LID）、绿色雨水基础设施（GSI）及水敏感性城市设计（WSUD）等相一致，可以认为是"中国版"的低影响开发模式（Low Impact Development，LID）。

12.4.4　改进方法，模型应用

长期以来，我国一直沿用传统的推理公式法计算雨水的流量。该方法的理论依据是恒定均匀流，即假定暴雨强度在整个汇水面积上是均匀分布的，且汇水面积随集流时间增长而均匀增加。欧美等国家也使用推理公式法，但使用时有严格的限制。欧盟标准规定，推理公式法仅适用于工程范围小于200hm²的区域；美国标准规定，推理公式法仅限于面积80hm²以内使用。这些规定表明，推理公式法只适用于汇流面积较小的区域，而对于汇流面积较大的地区，目前国际上通用的方法是采用水文水力模型进行模拟计算，这是由排水规划的特点决定的。

规划城市内涝防治系统，研究各排水分区在发生不同级别降雨时的水量，不同频率洪水位和管网系统、内河系统的高程关系；弄清楚管道系统的排水量，超出管网设计标准的雨水量；如何形成内涝，内涝的地点，积水的深度和持续的时间等。依靠传统的推理公式计算方法很难解决问题，特别是对水动态的

变化过程，如水位的变化过程、高水位的持续时间、雨水排放后对下游水位的影响等，只能依靠数学模型进行计算和模拟才能得出结果，也只有在这个结果的基础上才有可能做出切合实际的排水系统方案。因此，采用数学模型法计算雨水设计流量，或采用动态数学模型对规划结果进行校核，是内涝防治系统规划建设的科学依据和量化计算的核心内容。

国内关于城市雨水模拟模型的研究起步较晚，目前尚无通用的独立开发的成熟模型，主要引入国外模型进行计算，常用的软件有丹麦DHI的Mike软件、美国的HEC-HMS和英国Wallingford公司的InfoWorks CS。在与雨水径流相关的规划、设计和管理中，水文水力模型的使用是必不可少的技术环节，提高雨水模型的应用水平，也将提高规划的科学性、可操作性、高效性。

12.4.5　影响评价，风险评估

雨水影响评价与内涝风险评价制度是进行雨洪管理的依据，为了有效地进行洪涝风险管理，需要了解洪涝灾害的影响范围和程度，了解洪涝水灾的类型和成因、发生概率、发生范围、持续时间、深度和速度等方面的特征；同样重要的是，还要了解洪涝灾害可能发生的地点和方式，以及洪涝灾害发生后可能受到影响的人员和财产损失，以有效制定应对措施和确定措施的优先级别。

研究国外经验表明，澳大利亚、日本、欧盟、美国等国家和地区均有雨水影响评价和雨洪风险评估制度，都有洪涝灾害分布图，以表达排水系统遭遇不同暴雨频率下内涝发生的可能性、淹没时间、淹没范围以及淹没深度，从而展示城市建设用地（地块）的淹没风险，识别城市开发建设给城市雨水排放带来的影响，并在此基础上进行洪涝灾害区划，进行规划和用地管理工作（图12-3）。洪涝灾害风险分布图不仅用于城市内涝风险分析，为城市内涝灾害风险管理提供

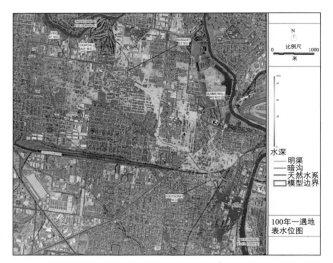

图12-3 墨尔本城市集水区TUFLOW模型绘制的典型洪涝灾害情况[14]

辅助决策依据，还用于内涝防治规划的编制，为规划方案优化提供技术支持，为城市开发建设及改造提供决策支持。

我国城市现有的洪涝灾害风险分析，主要是针对外江外河洪水或潮水的袭击而言，针对城市内部涝水影响的评价很少，区域洪水风险评估的尺度不能识别不同暴雨和洪涝灾害情形下城市不同地区的风险程度。为了提高排水防涝规划的科学性和城市风险管理水平，借鉴国外先进经验，需要进行精细化风险评估和风险管理，逐步建立雨水影响评价与内涝风险评估制度，全面评估城市排水防涝设施现状能力和内涝风险，绘制城市暴雨内涝风险图，确定风险等级，从而科学划定风险管理区，为科学编制排水防涝规划和应急管理提供有效的技术支撑。

12.5 规划的技术路线与编制流程

12.5.1 技术路线

根据《关于做好城市排水防涝设施建设工作的通知》、《关于加强城市基础设施建设的意见》、《城市排水（雨水）防涝综合规划编制大纲》等重要文件的要求，在全面普查、摸清现状基础上，编制城市排水防涝设施规划。加快雨污分流管网改造与排水防涝设施建设，解决城市积水内涝问题。积极推行低影响开发建设模式，将建筑、小区雨水收集利用、可渗透面积、蓝线划定与保护等要求作为城市规划许可和项目建设的前置条件，因地制宜配套建设雨水滞渗、收集利用等削峰调蓄设施。加强城市河湖水系保护和管理，强化城市蓝线保护，坚决制止因城市建设非法侵占河湖水系的行为，维护其生态、排水防涝和防洪功能。健全预报预警、指挥调度、应急抢险等措施，全面提高城市排水防涝减灾能力，建成较完善的城市排水防涝、防洪工程体系。具体的技术路线如图12-4所示。

12.5.2 编制流程

1. 规划思路

排水防涝规划的核心是解决城市内涝问题，在规划编制过程中必须抓住内涝风险评估这个主线，通过评估找到内涝积水点和积水原因，进而探讨内涝措施是否满足要求。由此，编制规划的整体思路为：以风险评估为主线、以规划标准和内涝模型为基础，编制雨水管渠规划、内涝综合防治规划、源头控制规划，整合用地布局、排水防涝设施、竖向控制、应急预案及管理4个方面的内容。

2. 规划要点

要编制一个好的排水防涝规划，切实解决城市在内涝积水风险等方面存在的问题，在规划编制中需要注意以下几个方面。

（1）规划的核心是防治内涝，因此要在规划编制过程中突出内涝评估并贯穿于始终，一切分析和设施安排都要围绕防治内涝进行安排。暴雨内涝风险评估是规划编制的基础。内涝风险评估可明确城市内涝风险区分布，有效识别风险源，为后续规划措施的制定提供依据。

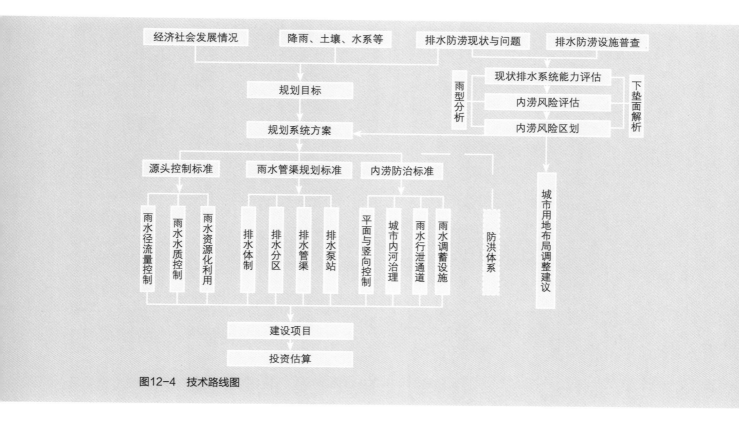

图12-4 技术路线图

（2）要对现状问题，特别是内涝的成因进行透彻分析，为内涝防治方案的制订奠定基础。

（3）根据暴雨内涝风险评估结果，识别城市暴雨内涝风险源和成因。从河网水系梳理、排涝设施建设、市政雨水通道安排、易淹易涝片区整治、低影响开发措施落实等方面完善城市排水防涝工程体系。要理顺各个系统之间的衔接关系，明确源头控制系统、管道系统、受纳水体之间的衔接关系，保障排水通畅；同时，要理顺内涝防治系统和城市防洪系统之间的关系，避免出现外排水量超标或者外河倒灌等问题。

（4）设施的安排要重视内在逻辑，所有内涝防治设施均应从缓解内涝积水点风险的角度进行分析计算，并且需要论证设施实施后的效果。

（5）要进行超标内涝风险分析，为编制相关应急预案提供技术基础。

3. 编制流程

城市排水（雨水）防涝综合规划主要应包括6个主要方面，即城市概况分析、城市排水设施现状及防涝能力评估、规划目标、城市防涝设施工程规划、超标降雨风险分析、非工程措施规划。编制流程（图12-5）为实现这6方面的内容，具体内容如下。

1）城市概况分析

城市概况分析主要是对城市位置与区位情况、城市地形地貌概况、城市地质水文气候条件、城市社会经济情况等基本情况进行整理分析。同时，对总体规划中关于城市性质、职能、规模、布局等内容进行解读，分析其中与城市排水相关的绿地系统规划、城市排水工程规划、城市防洪规划、道路交通设施规划、城市竖向规划等内容。

2）城市排水设施现状及防涝能力评估

（1）城市排水设施现状调查。

为了更好地、有针对性地编制城市排涝规划，需要对城市排水设施的现状情况进行分析评估，主要需要调查的数据包括：城市排水分区及每个排水分

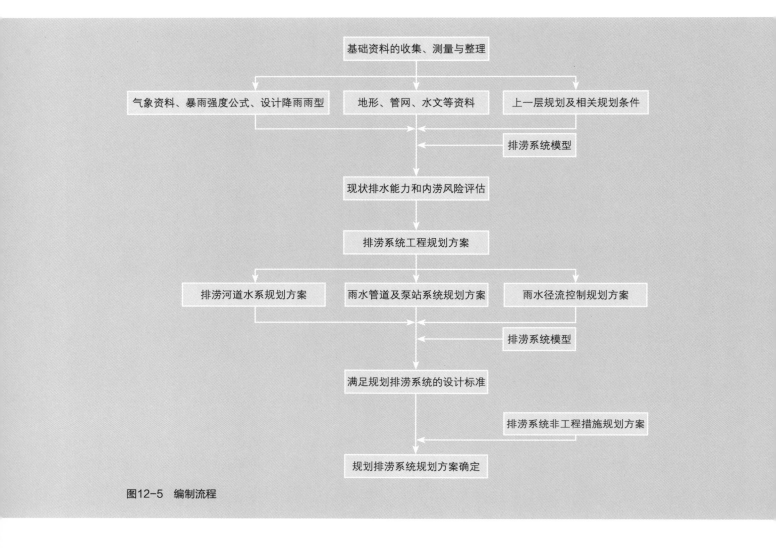

图12-5 编制流程

区的面积和最终排水出路，城市内部水系基本情况（如长度、流量、流域面积等以及城市现状雨水排放口信息），城市内部水体水文情况（如河流的平常水位、不同重现期洪水的流量与水位、不同重现期下的潮位等），城市现状排水管网情况（如长度、建设年限、建设标准、雨水管道和合流制管网情况），城市排水泵站情况（如位置、设计流量、设计标准、建设时间、运行情况）。同时，对可能影响到城市排涝防治的水利水工设施，如梯级橡胶坝、各类闸门、城市调蓄设施和蓄滞空间分布等也需要进行调研。

（2）城市排水设施及其防涝能力现状评估。

对于城市现状排水设施及其排涝能力的评估，要

在现状调查与资料收集的基础上，根据现状城市下垫面和管道现况，尽可能采用水文水力学模型对管道是否超载及地面积水进行评估；同时，需要通过模型确定地表径流量、地表淹没过程等灾害情况，获得内涝淹没范围、水深、流速、历时等成灾特征。并根据评估结果进行风险评价，从而确定内涝直接或间接风险的范围，进行等级划分，并通过专题图示反映各风险等级所对应的空间范围。

3）规划目标的制定

规划目标可结合城市性质、规模和实际情况确定，在确定时应把保障城市安全运行和维护人民群众生命安全放在首位，当出现排涝标准以内的降雨时，

应保证城市正常运行不受影响；对于超过排涝设防标准的暴雨，能够避免人员伤亡与重大财产损失的发生，确保经济、社会持续健康协调发展。具体规划标准如下。

（1）城市排涝标准：各地可根据本地降雨规律和城市内涝风险情况，结合城市经济、社会发展需求，合理确定城市内涝防治标准。

（2）排水管渠设计标准：城市雨水管网和泵站的设计重现期应根据国家最新《室外排水设计规范》中的要求合理确定。

（3）雨水径流控制标准：根据低影响开发的要求，结合城市地形地貌、气象水文、经济社会发展情况，合理确定城市雨水径流管理标准，即不同标准下对小区和其他建设项目雨水径流量或径流系数的要求，从源头削减降雨径流量。

（4）城市排水河道治理标准：应根据城市管网排水标准和城市特点，合理制定城市排水河道治理标准，以保障排水系统的通畅性。

上述标准在制定时应彼此之间相互协调统一，并做好与城市防洪标准的衔接。

4）城市排涝工程规划

城市排涝工程规划主要包括三方面内容：雨水管道及泵站系统规划、城市排水河道规划以及城市雨水控制与调蓄设施规划。

（1）雨水管道及泵站系统规划：在确定排水体制、排水分区的基础上，按照规划设计标准进行管道水力计算，并布置排水管道及明渠。

（2）城市排水河道规划：在确定河道规划设计标准及流域范围的基础上，进行水文分析，并安排河道位置及确定河道纵、横断面。

（3）城市雨水控制与调蓄设施规划：在明确城市各种类型建设用地不同降雨径流控制标准的基础上，首先根据用地规划项目确定用地内的雨水径流源头削减与控制措施，并核算其径流削减量。如果通过建设雨水径流源头削减措施不能满足需求时，

则需要结合城市地形地貌、气象水文等条件，在合适的区域结合城市绿地、广场等安排市政调蓄设施对雨水进行蓄滞。

由于城市排涝系统是一个与雨水径流的产生、传输、排放相结合的有机整体，以上3个方面的规划在实际径流控制过程中相互衔接、彼此影响，因此需要构建统一的水文水力模型进行模拟计算、校核与调整。

首先，根据初步编制好的雨水管道及泵站系统规划、城市内部排水河道规划以及城市雨水控制与调蓄设施规划，分别构建雨水管道及泵站模型（含下垫面信息）、河道系统模型、调蓄设施系统模型，并将上述3个模型进行耦合。然后，根据城市地形情况构建城市二维积水漫流模型，并与一维的城市管道、河道模型进行耦合。其次，通过模型模拟的方式模拟排涝标准内的积水情况。最后，针对积水情况拟定改造规划方案并带入模型进行模拟验算，最终得到合理的、满足规划目标要求的规划方案。

在制订规划方案时，应在尽量不改变原雨水管道和河道排水能力的前提下，主要分析地表积水顺着地形的汇流路径，规划地表涝水的行泄通道。采取调整地区的竖向高程、修建调蓄池、雨水花园等工程措施，疏导积水汇入现状河道、湖库、水塘、下凹绿地、低洼广场等行洪、调蓄、临时调蓄设施降低风险。涝水行泄通道应尽量保留利用原始的排涝路径，合理设计通道坡度与断面尺寸；并对所采取措施的效果进行模拟分析，直到积水的深度和时间满足规划确定的标准。

5）超标降雨风险分析

在规划方案编制完成后，对于超过排涝标准的降雨造成的内涝和积水，也需要利用已经搭建好的模型模拟分析积水的深度和时间，以及可能造成的危害，据此绘制积水风险图并制订防涝预案，保证不产生人员伤害事故和重大财产损失。

6）非工程措施规划

此部分主要包括城市排水防涝统一管理的体制

机制、信息化建设以及应急管理等方面的内容。按照《国务院办公厅关于做好城市排水防涝设施建设工作的通知》要求，建立有利于城市排水防涝统一管理的体制机制，城市排水主管部门要加强统筹，做好城市排水防涝规划、设施建设和相关工作，确保规划的要求全面落实到建设和运行管理上。同时，按照《城市排水防涝设施普查数据采集与管理技术导则（试行）》要求，结合现状设施普查数据的采集与管理，建立城市排水防涝的数字信息化管控平台。直辖市、省会城市和计划单列市及有条件的城市要尽快建立城市排水防涝数字信息化管控平台，实现日常管理、运行调度、灾情预判和辅助决策，提高城市排水防涝设施规划、建设、管理和应急水平；其他城市要逐步建立和完善排水防涝数字化管控平台。强化应急管理，制定、修订相关应急预案，明确预警等级、内涵及相应的处置程序和措施，健全应急处置的"技防、物防、人防"措施。在出现超过城市内涝防治标准的降雨时，城建、水利、交通、园林、城管等多部门应通力合作，必要时可采取预定应急措施避免人员伤亡和重大财产损失。

12.6 内涝风险评估

12.6.1 灾害风险研究进展

12.6.1.1 灾害风险评估研究进展

风险研究最早始于发达国家，经过多年发展，风险已在投资领域、企业财务状况分析和工程运行等方面得到深入研究与广泛应用[185]。

自1933年美国对田纳西河流域开展风险评估工作开始，风险评估逐步应用于洪涝灾害的研究。并且，随着世界范围内防灾、减灾实践的深入，从20世纪70年代起在国际多学科、多领域自然灾害风险研究中除了强调自然灾害系统内在机制和风险评估研究外，人

们越来越关注经济、社会文化和人类行为等人文因素在灾害中的作用，高度重视人类社会经济和文化系统对各种灾害的脆弱性响应水平与风险适应能力研究。因此，近年来国外学者对洪涝灾害风险评估的研究也从最初关注洪水自然属性引起的风险性转变为关注自然、社会、经济、文化和政策等多因素。

20世纪80年代，在"国际减轻自然灾害十年"背景下，国内众多学者也全面展开了自然灾害评估研究工作，取得了相当丰富的成果。"九五"期间，国家防总安排了洪水风险图绘制试点研究，进一步促进了国内学者对洪涝灾害风险的研究。目前，基于指标体系的单灾种自然灾害风险评估的理论和方法已相对成熟，其评估理论思想一般是从致灾因子和承灾体的角度出发，构建指标体系开展不同灾种的风险评估。

洪涝灾害风险评估大多都是基于指标体系的大尺度静态评估，而灾害的形成是一个复杂的、动态的、发展的过程。随着防灾减灾工作要求的提高，基于情景模拟的动态的风险评估已经成为国内外学者探索的重要方向；实现对洪涝灾害风险动态评估，也能在一定程度上提高洪涝灾害风险的管理水平。

12.6.1.2 灾害情景模拟研究进展

随着人们对洪涝灾害研究以及实践的深入，国内外学者对洪涝灾害的研究逐渐从定性研究转向定量研究，研究方法也从宏观的关注灾害成因及灾害数理统计方法发展为注重灾情的实时变化、微观（高精度）的基于情景模拟的分析方法上。情景模拟分析（Scenario Analysis）是由发达国家首次提出的，是用来预测未来各种态势的产生并比较分析产生可能影响的整个过程的一种预测方法。目前，情景分析方法已经成为灾害风险评估主要研究方向，它极大地提高了灾害风险评估的精度，为灾害形成的内在机制研究提供了重要的科学方法。

从20世纪80年代开始，各国的水文气象专家就已经开始致力于城市内涝情景模拟的研究。日本学者在历史

洪水和地形等数据资料的基础上，利用水文、水力学方面的水池模型和不均匀流模型，分别对干流和支流的洪水流量进行情景模拟；2001年，英国科学家首次将技术预见的理念引入到未来洪水风险的预见领域，并对利用情景模拟的手段分析英国未来不同气候变化与社会、经济情境下的洪水风险量变问题的方法进行了探讨。

国内自然灾害情景模拟方法的应用大多集中在流域洪水风险评价方面。相对于其他灾种的研究，暴雨内涝情景模拟的研究较少，主要以赵思健等为代表，通过城市地形、降雨资料和排水系统等建立城市内涝灾害分析的简化模型。

12.6.1.3　暴雨内涝模型研究进展

自20世纪70年代以来，欧美、日本等诸多发达国家和地区就致力于城市暴雨模型研究。经过近50年的研究，已经涌现出许多价值较高的适用模型。近年来，随着科技的发展，发达国家又提出了更为先进的城市暴雨径流模型，直接借助于计算机运行，如SWMM、STORM、MOUSE、MIKE和Wallingford Model等模型，在国外暴雨径流方面的研究中得到了广泛应用。

城市暴雨内涝模型的研究在我国起步较晚，但发展迅速。一方面，我国在不断借鉴应用国外暴雨内涝模型；另一方面，我国专家、学者也在积极开发研究适合我国排水系统的暴雨内涝仿真模型[185]。

1）城市雨水管网计算模型（SSCM）

岑国平等（1993）研制的SSCM模型，是我国第一个完整的雨水管网径流计算和设计模型。它包括暴雨、地表产流、地表汇流、管网汇流4个子模型。该模型结构合理，具有较高的模拟精度，主要应用于雨水管网系统设计、校核以及城市雨洪的控制和雨水污染的防治。[185]

2）城市雨水径流模型（CSYJM）

在对城市排水管网研究的基础上，周玉文、赵洪宾等（1997）根据城市雨水径流的特点，把汇流过程分为地表汇流和管内汇流两个阶段，建立了城

市排水管网非恒定流模拟模型（CSPSM），该模型已经应用于沈阳市部分排水管网的模拟计算，并为改造城市排水管网提出设计方案，根治了沈阳市部分地区积水问题。[185]

3）其他模型

还有很多学者针对研究区不同的特点建立了相应的城市雨洪模型，如尹剑敏等开发的城市暴雨积水仿真模型，邵尧明等建立的基于GIS的城市雨洪预测模型等。[185]

综上所述，城市暴雨径流模型名目繁多，各个方法或模型各有特色，但使用的方法原理基本一致。因国内研究起步较晚，到目前为止，还没有建立一个通用模型。因此，城市暴雨径流模型的发展方向是将这些各有特色的模型相结合，取长补短，来更好地实现模拟效果，为防汛减灾提供科学依据。

12.6.2　内涝风险评估方法理论

国内外的内涝灾害风险研究主要分为定性研究和定量研究，研究的主要内容为灾害成因机理、灾情分析、时空演变等。地貌学方法、历史灾情数理统计法、水文水力模型、遥感与GIS方法等都可以直接应用于内涝风险评价；经过总结和分析，常用于内涝风险评价的方法有3种，即指标体系法、历史灾情数理统计法、情景模拟法。

12.6.2.1　指标体系评估法

在灾害风险评估的各种方法中，基于指标体系评估是应用最广泛也是最具有争议的方法。该方法思路是从灾害系统出发，根据研究者的经验创建指标体系，然后通过一系列数学方法对原始指标进行处理，最终获得区域灾害风险的过程。

目前，国际社会已经将该方法应用于全球、大洲、国家乃至区域，对于每一个空间尺度都已经建立了相应的灾害数据库系统以及风险评估结果。因大尺度风险评估，结果要求的精度不高，研究者只需要大

致了解区域风险相对分布状况，无须精确度量风险高低或者风险大小，所以指标体系风险评估方法在大尺度风险评估方面备受推崇。尽管目前指标体系评估方法开展了许多工作，但是，基于小尺度或者社区尺度的灾害风险研究很少被关注，究其原因是指标体系方法存在自身的局限性。

第一，为了平衡数据的可获得性和指标的代表性之间的关系，仅仅在已有的数据库资料中进行筛选，往往出现代表性指标的漏选或指标代表性不强，因此所获得评估结果的精度存在很大争议。

第二，地理学的区域性直接决定了不同研究区域指标体系选取的特殊性，同样的指标体系在不同的研究区域能否普及使用，研究者选取哪些指标、为何选取这些指标等都是有待商榷的问题。

第三，指标的权重确定具有较大的主观性，一直成为指标体系方法应用的瓶颈。研究者选取的指标体系携带了大量的原始信息，经过一系列指标的量化，不可避免地导致原始信息的丢失或曲解带来评估结果的失真。

其中，基于指标体系的风险评估方法自身的局限性源于研究者对自然灾害形成的规律和过程不完全理解，随着人们对灾害系统各要素之间的内部联系和演化过程认识程度的加深，在新技术支撑下，借助先进的辅助工具，基于指标体系方法的灾害风险评估方法会日趋深化精确，仍然是灾害风险评估不可替代的主要方法之一。

12.6.2.2　历史灾情数理统计法

顾名思义，历史灾情数理统计法是用数理统计的方法，对历史灾害的数据（如农作物受灾面积、受灾面积、受灾人口、经济损失等）进行统计分析，找出灾害发生的规律，建立相应的统计模型，从而预估未来灾害可能造成的损失[186]。

基于历史灾情的风险评估方法是在灾害数据库的基础上建立起来的一种评估方法，在资料数据可得的前提下，相对于基于指标体系方法而言，基于历史灾情评估方法无需详细的地理背景资料，仅仅通过一定的灾害资料进行统计分析，采用不同的数学方法建立起一定的灾害风险模型，思路清晰且计算相对简单。而且，历史灾情本身就是致灾因子和承灾体综合相互作用的结果，从而避免了灾害数据的争议性，研究结果还可以根据已有的历史资料进行推敲，分析其合理性与科学性，但是该方法也存在不足之处。

第一，长时间序列的灾情资料因记录不完备或信息保密原因，不易获取，不能满足灾害风险评估对大样本数据的需求。

第二，部分历史灾情资料多是在较大空间尺度上进行统计，如河流流域。部分灾情数据是以行政区划单元为单位进行统计，历年灾情损失是以省或县、市为单位进行统计，使用这些灾情资料得出的结果自然也是以相应的行政单元为单位。但依据此类资料得出的结果往往与事实上的风险分布存在一定的差别，难以反映灾害风险评估的空间分布规律。

第三，历史灾情风险评估模型其实是根据经验规律来预测未来的灾害风险，历史灾情是在致灾因子和承灾体随机组合条件下导致的灾害后果，而自然灾害风险系统不是一成不变的，随着时间的演进，灾害风险系统中的各个子系统不断地发生变化，将会引起灾害风险也随之发生动态变化。

第四，数学方法的应用在一定程度上克服了灾害风险评价过程的主观性，但是，众多数学方法的应用前提条件和领域不同，使用不同的数学方法对同一历史灾情进行分析，二者评估的结果是否在误差的允许范围内，哪种数据方法更科学合理等问题还有待研究。

12.6.2.3　基于情景模拟的评估方法

1. 情景模拟评价法

在灾害风险评估中，传统的指标体系和历史灾情的评估方法因评估过程和方法自身的局限性，无法真实地再现内涝灾害的形成过程，也不能直观体现灾害的时空演变规律。为了满足防灾减灾工作的需要，人们需要探索一种高精度的、可视化的、动态的风险评估方法来更好地服务于灾害风险管理。于是，基于情景的模拟方法为我们提供了全新的思路，引领灾害风险研究领域的新趋势。

该方法的基本原理是基于风险基础理论，针对小尺度区域，对特定的致灾因子结合承灾体动态的模拟灾害情景，实现风险的动态评估。以Kaplan and Garrick（1981）提出的模型最具有代表性[185]，该模型认为风险是灾害情景、概率和损失的函数，即$R=\{S(ei), P(ei), L(ei)\}_{ieN}$，其中$R$为灾害风险，$S(ei)$为灾害情景，$P(ei)$为概率，$L(ei)$为灾害损失。

模型中灾害情景是指致灾因子形成过程和强度，该情景暗含了影响致灾因子的多种因素。概率是致灾因子发生的频率或频次，一般来说，致灾因子发生的概率大，则造成的损失高；反之，则小。从模型中可以看出，情景模拟方法关键因素是探索自然灾害发生的情景，即灾害的形成机制，在此基础上进一步确定灾损或影响状况。

尽管基于情景模拟方法的研究和应用取得了很大进展，但研究的范围仅仅是对致灾因子强度表征，综合承灾体暴雨内涝灾害的研究还不多见。其原因主要表现在两个方面：一是由于风险引入灾害的研究尚属灾害研究的一个新的领域，对内涝风险的概念和方法的认识处于探索之中；二是开展情景模拟模型的构建需要一定的专业知识和基础知识，从研究成果来看，开展情景模拟的主要以气象学以及水文水动力学研究者居多。因此，为了满足防灾减灾工作的需求，灾害风险研究和情景模拟的结合成为灾害学研究的主要趋势。

2. 地貌学法

流域形态、河网密度等流域结构特征与洪水灾害有着较为密切的关系，通过研究河流密度以及山洪易泛区等特征，来对洪水灾害进行整体的评估。此方法较多用于河流流域范围内的洪水灾害研究，不太适用于城市内涝风险研究。

12.6.3　内涝灾害风险评估过程

灾害风险评估过程包括风险辨识、风险估计和风险评价。其中，风险辨识是着重描述可能发生的内涝灾害对承灾体造成的负面影响，风险估计是使用定性或定量的方法描述风险中致灾因子发生的概率、强度以及产生后果的过程，风险评价是指对风险分析的结果确定评价标准并进行分级。暴雨内涝灾害属于自然灾害的一种，其评估过程遵循自然灾害评估的过程（图12-6）。

根据已经构建的评估理论方法，暴雨内涝灾害风险评估可以按照以下步骤进行，即内涝风险辨识、内涝风险估计和内涝风险评价三部分。

12.6.3.1　暴雨内涝风险辨识

风险辨识又称风险识别，是灾害风险评估的第一步。对于一座城市来说，自然灾害风险辨识可分为两个层次：首先，辨识城市区域内所有的致灾因子，根据造成的人员伤亡、财产损失进行排序，揭示区域的主、次灾害；其次，运用全球系统的思想，分析不同致灾因子之间的相互因果关系。对于单个确定的致灾因子来说，风险辨识的主要任务是识别致灾因子风险的来源和影响因素，结合承灾体辨识灾害风险产生的

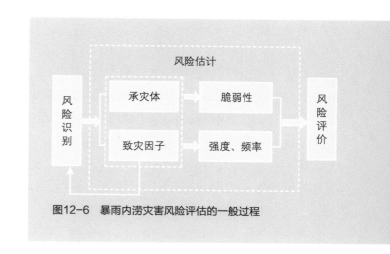

图12-6　暴雨内涝灾害风险评估的一般过程

主要因素。因此，内涝风险辨识包括致灾因子辨识和承灾体辨识。

1）致灾因子辨识

暴雨内涝风险辨识首先是分析暴雨内涝历史灾情，识别研究区是否属于内涝灾害多发区以及暴雨灾害发生频率和强度、造成的直接或间接损失等。其次，根据暴雨内涝特征进行分析，对暴雨内涝积水历时和积水深度进行数理分析和规律探索，找出气象、地形和排水设施等暴雨内涝主要因素。

另外，由于内涝致灾因子与孕灾环境之间相互影响和助长，因此，必须在一定的孕灾环境演变基础上动态分析内涝致灾因子特性，如全球变化、海平面上升以及排水设施与内涝灾害的关系。

2）承灾体辨识

对于城市系统而言，承灾体种类众多。目前，我国民政部门关注的承灾体主要是人员、农业、房屋和道路。事实上，不同的研究尺度，承灾体是多层次和多种类的。一般来说，在全球尺度内，人类社会系统是一个大承灾体，称为承灾体系统；在国家尺度内，国家领土内的各城市、农村等都可以称为承灾体群体；在区域范围内，承灾体又可进一步细化承灾体个体。目前，人口和财产两大类承灾体是众多学者普遍关注的对象。暴雨内涝危及的承灾体多种多样，房屋、道路以及其他基础设施对暴雨内涝灾害都较为敏感。

12.6.3.2 暴雨内涝风险估计

内涝风险估计是风险评估的核心内容，内涝灾害风险估计不只是注重暴雨致灾因子的估计，而是将致灾因子与承灾体有机结合起来的综合估计。内涝风险估计主要任务是在内涝风险识别的基础上，通过资料分析，描述或掌握内涝风险系统的某些状态，对内涝灾害事件造成的损失、影响做出定量或定性估计，为风险管理提供决策依据。

1）致灾因子估计

致灾因子分析包括重现期分析和强度分析。重现期分析，即概率分析，概率分析方法很多，大体上可以分为客观概率分析法、理论概率分析法和主观概率分析法。客观概率分析法是人们利用历史资料和数据来推算事件发生的概率，当历史资料缺乏的情况下，可以使用理论概率或主观概率来推算，理论概率一般是使用数学方法抽象出概率分布规律，如正态分布方法。主观概率分析法是根据长期的经验总结后对特定事物的主观判断。

在定量致灾因子的强度时，必须考虑不同的致灾因子使用不同的指标来衡量其强度，如旱灾常用连续无雨日、降水百分比、相对湿润指数等，地震选择震级和烈度指标，风灾惯用风速，内涝灾害常用内涝积水深度、积水历时和洪峰流量等指标来刻画。确定好内涝灾害主要影响因素后，需要分析内涝灾害可能发生的时间、地点，估计内涝灾害的强度。

2）承灾体估计

承灾体估计包括承灾体的暴露性分析和脆弱性分析。承灾体的暴露性分析指灾害影响范围之内的事件人口和财产的组成、数量和价值。暴露性的具体类型有数量型和价值量型之分，就数量指标而言，可以抽象为承灾体的个数来表示，如人口数、牲畜数；面状承灾体一般可以用耕地面积表示；线状一般使用长度来表示，如公路里程、管网长度等。对于价值型承灾体如房屋、农作物以及基础设施等，则可以估算为一定的价值量。

在致灾因子强度一定的情况下，灾害损失的程度很大程度上取决于承灾体自身的属性特征，即承灾体的脆弱性。承灾体的脆弱性分析有广义和狭义之分，广义的脆弱性包括承灾体的敏感性、抵抗力和恢复力等，狭义的脆弱性仅仅是指承灾体本身的属性。同样，对承灾体进行分析时必须把灾种和承灾体结合起来，因为不同的承灾体对致灾因子的敏感程度不同，如道路、房屋对内涝的敏感性差别很大。

12.6.3.3 暴雨内涝风险评价

暴雨内涝风险评价是考虑暴雨内涝发生的频率和

造成损失的综合后果，涉及多个因素和风险事件的共同作用。评价通过确定评价指标、评价标准，在特定的风险水平下进行比较。评价内容包括确定评价标准和评价结果的比较、分级。

评价标准是指对评价结果划分高低的标准，目前，评价标准因其自身的复杂性尚未达成一致认可，一般是根据评价方法确定，多与主观因素有关。

风险评价需在已确定的风险水平评价标准下，对区域风险进行比较、划分等级，如哪些区域处于高风险区，哪些区域处于无风险区均一一确定说明。常用的风险评价的方法有加权综合评价法、层次分析法、模糊综合评价法等。

加权综合评价法综合考虑了各个因子对总体对象的影响程度，把各个具体指标的优劣综合起来，用一个数量化指标加以集中，表示整个评价对象的优劣。

$$V_j = \sum_{j=1}^{n} W_i \cdot D_{ij} \qquad (12-1)$$

式中　　V_j——评价因子的总值；

　　　　W_i——指标i的权重；

　　　　D_{ij}——对于因子j的指标i的归一化值。

层次分析法是根据问题的性质和总目标，将问题分解为不同因素，根据各因素之间的相互关系将因素按不同层次组合，形成一个多层次的分析结构模型，并最终把系统分析归结为最低层（方案措施等）相对于最高层（总目标）的相对重要权值的确定或相对优劣次序的排序。

模糊综合评价法是应用模糊变换原理和模糊数学的基本理论来描述中介过渡的模糊信息量，考虑与评价事物相关的各个因素，浮动的选择因素阈值，做比较合理的划分，再利用传统的数学方法进行处理，从而科学地得出评价结论。这种评价法根据考虑因素的多少可以分为单级、多级评价法。对于数目较少的因素集通常采取单极模糊综合评判法，主要步骤如下[188]。

1）建立因素集

因素集是影响判断对象的各种因素所组成的一个普通集合，因素可以是模糊的也可以是非模糊的，通常表示为$U = \{u_1, u_2, u_3, \cdots, u_m\}$，其中（1，2，$\cdots$，$m$）代表各影响因素。

2）建立权重集

在因素集中，各因素的重要程度是不一样的，对各个因素（1，2，$\cdots$，m）赋予相应的权数，由各权数所组成的集合称为因素权重集。各权数应满足归一性和非负性条件。各个权数一般由人们根据实际问题的需要主观确定，也可以按照隶属度的方法来加以确定。

3）建立备择集

备择集是评判者对评判对象可能做出的各种总评判结果所组成的集合，通常表示为$V = \{v_1, v_2, v_3, \cdots, v_n\}$，各因素$v_i$（$i = 1$，2，$\cdots$，$n$）即代表各种可能的总评判结果。

4）建立单因素评判集

评判对象按因素集中第i个因素u_i进行评判，对备择集中第j个元素v_j的隶属度为r_{ij}，则按第i个因素u_i评判的结果可以用模糊集合来表示。

$$\underset{\sim}{R} = \frac{r_{i1}}{v_1} + \frac{r_{i2}}{v_2} + \frac{r_{i3}}{v_3} + \cdots + \frac{r_{in}}{v_n} \qquad (12-2)$$

同理，对于多个因素按单因素评判集的隶属度为行组成的矩阵为

$$\underset{\sim}{R} = \begin{bmatrix} r_{11} & r_{12} & r_{13} & \cdots & r_{1n} \\ r_{21} & r_{22} & r_{23} & \cdots & r_{2n} \\ \vdots & \vdots & \vdots & \vdots & \vdots \\ r_{m1} & r_{m2} & r_{m3} & \cdots & r_{mn} \end{bmatrix} \qquad (12-3)$$

5）建立综合模糊评判集

由于$\underset{\sim}{R}$的第j列反映了所有因素影响评判对象取第j个备择元素的程度，因此，可以用各列元素之和来反映所有元素的综合影响，即$\underset{\sim}{R}_j = \sum_{i=1}^{m} r_{ij}$。

但这没有考虑各因素的重要程度，需要同时辅以权数，则能反映出所有因素的综合影响。

即$\underset{\sim}{B} = \underset{\sim}{A} \circ \underset{\sim}{R}$，此式展开后即为

$$
\begin{aligned}
\boldsymbol{B} &= (a_1, a_2, \cdots, a_m)
\begin{bmatrix}
r_{11} & r_{12} & r_{13} & \cdots & r_{1n} \\
r_{21} & r_{22} & r_{23} & \cdots & r_{2n} \\
\vdots & \vdots & \vdots & & \vdots \\
r_{m1} & r_{m2} & r_{m3} & \cdots & r_{mn}
\end{bmatrix} \quad (12\text{-}4) \\
&= (b_1, b_2, \cdots, b_n)
\end{aligned}
$$

式中　$\boldsymbol{B}$——模糊综合判断集；

　　　b_j——模糊综合判断指标。

通常权重集 $\boldsymbol{A}$ 与 $\boldsymbol{R}$ 之间按模糊矩阵合成的取大、取小来进行，这种运算往往会丢失大量有价值的信息，以至于达不到任何有意义的评判结果，因此利用公式 $b_j = \sum_{i=1}^{m} a_i r_{ij}$ 来运算。

6）处理评判指标

得到评判指标 b_j 后便可根据最大隶属度法、加权平均法、模糊分布法等方法确定评判对象的具体结果。最常用的方法是模糊分布法，此法直接将评判指标作为评判结果或者将指标归一化，用归一化的评判指标作为评判结果。

由于城市内涝现象具有模糊性，由多种因素综合影响，需要进行综合评价，因此模糊综合评判法十分适合于解决城市内涝的风险评价问题。

12.6.3.4　内涝风险评估步骤

城市地上建筑与地下空间设施特征差异显著，因此从考虑城市系统暴雨内涝灾害承灾体类型特征出发，分别构建适用于城市地上建筑与城市地下空间设施的基于情景模拟分析的暴雨内涝灾害风险评估的方法步骤。

1）城市地上建筑

具体步骤如下。

第一步：利用目前常用的降雨频率分析计算经验公式（或分布曲线）或地方暴雨强度公式对地区降水频率进行分析，计算出降水重现期及其年超越概率。

第二步：基于区域降水频率分析结果，构建区域典型降水情景。暴雨洪涝灾害一般可以分为高概率—低损失事件和低概率—高损失事件两种类型。根据年均损失的计算要求，应至少构建高概率—低损失、高

（中）概率—低损失、低概率—高损失3种典型情景。

第三步：根据区域特征，对已有成熟的水文水动力模型进行本地化修正或者构建适合本地的洪涝灾害模拟模型；利用该模型模拟不同情境下的区域地面积水情况，并根据积水可能造成的威胁对其进行危险性分析、评估。

第四步：根据不同情境下区域地面积水的模拟结果，分析不同情境下区域承灾体的暴露程度（数量、价值等），并对其暴露性特征（空间分异等）进行分析与评估。

第五步：基于历史灾情数据或通过问卷调查构建符合本地特征的脆弱性曲线（水深—灾损率曲线或年超越概率—灾损率曲线），或借鉴国内外已有的灾损曲线并对其进行本地化修正拟合，计算不同情境下的承灾体灾损率，并分析区域承灾体脆弱性的空间差异性。

第六步：基于灾损率计算结果与确定的建筑结构及室内财产的重置价格，首先计算不同情境下承灾体的经济损失（包括直接和间接经济损失），然后计算承灾体年平均损失并以其表征风险大小，最后对承灾体的洪涝灾害风险进行分级与评估，筛选出城市暴雨内涝灾害风险管理的优先对象，从而为风险管理决策提供依据。

2）城市地下空间设施

城市地下空间设施深藏地下，很难通过遥感资料提取其面积、内部结构等基本信息以分析评估地下设施的风险大小。针对此问题，可利用情景模拟分析与城市洪灾影响频率法结合的城市地下空间设施暴雨洪涝灾害风险分析评估方法，具体步骤如下。

第一步：利用目前常用的降雨频率分析计算经验公式（或分布曲线）或地方暴雨强度公式对地区降水频率进行分析，并计算出降水重现期及其年超越概率。

第二步：在区域降水频率分析结果基础上，构建区域典型降水情景。由于地下设施深藏地下且一般具备一定的防洪能力，因此需要建立一系列的灾害情景

（特别是小概率事件）。

第三步：对已有成熟的水文（水动力）模型进行本地化修正或者根据区域特征构建适合本地的洪涝灾害模拟模型。

第四步：利用已修正的模型或者构建的内涝模型模拟不同情境下的区域地面积水情况，提取不同情景下被淹的地下空间设施信息。

第五步：筛选3种典型灾害情景并根据城市洪涝灾害影响频率法评估城市地下设施的洪涝风险大小，最终筛选出风险管理的优先对象（承灾体或区域），为风险管理决策提供依据。

12.6.4　内涝风险图编制

城市内涝风险图借助于图表反映城市遭受不同频率暴雨、洪水和风暴潮灾害水淹范围、水深分布及相应资产损失程度等综合信息[187]。

12.6.4.1　风险图编制所需资料

（1）编制风险图采用的基础地图：行政区划图、地形图、防洪工程系统图、雨水工程系统图、污水工程系统图、雨水工程现状图等。

（2）工程情况资料：所在区域雨水截污工程专项规划、所在区域排水截污工程专项规划，遥感影像图、区域DEM。

（3）其他资料：所在区域社会、经济资料，包括人口数、生产总值、耕地面积等；历史洪水资料，包括次数、起止时间、运用水位、分洪形式、口门位置、最大进洪流量、最高蓄洪水位、蓄洪总量、淹没面积、特征点水深、淹没历时以及居民转移安置、财产损失等，以及当地最新统计年鉴。

12.6.4.2　基本技术路线

（1）新建一个内涝风险图层，用来存储内涝风险分析所得的内涝风险信息，该图层的要素即是进行内涝风险分析时所用的计算网格。

（2）将内涝风险分析计算所得的各个网格的内涝风险信息，分别作为内涝风险图层的一个属性信息写入该图层属性表的一个字段中。

（3）针对不同类型的内涝风险图，配置颜色方案，以内涝风险图的图层属性表中相应字段的取值进行分类来渲染该图层。

（4）将渲染完毕的内涝风险图的图层与其他空间数据图层进行合理叠加，并保存为一个新的地图文档，即完成了内涝风险图的绘制。

12.6.5　内涝风险管理

12.6.5.1　暴雨内涝风险管理理论

日本学者在20世纪末提出了综合灾害风险管理理论，并在世界范围内广泛推广使用。实践证明，风险管理是灾害管理最佳的模式。

暴雨内涝风险管理贯穿于暴雨灾害的各个环节，它是在内涝风险评估的基础上，结合社会、经济和生态环境等方面，利用行政、法律和经济等手段，对区域暴雨内涝灾害进行预警、抗灾、救灾以及灾后重建等一系列过程提出的风险管理方案。

根据风险管理理论，灾害风险管理可分为两大类：控制型风险管理与财务型风险管理。

1）控制型风险管理

在自然灾害发生之前，政府实施各种措施，减少灾害风险发生的各种因素，主要通过两个途径实现：第一，降低致灾因子的危险性，即灾害发生的频率与强度，目的是从源头上降低灾害风险；第二，在一定的致灾因子强度下，以产生风险最小为原则，合理规划布局区域承灾体分布状况来达到回避灾害风险的目的。

2）财务型风险管理

在灾害发生前后，政府或保险公司所做的财务安排，是对灾害风险造成的损失给予物质补偿的一种经济手段。它能有效地转嫁风险空间分布，但不能减少风险大小。

两种风险管理对策侧重点不同，相互补偿。因此，在现实中，两种管理对策综合使用则是灾害风险管理的最佳途径。从两种管理对策也可看出，无论何种风险管理对策，均是从灾害风险系统角度出发，实施对致灾因子和承灾体的综合管理。

12.6.5.2 暴雨内涝风险管理对策

暴雨内涝灾害风险是致灾因子——暴雨和承灾体——道路综合作用的结果，因此，针对暴雨内涝风险管理，可从排水设施和承灾体两个子系统着手，结合风险评估结果采取以下具体措施（图12-7）。

1. 致灾因子管理对策

如图12-7所示，致灾因子管理对策主要包括管网设计、泵站规划、河道治理和扩大绿地面积等。

1）完善排水系统整体布局

根据暴雨内涝风险图及道路布局，增加模型中内涝区排水管网的铺设，使得排水系统的整体设计要与城市发展相协调。

2）规范排水管网设计标准

规范排水管网设计，尽可能利用地势排水。排水管网应多布置在排水集中的地段以及地面高程较低的道路两侧，让最大区域的雨水实现重力自流排放，保证汇水区内雨水都能排除。对于管网倒坡现象，应实地核实，在以后管网规划时，尽量避免或减少管网穿越不易通过的地带和构筑物。

3）完善泵站规划

水泵的正常运行以及泵的开启时间直接决定内涝发生的严重程度，因此，在不考虑其他因素的情况下，内涝严重程度与水泵的开启时间存在很大关系。需要根据内涝风险图，完善泵站和管网的配套规划，以充分发挥水泵的排水能力。

4）加强排水设施维护

市政排水部门应按照有关规定并结合排水设施的具体情况，对排水管网和泵站进行定期检查、维修与维护，保证排水管网畅通性和泵站的正常运行。

5）河道治理

河道水位变化直接影响城市排水管网作用的发挥，为避免排水口受潮流顶托作用，影响管网排水能力，需在城市排水管网进入河道上设置适当的闸阀，保证河道的正常水位，以增强排水管网的排涝泄洪能力。

6）扩大绿地面积

城市下垫面组成状况对内涝灾害的形成具有重要影响，绿地面积的减少缩短了洪峰汇流时间，增加了内涝风险。需适当调整模型区域绿地面积，减少径流量。

2. 承灾体管理对策

承灾体管理主要包括道路交通规划、构建行政协调机制和法制体系及提高公众意识三方面。

1）改变城市道路布局

在道路格局已经形成的情况下，加快排水片区的人口疏散。

2）构建行政协调机制和法制体系

将灾害风险管理纳入政府管理部门中去，设立专门的灾害风险管理机构。在纵向上，建立一套灾害风险管理体系；在横向上，明确灾害风险管理各部门之间的职能与权责，保证横向的协调性。建立健全灾害风险管理法制体系，做到执法人员知法、守法，同时也要做到法律的监督工作。

3）公众意识

建议行政机构单独设立一个部门来落实防灾减灾教育的各项工作，注意平时对公民的防灾教育，这样，灾害来临时，群众才会更好地配合政府的救灾工

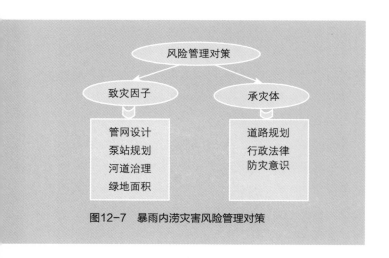

图12-7 暴雨内涝灾害风险管理对策

作。目前，我国多数学校的教学体系中很少涉及防灾教育的内容，因此，从学生抓起，从教育入手，让防灾教育走进课堂。另外，采取理论和实践相结合的教育模式，定期组织防灾演练，尤其是在商场、机关、学校等人员密集场所。通过演练，让大家知道当灾难来临时，如何有秩序地逃生，如何自救和互救以及如何使用防灾器材等防灾必备的知识。

12.7　内涝模型分析

12.7.1　常用暴雨模型介绍

12.7.1.1　SWMM

SWMM（Strom Water Management Model）是最早的城市暴雨洪水管理模型之一，是由美国环保署为解决日益严重的城市水管理问题而提出的洪水管理模型，也是由美国环保署、佛罗里达大学及美国水资源有限公司合作完成的城市水文模型，主要用于城市范围内的水量水质模拟，城市洪水的预报和管理，该城市水文模型可以用于模拟这个情况下的城市排水管网的运行状态，模拟各种水体在城市的扩散情况，如生活污水、生产废水，可用于研究城市排水系统抵御这种风险的能力，以及评估水污染事件的影响程度及范围，为城市的水环境计算模拟提供计算模型。

SWMM适用于城市水环境的模拟，对城市排水系统的各个环节都有针对性的研究和设计，如雨水管道、污水管道、城市水系、自然蓄水系统等因素，由于城市的水运行环境相比于自然流域的水环境有其特殊性，考虑地表产、汇流、管网排水、城市蓄水等因素的影响。SWMM对于水量的输入、模拟结果的输出都是没有严格限制，而且模拟的城市区域大小、土壤环境、水环境都没有特别的限制条件，SWMM的灵活性使得其适用性得到增强。

SWMM自1971年首次提出至今已经经历了多次版本升级及模型改进，2008年美国环境保护署国家风险管理研究实验室供水和水资源分部及同济大学环境科学与工程学院合作引入SWMM，并推出了雨水管理模型SWMMH（5.0版），该版本的SWMM在Window环境下运行，友好的界面设计、良好的用户交互设计及专业的水文分析能力使得SWMM，无论是在城市水文分析、城市水文制图还是在城市水文统计等方面应用都很容易，同时SWMM模型提出了很多API接口，为SWMM结合其他应用技术的二次开发提供了方便，很多国内外的大型水利公司都在此基础上设计和研发了SWMM软件，比较著名的包括DHI公司的MIKE SWMM软件、Computational Hydraulics公司的XPSWMM软件等。

SWMM良好的适用性主要体现在以下几个方面。

（1）适用环境：任意规模、任意气候条件、任意地理条件的城市都可以应用SWMM。

（2）适用时间：SWMM对降雨时间没有特别严格的限制，可以研究单次的降雨过程也可以研究多次连续的降雨过程，按照模型规定的降雨时间输入格式进行输入即可，输入的降雨时间间隔是任意的步长，可以根据研究的需要来进行设计。

（3）适用空间：SWMM的模拟区域没有限制，模型中的城市汇水区域数目及面积、雨量站点的数目、排水管网的数目、蓄水设施的数据及规格，都可以根据实际研究的需要灵活地增加或减少。

（4）适用理论：SWMM可以模拟任意条件下的城市水环境，对于水文过程中各阶段的水文模拟都有成熟的水文理论支持，SWMM至今已经历40年，已经历多次重大的版本升级，是许多水文学家、研究人员、工程人员心血的结晶。

（5）模型验证：SWMM无论在模型的通用性、适用性、精度控制、难易程度等方面都有其他城市水文模型无法比拟的优势，SWMM在世界范围得到了广泛的应用和验证，已在世界各地的城市水管理规划等方面发挥着重大作用。

12.7.1.2 STORM

STORM模型（Storage Treatment and Overflow Runoff Model）是美国工程师协会水文工程中心在1976年完成的水存储、处理、漫流径流模型，主要用于城市水文过程中的水量和水质的模拟分析，STORM主要用于城市水量模拟、城市水质模拟、城市蓄水、漫流模拟及水土流失等方面的研究和应用。

STROM是一个基于水文模型的暴雨管理模型，其中主要的计算方法和理论包括：单位线法、线性回归方程法和系数推理法等算法，STORM模型的主要应用领域包括：城市污水扩散模拟、城市水土流失模拟及城市蓄水设施设计与评估。

STORM是用平均面积水量来作为输入水量，模型所有应用的汇水区主要分为不透水区和透水区，根据不同汇水区的特性来分别计算下渗和产、汇流。

STORM的主要应用公式包括蓄水量计算公式及地表径流计算公式。

蓄水量计算公式

$$V_d = V_o + mK \qquad (12-5)$$

式中　　V_d——洼地蓄水量；

　　　　V_o——有效洼地蓄水量；

　　　　m——两次降雨的间隔时间；

　　　　K——蓄水系数。

地表径流计算公式

$$R = a(P - E - \Delta V) \qquad (12-6)$$

式中　　R——地表径流量；

　　　　P——降雨量；

　　　　E——蒸发量；

　　　　ΔV——蓄水增量；

　　　　a——径流系数。

STORM的优势在于点源污染的扩散模拟及单一水文事件的模拟，但STORM也有很多不足之处：第一，降雨时间的步长输入必须是以小时为单位的，模型雨量的输入很不灵活；第二，对于径流的模拟仅仅是水量的累计，而不能模拟出完整水量的径流过程；

第三，模型参数很难确定和校准，这大大降低了模型的应用精度，以上几个方面都在某种程度上影响了STORM的应用和推广。

STORM的应用主要集中在20世纪70年代，其中代表性的应用是美国旧金山市的排水管网中防止雨污合流系统的设计与评估。

12.7.1.3 沃林福特模型

沃林福特模型（Wallingford Model）是由英国环境部水利研究院于1981年完成的城市暴雨模型，主要是为解决城市排水系统设计、评估等问题而设计的。模型为市政及排水提供了一整套完整的模拟方案，可以模拟仿真城市的水循环过程，同时可以模拟城市雨、污水控制系统，主要应用于城市内涝积水的风险预警、城市排水管网中的水质和水量模拟。1998年，该研究机构改进集成了Info Works Collection System（简称CS）的最新版本，专门用于雨、污水收集和污水处理厂处理。

12.7.1.4 Digital Water模型

Digital Water模型是由清华大学于2009年设计完成的城市水资源管理模型，集成第四代城市管网管理技术，Digital Water模型是以城市排水管网计算原理为基础，把"排水管网动态模拟计算功能"和"GIS空间管理分析功能"融合在一体的城市给水排水模型。

Digital Water模型将GIS技术和专业模型合理集成，充分发挥两者的优势，利用GIS提供空间数据的浏览管理和空间分析能力，利用模型提供排水系统的动态模拟和水量／水质专业分析能力，开发了排水管网GIS高级应用内核技术——多源数据集成显示查询，拓扑空间查询与分析，管道三维分析与演示，管网动态模拟及模拟结果动态表达；并在此技术的基础上，与城市排水管网规划管理部门的相关需求和具体应用流程相结合，设计开发了专业应用模块，主要解决10个排水管理中的实际问题：污水管网结构分析与现状评估，管网升级改造设计与评估，污水管网负荷分析与局部优化，雨水管网溢流管理，雨洪利用设计与评估，管网规划设计与模拟，管线入户设计与评估，排水管网运营监控，管道清淤分析，事故应急分析。

12.7.1.5　天津沥涝模型

天津沥涝模型是由中国水利水电科学研究院灾害与环境研究中心，为解决天津市日益严重的沥涝灾害而提出的城市沥涝模型。该模型在二维非恒定水力模型的基础上，利用了无结构不规则网格技术，研究在城市复杂地形、地貌信息的条件下的城市水文过程。天津沥涝模型可以模拟城市复杂地形、地貌及建筑物特征下的水文过程，城市地表积水模拟与管道水体模拟相结合，对城市的内涝分布、内涝深度、内涝时间等的城市内涝相关特征进行精确计算。

该模型主要有以下几个特点。

（1）以水文学模型为基础，在现有的天津市内涝仿真模型的基础上，进一步模拟城市排水管网系统，第一次实现了天津市暴雨内涝过程的地面积水模拟和城市排水管网中水体模拟的连通，解决了类似天津市地形多样、排水系统复杂等综合因素影响下的城市内涝模拟问题，模拟内涝包括城市内涝分布、内涝点积水深度及内涝点积水消退时间等内涝信息。

（2）构建了城市内涝的图形信息模型，包括内涝图形信息的处理模型，处理数据包括历史降雨资料和模型参数信息。

（3）模型的输入数据，是由天津市气象局提供的离散的降雨站点采集，数据的输入是任意的降雨时间和降雨类型，包括气象预报值、气象监测值等类型的降雨信息。

12.7.2　暴雨内涝情景模拟

12.7.2.1　城市暴雨强度公式

暴雨强度是指一定频率的暴雨在单位时间内的平均降雨深度，是描述暴雨特征的重要指标。目前，我国推求暴雨强度的方法有3种：图解法、解析法和数理统计法。考虑到公式编制的精度，一般常采用的方法是数理统计法，编制过程如下。

1）计算降雨历时和重现期

降雨历时是指连续的降雨时段，可指一场降雨全部时间，也可指连续降雨的时段，在推求暴雨强度公式时，根据《室外排水设计规范》的规定，降雨历时常采用5min、10min、15min、20min、30min、45min、60min、90min、120min共9个时段，暴雨强度重现期 P 与 n 互为倒数，即 $Pn=1$ 。计算降雨重现期一般按0.25年、0.33年、0.5年、1年、2年、3年、5年、10年等统计，各地有所不同，当资料年限较长时，也可统计高于10年的重现期。

2）确定暴雨选样方法

暴雨选样方法有年多个样法、年最大值法、年超大值法和超定量法4种。年最大值法和年超大值法需20年以上的降雨资料，而超定量法与年多个样法仅需10年以上的降雨资料。年超大值法和超定量法这两种选样方法在选样的过程中有时会使个别少水年的值落选，而多水年的值可能会选出多个值，不能较完全地概括多水年、中水年和少水年的一些特征，代表性较差。

我国的旧版排水规范建议采用年多个样法，该方法始于20世纪60年代，沿用至今。随着气象工作的发展，连续性记载降雨资料的年限增加，因此，国内一些学者建议采用年最大值法选样，2014年版的排水规范也提出采用年最大值法，以解决现行年多个样法的不足。但是，年最大值法由于会遗漏一些数值较大的在年内排第2或第3的雨样，因此，计算小重现期的降雨强度较年多个样法的降雨强度低，在使用过程中需要进行修正。

3）降雨数据统计

为获取精度较高的暴雨强度公式，需对选取的样本各历时的降雨资料应用频率曲线加以调整。若精度要求不高，可采用经验频率曲线；当精度要求较高时，可采用皮尔逊Ⅲ型曲线、指数分布曲线和耿贝尔分布曲线等常用的理论频率曲线。根据确定的曲线，得出重现期、降雨强度和降雨历时三者之间的关系，即P、i、t关系值。

4）公式的编制

根据P、i、t关系值求解b、n、A_1、c各个参数，可使用图解法、解析法和数理统计法等方法进行，为提高暴雨强度公式的精度，一般采用高斯—牛顿法，将求得的各参数代入$q = \dfrac{167A_1(1 + c\lg P)}{(t + b)^n}$，即可得到城市暴雨强度公式。

计算抽样误差和暴雨公式均方差宜按绝对均方差计算，也可辅以相对均方差计算。计算重现期在$0.25 \sim 10$年时，在一般强度的地方，平均绝对方差不宜大于0.05mm/min；在较大强度的地方，平均相对方差不宜大于5%。

12.7.2.2　降雨量—频率—降雨历时分析

1. 次降雨的划分方法

城市地区雨涝造成的灾害恢复时间相对较短，有可能在1年内遭遇1次以上的损失，因此在做降雨频率分析时，采用次降雨作为分析的基本事件，但在次降雨选样时，相邻两次降雨在分界问题上存在困难。从雨水收集角度来看，产、汇流量的大小是需要关心的主要内容，在此基础上主要考虑的是下垫面的下渗能力对产、汇流的影响，划分依据是下垫面的下渗能力恢复时间。城市不透水下垫面在停雨后很快就能恢复到正常干燥程度，即下渗能力很快就能恢复到一般水平，如果次降雨中的阵雨间隔时间较长，则下垫面下渗能力的快速恢复会影响到后一阵雨产、汇流的量，而一场降雨中，后期阵雨在计算时是按照前一阵雨末下垫面的下渗能力进行连续计算的，因此在考虑不透水下垫面的条件下，阵雨间隔不能太长，否则结果偏大。试验观察发现，在降雨集中的夏季，停雨后不透水下垫面基本上在$10 \sim 20$min，甚至更短的时间就能恢复到正常的下渗能力。因此，划分降雨场次时，阵雨间隔不超过20min为好，但由于资料精度的限制，

最小记录间隔时间为60min，因此，分析时以60min为最小阵雨间隔，进行降雨场次划分，并在此基础上进行历时—雨强—频率的分析。

2. 雨强、频率及历时关系分析

雨强—频率—历时关系为预测暴雨、设计暴雨及工程措施的设计提供了最基本的资料，是水文学中一项非常重要的分析内容，一般有曲线图型和公式表达两种表达方式。

采用皮尔逊Ⅲ型曲线描述雨量—频率—历时关系。

（1）取样采用年多个样法，采用Fortran编程对每年各历时雨量进行计算，不再仅选取6 ~ 8个最大值，彻底避免了将某一年某些次大降雨遗漏的问题，然后不论年次，将每个历时子样从大到小排列，再从中选取资料年数4倍的最大值，作为统计的基础资料。

（2）计算历时分别采用1h、2h、3h、4h、5h、6h，重现期按0.25年、0.33年、0.5年、1年、2年、3年、5年、10年、20年统计。

（3）为获得比较适用而精确的降水分析数据，一般不宜直接采用经验频率水文计算方法，而应选用经验频率拟合理论频率的适线法较为合理。可采用矩法和适线法联合的计算方法。矩法要求的资料足够长，即样本容量够大，否则易受资料中的特大值及次大值的影响，使矩法的计算误差偏大。此外，统计参数本身也存在误差，尤其是C_s值，如果资料不够长，误差将更大，因此矩法不宜单独采用。适线法是矩法与经验累积频率点据相结合的方法，它的特点是用实测系列平均值及离差系数计算结果试算合适的偏差系数，从中求得与经验累积频率点据分布较吻合的理论累积频率曲线，据此求得设计值。这种方法一般不变动实测系列的平均值x及离差系数C，只变动偏差系数C_s值，误差相对较小，这个方法就是利用皮尔逊Ⅲ型曲线调整各历时的降雨强度频率关系，根据确定的频率曲线得出重现期、降雨强度和降雨历时的关系，即P、i、t关系值，目前大多数国家采用这种方法，根据我国制定的水文计算规范规定，水文变量的理论概

率分布模型就选用皮尔逊Ⅲ型（*P-m*型），并据此进行理论频率计算。相关性的密切程度，在水文学中分析的方法是采用海森机率格纸绘制经验累积频率曲线，这种机率格纸的分格中部密、两端疏，这样一来，当频率密度曲线呈对称哑铃形时，使用这种机率格纸绘图，累积频率曲线即基本成为直线，当频率密度曲线为不对称的哑铃形时，累积频率曲线的两端将被大为展平，连接成曲线后可为延长提供方便，这主要是为了使预测部分更准确。

对1h、2h、3h、4h、5h、6h这6个时段雨强—频率—历时关系进行分析，如表12-9、表12-10所示。

确定雨强—频率—历时关系的3个参数取值

表12-9

历时	*h*	C_v	C_s
1	0.15	0.44	0.88
2	0.16	0.38	0.70
3	0.13	0.33	2.00
4	0.11	0.27	2.4
5	0.11	0.23	3.6
6	0.09	0.19	1

由此可见，历时越长，降雨的强度变化越小，根据以上表格，可以计算5种历时各种频率下的最大暴雨强度。

降雨历时—频率—降雨量关系表

表12-10

经验频率/%	重现期/年	降雨量/mm					
		1h	2h	3h	4h	5h	6h
1.18	21.25	20.95	40.58	50.17	52.38	57.96	57.94
2.35	10.62	19.03	37.27	44.64	46.66	50.75	51.04
4.71	5.31	17.02	33.91	38.28	40.13	43.29	43.83
5.88	4.25	16.46	32.91	37.85	39.76	42.44	43.20
8.24	3.03	15.47	31.21	35.39	37.26	39.63	40.60
12.94	1.93	13.48	28.52	31.64	33.52	35.55	36.86
24.71	1.01	11.69	24.47	26.63	28.86	30.87	3278
49.41	0.50	8.73	19.00	21.14	24.00	27.21	29.90
75.29	0.33	6.23	14.18	17.89	21.55	26.27	29.36

12.7.2.3　芝加哥降雨过程线的合成

1. 芝加哥降雨合成过程

以暴雨强度为基础，常用的降雨过程线合成方法有Huff法、CHM法（也称KC法）、PC法和YC法。目前，芝加哥（CHM）合成方法是国内适用性较好的方法，它是由Clint和Heny在芝加哥进行雨水管网系统研究时根据当地暴雨强度公式、降雨历时、重现期及雨峰系数推算出的一种暴雨过程线合成方法，在北美地区得到了广泛应用。

在相同重现期下，芝加哥雨型取决于峰值和历时，峰值一般在［0，1］，不同地区雨峰系数不同。雨峰出现时间直接影响城市排水管网运行状况。在连续降雨条件下，峰值出现的时间越晚，对城市排水管网造成的压力越大。降雨历时长短直接决定了降雨总量大小，为了保证设计校核评价结果的安全性，通常使用2h作为芝加哥降雨的历时。

2. 不同情景的芝加哥降雨过程

根据国内外研究成果可知，对于大面积集水区，必须考虑降雨空间变化的不均匀性，对于小面积集水区，可假设降雨在空间分布上是均匀的。

12.7.2.4　不同情景的降雨过程模拟

率定参数后，该模型具备一定的实用性。在同一建模区，只需输入不同情景的降雨参数，就能得到相应的模拟结果。对于每次运行结果均用雨水井节点结果表格分别导出积水节点深度、积水历时、开始时间、峰值流量以及总流量等实时数据，作为内涝灾害风险评估的数据来源。

12.7.3　模型建模分析

由于用于暴雨内涝研究的模型比较多，本书仅对常用模型或软件的使用过程给予相应介绍。

12.7.3.1　沃林福特模型建模过程

1. 新建主数据库并完成初始设置

软件利用数据库引擎把数据信息有规律地储存在

计算机中，因此在建立模型之初，需要定义主数据库的存放目录位置、根目录位置、数据库引擎类型，如JET、Oracle、SQL Sever。

完成初始设置包括设置计算单位、选择网络模板、为标记数据来源的数据标签配置名称和颜色。

2. 新建集水区组并添加相关组件

在主数据库中新建集水区组，并在集水区组中添加相关组件：添加网络用于建立管网节点等设施，添加降雨事件库、实时控制库、运行库用于模拟运行，添加地面模型库、图层库、标注库、选择库、曲线图库、统计模板库、主题库、结果分析库等方便资料导入及运行结果查看。

3. 在网络内建立节点和连接

节点包括检查井、折点、出口、调蓄池、池塘5种类型。在雨水系统中，雨水井选择检查井类型，叶片泵出水管上升段和下降段间的节点选择折点类型（模型要求），雨水排出口选择出口类型，泵站前池或地下调蓄池选择调蓄池类型，河湖、池塘等天然储水物选择池塘类型。

连接包括泵、格栅、管渠、涵洞、河道、虹吸、孔口、拍门、水闸、堰、水槽11种类型。在雨水系统中常用的有管渠、泵、涵洞、水闸、拍门、堰、河道类型。通常考虑到采集原数据以及率定诸多问题采用适当简化的模型，只包括管渠和水泵。

当模型规模较小时，检查井和管线可以直接在网络中手动建立。当模型规模较大时，手动输入较为烦琐，而且模型往往要求精确的拓扑结构，因此在设定坐标系后通过模型的数据导入中心导入dwg格式文件，在配置导入图层的相关属性和名称后，模型将自动生成检查井和管线。随后利用孤立节点检查以及连接性检查功能寻找导入过程中出现的错误并予以改正。

在导入管线、检查井位置后，输入相关数据，如检查井需要输入检查井井盖高程数据；管段需要输入断面形状、尺寸、管长（如Auto CAD导入默认为Auto CAD中管道长度）、上下游底高程、淤积深度等数据，选择管道粗糙度类型并输入粗糙度系数，选择计算类型（如压力流、明渠流等），最后在平面图中调整管道中的水流流向。

通过背景图层导入工具导入道路图以及Google Earth截图，确定泵站位置，增加泵站前池、水泵、出水管道、出水口来模拟泵站构造，然后输入相关数据。

泵站前池需要输入地面高程、池型、池深以及不同池深对应的水池面积；对于水泵，需要添加对应实际数量的水泵，选择水泵类型（固定流量泵、叶片泵、螺旋泵、变速泵等），绘制水泵流量扬程曲线，定义开闭水位；对于出水管道，需要输入管道相关数据；对于出水口，给出其地面高程。如果水泵类型为叶片泵，为了准确模拟流速，模型规定出水管需要增加折点以模拟压力出流，折点也需要输入地面高程数据。

4. 在网络中划分子集水区

导入Google Earth背景图和Auto CAD道路背景图，依据地面高程和用地特点划分子集水区。模型可以根据圈定的集水范围自动计算面积。对于雨水系统建模，新建径流表面类型如草地、屋面、道路等，选择渗透性质以及产、汇流类型，预定义初期损失、产汇流参数等。依照土地用途如绿化用地、工业用地、居住用地等对应设置其组成的各径流表面的比例。依据用地特点，为子集水区配置用地分类编号、对应的降雨量曲线、尺寸/维数，其中大贡献面积的径流类型对应的尺寸/维数默认为集水区最远点到排水口的距离。

5. 检验

由于地面高程设置、管道粗糙度参数选取以及手动输入各参数过程中可能存在漏输、错输等现象，因此在建模的最后通常需要进行检验。利用模型检验工具反复查找错误，进行修改，逐步修正模型。

6. 模型参数的率定

排水模型参数率定常用的方法是通过降雨时管渠

的流量监测数据与模型在同等降雨条件下得到的流量数据进行比较，通过调整产、汇流参数来使最大流量及流量过程线趋于一致[188]。

12.7.3.2　SWMM建模过程

1. 排水系统概化

城市管网铺设错综复杂，考虑到模型模拟复杂度的限制，SWMM在计算过程中不可能把区域所有的管网、雨水井输入模型系统，所以在进行模拟之前需要将研究区域已有的管网信息排水设施进行概化。管网概化原则是根据地表汇流关系，简化汇水区内的管网布置，简化后直接汇流到排水管网支管（连管）中，再由支管（连管）汇流到干管。这样，就可剔除对模拟影响不大且管径较小的支管和连管，保留管径较大的干管，同时将串联干管管径相同的短管合并成较长的长管。

节点是连接管网的地下存储单元，相当于管网中的雨水井和管网直接接头，同时，也是汇水区水流的出口点。建模区雨水井众多，须将其进行概化，概化遵循4个原则：①在管段过长时，在中间应加上若干个雨水井，以保证模型精度；②在管网类型和管径变化的地方也应该增加雨水井加以控制；③在道路的交叉口即管网的变向点处增加雨水井；④在历史上易积水区，虽然从管网角度不必设置雨水井，但为了反映积水状况，有必要在临近管网的区域设置雨水井。这样，在建模区仅选择一些功能性突出、对模型产生直接影响的雨水井进行研究。

2. 汇水区划分

在SWMM中，一般将建模区域离散成若干个汇水区，目的是按照排水系统的实际情况，将汇水区地表汇流分配到相应的排水管网的节点，使得每个排水管网节点的入流量更符合实际情况。划分的每一个子汇水区具有相同的地表性质、降雨类型以及下渗模型。根据各个子汇水区的特性分别计算其径流过程，并通过流量演算方法将各子流域的出流叠加组合起来。

汇水区划分一般是利用地形图和遥感影像图等地图资料来完成。在山地、丘陵地区，地形起伏明显，地形是汇水区流域的主要依据。在地形数据精度较高的情况下，可以根据地面高程，利用GIS水文分析工具提取地表水流方向、汇流累积量、水流长度、河流网络以及流域分割等过程来生成集水流域，即汇水区。

城市汇水区的划分和自然汇水区的划分有共同点，地形仍然是汇水区划分的重要依据之一。但是，城市地区由多种下垫面组成，建筑物、街区、道路以及排水管网把城市分割成一个个微小区域，管网在收集雨水的过程中，并非所有的地面径流从高处流向低处，最后汇入雨水井，如果纯粹按照水文学的思想去划分一个人工干预很大的建成区，那么所得的结果与实际地表不相符。因此，下垫面也是城市汇水区划分的重要依据。

3. 模型参数获取

为了模拟排水系统的水文、水力状况，SWMM在模拟过程中需要对排水系统设置大量参数。这些参数可分为两类：水文模型（降雨模型）参数和水力模型（管网汇流）参数。

水文模型属于概化模型，受气象、气候和地面等综合因素影响，大部分参数表现出不确定性、非线性，参数值包含一定的物理意义，也包含推理、概化的成分。根据参数是否需要率定，把水文参数分为测量参数和率定参数两类。测量参数是直接通过测量或物理关系推求，模型校准时一般不需调整，如子流域面积、平均坡度、管网长度、坡度和降雨等。率定参数是模型需要校准的参数，在SWMM计算时，事先按照参数确定的取值范围进行初始值预估，最后按照实测资料反演确定的参数最优值（表12-11）。

水力模型参数一般是管网属性参数，较多参数可借助GIS功能获得真实的数据，但部分参数也存在不确定性。根据是否校准，也分测量参数和率定参数两类（表12-12）。

SWMM水文参数类型　　表12-11

分　类	参　数
测量参数	汇水区面积（area）、地表平均坡度（slop）、不透水面积曼宁系数（N-Imperv）、不透水面积比例（%）、无蓄洼不透水面积比例（%）
率定参数	汇水区特征宽度（width）、透水区/不透水区粗糙系数（N）、透水区/不透水区蓄洼量（destore）、初始下渗率（max rate）、稳定下渗率（min rate）、衰减常数（deeay）

SWMM水力参数类型　　表12-12

参　数
测量参数	管底标高（elevate）、管径（pipe diameter）、管材（material）、管长（conduit length）、井底标高（elevate）、节点地面标高（elevate）、井深（depth）
率定参数	管网粗糙系数（conduit roughness）

总之，模型参数的获取不仅需要大量的实地调查研究，也需现代化计算机手段做辅助工具加以配合。

4. 边界条件设置

1）初始流量

实际运行的排水管网，管网中始终有水流通过，因此，为了保证模型数值计算的客观性，需要设置管网初始流量。对于分流制管网来说，可假设最大雨水流量的5%作为基流。对于合流制管网，管网入流量除雨水径流量之外，还包括居民生活污水排放量、工商业废水量和入渗量等旱天污水流量。在城市人口密度较大的居民区，生活污水和工商业废水是旱天流量的主要来源，由于城市地表多为不透水表面，旱天流量的下渗量极少，因此，假设所有的雨水和废水全部流入管网之中。

管网入流量是随时变化的，在一段较长时间内通常表现出固定的变化模式，每日交替出现最大值和最小值。在SWMM中，旱天流量是按照平均流量和流量变化（流量过程线）模式两个步骤来进行的。流量变化模式是污水流量随时间变化的关系，需要各节点的流量监测数据，由于国内多数城市尚未开

展管网流量监测工作，所以该数据一般不易获得。平均流量的确定是采用折算系数间接来计算，该方法简单，使用较广。

2）下游边界条件

下游边界条件主要指出水口状态，出水口出流形式与河道水位的变化密切相关，SWMM提供了自由出流、半淹没出流和淹没出流3种不同的出流形式，边界条件设置时根据河道水位分析出流形式。

5. 模型选项设置

因SWMM是国外开发的软件，与我国应用有所不同，因此需要对模型模拟选项进行设置，具体包括模拟方法、模拟日期、模拟步长以及模拟时间等选项，选项设置后的内容将被保存在模拟文件中。

6. 模型文件生成

在SWMM运行模拟之前，需要模型文件导入。该模型提供手动输入和TEXT文件输入两种方式来创建和编辑模型文件，用户可以根据自己的需要进行选择。

一般情况下，若建模区面积较小，可直接根据SWMM界面中提供的绘图工具，如汇水子区域、管网、节点、降雨和出水口等手动输入，该方法比较简单，快捷，技术要求不高，容易实现。但是，人工手动输入难免会出现错误，所以导入数据要求认真仔细，完成数据后，必须对数据进行检查、校正。另一种方法是使用GIS二次开发编写程序，直接生成SWMM特定格式的TEXT文件，这种格式能够被SWMM识别，可实现数据在GIS平台中和SWMM中互相切换。该方法在建模区烦琐冗长的情况下使用，不仅节约建模的人力和物力，还能大大缩短建模的时间，提高建模效率。

7. 模型参数率定

模型校准目的是使模型尽可能地反映真实情况，赋予模型实用价值。一般来说，影响模型精度的主要因素有两个：模型本身数学机理和模型参数。目前，大多数排水管网模型在数学机理上基本上得到了一致

的认可，因此，参数取值能否如实地反映研究区特点是影响模型精度的关键因素。

模型率定参数采用"预估参数—模拟计算—率定参数"过程，具体步骤为：首先，输入降雨数据，根据前人研究成果和建模区的实际资料，尝试率定一个较为合理的参数值，将模型要求的基础数据逐一输入运行计算，即可得到各管网、雨水井的流量或积水点状况。其次，将计算值和实际实测值做定量或定性分析，查看二者的吻合程度，若有不合理的节点，分析找出原因，以误差最小的原则确定参数的最优值，直至计算值和监测值达到模型计算要求的精度为止。

12.7.4 模型排水方案评价

长久以来，我国雨水系统设计均采用恒定均匀流理论、推理公式法进行管道设计计算，该方法由于其本身假设条件的限制，对于汇水面积较小的区域计算精度较高，对于汇水面积较大的区域计算精度偏低。针对我国排水设计的现状，不可能将设计方式迅速改变，并且设计规范的修订也需要一定周期，而目前城市内极端天气频繁出现，这给城市排水系统带来极大挑战。

通过借鉴国外先进经验，利用模型对一些重点地区的雨涝情形进行模拟，可消除我国规范中未明确规定推理公式法适用条件而引起的潜在设计风险。具体流程如下。

（1）明确评价对象和评价范围，确定评价对象。

（2）针对评价对象，在评价范围内进行雨水管网现状资料、设计资料等收集与整理，为后续建模评价工作做好准备。

（3）建立雨水管网模型。这是实现整个评价体系的重要内容，它涉及标准模型数据库的构建、模型数据的导入、暴雨雨型的确定、模型参数的选择等工作。

（4）在雨水管网模型建立的基础上，进行设计标准校核评价。设计标准校核评价是依靠雨水管网水力

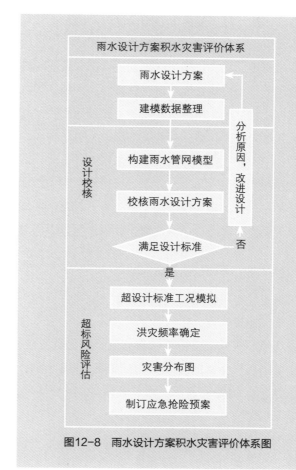

图12-8 雨水设计方案积水灾害评价体系图

模型的模拟计算来实现的。由于是对设计方案进行评价，首先要保证模型模拟的条件与设计条件一致，接着对设计重现期暴雨条件下模拟结果进行分析，查找设计不达标管段，提出改进方案，改进设计，然后重新校核模拟，直到满足设计标准为止。

（5）采用高于设计重现期标准的设计暴雨进行设计方案水力模拟，实现抗灾能力评估。确定排水设计方案的洪灾频率，绘制洪灾频率分布图。

（6）根据抗灾能力评价的结果制定各重现期下内涝灾害分布图，为制订防灾预案提供对策建议。

排水管网设计方案评价体系基本框架如图12-8所示。

12.7.4.1 内涝灾害评价对象限定

采用模型技术对排水设计方案进行校核，能够解

决推理公式法超范围使用引起的设计风险问题。针对小型排水系统，由于推理公式法的设计精度可以满足工程要求，因此无需校核；而对于大型排水系统或者重要地区的复杂系统，还是需要校核的。另外，排水系统建模过程复杂，所需资料繁多。在目前数字化数据不完善的情况下，数据整理工作量大，这也提高了采用模型进行设计校核评价的难度与成本。因此，从技术保障和操作性方面出发，限定校核评价对象的标准具有实际意义。需要校核评价的对象可归纳为4种。

（1）城市中遭受积水灾害会引起巨大经济损失的地区。

（2）历史上经常出现积水的地区。

（3）流域面积巨大的雨水系统服务地区。

（4）已建系统改扩建的地区。

选择第一种地区是由于其具有巨大的经济价值，雨水系统的可靠性要求很高。对这种地区雨水系统进行校核评价，确定抗灾标准可以有效地制订防灾预案，最大限度降低内涝引起的经济损失。第二种地区是通常的雨水系统问题部分所在地，可以通过雨水系统校核评价确定引发积水的原因，为系统改造提供解决方案。第三种地区是由于超过设计方法可靠性限定的范围而确定的，可以通过参考国外排水规范中所规定的面积限值确定此种地区。第四种地区则是新建系统与已建旧系统衔接，由排水能力是否匹配而决定。

总之，评价对象限定就是确定城市重点地区的重点系统的过程，它提高了采用模型技术对排水设计方案进行校核评价实际可操作性水平，与现有的设计方式和谐结合，形成完整科学的设计体系，最大限度地降低了城市排水管网内涝灾害的风险。

12.7.4.2　建模数据整理

建模数据整理是一个烦琐而艰巨的任务。如果仅靠人工处理，数据整理的工作量将是惊人的。实际整理工作中可以充分利用各种数据管理软件进行数据整理，从而实现建模的目的。设计校核评价建立模型的目的是用模型再现排水系统设计，通过数学模拟发现

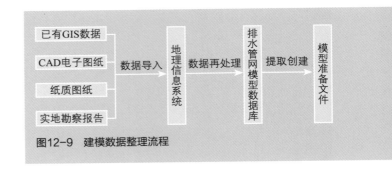

图12-9　建模数据整理流程

设计问题，并提出解决方案。而构建排水模型的实质是按照模型自身的构成准备各种参数数据，并将参数数据导入模型，形成模型准备文件的过程。数据整理的大致流程可参考图12-9。

由图12-9可知，排水系统涉及的数据源多、数据量很大。为了高效准确地管理模型数据，需要使用计算机系统实现这一过程。地理信息系统（Geographic Information System，GIS）是当前最流行的地图数据管理平台，为排水建模数据整理提供了一种良好的数据管理工具。地理信息系统的特征是矢量化图形的属性化。在用户角度，地理信息系统提供了一个友善的可视化平台，用户可以在这个平台上实现地图的浏览、空间分析等图形系统的功能；而在平台之后是强大的数据库系统，使得地理信息平台将属性与图形有机地连接起来。地理信息系统强大的可视化功能和高效的海量数据管理功能能够满足建模的数据管理要求。目前流行的地理信息系统软件品牌众多，如美国ESRI公司的Arc GIS、Pitney Bowes公司的Map Info、国内的Map GIS等，但不论何种品牌的地理信息系统软件，它们的架构原理都是基本一致的，都是可视化地图平台加后台数据库的架构形式，差别在于某些软件的数据处理功能更加强大，便于用户处理数据。而排水建模使用地理信息系统的目的是使用该平台的数据管理功能，构建排水系统静态数据集，为导入模型进行模拟计算做好准备。

常用的Arc GIS软件是由美国ESRI公司开发的地理信息系统软件，它的Geodatabase数据库可以将图

形数据及其属性存储其中。Arc GIS默认的后台数据库是微软公司的Access数据库，该数据库操作方便，占用计算机资源小，适合单机操作。当使用Arc GIS软件将模型所需的数据整理成GIS数据库时，就可以方便地采用工具程序将数据导入模型，完成数据准备（采用其他地理信息系统软件进行建模数据整理遵循同样的工作流程）。

排水模型的数据源是多种多样的，最有利于建模的数据源是排水设计方案现成的GIS数据，可以直接构建地理信息数据库，然而目前主要的数据来源还是设计图纸。当前的各种工程设计都是CAD的电子图纸，但是当校核评价新、旧系统时，旧系统的设计往往由于年代久远无法找到CAD电子图纸而只有纸质图纸档案。这时就需要使用扫描仪或者数字化仪将纸质图纸进行数字化处理，将其转化为计算机系统可识别的CAD格式的电子图纸，然后使用地理信息系统的工具程序将CAD数据导入GIS中。实际工作中更困难的情况是某些老系统的纸质图纸资料也无法获得，这时就必须委托勘察部门对实际系统进行实地勘察，获得系统的勘察报告。在勘察报告中，排水检查井以坐标形式存在，可以采用地理信息系统的工具程序将其识别后构建出系统拓扑。对于非GIS数据源的数据，经过上述数据处理后，排水系统设计方案的图形数据已经录入到GIS内，接下来的工作就是将属性数据录入GIS的数据库中。数据库的构建及字段的确定是要根据模型的参数需求制定的，各个模型的要求不尽相同。需要指出的一点是，建模所需的数据分为两类，一类是直接数据，另一类是间接数据。直接数据就是能够直接在图纸或者GIS平台上获取的参数数据，如管道长度、管径、汇水区面积等；而间接数据则是不能够从图纸和GIS平台上直接获取，而需要通过数据二次处理后得到的数据资料，如汇水区不透水面积、汇水区坡度、检查井上下游偏离高度等。这些数据往往在设计图纸资料中没有直接标出，而需要通过再次计算获得。加之排水设计数据量大，需要开发

编制小型工具程序完成相应的数据处理工作。至此，已获得的直接数据与间接数据共同构成了排水系统模型数据库。最后，使用模型自带的数据导入工具或者根据模型需求自开发的工具程序从模型数据库中提取数据创建模型准备文件，完成模型数据整理工作。

12.7.4.3　模型设计校核

1. 校核原理

采用模型技术对排水设计方案进行校核评价的原理包括设计条件等价与时变设计暴雨两个方面。

通常的建模是为了模拟排水系统在特定情形下水文水力的变化情况，这种建模目的要求模型参数设置必须如实反映排水系统的特性，因此必须对所建模型参数进行率定。一般采用人工或者计算机优化的方法确定最优参数组合。与通常的建模模拟不同，采用模型进行设计校核却具有其特殊性。模型设计校核评价不需要进行模型率定。设计校核建模的目的是模拟设计方案，设计方案不是真实的排水系统，而是设计人员在一定设计条件下的工程产品。因此，设计校核评价的有效性关键在于建模过程中模型是否等价反映了设计条件。采用模型技术对排水设计方案进行校核评价的基本原则是严格遵循排水方案的设计条件，使模型在设计条件下对排水系统进行模拟计算。当前，我国所有室外排水系统设计都是使用《室外排水设计规范》中规定的方法，采用径流系数反映产、汇水过程的水量损失。采用模型进行设计校核时，必须将模型中各产、汇流模型的参数等价于径流系数表征的设计条件。例如，采用SWMM的霍顿（Horton）下渗模型和非线性水库模型组合对汇水区径流模拟时，必须首先使SWMM的渗透过程"失效"，接着将径流系数表征的雨损等比例反映在设计雨型中。通过一系列的等价处理后，SWMM在产水量条件上才会与设计条件相同，从而可以进行各工况设计校核评价。采用其他商业模型进行设计校核时，也应遵循"等价设计条件"的原则设置模型参数，完成模型设计校核。

排水模型模拟计算可以获得设计降雨条件下排水

系统各部分完整水力变化过程数据，而通常的排水设计只是关注于设计管段的最大流量，设计断面的整个水力变化过程无法计算。因此，采用模型进行设计校核评价还需要与设计标准相同的时变暴雨过程线作为模型计算的输入条件。

2. 校核标准

模型校核设计的主要任务是检查系统在设计重现期降雨条件下是否符合设计规范要求。我国《室外排水设计规范》规定：雨水管道按照满流无压状态设计。按此规定，模型校核的标准就是在设计重现期降雨标准的模拟过程中检查管道是否处于压力状态，或者检查井内水位是否超过管顶标高。如果设计管道在模拟过程中经受过承压状态或者检查井内水位超越管顶标高，则表明该管道在设计重现期内设计不达标。另外，管道中水流处于压力流状态只是表明管道设计没有达到规范要求，此时和后来一段时间并不一定引起地面积水灾害。水流从刚处于压力流状态到水流溢出检查井至地面的过程表征了排水管道的抗洪灾能力。这一过程历时越长，承受的压力越大，说明系统的抗洪灾能力越强。

目前成熟的排水模型软件均有绘制管道动态水位功能模块和计算结果统计模块。根据上述校核标准，设计人员可以通过查看管道动态水位、管道承压统计或者检查井水位统计来判断设计方案是否达标。设计人员也可以通过上述方式确定设计方案的排涝能力。

3. 校核步骤

采用模型技术对排水设计方案进行校核的基本原则就是严格遵循排水方案的设计条件，使模型在设计条件下对排水系统进行模拟，其实施的基本步骤如下。

（1）收集相关设计资料。

（2）将排水设计方案输入模型软件，构建排水系统静态数据集（如管网、检查井、泵站、堰等）。

（3）严格根据设计汇水流域在模型中划分汇水流域（在缺失设计汇水流域时可根据地形数据划分汇水流域）。

（4）按照方案遵循的设计标准构造相应重现期的人造时变降雨序列（如芝加哥暴雨雨型）。

（5）将设计中径流系数所确定的径流流量设置到径流模型中。

（6）运行模型，对设计方案进行模拟计算。

（7）分析模拟计算结果，校核设计方案。

12.7.4.4 超设计标准评价

在超过设计标准的暴雨条件下，雨水系统将会出现超载直至发生涝灾的现象。管道超载发生之前的水力状况是设计校核的范畴，用以说明排水设计方案是否满足设计标准要求。而超载开始至涝灾爆发的过程是排水设计方案抗灾能力的表现。涝灾爆发时所对应的设计暴雨频率就是欧盟排水设计规范EN752-4中提到的洪灾频率。由此可知，设计暴雨重现期（频率）与洪灾频率不同，洪灾频率是排水设计方案极限排水运行能力的表现，是一种临界能力的表征。因此，超设计标准评价的任务就是通过排水模型模拟计算，确定设计方案的最大排水能力。通常，排水设计的洪灾频率与其设计暴雨频率有关，表现为同一管段处的洪灾频率小于设计暴雨频率。但是，具有相同设计暴雨频率的不同管段洪灾频率不一定相同。这是因为管道覆土深度（检查井深度）也对洪灾频率具有重要的影响作用。在实际评价时，模型运行条件仍然按照设计校核时的运行条件，分别按照1年、3年、5年、10年、15年、30年、50年、100年等重现期顺序依次进行设计方案超设计标准评价，从而获得设计中任何检查井处的洪灾频率，并生成洪灾频率分布图，为制订防汛抢险预案提供技术支持。

第13章 城市排水防涝的管理规划

13.1 城市排水管理体制

城市排水设施作为城市基础设施的重要组成部分，是城市赖以生存和发展的重要物质基础，是衡量现代化城市水平的重要标志。排水设施是否完好，功能是否健全，运行是否顺畅，直接关系到人民生活质量的品质，关系到城市水环境的优劣，并将影响城市经济和社会的可持续发展[189]。

城市排水设施的建设与管理是城市管理部门对城市排水管网、河道、排水构筑物（包括收水井、检查井、出水口、泵站）进行合理有效的规划、建设、维修养护的控制过程。加强城市排水设施的建设与管理，其目的在于确保城市排水设施的畅通无阻，提高城市排水设施的管理水平，增强城市的防汛排涝能力，确保国家和人民群众的财产安全。

13.1.1 城市排水管理的现状

目前，我国城市排水行业在国家层面主要由住房和城乡建设部为主体管理城市排水、污水及垃圾处理等事务。住房和城乡建设部下设的城市建设司主要职责是指导城市排水工作，研究拟定城市市政事业的发展战略。在地方城市层面，城市的排水设施同供水、

供气、供热、公共交通、垃圾处理以及园林绿化、环境卫生等市政公用设施同属于城市的市政公用事业。城市的排水建设及管理工作主要由地方的建设局或公用局、市政工程局、水务局负责，下设的排水管理处或排水公司负责排水行业的运营和养护管理。

城市排水设施的建设程序主要由市规划局作为主管全市规划工作的政府职能部门，制定城市总体规划、城市分区规划，其中就包含详细的道路、排水管网规划意见；城乡建设委员会作为建设行政主管部门，根据规划意见组织排水管网设计、施工招标、组织建设和竣工验收；市政公用局作为市政设施主管部门，负责排水管网维修改造和日常养护管理工作。通常，市政公用局下属的市政设施管理处，具体负责主次道路的雨水主干线、污水管网和泵站的维修改造与养护管理工作；居民小区及单位自管的接入城市排水管网之前的排水设施由产权单位负责管理和维护，居民小区排水管网的养护管理由物业公司负责。

城市市政公用局承担全市市政设施建设、维护和管理的计划、组织、监督工作，并负责对市政设施维护管理工作进行监督、指导和协调。城市管理行政执法局对破坏市政设施的违法行为行使执法权。而这类公用企业或事业单位的建立、投资决策和发展计划，具体生产，经营计划，领导干部的委派和选用，资金

的来源等都依赖于上级行政主管部门的统一安排。在一定程度上，这类企业实质就是政府机构的附属物，对排水行业实行垄断经营。而在此种管理体制下，政府实际上同时承担着城市排水设施的资产所有者、行政管理者、企业经营者和公共政策执行者的多重角色，形成了管理体制的政企合一，投资体制的政府单一投资，经营体制的国有企业垄断经营。

随着我国由计划经济体制向市场经济体制的转轨，市政公用事业领域实行直接行政垄断经营管理体制的弊端日趋突出，政府逐渐开始推进公用事业领域的改革[190]。1993年，原建设部颁布《全民所有制城市供水、供气、供热、公交企业转换经营机制办法》；1995年又颁布《市政公用企业建立现代企业制度试点指导意见》；2002年，原建设部在《关于加快市政公用行业市场化进程的意见》中明确规定："鼓励社会资金、外国资本采取独资、合资、合作等多种形式，参与市政公用设施的建设，形成多元化的投资结构。"这为推动城市排水管理体制改革提供了政策依据。在现实需求和政策推动的双重因素影响下，我国部分城市对城市排水管理模式进行了探索性改革。

13.1.2 城市排水管理体制的主要模式

我国市场投（融）资体制的转变逐渐开放了城市市政公用行业的投资建设、运营、服务等市场，鼓励多元化投资主体参与，建立政府特许经营制度和转变政府管理方式的市场化改革措施。城市排水行业通过引进外资、民营资本、个人资本等多元化社会主体进行投资、建设和运营，逐步打破了原来政府独自承担城市排水公共服务的单一局面，外资、民营等企业加入到提供城市排水服务的行列中来。政府对排水行业的管理也由之前单纯依靠行政管理手段、法律管理手段转变为在绩效管理思想指导下行政管理、法律管理以及经济管理手段相结合。

城市排水系统是排水的收集、输送、处理和排放等设施以一定方式组合成的总体，由管道系统即排水管网和污水处理系统即污水处理厂组成。在排水管网与污水处理厂的管理模式上，各地政府采用方式各异，排水设施运营管理模式总体上分为专业集团模式、厂网统一模式、厂网分离模式和产权管理及物业化管理4种模式（表13-1）[191]。

中国6城市排水设施运营管理模式　　　　　　　　　　表13-1

城市	排水设施运营管理模式	污水处理厂运营主体	排水管网运营主体
北京	专业集团	北京排水集团	北京排水集团
天津	厂网分离	天津创业环保公司	天津水务局排水处
上海	公司化运营	上海城投污水处理公司；以BOT方式运作设立的项目公司；上海阳晨排水运营公司	上海排水公司
深圳	厂网统一	深圳水务集团	深圳水务集团
重庆	厂网统一	重庆水务股份集团	重庆水务股份集团
成都	厂网分离	成都兴蓉投资股份公司	成都水务局排水处

1. 专业集团模式

排水专业集团模式以北京市为例，北京排水集团负责城市排水设施的建设和运行，集团由市政总公司对原排水公司及市区多个污水处理厂等单位进行重组

成立。北京排水集团的产权主体为国有独资企业，虽然名义上是一个产权清晰的现代化大型企业，但由于集团每年的收入主要来源于市政管委核拨的污水处理费，没有财务自主权，企业主体不能完全具备自主经

营、独立运作的市场主体地位[192]。

2. 厂网统一模式

厂网统一模式是排水管网与污水处理厂由同一家水务集团运营，承担雨污水收集、处理、再生利用及污泥处置设施的投资、建设及运营管理职责。水务集团企业的产权主体较为多元化：深圳水务集团通过国际招标、招募的方式成功引入战略投资者，从国有独资企业转变成为中外合资企业。重庆水务股份集团是国内上市公司。尽管集团企业的产权性质各不相同，但均按照地方政府授予的特许经营权负责实施，在政府支持下基本实现了城区、郊县排污水处理业务的统一管理。

3. 厂网分离模式

厂网分离模式是排水管网与污水处理厂分别由不同单位运营管理。排水管网仍由市政排水处负责养护管理，污水处理厂的运营主体则可以实行多元化变革：天津城区的排水管网实行市、区两级管理，排水主干网由天津市水务局下属的排水处负责；污水处理厂则主要国内上市公司——天津创业环保公司负责，受市水务局下属的排水公司委托，承担运营管理任务。成都的排水管网由市水务局下属的排水处负责，并且排水管网可由成都兴蓉投资股份公司的控股股东兴蓉投资集团拥有部分股权；污水处理厂则由供排水一体化经营的国内上市公司成都兴蓉投资股份公司，依据市政府授予的特许经营权负责管理运行。

4. 公司化运营模式

我国大中型城市的市政排水目前普遍采用排水集团、水务集团等事业单位的管理模式，仅部分城市采取了部分公司化的运营管理模式。以上海市为例[193]。上海城区排水管网实行市、区两级管理，主干网由上海城市建设投资开发总公司（上海城投）下属的上海排水公司负责养护管理。城区污水处理厂的运营主体则分为三类：一是上海城投下属的上海城投污水处理公司，其运行的污水处理厂总处理能力占城区处理总能力的53%；二是以BOT方式运作设立的项目公司，

其运行的污水处理厂总处理能力占城区处理总能力的43%；三是国内上市公司阳晨B股下属的上海阳晨排水运营公司，其运行的污水处理厂总处理能力占城区处理总能力的4%。公司化运营模式的经营与养护职能分离，且多个运营公司的分担，有利于打破行业垄断经营，提高管理效率。

上述我国各地城市排水管理体制的改革模式多样，与城市水务行业多元化投资主体直接相关，并不存在着通用的模式。而衡量一种模式好坏的标准主要在于其是否成功实现最初改革的目标[194]；是否明确划分了政府、监管、企业和用户4个主体之间的责任、权力和利益关系（表13-2）。

城市排水行业管理多中心目标体制示意

表13-2

主 体	单 位	责 任
政府主体	国资委、发改委、城建局	投资、立项、建设
企业主体	污水处理公司、排水公司	设施运营、养护管理
监管主体	水务部门、环保部门	经济监管、环境监管、水质监管
消费主体	居民、企事业单位	社会反馈

1. 政府部门协调

作为主管城市排水行业的各级政府，国资委负责项目投资，发改委负责立项，城建部门进行统一的规划、设计以及设施的建设管理，市政公用局、水务局承担排水运营的全部责任，对广大用户负责。鉴于排水管理涉及多个政府部门，监管时需相互协调。为提高管理效率，可借鉴国外跨部门协同机制及国内相关经验，通过部际联席会议进行协调管理，也可由各级政府中的主要领导统管协调工作，或在政府内部不同部门之间建立协调管理机构。

2. 排水企业运营

为了减少政府直接提供排水公共服务的成本，提升排水服务的效率，借鉴国际行业运营的PPP模式经

验，可以通过国有企业重组专营模式、BOT、TOT、BT以及委托运营等模式，将城市排水运营服务外包给城市排水企业。企业通过与政府签订承包合同，对排水设施的建设、运营和管理按照现代企业的管理制度进行运作，接受政府相关部门以及专业监管机构、消费者的监督，通过收取污水处理费等获得相关的收益。管养职能分离、事企工作分开使得排水完全作为独立的市场经济主体，自负盈亏，进行自主经营，有利于提高企业自身的管理水平和技术水平。与此同时，城市排水企业也要实现职能分离，污水处理厂的建设和运营由污水处理公司负责，而排水管网的养护和管理由政府向社会公开招标确定的设施养护单位负责。专业化分工有利于效率的提高，同时通过引入竞争机制加强企业的竞争力。

3. 行业单位监管

排水行业的行业监管单位由水利部、环境保护部与住房和城乡建设部门共同负责，接受民众监督。环境保护部负责对直接或间接向水体排放污染物的新建、扩建、改建项目和其他设施进行监管，促进其遵守国家有关建设项目环保管理规定；应对建设项目可能产生的水污染和对生态环境的影响做出评价，规定防治的措施，协同建设主管部门审查批准后确定项目是否可以设计和施工。对排水企业防治水污染的设施进行监管，监管企业是否达标排放。

水利部则要按照国家资源与环境保护的有关法律、法规和标准，组织水功能区的划分和向饮用水源区等水域排污的控制，监测江河湖库的水质，审定水域纳污能力，提出限制排污总量的意见。实际操作中，城市政府在确定怎样进行行业监管的决策时，应该本着既考虑成本又考虑监管效果的原则。而排水行业的监管单位则应该履行好其经济监管、环境监管和水质监管的职能，对各级政府负责，也对消费者负责。

4. 社会民众监督

城市排水是城市的公共事业，关系到国计民生，排水行业为居民和企事业单位提供优质、可靠的排水公共服务，同时也将接受社会大众的监督。这样，排水行业才能不偏离公共服务的本质，而公众作为公共政策的直接关系者，行使政策法规赋予其城市排水运营管理过程中的监督、参与的权利。只有社会公众与政府的共同监督和参与，城市排水的建设、运行管理才能符合社会公众的利益，保证城市的有效运行以及符合政府的利益。

13.1.3 城市水务管理的一体化模式

水资源是人类赖以生存和发展不可替代的重要物质基础，更是社会、经济发展和维护生态环境不可替代的战略性基础资源和基本支撑要素。随着人口增加、经济发展和城市化进程加速，社会对水资源的需求量急剧上升，其供求矛盾日益尖锐。同时，水污染、地下水超采、水土流失严重、洪涝灾害频繁、水资源浪费、用水管理不善、水工业基础设施薄弱等问题也变得越来越突出。无法合理利用与保护水资源已成为制约社会、经济发展的重要因素，实现水资源的可持续利用已成为保障国民经济和社会可持续发展的关键。

"水务"一词，最初由国外水务公司名称翻译演化而来。水务，即关于水资源的事务，一般认为包括从水源、供水、节水、排水到污水治理的所有范畴，包含水资源、城乡防洪、灌溉、城乡供水、排水、污水处理与回收利用、农田水利、水土保持等领域，是以水循环为机理、以水资源统一管理为核心的所有涉水事务[195]。

城市水务管理是在水资源统一管理的前提下，以水资源可持续利用支撑经济社会可持续发展为目标，通过法律的、行政的、经济的和社会的管理手段，实现对行政辖区范围内防洪、水源、供水、用水、排水、污水处理与回用及水土保持、河道整治、雨洪利用等所有涉水事务和活动进行控制、引导、调节和监督，使之纳入可持续发展的轨道。总体来说，城市水务管理就是要正确地、科学地解决和处理水在社会循环和自然循环过程中所出现的各种问题，保证其可持续利用。

13.1.3.1 国内外水务管理体制的概况

1. 国外水务管理体制概况

发达国家在经历了快速发展阶段后，城市化进程已趋于稳定，城市基本完成了防洪、供水、排水和污水处理等以设施基本建设为主的工程治理阶段，并且在市场经济体制条件下，供水、排水和污水处理等行业产业化、市场化运营程度已经达到了相当高的水准和成熟程度。许多国家均有各自成功的水管理经验，其水管理理念和方法各具特色，但一个共同点就是其水管理体制是与本国的水资源自然条件、水资源开发利用程度以及社会、经济体制紧密融合在一起。根据各自国家的水资源特点，以水权的国家所有或公共所有来对水资源实行统一管理。比较普遍的水资源管理体制一般有3种：一是按流域管理为主的水资源管理体制，二是按行政分区管理为主的水资源管理体制，三是流域管理与行政分区管理相结合的水资源管理体制。

美国是联邦制国家，在水资源管理上实行以州为基本单位的管理体制。美国的资源比较丰富，但分布不很均匀，西部、中南部的水资源相对不足。美国于1970年成立了联邦环境保护局，将原来分散的水管理权力集中由联邦环境保护局行使，统一规划、管理和监督全国水资源的使用。水资源的开发、利用和管理依照国会制定颁布的法令进行，由联邦政府机构、州政府机构和地方机构三级负责。美国虽没有全国性统一的水法，但其法制建设比较完善，有一套与市场经济体制相适应的水权制度和水的管理制度，法律对于水资源开发、利用和管理的每一个环节都有较为详尽的规定。

法国的水资源管理是按照统一管理、流域管理、用水户以及各涉水部门共同参与、利用市场经济机制的原则，较为注重按照水的自然特性，以水的自然水

文流域单元进行统一管理，以利于水的合理利用。

以色列是一个比较缺水的国家，其水管理体制对我国节约利用有限的水资源有很好的借鉴价值。其主要通过水权和用水配额制，利用较高的水价以及合理完善的法规来合理利用水资源，节约水资源，在用水、送水中采用先进的节水设备和技术。

荷兰的水资源实行统一管理与分级管理相结合的模式。荷兰交通、公共工程及水管理部是政府最重要的部门之一，主要职能包括防洪、水资源管理、通信及移动通信设施管理、交通安全及运输等方面。在各地区成立水利管理委员会，受政府指导，经济上独立，其主要职责是防洪、水量管理、水质管理、污水处理和依法收费（税），它在水利建设和管理中发挥着重大作用。

总体而言，许多发达国家都在水资源统一管理的前提下，按流域及行政区域划分水资源统一管理单元，在流域或行政区域内对所有涉水事务进行一体化管理。管理单元内设有行政管理机构及具体涉水事务管理机构，具体涉水事务管理机构一般为流域管理局或水务局，其性质为独立于政府财政之外的企业或公共事业组织，对供水、排水、污水处理等具体涉水事务进行一体化管理。其经验表明，按流域或行政区域统一管理本流域的水资源，被认为是当今理想的水资源管理模式，是较为通用的模式[196]。

2. 我国水务管理体制概况

我国城市的水资源管理发展历史悠久，历史上各个朝代都设有水行政管理机构。新中国成立后，中央人民政府设水利部，农田水利、水力发电、内河航运和城市供水分别由农业部、燃料工业部、交通部和建设部负责管理。水行政管理体制分散，水资源管理不统一。1952年，农业部农田水利局划归水利部，农村水利和水土保持工作由水利部主管。1958年，水利部与电力工业部合并成立水利电力部，同时，水利部农田水利局重新划归农业部领导。1965年，农业部农田水利局再次划回水利电力部。1979年，水利电力部

撤销，重新分设水利部和电力工业部。1982年，水利部、电力工业部再次合并，恢复水利电力部。1984年，决定水利电力部为全国水资源的综合管理部门。而地方水利的管理逐渐建立起了水行政管理三级机构，即省（自治区、直辖市）设厅（局），地（自治州、盟）设局（处），县设局（科）。除了地方各级水利机构，全国设有7个流域机构，即长江、黄河、淮河、海河、珠江、松辽河和太湖水利委员会，实行流域水资源统一管理。

由于受计划经济体制的影响，传统的水管理体制是将城市与农村、地表与地下、工业与农业、水量与水质、供水与排水、用水与节水、污水处理与回用等许多涉水管理职能，分别交给多个部门负责，实行多部门分割管理。在同一地域内，由于水资源管理涉及水利、市政、环保等多个部门，形成了管理水量不管理水质、管理水质不管理供水、管理供水不管理排水、管理排水不管理治污、管理治污不管理回收利用的格局。在实际工作中呈现出我国水资源管理"多龙治水"的特点，形成在流域上条块分割、地域上城乡分割、职能上部门分割、制度上政出多门的局面。

1988年，我国颁布的第一部《中华人民共和国水法》（后简称《水法》），重新成立水利部，作为水的行政主管部门。《水法》中明确"国务院水行政主管部门负责全国水资源的统一管理工作，国务院其他有关部门按照国务院规定的职责分工，协同国务院水行政主管部门，负责有关的水资源管理工作"；"国家对水资源实行统一管理与分级、分部门管理相结合的制度"，从而构成了水资源统一管理的法律框架。但这一体制没有区分水资源管理与用水管理的关系，仍带有计划经济的痕迹，也未对流域管理做出规定，因而"多龙管水"的现象没有得到根本性解决。

2002年，第九届全国人民代表大会常务委员会第二十九次会议对1988年《水法》进行了修订，新《水法》对中国水资源管理体制做了重大调整，规定"国家对水资源实行流域管理与行政区域管理相结合的管理体制"。"国务院水行政主管部门负责全国水资源的统一管理和监督工作。"流域管理机构在所管辖范围内行使法律、行政法规规定的国务院水行政主管部门授予的水资源管理和监督管理职责。县级以上地方人民政府水行政主管部门按照规定的权限，负责本区域内水资源统一管理和监督管理。新《水法》理顺了水资源管理体制，实现了水资源的统一管理，为"多龙管水"向"一龙管水"的转变提供了法律依据[197]。

13.1.3.2 水务一体化管理体制的内涵

改革水的管理体制，实行涉水事务的一体化管理，是当今世界诸多国家与地区采取的一种水资源优化配置、有效利用、科学保护的先进管理模式。较多国家的水资源管理体制已经逐步实现对防洪、水源、供水、排水和再生水回用等城乡涉水事务的一体化管理。我国的水务一体化管理是相对于传统的水务管理体制提出的，其内涵主要是对所辖区域内城市和农村的防洪、除涝、蓄水、供水、节水、排水、水域管理、水土保持生态建设、水能开发利用、污水处理回用和水资源保护、地下水回灌等涉水事务实行统一规划、统一管理、统一调度、统一保护。即统一发放取水许可证，统一征收水资源费，统一监督管理水质、水量，统一管理污水的排放与处理，统一进行水行政执法等。通过建立"一龙管水、共同治水"的管理体制，促进区域水资源的供需平衡、统一规划、合理开发和优化配置，强化水资源的节约保护工作，保障城乡防洪安全、供水安全、水生态与水环境安全[198]。

涉水事务实行一体化管理，将为优化配置水资源提供体制和组织上的保障，大大提高了水管理的效率，促进了水资源的可持续利用。追本溯源，从水资源开发利用管理的角度，水源、制水、供水、污水处理、水资源保护是水资源开发利用管理的各个环节；从水循环角度来说，水资源处在降水—径流—蒸发的自然水文循环之中。水资源循环可再生性是水区别于其他资源的基本自然属性，要求人类对水资源的利用形成一个水源—供水—用水—排水—处理回用的系统循环。水资源的自然属性和规律要求必须把水资源作为一个完整的系统进行统一管理，而不能分割管理。水务一体化管理体制是我国水资源管理体制改革中的一个重大突破，在推进传统水利向现代水利转变的过程中显现出其诸多优势。

1）理顺水资源管理体制，保障水资源的可持续利用

实行水务一体化管理后，对防洪、排涝、蓄水、供水、节水、水资源保护、污水处理及回用等实行统一配置管理。对一切涉水活动进行宏观的监督管理和微观的有效调控，省去了部门间的争执和政府的协调，从而能大大提高政府的工作效率。这体现了精简、统一、效能和一事一部的机构设置原则，有利于水资源的综合规划、优化配置和统筹安排，有利于水源、水厂、管网、排水、污水处理的协调建设和一体化管理，有利于建立原水、自来水、排水、污水治理、污水回用的统一水价格体系，有利于最大限度地发挥水资源的经济效益、社会效益和环境效益。

2）实现城乡水务一体化，缓解水资源供需矛盾

水务一体化管理可以根据各地的水资源总量和供水工程情况，通过统一调度、优化配置、科学管理等非工程措施，再配以必要的输水设施等建设。在空间上进行有效调配，克服水资源在地理分布上丰贫不均的不利因素；在时间上进行合理调配，实行水量"错峰"调度，可将通过节水措施剩余的农业灌溉水源依法调剂给城市、工业、第三产业使用；在水质上进行分类调配，适应各类用水户对水质标准高低不同的要求。使有限的水资源和现有的水工程发挥最大的综合效益，缓解城乡用水的供求矛盾，提高城乡供水保证率。

3）促进了城镇的防洪与排水工程建设

洪涝灾害历来是中华民族的心腹之患，我国洪涝灾害造成的损失和影响在各种自然灾害中位居第一，约占全部自然灾害损失的60%以上。因此，防洪减灾是我国面临的一项长期而艰巨的任务。要从无序、无节制地与水争地转变为有序、可持续地与洪水协调相处。科学编制城市防御洪水方案，逐步建设成以防洪工程体系为基础，包括防洪保障体系在内的完整的防洪减灾体系。处理好防洪减灾与水资源开发利用及生态环境保护等方面的关系，实行水务一体化，既可以从区域上通盘考虑防洪与排水，也可以根据有偿使用的原则，解决部分工程的投资和运行费用，促进城市防洪排涝工程的建设。

4）促进水利意识转变，推进市场经济下的水利社会服务

长期以来，人们一直认为水利就是为农业和农村服务，通过水务改革，整个社会的农业水利意识将得到转变，从农业水利意识逐步上升到社会水利意识，水利不仅服务于农业和农村，还服务于工业、城市生活和第三产业。由于社会水利意识的加强，水利从以防洪保安、抗旱保农为主的单纯公益性基础设施向同时兼顾城乡供水、水力发电、旅游、养殖等经营性产业过渡，促进水利基础设施和基础产业的良性运行和发展。水务改革顺应了市场经济对资源的优化配置和合理利用，增强了按照市场经济规律办水利的自觉性。

5）水务行业管理和资产管理分离，水务企业的市场化经营

水务一体化管理是一个上下机构、平行机构之间互动的管理过程，通过合作、协商和伙伴关系，确立或认同共同的目标等方式实施对城乡水务的管理，同传统水务管理模式不同，其权力维数是多元的、平行的，而不是单一的和自上而下的。对区域防洪、排涝、供水、节水、污水排放、处理及回用等涉水事务实行水务管理机构与水务资产管理分离，水务企业在政府部门（水务局）的监督下进行资产重组，建立现代企业制度进行市场化经营。

在传统的城市水务管理体制下，不存在专门的水务管理部门，水务相关管理职能被分割开来，分别配属于不同的政府部门，无法统一制定行业规划和行业

政策。政府作为水务企业的投资者，直接参与企业的经营管理，分散了政府"制定行业规划和行业政策，进行行业管理"的职能，同时造成政企不分，水务企业成为政府的附庸和政府福利政策的实施工具。实行水务一体化管理，政府的职能将向宏观行业管理方面转移，水务企业是在领取政府许可证的前提下，按市场经济规律组织生产经营。

水务一体化改革在政府机构改革方面主要表现为"水务局"的成立。水务局是将和水务相关的管理职能从分散的不同部门，包括城市建设部门、市政部门、公用部门、环保部门、水利部门等集中起来，统一行政和协调。这就有利于城市水务行业统一管理，同时，符合政府机构改革的政企分开、精简、高效、分工明确的原则。

6）促进建立合理的水价形成机制

传统的水务管理体制，将水资源人为地分割管理，将本应是一个整体的水价体系人为地分割为水利工程水费、自来水水价和污水处理费三部分，分属不同的部门管理，使得部门间相互制约，阻碍了水价的整体改革进程。而实施水务一体化的水务管理体制，可以将统一管理贯穿于商品的生产到交换、应用到水资源再利用的整个过程，实现责、权、利的高度统一，有利于建立根据市场需求、水资源状况、水环境变化及时调整水价的新机制，充分发挥经济杠杆作用，促进建立合理的水价形成机制[199][200]。

13.1.3.3　水务一体化管理体系的构建

为实现从工程水利向资源水利、传统水利向现代水利转变的目标，我国大部分地区已经开始对传统的水管理体制和管理模式进行改革，从水资源分级、分部门分割管理向流域管理、行政区域水务一体化管理转变，从工程管理向资源管理转变，从供给管理向需求管理转变，从水资源开发利用的单一管理向开发、利用、治理、配置、节约、保护等方面的综合管理转变。

我国的水务一体化管理改革主要由水行政主管部门推动，并首先从水行政主管部门开始。其总体思路

是，在原水利局的基础上，组建水务局，将分散于各部门的水资源行政管理职能统一划归水务局，实现涉水行政事务的统一管理。同时，逐渐将分属于各部门的涉水具体事务管理企事业单位划归水务局管理，水务局对这些企事业单位进行改制与重组，使其对涉水的具体事务进行一体化管理，在时机成熟时，实行政、事、企分开，将涉水企事业单位推向市场化、产业化、专业化、社会化道路。

1993年，深圳市水务局成立，深圳成为全国第一座成立水务局的城市，为全国水务发展改革开辟了先河。深圳市水务局主要承担水资源开发利用、节约保护、防洪排涝、供排水、水污染治理等14项职能，指导区街水务工作，负责水务企业的行业管理，实现了"一龙管水"的管理格局。

2000年5月，全国第一个省（直辖市）级水资源一体化管理机构上海市水务局正式挂牌成立，这是我国水管理史上的一个重要里程碑。上海市水务局由水利、公用、市政等有关水的部门联合组建。

2004年5月，北京市政府正式组建了北京市水务局，为市政府组成部门，14个郊区县也在一年时间内全部成立了水务局。

2008年1月，广州市水务局挂牌成立，水务局除行使原市水利局承担的全部行政管理职能外，还将行使原由市政园林局承担的城市供水、排水、节约用水、污水处理、水企业行业管理和城区河涌管理等水行政管理职能，全面提高水资源、水安全、水生态、水环境、水景观和水文化的综合效益，确立了由"多龙管水"到"一龙管水，团结治水"的理念，实现水资源统一管理的新格局。2009年3月，广州市因在大力推进水环境治理方面所采取的行动获得了世界水理事会专家的高度评价，荣获"第五届世界水论坛水治理奖"第一名。

2009年6月，全国首家省级水务厅"海南省水务厅"挂牌成立，进一步深化和完善海南省涉水事务一体化管理体制改革。

近些年来，国内水务管理体制改革取得重要进展。根据水利部最新统计，至2009年6月，全国组建水务局和由水利局承担水务管理职能的县级以上行政区超过1532个，占县级以上行政区总数的62.9%。其中省级水务局3个，为北京市、上海市和重庆市；副省级水务局6个，为深圳市、武汉市、西安市、哈尔滨市、大连市和广州市，占全国副省级城市总数的40%；在全国31个省级行政区中，除西藏外的30个省、自治区、直辖市都开展了水务管理体制改革。

从发展趋势看，我国的水务一体化管理将分为两个层面：一是水资源行政管理机构对涉水行政事务的一体化管理，二是水务企事业单位对具体涉水事务的一体化管理。后者又可以分为水务事业单位对公益性涉水事务的一体化管理和水务企业对经营性涉水事务的一体化管理两方面。水行政管理部门主要通过宏观手段，对水务企事业单位进行行业管理。

鉴于水务一体化管理目标是通过对水资源的管理实行统一法规、统一政策、统一规划、统一调度、统一监测、统一治理、统一标准、统一制定水价、统一发放和吊销取水许可证、统一征收水资源费，建立补偿机制，即谁耗费水量谁补偿，谁污染水质谁补偿，谁破坏水生态环境谁补偿。同时，利用补偿机制建立恢复机制，即保证水量的供需平衡，保证水质达到需求标准，保证水环境与生态达到要求。其最终目的是达到以水资源的可持续利用，保障经济社会的可持续发展。因此，构建水务一体化水资源管理体系主要包括以下内容[201]。

1）建立水务的一体化管理体制

按照"一事一部"和"精简、统一、效能"的原则改革管理体制。把分属不同部门涉水事务管理职能和管理单位划归水行政主管部门。职能理顺后的水行政主管部门，可按现有的改革步骤，改水利厅（局）为水务厅（局），建立区域城乡水务一体化水资源管理体制。这样既可以解决目前极为迫切的城市水资源短缺问题，关系到未来扩大供水管网，又可以解决人

畜饮水问题及把城市和工业挤占的农业和生态用水置换出来，用于发展农业和改善生态环境。

2）转变职能，实现政、事、企分开

理顺管理体制后的水行政主管部门，不能再用原有的管理模式来管理涉水事务，不仅仅是管理职能的扩大，而是争取到涉水事务的行业管理职能。同时要转变政府职能，适应社会主义市场经济、行政改革的要求，按照政事、政企、政资分开的原则，开展水务系统机构改革，把水资源的权属管理与开发利用的具体涉水事务管理相分离，建立水务行政主管部门在宏观上对水资源的一体化管理体制和水务企事业单位在具体涉水事务一体化管理的管理体制，建立高效率的政府管理机制和市场化企业经营机制，完善水务一体化水资源管理体制。

水务行业是一种特殊行业，具有公益性和经营性的特征，在产业化的过程中，要根据具体的涉水事务的特征倾向程度确定相应管理单位的性质，实行区别产业化的道路。对于承担防洪、排涝等工程管理的纯公益性单位，定性为事业单位；承担防洪、排涝等工程管理的纯公益性任务，又有供水、水力发电等经营性功能的水利工程管理单位，称为准公益性水管理单位，依据其经营收益情况确定为事业或企业单位，其中确定为事业单位的要实行管养分离；承担供水、排水、治污及污水回用等水利工程管理单位，称为经营性水管理单位。定性为企业机构后，水务（厅）局的职能应切实转变到宏观调控、公共服务和行业监管（监督企业、事业单位运营）与国有资产监管方面来，强化在规划编制、政策制定、监督检查、组织协调等方面的职能。考虑到政府职能的转变，在行政机关机构改革时，应增设两个相互独立的行业管理机构和国有资产监管机构。行业管理机构要代表公众的利益进行行业监管。通过实施产业发展政策、制定行业规划、特许经营市场准入标准、行业竞争规则，对价格监审、成本核定、监督服务质量等进行宏观和间接行业监管。国有资产监管机构负责管理政府投资在水务

行业的国有资产和经营资产的人员。作为国有资产监管机构，在对待水务行业中的国有资产时不能有高的收益要求，甚至可以不要利益回报。随着市场化的深入和完善，政府资本要逐步从经营涉水事务中退出，而致力于非经营性资产的投入与管理，从而化解政府在角色上的两难。机构改革后，水务企业单位按市场规律运作，并按现代企业制度进行自身建设，发挥其在优化配置水资源和促进水资源的节约、保护、合理利用上的作用。

在水务企业化的进程中，应把一些经营活动联系紧密，易导致矛盾冲突的水务企业整体推向市场。也就是说，管理水源、供水、排水、治污及污水回用的企业应归属同一总公司管理。这种管理模式有利于增强企业的筹资能力，提升企业规模并充分发挥规模效益；有利于减少涉水事务管理的沟通成本，方便内部价格机制的确立；有利于企业通过成本倒推法来控制成本，从而提高经济效益，同时，也有利于涉水事务的统一规划，更有效地配置水资源。

机构改革后，事业单位按政府水务行政主管部门授权进行工作，并对政府宏观调控给予技术支撑。在事业单位改革中，一是明确划分水资源行政管理机构与下属的事业单位（防汛、抗旱等）的职责权限，提升水资源行政管理机构的行政管理地位，使其直接归于部门一把手管理，直接为领导决策服务；畅通其与事业单位的沟通渠道以及事业单位间的沟通渠道；强化水资源行政管理机构对各事业单位的组织、协调的权力与能力；强化水务局作为政府水行政主管部门在规划编制、政策制定、监督检查、组织协调等方面的职能。

3）健全和完善水资源管理法律法规体系及相关制度

要加强水资源立法工作。以新《水法》为母法，及时制定和完善配套法规体系。配套性规定要尽可能地细化和便于操作。完善制定水资源管理法，对水资源管理主体、执法主体及其机构设置、职责权限、管

理体制与机制等做出规定的，地方权力机关要制定相关法规对水务行政管理机构的机构设置、职责权限、管理体制与机制等做出规定；水务行业管理法律法规；国有资产监督管理的法律法规；为全面加强地下水可采总量控制管理的"地下水超采区管理办法"；为全面建立和完善水资源有偿使用制度的"水资源费征收管理办法"；为健全水资源保护机制的"排污口管理办法"，该"办法"不仅要对扩大入河排污口的进行审批，而且要对扩大排污量的进行审批；为促进节水的"节水用水管理办法"等。完善为实施水资源合理配置，建立区域水资源开发利用宏观控制手段的"建设项目水资源论证管理办法"及相关法规，执行该办法要把握论证的前提条件；为保护水体功能的"水功能区管理办法"；为合理利用水资源，促进节约用水的"取水许可管理办法"等法规，健全和完善水资源的宏观调控制度，节约用水制度，饮用水源保护区制度等。值得强调的是，在支持、激励应用科技成果进行水资源评价、开发、利用、保护、管理、节水、水污染防治、水环境改善、水资源综合利用等方面，应制定适当的制度和措施。例如，在节水方面可规定，每年用部分水资源费和超计划用水加价水费，建立"节水措施和科研基金"，用于扶持节水设施建设和节水新工艺、新设备的开发，滚动增殖，奖励和推广节水科研成果。

4）逐步建立良性的水资源管理机制

水资源管理机制改革的目标是逐步建立水价形成合理化、项目投资多元化、企业运行市场化、行业监督法制化的良性机制。

第一，水价改革要与水务企业化同步进行，建立合理的水价形成机制。水资源是带有社会公益性的自然资源，同时又是一种稀缺的经济资源和重要战略资源，优化配置水资源和建设节水型社会除采取宏观调控手段以外，还要采取经济手段，按照市场经济规律，通过水价杠杆调节水资源的供求关系，引导人们自觉调整用水数量、用水结构并引导产业结构调整，实现

在全社会优化配置水资源和建设节水型社会的目的。价格是稀缺性资源优化配置的调节杠杆。目前的水资源形势是资源短缺与使用的浪费并存，因此尽快建立合理的水价形成机制是优化配置水资源和节水的关键。水价格要从福利价格向市场价格转变，必须与水务企业化同步进行，才能逐步建立良性的水资源管理机制。

第二，要建立多元化的投（融）资机制。水务建设投资从单纯政府投资向投资主体多元化转变。一是充分发挥城乡涉水事务统一管理的体制优势，继续用好既有投资渠道。争取和依靠地方政府支持，协调环境保护行政主管部门、建设行政主管部门，对城市基础设施建设维护费中用于供、排水系统管网改造的维修费及城市新、改、扩建供水工程和污水处理工程建设的部分，国家、省、市级用于污染治理的专项资金，统一提出经费概算和资金使用计划，报同级人民政府计划主管部门安排。二是建立公共财政支付机制。为城乡居民提供安全保障、满足居民休闲观赏公益型的工程建设与管理的资金，要建立由政府公共财政正常出资的支付机制。三是建立多元化的投（融）资机制，通过资本市场，吸收民间资本和外资流入水务行业，重点鼓励和吸收社会资本与外资投向城市水源工程和净水厂、城市污水处理与回用设施的建设和运营。这主要依赖于有关部门的政策支持。

第三，要建立公众参与机制。涉水事务涉及建设、运营管理、水资源开发利用、节约、保护等各个方面，水务系统无法封闭独自完成，需要政府各部门、社会各界的共同努力，需要公众的支持、配合和监督。在国外这一机制大都已建立并发挥显著作用。

5）改变政府管理水资源的手段和方式

政府应当改变单纯用行政手段和微观管理的方式管理水资源，实现对水资源的宏观管理和利用法律、经济、行政手段管理水资源。要强化宏观指标的控制。例如，在水资源保护方面，对江河水量统一调度，增加生态用水比例；强化污染总量控制；实施排污许可证制度；改进水环境监测手段和方式，如对河流水质进行有效控制的重要手段，就是在河流的行政区划断面处设置水量、水质监测设备，这样才能严格分清污染责任，才能按"零污染"（上游不得对下游造成任何污染）的原则，对河流的污染实行有效防治；严格控制污染处理厂的污水处理指标，提高污水处理整体效果。

6）构建新型的水务科技创新体系

水务工作涉及供水、排水、水安全与水环境等方方面面。要做好水务工作必须加强科技创新，构建新型的水务科技创新体系，促进水务现代化建设。要应用新技术、新手段、新设备，建立水资源与水环境、供水系统与排水系统的实时监测系统，管理控制系统和信息反馈系统，提高科学决策水平；建设现代化的水务管理信息系统，不断学习应用水处理、给水、输水、排水的高新技术，提高水务服务水平。

7）营造水务一体化管理的良好氛围

水务工作服务范围广，涉及城乡管理的方方面面，做好水务工作必须按照"一龙管水，团结治水"的要求，主动加强与有关部门的协作，取得他们的理解、认同和支持，共同做好水务工作。例如，供排水工程及管网等水务设施是城市基础设施的重要组成部分，其建设规划应纳入城市总体规划，这不可避免地涉及建设主管部门，城市供水管网施工改造更离不开建设主管部门的支持；污水处理厂的布局和建设与水污染防治工作密切相关，必须协调好与环境保护主管部门的关系。此外，水务系统还要与国土资源和林业等部门保持良好的合作关系等。因此，水务部门要加强与方方面面的协调，为做好水务工作和水务管理体制良性运行创造良好的外部环境。

另外，要转变观念，改善水资源管理的社会环境。从水资源可持续利用的角度看，随着经济和社会的发展，要求人们对水的认识不断转变，在更高的层次推进水务事业的发展。这种转变包括两方面：一方面，作为社会公众，要从认为水是取之不尽、用之不竭的观念转变为认识到淡水资源是有限的；从人类向大自然无节制地索取转变为人与自然的和谐共处，实现社会的可持续发展；从灌溉土地转变为浇灌作物，积极发展有压灌溉，实施高效用水；从认为水是无价的观念转变为认识到水是一种商品；从随意取水转变到依法取水。另一方面，作为政府及其部门，不仅要有普通公众对水的认识，而且要有依法行政、依法管理水的意识，严格办事程序；从重点对水资源进行开发、利用、治理转变为在对水资源开发、利用、治理的同时，要特别强调水资源的配置、节约、保护，提高水资源的承载力；从重视水利工程建设转变到在重视工程建设的同时，要特别重视非工程措施，并强调科学管理；从以需定供转变为以供定需，按水资源状况确定国民经济发展布局和规划，在缺水城市要控制城市规模和人口，要以生态和水环境建设为主要目标，协调生产、生活和生态用水，达到水资源与社会经济、人口环境的协调发展；从对水量、水质、水能的分别管理，以及对水的供、用、排、回收再用过程的多家管理转变为对水资源的统一管理，进而实现一体化管理。

13.2 城市排水防涝的信息管理系统

城市排水防涝的信息管理可简单理解为信息化在城市排涝系统上的应用。建设城市排水防涝的信息管理系统的主要目的在于为确保城市防汛安全，提高应对城市暴雨内涝、防汛突发公共事件应急快速反应和处置的能力，减轻灾害损失，保障人民生命财产安全，营造良好的城市硬环境的迫切需要；它是构建"集中领导、统一指挥、结构完整、功能全面、反应灵敏、运转高效"的城市防涝应急调度与指挥决策体系的主要组成部分。

随着计算机网络及相关技术的发展，数字化城市构想正在逐渐变为现实。遥感、遥测、数据库、地理信息系统（GIS）、全球定位系统（GPS）、互联网（Internet）、仿真与虚拟技术等现代科技的综合集成

和应用，对城市的排水防涝等基础设施、功能机制进行信息自动采集、动态监测管理和辅助决策服务提供了高效、高质、便捷的技术支撑。及时的信息获取，畅通的传输渠道，全面直观的现实模拟，消除了有关城市排涝所需信息传递的时空阻碍；为突发强降雨气象环境下，城市排涝的应急调度和决策指挥提供了充分的实时数据和海量可参照的依据性数据，也为城市排涝基础设施建设提供了决策依据，而且有助于城市排涝设施的日常运行维护、行业管理模式的改变、服务质量的提高及运营成本的降低。

针对目前城市的排水防涝体系主要由水系（湖泊、内河明渠等）、排水管网、排涝泵站以及管理机构4部分组成，其信息化管理系统应是涵盖城市排涝体系全部内容的综合信息化，还包含静态的属性数据和动态的运行数据的全面信息化。

13.2.1 城市水系信息化管理

城市的主要水系（河道、湖泊、明渠）是城市排水防涝"大"排水系统的主要组成部分，担负着主要的汇集、疏导雨水的功能。城市水系的信息化内容主要由建立包含水系属性档案的数据库，实现节制闸等调控涵闸的信息化，实现关键节点的实时水位远程监测3方面组成。其中，水系的信息档案包括承担城市防涝功能的各条河道、湖泊、明渠的地理空间、汇水能力、过水断面、影响流域、水利工程建设和清淤工程档案等数据信息内容。随着城市化进程的不断发展，水系的状态也不可避免地发生着变迁。调阅、查询这些档案信息可以方便地了解城市排涝体系中这一部分的演变过程，同时也有助于对相关工程进行评价、分析与决策。

节制闸等调控涵闸的信息化，一方面应包括每座涵闸的地理空间信息、工程档案、维护检修记录和备品备件管理等档案信息；另一方面也应包括每座涵闸的上、下游水位，闸门开启高度，过闸流量，时段水

量以及闸门、启闭机运行和保护状态等信息的采集和
远传以实现现场和远程控制。

关键节点的实时水位远程监测主要应考虑两方面
问题：一是要选择不受自然界温度、风速影响且精度
较高的水位检测设备，二是要统一将绝对高程正负零
点设定为水位（包括涵闸上、下游水位）监测设备的
标定零点。另外，对于就近取电困难的监测点，还可
以考虑太阳能和风能供电。

目前，GPRS无线通信技术已经非常成熟。由于
涵闸信息化以及远程水位监测所需要传递的信息量较
少，现有的GPRS通信技术完全能够满足其要求，费
用也不高，因此，这部分的信息传递媒介可以考虑
GPRS无线通信网络。对于需要视频监控的场所，如
果有线通信困难，视频信息传递媒介可以考虑成本相
对较高的3G无线通信网络。当然，无论GPRS无线通
信，还是3G无线通信，都需要在数据中心运行相应
的服务器软件[202]。

13.2.2　城市排水管网信息化管理

13.2.2.1　主要功能

城市排水管网是城市排涝系统的血管，是城市排
涝、防洪、水污染防治的骨干工程。对城市排水设施
进行监测管理是保障城市排水系统正常维护和安全运
行的必要和有效手段。而城市排水管网的信息化和数
据化不仅可以为城市截污纳管工作提供科学的决策依
据，而且为市政排水监管工作提供了稳定和强大的信
息平台与有力工具。同时城市地下管网信息平台的建
设，可为城市应急指挥、抢险系统提供基础数据支撑
和准确的数据依据，提高决策的科学性和高效性。

2013年，住房和城乡建设部再次明确提出了要加
强市政公用设施建设和运行管理，重点抓好城市排水
防涝、加强城市地下管线综合管理工作，推动了数字
化城市管理平台向地下排水管线领域的延伸。我国排
水管网系统的信息化建设在经历了传统的手工管理和

计算机管理等方式后，综合利用计算机技术、数据库
技术和GIS技术等建立的排水管网管理信息系统，成
为管理地下管线信息的主流工具，在市政部门日常的
排水管线的高效管理、巡查养护、辅助决策、事故应
急和模拟预测等方面发挥着不可替代的重要作用。

1. 高效的数据管理

排水管网管理信息系统是一个包含海量数据的复
杂系统，不仅包括管网数据，还集成了不同来源、不
同数据格式和不同空间尺度的基础地理信息数据，如
地形数据、航空影像、DEM等。通过多种数据的叠
加和可视化显示，可以更加直观地了解排水管网周边
的交通、居民区、水系、植被和地形等分布情况。随
着三维仿真技术和虚拟现实技术的日渐成熟，对管线
点、管线线数据进行自动三维建模并叠加道路、建筑
物等三维模型，实现管线数据任意角度的三维浏览，
还原管网地上和地下的三维立体场景，真实地感受排
水管网之间以及管网与周边地物的空间位置关系。

2. 提升维护水平

排水管理部门需要定期对辖区内的管网及相关设
施进行巡查，及时发现和清除管网中的"病患"，保
障城市的排水安全。随着智能终端和移动网络的普
及，结合GIS、GPS和GPRS/CDMA等先进技术的手
持移动设备成为排水管网巡检、养护的重要工具。通
过自动化监管实现了巡检养护工作的高效执行，降低
了管网养护的成本，提高了人员对紧急事件的响应速
度，保障了管网的安全高效运行。

3. 辅助决策分析

GIS强大的空间分析功能完全依赖于地理空间数
据库，排水管网完整的数据体系为查询分析、缓冲区
分析、拓扑分析提供了强大的支撑，通过深层次的信
息挖掘，解决用户关心的涉及地理空间的实际问题，
为排水管线规划、城市建设、防灾减灾等提供辅助决
策分析的合理性建议数据。

4. 提高应急处置能力

城市排水管网承担着收集输送污水和天然降水的

功能，排水管理信息系统能够充分整合现有的数据资源、硬件网络资源，实现资源的高效节约。以在线监测数据、管网空间数据为基础，充分利用管网水力计算模型及其他有关模型，结合GIS的数据管理和空间分析能力，对管网的运行状况进行分析评估，为管网的日常维护提供数据支持。当流量、流速、液位或压力等运行参数出现异常甚至超出警戒值时，市政管理人员可快速反应、快速诊断、快速行动，提高对管网突发紧急事件的处理能力。目前，国内部分城市仍采用传统手段对中水站、排水泵站、排水管线进行监控管理，无法全面实现对排水管网信息的实时采集和动态监控。物联网技术的发展将为解决排水管网缺乏全面、动态、实时的运行状态信息提供重要的监测和传输手段[203]。充分利用各种传感器设备、无线通信、GIS和数学模型分析等技术，实现对排水管网的动态感知，是未来排水管网系统科学化管理的重要发展方向。

5. 排水模拟与灾害预测

城市下垫面的非渗透面积随着城市建设的飞速发展急剧增加，城市内涝等事故频繁发生，给城市排水系统提出了严峻考验。排水管网系统在排水模型的支持下，结合现状地形数据，通过分析排水管线重要数据（水深、流速、流量、降雨量、径流量等）和管线数据中的每个要素（节点、管线和汇水区），科学计算并模拟城市地下排水管线的实际运行情况。排水模型的强大功能还在于通过模拟一定降雨条件下城市排水的演进情况，发现排水的薄弱点和可能溢水的检查井，预测将会出现积水或发生洪灾的地点，甚至积水开始时间和积水退去时间等，为各级领导制定减灾决策、快速开展抢险工作提供依据和参考，为市民合理防御暴雨灾害争取宝贵的时间[204]。

13.2.2.2 系统组成

排水管网信息化管理的主要内容包括：建立管网地理信息系统，建立污水处理厂的自动化控制系统，建立计算机辅助调度系统，建立大流量污水排放用户收费计算机系统，建立客户服务系统，建立管网数学模型系统，建立公司管理信息系统，建立企业网络系统，建立计算机辅助决策系统等。其核心内容主要分为3个模块，即城市排水管网GIS系统、城市排水网络监测系统、管网计算机数学模型。其中，排水管网数据是建立排水管网信息管理系统的基础和关键。排水管网地理信息系统（GIS）和排水在线监测系统（SCADA）是获取排水管网数据的最佳途径，也是排水管网模型的数据支持系统。排水GIS提供城市排水管网系统如何存在的静态数据；排水SCADA则告诉我们城市排水管网系统如何运行的动态数据（图13-1）[205]。

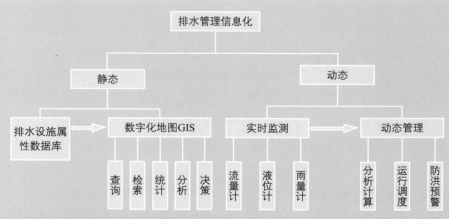

图13-1 排水管网信息化管理数据结构分析[205]

1. 排水管网GIS

地理信息管理系统是集计算机科学、地理学、测绘遥感学、环境科学、城市科学、空间科学和管理科学等相关学科为一体的新兴边缘学科。在排水系统中应用的主要目的是把城市的地理位置与排水设施结合在一起，用于设施的档案管理和辅助调度，取代以图纸为主的传统排水图形管理模式。

GIS由三大部分组成，即工作平台、图形数据库和检索查询系统。工作平台现在一般是采用中文Windows系统。图形数据库，现在有多家GIS软件公司提供多种版本，如MapInfo、ArclInfo、AutoCAD Map等。检索查询系统是其核心，不但能够更新系统，还可以对某一位置进行图形的详细查询。

GIS将计算机技术和空间地理分布数据相结合，通过空间数据的操作与空间模型分析，为管理者和决策者提供信息和数据依据。排水管网地理信息系统记录了排水系统中所有的排水设施信息，包括图形数据和属性数据，利用GIS强大的空间数据管理功能，为排水管网的优化设计、改造、运行管理等提供先进手段。此外，GIS的空间分析、网络分析功能还可用于排水管道的施工、维护和事故抢修决策等方面，因此建立GIS是构造城市排水管网模型和进行优化运行管理的基础工作，可以极大地提高排水管理的工作效率[206]。

2. 城市排水监测网络系统

SCADA（Supervisory Control and Data Acquisition Systems，监控和数据采集系统）又称四遥，指遥测（tele metering）、遥控（tele control）、遥讯（tele singal）、遥调（tele adjusting）技术，在排水系统调度中得到了广泛应用。它主要用于监督排水系统，对数据进行实时采集和分析，动态掌握整个排水系统的实际运行情况，为自动控制、运行管理提供有效的实时资料和决策依据[207]。

3. 排水管网计算模型

城市排水系统是指城市雨污水的收集、输送、处理、利用，以及排放等设施组合成的总体。它由3个相互联系的子部分组成，即收集系统、处理设施和受纳水体。由于城市排水过程和管理的复杂性，从保护环境、节约投资和提高管理效率方面来看，都需要应用先进的信息化分析方法和工具来进行城市排水系统的规划、设计、建设和运行管理，需要应用计算机模型。城市排水的计算机模型主要包括降雨径流模型、排水管道水力水质输送模型、受纳水体的水质保护模型。

13.2.3　排水泵站信息化管理

排水泵站负责雨季汛期降雨径流的抽排，是城市排涝体系的核心资产和防洪排涝安全保障体系的重要组成部分。加强城市排水泵站信息化建设，对于提高城市排水防涝的应急现场调度能力，最大限度地发挥现有泵站的抽排能力有着重要的意义。城市排水泵站信息化主要是对泵站设施（设备）信息的采集、传输和开发利用，是建立在泵站自动化基础上的信息化。其采集的信息不仅包含泵站规模、地理空间信息等静态信息，还包括设备运行状态、实时水位等动态信息以及设施管理信息。

其中，排水泵站的静态信息主要包括泵站占地面积、建设概况、工程图纸、前池汇水面积、装机容量和流量、地理空间信息、养护（改造）记录以及管辖排水范围等。静态信息是排水泵站的基本档案，也是管理决策的基础数据。动态信息包括：供配电系统、泵机、格栅等附属设备的运行状态和工况等实时参数，泵站内关键部位（如前池）的水位信息以及设备运行记录等。动态数据的监控不仅为应急调度提供决策依据，同时也为设备的养护、检修提供数据参照[208]。设施管理信息包括主要电气、机械（包括液压）设备的品牌、型号、出厂参数、投入使用年代以及维修养护记录等档案信息，设备易损件的名称、型号、保有量以及使用情况等信息，安防、门禁系统的实时及历史状态信息，视频监控系统的监控及记录的图像信息等。泵站的静态信息、动态信息以及设施管理信息通过网络传输到信息中心并存储，信息中心服务器将对这些数据进行统计分析和开发利用。通过构建泵站信息综合管理系统，不仅能对设备故障进行远程诊断、排查，而且也使工程师通过视频远程指挥现场人员检修、排除故障成为可能。

13.2.4 管理机构信息化管理

管理机构的信息化包括两个方面：①城市排涝设施系统本身的信息化应用，有助于提高行业管理水平和服务水平，提高工作效率，降低成本，真正构建"集中领导、统一指挥、结构完整、功能全面、反应灵敏、运转高效"的城市排涝应急调度与管理决策体系。②对公众开放与共享城市排涝设施相关的信息，使之不仅能为百姓提供优质的公共服务，而且还能通过标准化数据接口，与城市其他信息化平台进行数据交互，实现数据共享，提高工作效率。

城市排涝行业管理机构的信息化建设内容主要包含一个总的城市排涝综合管理平台，下设排涝设施管理平台、城市排涝指挥调度平台、远程监控管理平台3个管理应用子平台，再分为12个业务应用系统（图13-2）。所有的数据信息建立在基础地形、排涝设施空间数据库和排涝设施属性数据、监测数据、养护数据库两类数据库所构建的GIS平台上。

12个业务子系统中涉及的设备故障、水位超限和安防门禁报警等非正常状态报警信息，可通过综合管理应用平台根据报警内容及时选择性地分发到管理人员、工程师或者技术员的手机、PDA（Personal Digital Assistant）等设备中，同时启动后台的事件处理程序，对事件处理的过程进行全程跟踪、监督和管理。

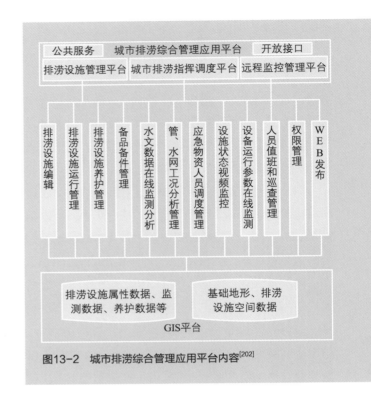

图13-2 城市排涝综合管理应用平台内容[202]

13.3 城市内涝灾害的应急管理

随着城市化进程的发展，暴雨内涝对城市的压力日趋严峻，我国大城市暴雨内涝事件频繁发生，已成为人们普遍关注的热点问题。相对于城市外洪较为完备的风险应急管理体制、预案、法规而言，城市暴雨内涝的应急管理体系尚不完善，相关的内涝灾害应急预案、应急机制、应急体制和法制建设尚不健全，需要社会、政府以及全民的共同努力来不断完善，逐步提高城市应对内涝灾害的防范、抢险、保障以及灾后重建的综合能力和效率。

13.3.1 城市内涝应急管理的相关理论

城市内涝属突发性自然灾害的范畴，由暴雨、台风等极端天气而引起城市内涝，能导致城市建筑的淹没、交通枢纽的瘫痪，甚至还会造成整个经济和社会生活的停滞。其主要特点表现为：存在发生的必然性，我国城市内涝的发生与城市化建设的发展背景存在一定的必然联系；在我国的不同地区存在时间和空间上的普遍性；由于暴雨天气的随机性使得城市内涝具有随机性和不规则的周期性；通过对不同地区内涝发生的主、客观原因的分析，逐渐认识到内涝灾害具有一定的预防性和可控性。

13.3.1.1　自然灾害应急管理的内涵

应急管理最早产生于军事和国家安全领域，随着经济、社会的不断发展，逐渐增多的突发事件威胁着社会的繁荣稳定，将突发事件作为管理对象开始成为一个备受政府关注的热点。2006年1月8日发布并实施的《国家突发公共事件总体应急预案》中，根据突发公共事件的发生过程、性质和机理，可以分为四大类，分别为自然灾害、事故灾难、公共卫生事件和社会安全事件。

自然灾害应急管理是指政府等社会组织在应对突发自然灾害的整个过程中，通过建立必要的应急体系以及管理体制和机制，采取一系列必要措施，防范和降低自然灾害所带来的人民生命财产损失，恢复社会运行秩序，促进社会和谐健康发展的相关活动。根据自然灾害的发生发展特征和自然灾害应急管理的目的，从全过程角度，将自然灾害应急管理划分为预防与应急准备、监测与预警、应急处置与救援管理以及灾后恢复与重建4个阶段方面的工作。

1）预防与应急准备

自然灾害应急管理的预防与应急准备，主要是指在自然灾害未发生时和灾害发生前所做的一切防范与准备工作，为下一步灾害应急响应、应急处置、应急保障工作的前期准备，旨在尽可能降低灾害的损失。主要包括：应急管理组织与相关制度（管理体制、机制和法律制度以及预案等），应急队伍、物资装备、资金、工程和技术等保障，以及应急演练和应急知识的宣传、教育和普及等工作。

2）监测、预报和预留

监测就是由专业和群众性的自然灾害监测台网和监测体系监视成灾预兆，测量变异参数，以及灾害发生后对灾情进行监视和评估等。预报分为长期、中期和短期预报及临灾预报。通过对自然灾害的监测提供数据和信息，进行示警和预报，是自然灾害管理工作的前期准备和灾害发生后进行再应对和管理的科学依据。科学的监测、预报和预警机制是开展应急管理、最大限度地减轻自然灾害所带来危害的重要前提。

3）应急响应、处置与救援

应急响应、处置与救援是指各种应急资源在灾害发生、预警发布或预案启动后，迅速进入各自应急工作状态，并按应急管理指挥机构的部署和指令安排迅速开展应急处置和救援活动，消除、减少事故危害，防止事故扩大或恶化，最大限度地降低事故造成的损失或危害，直至应急响应结束。按过程可分为接警与响应级别确定、应急启动、开展救援行动、应急恢复和应急结束等过程。

应急响应、处置与救援是自然灾害应急管理最核心的环节，是一系列极为复杂的、社会性的、半军事化的紧急行为。应急响应、处置与救援同时又是一个高速运转的复杂动态巨系统。在这一系统中，各要素、子系统均围绕着找寻和抢救人民生命、财产以及工程和次生灾情的抢险而展开工作。其运行流程如图13-3所示[209]。

4）灾后恢复与重建

灾后恢复与重建的主要工作是迅速恢复社会生活秩序、恢复经济生产，破旧立新、重建家园，实现由"战时"向"平时"的转化。在灾后恢复与重建的过程中，资金和政策支持极为重要。此外，在自然灾害应急处置结束或者恢复重建工作基本结束之后，还需对本次自然灾害的发生发展情况和应急管理情况做认真的总结，为健全应急体系，提高应急管理能力，防范未来发生自然灾害起重要的支撑作用。

13.3.1.2　自然灾害应急预案

应急预案又称应急计划，是针对可能的突发事件，为保证迅速、有序、有效地开展应急与救援行

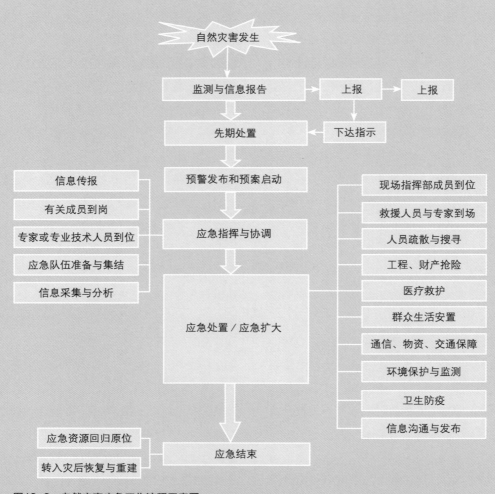

图13-3 自然灾害应急工作流程示意图

动、降低事故损失而预先制订的有关计划或方案，包括以下几个方面。

总则——说明编制预案的目的、工作原则、编制依据、适用范围等。

组织指挥体系及职责——以突发事故应急响应全过程为主线，以应急准备及保障机构为支线，明确各组织机构的职责、权利和义务。

预警和预防机制——包括信息监测与报告，预警预防行动，预警支持系统，预警级别及发布（一般分为四级预警）。

应急响应——包括分级响应程序（原则上按一般、较大、重大、特别重大四级启动相应程序），信息共享与处理，通信，指挥和协调，紧急处置，应急人员的安全防护，群众的安全防护，社会力量动员与参与，事故调查分析、检测与后果评估，新闻报道，应急结束12个要素。

后期处置——包括善后处置、社会救助、保险、事故调查报告和经验教训总结及改进建议。

保障措施——包括通信与信息保障，应急支援与装备保障，技术储备与保障监督检查等。

13.3.1.3　自然灾害应急管理体制

自然灾害应急管理体制是指为应对自然灾害而确立起来的组织管理体系及相关主体在权责关系上的体现。我国实行的是以统一领导、综合协调、分类管理、分级负责、属地管理为主的自然灾害应急管理的基本体制（表13-3、图13-4）。在国家灾害管理过程中，中央从统揽全局的角度总体指挥，地方各级党委和政府统一领导，各有关职能部门分工负责，强调地方灾害管理主体责任的落实。实行各级党委和政府统一领导的灾害管理体制，充分发挥我国的政治和组织优势，明确各级党政领导的责任，最有效地全面协调辖区内的各种救灾力量和资源，形成救灾的合力。

我国自然灾害管理部门分工[209]　　　　　　　　　　　　　　　　　　表13-3

主要灾害	专业管理部门	综合协调管理与灾害救助管理部门
雨、雪、风、雹、温度等气象灾害	中国气象局	国务院应急办国家减灾委民政部等
旱、洪、涝等水旱灾害	水利部（国家防汛抗旱指挥部）	
农业病、虫、鼠等农渔物业灾害	农业部	
林业病、虫、鼠、火等农业灾害	林业部（国家森林防火指挥部）	
风暴湖、海啸、海浪、海冰、赤潮等海洋灾害	国家海洋局	
滑坡、泥石流、崩塌等地质灾害	国土资源部	
地震、火山等深层地质灾害	国家地震局（国务院抗震救灾指挥部）	

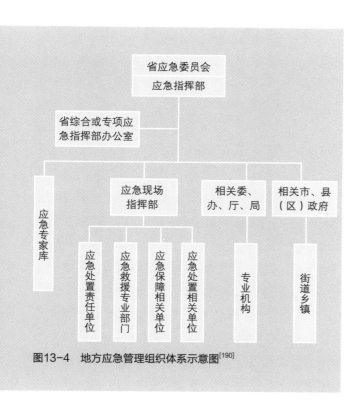

图13-4　地方应急管理组织体系示意图[190]

13.3.1.4　自然灾害应急管理机制

自然灾害应急管理的运行机制是其管理体制的延伸；建立灾害管理应急机制是自然灾害应急管理的重要内容，也是减少灾害损失，提高应急能力的重要保证。应急管理机制可以界定为突发事件预防与应急准备、监测与预警、应急处置与救援以及善后恢复与重建等全过程中各种制度化、程序化的应急管理方法与措施。从内涵看，应急管理机制是一组以相关法律、法规和部门规章等为基础的政府应急管理工作流程；从外在形式看，应急管理机制体现了政府应急管理的各项具体职能；从功能作用看，应急管理机制侧重在突发事件防范、处置和善后处理的整个过程中，各部门和单位如何通过科学地组织和协调各方面的资源与能力，以更好地防范与应对突发事件。总的来看，应急管理机制以应急管理全过程为主线，涵盖事前、事发、事中和事后各个时间段，包括预防与应急准备、监测与预警、应急处置与救援、善后恢复与重建等多个环节。2006年7月,《国务院关于全面加强应急管理工作的意见》指出,要"构建统一指挥、反应灵敏、协调有序、运转高效的应急管理机制"。应急管理机制建设的目的,是实现从突发事件预防、处置到善后的全过程规范化流程管理。根据国家《突发事件应对法》的相关规定,结合应急管理工作流程,可把我国应急管理机制分成如九大部分:预防与应急准备机制,监测与预警机制,信息报告与通报机制,应急指挥协调机制,信息发布与舆论引导机制,社会动员机制,善后恢复与重建机制,调查评估和学习机制,应急保障机制。

13.3.1.5 自然灾害应急管理法制

"依法治国"是我国的基本治国方略,灾害应急也应如此。自然灾害应急管理的法制建设确保自然灾害应急管理工作依法行政,使自然灾害的各项应急工作逐步走向规范化、制度化、法制化轨道。其中,自然灾害应急法律制度是自然灾害应急管理法制建设的首要和根本环节。应急法律制度,是指国家针对各种自然灾害及其引起的紧急情况,制定有关防灾、减火、救灾和灾后重建等法律规范和原则的总称。

13.3.2 城市内涝应急管理的现状分析

13.3.2.1 城市内涝应急管理的现状

我国应急管理体制以统一领导、综合协调、分类管理、分级负责、属地管理为主要原则。绝大多数的省市均成立应急领导管理机构和应急管理办事机构,并编制总体应急预案。初步形成了以中央政府领导、有关部门和地方各级政府各负其责、社会组织和群众广泛参与的应急管理体制。机构设置包括中央级的非常设应急指挥机构和常设办事机构,以及地方政府对应的各级应急指挥机构;并根据实际需要,设立相关突发公共事件应急指挥机构,组织、协调、指挥突发公共事件应对工作;建立志愿者制度,有序组织各类

社会组织和人民群众参与到应急管理中去[210]。2007年11月1日起我国正式实施第一部应急管理领域的基本法——《中华人民共和国突发公共事件应对法》。目前,我国关于规定城市洪涝灾害应急管理的主要法律有《中华人民共和国防洪法》和《中华人民共和国防汛条例》。中央和地方财政不断加大对城市洪涝灾害应急管理的投入,加强应急物资储备及应急队伍装备,不断提高城市洪涝灾害的监测和预警能力。在城市洪涝灾害中形成了以公安、武警、军队等为重点,防汛专业队伍为基本力量,以企事业单位专(兼)职队伍、应急志愿者为辅助力量的应急队伍体系。总之,目前我国城市洪涝灾害应急管理是在政府主导下,以政府投入、政府动员、政府立法、政府建设为主要手段,严格遵循自上而下层级式体制的管理运作方式。

13.3.2.2 城市内涝应急管理的关键环节

1. 分级预警

完善的预警机制是应急管理工作的前提、基础和关键性环节,完善的预警预测直接关系到政府能否成功做好应对自然灾害的准备,能否在灾害发生后迅速缓释灾情、展开救助。随着城市内涝的数值模拟和GIS技术相结合用于城市暴雨内涝研究工作的开展,许多城市推出城市暴雨内涝预警系统,最主要分为两类:一是由防汛部门研发的城市防汛指挥决策系统或防汛风险信息系统,二是由气象部门研发的暴雨内涝仿真系统。对于前一类产品,具有代表性的是上海市防汛风险信息系统。即当暴雨产生后,才能根据雨情来做出暴雨与洪水预测,而不如气象部门根据自动监测站、新一代天气雷达和天气分析提前3h做出暴雨与洪水预测,使各部门能提早采取应对措施。而对于第二类产品,具有代表性的是天津市城区内涝仿真系统。该系统实现了城市暴雨内涝的地面积水与城市下水管道的仿真模拟,并且通过将气象雨量信息和天气预报信息代入数值模拟仿真模型,使该系统具备了一定的内涝动态监测与预测能力[211]。

气象部门发布暴雨预警信号后，防汛部门便下达指令要求各成员单位启动相应级别的应急预案。然而，根据城市内涝影响因素的分析可知，城市内涝的形成并不只决定于暴雨级别的大小，而是多种复杂因素综合作用的结果。从这种意义上说，暴雨预警信号仅是防汛部门决策时可以利用的间接信息，而城市内涝预警才是最为直接的，有了城市内涝预警信号，防汛部门就能据此直接进行决策。因此，对城市内涝进行分类分级十分有必要。根据气象部门的暴雨预警信息，暴雨预警信号级别可以按以下方式确定[212]。

（1）Ⅲ级预警（俗称黄色信号）。它的含义是指，预警信号发布之后的6h内，本地将有可能出现暴雨，或者可能出现持续降水。

（2）Ⅱ级预警（俗称橙色信号）：它的含义是指，从预警信号发布时算起，其过去的3h内，本地降雨量已达50mm以上，且本地雨势可能持续。

（3）Ⅰ级预警（俗称红色信号）：它的含义是指，从预警信号发布时算起，其过去的3h内，本地降雨量已达100 mm以上，且雨势可能持续。

对于暴雨预警信号的发布，各地通常有较为详细的规定。以广州市为例，根据《广州市突发气象灾害预警信号发布细则》（穗气台［2006］1号）关于暴雨预警信号的发布规定，暴雨预警信号含义及发布后的确认时间如表13-4所示。

暴雨预警信号含义及发布后的确认时间　　　　　　　　　　　表13-4

信号名称	信号符号	信号含义	确认时间
暴雨黄色预警信号	黄 YELLOW	6h内本地将可能有暴雨出现，或者强降水将可能持续	必须至少每1h确认一次预警信号是否要改变（不变、改发、解除。不变情况下只需内部确认，下同）
暴雨橙色预警信号	橙 ORANGE	在过去的3h，本地降雨量已达50mm以上，且雨势可能持续	必须至少每30min确认一次预警信号是否是要改变
暴雨红色预警信号	红 RED	在过去的3h，本地降雨量已达100mm以上，且降雨可能持续	必须至少每30min确认一次预警信号是否要改变

城市内涝的分级目前还处于起步阶段，随着信息技术的飞速发展，内涝积水深度的现场数据已完全可通过视频设备实时获取，可以直观地通过这些实时数据确定内涝的等级。城市内涝等级的划分与积水深度的计算方法并无直接关系，而仅与内涝积水深度的具体数值，以及该深度的内涝可能造成的危害程度直接相关。内涝是否发生，不仅要看积水深度这一个指标，还要看积水的影响范围（即积水区域的面积），以及积水的历时。综合这3个指标来定义内涝更加准确且符合实际。目前，很多城市都对历年内涝水浸点进行了统计，得出市区的易涝点。有了易涝点的统计

数据，则可用一定百分比的水浸点达到某种积水深度为划分标准对内涝进行分级，此处将内涝分为3个等级，如表13-5所示。

有了城市内涝的分级方案，当内涝灾害发生时，就可根据现场实时观测到的数据判断内涝所处的级别，便是城市内涝的动态分级。从以往暴雨预警的基础上升级到内涝预警，将为防汛部门进行应急决策提供更为全面而直接的预警信息。

2. 信息共享

城市内涝不是单一部门能够处理的，需要多部门协同配合，这就需要关键信息在不同部门之间能

城市内涝等级划分 表13-5

内涝级别	含 义	危害程度及防范措施
Ⅲ级	30%水浸点的积水深度达到15~30cm	轻度内涝，不会造成严重后果，城市交通局部受阻，影响市民正常出行，此时应劝导行人不要涉水，原则上不要通行
Ⅱ级	30%水浸点的积水深度达到30~50cm	中度内涝，排水不畅地区内涝严重，城市交通大面积受阻，严重影响市民出行，应尽快采取措施减轻内涝，禁止行人进入严重内涝地区
Ⅰ级	30%水浸点的积水深度超过50cm	严重内涝，城市交通大面积瘫痪，严重影响城市运行，应全力以赴抗灾抢险，禁止行人和车辆通行

够进行共享。为了加强城市内涝监测预警，提升城市内涝风险防治能力，2015年6月，住房和城乡建设部办公厅、中国气象局办公室联合发布《关于加强城市内涝信息共享和预警信息发布工作的通知》，其要求，两部门将加强城市内涝信息共享，加强易涝点的实地调查和强降水的监测，动态更新城市暴雨内涝基础数据库，联合制作精细化城市内涝风险区划图；建立城市内涝风险预警联合会商制度，形成城市内涝风险预警联合会商意见；建立预警信息联合发布制度，充分利用国家突发事件预警信息发布系统、城市公共信息平台和各类信息传播渠道，基于联合会商意见，联合向相关部门、社会公众发布城市内涝预警信息。

3. 应急预案

城市内涝应急管理的第一个程序是灾前预防，灾前预防的重心是应急预案的制定与完善，一旦发生紧急的危机状况，要有多套准备的应对方案可供参考，决策者根据当时的实际情况选择合适的方案，并根据预案要求组织有关部门对危机进行处置应对。因此，预案必须要求具有可操作性、针对性和可行性。应急预案的完善与否在一定层面上严重影响应急管理活动的成败和效率。国内外的多次应急实践表明，应急预案是应急管理部门实施应急具体工作的有力"抓手"[213]。

目前国内的内涝应急预案在实施过程中存在执行力低，可操作性差，针对性和适用性不强，信息责任主体不明确，应急信息处置的职责任务界定不清晰等诸多问题。例如，在预案启动依据条件方面，仅仅是依据气象部门的暴雨预警信号：气象台发布黄色、橙色、红色预警，对应城市内涝应急处置启动三级、二级、一级预案。事实上，一个科学的应急处置预案，不能仅仅依托自然条件（而且还是受人为因素影响较大的自然现象特征，如暴雨量级的预警信号）来做出启动响应决策，而应更多地考虑事实中的人为可控和不可控因素。这是因为，城市内涝的布防和处置效果，很大程度上受抢险能力和排涝能力限制；同样的暴雨量级，在不同的排涝条件或不同的抢险条件区域，所带来的城市内涝的危害是不同的。

4. 应急联动

灾害应急的原则之一是"快速反应，协同应对"，应急抢险工作需要统一指挥和多个部门的配合，要求各部门和各政府能够密切合作，各司其职，对灾害信息共享、人员调配和救灾物资的发放统筹安排与协调。城市内涝不是单一部门能够处理的，需要多部门协同配合，城市内涝灾害发生后的应急是一个既系统又庞大的工程，一般由气象、水利、市政、城建、消防、医疗及物资储备中心等部门同时展开救援救灾工作，既涉及部门间的工作，也牵扯到上、下级之间的配合和合作。城市内涝发生后的各部门、上下级之间的协调和配合不力，各自为政，使应急行动步调不一致，往往会错过抢险救灾的最佳时机，大大降低城市救灾应急的效果，增大救灾的成本和损失[214]。

5. 公众教育

在城市内涝灾害发生时，考验的不仅是应急管理部门的应对处置能力，还包括社会公众的自救和救助能力。不确定性的城市内涝灾害给城市带来了巨大的生命和财产损失，除了自然灾害本身的破坏性以外，公众的防涝抗灾意识和应急能力的薄弱性在很大程度上加大了灾害程度。相关部门社会动员能力不足，公众参与意识不强，严重制约了城市整体应对能力的发挥。居民防灾警惕性不高，应对突发性洪涝灾害的意识淡薄，缺乏相应的防灾、避险、自救、互救知识与能力，不少市民因缺乏风险意识和安全逃生知识甚至失去了生命。

加强对公众的危机教育，传播危机知识，培养人们居安思危的忧患意识是我们在进行城市应急管理中必不可少的工作。政府要采用多种方式、方法，加强对社会公众预防、避险、自救、互救等城市防洪防涝知识的普及教育和演练，提高公众的危机意识。使大众了解危机发生的过程，掌握自我保护方法，增强危机应对能力，提高危机管理技能。在城市面临灾害时，强调"全政府、全社会"的共同参与，市民和各种社会组织、工商企业，虽然是政府危机管理的直接受众，但他们同时也是十分重要的管理主体或受灾主体，他们理所当然要参与到灾害管理的过程之中，与政府共同化解危机。因此，引入社会力量参与，既有利于塑造这些组织的应急管理文化，提高其自我救助能力，同时也在灾害预警、应对和处置、恢复等过程中提高政府的灾害管理能力。

13.3.3　城市内涝灾害应急管理体系

目前我国各地在应对和缓解城市内涝灾害的应急处理过程中逐步制定了相关的措施和预案。然而面对气候变化加剧、城市化进程加快的现实背景，城市涝灾的发生频率呈现出不断增多，其危害越来越严重的趋势，对我国内涝灾害的应急管理提出更

为严峻的挑战。要求我们进一步完善以"应急管理预案为前提，应急管理体制为基础，应急管理机制是关键，应急管理法制是保障"的"一案三制"的城市内涝灾害应急管理体系，针对城市内涝应急管理中的缺陷和存在的问题提出相应的处置方案，完善相关的工作流程和制度规范，逐步提高城市的内涝应急管理能力。

13.3.3.1　城市内涝应急管理体系的框架

我国的应急管理体系由应急管理的"一案三制"构成，即应急管理预案、应急管理体制、应急管理机制和应急管理法制[215]。"一案三制"是我国突发事件应急管理建设的基本框架，暴雨内涝作为一类突发的自然灾害事件，在构建其应急管理体系时，也应在"一案三制"的框架下进行。其应急管理体系的目标为统一指挥、分工协作、预防为主、科学决策、高效联动地处置暴雨内涝事件。这一目标要求各级政府防涝主管部门构建合理的组织体系，明确各相关单位的职责，制订完善的应急管理预案，采取科学的多主体决策方法，建立城市内涝应急管理中的各种有效机制和法律法规。

城市内涝的应急管理首先要从暴雨内涝这一管理客体出发，进行城市内涝的机理分析，揭示暴雨内涝的内在规律，然后对暴雨内涝进行分类分级，以便在城市内涝应急过程中选择相应级别的应急管理预案，并对其进行调整并最终形成处置方案。同时，由于城市内涝应急管理的参与者来自不同部门。他们之间的协调联动首先要通过构建合理的应急管理组织结构进行统一指挥，然后还需要相应的规章制度进行有效的实施保障。因此，城市内涝应急管理体系的核心内容由应急管理预案体系、应急管理组织体系、应急管理机制体系和应急管理法律法规体系4个子体系组成，整体框架如图13-5所示[216]。

在城市内涝应急管理体系的4个子体系中，应急管理预案是应急管理体系的龙头，是应急管理理念的载体，其内容包括了应急管理的组织体系和主

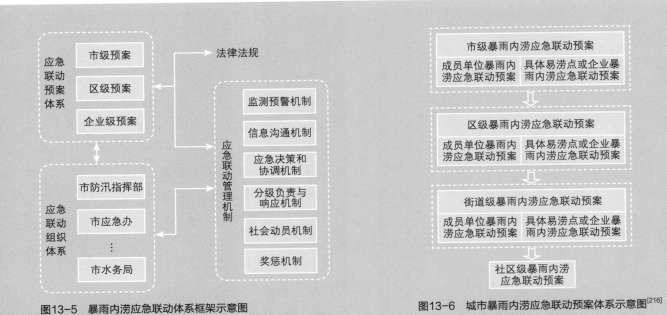

图13-5 暴雨内涝应急联动体系框架示意图

图13-6 城市暴雨内涝应急联动预案体系示意图[216]

要管理机制。应急管理组织体系是建立应急管理机制和应急管理预案的实施主体；城市内涝应急管理机制是应急管理体系的关键，一般包括暴雨内涝监测预警机制、信息沟通机制、应急决策和协调机制、分级负责与响应机制、社会动员机制、应急资源配置与征用机制、奖惩机制、政府与公众联动机制等。城市内涝应急管理法制是应急管理体系的实施保障，确保各项应急工作走向规范化、制度化、法制化的轨道。

13.3.3.2 城市内涝应急管理预案

城市内涝应急管理预案编制的目的是为了提高政府相关部门应急处置暴雨内涝的能力，最大限度地预防和减少暴雨内涝造成的灾害损失。在遇到或可能遭遇暴雨内涝时，多个部门可以应急联动起来，能够按照预案有计划地实施各项应急措施。城市内涝应急管理预案按照处置暴雨内涝事件的过程可分为5个主要方面，即方针与原则、总体策划、应急准备、应急响应和灾后恢复。具体内容包括暴雨内涝的预测与预警、城市内涝应急管理的职责分配、应急管理处置的

基本方案、应急管理资源和灾后恢复等。

建立城市内涝应急管理预案体系，需要分层次编写应急预案。所谓分层次，主要是指城市内涝应急管理系统的总目标预案包含各子系统分目标的预案，而子系统分目标的预案包含单元目标的预案。例如，城市内涝应急管理预案，可分为市级、区级、街道级和社区级4个层次。其中，对于前三者，又可分为管理成员单位的应急预案和具体易涝点的应急管理预案。所谓易涝点，是指通过历史统计，由于暴雨偏大、地势低洼且排水不畅而造成内涝发生几率较大的局部区域。在图13-6中，市级内涝应急管理预案为专项预案，而具体易涝点或企业的应急联动预案属现场预案，要求具有更强的可操作性，因此两者的内容一般存在较大差异。

13.3.3.3 城市内涝应急管理体制

我国部分城市基本完成了水务体制改革，成立市级水务局负责全市防洪、供水、排水等涉水管理，实现了水务的统一管理。市内各区相继成立了区水务局，负责排水设施建设和管理工作，城市的排水应急

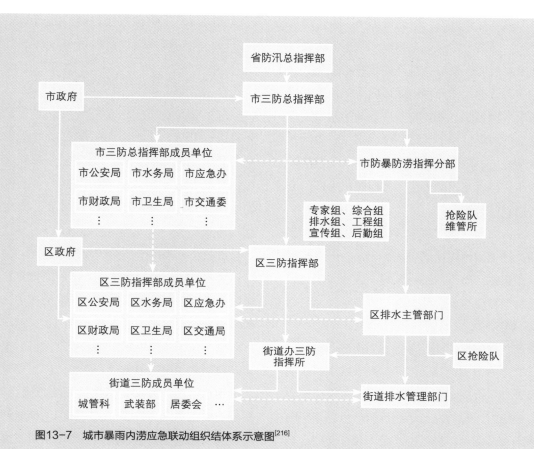

图13-7　城市暴雨内涝应急联动组织结体系示意图[216]

和防内涝工作由各区排水行政主管部门承担。在城市水务体制改革的基础上，构建城市内涝应急管理的组织体系应重点考虑如下要求：市、区两级部门排水设施统一管理；部门联动真正运转；街道、社区两级增设水务专职部门，明晰责任，明确分工，以便于城市排水管理协调统一调度。根据上述要求，可构建城市内涝应急管理组织体系，如图13-7所示。

　　在图13-7中，应急联动体系存在横向联动和纵向联动，体现了"条块结合，以块为主"的原则。横向联动，包括市级层面的横向联动、区级层面的横向联动，以及街道层面的横向联动，某一具体层面的横向联动主要是指该层面的防汛指挥部及其成员单位、防暴雨内涝指挥分部或排水主管部门等各单位之间的联动；纵向联动则是指市级、区级、街道等各层面相

应部门之间的联动，如在暴雨内涝灾害应急管理过程中，市防汛总指挥部、区防汛指挥部和街道防汛指挥所三者之间应该进行联动，相互协调，共享信息，共同应对暴雨内涝事件。

13.3.3.4　城市内涝应急管理机制

　　城市内涝应急管理机制是指突发事件预防与应急准备、监测与预警、应急处置与救援以及善后恢复和重建等全过程中各种制度化、程序化的应急管理方法与措施[217]。相应地，城市内涝应急管理机制可界定为：在特定城市内涝应急管理体制下，城市内涝应急管理各联动单位在暴雨内涝的监测与预警、应急响应与处置，以及善后处理等应急联动管理全过程中应采取的各种制度化、程序化的应急管理方法与措施，以使城市内涝应急管理体系有序运行，有效地控制住暴

雨内涝灾害。从不同角度看，对城市内涝应急管理机制有以下认识，即城市内涝应急管理机制是一组以相关法律、法规和部门规章等为基础的政府防汛及其他相关部门的应急管理工作流程；城市内涝应急管理机制侧重于暴雨内涝预防、处置和善后处理的整个过程中，各联动部门或单位如何通过科学地组织和协调各方面的资源和能力，以更好地防范和应对暴雨内涝事件；城市内涝应急管理机制体现了政府防汛等部门应急管理的各项具体职能。

总体而言，城市内涝应急管理机制以应急管理全过程为主线，涵盖暴雨内涝的事前、事发、事中和事后各个阶段，包括预防、监测与预警、应急响应与处置、善后恢复与重建等多个环节。

1. 预报预警机制

气象部门负责气象监测与报告。向市三防办报送当年汛期天气趋势预测情况；汛期每月报送上月天气情况及本月天气预报，重点是台风、暴雨等灾害性天气；预测有暴雨时，及时发布暴雨预警信号。市三防总指挥部组织市水务局、民防办、公安局、交委、城管委及各区（县级市）三防指挥部建立暴雨内涝监测网络，负责暴雨内涝的监测与报告工作。市三防办及时将监测和预警信息通报各区（县级市）三防指挥部与相关单位。暴雨内涝预警可以划分为Ⅲ级（较重）、Ⅱ级（严重）、Ⅰ级（特别严重）3个级别，依次用黄色、橙色和红色表示，暴雨内涝预警信息由市三防总指挥部负责发布。

每当暴雨袭来，市三防总指挥部领导坐镇指挥，及时组织各级排水部门、成员单位、镇村基层民众提前做好防御工作。市三防总指挥部密切监视暴雨动向，根据预测预报，提前会商，分析形势，研究对策，安排防御工作，牢牢掌握防汛主动权。三防部门、排水单位实施72h天气预报预警制度，及时发布雨情预报；汛期实行24h值班制度，提前一天发布24h暴雨预报，提前3h发布短时降水预警，并通过手机、电话、公共气象预警电子屏和电视台、电台、报纸等媒体及早将预报信息向各部门和广大市民进行发布，为防御暴雨内涝做好各项准备工作赢得宝贵时间。

2. 应急响应机制

与预警级别对应，暴雨内涝灾害应急响应划分为Ⅲ级、Ⅱ级、Ⅰ级。市三防总指挥部统一指挥开展应急响应的处置工作。每级应急响应行动包含本级以下所有级别应急响应的内容。当超出以上范围的险情出现时，市三防总指挥部通过市政府向上级部门请求支援。

市三防总指挥部适时启动预案，加强暴雨内涝防御。按照暴雨应急预案规定，适时指挥市三防各成员单位、各区主要领导迅速到位、靠前指挥；各区、县级市三防办及时组织区内排水部门、街道、社区，做好防御工作，各镇街组织群众互助防御。根据暴雨动态及时启动暴雨应急响应，派出三防工作督察组到受影响地区三防指挥部，督促检查防涝抢险救助工作，指导、检查各区、县级市三防部门的值守情况和应急抢险到位情况，督促各区、县级市认真贯彻落实市三防总指挥部的防御指示精神，把预案启动和暴雨预警延伸到街道、小区和千家万户。

3. 应急联动机制

加强部门联动，提高防御效果。市交警、环卫、交通、民防等成员单位按照城市防洪预案要求，积极开展交通疏导、垃圾清扫、地下空间、地质灾害等防御工作；电台、电视台等新闻媒体及时发布、滚动播放暴雨防御预警信息，提醒市民做好防御暴雨及其次生灾害的准备。排水部门与市三防办联动，及时掌握短时雨情预报情况；专职预报与全员雨情报告相结合，及时掌握即时雨情及内涝情况。建立信息共享机制，及时做好上下畅通的信息报送工作。

4. 应急救援机制

出现险情后，总指挥下令启动应急抢险预案，同时及时向有关领导汇报，需要时通报有关部门进行救援、抢险和处理。

5. 快速处置机制

接到应急抢险指令后，各实施小组立刻按照应急抢险预案进入工作状态，各司其职，做好救援、抢险和安全工作。抢险组要迅速进入指挥位置，同时立即向险情发生地派出现场应急处理队伍，迅速采取应急处理措施，有效控制险情；密切关注险情变化，根据险情变化情况采取相应措施；若险情扩大，应增派力量，或提高应急级别。

6. 善后处理机制

险情排除后，三防总指挥部总指挥下令结束应急抢险预案，各实施小组做好善后工作。启动应急响应的人民政府或部门宣布应急响应结束，并通过媒体向社会发布。响应结束后，各成员单位及各区（县级市）三防指挥部将应急响应情况书面报告市三防总指挥部；灾情核定报告书面报送市三防总指挥部。

13.3.3.5　城市内涝应急管理法制

城市内涝应急管理法规体系建设是城市应对暴雨事件的治本之策，是灾害应急的依据。通过立法来防范城市内涝是世界发达国家的通行做法。例如，对于城市内涝防范、治理措施以及问责手段等，美国1965年通过了《水资源规划法案》，1968年创立了全美洪水保险制度。德国的《城市内涝保险法》是一项重要防治城市涝灾的举措，不仅减轻了政府的防洪负担和压力，也培养了公民的防洪意识。日本的《下水道法》对下水道的排水能力和各项技术指标都有严格规定，对日本城市的防洪起到了重要作用。法国的《城市防洪法》对城市内涝预防、规划以及政府责任进行了详尽阐述，法国巴黎市的排水法律体系相当完善。1963年，英国通过了《水资源法》。国外很多国家把防范城市内涝上升到法律的高度。我国相关的法律及法规有《中华人民共和国突发事件应对法》、《中华人民共和国防洪法》、《中华人民共和国防汛条例》、《城镇排水与污水处理条例》等。

13.3.3.6　城市内涝应急管理体系的运行

城市内涝应急联动涉及多个部门，各自职责不尽相同，但最终目的是相同的，因此需要统一指挥，协同作战，这需要一定的运行机制来保障。

在暴雨内涝应急联动体系运行过程中，需要遵循"平战切换"原则[218][219]。当没有发生暴雨内涝，即应急管理体系处于平时运行状态时，此时的主要工作内容是一些基本的管理任务，涉及的联动部门相对少些，如气象部门主要是监控天气情况，当达到暴雨预警信号的发布条件时，要发出预警信号，排水设施管理中心等相关单位则要做好排水设施的日常管养工作等；当临近应急状态时，组织体系中的指挥决策部门（一般是防汛总指挥部）就应根据气象部门的暴雨预警级别选择相应级别的预案，指挥调度部门（如防暴雨内涝指挥分部）结合实际情况，根据现场观测到的积水深度等相关指标判断内涝的级别，在预案的基础上调整或提出应对方案，然后由执行部门（如排水中心）落实相应措施。随着暴雨内涝灾害的发生和发展，应急联动体系的运行状态应提高到相应的级别，在暴雨内涝应急联动管理过程中，需要根据已采取措施获得的效果和新获取的信息不断调整相应的应对方案，因此，暴雨内涝应急联动决策通常是分阶段进行的。

当已排除暴雨内涝，应急联动体系便恢复到平时状态，做好防汛物资的补充、防汛排涝设施维护，以及补偿、恢复总结等善后工作。城市内涝应急管理体系的运行逻辑图如图13-8所示。

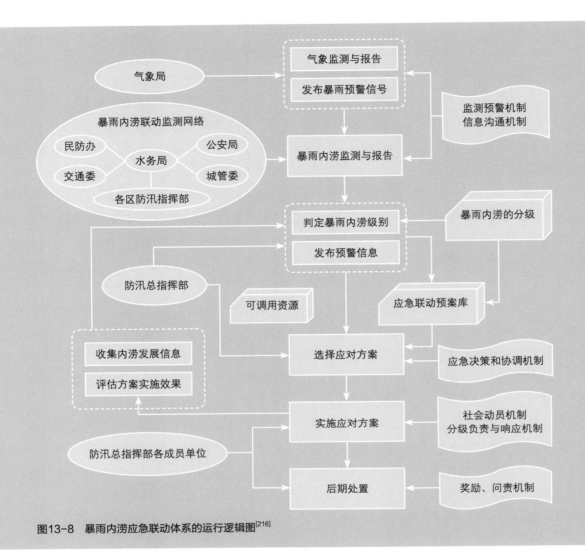

图13-8 暴雨内涝应急联动体系的运行逻辑图[216]

参考文献 II

［1］ 夏征农. 辞海·工程技术分册［M］. 上海：上海辞书出版社，1987：851.

［2］ 中国大百科全书总编辑委员会. 中国大百科全书水利［M］. 北京：中国大百科全书出版社，2002：32.

［3］ 张佰瑞. 城市化水平预测模型的比较研究·对我国2020年城市化水平的预测［J］. 理论界，2007（4）：48-51.

［4］ 任希岩，谢映霞，朱思诚，等. 在城市发展转型中重构：关于城市内涝防治问题的战略思考［J］. 城市发展研究，2012（6）：71-77.

［5］ 张辉，许新宜，张磊，等. 2000～2010年我国洪涝灾害损失综合评估及其成因分析［J］. 水利经济，2011（5）：5-9，71.

［6］ 唐建国，张悦. 德国排水管道设施近况介绍及我国排水管道建设管理应遵循的原则［J］. 给水排水，2015（5）：82-92.

［7］ 本刊编辑部. 世上最长下水道成巴黎人骄傲［J］. 中国勘察设计，2011（8）：15-17.

［8］ 刘昭成，曾凡勇. 浅谈国内外城市排水管网现状［EB/OL］. http://www.hunanwater.com/lwshow.asp?id=550.

［9］ 中华人民共和国国家统计局［DB/OL］http://data.stats.gov.cn/easyquery.htm?cn=C01.

［10］ 安关峰.《城镇排水管道检测与评估技术规程》（CJJ 181-2012）实施指南［M］. 北京：中国建筑工业出版社，2013：19.

［11］ 秦大河总主编；丁永建，穆穆副总主编；丁永建，穆穆，林而达主编. 中国气候与环境演变2012第2卷影响与脆弱性［M］. 北京：气象出版社，2012：63.

［12］ 管兆勇，任国玉. 中国区域极端天气气候事件变化研究［M］. 北京：气象出版社，2012：100.

［13］ 杨士弘. 城市生态环境学［M］. 北京：科学出版社，2003：35.

［14］ 谢映霞. 从城市内涝灾害频发看排水规划的发展趋势［J］. 城市规划，2013（2）：45-50.

［15］ 刘敏，权瑞松，许世远. 城市暴雨内涝灾害风险评估理论、方法与实践［M］. 北京：科学出版社，2012.

［16］ 仇保兴. 城市水系的保护与治理：在首届城市水景观建设和水环境治理国际研讨会上的演讲［J］. 城镇供水，2005（4）：4-8.

［17］ JG Lee, JP Heaney. Estimation of urban imperviousness and its impacts on storm water systems［J］. Journal of Water Resources Planning & Management, 2014, 129 (5): 419-426.

［18］ 陈利群，王召森，石炼. 暴雨内涝后城市排水规划管理的思考［J］. 给水排水，2011（10）：29-33.

［19］ 周玉文，余永琦，李阳，等. 城市雨水管网系统地面径流损失规律研究［J］. 沈阳建筑工程学院学报，1995（2）：133—137.

［20］ 王紫雯，程伟平. 城市水涝灾害的生态机理分析和思考-以杭州市为主要研究对象［J］. 浙江大学学报（工学版），2002（5）：112-117.

［21］ 叶斌，盛代林，门小瑜. 城市内涝的成因及其对策［J］. 水利经济，2010（4）：62-65.

［22］ 朱思诚，任希岩. 关于城市内涝问题的思考［J］. 行政管理改革，2011（11）：62-66.

［23］ 杜钧，Richard H. GRUMM，邓国. 预报异常极端高影响天气的"集合异常预报法"：以北京2012年7月21日特大暴雨为例［J］. 大气科学，2014（4）：685-699.

［24］汪常青. 武汉市城市排水体制探讨［J］. 中国给水排水，2006（8）：12-15.

［25］Li naiyan, Xu Boping, Huang Yan et a1. Survey of Storm Sewer Sediments in Beijing. Water Infrastructure for Sustainable Communities: China and the World. [M]. IWA Publishing, London, UK. 2010. 175-183.

［26］赵敏华. 绿色雨水基础设施的探索与实践［c］//2013年城市雨水管理国际研讨会论文集. 上海. 2013：239-248.

［27］谢映霞. 排水防涝重任在肩：写给《城市排水（雨水）防涝综合规划编制大纲》颁布一周年［J］. 给水排水，2014（6）：1-3, 118.

［28］吴普特，冯浩主编. 中国雨水利用［M］. 郑州：黄河水利出版社，2009：4-6.

［29］杜鹏飞，钱易. 中国古代的城市排水［J］. 自然科学史研究，1999（2）：136-147.

［30］邢国平，孙姣，董岩，季民. 城市内涝防治措施的转变及启示：由"排"到"蓄"再到"渗"［J］. 安全与环境学报，2014（5）：141-145.

［31］李俊奇，车伍. 城市雨水问题与可持续发展对策［J］. 城市环境与城市生态，2005（4）：5-8.

［32］US EPA. Federal Water Pollution Control Act Amendments of 1972 [S]. 1972. Public Law 92-500.

［33］车伍，吕放放，李俊奇等. 发达国家典型雨洪管理体系及启示［J］. 中国给水排水，2009（20）：12-17.

［34］US EPA. Low Impact Development (LID): A Literature Review [R]. United States Environmental Protection Agency, 2000. EPA-841-B-00-005.

［35］CIRIA, Sustainable Urban Drainage System-Best Practice Manual [R]. Report C523. Construction industry research and information association, London, 2001.

［36］SpillettP. B., Evans S. G., Colquhoun, K.. International Perspective on BMPs/SUDS: UK-Sustainable Stormwater Management in the UK [R]. EWRI 2005.

［37］Lloyd s. D., Wong T. H. F, Chesterfield C.J.. Water Sensitive Urban Design-A Stormwater Management Perspective [R]. Industry Report, 2002.

［38］van Roon M. R, Greenaway A., Dixon J. E., et al. Low Impact Urban Design and Development: scope, founding principles and collaborative learning [R]. Proceedings of the Urban Drainage Modelling and Water Sensitive Urban Design Conference. Melbourne，Australia. 2006.

［39］Field R, O'Shea M L, Chin K K. Integrated stormwater management [M]. Boca Raton: CRC,1993.

［40］Lee J. H. K., Bang W., Ketchum L. H., Choe J. S., Yu M. J. First flush analysis of urban storm run off [J]. Science of the Total Environment, 2002, 293: 163-175.

［41］Frank R S, Joanne E D. Stormwater discharge management: a prac-tical guide to compliance [M]. Reckville, Md. ABS Consulting Government Institutes, 2003.

［42］韩秀娣. 最佳管理措施在非点源污染防治中的应用［J］. 上海环境科学，2000（3）：102-105.

［43］杨勇，操家顺. BMPs在苏州城市非点源污染控制中的应用［J］. 水资源保护，2007（6）：60-62.

［44］Middlesex University. Review of the Use of Stormwater BMPs in Europe [R]. Project under EU RTD 5th Framework Programme. Report5.1.200..http://daywater.enpc.fr/www.daywater.org/REPORT/D5-1.pdf.

［45］Department of environmental protection，bureau of watershed management. Pennsylvania Stormwater BMP Manual [S]. 363-0300-002. 2006.

［46］Ristenpart E. Planning of storm water management with a new model for drainagebest management practices [J]. Water Science Echnology, 1999, 39 (9): 253-260.

［47］NCHRP, Evaluation of Best Management Practices for Highway Runoff Control [R]. National Cooperative Highway Research Program. Report 565. Washington, D. C. 2006.

［48］US EPA. Report to congress impacts and control of CSOs and SSOs. EPA 883-R-04-001, 2004.

［49］ 唐颖. SUSTAIN支持下的城市降雨径流最佳管理BMP规划研究［D］. 北京：清华大学，2010：9-10.

［50］ 王建龙，车伍，易红星. 基于低影响开发的城市雨洪控制与利用方法［J］. 中国给水排水，2009（14）：6-9.

［51］ US EPA. Low Impact Development (LID): A Literature Review. United States Environmental Protection Agency [R]. EPA-841-B-00-005, Washington DC: United States EnvironmentalProtection Agency, 2000.

［52］ Prince George's County Department of Environmental Resources (PGDER). Low-impact development design strategies: an integrated design approach [M]. US: Maryland Department of Environmental Resource, 1999.

［53］ University of Arkansas Community Design Center. Low Impact Development: a Design Manual for Urban Areas[Ml.Arkansas: University of Arkansas Press，2010.

［54］ County P G. Low-Impact Development Hydrologic Analysis [J]. Prepared by Prince George's County, Maryland, Department of Environmental Resources, Programs and Planning Division, 1999.

［55］ Dietz M E. Low impact development practices: A review of current research and recommendations for future directions [J]. Water air and soil pollution, 2007, 186 (1-4): 351-363.

［56］ The Credit Valley Conservation. Low Impact Development Stormwater Management Planning and Design Guide [R]. 2011.

［57］ Dietz M E. Low impact development practices: A review of current research andrecommendations for future directions [J]. Water air and soil pollution, 2007, 186 (1-4): 351-363.

［58］ Van R M. Emerging approaches to urban ecosystem management: the potential of low impact urban design and development principles [J]. Journal of Environmental Assessment Policy and Management, 2011 (1): 125-148.

［59］ Gill S E, Pauleit S. Adapting cities for climate change: the role of the green infrastructure [J]. Built Environment, 2007 (33): 115-133.

［60］ Hood M J, Clausen J C, Warner G S. Comparison of stormwater lag times for low impact and traditional residential development1 [J]. Jawra Journal of the American Water Resources Association, 2015, 43 (4): 1036-1046.

［61］ 车伍，张伟，王建龙，等. 低影响开发与绿色雨水基础设施［J］. 建设科技，2010（21）：48-51.

［62］ 王建龙，车伍，易红星. 基于低影响开发的城市雨洪控制与利用方法［J］. 中国给水排水，2009（14）：6-9.

［63］ 唐莉华，倪广恒，刘茂峰，等. 绿化屋顶的产流规律及雨水滞蓄效果模拟研究［J］. 水文，2011（4）：18-22.

［64］ 晋存田，赵树旗，闫肖丽，等. 透水砖和下凹式绿地对城市雨洪的影响［J］. 中国给水排水，2010（1）：41-42.

［65］ 赵晶. 城市化背景下的可持续雨洪管理［J］. 国际城市规划，2012（2）：114-119.

［66］ National SUDS Working Group, Interim Code of Practice for Sustainable Drainage Systems [R]. CIRIA Contract 103. London. 2004.

［67］ CIRIA, 200. SUDS Management Truin [EB/OL]. http://www.ciria.org.uk/suds/suds_management_train.htm.

［68］ Peter J. Morison, Rebekah. R. B. Understanding the nature of publics and local policy commitment to Water Sensitive Urban Design [J]. Landscape and Urban Planning, 2011, 99 (2): 83-92.

［69］ 王思思，张丹明. 澳大利亚水敏感城市设计及启示［J］. 中国给水排水，2010（20）：64-68.

［70］ Downs J. Water Sensitive Urban Design Guidelines [R]. PPK environment & Infrastructure, 2002.

［71］ CSIRO. Urban Stormwater: Best Practice Environmental Management Guidelines. Chapter 5: Water Sensitive Urban Design [R]. 1999. http://www.elibrary.dep.state.pa.us/dsweb/View/Collection.8305z.

［72］ van Roon, M. R., Greenaway, A., Dixon, J. E., et al.. Low Impact Urban Design and Development: scope，founding principles and collaborative learning [R]. Proceedings of the Urban Drainage Modelling and Water Sensitive Urban Design Conference. Melbourne，Australia. 2006.

［73］ van Roon, M. R., Knight, S. J., Ecological Context of Development: New Zealand Perspectives [M]. Melbourne: Oxford University Press, 2004.

［74］ Mark A Benedict, Edward T McMahon. Green Infrastructure: smart conservation for the 21st Century [J]. US, Renewable Resources Journal, 2002 (20): 12-17.

［75］马克·A·贝内迪克特，爱德华·T·麦克马洪. 绿色基础设施：景观与社区［M］. 黄丽玲，朱强，杜秀文，等译. 北京：中国建筑工业出版社，2010：24-25.

［76］张红卫，夏海山，魏民. 运用绿色基础设施理论，指导"绿色城市"建设［J］. 中国园林，2009（9）：28-30.

［77］李博. 绿色基础设施与城市蔓延控制［J］. 城市问题，2009（1）：86-90.

［78］姜丽宁. 基于绿色基础设施理论的城市雨洪管理研究［D］. 杭州：浙江农林大学，2013：18-20.

［79］潘安君，张书函，陈建刚等. 城市雨水综合利用技术研究与应用［M］. 北京：中国水利水电出版社，2010：5-11.

［80］何介钧. 澧县城头山古城址1997～1998年度发掘简报［J］. 文物，1999（6）：4-17.

［81］曹桂岑，马全. 河南淮阳平粮台龙山文化城址试掘简报［J］. 文物，1983（3）：21-36.

［82］吴庆洲. 古代经验对城市防涝的启示［J］. 灾害学. 2012（7）：111-115.

［83］于倬云. 紫禁城宫殿［M］. 香港：商务印书馆香港有限公司，1982：10-11.

［84］陈正祥. 中国文化地理［M］. 香港：三联书店香港分店，1981：103.

［85］章乃炜. 清宫述闻［M］. 北京：北京古籍出版社，1988：24.

［86］（明）刘若愚，（清）高士奇. 明宫史. 金集. 宫殿规制［M］. 北京：北京古籍出版社，1980.

［87］侯仁之. 紫禁城在规划设计上的继承与发展. 故宫博物院编. 紫禁城营缮纪［M］. 北京：紫禁城出版社，1992.

［88］吴庆洲. 中国古代的城市水系［J］. 华中建筑，1991（2）：55-56.

［89］刘继韩. 赣州市城市气候及其城市规划布局的影响［C］//赣州城市规划文集［C］. 1982.

［90］（明）赣州府志·卷二·舆地志.

［91］李海根，刘芳义. 赣州古城调查简报［J］. 文物，1993（3）：46-56.

［92］陈元增. "福寿沟"排水系统构成. 赣州市城乡规划设计研究院（内部资料）.

［93］吴庆洲，吴运江，李炎，等. 赣州"福寿沟"勘察初步报告"2015（第二届）城市防洪排涝国际论坛". 广州，2015：9-16.

［94］吴庆洲，李炎，吴运江，等. 城水相依显特色，排蓄并举防雨潦：古城水系防洪排涝历史经验的借鉴与当代城市防涝的对策［J］. 城市规划，2014（8）：71-77.

［95］周玉文. 构建三套工程体系确保城市洪涝安全［J］. 给水排水，2011（8）：12-13.

［96］车伍，杨正，赵杨，等. 中国城市内涝防治与大小排水系统分析［J］. 中国给水排水，2013（16）：13-19.

［97］Ronnie F. Pluvial flooding and surface water management [C]//Brussels. 5th Ewa Brussels Conference. 2009.

［98］DEFRA. Surface Water Management Plan Technical GUidance [M]. London Department for Environment, Food and Rural Affairs, 2010.

［99］Ellis, J. B., Scholes, L., Revitt, D. M and Viavattene, C. 2008b. Risk assessment and control approaches for stormwater flood and pollution management. [C]. Belo Horizonte, Brazil. 3rd SWITCH Scientiflc Meeting. 2008.

［100］Brown. S. A., Schall. J. D., Morris. J. L., et al. Urban drainage design manual. Hydraulic Engineering Circular No.22, Third Edition FHWA-NHI-10-009 Federal Highway Administration, U.S. Department of Transportation. Washington DC. Revised August 2013.

［101］Queensland Government. Queensland Urban Drainage Manual Third edition 2013—provisional [M] The State of Queensland (Department of Energy and Water Supply), Brisbane City Council, Institute ofPublic Works Engineering Australia,. Queensland Division Ltd 2013.

［102］张晓昕，王强，付征，等. 国外城市内涝控制标准调研与借鉴［J］. 北京规划建设，2012（5）：70-73.

［103］本刊. 广州2020年前将新建多条深隧用于治水［J］. 隧道建设，2014（6）：538.

［104］林文杰，赵俊凤，吴慧英. 东濠涌深隧工程对初雨污染的减排效果初探［J］. 人民珠江，2014（5）：72-75.

［105］Drainage Services Department. Lai Chi Kok Drainage Tunnel［EB／OL］http: //www. dsd. gov. hk/others/LCKDT/en/.

［106］鲁朝阳，车伍，唐磊，等. 隧道在城市洪涝及合流制溢流控制中的应用［J］. 中国给水排水，2013（24）：35-40.

［107］CIRIA. Designing for exceedance in urban drainage—good practice [M]. London. 2006.

［108］Low-Impact Development Hydrologic Analysis [M]. Prince George's County, Maryland. Department Of Environmental Resources, Programs and Planning Division. 1999.

［109］仇保兴. 海绵城市（LID）的内涵、途径与展望［J］. 给水排水，2015（3）：1-7.

［110］王文川. 工程水文学［M］. 北京：中国水利水电出版社，2013：9-14.

［111］张益善. 中华实用水利大词典（增订本）［M］. 南京：南京大学出版社，1991：773.

［112］张志飞. 平原河网地区城市人居环境合理水面率研究［D］. 杭州：浙江大学，2006：10-12.

［113］沈大军. 湖泊管理研究［M］. 中国水利水电出版社，2013：2-4.

［114］刘晓群，刘克文. 城市人工湖与富营养化防治［J］. 湖南水利水电，2003（6）：28-30.

［115］李继业. 水库坝体滑坡与防治措施［M］. 北京：化学工业出版社，2013：5.

［116］楼越平. 陆地水域调查技术导则编制的概念体系探讨［J］. 浙江水利科技，2006（3）：28-29.

［117］王其恒. 城市水系规划与治理［M］. 合肥：合肥工业大学出版社，2013：26-29.

［118］王士武，郑世宗. 滨海平原地区适宜水面率研究［C］//中国水利学会第四届青年科技论坛论文集. 北京：中国水利水电出版社，2008：80-83.

［119］王超，王沛芳. 城市水生态系统建设与管理［M］. 北京：科学出版社，2004：50.

［120］张志飞，郭宗楼，王士武. 区域合理水面率研究现状及探讨［J］. 中国农村水利水电，2006（4）：58-60.

［121］姜文超，龙腾锐. 水资源承载力理论在城市规划中的应用［J］. 城市规划，2003（7）：78-82.

［122］胡尧文，申来明，裘骅勇. 试论水库功能调整和调蓄水面在城市防洪排涝中的重要性［J］. 浙江水利水电专科学校学报，2001（3）：19-21.

［123］王士武，杨铁锋，温进化. 行洪除涝的合理水面率研究［J］. 灌溉排水学报，2006（2）：72-76.

［124］俞露，丁年. 城市蓝线规划编制方法概析：以《深圳市蓝线规划》为例［J］. 城市规划学刊，2010（C1）：88-92.

［125］杨培峰，李静波. 生态导向下河流蓝线规划编制创新——以广州流溪河（从化段）蓝线规划编制为例［J］. 规划师，2014（7）：56-62.

［126］侯飞. 蓝线规划编制中的问题［J］. 江苏城市规划，2008（1）：26-28.

［127］张碧钦. 城市蓝线规划与河道岸线管理保护的若干思考［J］. 水利科技，2012（1）：65-68.

［128］司马文卉，龚道孝. 城市蓝线规划的协调性分析［J］. 给水排水，2015（7）：30-34.

［129］梁敏. 武进运南片平原区水系规划及换水均匀性研究［D］. 扬州：扬州大学，2010：50-53.

［130］郭宁. 辽河口城镇水系规划中蓝线控制研究——以双台子河口新城为例［D］. 沈阳：沈阳建筑大学，2012：19-22.

［131］焦圆圆，徐向阳，徐红娟. 城市化圩区排涝模数与主要影响因素间的关系分析［J］. 中国给水排水，2008（4）：40-43.

［132］宋东辉，徐晶. 河道汇流调蓄分析与城市防洪治涝规划［M］. 北京：中国水利水电出版社，2012：21-22，5-6，16-20，72-75.

［133］河海大学. 工程水文学第4版［M］. 北京：中国水利水电出版社，2010：248-251.

［134］崔振才，杜守建，张维圈等. 工程水文及水资源［M］. 北京：中国水利水电出版社，2008：144-145.

［135］西安理工大学水力学研究所. 水力学［M］. 西安：陕西科学技术出版社，2002：145-149.

［136］徐国宾，任晓枫. 河道渠化治理研究［J］. 水利水电科技进展，2002（5）：17-20.

［137］刘经强，赵兴忠，王爱福. 城市洪水防治与排水［M］. 北京：化学工业出版社，2014：176.

［138］梅锦山，侯传河，司富安. 水工设计手册第2卷规划、水文、地质第2版［M］. 北京：中国水利水电出版社，2014：16.

［139］雷声隆，丘传忻，郭宗楼. 排涝工程［M］. 武汉：湖北科学技术出版社，2000：20-26.

［140］王金亭. 城市防洪［M］. 郑州：黄河水利出版社，2008：60.

［141］李继业. 河流与河道工程维护及管理［M］. 北京：化学工业出版社，2013：169-172.

［142］陈松，闭祖良，国洪梅，张展羽. 城镇河道综合整治的几种措施［J］. 中国农村水利水电，2010（8）：34-36.

［143］罗亚伟，朱殿芳. 裁弯取直工程对河道防洪影响分析. 水利建设与管理，2011（10）：74-79.

［144］陈兴茹. 国内外河流生态修复相关研究进展［J］. 水生态学，2011（5）：122-128.

［145］徐菲，王永刚，张楠，孙长虹. 河流生态修复相关研究进展［J］. 生态环境学报，2014（3）：515-520.

［146］王文君，黄道明. 国内外河流生态修复研究进展［J］. 水生态学，2012（4）：142-146.

［147］张龙. 生态水利在现代河道治理中的应用［D］. 合肥：合肥工业大学，2007：8-9.

［148］徐枫. 生态、景观与水利工程融合的河道规划设计研究［D］. 福州：福建农林大学，2011：25-32.

［149］李贞子，车伍，赵杨.我国古代城镇道路大排水系统分析及对现代的启示[J].中国给水排水，2015，31（10）：1-7.

［150］桑万琛.基于城市安全的杭州市雨洪控制发展研究[D].浙江大学，2013：29.

［151］何卫华等.城市绿色道路及雨洪控制利用策略研究[J].给水排水，2012，38(9):42-47.

［152］车伍等.奥克兰现代雨洪管理介绍（一）—相关法规及规划[J].给水排水，2012，38（3）：30-34.

［153］孔芳.试论当代城市道路设计中的雨洪控制利用体系[J].环球人文地理，2014.14（7）：30.

［154］杨显.海绵城市在市政道路设计中的应用分析[J]，建设科技，2016,13（09）：96-97.

［155］王刚,周质炎.城市超深排（蓄）水隧道应用及关键技术综述[J].特种结构,2016(2)：74-79.

［156］李立成. 南方感潮河网城市地区雨洪调控技术研究[D].广州：华南理工大学.2015:6-8.

［157］Yamamoto S. Mechanism behind manole cover ejection phenomenon and its prevention measures［A］. Global Solutions for Urban Drainage［C］. US: ASCE，2004.

［158］Drainage services Department. Design and Construction of Hong Kong West Drainage Tunnel［EB/OL］. http：//www. dsd. gov. hk / others / HKWDT / eng / back-ground. html，2013-01-21.

［159］Bobylev N. Sustainability and vulnerability analysis of critical underground infrastructure［M］. Geman: Spring-er Netherlands，2007.

［160］R eis B K，Espey Jr W H. Waller Creek Tunnel Project，Austin，Texas［A］. World Environmental and Water R e-sources Congress 2008 @ s Ahupua' A［C］. US: ASCE，2008.

［161］MW R A. CSO Control in South Boston［EB/OL］. ht-tp：//www. mwra. com / cso / projects / southboston. htm，2009-01-30.

［162］Koo D H D，Jung J K，Lee W. Sustainability applications for storm drainage systems minimizing adverse impacts of global climate change［A］. ICPTT 2012 @ s Better Pipe-line Infrastructure for a Better Life［C］. US: ASCE，2013.

［163］王鸿春等编著.北京健康城市建设研究报告 2012.北京：同心出版社,2012：363-365.

［164］王和、王平著；王银成主编,中国洪水保险研究,中国金融出版社,2013：163-165.

［165］Scalise C，Fitzpatrick K. Chicago deep tunnel design and construction［A］. Structures Congress 2012［C］. US:ASCE，2012.

［166］Oberg N，Bondar C E，Hoy M A，et al. Conveyance Analysis of Chicago's 'Deep Tunnel' system［A］. World Environmental and Water R esource Congress［C］. US:ASCE，2006.

［167］唐磊,车伍,赵杨.对我国城市建设雨洪控制隧道的思考[J].中国给水排水,2015(7)：119-125.

［168］孙慧修，郝以琼，龙腾锐. 排水工程［M］. 4版. 北京：中国建筑工业出版社，1999：5-13.

［169］张书亮、孙玉婷，曾巧玲，等. 城市雨水流域汇水区自动划分［J］. 辽宁工程技术大学学报（自然科学版），2007，26（4）：630-632.

［170］曾巧玲. 城市汇水区自动划分研究［D］. 南京：南京师范大学，2005：42-65.

［171］高成，徐向阳. 滨江城市排涝模型［M］. 北京：中国水利水电出版社，2013.

［172］严熙世，刘遂庆. 给水排水管网系统［M］. 3版. 北京：中国建筑工业出版社，2014：54-64.

［173］李立军. 城市雨水管网系统优化设计研究［D］. 长沙：湖南大学，2013：49-50.

［174］中国市政工程东北设计研究总院. 城镇防洪技术与设计导则［S］. 北京：中国建筑工业出版社，2014：145-150.

［175］邓科. 绿色建筑小区雨水源头控制技术研究［D］. 重庆：重庆大学，2013：25-30.

［176］车伍，马震. 针对城市雨洪控制利用的不同目标合理设计调蓄设施［J］. 中国给水排水，2009，25（24）：5-10.

［177］车伍，李俊奇. 城市雨水利用技术与管理［M］. 北京：中国建筑工业出版社，2006：17-19.

［178］海绵城市建设技术指南——低影响开发雨水系统构建（试行）［Z］. 2014：31-45.

［179］海绵城市方案究竟是如何利用雨水的［EB/OL］. http：//www. calid. cn/2016/03/7324，2015. 12.

［180］伍业钢等，海绵城市设计：理念、技术、案例［M］. 江苏凤凰科学技术出版社，2016.

［181］什么是海绵城市［EB/OL］. http：//xian. qq. com/a/20150124/020733. htm. 2016. 01.

［182］陈筱云. 城市内涝防治的法律制度安排与技术标准规范［J］. 水利发展研究，2015（3）：34-38.

［183］U. K. Department for Communities and Local Government. Planning Policy Statement 25: Development and Flood Risk Practice Guide [M], London: Department for Communities and Local Government Publications, 2009.

［184］车伍，马震，王思思，等. 中国城市规划体系中的雨洪控制利用专项规划［J］. 中国给水排水，2013，29（2）：8-12.

［185］孙阿丽. 基于情景模拟的城市暴雨内涝风险评估［D］. 上海：华东师范大学，2011：3-5，14-18.

［186］马兰艳. 基于GIS的多尺度洪涝灾害风险评估模型的设计与实现［D］. 北京：首都师范大学，2011：3-5.

［187］权瑞松. 典型沿海城市暴雨内涝灾害风险评估研究［D］. 上海：华东师范大学，2012：39-70.

［188］孙欣. 城市雨水系统工况模拟与内涝风险评价［D］. 天津：天津大学，2009：19-36.

［189］杨博. 城市排水设施科学化养护管理［J］. 北京水务，2007（6）：26-28.

［190］高旺. 西方国家公用事业民营化改革的经验及其对我国的启示［J］. 经济社会体制比较，2006（6）：23-28.

［191］郭洁，向前，沈体雁. 我国城市排水行业运营管理体制改革目标模式研究［J］. 城市发展研究，2013（8）：122-124.

［192］黄昀. 城市排水行业管理体制不同模式的比较和分析［J］. 北京水利，2003（4）：23-24.

［193］许翠红. 城市排水管理体制改革研究———以吉林市为例［D］. 长春：吉林大学，2012：5-6.

［194］吴季松，石玉波，田琦，等. 我国城市水务市场化发展状况及改革模式［J］. 中国水利报，2004（10）18.

［195］刘晓鹏. 浅谈城乡水务管理体制改革新趋势：水务一体化［J］. 广东水利水电，2010（11）：98-102.

［196］林晓惠. 深化水务一体化管理体制改革的研究［D］. 厦门：厦门大学，2008.

［197］莫孝翠. 水务一体化管理体制的研究［D］. 武汉：武汉大学，2004：4-5.

［198］汪恕诚. 水利满足社会与经济发展的五个层次［J］. 广西水利水电，2000（3）：1-3.

［199］林洪孝. 城市水务管理战略与措施分析［J］. 城市问题，2002（2）：63-66.

［200］吴珊. 城市水务工程规划与管理［M］. 北京：北京工业大学出版社，2008：31-33.

［201］王彦平. 论水务与水利用的主要问题［M］. 北京：中国科学技术出版社，2007：16-28.

［202］许金生，宋晓庆，徐玲，等. 城市排涝信息化建设的思考与展望［J］. 市政技术，2014（1）：161-164.

［203］赵冬泉，王浩正，盛政，等. 数字排水技术研究与应用（十二）—数字排水模式的发展趋势与应用展望［J］. 给水排水动态，2010（6）：18-21.

［204］解智强，杜清运，高忠，等. GIS与模型技术在城市排水管线承载力评价中的应用［J］. 测绘通报，2011（12）：50-53.

［205］王美秋. 排水管网信息管理系统设计［D］. 上海：同济大学，2007：11-12.

［206］邬伦. 地理信息系统原理、方法和应用［M］. 北京：科学出版社，2001：9-12.

［207］杨立福，赵静生，张公度. 给排水自动化技术（SCADA）综述［J］. 给水排水，2000（3）：72-76.

［208］高鹏，魏德川，杨丽敏. 天津保税区雨、污水泵站远程集中监测系统［J］. 中国给水排水，2011（6）：70-72.

［209］张乃平，夏东海. 自然灾害应急管理［M］. 北京：中国经济出版社，2009：27-57.

［210］杨宇. 加强我国政府应急管理能力的思考［D］. 长春：吉林大学，2009：5-6.

［211］叶青. 城市暴雨内涝气象监测预警系统的设计与实现［D］. 成都：电子科技大学，2012：4-5.

［212］资惠宇. 广州城市内涝应急处置研究：以"2010. 5. 7"特大暴雨为例［D］. 广州：华南理工大学，2013：23-24.

［213］刘助仁. 灾害应急管理：国际经验的审视与启示［J］. 郑州航空工业管理学院学报，2010（4）：101-105.

［214］黄春豹. 论我国城市洪涝灾害应急管理—以广州市为例［D］. 长春：吉林大学，2013：19-20.

［215］钟开斌. "一案三制"：中国应急管理体系建设的基本框架［J］. 南京社会科学，2009（11）：77-83.

［216］郭光祥，丁继勇，张敏，等. 城市暴雨内涝应急联动体系构建［J］. 水利经济，2013（1）：29-33.

［217］吴宗之，刘茂. 重大事故应急预案分级、分类体系及其基本内容［J］. 中国安全科学学报，2003（1）：15-18.

［218］沈远平，江晓黎，杨思思编著. 应急管理预防、演练与自救［M］. 广州：暨南大学出版社，2011：25.

［219］高小平. "一案三制"对政府应急管理决策和组织理论的重大创新［J］. 湖南社会科学，2010（5）：64-68.

［220］马洪涛，周凌. 关于城市排水（雨水）防涝规划编制的思考［J］. 给水排水，2015（8）：38-44.

附录

城市分区及其适宜水面面积率

城市适宜水面面积率 表1

城市分区	适宜水面面积率（S'_Δ）	备注
I	$S'_\Delta \geq 10\%$	现状水面面积比例很大的城市应保持现有水面，不应按此比例进行侵占和缩小
II	$5\% \leq S'_\Delta < 10\%$	
III	$1\% \leq S'_\Delta < 5\%$	
IV	$0.1\% \leq S'_\Delta < 1\%$	可设计一些景观水域
V	/	非汛期可不人为设计水面比例

城市分区表 表2

省（市）	分区	省（市）	分区	省（市）	分区	省（市）	分区
北京	III	晋城	IV	阿拉善盟	V	四平	III
天津	II	朔州	IV	辽宁		辽源	III
河北		晋中	IV	沈阳	III	通化	III
石家庄	III	运城	IV	大连	III	白山	III
唐山	IV	忻州	IV	鞍山	III	松原	III
秦皇岛	III	临汾	IV	抚顺	II	白城	III
邯郸	IV	吕梁	IV	本溪	II	延边	III
邢台	IV	内蒙古		丹东	II	黑龙江	
保定	III	呼和浩特	V	锦州	III	哈尔滨	II
张家口	IV	包头	V	营口	II	齐齐哈尔	IV
承德	III	乌海	V	阜新	III	鸡西	IV
沧州	III	赤峰	IV	辽阳	III	鹤岗	IV
廊坊	IV	呼伦贝尔	V	盘锦	II	双鸭山	IV
衡水	III	通辽	IV	铁岭	III	大庆	IV
山西		鄂尔多斯	V	朝阳	III	伊春	IV
太原	III	巴彦淖尔	V	葫芦岛	III	佳木斯	IV
大同	IV	乌兰察布	V	吉林		七台河	IV
阳泉	IV	兴安盟	V	长春	III	牡丹江	II
长治	IV	锡林郭勒盟	V	吉林	II	黑河	IV

续表

省（市）	分区	省（市）	分区	省（市）	分区	省（市）	分区
绥化	IV	马鞍山	I	抚州	II	南阳	IV
上海	II	淮北	III	上饶	II	商丘	III
江苏		铜陵	I	山东		信阳	IV
南京	I	安庆	I	济南	III	周口	III
无锡	I	黄山	III	青岛	III	驻马店	III
徐州	II	滁州	III	淄博	IV	湖北	
常州	I	阜阳	II	枣庄	III	武汉	I
苏州	I	宿州	III	东营	III	黄石	I
南通	I	巢湖	II	烟台	III	襄樊	II
连云港	I	六安	III	潍坊	III	十堰	II
淮安	I	亳州	II	济宁	III	荆州	I
盐城	II	池州	I	泰安	III	宜昌	I
扬州	I	宣城	II	威海	III	荆门	II
镇江	I	福建		日照	III	鄂州	I
宿迁	II	福州	I	莱芜	III	孝感	I
泰州	I	厦门	I	临沂	III	黄冈	I
浙江		莆田	II	德州	III	咸宁	II
杭州	I	三明	I	滨州	III	随州	II
宁波	I	泉州	I	聊城	III	恩施	II
温州	I	漳州	I	菏泽	III	湖南	
嘉兴	I	南平	I	河南		长沙	II
湖州	I	龙岩	I	郑州	III	株洲	II
绍兴	I	宁德	I	开封	II	湘潭	II
金华	II	江西		洛阳	II	邵阳	II
衢州	II	南昌	I	平顶山	IV	岳阳	I
舟山	I	景德镇	I	焦作	III	常德	I
台州	I	萍乡	II	鹤壁	IV	张家界	II
丽水	II	九江	I	新乡	IV	益阳	II
安徽		新余	II	安阳	IV	郴州	II
合肥	II	鹰潭	II	濮阳	III	永州	II
芜湖	I	赣州	I	许昌	IV	怀化	II
蚌埠	I	吉安	I	漯河	III	娄底	II
淮南	II	宜春	I	三门峡	III	湘西	II

续表

省（市）	分区	省（市）	分区	省（市）	分区	省（市）	分区
广东		河池	II	昆明	III	平凉	IV
广州	II	来宾	II	曲靖	III	酒泉	IV
深圳	III	崇左	II	玉溪	II	庆阳	IV
珠海	II	海南		保山	II	定西	IV
汕头	II	海口	II	昭通	III	陇南	IV
韶关	II	三亚	II	丽江	II	临夏	IV
佛山	II	重庆	I	普洱	II	合作	IV
江门	II	四川		临沧	II	青海	
湛江	II	成都	III	景洪	II	西宁	IV
茂名	II	自贡	III	楚雄	III	宁夏	
肇庆	II	攀枝花	III	大理	III	银川	V
惠州	II	泸州	II	潞西	III	石嘴山	V
梅州	II	德阳	III	西藏		吴忠	V
汕头	II	绵阳	III	拉萨	V	固原	V
河源	II	广元	III	日喀则	V	中卫	V
阳江	II	遂宁	III	陕西		新疆	
清远	II	内江	II	西安	IV	乌鲁木齐	IV
东莞	II	乐山	III	铜川	IV	克拉玛依	IV
中山	II	南充	II	宝鸡	IV	吐鲁番	IV
潮州	II	宜宾	II	咸阳	IV	哈密	IV
揭阳	II	广安	III	渭南	IV	和田	IV
云浮	II	达州	III	延安	IV	阿苏克	IV
广西		眉山	III	汉中	III	喀什	IV
南宁	II	雅安	III	榆林	IV	阿图什	IV
柳州	II	巴中	III	安康	III	库尔勒	IV
桂林	II	资阳	III	商洛	IV	昌吉	IV
梧州	II	贵州		甘肃		博乐	IV
北海	II	贵阳	II	兰州	IV	伊宁	IV
防城港	II	六盘水	II	嘉峪关	V	塔城	IV
钦州	II	遵义	II	金昌	IV	阿勒泰	IV
贵港	II	安顺	II	白银	IV	石河子	IV
玉林	II	铜仁	II	天水	IV		
百色	II	毕节	II	武威	IV		
贺州	II	云南		张掖	IV		